Heinrich Hebgen · Sicheres Haus

Heinrich Hebgen

# Sicheres Haus

V

Friedr. Vieweg & Sohn Braunschweig/Wiesbaden

CIP-Kurztitelaufnahme der Deutschen Bibliothek

**Hebgen, Heinrich:**
Sicheres Haus / Heinrich Hebgen. – Braunschweig,
Wiesbaden: Vieweg, 1980.


Softcover reprint of the hardcover 1st edition 1980



Satz: Satzstudio Frohberg, Freigericht
Buchbinderei: W. Langelüddecke, Braunschweig


ISBN-13: 978-3-528-08844-6 e-ISBN-13: 978-3-322-84119-3
DOI: 10.1007/ 978-3-322-84119-3

# Inhalt

■ = Übersichten, Tafeln, Zeichnungen

## Hinweise zur Benutzung des Buches

Die Abbildungen, Tabellen und Diagramme sind auf jeder Seite neu beginnend numeriert.
Stehen Bild und Hinweise auf der gleichen Seite, so ist nur die Bildnummer mit einem Hinweispfeil angegeben; stehen sie auf anderen Seiten, so verweist ein Hinweispfeil auf die betreffende Seitenzahl mit Bildnummer, z.B. → 10/1 = Bild 1 auf Seite 10.

Kernsätze oder Aufzählungen, die hervorgehoben werden sollen, sind wie folgt gekennzeichnet:

– = allgemeine *Aufzählung* ohne Prädikatisierung
● = *positive* Bewertung
▶ = *negative* Beurteilung

# Vorwort

**Sicheres Haus** im wahrsten Sinne des Wortes bedeutet die Verwirklichung einer großen Anzahl von einzelnen Maßnahmen, die entweder gesetzlich vorgeschrieben sind oder zur persönlichen Sicherheit für notwendig gehalten werden. Sie beginnen beim Kauf des Baugrundstückes und werden bei der Planung und Bauausführung immer zahlreicher. Ist dann das Haus bewohnt, kommen neue Sicherungsmaßnahmen hinzu. Eine absolute Sicherheit wird es nie geben können. So können z.B. weder Brand- noch Einbruchmeldeanlagen einen Brand oder Einbruch verhindern. Sie können aber einen Brandausbruch oder Einbruchversuch frühzeitig melden, wodurch ein Schaden abgewendet, zumindest aber klein gehalten werden kann.

Das Buch gliedert sich in vier Hauptkapitel.

**Brandschutz**

An den Brandschutz werden in relativ kurzen Zeitabständen immer neue Forderungen gestellt. Neben der Einführung neuer Baustoffe sind es besonders die Aufsehen erregenden Großbrände mit hohem Sachschaden und tragischen Todesfällen, die den Ruf nach einem besseren Brandschutz laut werden lassen.

Die Vorschriften über den baulichen Brandschutz sind derart umfangreich geworden, daß man z.B. bei der neuen DIN 4102, insbesondere Teil 4, kaum noch von Norm-Blättern, sondern eher von einem Gesetzbuch des baulichen Brandschutzes sprechen kann.

Nach Schadenssummen gerechnet, haben sich die Brandschäden innerhalb von 10 Jahren verdreifacht. In der Industrie sind sie besonders auf die strukturellen Änderungen sowie die Anhäufung wertvoller Lagergüter zurückzuführen. Dazu kommt noch eine produktionsbedingte großräumige Bauweise ohne brandwirksame Abtrennungen.

Neben dem im Vordergrund stehenden baulichen Brandschutz werden weitere Maßnahmen des vorbeugenden und abwehrenden Brandschutzes behandelt. Das Kapitel Brandschutz schließt ab mit einem kurz gefaßten Abriß über die am Bau gebräuchlichsten Kunststoffe.

**Einbruchschutz**

Einbruchdiebstahl ist neben Feuer die stärkste Gefährdung, der Werte ausgesetzt sind. Während beim Brandschutz eine Unzahl gesetzlicher Vorschriften einzuhalten sind, gibt es für den Einbruchschutz keine verbindlichen Vorschriften oder Normen. Lediglich die Sachversicherer haben hier neue Maßstäbe gesetzt und Richtlinien herausgebracht, die in besonderen Fällen eingehalten werden müssen, bevor sie überhaupt versichern.

Wie die Statistiken zeigen, hat sich die Zahl der Einbruchdiebstähle im Wohnbereich seit 1965 etwa verdreifacht; davon konnte aber nur jeder vierte Einbruch aufgeklärt werden. Höhere Aufklärungsquoten sind kaum zu erwarten.

Es bleibt also vorzugsweise die Möglichkeit, Einbrüche durch die Anwendung praxisorientierter Sicherungstechniken zu verhindern.

**Verkehrssicherheit**

Verkehrssicherheit wird in den Landesbauordnungen grundsätzlich – und in einigen Rechtsverordnungen hierzu insbesondere – gefordert. Hohe Anforderungen an die Verkehrssicherheit werden vom Gesetzgeber aber auch außerhalb der Bauvorschriften gestellt. Aber genausowenig, wie es einen vollkommenen Brand- oder Einbruchschutz gibt, wird es auch eine vollkommene Verkehrssicherheit geben, die jeden Unfall ausschließt. Die geforderte Verkehrssicherheit soll vielmehr den Schutz gegen typische Gefahren bezwecken.

Die Unfallverhütung im Wohnbereich geschieht in eigener Verantwortung der Bewohner. Der z.B. in Betrieben eingesetzte Sicherheitsingenieur sowie der kontrollierende Aufsichtsbeamte fehlen hier. Der immer noch hohe Anteil an Unfällen im Hausbereich kann aber wesentlich vermindert werden, indem man auf mögliche Gefahrenquellen von vornherein verzichtet.

**Versicherungen**

Risiken kann man durch Schutzvorrichtungen und andere Vorsichtsmaßnahmen vermindern; aber der Verminderung sind technische und kostenmäßige Grenzen gesetzt. Man kann nun die Risiken selbst tragen und einfach hoffen, es werde schon nichts passieren, oder aber man überträgt die Risiken, indem man sich gegen sie versichert.

So können während des Bauens durch unvorhergesehene Ereignisse Schäden entstehen, wodurch die Baukosten erheblich steigen. Unter Umständen kann dadurch die gesamte Baudurchführung gefährdet werden. Ist das Haus fertig, kommen neue Risiken hinzu, die sich z.B. auch auf die Rückzahlung der Finanzierung auswirken können. Vorgestellt werden die Versicherungen, die sich auf den Bau sowie den Haus- und Grundbesitz beziehen.

Das vorliegende Buch soll Bauherren, Planern und Hauseigentümern helfen, durch vorbeugende Sicherheitsmaßnahmen Leben und Eigentum zu schützen.

Dezember 1979 Heinrich Hebgen

# Brandschutz

Feuerschäden sind nur selten durch Naturkatastrophen bedingt; sie werden fast immer, ungewollt – aber auch beabsichtigt –, von Menschen verursacht. Die Gründe dafür können sein:

- menschliches Fehlverhalten,
- das Brandverhalten von Stoffen und Bauteilen,
- das Versagen von technischen Einrichtungen.

Die Brandschäden in der Bundesrepublik sind von 1962 bis 1976 in erheblichem Maße gestiegen. Wie die Statistik → 2 zeigt, sind die Schadenssummen in diesem Zeitraum von 0,5 auf 2,2 Milliarden DM angestiegen. Auf den Index der Baukosten bezogen ergibt sich zwar nur eine Verdoppelung, die Gesamtschadenshöhe jedoch dürfte beträchtlich höher liegen, da die durch Unterversicherung, Nichtversicherung des Betriebsausfalles und Verlust von Kunden und Absatzmärkten entstehenden Einbußen in dieser Statistik nicht erfaßt sind.

Aus einer weiteren Statistik → 1 kann entnommen werden, daß in diesem Zeitraum 15 bis 20 bekannt gewordene *fahrlässige* Brandstiftungen pro 100 000 Einwohner vorgekommen sind. Dagegen haben sich die bekannt gewordenen *vorsätzlichen* Brandstiftungen von 1962 bis 1976 mehr als verdreifacht.

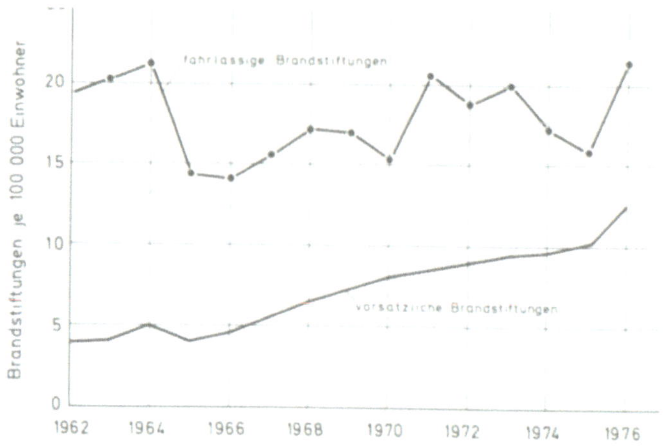


**1** Bekanntgewordene und vorsätzliche Brandstiftungen je 100 000 Einwohner (Straftatenziffer) in der Bundesrepublik Deutschland von 1962 bis 1976 (Quelle: Statistische Jahrbücher)

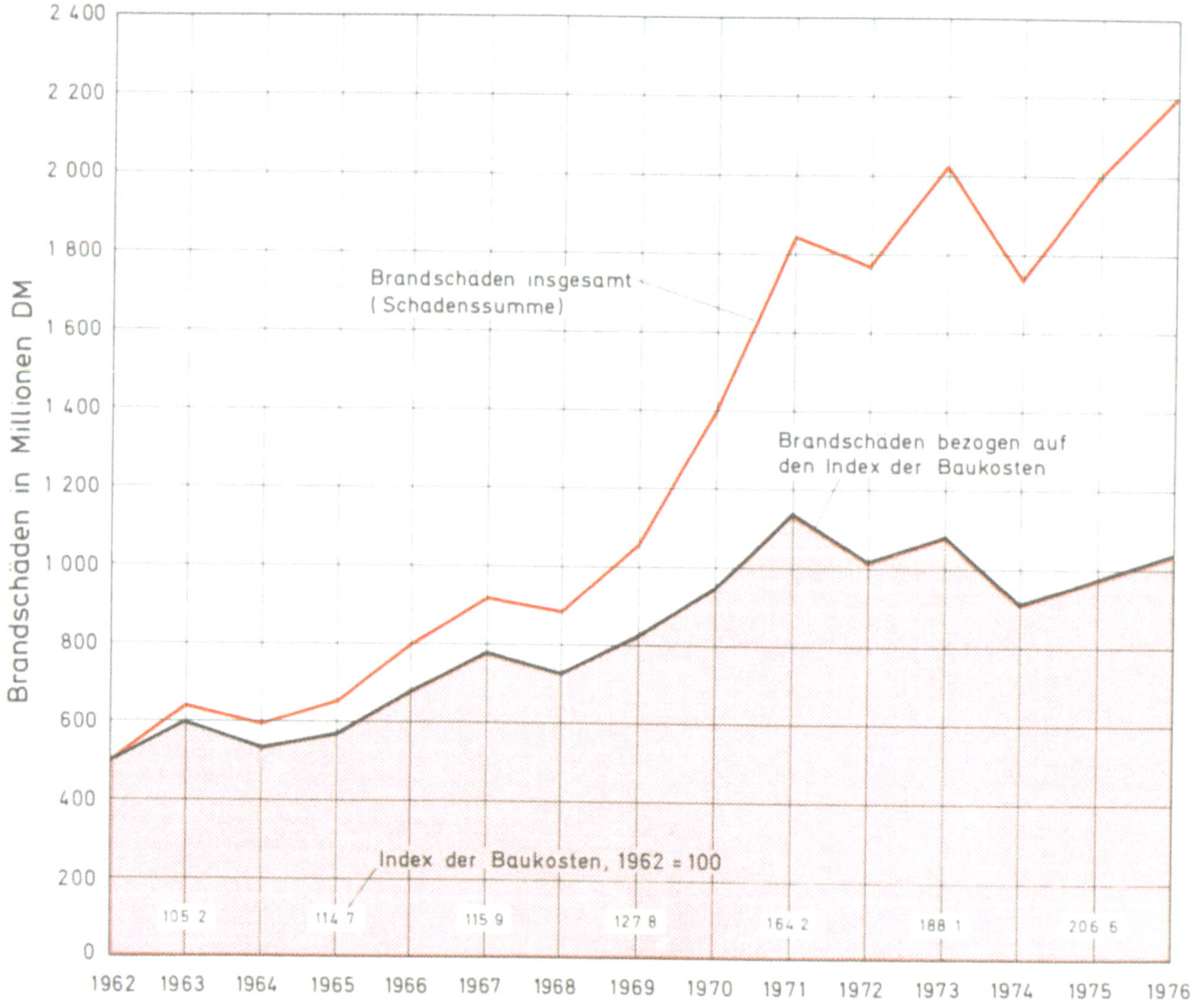


**2** Brandschäden nach Schadenssummen (Versicherungsfälle) sowie auf den Index der Baukosten bezogen in der Bundesrepublik Deutschland von 1962 bis 1976 (Quelle: Statistische Jahrbücher)

## Brandverlauf

Beim Verlauf eines Brandes werden folgende Phasen unterschieden:

1. die Brandentstehung,
2. die Brandausbreitung und
3. der Vollbrand.

Innerhalb eines Brandabschnittes ist die Dauer der einzelnen Phasen von unterschiedlichen Faktoren abhängig:

– der *baulichen Ausbildung* des Brandraumes (Raumgeometrie, thermische Eigenschaften der Baustoffe und Bauteile, Öffnungen im Raum);
– den brennbaren Stoffen als *Brandlast* (Art, Menge, Abmessungen, Gestalt, Oberflächenausbildung, räumliche Anordnung);
– der *Luftzufuhr* (Sauerstoffangebot) → 1,2.

Beim Brand können folgende Nebenerscheinungen auftreten:

▶ Rauchentwicklung (Sichtbehinderung, Atemnot) → 92,
▶ Bildung toxischer Brandgase (Vergiftungsgefahr) → 92,
▶ brennendes Abtropfen oder Abfallen von Einzelteilen (Behinderung der Löscharbeiten),
▶ Brand-Folgeschäden (Korrosion von Metallteilen, Löschwasserschäden).

### Brandentstehung

Werden durch eine *Zündquelle* die Temperaturen der Baustoffe oder Bauteile stark erhöht, so können durch Stoffzersetzung (Pyrolyse) oder chemische Reaktion brennbare Gase entstehen. Bei einer ausreichenden Konzentration und einer Temperatur oberhalb des Zündpunktes verbrennen diese Gase ohne weitere äußere Wärmezufuhr. Der weitere Verlauf des Entstehungsbrandes → 3 ist von der *Flammenausbreitungsgeschwindigkeit* und von der *Verbrennungswärme* der vom Brand ergriffenen Stoffe abhängig. Steigt die Temperatur im Brandraum weiter an, kommt es zum *Feuerübersprung (flash over)*, bei dem alle im Brandraum befindlichen brennbaren Stoffe zünden. Die sich von der Entzündung bis zum Feuerübersprung erstreckende Entstehungsphase kann Bruchteile von Sekunden (Explosionen) bis Tage (versteckte Schwelbrände) dauern.

In der Regel liegt die Entstehungsphase im Minutenbereich → 10/1.

### Brandausbreitung

Neben den bereits genannten Merkmalen der Brandlast ist die Brandweiterleitung von den Stoffeigenschaften *Wärmeleitfähigkeit, Wärmekapazität, Rohdichte* und dem *Heizwert* abhängig. Die Brandausbreitung kann dort verhängnisvoll werden, wo es sich um sehr große Räume handelt (Großraumbüros, Warenhäuser, Fabrik- oder Lagerhallen). Die nächste Stufe ist das Übergreifen eines Brandes auf einen benachbarten Raum, der jedoch noch innerhalb desselben Brandabschnittes liegt. Im weiteren Verlauf erfolgt die Ausbreitung des Brandes von einem Brandabschnitt auf den anderen, aber noch innerhalb desselben Gebäudes. Beim Brandübersprung wird das Feuer auf das Nachbargebäude übertragen. Die Brandbeanspruchung des Nachbargebäudes erfolgt in erster Linie durch Wärmestrahlung in Verbindung mit Flugfeuer.

### Vollbrand

Nach dem Feuerübersprung steigen die Temperaturen im Brandraum innerhalb kurzer Zeit um mehrere 100 Grad, und es kommt zum Vollbrand. Dabei verbrennen alle brennbaren Stoffe im Raum; die Brandraumtemperaturen können auf mehr als 1 000 °C ansteigen. Nach Abbrand der Brandlast kühlt der Raum allmählich ab. Die Abkühlung ist abhängig vom *Wärmespeicherungsvermögen* der raumbegrenzenden Bauteile und der Größe der *Raumöffnungen.*

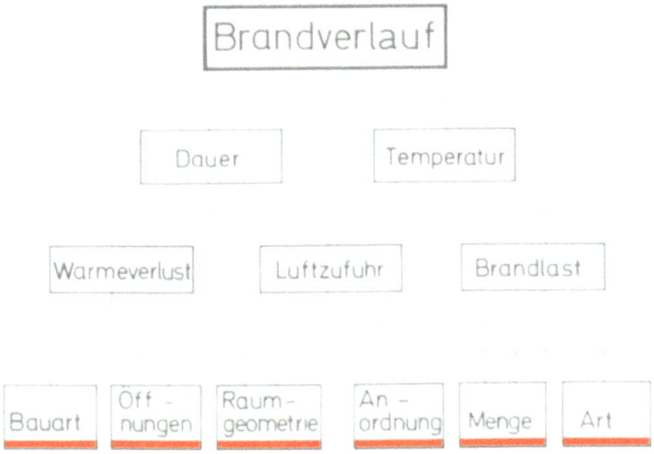


1 Einflüsse auf den Brandverlauf (nach Kordina)

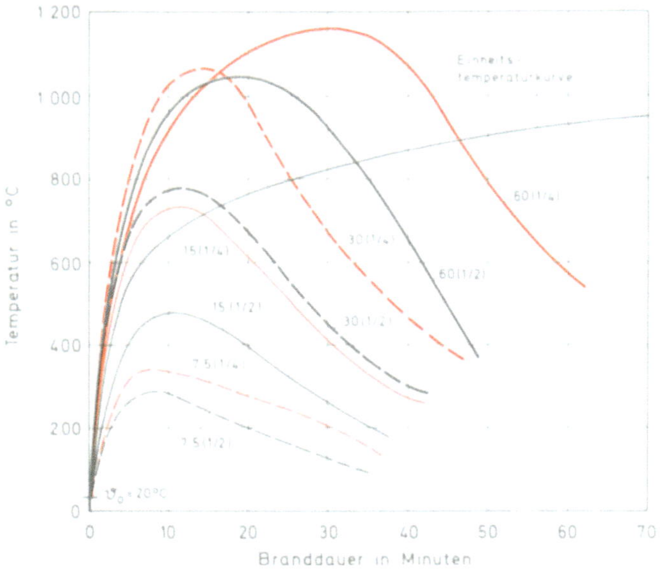


2 Einfluß von Brandlasten und Brandraumöffnungen auf den Brandverlauf. Brandlasten von 7,5, 15, 30 und 60 kg/m² Holz. Öffnungsflächen 1/2 und 1/4 der Wandfläche (nach Kordina)

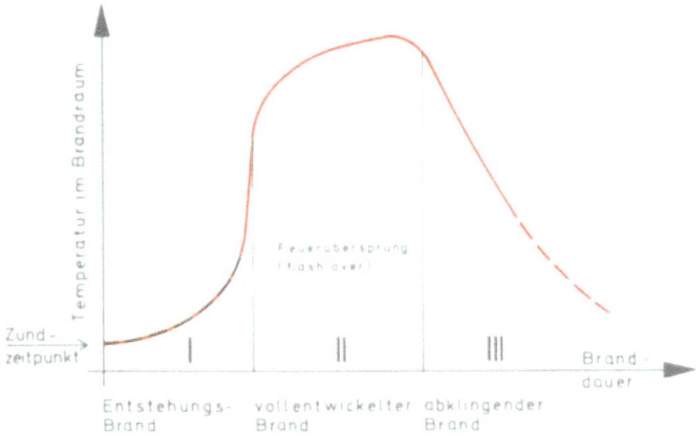


3 Schema des Temperaturzeitverlaufes der Brandentwicklung in Räumen (nach Becker)

## Brandschutzmaßnahmen

Unter dem sehr weit gespannten Begriff Brandschutzmaßnahmen oder Brandverhütung werden alle ideellen und materiellen Maßnahmen zur Verhütung, Entstehung und Ausbreitung eines Schadensfeuers verstanden.

Wer sich mit dem sehr umfangreich gewordenen baulichen Brandschutz zu befassen hat, sollte auch über den Gesamt-Komplex **Brandschutz** Bescheid wissen. Die in der Übersicht → 2 dargestellte Gliederung ist im wesentlichen auch bei den Feuerwehren sowie den Versicherungen und Berufsgenossenschaften eingeführt. Die Anforderungen, die an jeden dieser Bereiche zu stellen sind, beeinflussen sich gegenseitig und können nur im Zusammenhang beurteilt werden.

Für den Baupraktiker steht der *vorbeugende* Brandschutz und hier wiederum der *bauliche* Brandschutz im Vordergrund. Aufgabe des vorbeugenden Brandschutzes ist es, die Entstehung und Ausbreitung von Bränden zu verhindern, mit den wichtigsten Maßnahmen:

- Verhinderung der Brandentstehung (Verwendung nichtbrennbarer oder schwerentflammbarer Baustoffe, betriebliche Brandschutzmaßnahmen)
- Verhütung einer Ausbreitung des Brandes (Brandabschnitte, Brandwände, Feuerschutzabschlüsse, Gebäudeabstände)
- sofortige Meldung und Bekämpfung eines Brandes (Feuermelder, Feuerlöschgeräte)
- die Rettung von Menschen im Brandfall (Fluchtwege, Treppenräume, Angriffswege für die Feuerwehr)

Unter baulichem Brandschutz werden alle Maßnahmen verstanden, die bei der Erstellung eines Gebäudes zur Verhinderung oder Begrenzung eines Brandes sowie zur Erhaltung der Standsicherheit erforderlich sind. Wie die Erfahrung zeigt, ist der bauliche Brandschutz ein besonders wirksames Mittel zur Verhinderung einer Brandausweitung in Gebäuden. Eine Einführung in das Zusammenwirken von Bauteilen, Brandlast, -verlauf und -umfang bei verschiedenen Brandrisiken zeigt die Übersicht → 11.

Darüber hinaus gibt es die gesetzlich geregelte Brandschau mit der Aufgabe, brandgefährliche Zustände in bestehenden Gebäuden zu erkennen und ihre Beseitigung zu veranlassen.

Aufgabe des *abwehrenden* Brandschutzes ist es, Brände möglichst schon im Entstehen zu erkennen, zu bekämpfen und Gefahren für die Menschen abzuwenden. Der abwehrende Brandschutz steht in engem Zusammenhang mit dem baulichen Brandschutz. Die Einleitung von Rettungsmaßnahmen und die Taktik der Brandbekämpfung durch die Feuerwehr sind sehr stark von den gegebenen baulichen Verhältnissen abhängig.

Zur Gewährleistung eines intakten Brandschutzes sind auch gewisse vorbereitende und organisatorische Maßnahmen notwendig, wie z.B.

- Überwachung der Brandschutzmaßnahmen,
- Zusammenarbeit mit der Feuerwehr, besonders bei gefährdeten Objekten,
- Aufstellung von Brandschutzplänen,
- Durchführung von Brandschutzübungen.

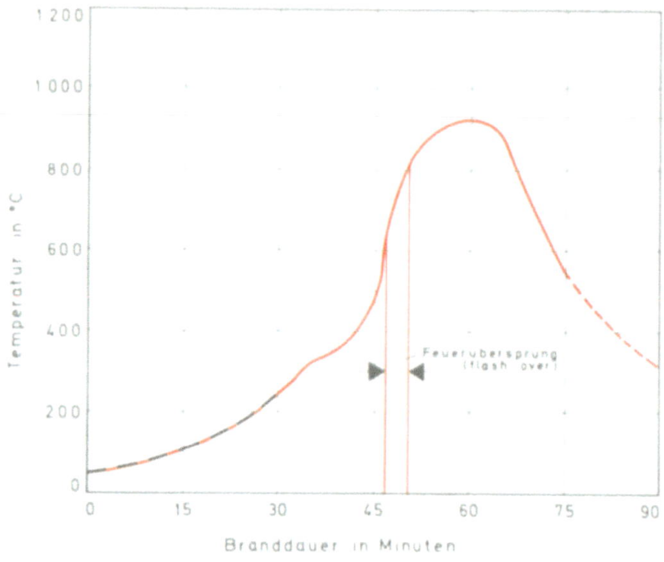


**1** Möglicher Brandverlauf in einer Wohnung mit vorausgehendem Schwelbrand

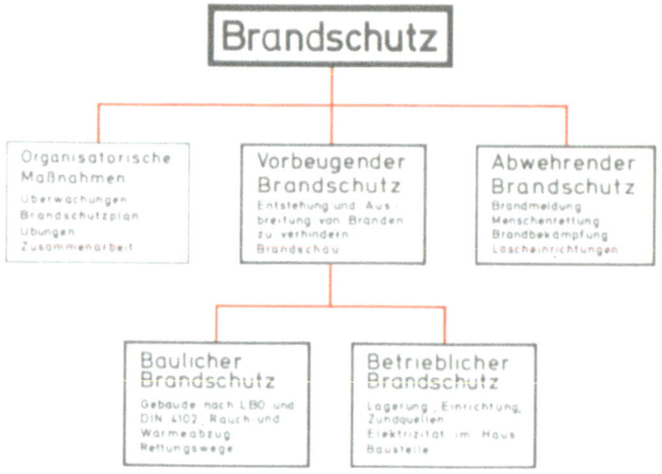


**2** Gliederung des Brandschutzes

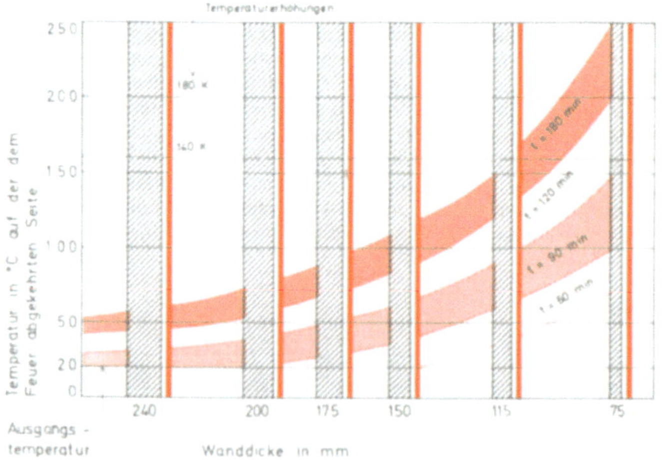


**3** Temperaturen auf der dem Feuer abgekehrten Seiten von ungeputzten Bimsbeton-Wänden (nach Meyer-Ottens)

| Bauteile bei Brand-einwirkung, Brandlast, Brandverlauf, Brandumfang | Vergleichende Ubersicht mit Einstufung der Risiken in drei Gefahrenbereiche | | |
|---|---|---|---|
| | geringe Gefahr | mittlere Gefahr | großere Gefahr |
| Baustoffklassen nach DIN 4102, Teil 1<br>und ihre kennzeichnenden Prufungsmerkmale | Nichtbrennbar A1, A2<br>Heizwertprufung im elektrisch beheizten Ofen bei 750°C<br>15 bis 30 Minuten lang | Schwerentflammbar B1<br>Prufung im Brandschacht unter Einwirkung vieler Gasflammen<br>10 Minuten lang | Normalentflammbar B2<br>Kantenbeflammung im Brennkasten<br>15 Sekunden lang |
| Beton, Stahlbetonkonstruktionen | nur außere Einwirkung, Verrußung, Putz und Farbe konnen abfallen | Teilschaden durch Abplatzungen, Tragkonstruktion bleibt im wesentlichen erhalten | Warmedehnungen infolge langer einwirkender Hitze, starke Ausbeulungen, Absturzen und Einsturz |
| Holz, Holzkonstruktionen | Vollholz, große Dimensionen, brettschichtverleimte Konstruktionen, Holzbauplatten | Normales baubliches Vollholz, dicke Bohlen, Sperrholz und Spanplatten ≧ 600 kg/m³ | Dunne Bretter, Latten, Holzkonstruktionen ohne Brandschutz, reich gegliederte Oberflachen |
| Metallkonstruktionen | Die Schutzverkleidung wird nur angerußt | Die Schutzverkleidung wird beschadigt, die Tragfahigkeit bleibt aber erhalten | Die Stahlkonstruktion ist unter Hitzeeinwirkung eingeknickt und verbogen, Totalschaden |
| Elektrokabel | Die Kabel werden nur erwarmt, die Isolierung teilweise erweicht. Der Stromdurchgang ist noch vorhanden | Die Isolierung ist vollig erweicht, aber noch kein Kabelbrand. Der Strom fallt teilweise aus | Der Kabelbrand breitet sich aus, die Drahte ubertragen die Hitze. Totaler Stromausfall |
| Fußboden, Bodenbelage | Steinboden, Fliesenbelage, Hartestriche | PVC-Belage und schwerentflammbare Teppichboden auf Estrich geklebt | Lose Teppiche aus brennbaren Stoffen, Holzboden mit Hohlraumen |
| Teppiche, Wandbehange, Gardinen | Auf nichtbrennbarer Unterlage dicht aufliegend, z.B. schwerentflammbarer Teppich auf Steinboden | Lose Teppiche auf Kunststoffboden, Wandbehange | Freihangende Gardinen, besonders in der Nahe von Kerzen oder Geraten, die erhitzen |
| Gebaudearten<br>(aus VDS-Richtlinien) → 13) | Brandgefahr BG 1<br>Wohnraume, Buros, Hotels, Krankenhauser | Brandgefahr BG 2<br>Versammlungsstatten, Restaurants, Warenhauser | Brandgefahr BG 3<br>Lackierereien, Textilbetriebe, Flugzeughallen |
| Raume nach ihrer Brandlast | Keine oder nur geringe Brandlast<br>Treppenhauser, Rettungswege, Sanitarraume, mechanische Werkstatten | Normale Brandlast<br>Wohnraume, Hotelzimmer, Buro-Einzelraume | Hohe Brandlast<br>Lager mit brennbaren Gutern, Hochregallager, Großraumburos |
| Lagermaterialien<br>(nach VDS-Richtlinien) → 13) | Brandgefahr BG 4.1<br>(einfache Risiken)<br>Metall-, Keramikwaren, Getranke, Bucher | Brandgefahr BG 4.2<br>(mittlere Risiken)<br>Buromaterial, Elektrogerate, Holz- oder Kunststoff-Fenster | Brandgefahren BG 4.3 und 4.4<br>(hohe und besonders hohe Risiken)<br>Holzwolle, loses Papier, Schaumgummi, Chemikalien |
| Rauchentwicklung | Heller Qualm unter der Decke. Alarmieren, Gegenmaßnahmen einleiten, Rauchabzugsklappen offnen | Der gesamte Raum ist mit Qualm gefullt. Sichtbehinderung. Fluchtwege gerade noch erreichbar. Schleimhaute werden gereizt | Erhebliche Sichtbehinderung. Rauchgasvergiftungen. Die Feuerwehr braucht Atemschutzgerate |
| Moglicher Verlauf eines Schwelbrandes | Der Schwelbrand wird entdeckt und beseitigt | Aus dem Schwelbrand ensteht ein offenes Feuer, das aber sofort geloscht werden kann | Der Schwelbrand bleibt unbemerkt (Nachtzeit, Betriebsruhe) und kommt zur Entflammung, ein Großbrand kann entstehen |
| Verlauf eines offenen Brandes | Entstehungsbrand<br>Die Temperatur im Raum – unter der Decke – hat ca. 300°C noch nicht uberschritten | Fortentwickelter Brand<br>Diese Temperaturgrenze ist uberschritten, der Feuerubersprung aber noch nicht eingetreten | Vollentwickelter Brand<br>Feuerubersprung bei etwa 550°C, alle brennbaren Stoffe werden vom Brand erfaßt, der ubergreift |
| Brandausbreitung | Stadium I<br>In einem Raum entsteht Feuer mit anschließendem Vollbrand | Stadium II<br>Ausbreitung auf andere Raume und Geschosse innerhalb eines Brandabschnittes. Evtl. Totalbrand | Stadium III<br>Ausdehnung auf das gesamte Gebaude und/oder Ubergang auf benachbarte Gebaude |
| Umfang der Brandgefahr | Geringe Brandgefahr<br>Niedrige Brandbelastung, geringe Brennbarkeit<br>1 Feuerloscher fur 100 m² | Mittlere Brandgefahr<br>Geringe Brandbelastung, normalentflammbar<br>2 Feuerloscher fur 100 m² | Großere Brandgefahr<br>Große Brandbelastung, hohe Brennbarkeit<br>3 Feuerloscher fur 100 m² |
| Brandumfang auf die Brandflache bezogen<br>(Aus DIN 14011: Begriffe aus dem Feuerwehrwesen) | Einzelbrand<br>Ein Gebaude, ein Grundstuck oder Teile davon<br>Reihenbrand<br>Eine Gebaudereihe in geschlossener Bauweise | Blockbrand<br>Ein Gebaudeviertel zwischen Straßen, auch viele Einzelbrande | Flachenbrand<br>Viele gleichzeitig entstandene Einzelbrande, wesentlich uber dem Umfang eines Blockbrandes |
| Brandumfang auf die eingesetzten Loschmittel bezogen<br>(Aus DIN 14011: Begriffe aus dem Feuerwehrwesen) | Kleinbrand a) Ein kleines Loschgerat (1 Feuerloscher bis 12 kg, 1 C-Rohr, 1 Sprinkler)<br>Kleinbrand b) Ein C-Strahlrohr oder mehrere Feuerloscher gleichzeitig mit mind. 24 kg Loschmittel, 2 bis 3 Sprinkler | Mittelbrand<br>2 bis 3 C-Rohre gleichzeitig oder Gerate mit 250 bis 750 kg Loschmittel<br>2 C-Rohre = 1 B-Rohr | Großbrand<br>Mehr als 3 C-Rohre gleichzeitig oder Gerate mit uber 1500 kg Loschmittel |

## Begriffe aus dem Feuerwehrwesen

(Auszüge aus DIN 14 011. Sie sind in möglichst einfacher Weise – teilweise unter Verzicht auf wissenschaftliche Exaktheit – definiert.)

**Brennbare Stoffe** sind gasförmige, flüssige oder feste Stoffe, einschl. Dämpfe, Nebel und Stäube, die im Gemisch oder im Kontakt mit Luft oder Sauerstoff zum Brennen angeregt werden können.

**Explosionsfähiges Gemisch** ist ein Gemisch von Gasen oder Dämpfen untereinander oder mit Nebeln oder Stäuben, in dem sich nach Entzündung eine Flamme selbständig fortpflanzt, ohne daß hierzu eine weitere Energiezufuhr und Luftzutritt erforderlich sind.

**Zündquelle** ist eine Energiequelle, die brennbaren Stoffen oder Stoffgemischen Zündenergie zuführen kann.

**Entzünden** ist das Einleiten des Brennens.

**Fremdentzündung** ist eine Entzündung durch eine von außen zugeführte Zündenergie.

*Anmerkung:* Eine von außen zugeführte Zündenergie ist vom brennbaren Stoff unabhängig und kann z.B. von .einem Lichtbogen, einem Funken, einer offenen Flamme oder einer heißen Oberfläche herrühren.

**Selbstentzündung** ist eine Entzündung ohne Energiezufuhr von außen.

*Anmerkung:* Eine Selbstentzündung kann z.B. infolge einer Oxydation, einer Zerfallsreaktion oder infolge Polymerisation erfolgen.

**Entzündbarkeit** ist die Eigenschaft von brennbaren Stoffen oder Stoffgemischen, die mehr oder weniger leicht entzündet werden können.

*Anmerkung:* Die Entzündbarkeit ist abhängig vom Zustand des Stoffes (Aggregatzustand, Zusammensetzung, Temperatur, spezifische Oberfläche usw.) und seinen Eigenschaften (Flammpunkt, Zündtemperatur; bei festen Stoffen die Fähigkeit, Gase oder Dämpfe bei Erwärmung freizusetzen) sowie von der Art und Wirkungsdauer einer Zündquelle. In der Regel sind über die Entzündbarkeit nur vergleichende Aussagen möglich.

**Untere und obere Explosionsgrenze** ist die niedrigste bzw. höchste Konzentration des brennbaren Stoffes im Gemisch von Gasen, Dämpfen, Nebeln und/oder Stäuben, in dem sich nach dem Zünden ein Brennen gerade nicht mehr selbständig fortpflanzen kann.

**Glimmtemperatur** ist die niedrigste Oberflächentemperatur einer freiliegenden erhitzten Fläche, bei der ein darauf abgelagerter Staub zur Entzündung kommt.

**Brennen** ist eine mit Flamme und/oder Glut selbständig ablaufende exotherme Reaktion zwischen einem brennbaren Stoff und Sauerstoff oder Luft.

**Feuer** umfaßt als Oberbegriff sowohl bestimmungsgemäßes Brennen (Nutzfeuer) als auch nicht bestimmungsgemäßes Brennen (Schadenfeuer).

**Brand** ist ein nicht bestimmungsgemäßes Brennen, das sich unkontrolliert ausbreiten kann.

**Folgebrand** ist ein Brand, der im Gefolge eines zerstörenden (nicht durch einen Brand bedingten) Ereignisses entsteht.

*Anmerkung:* Ein Folgebrand kann z.B. bei einer Explosion, einem Zerknall oder einem Zusammenstoß entstehen.

**Glut** ist ein erwärmter fester oder flüssiger Stoff mit sichtbarer Wärmestrahlung.

*Anmerkung:* Aus der Glutfarbe lassen sich Rückschlüsse auf die Oberflächentemperatur eines festen Stoffes ziehen. Glut schließt auch glimmende Stoffe ein.

**Partikelfunken** sind glühende Teilchen, die bei Feuer oder Schweißarbeiten, sowohl durch Schlag als auch durch Stoß oder Reibung entstehen.

**Funkenflug** ist der Flug von Partikelfunken.

**Flugfeuer** ist der durch Auftrieb oder Wind verursachte Flug größerer Teile von brennenden Stoffen.

**Flamme** ist der Bereich brennender oder anderweitig exotherm reagierender Gase oder Dämpfe, von dem sichtbare Strahlung ausgeht.

**Stichflamme** ist ein bis zu vielen Metern reichender kurzzeitig auftretender Flammenstrahl.

**Flammenausbreitungsgeschwindigkeit** ist die bei festen und flüssigen Stoffen auftretende Geschwindigkeit, mit der sich eine Flamme an der Oberfläche dieser Stoffe ausbreitet.

**Brandgase** sind gasförmige Gemische aus bei Bränden entstehenden Oxiden, inerten Anteilen und Pyrolyseprodukten.

**Rauch** ist ein Aerosol, das hauptsächlich aus Brandgasen und festen Teilchen besteht.

*Anmerkung:* Feste Teilchen im Rauch können z.B. Ruß, Holzkohle oder Flugasche sein.

**Qualm** ist ein sehr dichter Rauch, in dem neben Brandgasen und festen Teilchen in Nebelform auftretende Pyrolyse- und Destillationsprodukte enthalten sein können.

**Brandtemperatur** ist die Temperatur, die bei einem Brand auftritt.

*Anmerkung:* Die Brandtemperatur hängt von der Verbrennungswärme, der Abbrandrate und den Bedingungen des Wärmeüberganges vom Brandherd zur Umgebung ab und unterliegt somit örtlichen Schwankungen. Über die Brandtemperatur sind meistens nur vergleichende Aussagen möglich.

**Verbrennungswärme** ist die Wärme, die bei der vollständigen Verbrennung eines Stoffes frei wird.

*Anmerkung:* Die Verbrennungswärme wird in der Regel auf die Masse des brennbaren Stoffes bezogen (spezifische Verbrennungswärme); die tabellierten Werte (Brennwert, Heizwert) hängen von den jeweils festgelegten Meßbedingungen ab.

**Wärmeübertragung** (Wärmetransport) ist die Überführung von Wärme von einem Ort zu einem anderen.

*Anmerkung:* Die Wärmeübertragung erfolgt in der Regel durch eine Kombination von Wärmeleitung, Konvektion und Wärmestrahlung.

**Explosion** ist die exotherme Reaktion in explosionsfähigen Gemischen bzw. in explosionsfähiger Atmosphäre, solange die Reaktion nicht zur Detonation führt.

*Anmerkung:* Bei Explosionen können hohe Flammenausbreitungsgeschwindigkeiten (unter Schallgeschwindigkeit) und große Druckanstiege auftreten. Explosionen mit geringer Druckwirkung werden auch Verpuffungen genannt.

**Detonation** ist eine durch eine Stoßwelle ausgelöste Flammenreaktion, die sich mit Geschwindigkeit bis zu einigen km/s fortpflanzt.

*Anmerkung:* Bei Detonationen können die in Flammenfortpflanzungsrichtung mit Überschallgeschwindigkeit strömenden Gase große Zerstörung verursachen.

**Implosion** ist ein plötzliches Zerreißen der Wandungen eines unter Unterdruck stehenden Behälters, Rohres oder ähnlichen Anlageteiles.

**Zerknall** ist ein plötzliches Zerreißen der Wandungen eines unter Überdruck stehenden Behälters, Rohres oder Anlageteiles.

**Brandschneise** ist ein von brennbaren Stoffen freier oder freigemachter Streifen, an dem eine Brandausbreitung aufgehalten werden soll.

**Brandschutzplan** ist ein vor Ort vorgehaltener Übersichtsplan einer baulichen Anlage mit Angaben über brandschutztechnische Einrichtungen und besondere Risiken.

*Anmerkung:* Der Brandschutzplan ist nicht zu verwechseln mit dem Feuerwehreinsatzplan.

**Brandschaden** ist der Schaden, der unmittelbar durch den Brand und durch Löschmaßnahmen an beweglichen und unbeweglichen Sachen entsteht.

## Zuordnung von Betriebsarten nach Brandgefahren

(Auszüge aus den Richtlinien des Verbandes der Sachversicherer)

**Brandgefahr BG 1:**
Schutzbereiche mit niedriger Brandbelastung und geringer Brennbarkeit der Gebäude und deren Inhalt.

Büros
Hotels (ohne Restaurants)
Krankenhäuser
Schulen
Wohnräume

**Brandgefahr BG 2:**
Schutzbereiche mit mittlerer Brandbelastung und normaler Brennbarkeit. Sie werden weiter unterteilt in BG 2.1 bis BG 2.3

**BG 2.1**
Bars, Diskotheken
Blechwarenfabriken
Brauereien
Büchereien
Datenverarbeitung
Garagen
Kinos
Kirchen
Molkereien
Restaurants
Spritzgußfertigung (Metall)
Theater
Versammlungsstätten

**BG 2.2**
Autowerkstätten
Backwarenfabriken
Färbereien
Fensterfertigung (Alu)
Fotolabors
Lederwarenfabriken
Leichtmetallbetriebe
Maschinenfabriken
Nähereien
Spritzgußfertigung (Kunststoff)
Stahlmöbelfertigung
Tabakwarenfabriken
Teigwarenfabriken
Türfertigung (Alu)
Wäschereien
Warenhäuser

**BG 2.3**
Druckereien
Elektromaschinenfertigung
Fensterfertigung (Holz, Kunststoff)
Fertighausherstellung
Gummiwarenfabriken
Holzverarbeitungsbetriebe
Kunststoffherstellung
Kunststoffverarbeitung (keine Schaumstoffe)
Möbelfabriken
Papierfabriken
Schuhwarenfabriken
Spanplattenfabriken
Sperrholzfabriken
Spinnereien
Teppichfabriken (ohne Gummi und Schaumstoffe)
Türenfertigung (Holz, Kunststoff)
Wäschefabriken

**Brandgefahr BG 3:**
Schutzbereiche mit großer Brandbelastung und hoher Brennbarkeit. Sie werden weiter unterteilt in BG 3.1 bis BG 3.3.

**BG 3.1**
Bitumenverarbeitung
Brennereien
Farben- und Lackfabriken
Filmstudios
Holzwollefabriken
Lackierereien
Mühlen (Getreide, Öl)
Reinigungen (chemisch)
Teppichfabriken (mit Gummi und Schaumstoffen)

**BG 3.2**
Dachpappenfabriken
Polstereien (mit Schaumstoffen)
Schaumstoffabriken

**BG 3.3**
Futtermittelfabriken
Kohleverwertungsbetriebe
Zelluloidfabriken

Bei den nachfolgend genannten Betrieben erfolgt die Einstufung nach der jeweiligen *Betriebsart* des Schutzbereiches.

Automobilfabriken
Chemiefaserfabriken
Elektrogerätefertigung
Flugzeugfabriken
Klebstoffabriken
Lebensmittelbetriebe
Museen
Textilbetriebe

Bei diesen Betrieben ist eine *Löschwassersprühanlage* erforderlich:

Feuerwerkskörperfabriken
Flugzeughangars
Munitionsfabriken
Nitrozellulosefabriken

## Zuordnung von Lagermaterialien nach Brandgefahren

**Brandgefahr BG 4:**
Diese Schutzbereiche werden entsprechend dem Brandverhalten der verschiedenen Lagermaterialien weiter unterteilt in BG 4.1 bis BG 4.4.

**BG 4.1** (einfache Risiken)
Bücher
Chemikalien (nichtbrennbar)
Getränke (keine Spirituosen)
Getreide
Keramikwaren
Leder
Metallwaren
Papier, Pappe (in Blattform gestapelt)
Porzellan

**BG 4.2** (mittlere Risiken)
Altmaterialien (überwiegend nicht brennbar)
Arzneimittel
Asphalt
Autozubehör
Bodenbeläge
Brennholz
Büromaterial
Dachpappe
Draht (isoliert)
Elektrogeräte
Fenster (Holz, Kunststoff)
Fette
Furniere
Futtermittel
Fußbodenbeläge (ohne Schaumstoffanteil)
Holz (massive Lagerung)
Kaffee
Kleider
Kosmetikartikel
Kunststoffe (ungeschäumt)
Lebensmittel
Matratzen (unter 10 % Schaumstoffe)
Möbel
Öle (mineralische, pflanzliche, tierische)
Papier, Pappe (in Rollen horizontal)
Polsterwaren (ohne Schaumstoffe)
Spanplatten, Sperrholz
Spirituosen
Tabakwaren
Teppiche (ohne Schaumstoffe)
Textilien aller Art
Türen (Holz, Kunststoff)
Warenhauslager
Wäsche
Waschmittel
Zigarren, Zigaretten

**BG 4.3** (hohe Risiken)
Altmaterialien (brennbar)
Chemikalien (brennbar)
Gummiwaren
Holz (luftdurchlässige Stapel)
Holzwolle
Klebstoffe
Lösungsmittel
Paletten (Holz)
Papier, Pappe (in Rollen vertikal)
Polsterwaren (mit Schaumstoffen)
Zelluloid

**BG 4.4** (besonders hohe Risiken)
Feuerwerk
Kunststoffe (geschäumt, Kleinmaterial)
Schaumgummi (Blöcke, Rollen, Abfallagerung)

# Gesetzliche Grundlagen des vorbeugenden Brandschutzes

## Landesbauordnungen

In der Bundesrepublik Deutschland fällt das Bauaufsichtsrecht in die Zuständigkeit der Länder. Die Rechtsgrundlage bilden die als Landesgesetze beschlossenen Landesbauordnungen (LBO).*

Nach der Generalklausel der Bauordnungen sind bauliche Anlagen so auszuführen, daß die öffentliche Sicherheit und Ordnung, insbesondere Leben und Gesundheit, nicht gefährdet werden. Zur Abwendung der Brandgefahr enthält das Baurecht zahlreiche Anforderungen. Von etwa 130 Paragraphen einer Landesbauordnung befassen sich immerhin 44 mit dem Brandschutz. Die grundsätzliche Forderung lautet:

„Bauliche Anlagen sind so anzuordnen, zu errichten und instandzuhalten, daß der Entstehung und Ausbreitung von Schadenfeuer vorgebeugt wird, im Brandfall die Möglichkeit zur Rettung von Menschen und Tieren besteht und eine wirksame Bekämpfung gewährleistet ist." (Landesbauordnung Rheinland-Pfalz)

Zur Abwendung der Brandgefahr kann die Bauaufsichtsbehörde bei Änderung baulicher Anlagen verlangen, daß auch nicht unmittelbar berührte Teile geändert oder ergänzt werden. Die Bauaufsicht hat beispielsweise auch das Recht, in Gebieten, in deren Nahbereich keine Berufsfeuerwehr verfügbar ist, (wegen der Drehleiter) die Einhaltung der Hochhausbestimmungen bereits für Gebäude vom 6. Geschoß an zu verlangen.

### Rechtsverordnungen

Die zuständigen Landesminister sind ermächtigt, für bauliche Anlagen besonderer Art und Nutzung ergänzende Rechtsverordnungen zur Landesbauordnung zu erlassen, wie z.B.

- Garagenverordnung,
- Prüfzeichenverordnung, Güteüberwachungsverordnung,
- Feuerungsanlagenverordnung,
- Industriebauverordnung,
- Versammlungsstättenverordnung,
- Warenhausverordnung.

### Verwaltungsvorschriften

Während Gesetze und Rechtsverordnungen jeweils ein ganzes Gebiet betreffen, enthält eine Verwaltungsvorschrift weitere ins einzelne gehende Bestimmungen, wie z.B.

- Richtlinien für die Verwendung brennbarer Baustoffe im Hochbau,
- Richtlinien für den Bau und die Einrichtung von Heizräumen sowie die Lagerung von Heizöl,
- Hochhausrichtlinien,
- Krankenhausrichtlinien,
- Schulbaurichtlinien.

### Ordnungsverfügungen

Zur Abwehr von Gefahren, die die öffentliche Sicherheit und Ordnung bedrohen, können die Ordnungsbehörden (Ordnungsamt, Bauaufsichtsamt, Gewerbeaufsichtsamt) Auflagen in Form von Ordnungsverfügungen erteilen.

Neben Angabe der Rechtsgrundlage müssen sie eine Rechtsmittelbelehrung enthalten (Einspruch- und Beschwerdemöglichkeiten und -fristen).

* Im Text des vorliegenden Buches wird immer wieder auf ‚die' Landesbauordnungen hingewiesen. Die Bauordnungen der Länder lehnten sich ursprünglich an die sogenannte Musterbauordnung an und weichen inzwischen in zahlreichen Punkten voneinander ab. Dennoch erscheint es berechtigt, immer dann von ‚den' Landesbauordnungen zu sprechen, wenn Fragen angesprochen werden, die in den einzelnen Landesbauordnungen praktisch sachlich gleichlautend abgehandelt sind. Zitierte Passagen stammen, auch wo dies im vorliegenden Buch nicht immer angemerkt ist, aus der Landesbauordnung Rheinland-Pfalz (9. Aufl.). (Anm. d. Verlages)

### Normblätter, Technische Richtlinien

Normblätter werden von den Fachnormenausschüssen aufgestellt und haben zunächst den Charakter von Richtlinien und Empfehlungen. Sie werden erst dann rechtskräftig, wenn sie durch Erlaß in den einzelnen Ländern eingeführt werden. Sie gelten dann als *anerkannte Regeln der Baukunst,* wie z.B.

- DIN 4102 Brandverhalten von Baustoffen und Bauteilen;
- DIN 18 090 Aufzugstüren,
- DIN 18 081 Feuerschutzabschlüsse,
- DIN 18 160 Hausschornsteine, Bemessung und Ausführung,
- DIN 18 230 Baulicher Brandschutz im Industriebau,
- DIN 18 231 Baulicher Brandschutz, Gesamtkonstruktion,
- DIN 18 232 Baulicher Brandschutz, Rauch- und Wärmeabzug bei Bränden,
- TVR-Gas, VDE 0100 Starkstromanlagen.

### Brandschutzgesetze

Die *Landesgesetze über den Brandschutz und die technische Hilfe* legen den Aufbau und die Organisation des Feuerschutzes fest. Sie bilden auch die rechtliche Ermächtigung für die Durchführung von Brand- oder Brandverhütungsschauen, für die Sicherstellung einer angemessenen öffentlichen Löschwasserversorgung und weitere Maßnahmen zur allgemeinen Brandverhütung.

### Gewerbeordnung

Die Gewerbeordnung ist ein Bundesgesetz und enthält die Ermächtigung für den Erlaß von Rechtsverordnungen auf Bundesebene. Die *Verordnung über brennbare Flüssigkeiten* und die *Druckgasverordnung* sind hiervon die wichtigsten Verordnungen für den vorbeugenden Brandschutz. Die staatlichen Gewerbeaufsichtsämter sowie die Gewerbeaufsichtsbehörden der Regierungsbezirke und der Länder sind für die Durchführung des Gewerberechtes die zuständigen Fachbehörden.

### Strafgesetzbuch

In einigen Paragraphen des StGB wird der Brandschutz angesprochen, wie z.B. Verursachung des Todes eines Menschen durch Fahrlässigkeit (§ 222); vorsätzliche oder fahrlässige Brandstiftung (§§ 306 bis 309); Verstöße gegen die allgemein anerkannten Regeln der Baukunst (§ 330); Brandschutzmaßnahmen (§§ 367 bis 369).

### Unfallverhütungsvorschriften

In den Vorschriften und Merkblättern der Berufsgenossenschaften sind auch Angaben über den Brandschutz enthalten – besonders ausführlich bei der chemischen Industrie. Richtlinien gibt es auch für den Brandschutz auf Baustellen → 77.

### Merkblätter der Feuerversicherer und des Verbandes der Sachversicherer

Die Feuerversicherer wirken vielseitig an der Brandverhütung mit, denn sie müssen ggf. die durch Brand entstehenden Sach- und Folgeschäden finanziell begleichen. Die Merkblätter geben besonders für den vorbeugenden Brandschutz wertvolle Hinweise. Soweit es den baulichen Brandschutz betrifft, gehören zu den Unterlagen des Verbandes der Sachversicherer (VdS):

- Verzeichnisse über zugelassene Baustoffe, Bauteile und Sonderbauteile mit Angabe über deren Brandverhalten entsprechend DIN 4102,
- Listen über Betriebsarten und Lagermaterialien nach Brandgefahren → 13,
- Besondere Baubestimmungen, die zuweilen über die Forderungen der Landesbauordnungen und der DIN 4102 hinausgehen, wie z.B. bei den *Komplextrennwänden* als hochwirksamen Brandwänden.

Darüber hinaus unterhält der Verband der Sachversicherer einen Beratungsdienst für Brandschutz sowie ein Institut zur Prüfung von Brandmelde- und Löschanlagen, Rauch- und Wärmeabzugssystemen sowie Auslöseeinrichtungen für Feuerschutzabschlüsse.

# DIN 4102 – Brandverhalten von Baustoffen und Bauteilen

Für das große Gebiet des baulichen Brandschutzes ist diese Norm als die wichtigste Baubestimmung anzusehen.

Die erste Ausgabe der DIN 4102 erschien im Jahre 1934 mit bescheidenen 7 Seiten. 1940 folgte die zweite Ausgabe mit 11 Seiten. Die Ausgabe aus dem Jahre 1965 brachte es auf 18 Seiten. Einen vorläufigen Abschluß fand das Normenwerk DIN 4102 mit der Ausgabe vom Februar 1970 mit 23 Seiten Umfang.

Nunmehr liegt von der DIN 4102 die Ausgabe vom September 1977 mit 8 Teilen vor, Teil 4 und Teil 8 befinden sich noch im Stadium des Entwurfes. Sobald auch die letztgenannten Blätter eingeführt sind, wird die neue DIN 4102 einen Gesamtumfang von 133 Seiten erreicht haben.

| DIN 4102 | Brandverhalten von Baustoffen und Bauteilen | Seitenzahl | Art der Norm |
|---|---|---|---|
| Teil 1 | Baustoffe (Sept. 1977) | 15 | Klassifizierungs- und Prüfnormen |
| Teil 2 | Bauteile (Sept. 1977) | 9 | |
| Teil 3 | Brandwände und nichttragende Außenwände | 8 | |
| Teil 4 | Zusammenstellung und Anwendung klassifizierter Baustoffe, Bauteile und Sonderbauteile (Entwurf März 1978) | 80 | Katalog |
| Teil 5 | Feuerschutzabschlüsse, Abschlüsse in Fahrschachtwänden und gegen Feuer widerstandsfähige Verglasungen (Sept. 1977) | 8 | Klassifizierungs- und Prüfnormen |
| Teil 6 | Lüftungsleitungen (Sept. 1977) | 5 | |
| Teil 7 | Bedachungen (Sept. 1977) | 4 | |
| Teil 8 | Kleinprüfstand (Entwurf Sept. 1977) | 4 | Prüfgerät |

## DIN 4102, Teil 1
## Baustoffe – Begriffe, Anforderungen und Prüfungen

Die Baustoffe werden nach ihrem Brandverhalten in folgende Klassen eingeteilt:

| Baustoffklasse | Bauaufsichtliche Benennung |
|---|---|
| A | nichtbrennbare Baustoffe |
| A 1 | |
| A 2 | |
| B | brennbare Baustoffe |
| B 1 | schwerentflammbare Baustoffe |
| B 2 | normalentflammbare Baustoffe |
| B 3 | leichtentflammbare Baustoffe |

Diese Bezeichnungen dürfen nur dann verwendet werden, wenn das Brandverhalten nach dieser Norm ermittelt worden ist.

Nichtbrennbare Baustoffe, die brennbare Bestandteile enthalten, sowie schwerentflammbare Baustoffe (Klasse B 1) bedürfen eines Prüfzeichens des Instituts für Bautechnik in Berlin, sofern sie nicht im Anhang zur Prüfzeichenverordnung davon ausgenommen sind.

Die Prüfzeichen setzen sich aus drei kennzeichnenden Teilen zusammen:

1. der Bezeichnung **PA III** für den zuständigen Sachverständigen-Ausschuß,
2. der Gruppen-Nummer für eines der nachstehenden Sachgebiete:
   **1** = Feuerschutzmittel für Textilien und Papier
   **2** = schwerentflammbare Baustoffe
   **3** = Feuerschutzmittel für Holz
   **4** = nichtbrennbare Baustoffe
   **5** = Sonderregelungen
   **6** = schwerentflammbare Fußbodenbeläge,
3. der nach einem Punkt angefügten Registriernummer.

Beispiele für Prüfzeichen sind:

**PA III 2.786** für beschichtete Polystyrol-Hartschaumplatten als einschalige Außendämmung
**PA III 3.4** für ein Holz-Feuerschutzmittel
**PA III 4.203** für eine nichtbrennbare Bauplatte

Für die prüfzeichenpflichtigen Baustoffe ist eine Überwachung/Güteüberwachung mit entsprechender Kennzeichnung erforderlich.

Die wichtigsten Voraussetzungen für die Einreihung in die nachstehend aufgeführten Baustoffklassen sind:

### A 1 – nichtbrennbar

Die Prüfung im Ofen muß bestanden werden. Die Anforderungen an Baustoffe der Klasse A 2 sind zu erfüllen; dabei kann auf eine Prüfung ganz oder teilweise verzichtet werden, soweit die Erfüllung dieser Anforderungen zweifelsfrei beurteilt werden kann. Beim Ofenversuch darf außerdem keine Entflammung auftreten und nur soviel Wärme abgegeben werden, daß dadurch die Temperatur im Ofen um höchstens 50 K über den Anfangswert ansteigt.

### A 2 – nichtbrennbar

Die Prüfungen der Rauchdichte, der Toxizität sowie die Heizwert- und die Wärmeentwicklungsprüfung im Brennschacht oder Ofen müssen bestanden werden.

Alle Baustoffe der Klasse A 2 brauchen ein Prüfzeichen des Instituts für Bautechnik, Berlin.

### B 1 – schwerentflammbar

Die Prüfungen im Brennschacht müssen bestanden und die Anforderungen an die Baustoffe der Klasse B 2 erfüllt werden.

Baustoffe der Klasse B 1 brauchen ein Prüfzeichen des Instituts für Bautechnik Berlin, es sei denn, sie sind in DIN 4102, Teil 4, klassifiziert.

### B 2 – normalentflammbar

Bei fünf Proben müssen die vorgeschriebenen Kantenbeflammungen bestanden werden. Der geprüfte Baustoff gilt als brennend-abfallend (abtropfend), wenn die vorgeschriebene Prüfung dies ergibt.

### B 3 – leichtentflammbar

Brennbare Baustoffe, die weder in die Klasse B 1 oder B 2 einzuordnen sind, gelten als Baustoffe der Klasse B 3.

Weiterhin müssen alle Baustoffe, die im Anlieferungszustand auf die Baustelle nach dieser Norm geprüft werden können, entsprechend ihrem Brandverhalten wie folgt gekennzeichnet sein:

DIN 4102 – A 1
DIN 4102 – A 2
DIN 4102 – B 1
DIN 4102 – B 2
DIN 4102 – B 3 leichtentflammbar.

Die Kennzeichnung ist auf den Baustoffen oder – wenn dies nicht möglich ist – auf/an der Verpackung deutlich lesbar und dauerhaft anzubringen.

Von der Kennzeichnungspflicht sind ausgenommen:
- alle Baustoffe der Klasse A 1, die in DIN 4102, Teil 4, aufgeführt sind,
- in der Klasse B 2 Holz und Holzwerkstoffplatten mit mehr als 400 $kg/m^3$ Rohdichte und ≧ 2 mm Dicke.

Die Kennzeichnungspflicht prüfzeichenpflichtiger Baustoffe entsprechend den Bestimmungen des Prüfbescheides bleibt hiervon unberührt.

Besondere Bedeutung kommt der Kennzeichnung *DIN 4102 – B 3 leichtentflammbar* zu. Sofern diese Baustoffe nach ihrem Einbau noch dieser Baustoffklasse zuzuordnen sind, dürfen sie bei baulichen Anlagen nicht verwendet werden.

## DIN 4102, Teil 2
## Bauteile – Begriffe, Anforderungen und Prüfungen

Als Bauteile im Sinne dieser Norm gelten Wände, Decken, Stützen, Unterzüge, Treppen usw.

Das Brandverhalten von Bauteilen wird durch die Feuerwiderstandsdauer und durch weitere in dieser Norm aufgeführte Eigenschaften gekennzeichnet.

Die Feuerwiderstandsdauer ist die Mindestdauer in Minuten, während der ein Bauteil bei der vorgeschriebenen Prüfung die gestellten Anforderungen erfüllt → 10/3.

| Feuerwiderstandsklasse | Feuerwiderstandsdauer mindestens |
|---|---|
| F 30 | 30 Minuten |
| F 60 | 60 Minuten |
| F 90 | 90 Minuten |
| F 120 | 120 Minuten |
| F 180 | 180 Minuten |

Nachstehend folgen die wichtigsten Prüfungsanforderungen an Bauteile der Feuerwiderstandsklasse F 30 bis F 180.

*Tragende Bauteile* dürfen während der Prüfdauer unter ihrer rechnerisch zulässigen Gebrauchslast und *nichttragende Bauteile* unter ihrer Eigenlast nicht zusammenbrechen.

*Raumabschließende Bauteile* müssen während der Prüfdauer nach den Beanspruchungen der Festigkeitsprüfung auch noch den Durchgang des Feuers verhindern. Die Oberflächentemperatur auf der dem Feuer abgekehrten Seite muß so begrenzt sein, daß brennbare Stoffe in unmittelbarem Kontakt zur Wand mit ausreichender Sicherheit nicht entzündet werden können.

*Nichtraumabschließende, tragende* Wände dürfen während der Prüfdauer unter ihrer rechnerisch zulässigen Gebrauchslast bei gleichzeitig zweiseitiger Temperaturbeanspruchung nicht zusammenbrechen.

*Bauteile mit Bekleidungen* (Unterdecken, Ummantelungen, Vorsatzschalen, Beschichtungen), die zur Verbesserung der Feuerwiderstandsdauer gebraucht werden, müssen in dieser Verbindung die vorgeschriebenen Anforderungen erfüllen.

*Unterdecken,* die für sich *allein* klassifiziert werden können, müssen einschließlich ihrer Befestigungen den Anforderungen an raumabschließende Bauteile (Decken) genügen und dürfen während der Prüfdauer nicht zusammenbrechen.

Ohne Brandversuche und ohne Nachweis können die in DIN 4102, Teil 4, genannten Bauteile in die dort angegebene Feuerwiderstandsklasse eingereiht werden.

In zahlreichen Fällen besteht die Notwendigkeit, auch in Bauteilen aus nichtbrennbaren Baustoffen brennbare Schichten zu verwenden. Deshalb wird zusätzlich zu der bisher üblichen und bekannten Einstufung in Feuerwiderstandsklassen eine Kennzeichnung eingeführt, die auf die Brennbarkeit der für das jeweilige Bauteil verwendeten Baustoffe hinweist. Die darin gemachten Baustoffangaben gelten primär für den Querschnitt der Konstruktion, der für die Erreichung der geforderten Feuerwiderstandsklasse erforderlich ist.

**A** = Das Bauteil besteht ausschließlich aus Baustoffen der Klasse A (nichtbrennbar).

**AB** = Alle *wesentlichen Teile* bestehen aus Baustoffen der Klasse A; im übrigen können auch Baustoffe der Klasse B (brennbar) verwendet werden.

**B** = Auch bei *wesentlichen Teilen* finden Baustoffe der Klasse B Verwendung.

Zu den wesentlichen Teilen gehören:
- alle tragenden oder aussteifenden Teile, bei nichttragenden Bauteilen auch die Bauteile, die deren Standsicherheit bewirken (z.B. Rahmenkonstruktionen von nichttragenden Wänden);
- bei raumabschließenden Bauteilen eine in Bauteilebene durchgehende Schicht, die bei der Prüfung nach dieser Norm nicht zerstört werden darf.
  Bei Decken muß diese Schicht eine Gesamtdicke von mindestens 50 mm besitzen; Hohlräume im Innern dieser Schicht sind zulässig.

Nachstehend ein Beispiel des neuen Klassifizierungssystems für die Klasse F 90 entsprechend Tabelle 2 in DIN 4102, Teil 2:

| Feuer widerstandsklasse | Baustoffklasse DIN 4102 Teil 1 | | Benennung<br>Bauteile der | Kurzbezeichnung |
|---|---|---|---|---|
| | wesentl. Teile | übrige Bestandteile | | |
| F 90 | B | B | Feuerwiderstandsklasse F 90 | F 90-B |
| | A | B | Feuerwiderstandsklasse F 90 und in den wesentl. Teilen aus nichtbrennbaren Baustoffen | F 90-AB |
| | A | A | Feuerwiderstandsklasse F 90 und aus nichtbrennbaren Baustoffen | F 90-A |

## DIN 4102, Teil 4
## Zusammenstellung und Anwendung klassifizierter Baustoffe, Bauteile und Sonderbauteile

Der im Entwurf vom März 1978 vorliegende Teil 4 enthält Angaben über Baustoffe, Bauteile und Sonderbauteile, die auf der Grundlage von Prüfungen nach den übrigen Teilen von DIN 4102 klassifiziert wurden.

Für Baustoffe, Bauteile und Sonderbauteile, die in dieser Norm erfaßt sind, ist der Nachweis über das Brandverhalten damit erbracht.

Für Baustoffe, Bauteile und Sonderbauteile, die in Teil 4 nicht behandelt sind, ist das Brandverhalten durch Prüfungen nachzuweisen.

Nachdem in allen übrigen Teilen der DIN 4102 vom September 1977 immer wieder auf die Klassifizierungen im Teil 4 verwiesen wird, sollte man annehmen, daß dieser für den Baupraktiker wohl wichtigste Teil der neuen Norm auch angewandt werden kann, wenn er noch nicht offiziell eingeführt ist. Es wird empfohlen, diesen Vorgang bei der zuständigen Behörde zu klären. Der im Gelbdruck vorliegende Teil 4 soll unter Belassung seines bisherigen sachlichen Inhaltes der besseren Übersicht wegen neu gestaltet werden.

Weitere Ausführungen zur praxisbezogenen Anwendung der DIN 4102 sind in den folgenden Sachkapiteln enthalten.

| DIN 4102 Brandverhalten von Baustoffen und Bauteilen | | | Landesbauordnungen |
|---|---|---|---|
| Baustoffe Bauteile | Normbezeichnung | Kurzbezeichnung | bauaufsichtliche Benennung |
| Brandverhalten von Baustoffen<br>(DIN 4102 Teil 1) | nichtbrennbare Baustoffe<br>(ohne oder geringfugige organische Bestandteile)<br>(oft mit organischen Bestandteilen)<br><br>brennbare Baustoffe<br>schwerentflammbare Baustoffe<br>normalentflammbare Baustoffe<br>leichtentflammbare Baustoffe | Klasse A<br>A 1<br>A 2<br><br>Klasse B<br>B 1<br>B 2<br>B 3 | <br>nicht brennbar<br>nicht brennbar<br><br>brennbar<br>schwer entflammbar<br>normal entflammbar<br>leicht entflammbar (leicht entzundlich) |
| Brandverhalten von Bauteilen<br>(DIN 4102 Teil 2) | (nach Tabelle 1)<br>Feuerwiderstandsklassen<br><br>(nach Tabelle 2)<br>Feuerwiderstandsklasse F 30<br>F 30 und in den wesentlichen Teilen aus nichtbrennbaren Baustoffen<br>F 30 und aus nichtbrennbaren Baustoffen<br>F 90 und in den wesentlichen Teilen aus nichtbrennbaren Baustoffen<br>F 90 und aus nichtbrennbaren Baustoffen | F 30<br>F 60<br>F 90<br>F 120<br>F 180<br><br>F 30 - B<br>F 30 - AB<br>F 30 - A<br>F 90 - AB<br>F 90 - A | feuerhemmend<br>(feuerhemmend)<br>feuerbestandig (in einigen Landern eingefuhrte Bezeichnung)<br>(feuerbestandig)<br>hochfeuerbestandig<br><br>feuerhemmend<br>feuerhemmend und in den tragenden Teilen aus nichtbrennbaren Baustoffen<br>feuerhemmend und aus nichtbrennbaren Baustoffen<br>feuerbestandig (nicht in allen Landern)<br>feuerbestandig und aus nichtbrennbaren Baustoffen |
| Brandwande<br>(DIN 4102 Teil 3) | (mind. F 90 + Sonderanforderungen auf Verlangen auch F 120 und F 180) | | Brandwand<br>(in feuerbestandiger Bauart) |
| Nichttragende Außenwande<br>(DIN 4102 Teil 3) | Feuerwiderstandsklassen<br>(erleichterter Brandversuch gegenuber F-Klassen) | W 30<br>W 60<br>W 90<br>W 120<br>W 180 | Anforderungen je nach Gebaudehohe und -lage<br>- aus nichtbrennbaren Baustoffen<br>- in feuerhemmender Bauart<br>- aus mindestens schwerentflammbaren Baustoffen<br>aus normalentflammbaren Baustoffen bei Einhaltung von Mindestabstanden |
| Feuerschutzabschlusse<br>(DIN 4102 Teil 5) | Feuerwiderstandsklassen | T 30<br>T 60<br>T 90<br>T 120<br>T 180 | feuerhemmende Turen oder Abschlusse<br>feuerbestandige Turen oder Abschlusse<br>(Die LBO kennt noch den Begriff „rauchdichte Turen“) |
| Abschlusse in Fahrschachtwanden<br>(DIN 4102 Teil 5) | der Feuerwiderstandsklasse F 90 | | Feuer und Rauch durfen nicht in andere Geschosse ubertragen werden |
| gegen Feuer widerstandsfahige Verglasungen<br>(DIN 4102 Teil 5) | Feuerwiderstandsklassen | G 30<br>G 60 G 90<br>G 120 G 180 | gegen Feuer widerstandsfahige Verglasung<br>(weitergehende Forderungen nach den F-Klassen konnen gestellt werden) |
| Luftungsleitungen<br>(DIN 4102, Teil 6) | Feuerwiderstandsklassen von Rohren und Formstucken<br><br>Feuerwiderstandsklassen fur Brandschutzklappen | L 30<br>L 60<br>L 90<br>L 120<br>K 30<br>K 60 K 90 | aus nichtbrennbaren Baustoffen<br>(schwerentflammbare Baustoffe konnen in bestimmten Fallen gestattet werden)<br>Feuer und Rauch durfen nicht in Rettungswege, in andere Geschosse oder Brandabschnitte ubertragen werden |
| Bedachungen<br>(DIN 4102 Teil 7) | gegen Flugfeuer und strahlende Warme widerstandsfahige Bedachungen | | harte Bedachung<br>(bei Nichterfullung weiche Bedachung) |
| klassifizierte Baustoffe, Bauteile, Sonderbauteile<br>(DIN 4102, Teil 4)<br>(z. Z. noch Entwurf) | Soweit in dieser Norm erfaßt, ist der Nachweis uber das Brandverhalten damit erbracht | | Nach Einfuhrung durch die Lander ist die allgemeine baurechtliche Zulassung gegeben |

| Außenwände | Feuerwiderstandsklasse Baustoffanforderungen | Anzahl der Vollgeschosse 1 Normalfall | 1 Ausnahmen [1] | 2 Normalfall | 2 Ausnahmen [1] | ≥ 3 | | Hochhaus Wände mit Öffnungen | | Hochhaus Wände ohne Öffnungen | |
|---|---|---|---|---|---|---|---|---|---|---|---|
| tragend und aussteifend | Feuerwiderstandsklasse der Wände | F 30 | keine Anford | F 30 | keine Anford | F 90 | | F 90 | | F 90 | |
| | Baustoffanforderungen | B2 | B2 | B2 | B2 | überwiegend A | | überwiegend A | | überwiegend A | |
| | Dämmstoffe – raumseitig | B1 | B2 | B1 | B2 | B1 | | A | | B1 | |
| | – im Wandinnern [2] | B1 | B2 | B1 | B2 | B1 | | A, B1 [3] | | B1 | |
| | – außenseitig | B1 | B2 [4] | B1 [5] | B2 [4,5] | B1 [5] | | A [6] | | B1 [5] | |
| | Verkleidungen – raumseitig | B2 | B2 | B2 | B2 | B2 | | B2 | | B2 | |
| | – außenseitig | B1 | B2 [4] | B1 [5] | B2 [4,5] | B1 [5] | | A [6] | | B1 [5] | |
| nichttragend (z.B. Brüstungselemente) | Feuerwiderstandsklasse der Wände | keine Anforderung | | keine Anforderung | | keine Anford | F 30 / W 30 | keine Anford | F 90 / W 90 | keine Anford | F 90 / W 90 |
| | Baustoffanforderungen | B2 | | B2 | | A | B2 | A | überw. A | A | überw. A |
| | Dämmstoffe – raumseitig | B2 | | B2 | | B1 | B1 | A | A | B1 | B1 |
| | – im Wandinnern [2] | B2 | | B2 | | A | B1 | A | A, B1 [3] | A | B1 |
| | – außenseitig | B2 [4] | | B2 [4,5] | | B1 [5] | B1 [5] | A [6] | A | B1 [5] | B1 [5] |
| | Verkleidungen – raumseitig | B2 | | B2 | | B2 | B2 | B2 | B2 | B2 | B2 |
| | – außenseitig | B2 [4] | | B2 [4,5] | | B1 [5] | B1 [5] | A [6] | A | B1 [5] | B1 [5] |
| nichttragend in jedem Geschoß ≥ 1,50 m auskragende Decken F 90 | Feuerwiderstandsklasse der Wände | | | | | keine Anforderung | | keine Anforderung | | keine Anforderung | |
| | Baustoffanforderungen | | | | | B1/B2 | | B1/B2 | | B1/B2 | |
| | Dämmstoffe – raumseitig · – im Wandinnern [2] | nicht geregelt | | | | B1/B2 | | B1/B2 | | B1/B2 | |
| | – außenseitig | | | | | B1 [5] / B2 [5] | | B1 [5] / B2 [5] | | B1 [5] / B2 [5] | |
| | Verkleidungen – raumseitig | | | | | B1/B2 | | B1/B2 | | B1/B2 | |
| | – außenseitig | | | | | B1 [5] | | A | | B1 [5] | |

1) Ausnahmen freistehende Einzel- und Doppelwohngebäude bis 2 Vollgeschosse und 2 Wohnungen sowie andere Gebäude ähnlicher Größe. Grenzabstände beachten.

2) Höhere Anforderungen möglich (DIN 4102, Teil 4 bzw. Prüfzeugnisse)

3) Zulässiger Wandaufbau: Schalen feuerbeständig Klasse A – außen 6 cm. Dämmstoffe Klasse B2 oder B3

4) Außenwandverkleidungen – auch mit Hinterlüftung – aus Baustoffen Klasse B2 können bei Einhaltung bestimmter baulicher Maßnahmen (siehe Abbildungen unten) gestattet werden

5) Brennend abtropfende Baustoffe sind nicht zulässig

6) Außenwandverkleidungen aus Baustoffen Klasse B1 können bei Hochhauswänden mit Öffnungen gestattet werden. Von Öffnungen oder Vorbauten ist ein allseitiger Abstand von mindestens 1 m einzuhalten

7) Feuerbeständige Bauart kann gefordert werden

8) Treppenhauswände müssen so dick wie Brandwände sein

9) Verkleidungen von Rettungswegen in Gebäuden mit mehr als 2 Vollgeschossen aus nichtbrennbaren Baustoffen Klasse A

10) B1 zulässig, wenn angrenzende Wandverkleidung aus mindestens schwerentflammbaren Baustoffen Klasse B1 besteht (außer bei Rettungswegen)

11) Holzbalkendecken – ohne feuerhemmende Verkleidung – in freistehenden Einfamilienhäusern bis zu 2 Vollgeschossen zulässig

12) Feuerhemmende Decken mit nichtbrennbaren Baustoffen in den tragenden Teilen bei Gebäuden mit 3 bis 5 Vollgeschossen

13) Feuerbeständige Decken bei Gebäuden mit mehr als 5 Vollgeschossen

14) Feuerhemmende Decken aus nichtbrennbaren Baustoffen bei zweigeschossigen Gebäuden mit mehr als 500 m² Grundfläche

15) Tragende Teile notwendiger Treppen in 3 bis 5-geschossigen Gebäuden aus nichtbrennbaren Baustoffen

16) Notwendige Treppen bei Gebäuden mit 5 Vollgeschossen müssen feuerbeständig sein

17) Notwendige Treppen bei zweigeschossigen Gebäuden mit mehr als 500 m² Grundfläche aus nichtbrennbaren Baustoffen

18) Mit Ausnahme der Handläufe

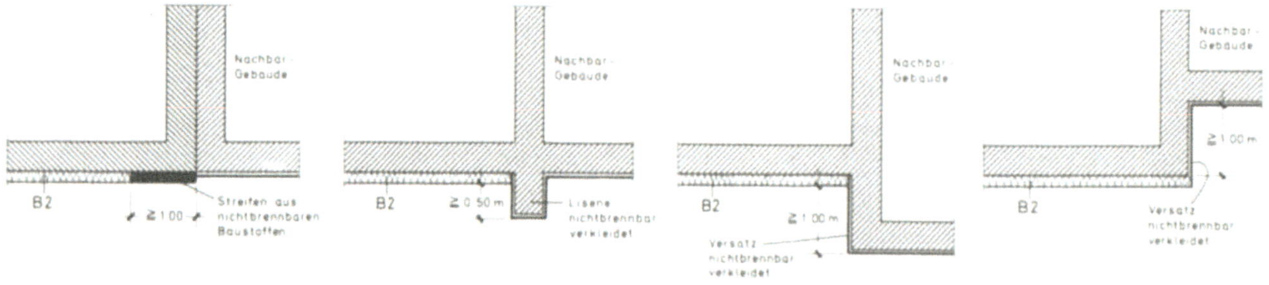


Außenwandverkleidungen der Baustoffklasse B2 bei Gebäuden bis zu 2 Vollgeschossen – mit ausgebautem Dachraum

| Innenbauteile | Feuerwiderstandsklasse Baustoffanforderungen | Anzahl der Vollgeschosse 1 Normalfall | 1 Ausnahmen[1] | 2 Normalfall | 2 Ausnahmen[1] | ≥ 3 | Hochhaus |
|---|---|---|---|---|---|---|---|
| Wohnungstrennwände Wände zwischen brandgefährdeten Räumen | Feuerwiderstandsklasse der Wände | F90 | F30 | F90 | F30 | F90 | F90 |
| | Baustoffanforderung | überw. A | B2 | überw. A | B2 | überwiegend A | überwiegend A |
| | Dämmstoffe - raumseitig + - im Wandinnern[2] | B1 | B1 | B1 | B1 | B1 | B1 |
| | Verkleidungen | B2 | B2 | B2 | B2 | B2 | B2 |
| tragende und aussteifende Wände | Feuerwiderstandsklasse der Wände | F30[7] | keine Anford. | F30[7] | keine Anford. | F90 | F90 |
| | Baustoffanforderung | B2 | B2 | B2 | B2 | überwiegend A | überwiegend A |
| | Dämmstoffe - raumseitig + - im Wandinnern[2] | B1 | B2 | B1 | B2 | B1 | B1 |
| | Verkleidungen | B2 | B2 | B2 | B2 | B2 | B2 |
| nichttragende Wände | Feuerwiderstandsklasse der Wände | keine Anforderung | | keine Anforderung | | keine Anforderung | keine Anforderung |
| | Baustoffanforderung | B2 | B2 | B2 | B2 | B2 | A |
| | Dämmstoffe - raumseitig + - im Wandinnern[2] | B2 | B2 | B2 | B2 | B1 | A/B1 |
| | Verkleidungen | B2 | B2 | B2 | B2 | B2 | B2 |
| Treppenraumwände - Rettungsweg - | Feuerwiderstandsklasse der Wände | F90 | keine Anf. oder F30 | F90 | F30 | F90[8] | F90[8] |
| | Baustoffanforderung | überw. A | B2 | überw. A | B2 | A | A |
| | Dämmstoffe - auf der Treppenraumseite | A/B1 | B2/B1 | A/B1 | A/B1 | A | A |
| | - im Wandinnern[2] | B1 | B2/B1 | B1 | B1 | A | A |
| | - raumseitig | B1 | B2/B1 | B1 | B1 | B1 | B1/A |
| | Verkleidungen - auf der Treppenraumseite | A | A | A | A | A | A |
| | - raumseitig | B2 | B2 | B2 | B2 | B2 | B2 |
| Flurwände - Rettungsweg - | Feuerwiderstandsklasse der Wände | keine Anforderung | | keine Anforderung | | F30 | F90 |
| | Baustoffanforderung | B2 | | B2 | | überwiegend A | überwiegend A |
| | Dämmstoffe - auf der Flurseite - im Wandinnern[2] | B2 | | B2 | | B1 | A |
| | - raumseitig | B2 | | B2 | | B1 | B1/A |
| | Verkleidungen - auf der Flurseite | B2 | | B2 | | B1 | A |
| | - raumseitig | B2 | | B2 | | B2 | B2 |
| Kellerdecken | Feuerwiderstandsklasse der Decken | F90 | F30 | F90 | F30 | F90 | F90 |
| | Baustoffanforderung | A | überw. A | A | überw. A | A | A |
| | Dämmstoffe - auf der Decke | B2 | B2 | B2 | B2 | B2 | B2 |
| | - unter der Decke | B2 | B2 | B2 | B2 | B2[9] | A/B1[10] |
| Geschoßdecken | Feuerwiderstandsklasse der Decken | F30 | keine[11] Anford. | F30 | keine[11] Anford. | F30[12] F90[13] | F90 |
| | Baustoffanforderung | B2 | B2 | B2[14] | B2 | überw. A A | A |
| | Dämmstoffe - auf der Decke | B2 | B2 | B2 | B2 | B2 | B2 |
| | - unter der Decke | B2 | B2 | B2 | B2 | B2[9] | A/B1[10] |
| Treppen | Feuerwiderstandsklasse der Treppen | keine Anforderung | | keine Anforderung | | F30[15] F90[16] | F90 |
| | Baustoffanforderung | B2 | | B2[17] | | A A | A |
| | Treppengeländer | keine Anforderung | | keine Anforderung | | A[18] | A[18] |

# Baustoffe

## Klassifizierte Baustoffe nach DIN 4102, Teil 4

Die Feuerwiderstandsdauer der Bauteile hängt im wesentlichen von der Beschaffenheit der verwendeten Baustoffe ab. Der Verbund von brennbaren mit nichtbrennbaren Baustoffen kann das Brandverhalten von letzteren so ungünstig beeinflussen, daß für den ursprünglichen Baustoff die angegebene Klasse nicht mehr zutreffend ist. Das Brandverhalten von Baustoffverbunden ist deshalb nach DIN 4102, Teil 1, besonders nachzuweisen.

Die in DIN 4102, Teil 4, angegebenen Baustoffklassen gelten nur für den Baustoff allein. Für diese klassifizierten Baustoffe – sie sind nachstehend aufgeführt – ist damit der Nachweis über das Brandverhalten erbracht.

### Baustoffe der Klasse A 1

- Sand, Kies, Lehm, Ton und alle sonstigen in der Natur vorkommenden bautechnisch verwendbaren Steine, Mineralien, Erden, Lavaschlacke, Naturbims.
- Aus Steinen und Mineralien durch Brenn- und/oder Blähprozesse gewonnene Baustoffe, wie Zement, Kalk, Gips, Anhydrit, Schlacken-Hüttenbims, Blähton, Blähschiefer und Blähglas sowie Blähperlite und -vermiculite.
- Mörtel, Beton, Stahlbeton, Spannbeton, Steine und Bauplatten aus mineralischen Bestandteilen, auch mit üblichen Anteilen von Mörtel- oder Betonzusatzmitteln (siehe DIN 1053, Teil 1 und Teil 4, DIN 1045 und DIN 18 550).
- Asbestzement und Mineralfaser, jeweils ohne organische Zusätze; Ziegel, Glas, Steinzeug und keramische Platten.
- Metalle und Legierungen in nicht fein zerteilter Form mit Ausnahme der Alkali- und Erdalkalimetalle und ihrer Legierungen.

### Baustoffe der Klasse A 2

Baustoffe der Klasse A 2 bedürfen zur Zeit in jedem Falle eines besonderen Nachweises.

Sie müssen gemäß DIN 4102, Teil 1, gekennzeichnet sein.

### Baustoffe der Klasse B 1

- Holzwolle-Leichtbauplatten nach DIN 1101
- Gipskartonplatten nach DIN 18 180 mit geschlossener oder gelochter Oberfläche
- Asbestpappe oder Asbestpapier nach DIN 3752
- Rohre aus PVC-hart nach DIN 8061, Teil 1, mit einem Außendurchmesser ≧ 40 mm und einer Wanddicke ≦ 3,2 mm
- PVC-Bodenbeläge nach DIN 16 951 und Bodenbeläge aus Vinyl-Asbest-Platten nach DIN 16 950, jeweils aufgeklebt auf massivem, mineralischem Untergrund
- Eichen-Parkett aus Parkettstäben nach DIN 280, Teil 1, Mosaik-Parkett-Lamellen nach DIN 280 Teil 2 und Parkettriemen nach DIN 280 Teil 3, jeweils auch mit Versiegelungen

Als Baustoffe der Klasse A 1, A 2 und B 1 gelten ferner Baustoffe mit einem gültigen Prüfbescheid des Instituts für Bautechnik, Berlin. Sie werden in den Mitteilungen des Instituts veröffentlicht.

### Baustoffe der Klasse B 2

- Holz sowie Holzwerkstoffe nach Abschnitt 2, soweit nachfolgend nicht aufgeführt, mit einer Rohdichte ≧ 400 kg/m³ und einer Dicke > 2 mm oder mit einer Rohdichte von 230 bis < 400 kg/m³ und einer Dicke > 5 mm
- Holzwerkstoffe nach Abschnitt 2, soweit nachfolgend nicht aufgeführt, mit einer Dicke > 2 mm, die vollflächig durch eine nicht thermoplastische Verbindung mit Holzfurnieren oder mit dekorativen Schichtpreßstoffplatten nach DIN 16 926 beschichtet sind
- Kunststoffbeschichtete dekorative Flachpreßplatten für allgemeine Zwecke nach DIN 68 765 mit einer Dicke ≧ 4 mm
- Kunststoffbeschichtete dekorative Holzfaserplatten nach DIN 68 751 mit einer Dicke ≧ 3 mm
- Dekorative Schichtpreßstoffplatten nach DIN 16 926
- Gipskarton-Verbundplatten nach DIN 18 184
- Tafeln aus PVC-hart nach DIN 16 927 Teil 1 und Teil 2
- Rohre aus PVC-hart nach DIN 8061 Teil 1 und Teil 2
- Rohre aus Polypropylen nach DIN 8078
- Tafeln aus gegossenem Polymethylmethacrylat nach DIN 16 957 mit einer Dicke ≧ 2 mm
- Polystyrol-(PS-)Formmassen nach DIN 7741 Teil 1, ungeschäumt, plattenförmig, mit einer Dicke ≧ 1,6 mm
- ungesättigtes Polyesterharz nach DIN 16 946 Teil 2 – auch mit Glasfaserverstärkung oder mit mineralischen Zuschlägen – mit einer Dicke ≧ 1,3 mm
- Polyäthylen nach DIN 16 776 Teil 1, ungeschäumt, mit einer Rohdichte ≦ 940 kg/m³ und einer Dicke ≧ 1,4 mm
- Polyäthylen nach DIN 16 776 Teil 1, ungeschäumt, mit einer Rohdichte > 940 kg/m³ und einer Dicke ≧ 1,0 mm
- Polypropylen-Formmassen nach DIN 16 774 Teil 1, ungeschäumt, Typ PP-B-M, mit einer Dicke ≧ 1,4 mm
- Fugendichtmassen im Sinne von DIN 52 460, ungeschäumt, auf der Basis Polyurethan ohne Teer- oder Bitumenzusätze sowie Polysulfid, Silikon und Acrylat jeweils im eingebauten Zustand zwischen Baustoffen mindestens der Klasse B
- Fußbodenbeläge aus PVC-Belägen nach DIN 16 951 und DIN 16 952 Teil 1 bis Teil 4 im verklebten Zustand, Vinyl-Asbest-Platten nach DIN 16 950, Linoleum-Beläge nach DIN 18 171 und DIN 18 173 oder textile Fußbodenbeläge nach DIN 66 090
- Dachpappen- und Dichtungsbahnen nach DIN 18 190 Teil 1 bis Teil 5, DIN 52 121, DIN 52 128, DIN 52 130 Teil 1 und Teil 2, DIN 52 140 und DIN 52 143

*Anmerkung:*

Sofern es für bestimmte Anwendungsfälle erforderlich ist, ist der Nachweis, daß die Dachpappen- und Dichtungsbahnen nicht „brennend abfallen", gesondert zu führen. Das brennende Abfallen, festgestellt bei Prüfungen nach DIN 4102 Teil 1, ist mit dem „Brennenden Ablaufen", festgestellt bei Prüfungen nach DIN 4102, Teil 7, nicht gleichzusetzen.

### Bekleidungen

Brandschutztechnisch wirksame Bekleidungen sind Putze (ohne Putzträger) der Mörtelgruppe II oder IV nach DIN 18 550, wenn sie ausreichend auf dem Untergrund haften. Diese Putze verhalten sich brandschutztechnisch jedoch günstiger, wenn sie auf nichtbrennbaren Putzträgern, z.B. auf Drahtgewebe, Ziegeldrahtgewebe, Streckmetall oder Rippenstreckmetall aufgebracht werden.

Diese Angaben gelten sinngemäß auch für Vermiculite- oder Perliteputze in den vorgeschriebenen Zusammensetzungen. Die genannten Putze können auch auf Holzwolleleichtbauplatten aufgebracht werden. Gipsputze dürfen im Zusammenhang mit Gipskartonputzträgerplatten verwendet werden.

### Bauplatten mit Brandschutzeigenschaften

Die Übersicht → 23 enthält eine Auswahl derartiger Platten mit Kurzbeschreibung und Angabe der wichtigsten technischen Werte. Bei ihrer Anwendung sind die Verarbeitungsrichtlinien der Hersteller und vor allem die in den Prüfbescheiden gegebenen Hinweise zu beachten.

### Dämmstoffe

Sofern in den nach DIN 4102, Teil 4, klassifizierten Bauteilen brandschutztechnisch notwendige Dämmschichten gefordert werden, müssen diese

1. DIN 18 165, Teil 1, Ausgabe 1975, entsprechen,
2. Baustoffe der Klasse A nach DIN 4102, Teil 1 sein und
3. aus Mineralfasern mit einem Schmelzpunkt über 1 000 °C – z.B. aus Schlacken- oder Steinfasern – bestehen.

Brandschutztechnisch notwendige Dämmschichten unter Estrichen, Kiesschüttungen u.ä. müssen

1. DIN 18 165, Teil 2, Ausgabe 1975 entsprechen,
2. wenigstens der Klasse B 1 (schwerentflammbar) nach DIN 4102, Teil 1, angehören und
3. eine Rohdichte von mindestens 30 kg/m$^3$ aufweisen.

Weiterhin sind die „Richtlinien für die Verwendung brennbarer Baustoffe im Hochbau (RbBH)" zu beachten. Nach ihnen können für bestimmte Anwendungsbereiche brennbare Baustoffe (Klasse B) gestattet werden, wenn keine Bedenken im Hinblick auf den Brandschutz bestehen. Die Richtlinien gelten für Wohngebäude und Gebäude ähnlicher Art oder Nutzung. Nähere Angaben hierzu sind in den Übersichten → 18/19 enthalten. Weitere Hinweise für die Ausführung erfolgen bei den Sachkapiteln.

## Brandschutz durch Glas

In raumabschließenden Wänden sind teilweise zur Beleuchtung von Räumen und Fluren oder als Durchblickfenster Verglasungen erforderlich. Ebenso ist die Transparenz des Glases im Zuge von Fluchtwegen erwünscht.

Normales Glas kann leicht zerstört werden und ist empfindlich gegen starke Temperaturerhöhungen. Selbst wenn bei einem Brand die Scheiben erhalten bleiben, kann die Übertragung von Strahlungswärme aus dem Brandraum zu einer Durchzündung führen. Bei entsprechend langer Feuereinwirkung kann die raumabschließende Wirkung sogar völlig verloren gehen, wenn das Glas seine Schmelztemperatur erreicht hat.

Für die notwendige Verglasung bei gleichzeitig brandschutztechnischer Beanspruchung müssen deshalb Spezialgläser verwendet werden.

In DIN 4102 werden zwei hinsichtlich ihrer Schutzwirkung grundverschiedene Arten von Brandschutzverglasungen behandelt:

– im **Teil 2** Verglasungen, die im Brandfalle sowohl den Durchtritt von Flammen und Brandgasen als auch den der Wärmestrahlung aus dem Brandraum verhindern (Verglasungen der Feuerwiderstandsklasse **F**);
– im **Teil 5** gegen Feuer widerstandsfähige Verglasungen, die zwar den Durchtritt von Flammen und Brandgasen, nicht aber den der Wärmestrahlung aus dem Brandraum verhindern (Verglasungen der Feuerwiderstandsklasse **G**).

Der brandschutztechnische Unterschied ist so erheblich, daß beide Produkte nicht ausgetauscht werden dürfen.

Die Norm DIN 4102, Teil 2 und Teil 5 vom August 1977, enthält lediglich Begriffsbestimmungen, Anforderungen und Prüfverfahren, nicht jedoch bestimmte, konkrete Bauarten für Brandschutzverglasungen. Bei den normgemäßen Prüfungen wird niemals das Brandschutzglas allein geprüft; grundsätzlich muß das Glas mit Halterung einschließlich Rahmen mit Verankerung gemeinsam mit dem dazugehörigen Wandaufbau geprüft werden.

Die fertig eingebauten Verglasungen sind mit Kennzeichnungsschildern zu versehen, womit insbesondere vermieden werden soll, daß bei Erneuerung der Spezialgläser versehentlich Scheiben ohne die verlangte Brandschutzwirkung eingesetzt werden. Für Verglasungen der Feuerwiderstandsklasse F müssen die zur Herstellung dieser Verglasungen verwendeten Scheiben aus dem gleichen Grund eine Kennzeichnung tragen.

Entsprechend DIN 4102, Teil 4, dürfen Verglasungen der Feuerwiderstandsklassen F und G nur dann verwendet werden, wenn sie ein Prüfzeichen des Instituts für Bautechnik, Berlin, besitzen.

### Gläser nach Feuerwiderstandsklassen

Verglasungen mit der Bezeichnung F 30, F 60 oder F 90 → 24 müssen nach DIN 4102, Teil 2, geprüft sein und im Brandfalle während der angegebenen Zeit einen vollständigen Feuerwiderstand bieten.

Bauaufsichtliche Zulassungsbescheide für Verglasungen der Feuerwiderstandsklassen F 30 und F 90 gibt es z.Z. (Stand 1. April 1979) für Pyrostop-Scheiben und die damit hergestellten und geprüften Konstruktionen. Für das Brandschutzglas Contraflam F 30 wurden Brandversuche mit positivem Ergebnis durchgeführt. Mit der allgemeinen bauaufsichtlichen Zulassung wird Ende 1979 gerechnet.

### Gegen Feuer widerstandsfähige Verglasungen

Verglasungen gemäß DIN 4102, Teil 5, werden nach folgenden Feuerwiderstandsklassen unterschieden:

| Feuerwiderstandsklasse | Feuerwiderstandsdauer mindestens |
|---|---|
| G 30 | 30 Minuten |
| G 60 | 60 Minuten |
| G 90 | 90 Minuten |
| G 120 | 120 Minuten |
| G 180 | 180 Minuten |

Verglasungen der Feuerwiderstandsklasse G → 25 müssen einschließlich ihrer Halterungen, Befestigungen und Fugen entsprechend der Feuerwiderstandsdauer als Raumabschluß wirksam bleiben. Auf der vom Feuer abgekehrten Seite der Verglasung dürfen keine Flammen auftreten.

Wie bereits erwähnt, sind G-Gläser in ihrer Anwendung begrenzt. Sie dürfen nur dort eingebaut werden, wo durchgehende Wärmestrahlen nicht zur Brandweiterleitung führen können. Der Einbau in die Seitenwände von Rettungswegen darf deshalb erst ab einer Höhe von 1,80 m über dem Fußboden vorgenommen werden.

## 1 Richtwerte für Putzdicken als Ersatz für Betondeckung bzw. Achsabstand (Tabelle 1 von DIN 4102 Teil 4, Entwurf März 1978)

| Mörtelgruppe DIN 18 550 | Mörtelart | Ersatzdicke [1] des Putzes für 10 mm Normalbeton | maximal zulässige Putzdicke |
|---|---|---|---|
| II<br>IVc | hochhydr. Kalkmörtel, Kalkzementmörtel<br>Gipskalkmörtel, Kalkgipsmörtel | 15 mm | 25 mm |
| IVa<br>IVb | Gipsmörtel<br>Gipssandmörtel | 10 mm | 25 mm |
| wie vor | mit nichtbrennbaren Putzträgern | 8 mm | 25 mm [2] |
| Dämm-Mörtel | Vermiculite- oder Perliteputze mit nichtbrennbaren Putzträgern | 4 mm | 30 mm [2] |

1) Der vorhandene Achsabstand u (ohne Putz) muß wenigstens für F 30 ausreichen

2) gemessen über Putzträger

## 2 Beispiele für U/F-Werte (1/m) bei Stützen oder Trägern mit verschiedener Ummantelungsform (Tabelle 3 von DIN 4102 Teil 4, Entwurf März 78)

| Profilbezeichnung | Querschnitt F cm² | U/F bei vierseitiger Beflammung (Stützen) profilfolgend | U/F bei vierseitiger Beflammung (Stützen) kastenförmig | U/F bei dreiseitiger Beflammung (Träger) profilfolgend | U/F bei dreiseitiger Beflammung (Träger) kastenförmig |
|---|---|---|---|---|---|
| I PBv 220 | 150 | 89 | 63 | 77 | 47 |
| I PBv 200 | 136 | 92 | 65 | 80 | 49 |
| I PB 180 | 65.8 | 159 | 110 | 143 | 83 |
| I 280 | 61.1 | 158 | 131 | 139 | 111 |
| I PE 220 | 33.4 | 254 | 198 | 221 | 165 |
| I PE 140 | 16.4 | 336 | 260 | 291 | 215 |

## 3 Maßnahmen zur ausreichenden Haftung von Putzen ohne Putzträger (Tabelle 6 von DIN 4102 Teil 4, Entwurf März 1978)

| Vorhandener Haftgrund ▼ / Putzart ▶ / Auftragsart ▶ | DIN 18550 Mörtelgruppe II + IVc von Hand | DIN 18550 Mörtelgruppe IVa + IVb von Hand | DIN 18550 Mörtelgruppe IVa + IVb Maschine | sonstige Putze von Hand oder Maschine |
|---|---|---|---|---|
| Mauerwerk nach DIN 1053 Ziegel- oder Steinaußenflächen ≦ 240/115 mm | ⊕ | ⊕ | ○ | ● |
| Mauerwerk nach DIN 1053 Ziegel- oder Steinaußenflächen > 240/115 mm | ⊕ | ⊕ | ⊕ | ● |
| Betonbauteile nach DIN 4028 und DIN 4223 | ⊕ | ⊕ | ⊕ | ● |
| Beton nach DIN 1045 mit rauher Holzschalung | ⊕ | ⊕ | ⊕ | ● |
| Beton nach DIN 1045 in Verbindung mit Zwischenbauteilen nach DIN 4158/59 - DIN 278 | ⊕ | ⊕ | ⊕ | ● |
| Beton nach DIN 1045 mit glatter Schalung aus Stahl oder kunststoffbeschichteten Schaltafeln | ● | ● | ● | ● |
| Stahlbauteile nach DIN 1050 - Profilstahl, Bleche, Trapezbleche - | ● | ● | ● | ● |

○ Keine besonderen Maßnahmen wenn gute Verzahnung in den Fugen

⊕ Spritzbewurf gem. DIN 18550 ≧ 5 mm dick

● Nachweis durch Prüfungen dann allgemeine bauaufsichtliche Zulassung

## 4 Mindestputzdicke d (mm) über Putzträger bei Verwendung von (Tabellen 39 + 52 von DIN 4102 Teil 4, Entwurf März 1978)

| Einsatz | U/F Werte 1/m | Mörtelgruppe II oder IVc DIN 18550 F 30 | F 60 | F 90 | F 120 | F 180 | Mörtelgruppe IVa bis IVb DIN 18550 F 30 | F 60 | F 90 | F 120 | F 180 | Vermiculite- oder Perliteputze F 30 | F 60 | F 90 | F 120 | F 180 |
|---|---|---|---|---|---|---|---|---|---|---|---|---|---|---|---|---|
| Stahlstützen | bis 89 | 15 | 25 | 45 | 45 | 65 | 10 | 10 | 35 | 35 | 45 | 10 | 10 | 35 | 35 | 45 |
| | 90 - 119 | 15 | 25 | 45 | 55 | 65 | 10 | 20 | 35 | 45 | 60 | 10 | 20 | 35 | 45 | 55 |
| | 120 - 179 | 15 | 25 | 55 | 55 | 65 | 10 | 20 | 45 | 45 | 60 | 10 | 20 | 35 | 45 | 55 |
| | 180 - 300 | 15 | 25 | 55 | 55 | 65 | 10 | 20 | 45 | 60 | 60 | 10 | 20 | 45 | 45 | 55 |
| Stahlträger | bis 89 | 5 | 15 | — | — | — | 5 | 5 | 15 | 15 | 25 | 5 | 5 | 15 | 15 | 25 |
| | 90 - 119 | 5 | 15 | — | — | — | 5 | 5 | 15 | 25 | — | 5 | 5 | 15 | 25 | — |
| | 120 - 179 | 5 | 15 | — | — | — | 5 | 15 | 15 | 25 | — | 5 | 5 | 15 | 25 | — |
| | 180 - 300 | 5 | 15 | — | — | — | 5 | 15 | 25 | — | — | 5 | 5 | 25 | 25 | — |

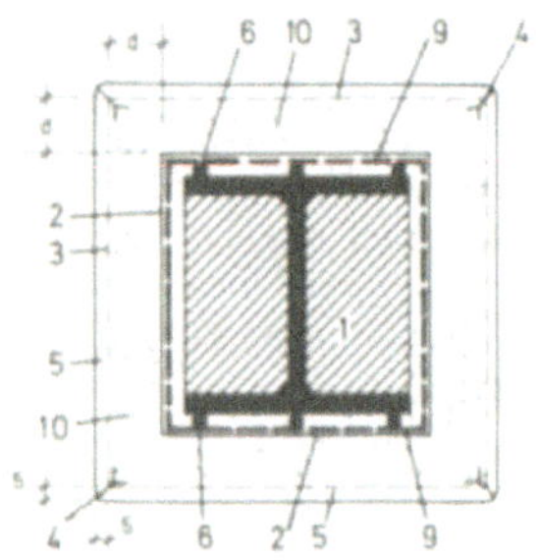


1 Kern ggf. ≧ 1.50 m über Fußboden ausbetoniert oder ausgemauert

2 Bindedraht a ≦ 500

3 äußeres Drahtgewebe

4 Kantenschutz

5 zusätzlicher Deckputz

6 Abstandhalter ≧ ⌀5, 2 - 3 Stück je Flanschbreite

5 Stahlstütze mit Putzbekleidung auf nichtbrennbarem Putzträger

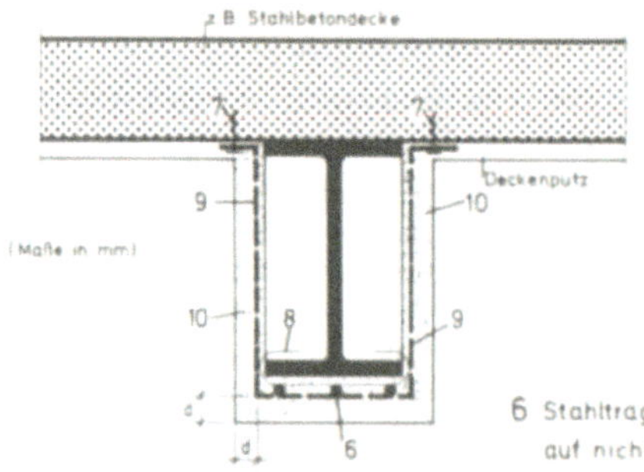


7 mind. 3 Schrauben oder Bolzen pro m oder am Träger angeschweißt

8 Bügel ≧ ⌀ 5, a ≦ 500

9 Streckmetall, Drahtgewebe, Ziegeldrahtgewebe

10 Brandschutz-Putz gem. obenstehender Tabelle

6 Stahlträger mit Putzbekleidung auf nichtbrennbarem Putzträger

| Bauplatten mit Brandschutz-eigenschaften | Materialaufbau (Kurzbeschreibung) | Einsatzgebiete | Baustoff-Klasse DIN 4102, Teil 1 | Dichte kg/m³ | Platten-dicken mm | Wärmeleit-fähigkeit W/mK |
|---|---|---|---|---|---|---|
| **Silikat-Platten**<br>Promabest-H | anorganisch (Silikate, Spezial-zement, Asbestfaserarmierung) | Brandschutzplatten zur Verkleidung von Wanden, Decken, Stutzen, Trennwanden, Unterdecken | A1 | 750 | 5 - 25 | 0,14 |
| Promabest-L | anorganisch (Silikate, Mineral-fasern) asbestfrei | wie vor, mit besserer Warme-dammung, geringes Gewicht | A1 | 430 | 20 - 50 | 0,08 |
| Supalux S | Kalziumsilikat-Binder mit Fasern und Fullstoffen, asbestfrei | feuerbestandige Konstruktionen, Trennwande, Unterdecken | A1 | 875 | 6<br>9<br>12 | 0,17 |
| Supalux V | Kalziumsilikatplatten aus geblahtem Glimmer (Vermiculit) | Brandschutzverkleidungen, Luftungsleitungen, Abschottungen, Feuerschutzturen, Schrankelemente | A1 | 450 | 20 - 55 | 0,13 |
| isoternit | Dampfgehartete Asbest-Kalziumsilikat-Platte | Brandschutzplatten, technischer Ausbau, Wand- und Decken-verkleidungen | A1 | 800 | 6 - 25 | 0,13 |
| Salu-Dammplatte | hochtemperaturbestandiger Warmedammstoff auf Basis Kalziumsilikat | Brandschutz und Warmedammung im Bauwesen und Industrie | A1 | 240 | 25 - 100 | 0,06 |
| Palusol-Brand-schutzplatte | Natriumsilikat mit Glasfaser- oder Drahtnetzeinlagen zwischen Epoxidharz-Deckschichten | im Brandfall aufblahende Einlage fur Turen, Trennwande, Mobel, Verglasungen, Entluftungsleitungen, Rohrdurchfuhrungen, Fugen | A2 | 1 600 | 1,9 mm | 0,8 ungeschaumt<br>0,06 aufgeschaumt |
| **Gipskarton-Bauplatten**<br>DIN 18 180 (GKB) | mit festhaftendem Karton ummantelter Gipskern, blaue Aufdrucke | Wand- und Deckenverkleidungen, Wand-Trockenputz, Montagewande, Unterdecken | 4102 Teil 4: B1<br>A2 ab 12,5 mm | 900 | 9,5<br>12,5<br>15<br>18<br>25 | 0,21 bis 18 mm<br>0,23 > 25 mm |
| **Gipskarton-Bauplatten F**<br>Feuerschutzplatten (GKF) | wie vor, mit Glasseideneinlagen im Gipskern, roter Aufdruck | Brandschutzplatten, sonst wie vor | A2 | | | |
| **Gipsfaserplatte**<br>(FERMACELL) | homogene Gipsplatte - ohne Deckschichten - mit eingebetteten Zellulosefasern | Wand- und Deckenverkleidungen, Trockenputz, leichte Trennwande | A2 | 1150 | 10 | 0,29 |
| **Gipskarton-Verbund-element**<br>(Promatherm MF) | Gipskartonplatte mit Mineral-wolleplatte als fester Verbund | Trockenausbau, Innendammung, Dachausbau | A2 | 11,5 - 13 kg/m² | 35<br>40<br>50 | 1/Λ<br>0,60 - 0,71<br>0,93 m²K/W |
| **Perlite-Dammplatten**<br>(Fesco, HERAPERM, Permalite, HERAKLITH NB 200) | Platten aus Perlite unter Zusatz von mineralischen Stoffen und Fasern, gepreßt | Warmedammung und Brandschutz, Metalldacher, unter Gußasphalt | A2 | 170 - 200 | 25 - 200 | 0,05 - 0,06 |
| **Mineralfaserplatten**<br>(Owakustik, Armstrong, Acoustone, Rigiphon MF, Thermolan) | Verdichtete Mineralfaserplatten mit strukturierten, weiß beschichteten Oberflachen | Deckenverkleidungen und Unter-decken samt Unterkonstruktionen | A2 oder B1 | 350 - 400 | 15 - 25 | 0,06 |
| **zementgebundene Holzspanplatten**<br>(Duripanel, Dutta, Nypanel, Isopanel) | mineralisierte Holzspane mit Zementbindung | Wand- und Deckenverkleidungen, Unterdecken, Fußboden, Leichtwande, auch fur den Außeneinsatz | B1<br>A2 beantragt | 1200 | 8 - 40 | 0,19 bis 0,24 |
| **Holzspanplatten**<br>(C-Dur B1, Moralt, Pyrotex) | Dreischichten-Holzspanplatte mit Brandschutzausrustung, Mittelschicht eingefarbt, Verleimung V 20 und V 100 | Wand- und Deckenverkleidungen, Trennwande, Schrankwande, Turen, Mobel | B1 | 600 - 730 | 10 - 38 | 0,13 |
| **beschichtete Holzspanplatten**<br>(Novatex-span, Atex, Edelholz) | Plattenaufbau wie vor, Oberflachen mit Melaminharz oder Holzfurnier beschichtet | Verkleidungen mit fertiger Ober-flache, Mobel, Trennwande | B1 | 800 - 830 | 13<br>16<br>19<br>22 | 0,13 |
| **Sperrholz**<br>(Delignit, FRGW) | Furnierplatten aus Buche mit Brandschutzausrustung, unbeschichtet, Verleimung AW 100 | Konstruktionssperrholz, Innenausbau | B1 | 860 | 6 - 45 | 0,14 |
| **Dekorativ beschichtete Spanholz-Formteile**<br>(Werzalit) | Fein zerspantes Holz mit Kunst-harzen durchtrankt, formgepreßt und fugenlos ummantelt | Paneele und Profile fur Wand- und Deckenverkleidungen, Unterdecken, Fensterbanke, Treppen- und Balkongelander, Sockelleisten u. a. m. | B1<br>A2 beantragt | 900 - 1100 | 11 - 30 | 0,20 |

# Verglasungen der Feuerwiderstandsklasse F nach DIN 4102, Teil 2

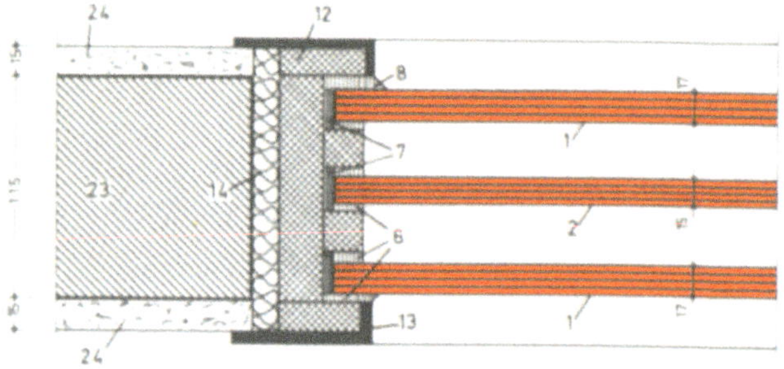

1 Verglasung F 90 (PYROSTOP)
Einzelne Lichtflache ≦ 1.07/1.37m, auch als Betonfenster F 90 (bemopyr-fenster), Lichtdurchlassigkeit 55%

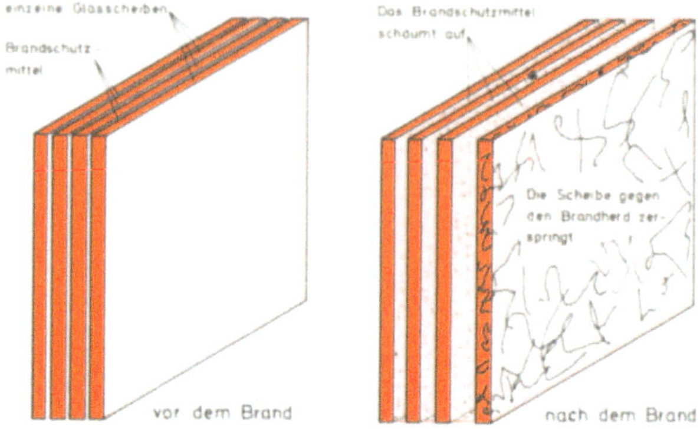


5 Wirkungsweise der Verbundglasscheibe PYROSTOP

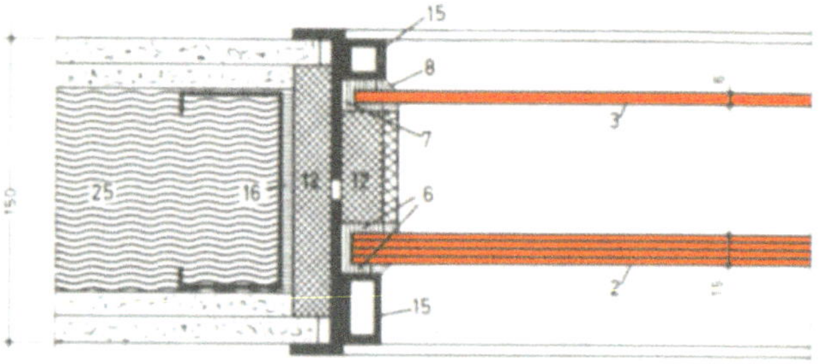

2 Verglasung F 30 (PYROSTOP)
Einzelne Lichtflache ≦ 1.00/1.35m, auch mehrere nebeneinander, Lichtdurchlassigkeit ca 80% Schalldammwert ca 50 dB

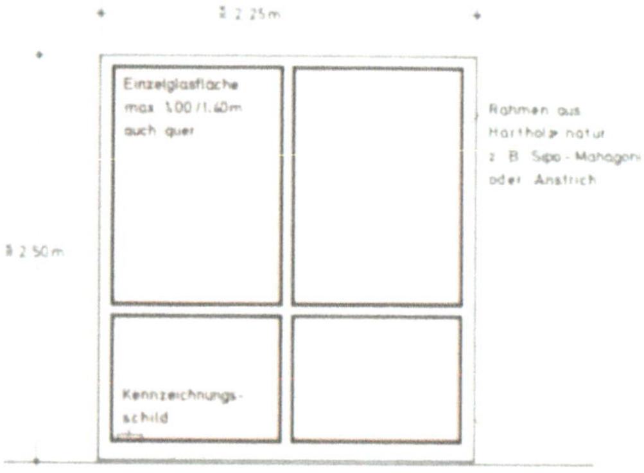


6 Ansicht einer Glastrennwand gem Abb 3

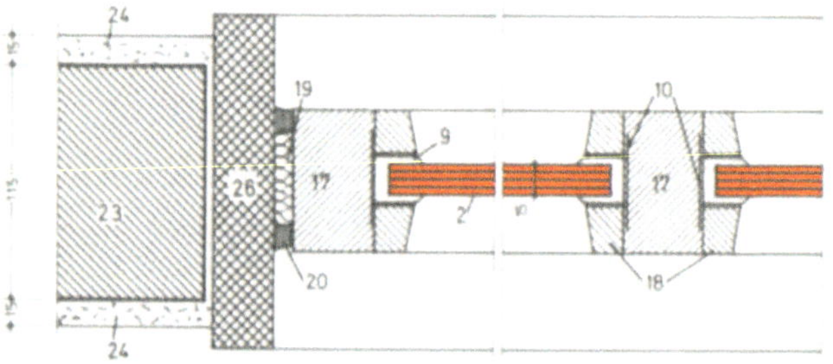

3 Glastrennwand F 30 (PYROSTOP)
Einzelne Lichtflache ≦ 1.00/1.40m, auch als Einzelfenster, Lichtdurchlassigkeit 83%

Erlauterungen zu den Abbildungen 1 bis 4

1 PYROSTOP - Verbundglasscheibe Typ 3/90
2 PYROSTOP - Verbundglasscheibe Typ 1/30
3 Float-Glas (nur wegen Schalldammung)
4 Einscheiben - Sicherheitsglas SEKURIT
5 wasserklare Gelfullung (absorbiert im Brandfall die Hitze- und Wärmestrahlung)
6 Vorlegeband (Moosgummi)
7 Hartholzklotze bzw. dauerplastischer Kitt
8 Versiegelung
9 elastischer Silikonkitt
10 Glashalterung aus verzinktem Stahlblech
11 Palusol - Brandschutzstreifen 30/2 mm
12 Streifen aus Brandschutzplatten PROMABEST-H oder dergleichen
13 Leichtmetall - Abdeckprofil
14 Mineralwolleplatte
15 Leichtmetall - Glashalteleiste
16 Asbestschaum, 10 mm, gepreßt
17 Rahmen aus Hartholz
18 Glasleisten aus Hartholz
19 Mineralfaser - Dammstoff
20 dauerelastische Dichtung
21 Tragrahmen 40/20/2 mm
22 Blechflansch 50/3 mm
23 gemauerte Zwischenwand
24 Wandputz
25 leichte Trennwand, Stahlstander mit Gipskartonplatten
26 ggf. Umrahmungsplatten

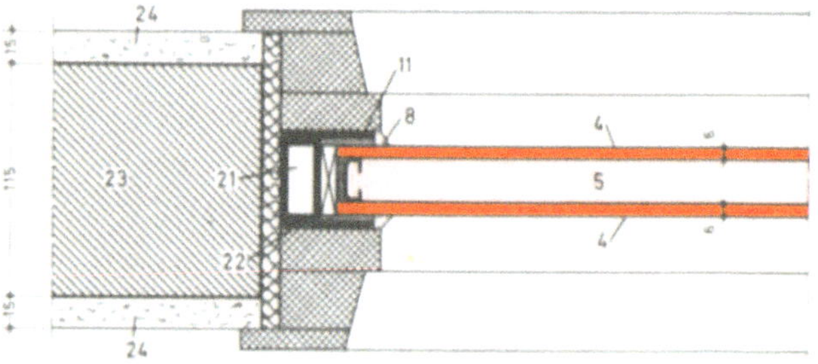

4 Verglasung F 30 (CONTRAFLAM)
Scheibenabmessung des Prufkorpers 1.02/1.22 m

# Verglasungen der Feuerwiderstandsklasse G nach DIN 4102, Teil 5

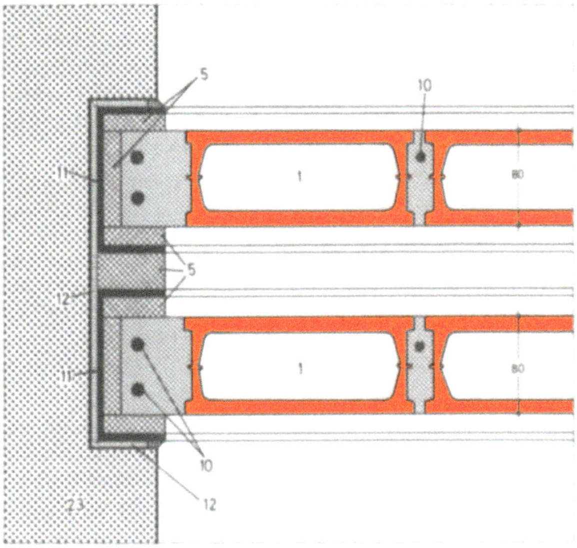


1 zweischalige Glasbausteinwand G 120
maximale Öffnungsgrößen 1.85/1.85 m

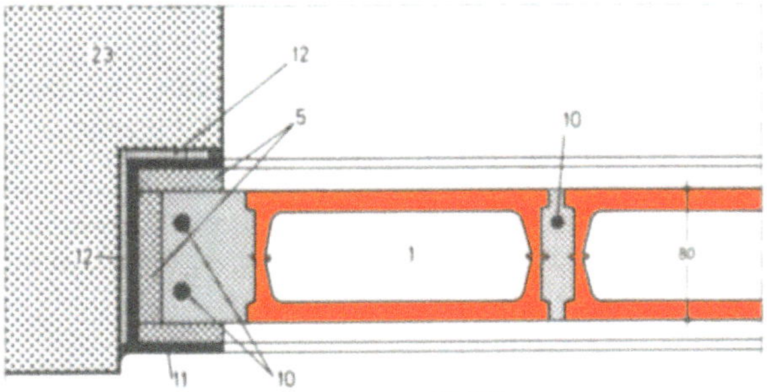


2 einschalige Glasbausteinwand G 60
maximale Öffnungsgröße 1.85/1.85 m

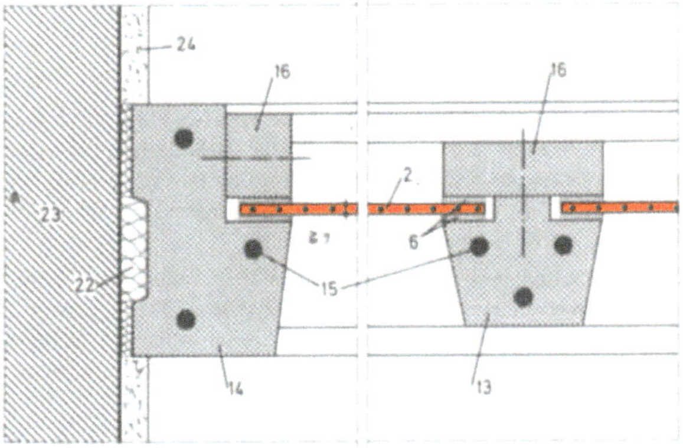


3 Verglasung G 90 (bemopyrfenster)
Verglasungselemente = 1.83/2.50 m, einzelne Lichtfläche = 0.80/1.125 m (Hoch- oder Querformat)

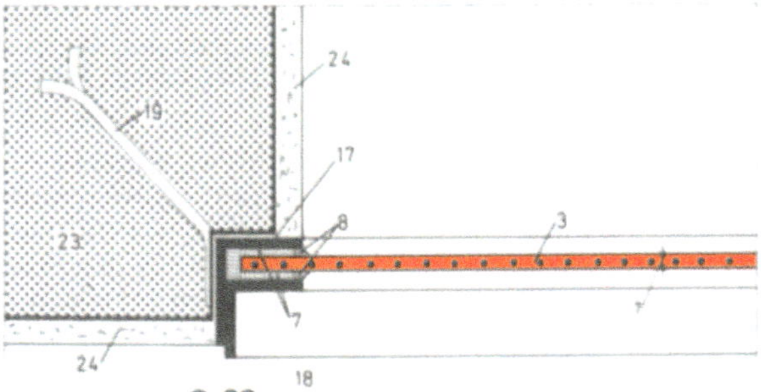


4 Drahtglas G 60
Scheibengroße ≦ 0.80/1.98 m

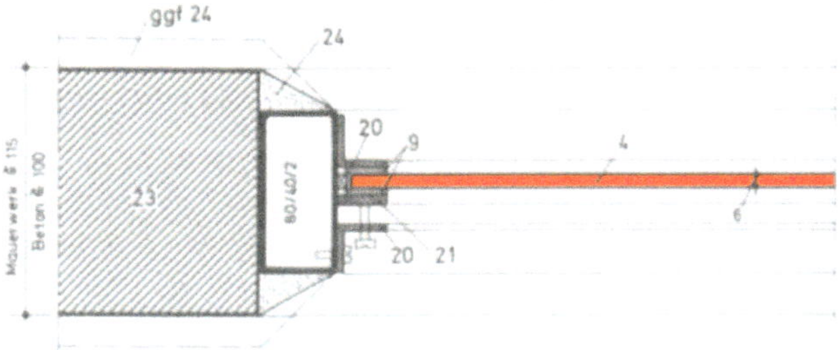


5 Verglasung G 90 (PYRAN)
Scheibengroße ≦ 1,00/2,00 m, Lichtdurchlassigkeit 90 %

Empfehlungen fur die Ausfuhrung

| Feuerwiderstandsklasse | G 30 | G 60 | G 90 | G 120 |
|---|---|---|---|---|
| PYRAN-Mindestdicke | 6mm | 6mm | 6mm | 7,5mm |
| Glaseinstand | 20 ± 3 mm | | | |
| Falztiefe | 25 mm | | | |

Erlauterungen zu den Abbildungen 1 bis 5

1 Hohl - Glasbausteine 190/190/80 mm

2 Drahtglasscheibe mindestens 7 mm dick (Draht-Gußglas oder Drahtspiegelglas) Maschenweite 12/12 mm mit speziellen Scheibenhaltern

3 Gußglas mit Drahteinlage, mindestens 7 mm dick, Maschenweite 12/12 mm

4 PYRAN-Verglasung

5 PROMABEST - Schaum

6 Asbestpappe 3 mm dick oder Butyldichtung Heinoxan

7 Asbestpappe 3 mm dick

8 Versiegelung mit Brandschutzkitt

9 Einlage aus Fiberfrax (keramisches Dämm-Material, gepreßt 2 mm dick)

10 Bewehrung ⌀ 6 mm BSt 42/50 RU

11 Rahmen ⊏ 120/60/6 mm

12 Dehnfuge

13 Mittelsprosse

14 Obergurt

15 Betonrippenstahl ⌀ 10 mm

16 Halteleiste B 45 bewehrt, mit Senkschrauben M 10/50 in Gewindehulsen am festen Teil

17 Trägerrahmen z.B. Stahlwinkel 50/50/5 mm

18 Abdeckrahmen z.B. Stahlwinkel 40/40/4 mm

19 Maueranker

20 Glashalteleiste Winkelstahl 25/25/3 mm

21 Anpreßblech Flachstahl 25/5 mm

22 Mineralwolle

23 Mauerwerk

24 Wandputz

Außerdem gibt es CONTRAFLAM G 30, bestehend aus 2 Sekurit-Scheiben als Isolierglas mit gepruften Glasabmessungen 1.20/1.40 m

# Hinweise für die Bemessung von Bauteilen und Sonderbauteilen

Bei Bränden werden Baustoffe und Bauteile auf hohe Temperaturen, denen sie im Normalgebrauch nie ausgesetzt sind, erwärmt. Die Brandtemperaturen können über 1 000 °C betragen; bei langanhaltender Einwirkung wird jeder Baustoff zerstört.

Maßgebend für die Zerstörung von Baustoffen und Bauteilen durch Feuer ist nicht nur die im Brandraum herrschende Temperatur, sondern vielmehr die Temperatur, auf welche die Baustoffe und Bauteile erwärmt werden, wobei auch der Temperaturverlauf eine entscheidende Rolle spielt. Die Brandbeanspruchungen von Bauteilen und ganzen Gebäuden sind je größer, umso später die höchste Temperatur erreicht wird, umso länger sie andauert und umso langsamer sie abfällt. Steigt dagegen die Temperatur schnell an und fällt schnell wieder ab, dann sind die Einwirkungen durch Feuer meist nur oberflächlich. Durch Wärmespannungen werden vor allem Bauteile zerstört, die aus Baustoffen mit unterschiedlichen Ausdehnungsvermögen bestehen, z.B. in massive Wände ein- oder angebaute Stahlkonstruktionen.

Werden erwärmte Bauteile mit kaltem Löschwasser abgespritzt (abgeschreckt), dann können sie plötzlich platzen und reißen. Oft werden Bauteile bei Bränden überlastet, d.h. sie sollen plötzlich Belastungen tragen, für die sie nicht konstruiert sind. Beispiele: Überlastung von Decken durch Einsturztrümmer, sich ansammelndes und in Einrichtungen und Lagergut eindringendes Löschwasser.

Die Feuerwiderstandsdauer eines Bauteiles ist darüber hinaus von den folgenden Einflüssen abhängig:

- Bauteilabmessungen, Konstruktionsart, Anschlüsse, Befestigungen, Fugen usw.,
- Statisches System (bestimmt oder unbestimmt, einachsig oder zweiachsig, mittig oder ausmittig),
- Anordnung von zusätzlichen Bekleidungen, Putzen, Unterdecken usw.

Die in DIN 4102, Teil 4, angegebenen Tabellenwerte für klassifizierte Bauteile gelten immer nur unter den dort genannten Voraussetzungen und auch nur in brandschutztechnischer Hinsicht. Wenn sich aus anderen Bestimmungen (Mindestabmessungen, Überdeckung der Bewehrung usw.) höhere Werte ergeben, haben diese Vorrang.

### Beton-, Stahlbeton- und Spannbetonbauteile

Das Brandverhalten und insbesondere die Wärmeleitung von Beton hängen im wesentlichen von der Art des Zuschlags ab. Die bei den klassifizierten Bauteilen gemachten Angaben über Normalbeton beziehen sich auf übliche Betone mit überwiegend quarzhaltigem Zuschlag. Sofern keine Einschränkungen gemacht werden, ist bei Verwendung von Beton mit mehr als 80 % karbonathaltigem Zuschlag – eine Reduzierung aller Tabellenwerte um 10 % zulässig; dabei dürfen jedoch die Werte für die Feuerwiderstandsklasse F 30 nicht unterschritten werden.

Die Betondeckung der Bewehrung ist der Abstand ihrer Oberfläche bis zur Bauteiloberfläche. In brandschutztechnischer Hinsicht schützt sie die Bewehrung vor übermäßiger Erwärmung. Sie soll das Erreichen der Schmelztemperatur von Stahl so lange verzögern, bis die geforderte Feuerwiderstandszeit erreicht wird. Bestimmte Mindestquerschnitte eines Bauteiles oder eine Mindestüberdeckung der Stahleinlagen sind auch notwendig, um zerstörende Abplatzungen während des Brandfalles zu vermeiden. Bei einem Abstand der statischen Bewehrung von mehr als 40 mm ist die Betondeckung in bestimmten angegebenen Fällen aus Gründen des Brandschutzes mit geschweißten Betonstahlmatten zusätzlich zu armieren.

Für die Ermittlung einer Feuerwiderstandsklasse ist der Abstand „u" zwischen der Längsachse der Bewehrungsstäbe oder Spannglieder und der beflammten Betonoberfläche – bei den klassifizierten Bauteilen Achsabstand genannt – maßgebend. Gegebenenfalls muß bei Verwendung von Bewehrungsstählen mit einer anderen kritischen Stahltemperatur der Achsabstand angepaßt werden. Beispiele für den Achsabstand **u** sind in der Übersicht *Betonwände* enthalten → 30.

Wenn bei Stahlbeton- oder Spannbetonbauteilen die mögliche Betondeckung oder der Achsabstand der Bewehrung konstruktiv begrenzt ist oder Bauteile in brandschutztechnischer Hinsicht nachträglich verstärkt werden müssen, kann der für höhere Widerstandsklassen verlangte Achsabstand durch Putzbekleidungen ersetzt werden. Voraussetzung ist jedoch, daß der vorhandene Achsabstand wenigstens für die Feuerwiderstandsklasse F 30 ausreicht und die Putze hinsichtlich Zusammensetzung, Dicke und Haftung den in DIN 4102, Teil 4, gestellten Anforderungen entsprechen → 22.

Beton, Stahlbeton und Spannbeton gehören zur Baustoffklasse A 1 (nichtbrennbar). Diese Klassifizierung geht auch dann nicht verloren, wenn die Bewehrung durch übliche Kunststoffabstandshalter der Baustoffklasse B (brennbar) in der gewünschten Lage gehalten wird.

Im Gegensatz dazu durchdringen Abstandshalter von Schalungen, die auch gleichzeitig Abstandshalter der Bewehrung sein können, im allgemeinen ganze Bauteile. Bestehen diese aus Baustoffen der Klasse B (brennbar), so können sie das Feuer durch die Wände weiterleiten. Sie bedürfen deshalb eines Nachweises der Eignung in brandschutztechnischer Hinsicht, wenn sie bei raumabschließenden Bauteilen verwendet werden.

Bei Großbränden können auch die Bauteil- oder Gebäudedehnungsfugen zu ausgesprochenen Schwachstellen werden. Die für normale Temperaturbeanspruchungen vorgesehenen Fugenbreiten reichen meist nicht aus, um die Ausdehnung restlos aufzunehmen. Bei solchen Zwängungen beginnt z.B. die Betonüberdeckung der Stahlbewehrung abzuplatzen, so daß die Stahleinlagen ohne Schutz dem Feuer ausgesetzt sind.

### Bauteile aus Holz

Neben Ziegeln gehört Holz zu den bekanntesten klassischen Baustoffen. Auf Grund seines organischen Aufbaues ist Holz brennbar und gilt ab einer Mindestdicke von 2 mm bzw. 5 mm ohne Nachweis als normalentflammbar (B 2). Unterhalb dieser Abmessungen oder als Holzwolle ist dieser Werkstoff leichtentflammbar (B 3).

Durch entsprechende Behandlung kann Holz schwerentflammbar (B 1) gemacht werden. Holz kann anteilig sogar in nichtbrennbaren Baustoffen (A 2) enthalten sein. Holzkonstruktionen mit entsprechend großen Querschnitten können eine beträchtliche Feuerwiderstandsdauer zeigen. Die sich beim Brand bildende Holzkohleschicht mit ihrer isolierenden Wirkung sorgt dafür, daß die Temperatur nur langsam in das Innere von massiven Holzquerschnitten vordringen kann.

Das Brandverhalten von Holzteilen ist u.a. auch von der äußeren Form abhängig. Je stärker gegliedert und je größer die Oberfläche bei gleichem Volumen ist, desto geringer ist die Feuerwiderstandsfähigkeit. Ungünstig sind auch größere Schwindrisse, da sie ebenfalls die Oberfläche vergrößern.

Harzreiches Holz ist feuergefährlicher als harzarmes. Quer oder schräg zur Faser verlaufende Schnittstellen (Hirnholzstellen) entzünden sich besonders leicht, da hier die längslaufenden Poren und Zellen des Holzes aufgeschnitten und vergasbare Bestandteile des Holzes von außen her besonders stark erwärmt werden können. Besonders gefährlich sind Knotenpunkte von Holzkonstruktionen mit durchgreifenden Stahlverbindungsteilen. Nach dem Ablöschen von außen können die nicht sichtbaren Stahlteile weiterglühen und einen Nachbrand verursachen.

Verkohlung und, in der Folge, Schwelbrand können bei Holz schon ab 70 °C entstehen. Steigt die Wärmeeinwirkung weiter an, so kommt es zum Glimmen mit einer Temperatur zwischen 220 bis 325 °C. Eine spontane Entzündung tritt ein, wenn das Holz eine Temperatur von mehr als 340 °C erreicht hat. Ein Schwelbrand kann also längere Zeit dauern, ehe ein offenes Feuer entsteht.

Die Entzündung ist nicht auf das Vorhandensein einer Flamme angewiesen. Bei Heißluft von 330 °C kann Holz sich nach spätestens einer Stunde entzünden.

Die Entzündungstemperatur oder die Einwirkungsdauer höherer Temperaturen bis zur Zündung steigt mit zunehmender Rohdichte des Holzes. Für die in DIN 4102, Teil 4, klassifizierten Bauteile aus Holz und Holzwerkstoffen wird deshalb durchweg eine Rohdichte von mindestens 600 kg/m$^3$ vorgeschrieben.

#### Feuerschutzmittel

Schaumschichtbildende Feuerschutzmittel sind geeignet, Vollholz und Holzwerkstoffe mit mehr als 12 mm Dicke nach DIN 4102, Teil 1, schwerentflammbar (Klasse B 1) zu machen. Diese Mittel bedürfen der Zulassung durch das Institut für Bautechnik, Berlin, und erhalten ein Prüfzeichen. Die bekannten streichbaren Feuerschutzmittel eignen sich nur für Holzkonstruktionen, die gegen Regen und Feuchtigkeit geschützt sind.

Die Feuerschutzmittel werden durch Streichen oder Spritzen auf die Oberfläche aufgetragen. Bei Brandeinwirkung bildet sich aus dem Anstrich eine zwei bis drei Zentimeter dicke schaumartige Schicht, die das Eindringen von Wärme in das Holz verhindert.

Nach einer weiteren Methode, die heute aber nur noch vereinzelt angewandt wird, werden Salze im Kesseldruckverfahren in das Holz eingebracht. Von hoher Feuerwiderstandsfähigkeit sind Spanplatten, deren Späne vor der Plattenfertigung mit Feuerschutzmittel imprägniert worden sind → 23.

#### Meldung von Holzschädlingen

In den Landesbauordnungen ist eine Mitteilungspflicht über Holzschädlinge enthalten.

„Besteht der Verdacht, daß in einem Gebäude Bauteile aus Holz oder anderen organischen Stoffen vom Hausbock, vom Echten Hausschwamm oder von Termiten befallen sind, so ist dies der Bauaufsichtsbehörde unverzüglich mitzuteilen." Ein *Verdacht* auf Holzschädlinge genügt bereits, *Sicherheit* braucht nicht vorzuliegen. Die Mitteilung soll der Bauaufsichtsbehörde Gelegenheit geben, eine Überprüfung vorzunehmen und gegebenenfalls Maßnahmen zu treffen.

### Bauteile aus Stahl

Bautechnisch gesehen hat Baustahl sehr gute Eigenschaften; aber gegen Wärme ist er wenig widerstandsfähig. Bei Brandbeanspruchung wird ungeschützter Stahl sehr schnell erwärmt. Die Erhöhung der Erwärmung beträgt mehr als 30 K je Minute.

Ein 10 m langer Stahlträger wird bei einer Temperaturerhöhung von 500 K rund 5 bis 6 cm länger. Kommt bei Stahlstützen eine Behinderung der Längsdehnung hinzu, so ergibt sich eine Erhöhung der Stahlspannung, was vor allem bei schlanken Stützen zu einem verfrühten Zusammenbruch führen kann.

Ungeschützte Stahlbauteile kommen in der Regel auf Feuerwiderstandszeiten unter 30 Minuten und können daher nach DIN 4102 in keine Feuerwiderstandsklasse eingestuft werden. Es ist jedoch möglich, durch geeignete Verkleidungen eine Feuerwiderstandsdauer von mindestens 30 Minuten zu erhalten; Nachweis für derartige Verbundsysteme ist durch Prüfungen nach DIN 4102, Teil 2, zu führen.

Bei Brandbeanspruchung steigt die Temperatur eines ummantelten Stahlprofils je schneller an, desto größer die dem Feuer ausgesetzte Oberfläche im Verhältnis zum Stahlquerschnitt ist. Große Stahlquerschnitte erfahren daher bei gleicher Bekleidungsdicke und gleicher beflammter Fläche eine langsamere Erwärmung und besitzen dementsprechend eine größere Feuerwiderstandsdauer als weniger massive Querschnitte.

Zur Bemessung der Bekleidungsdicke wird das Verhältnis U/F (U = Abwicklung, F = Querschnittsfläche) des Profiles verwendet. Dabei muß unterschieden werden, ob es sich um eine profilfolgende oder um eine kastenförmige Ummantelung bei drei- oder vierseitiger Brandbeanspruchung handelt. Die Berechnung des Wertes U/F ist in DIN 4102, Teil 4, angegeben → 22.

Maßgebend für die Erwärmung von Stahlprofilen ist auch die Ausführung der Bekleidung. Je kleiner ihre Temperaturleitfähigkeit ist und je dickere Ummantelungen verwendet werden, desto langsamer erfolgt die Erwärmung der Stahlprofile.

Für Deckenkonstruktionen aus Stahl können untergehängte Decken einen sehr guten zusätzlichen Brandschutz bedeuten. Es muß aber sichergestellt sein, daß sie sich im Brandfalle nicht frühzeitig aus ihrer Verankerung lösen.

#### Brandschutzbeschichtungen

Neben den in DIN 4102, Teil 4, gegebenen Hinweisen über Brandschutzverkleidungen können Stahlbauteile zur Erreichung einer höheren Feuerwiderstandsfähigkeit auch mit dämmschichtbildenden Anstrichen geschützt werden. Die zur Zeit bekannten bauaufsichtlichen Zulassungen erstrecken sich auf feuerhemmende Beschichtungen zur Erreichung der Feuerwiderstandsklasse F 30 für Stützen im I-Profil, Vollwandträger sowie Stabtragwerke (Fachwerk) aus Stahl. Der Stahlleichtbau ist grundsätzlich ausgenommen.

Die mit dämmschichtbildenden Anstrichen versehenen Konstruktionen müssen vor unmittelbaren Witterungseinflüssen geschützt liegen.

# Wände

Die folgenden Ausführungen beziehen sich ausschließlich auf den baulichen Brandschutz. Derart beanspruchte Wände haben die Aufgabe, gegen eine Brandeinwirkung von außen abzuschirmen oder die Ausbreitung eines Brandes auf andere Räume bzw. Gebäude zu verhindern. Durch die Einwirkung hoher Brandtemperaturen werden die Oberflächen der Wände je nach Baustoff zermürbt oder platzen infolge innerer Spannungen. Einseitig dem Feuer ausgesetzte Wände können sich aufwölben und dadurch ihre Standfestigkeit verlieren.

Die in den Übersichten angegebenen Bemessungen und Einstufungen entsprechen DIN 4102, Teil 4 – Zusammenstellung und Anwendung klassifizierter Baustoffe, Bauteile und Sonderbauteile – Entwurf März 1978.

Dabei handelt es sich nur um Auszüge aus dieser Norm. Weitergehende Angaben, die insbesondere der Statiker zu beachten hat, werden nicht gebracht.

Soweit dieser umfangreiche Katalog für Baustoffe und Bauteile, die keiner besonderen Prüfung mehr bedürfen, noch nicht bauaufsichtlich eingeführt bzw. in der Anwendung zugelassen ist, muß noch DIN 4102, Blatt 4, vom Februar 1970 angewandt werden.

Ein Vergleich zwischen alter und neuer Norm wird nicht vorgenommen, zumal von unterschiedlichen Klassifizierungen ausgegangen wird.

Man unterscheidet nichttragende und tragende sowie raumabschließende und nichtraumabschließende Wände

– *Nichttragende Wände* sind Bauteile, die auch im Brandfall überwiegend nur durch ihr Eigengewicht beansprucht werden und auch nicht der Knickaussteifung tragender Wände dienen; sie müssen aber auf ihre Fläche wirkende Windlasten und horizontale Verkehrslasten auf tragende Bauteile, z.B. Wand- oder Deckenscheiben, abtragen.
– *Tragende Wände* sind überwiegend auf Druck beanspruchte Bauteile zur Aufnahme lotrechter Lasten, z.B. Deckenlasten, sowie waagerechter Lasten, z.B. Windlasten. *Aussteifende Wände* sind Bauteile zur Knickaussteifung tragender Wände; sie sind hinsichtlich des Brandschutzes wie tragende Wände zu bemessen.
– *Nichtraumabschließende, tragende Wände* sind
  1. tragende Innenwände,
  2. tragende Innenwände mit Öffnungen, die nicht durch Feuerschutzabschlüsse der vergleichbaren Feuerwiderstandsklasse geschlossen sind,
  3. tragende Außenwände bis 1,0 m Breite.

  Derartige Wände müssen im angegebenen Klassifizierungszeitraum ihre Tragfähigkeit bei gleichzeitig zweiseitiger Brandbeanspruchung nach DIN 4102, Teil 2, behalten.
– Als *raumabschließende Wände* gelten z.B. Wände in Rettungswegen, Treppenraumwände und Wohnungstrennwände. Sie dienen zur Verhinderung der Brandübertragung von einem Raum zum anderen, und zwar in der Annahme, daß sie nur einseitig vom Feuer beansprucht werden. Als raumabschließende Wände gelten ferner Außenwände mit einer Breite > 1,0 m. Im Bereich von Öffnungen sind Stürze, Balken, Unterzüge usw. jedoch unter der Bedingung wenigstens dreiseitiger Brandbeanspruchungsmöglichkeit zu bemessen.

  Raumabschließende Wände können *tragende* oder auch *nichttragende* Wände sein.

  Bei raumabschließenden Wänden sind die Öffnungen und ihre Abschlüsse die kritischsten Stellen. Hat die Wand gleichzeitig eine statische Funktion als tragende oder aussteifende Wand zu erfüllen, so darf sie diese im Brandfall nicht verlieren.

  Angaben für die Projektierung von Außen- und Innenwänden sind in den Übersichten auf Seite 18 und 19 enthalten:
– Bauaufsichtliche Mindestforderungen hinsichtlich des baulichen Brandschutzes gemäß der Musterbauordnung 1974 mit Einordnung in die Feuerwiderstandsklassen nach DIN 4102.
– Anforderungen an Bekleidungen und Dämmschichten entsprechend den „Richtlinien für die Verwendung brennbarer Baustoffe im Hochbau".

  Bei der Ausführung von klassifizierten Wänden sind noch folgende Hinweise aus DIN 4102, Teil 4 zu beachten:
– Die Tabellenwerte und Konstruktionsgrundsätze gelten für alle Wände, die sich von Rohdecke bis Rohdecke spannen. Werden raumabschließende Wände an Unterdecken befestigt, so ist die Feuerwiderstandsklasse durch Prüfungen nach DIN 4102, Teil 2, nachzuweisen.
– Die Anordnung von zusätzlichen Bekleidungen – Bekleidungen aus Stahlblech ausgenommen – ist bei den klassifizierten Wänden erlaubt; gegebenenfalls sind jedoch bauaufsichtliche Anforderungen, z.B. in Rettungswegen, Hochhäusern, Schulen und Versammlungsstätten, zu beachten.
– Werden raumabschließende Wände durch Fertigteile gebildet, so ist die Eignung von Fugen und Anschlüssen, soweit diese nicht behandelt sind, nach DIN 4102, Teil 2, nachzuweisen.
– Sind zwischen den Schalen zweischaliger Wände tragende Stützen aus Stahl, Stahlbeton, Holz oder anderen Baustoffen angeordnet, muß der Brandschutz dieser Stützen gesondert beurteilt werden.
– Nichtklassifizierte Wände, wie z.B. Wände mit bleibenden Schalungselementen aus Baustoffen der Klasse B, brauchen immer eine besondere Zulassung.

Die in den Übersichten auf den Seiten 30, 31 und 32 aufgeführten Wände aus Normalbeton, bewehrtem Gasbeton sowie aus Mauerwerk oder Wandbauplatten können sowohl als tragende als auch als nichttragende Wände eingesetzt werden. Für ihre Bemessung gelten folgende DIN-Vorschriften:

– Wände aus Normalbeton nach DIN 1045,
– Wände aus bewehrtem Gasbeton nach DIN 4223,
– Wände aus Mauerwerk oder Wandbauplatten, insbesondere soweit es die Schlankheiten und Aussteifungen der Wände betrifft, DIN 1053, Teil 1, und DIN 4103, Teil 1.

Wände aus Holz und Holzwerkstoffen mit einer zusätzlichen Bekleidung, z.B. aus Gipskartonbauplatten nach DIN 18 180, können sowohl als tragende Wände nach den „Richtlinien für Holzhäuser in Tafelbauart" als auch als nichttragende Wände nach DIN 4103, Teil 1, verwendet werden. Für die Bemessung gelten die genannten Normen.

Fachwerkwände mit ausgefüllten Gefachen sind tragende oder nichttragende Wände aus abgebundenen Holzständern, -riegeln, -streben usw. mit einer Ausfüllung der Fachwerkfelder. Für die Bemessung gelten DIN 1052, Teil 1, oder DIN 4103, Teil 1. Darüber hinaus sind aus Gründen des Brandschutzes für die Erlangung der Feuerwiderstandsklasse F 30-B bestimmte Mindestanforderungen zu beachten (Holzquerschnitt, Ausfüllung der Gefache, einseitige Bekleidung). Um eine Klassifizierung F 60-B zu erreichen, ist die Eignung jeweils durch Prüfungen nach DIN 4102, Teil 2, nachzuweisen.

## Nichttragende Außenwände und Fassadenverkleidungen

Durch das Feuer im Innern eines Gebäudes werden in vielen Fällen auch die Fensterscheiben des Brandraumes zerstört. Die austretenden Flammen und Rauchgase durchmischen sich im Freien noch einmal kräftig mit Sauerstoff und schlagen dann um so intensiver an der Fassade hoch. Die darüber liegenden Fenster werden durch die erhöhte Temperatur zum Platzen gebracht, Rauch und Feuer dringen ins nächste Geschoß. Abgesehen vom Feuerüberschlag durch die Außenwandöffnungen darf ein Brand daher auch nicht an der Fassade selbst hochbrennen.

Nichttragende Außenwandbauteile müssen deshalb einer Brandbeanspruchung von innen wie auch von außen widerstehen. Für die Temperaturbeanspruchung von innen gilt bei Prüfungen die Einheitstemperaturzeitkurve gemäß DIN 4102, Teil 2, z.B. für F 90 mit maximal 986 °C. Für die Beanspruchung von außen gilt eine abgeminderte Temperaturzeitkurve mit einer maximalen Temperaturerhöhung auf 658 °C, da die Temperaturentwicklung erfahrungsgemäß an der Außenwand im Brandfall diese Größenordnung nicht überschreitet.

Nichttragende Außenwände im Sinne von DIN 4102, Teil 3, sind raumhohe, raumabschließende Bauteile, wie Außenwandelemente, Ausfachungen usw., die auch im Brandfall nur durch ihr Eigengewicht beansprucht werden und nicht zur Aussteifung von Bauteilen dienen.

Die Bauteile können aber darüber hinaus auch die auf ihre Fläche wirkenden Windlasten und horizontalen Verkehrslasten auf tragende Bauteile, z.B. Wände oder Decken, abtragen. Zu den nichttragenden Außenwänden rechnen auch Brüstungen und Schürzen, die im Brandfall den Überschlagsweg des Feuers an der Außenseite von Gebäuden vergrößern. Außenwände, die Lasten aufnehmen oder aussteifend wirken, sind tragende oder aussteifende Bauteile, die nach DIN 4102, Teil 2, zu beurteilen sind.

Für nichttragende Außenwände werden die in nachstehender Tabelle genannten Feuerwiderstandsklassen unterschieden:

| Feuerwiderstandsklasse | Feuerwiderstandsdauer mindestens |
|---|---|
| W 30 | 30 Minuten |
| W 60 | 60 Minuten |
| W 90 | 90 Minuten |
| W 120 | 120 Minuten |
| W 180 | 180 Minuten |

Gemäß DIN 4102, Teil 4, sind Brüstungen, die auf einer Stahlbetonkonstruktion ganz aufgesetzt sind, wie nichttragende Wände entsprechend dieser Norm zu bemessen. Die Eignung von

- Brüstungen mit anderen Unterkonstruktionen,
- teilweise oder ganz vorgesetzte Brüstungen und
- Schürzen sowie Brüstungen in Kombination mit Schürzen

ist jeweils durch Prüfungen nach DIN 4102, Teil 3, nachzuweisen.

Bei ihrer Bemessung sind hinsichtlich der Höhe dieser Bauteile gegebenenfalls bauaufsichtlich vorgeschriebene Mindestwerte einzuhalten.

#### Außenwandverkleidungen

Gemäß den „Richtlinien für die Verwendung brennbarer Baustoffe im Hochbau" dürfen bei Gebäuden mit mehr als einem Vollgeschoß Außenwandverkleidungen, die als „brennend abfallend" oder „brennend abtropfend" gelten, nicht verwendet werden.

Bei Gebäuden bis zu 2 Vollgeschossen – auch mit ausgebautem Dachraum – können Außenwandverkleidungen (auch mit Hinterlüftung) aus normalentflammbaren Baustoffen (Klasse B 2) gestattet werden, wenn eine Brandausbreitung auf andere Gebäude oder Brandabschnitte verhindert werden kann (Einzelangaben hierzu auf Seite 18 unten).

Bei Gebäuden mit mehr als 2 Vollgeschossen – außer bei Hochhäusern – können Außenwandverkleidungen (auch mit Hinterlüftung) aus mindestens schwerentflammbaren Baustoffen Klasse B 1) ausgeführt werden.

Bei Hochhäusern müssen Außenwandverkleidungen aus nichtbrennbaren Baustoffen (Klasse A) bestehen; schwerentflammbare Baustoffe (Klasse B 1) können bei Wänden von Hochhäusern ohne Öffnungen gestattet werden, sofern dies nicht Wände von Sicherheitstreppenräumen sind, ferner bei Wänden mit Öffnungen, wenn diese Verkleidungen von Öffnungen oder Vorbauten einen allseitigen Abstand von mindestens 1 m einhalten.

*Stützen aus Stahlbeton, Stahl oder Holz*

In DIN 4102, Teil 4, wird ausdrücklich darauf hingewiesen, daß mit einer vollständigen Überarbeitung der Abschnitte über klassifizierte Stützen gerechnet werden muß. Solange keine gesicherten, allgemein gültigen Versuchsergebnisse vorliegen, dürfen Stützen bis auf weiteres nach den dort abgedruckten Projektierungsregeln bemessen werden.

### Nichttragende Innenwände

Leichte Trennwände nach DIN 4103 sind nichttragend mit einem Flächengewicht bis zu 150 kg/m². Sie werden überwiegend durch ihr Eigengewicht beansprucht und zu statischen Aufgaben, wie z.B. Gebäudeaussteifung, nicht herangezogen, müssen jedoch die auf ihre Fläche wirkenden Lasten aufnehmen.

Ihre Standfestigkeit erhalten sie erst durch Verbindung mit den angrenzenden Bauteilen. Leichte Trennwände können ein- oder mehrschalig ausgeführt werden. Sie können ortsfest oder umsetzbar ausgebildet sein. In bestimmten Anwendungsfällen müssen sie entsprechend ihrer Feuerwiderstandsklasse Aufgaben des Brandschutzes übernehmen. Dabei gilt die angegebene Feuerwiderstandsklasse immer für den kompletten Wandaufbau, nicht für einzelne Schichten.

Derartige Leichtwände sind in der Lage, Brände von einem Raum zum anderen innerhalb des vorbestimmten Zeitraumes zu verhindern. Bei Großbränden kann es jedoch passieren, daß die zwischen tragenden Wänden und Decken angeordneten leichten Tafelwände aus ihren Verankerungen herausgelöst werden und Feuer und Rauch durch die so entstandenen Fugen hindurchtreten.

Zu den in DIN 4102, Teil 4, klassifizierten nichttragenden leichten Trennwänden gehören:

- Wände aus Gipskartonbauplatten nach DIN 4103, Teil 1, entsprechend den Ausführungsrichtlinien nach DIN 18 183
- Zweischalige Wände aus Holzwolleleichtbauplatten nach DIN 1101 mit Putz und entsprechend DIN 4103, Teil 1

## Mindestabmessungen von Wänden aus Normalbeton

(Tabelle 7 von DIN 4102, Teil 4, Entwurf März 1978)

| Feuerwiderstandsklasse - Benennung | F 30-A | F 60-A | F 90-A | F 120-A | F 180-A |
|---|---|---|---|---|---|
| **Nichttragende raumabschließende Wände**<br>Mindestwanddicke d (mm) | 80 1) | 80 1) | 100 | 120 | 150 |
| **Tragende raumabschließende Wände**<br>Mindestwanddicke d (mm) bei einer maximalen Randspannung 3)<br>$\sigma_R \leq 0.1\,\beta_R$ | 80 2) | 90 2) | 100 2) | 120 | 150 |
| $\sigma_R \leq 0.5\,\beta_R$<br>($\sigma_R \leq 1.0\,\beta_R$: Bemessung gemäß den folgenden Zeilen) | 100 | 120 | 140 | 160 | 200 |
| **Tragende nichtraumabschließende Wände**<br>Mindestwanddicke d (mm) | 120 | 140 | 170 | 220 | 300 |
| **Tragende oder nichttragende raumabschließende oder nichtraumabschließende Wände**<br>Mindestabstand u (mm) der Bewehrung für $T_{krit} = 500\,°C$ bei einer Randspannung 3)<br>$\sigma_R \leq 0.5\,\beta_R$ | 10 / 10 | 15 / 15 | 25 / 25 | 35 / 35 | 55 / 55 |
| $\sigma_R \leq 1.0\,\beta_R$ | 10/10 | 25/25 | 35/35 | 45/45 | 65/65 |

## Mindestabmessungen von Wänden aus bewehrtem Gasbeton

(Tabelle 8 von DIN 4102, Teil 4, Entwurf März 1978)

| Feuerwiderstandsklasse - Benennung | F 30-A | F 60-A | F 90-A | F 120-A | F 180-A |
|---|---|---|---|---|---|
| **Nichttragende raumabschließende Wände**<br>Mindestwanddicke d (mm) | [75] 15 / 75 / 15 | [75] 15 / 75 / 15 | [100] 15 / 100 / 15 | [125] 15 / 100 / 15 | [150] 15 / 125 / 15 |
| **Tragende raumabschließende Wände**<br>Mindestwanddicke d (mm) bei einer maximalen Randspannung 3)<br>$\sigma_R \leq 0.1\,\beta_R$ | [100] 15 / 100 / 15 | [100] 15 / 100 / 15 | [125] 15 / 100 / 15 | [150] 15 / 125 / 15 | [150] 15 / 125 / 15 |
| $\sigma_R \leq 0.5\,\beta_R$<br>($\sigma_R \leq 1.0\,\beta_R$: Bemessung gemäß den folgenden Zeilen) | [150] 125 | [175] 150 | [200] 175 | [250] 200 | [300] 250 |
| **Tragende nichtraumabschließende Wände**<br>Mindestwanddicke d (mm) | [175] 15 / 150 / 15 | [200] 15 / 175 / 15 | [225] 15 / 200 / 15 | [250] 15 / 200 / 15 | [300] 15 / 250 / 15 |
| **Tragende oder nichttragende raumabschließende oder nichtraumabschließende Wände**<br>Mindestabstand u (mm) der Bewehrung für $T_{krit} = 500\,°C$ bei einer Randspannung 3)<br>$\sigma_R \leq 0.5\,\beta_R$ | 10 / 10 | 10 / 10 | 20 / 20 | 30 / 30 | 50 / 50 |
| $\sigma_R \leq 1.0\,\beta_R$ | 10/10 | 20/20 | 30/30 | 40/40 | 60/60 |

1) 2) Bei Betonfeuchtigkeitsgehalten > 4 Gew.-% sowie bei Wänden mit sehr dichter Bewehrungsanordnung (Stababstände < 100 mm) muß die Mindestdicke bei 1) wenigstens 100 mm und bei 2) wenigstens 120 mm betragen

3) Zwischenwerte dürfen geradlinig interpoliert werden

[ ] Maße im Kasten gelten für unverputzte Wände

| Mindestdicke nichttragender raumabschließender Wände aus Mauerwerk oder Wandbauplatten (Tabelle 9 von DIN 4102, Teil 4, Entwurf März 1978) | Mindestdicke d in mm für die Feuerwiderstandsklasse - Benennung | | | | |
|---|---|---|---|---|---|
| | F30-A | F60-A | F90-A | F120-A | F180-A |
| Gasbeton - Blocksteine oder - Bauplatten nach DIN 4165 bis DIN 4166<br>Hohlblock oder Vollsteine bzw Wandbauplatten aus Leichtbeton nach DIN 18151 bis DIN 18152 und DIN 18162<br>Hohlblocksteine und T-Steine nach DIN 18153 | 75 (15 + 75 + 15) | 75 (15 + 75 + 15) | 100 (15 + 100 + 15) | 125 (15 + 100 + 15) | 150 (15 + 125 + 15) |
| Mauerziegel nach DIN 105 (Langlochziegel ausgenommen)<br>Kalksandsteine nach DIN 106<br>Hüttensteine nach DIN 398 | 115 (15 + 71 + 15) | 115 (15 + 71 + 15) | 115 (15 + 115 + 15) | 150 (15 + 115 + 15) | 175 (15 + 150 + 15) |
| Geschoßhohe Ziegelfertigteile nach DIN 1053, Teil 4 | 115 (15 + 115 + 15) | 115 (15 + 115 + 15) | 115 (15 + 115 + 15) | 165 (15 + 150 + 15) | 165 (15 + 150 + 15) |
| Wandbauplatten aus Gips nach DIN 18163, Teil 1 und Teil 2 für Rohdichten ≥ 0,6 kg/dm³ | 80 | 80 | 100 | 100 | 120 |

☐ Maße im Kasten gelten für unverputzte Wände

| Mindestdicke tragender raumabschließender Wände aus Mauerwerk gemäß DIN 1053, Teil 1 (Tabelle 10 von DIN 4102, Teil 4, Entwurf 1978) | Mindestdicke d in mm für die Feuerwiderstandsklasse - Benennung | | | | |
|---|---|---|---|---|---|
| | F30-A | F60-A | F90-A | F120-A | F180-A |
| Gasbeton - Blocksteine nach DIN 4165<br>Hochblock- oder Vollsteine aus Leichtbeton nach DIN 18151 bis DIN 18152<br>Hohlblocksteine und T - Hohlsteine nach DIN 18153 bei<br>mittiger Belastung $\sigma \leq 0.3\ N/mm^2$ | 115 (15 + 115 + 15) | 115 (15 + 115 + 15) | 150 (15 + 115 + 15) | 150 (15 + 115 + 15) | 150 (15 + 125 + 15) |
| mittiger Belastung $\sigma \leq 1.2\ N/mm^2$ | 150 / 115 | 150 / 115 | 150 / 125 | 175 / 150 | 200 / 175 |
| ausmittiger Belastung max $\sigma_R \leq 0.6\ N/mm^2$ | 150 (15 + 115 + 15) | 175 (15 + 150 + 15) | 200 (15 + 175 + 15) | 240 (15 + 200 + 15) | 300 (15 + 240 + 15) |
| ausmittiger Belastung $0.6\ N/mm^2 <$ max $\sigma_R \leq 1.2\ N/mm^2$ | 175 / 150 | 200 / 175 | 240 / 200 | 300 / 240 | 300 / 240 |
| Mauerziegel nach DIN 105 (Langlochziegel ausgenommen)<br>Kalksandsteine nach DIN 106<br>Hüttensteine nach DIN 398 bei<br>mittiger Belastung $\sigma \leq 0.3\ N/mm^2$ | 115 (15 + 115 + 15) | 115 (15 + 115 + 15) | 115 (15 + 115 + 15) | 150 (15 + 125 + 15) | 175 (15 + 150 + 15) |
| mittiger Belastung $\sigma \leq 3\ N/mm^2$ | 115 / 115 | 115 / 115 | 150 / 115 | 175 / 150 | 240 / 200 |
| ausmittiger Belastung max $\sigma_R \leq 1.2\ N/mm^2$ | 115 (15 + 115 + 15) | 150 (15 + 115 + 15) | 175 (15 + 150 + 15) | 200 (15 + 175 + 15) | 240 (15 + 200 + 15) |
| ausmittiger Belastung $1.2\ N/mm^2 <$ max $\sigma_R \leq 3\ N/mm^2$ | 150 / 115 | 175 / 150 | 200 / 175 | 240 / 200 | 240 / 200 |
| Geschoßhohe Ziegelfertigbauteile nach DIN 1053 Teil 4<br>bei mittiger oder ausmittiger Belastung | 115 (15 + 115 + 15) | 165 (15 + 115 + 15) | 165 (15 + 165 + 15) | 190 (15 + 165 + 15) | 240 (15 + 190 + 15) |

| Mindestdicke tragender nichtraumabschließender Wände aus Mauerwerk gem. DIN 1053 Teil 1 bei mittiger Belastung 1) (Tabelle 11 von DIN 4102, Teil 4, Entwurf März 1978) | | Mindestdicke d in mm für die Feuerwiderstandsklasse - Benennung | | | | |
|---|---|---|---|---|---|---|
| | | F30-A | F60-A | F90-A | F120-A | F180-A |
| Gasbeton-Blocksteine nach DIN 4165<br>Hohlblock- oder Vollsteine aus Leichtbeton nach DIN 18151 bis DIN 18152<br>Hohlblocksteine und T-Hohlsteine nach DIN 18153 | $\sigma \leq 0.3\,N/mm^2$ | [115] 15 + 115 + 15 | [150] 15 + 115 + 15 | [150] 15 + 115 + 15 | [150] 15 + 115 + 15 | [175] 15 + 125 + 15 |
| | $\sigma \leq 1\,N/mm^2$ | [150] 115 | [150] 125 | [175] 150 | [200] 175 | [240] 200 |
| Mauerziegel nach DIN 105<br>Kalksandsteine nach DIN 106<br>Hüttensteine nach DIN 398 | $\sigma \leq 0.3\,N/mm^2$ | [115] 15 + 115 + 15 | [115] 15 + 115 + 15 | [150] 15 + 115 + 15 | [175] 15 + 150 + 15 | [200] 15 + 175 + 15 |
| | $\sigma \leq 3$ 2) $N/mm^2$ | [115] 115 | [150] 115 | [175] 150 | [200] 175 | [240] 200 |
| Geschoßhohe Ziegelfertigbauteile nach DIN 1053, Teil 4 | | [115] 15 + 115 + 15 | [115] 15 + 115 + 15 | [165] 15 + 165 + 15 | [190] 15 + 165 + 15 | [240] 15 + 190 + 15 |

1) Bei ausmittiger Belastung sind die Mindestdicken für Wände mit ausmittiger Belastung nach Tabelle 10 (Seite 31 unten) zu verwenden

2) Bei Langlochziegeln nach DIN 105 $\sigma \leq 1.2\,N/mm^2$

[ ] Maße im Kasten gelten für unverputzte Wände

| Mindestanforderungen an tragende und nichttragende, raumabschließende Wände aus Holz und Holzwerkstoffen (Tabelle 12 von DIN 4102, Teil 4, Entwurf März 1978) | —Konstruktionsmerkmale— | | Feuerwiderstandsklasse - Benennung | | | | | |
|---|---|---|---|---|---|---|---|---|
| | | | F30-B | | F60-B | | F90-B | |
| Wände mit Beplankung aus<br>a) Sperrholzplatten nach DIN 68705, Teil 3 oder 5<br>b) Spanplatten nach DIN 68763<br>c) Holzfaserplatten nach DIN 68754, Teil 1<br>jeweils mit einer Rohdichte ≥ 600 kg/m³ | **Mineralfaserdämmschicht** | | | | | | | |
| | Mindestdämmschichtdicke D | mm | 80 | 40 | 80 | 60 | — | |
| | Mindestrohdichte der Dämmung | $kg/m^3$ | 30 | 50 | 30 | 50 | — | |
| | Mindestbeplankungsdicke d | mm | 13 1) | | 2×16 | | — | |
| | maximale Spannung | $\sigma_D \perp N/mm^2$ | 2.5 | | 2.5 | | — | |
| | Mindestdämmschichtdicke D | mm | 60 | | 80 | | 100 | |
| | Mindestrohdichte der Dämmung | $kg/m^3$ | 100 | | 100 | | 100 | |
| | Mindestbeplankungsdicke d | mm | 8 | | 19 | | 2×19 | |
| | maximale Spannung | $\sigma_D \perp N/mm^2$ | 1.25 | | 1.25 | | 0.5 | |
| 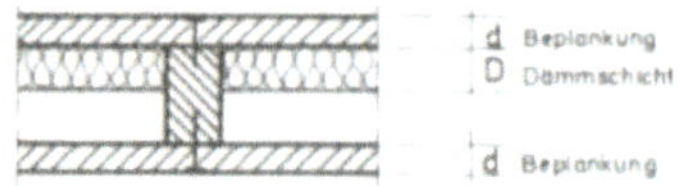 | **Holzwolleleichtbauplatten** | | | | | | | |
| | Mindestdämmschichtdicke D | mm | 25 | | — | | — | |
| | Mindestbeplankungsdicke d | mm | 13 1) | | — | | — | |
| | maximale Spannung | $\sigma_D \perp N/mm^2$ | 2.5 | | — | | — | |
| 1) Einseitig ersetzbar durch GKF-Platten d ≥ 12.5 mm<br>2) Es dürfen auch GKB-Platten ≥ 18 mm verwendet werden | Mindestdämmschichtdicke D | mm | 50 | | 50 | | 75 | |
| | Mindestbeplankungsdicke d | mm | 8 | | 19 | | 2×19 | |
| | maximale Spannung | $\sigma_D \perp N/mm^2$ | 1.25 | | 1.25 | | 0.5 | |
| Wände wie vor, jedoch mit einer zusätzlichen beidseitigen Beplankung aus Gipskartonbauplatten | Mindestbekleidungsdicke $d_2$ bei Gipskartonbauplatten F (GKF) | mm | 12.5 2) | | 12.5 | | 15 | |
| | **Mineralfaserdämmschicht** | | | | | | | |
| | Mindestdämmschichtdicke D | mm | 60 | 40 | 60 | 80 | 80 | 100 |
| | Mindestrohdichte der Dämmung | $kg/m^3$ | 30 | 40 | 50 | 100 | 50 | 100 |
| | Mindestbeplankungsdicke d1 | mm | 0 | | 13 | 8 | 2×16 | 19 |
| 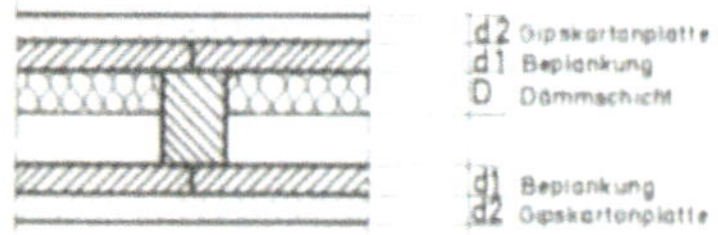 | maximale Spannung | $\sigma_D \perp N/mm^2$ | 2.5 | | 1.25 | 0.5 | 0.5 | |
| | **Holzwolleleichtbauplatten** | | | | | | | |
| | Mindestdämmschichtdicke D | mm | 25 | | 50 | 50 | 75 | |
| | Mindestbeplankungsdicke d1 | mm | 0 | | 13 | 8 | 19 | |
| | maximale Spannung | $\sigma_D \perp N/mm^2$ | 2.5 | | 1.25 | 0.5 | 0.5 | |

| Mindestanforderungen an tragende und nichttragende, raumabschließende Außenwände aus Holz und Holzwerkstoffen mit asymetrischer Beplankung (Tabelle 13 von DIN 4102 Teil 4, Entwurf März 1978) | - Konstruktionsmerkmale - | | Feuerwiderstandsklasse - Benennung: F 30 - B mit einlagiger | | F 30 - B mit zweilagiger Innenbeplankung | | F 60 - B mit zweilagiger Innenbeplankung |
|---|---|---|---|---|---|---|---|
| Außenbeplankung $d_1$ aus ≧ 16 mm Holzspundschalung oder Holzwerkstoffplatten (an dünnster Stelle; Rohdichte ≧ 600 kg/m³) 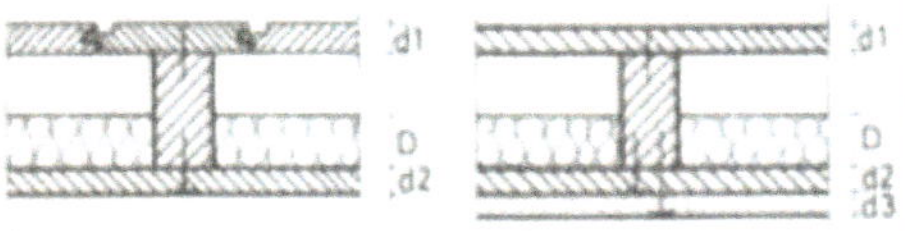  | Mineralfaserdämmschicht D | mm | 80 | 40 | 80 | 40 | 80 |
| | Mindestrohdichte der Dämmung | kg/m³ | 30 | 50 | 30 | 50 | 100 |
| | oder Holzwolleleichtbauplatten D | mm | 25 | | 25 | | 50 |
| | Sperrholz-, Span- od. Holzfaserplatten d2 | mm | 19 | | 13 | — | 22 — |
| | oder Gipskartonbauplatten F (GKF) d2 | mm | 12.5 [2] | | — | 12.5 [3] | — 12.5 |
| | Gipskartonbauplatten F (GKF) d3 | mm | — | | 9.5 | 9.5 | 12.5 12.5 |
| | maximale Spannung $\sigma_{D\perp}$ | N/mm² | 2.5 | | 2.5 | | 1.25 |
| Außenbeplankung d aus ≧ 6 mm Asbestzementplatten nach DIN 274 Teil 4 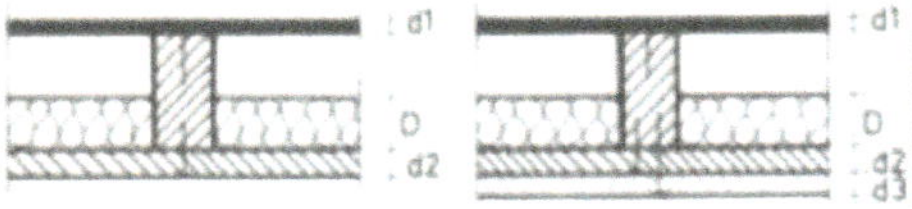  | Mineralfaserdämmschicht D | mm | 80 | | 80 | | 80 |
| | Mindestrohdichte der Dämmung | kg/m³ | 100 | | 100 | | 100 |
| | oder Holzwolleleichtbauplatten D | mm | 50 | | 50 | | 50 |
| | Sperrholz-, Span- od. Holzfaserplatten d2 | mm | 22 | | 16 | — | 22 — |
| | oder Gipskartonbauplatten F (GKF) d2 | mm | 15 [2] | | — | 12.5 | — 12.5 |
| | Gipskartonbauplatten F (GKF) d3 | mm | — | | 9.5 | 9.5 [3] | 12.5 12.5 |
| | maximale Spannung $\sigma_{D\perp}$ | N/mm² | 2.5 | | 2.5 | | 1.25 |
| ≧ 15 mm Putz auf ≧ 25 mm Holzwolleleichtbauplatten [1] oder ≧ 115 mm vorgesetztes Mauerwerk auf ≧ 4 mm Holzplatten 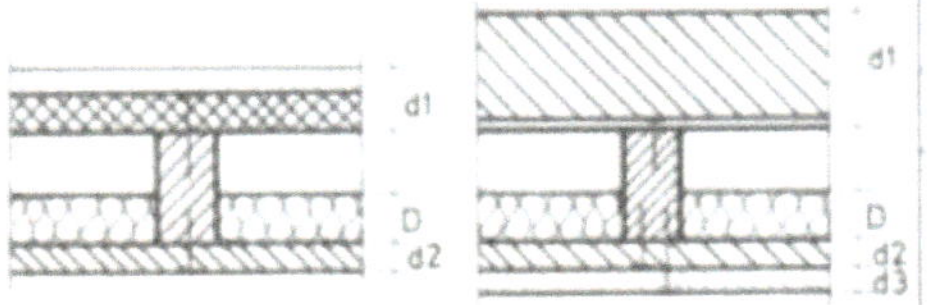  | Mineralfaserdämmschicht D | mm | 80 | 40 | 80 | 40 | 80 40 80 |
| | Mindestrohdichte der Dämmung | kg/m³ | 30 | 50 | 30 | 50 | 30 50 100 |
| | oder Holzwolleleichtbauplatten D | mm | 25 | | 25 | | 25 50 |
| | Sperrholz-, Span- od. Holzfaserplatten d2 | mm | 13 | | 8 | — | 22 — 19 — — |
| | oder Gipskartonbauplatten F (GKF) d2 | mm | 12.5 [2] | | — | 12.5 | — 12.5 — 12.5 15 |
| | Gipskartonbauplatten F (GKF) d | mm | — | | 12.5 | 9.5 [3] | 12.5 12.5 12.5 12.5 9.5 [3] |
| | maximale Spannung $\sigma_{D\perp}$ | N/mm² | 2.5 | | 2.5 | | 1.25 |

1) Stöße der HWL-Platten mit Putzträger (Drahtgewebe o.ä.)
2) auch GKB-Platten ≧ 18 mm
3) auch GKB-Platten

zu beachtende Normen: Mauerwerk DIN 1053 Teil 1 - Putz DIN 18550 - Holzwolleleichtbauplatten DIN 1101 - Sperrholz DIN 68705 Teil 3 oder 5 - Spanplatten DIN 68763 - Holzfaserplatten DIN 68754 Teil 1 - jeweils ≧ 600 kg/m³ - Gipskartonbauplatten DIN 18180

| Mindestanforderungen an tragende, nichtraumabschließende Wände aus Holz oder Holzwerkstoffen (Tabelle 14 von DIN 4102 Teil 4, Entwurf März 1978) | - Konstruktionsmerkmale - | | Feuerwiderstandsklasse - Benennung: F 30 - B | | | F 60 - B |
|---|---|---|---|---|---|---|
| Wände mit Beplankungen aus a) Sperrholzplatten b) Spanplatten c) Holzfaserplatten (jeweils ≧ 600 kg/m³) 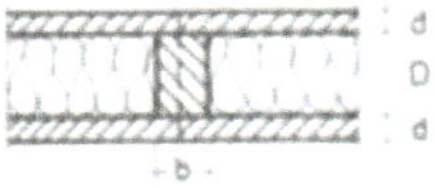  | Holzrippen, mindest. b × D | mm × mm | 60 × 80 | | 100 × 100 | — |
| | Mindestbeplankungsdicke d | mm | 25 [1] | | 16 | — |
| | maximale Spannung $\sigma_{D\perp}$ | N/mm² | 2.5 | | 1.25 | — |
| | Mineralfaserdämmschicht D | mm | 80 [4] | | 100 [4] | — |
| Wände wie vor und mit einer beidseitigen zusätzlichen Bekleidung aus Gipskartonbauplatten 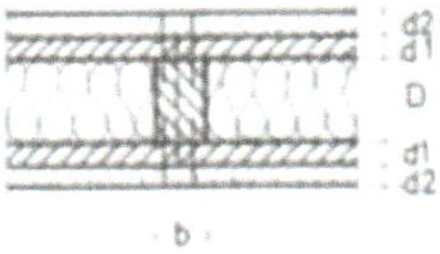  | Holzrippen, mindest. b × D | mm × mm | 40 × 80 | | | 40 × 80 |
| | Mindestbeplankungsdicke d1 | mm | 8 | | 16 | 22 |
| | Gipskartonbauplatten F (GKF) d2 | mm | 12.5 | | 9.5 [2] | 15 [3] |
| | maximale Spannung $\sigma_{D\perp}$ | N/mm² | 2.5 | | | 2.5 |
| | Mineralfaserdämmschicht D | mm | 80 [4] | | | 80 [4] |
| Wände mit Beplankungen aus Gipskartonbauplatten 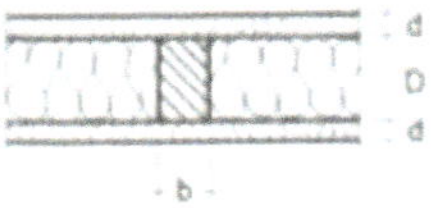  | Holzrippen, mindest. b × D | mm × mm | 40 × 80 | 60 × 80 | 100 × 100 | — |
| | Gipskartonbauplatten F (GKF) d | mm | 18 | 15 | 12.5 | — |
| | maximale Spannung $\sigma_{D\perp}$ | N/mm² | 2.5 | | | — |
| | Mineralfaserdämmschicht D | mm | 80 [4] | | 100 [4] | — |
| | Holzrippen, mindest. b × D | mm × mm | 40 × 80 | | | 60 × 80 |
| | Gipskartonbauplatten F (GKF) d | mm | 12.5 + 9.5 [2] | | | 15 + 12.5 |
| | maximale Spannung $\sigma_{D\perp}$ | N/mm | 2.5 | | | 2.5 |
| | Mineralfaserdämmschicht D | mm | 80 [4] | | | 80 [4] |

1) auch 2 Lagen 16 mm + 18 mm 2) auch GKB-Platten 3) auch GKB-Platten ≧ 18 mm 4) Mindestrohdichte 30 kg/m³

| Mindestanforderungen an nichttragende, raumabschließende Wande aus Gipskartonplatten<br>- bei Verwendung von GKF - Platten nach DIN 18 180 mit geschlossener Flache<br>(Tabelle 16 von DIN 4102 Teil 4, Entwurf Marz 1978) - Konstruktionsmerkmale - | | Feuerwiderstandsklasse - Benennung [1] | | | | |
|---|---|---|---|---|---|---|
| | | F 30 - B | F60 - B | F90 - B | F120 - B | F180 - B |
| 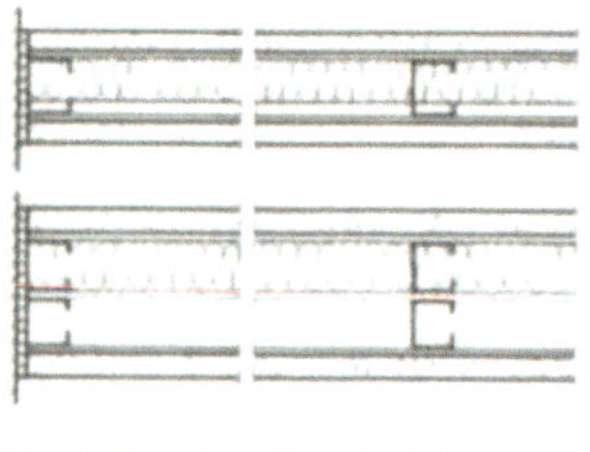 Einschalige oder zweischalige Wande (mit Standern und Riegeln aus Stahlblechprofilen oder Gipskartonstreifenbundeln) | | | | | | |
| Mineralfaserplatten D | mm | 40 | 40 | 40 | 40 | — |
| Mindestrohdichte der Dammung | kg/m³ | 40 | 40 | 40 | 40 | — |
| Gipskartonbauplatten F (GKF) d mind | mm | 12 5 | 2 x 12 5 | 15 + 12 5 | 2 x 18 3 x 12 5 | — |
| oder Mineralfaserplatten D | mm | — | — | 80 \| 60 \| 40 | 80 60 | 80 60 |
| Mindestrohdichte der Dammung | kg/m³ | — | — | 30 \| 50 \| 100 | 50 100 | 50 100 |
| Gipskartonbauplatten F (GKF) d mind | mm | — | — | 2 x 12 5 | 2 x 15 | 3 x 12 5 |
| 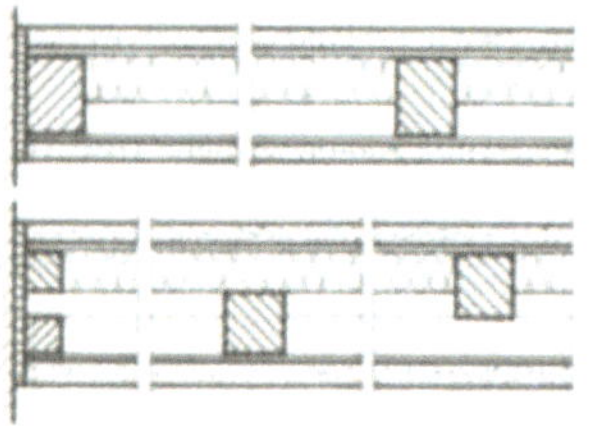 Einschalige oder zweischalige Wande (mit Standern und Riegeln aus Holz) | | | | | | |
| Mineralfaserplatten D | mm | 40 | 40 | 80 | — | — |
| Mindestrohdichte der Dammung | kg/m³ | 40 | 40 | 100 | — | — |
| Gipskartonbauplatten F (GKF) d mind | mm | 12 5 | 2 x 12 5 | 2 x 12 5 | — | — |

[1] Bei GKF - Platten der Baustoffklasse A - nur mit gult gem Prufbescheid - gelten die Feuerwiderstandsklassen F 30 - A bis F 180 - A

| Mindestanforderungen an nichttragende, raumabschließende, zweischalige Wande aus Holzwolleleichtbauplatten nach DIN 1101 mit Putz<br>(Tabelle 16 von DIN 4102 Teil 4, Entwurf Marz 1978) - Konstruktionsmerkmale - | | Feuerwiderstandsklasse - Benennung | | | | |
|---|---|---|---|---|---|---|
| | | F 30 - B | F60 - B | F90 - B | F 120 - B | F180 - B |
| 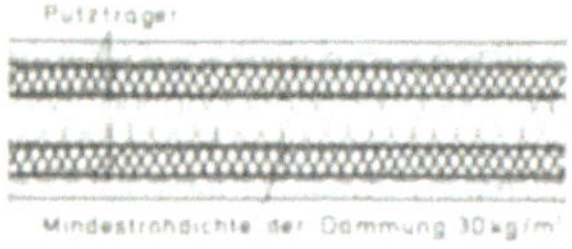 Wande aus Holzwolleleichtbauplatten mit Plattendicken d1 ≧ 25 mm | | | | | | |
| Mindestputzdicke d2 bei | | | | | | |
| Mortelgruppe II oder IVc DIN 18 550 | mm | 15 | 20 | 25 | — | — |
| Mortelgruppe IVa bis b DIN 18 550 | mm | 15 | 15 | 25 | 30 | — |
| Vermiculite - oder Perliteputze (mit nichtbrennbaren Putztragern) | mm | 15 | 15 | 25 | 30 | 30 |
| Mindestdammschichtdicke D | mm | 40 | 40 | 40 | 40 | 40 |
| 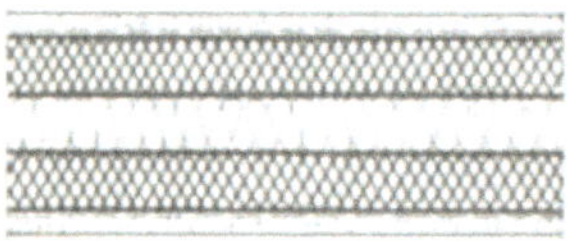 Wande aus Holzwolleleichtbauplatten mit Plattendicken d1 ≧ 50 mm | | | | | | |
| Mindestputzdicke d2 bei | | | | | | |
| Mortelgruppe II oder IVc DIN 18 550 | mm | 15 | 15 | 15 | 20 | 25 |
| Mortelgruppe IVa bis b DIN 18 550 | mm | 15 | 15 | 15 | 15 | 20 |
| Vermiculite - oder Perliteputze (mit nichtbrennbaren Putztragern) | mm | 15 | 15 | 15 | 15 | 15 |
| Mindestdammschichtdicke D | mm | 40 | 40 | 40 | 40 | 40 |

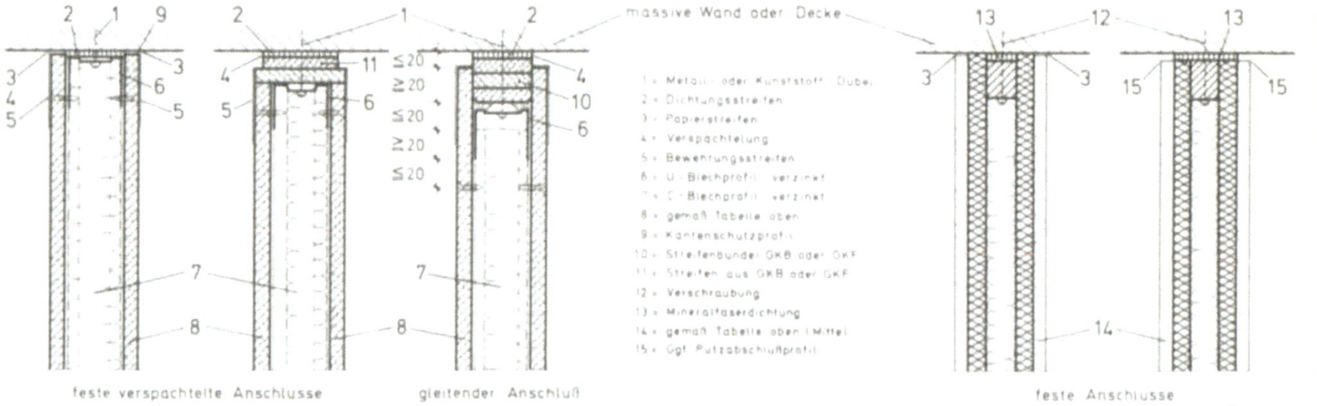


1 Wande aus Gipskarton - Bauplatten

2 Wande aus Holzwolleleichtbauplatten

# Brandwände

Eine Brandwand dient zur Begrenzung von Brandabschnitten. Durch bauliche Maßnahmen soll sichergestellt werden, daß im Brandfall eine Brandausbreitung innerhalb eines Gebäudes auf bestimmte Bereiche beschränkt bleibt und eine Feuerausbreitung auf andere Gebäude verhindert wird. An einer äußeren Brandwand muß ein Brand auch ohne das Eingreifen der Feuerwehr zum Stehen kommen.

Freistehende Brandwände können auch fehlende Abstände von Lagerplätzen mit erhöhter Brandgefahr zu Gebäuden, Verkehrswegen oder zu Wäldern ersetzen.

## Brandwände nach DIN 4102

Bei Brandwänden wird außer dem Feuerdurchgangswiderstand noch eine qualifizierte Standsicherheit gefordert. Die Brandwand muß deshalb als Sonderbauteil eingestuft werden und wird in DIN 4102, Teil 3, behandelt.

Darüber hinaus wird eine Brandwand stets als eine ausmittig belastete Wand geprüft. Für die Ausmitte ist der ungünstigste Fall maßgebend. Damit wird der in der Praxis sehr häufig vorkommende Fall, daß Brandwände Endauflager von Decken bilden, berücksichtigt.

Weiterhin muß sichergestellt sein, daß bei einem Brand die Standsicherheit der Brandwand durch Verformungen des Gebäudetragwerkes nicht vorzeitig verloren geht. Soweit Konstruktionsteile in die Brandwand eingreifen oder an den Rändern mit der Wand verbunden sind, müssen diese mindestens die Feuerwiderstandsdauer der Brandwand aufweisen.

Klassifizierte Brandwände nach DIN 4102, Teil 4, müssen wie tragende Wände bemessen werden, wobei hinsichtlich verschiedener Konstruktionsdetails die Bestimmungen der Landesbauordnungen bzw. der dazugehörigen Durchführungsverordnungen zu beachten sind. Aussteifungen von klassifizierten Brandwänden – z.B. Querwände, Decken, Riegel, Stützen oder Rahmen – müssen wenigstens der Feuerwiderstandsklasse F 90 angehören.

Gemäß den Einführungserlassen zur DIN 4102 sind nach bauaufsichtlichen Vorschriften auch Brandwände zulässig, die nicht allen Anforderungen der DIN entsprechen. Derartige Brandwände (z.B. Leichtbau-Brandwände) benötigen eine Zulassung durch das Institut für Bautechnik Berlin.

Von der Bayerischen Versicherungskammer werden außerdem als Brandwände anerkannt:

– Wände aus hammerrecht oder steinmetzmäßig bearbeiteten Natursteinen in mindestens 36 cm Dicke;
– Wände aus unbehauenen oder nur grobkantig geschlagenen Natursteinen in mindestens 45 cm Dicke.

## Brandwände nach den Landesbauordnungen

Brandwände sind Wände in feuerbeständiger Bauart und in einer solchen Dicke und Beschaffenheit, daß sie auch bei einem Brand die Standsicherheit nicht verlieren und die Ausbreitung von Feuer auf andere Gebäude oder Gebäudeabschnitte wirksam verhindern. In den weiteren Abschnitten werden bauliche Einzelheiten, Abstände der Brandwände untereinander sowie Gebäude- und Grenzabstände geregelt.

Öffnungen in Brandwänden sind grundsätzlich unzulässig. Im Einzelfall können Öffnungen oder Durchführungen gestattet werden, wenn es die Benutzung des Gebäudes erfordert, so etwa

– Öffnungen aus lichtdurchlässigen nichtbrennbaren Baustoffen in kleinen Teilflächen; die Gesamtfläche darf 10 % der Brandwandfläche nicht überschreiten. Ohne besonderen Nachweis und unter Einhaltung bestimmter Einbaubedingungen können Glasbausteine bis zu 0,5 $m^2$ Einzelfläche verwendet werden;
– Öffnungen für den laufenden Betrieb oder Verkehr (Türen, Tore). Sie müssen mit feuerbeständigen Abschlüssen versehen sein; die Wände und Decken der anschließenden Räume müssen aus nichtbrennbaren Baustoffen bestehen;
– die Durchführung von Rohrleitungen, wenn keine Brandübertragung zu erwarten ist.

In Gebäuden mit erhöhter Brand- und Explosionsgefahr können vor oder hinter einer Öffnung in einer inneren Brandwand ein Raum mit feuerbeständigen Wänden und Decken sowie mindestens feuerhemmenden Türen und einem Fußboden aus nichtbrennbaren Baustoffen gefordert werden (Sicherheitsschleuse).

Es können aber auch Durchbrüche durch Brandwände verlangt werden, wenn dies wegen der Brandbekämpfung erforderlich ist. Die Öffnungen sind mit einer feuerbeständigen Wand zu schließen, die gekennzeichnet und leicht zu entfernen sein muß.

Für die Anordnung von Brandwänden hinsichtlich der Grenzeinhaltung gibt es verschiedene Möglichkeiten:

– Die Brandwand kann unmittelbar an der Grenze stehen. Der Nachbar kann auf der anderen Seite der Grenze ebenfalls eine Brandwand errichten. In der Landesbauordnung wird dies als Normalfall angesehen. Nachbarrechtlich stehen dann zwei Grenzwände nebeneinander.
– Die gemeinsame Brandwand kann auch auf beiden Grundstücken stehen (also die Grenze überdecken); rechtlich liegt dann eine „Nachbarwand" vor.
  Entsprechend dem Nachbarrechtsgesetz darf der Nachbar aber eine Grenzwand durch Anbau nutzen – braucht also keine eigene Grenzwand –, wenn der Eigentümer der zuerst errichteten Wand einwilligt.

Sowohl beim Anbau an eine Grenzwand als auch bei der auf der Grenze stehenden Nachbarwand müssen sich wegen der gemeinsamen Nutzung die beiden Grundstückseigentümer privatrechtlich einigen. Damit ist aber eine derartige gemeinsam benutzte Wand noch nicht ohne weiteres zulässig; vielmehr bedarf sie der Gestattung durch die Bauaufsichtsbehörde. Verlangt wird dann eine öffentlich-rechtliche Sicherung durch Eintragung einer Baulast in das Baulastenverzeichnis. Es muß auch in technischer Hinsicht sichergestellt sein, daß die gemeinsame Brandwand erhalten bleibt, wenn eines der angebauten Gebäude abgebrochen wird.

### Komplextrennwände

Von den Sachversicherern werden zuweilen für Bereiche mit erhöhtem Brandrisiko besonders wirksame Brandschutzwände gefordert. Komplextrennwände müssen zusätzlich zu den an Brandwände gestellten Forderungen den Nachweis über eine Feuerwiderstandsdauer von 180 Minuten und eine Standsicherheit bei 4 000 Nm Stoßbelastung erbringen.

Ohne Nachweis werden Komplextrennwände anerkannt, die wie folgt ausgebildet sind:

– Kalksandsteine, Hüttensteine, Voll- oder Hochlochziegel, Leichtbeton-Vollsteine und -hohlblocksteine mit einer Rohdichte von mindestens 1 200 $kg/m^3$ in 36,5 cm Dicke ohne Putz;
– Gasbeton mit einer Druckfestigkeit von mindestens 35 $kp/cm^2$ in 36,5 cm Dicke ohne Putz;
– Beton in einer Betongüte von mindestens Bn 30 in 20 cm Dicke ohne Putz.

| Mindestdicke (ohne Putz) von ein- und zweischaligen Brandwänden (Tabelle 59 von DIN 4102, Teil 4, Entwurf März 1978) | Mindestdicke d (mm) bei einschaliger Ausführung | Mindestdicke d (mm) bei zweischaliger Ausführung |
|---|---|---|
| **Wande aus Normalbeton** (Abminderungen nach DIN 4102, Teil 4, Abschnitt 5.2.1 sind nicht erlaubt) | | |
| [1] unbewehrter Beton nach DIN 1045 (Jan 1972) Abschnitt 25.5.5.1 | 200 | 180 + 180 |
| [1] bewehrter Beton nach DIN 1045 (Jan 1972) Abschnitt 25.5.5.2. Der Achsabstand der Bewehrung muß wenigstens DIN 4102, Teil 4, Tabelle 7 für die Feuerwiderstandsklasse F 90 entsprechen | 140 | 140 + 140 |
| **Wande aus Leichtbeton** mit haufwerkporigem Gefüge nach DIN 4232 | | |
| [1] der Rohdichteklasse > 1.2 | 250 | 200 + 200 |
| [1] der Rohdichteklasse ≦ 1.2 | 300 | 200 + 200 |
| **Wande aus bewehrtem Gasbeton** nach DIN 4232 mind. G 4.4 mit einer Rohdichte ≧ 600 kg/m³ mit vorgeschriebenen Anschlüssen, Fugen und Bewehrung | | |
| [1] liegende Wandplatten max. Randspannung $\sigma_R \leqq 0.3 N/mm^2$ | 175 | 175 + 175 |
| [1] stehende sowie liegende Wandplatten mit einer Randspannung $\sigma_R > 0.3 N/mm^2$ | 200 | 200 + 200 |
| **Wände aus Ziegelfertigbauteilen** nach DIN 1053, Teil 4 | | |
| [2] Hochlochtafeln mit Ziegeln für vollvermörtelbare Stoßfugen | 165 | 165 + 165 |
| [2] Verbundtafeln mit einer Ziegelschicht | 195 | 165 + 165 |
| [2] Verbundtafeln mit zwei Ziegelschichten | 240 | 165 + 165 |
| **Wände aus Mauerwerk** nach DIN 1053, Teil 1 gemauert in Mörtelgruppe II, IIa oder III bei Voll- oder Hochlochziegel DIN 105 • Kalksandsteine DIN 106 • Voll- bzw. Hohlblocksteine aus Leichtbeton DIN 18152 bzw. DIN 18151 • Hohlblock- oder T-Hohlsteine DIN 18153 • Hüttensteine DIN 398 | | |
| [3] Stein- oder Ziegelrohdichteklasse > 1.2 | 240 | 175 + 175 |
| [3] Stein- oder Ziegelrohdichteklasse ≦ 1.2 | 300 | 200 + 200 |
| [3] Gasbeton-Blocksteine DIN 4165 | 300 | 240 + 240 |

Für die Schlankheit von Brandwänden gilt

[1] Verhältnis Wandhöhe zu unbekleideter Wanddicke $h_k / d \leqq 20$

[2] Anstelle $h_k / d$ ist $s_k / d_l$ einzusetzen

[3] Ersatzschlankheit nach DIN 1053, Teil 1

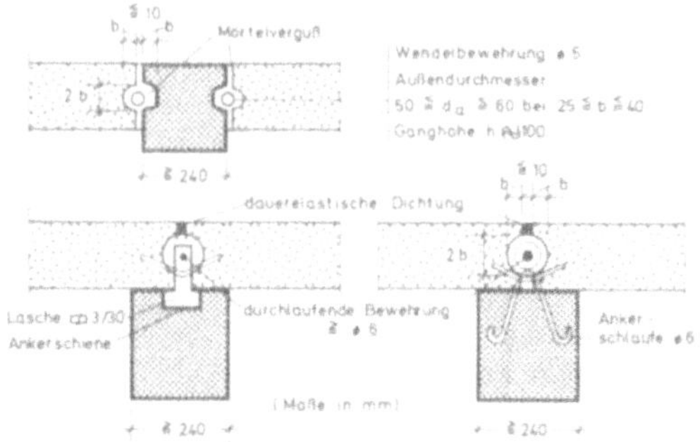


1 Anschlüsse von liegenden Wandplatten aus Beton oder Gasbeton an Stahlbetonstützen

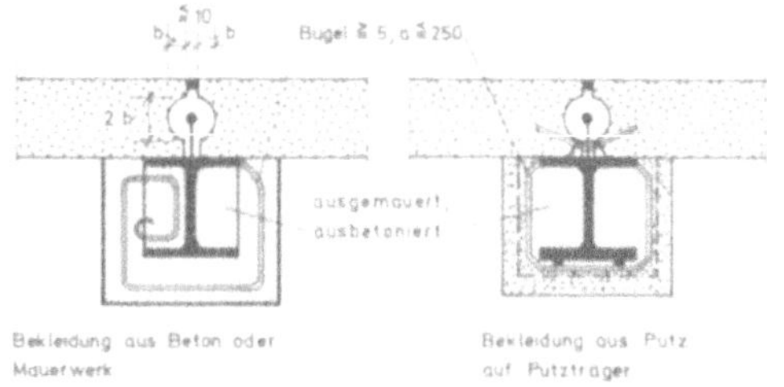


2 Anschlüsse von liegenden Wandplatten aus Beton oder Gasbeton an Stahlstützen mit I-Querschnitt

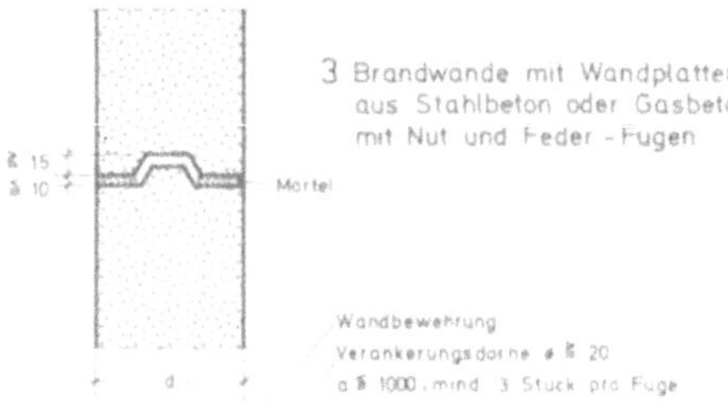


3 Brandwände mit Wandplatten aus Stahlbeton oder Gasbeton mit Nut und Feder-Fugen

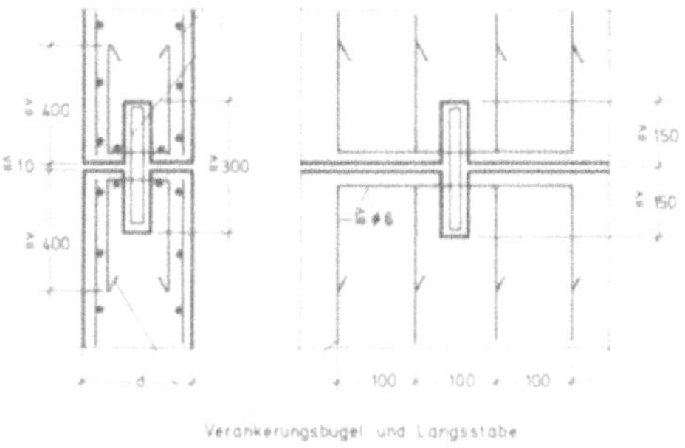


4 Brandwände mit Wandplatten aus Stahlbeton

— Bekleidungen nach bauaufsichtlichen Vorschriften

— Elt-Dosen, Kabeldurchführungen, Konsollasten, Verglasungen etc. entsprechend DIN 4102, Teil 4

— Für andere Brandwände ist die Eignung durch Prüfung nach DIN 4102, Teil 3 nachzuweisen.

# Anordnung von Brandwänden

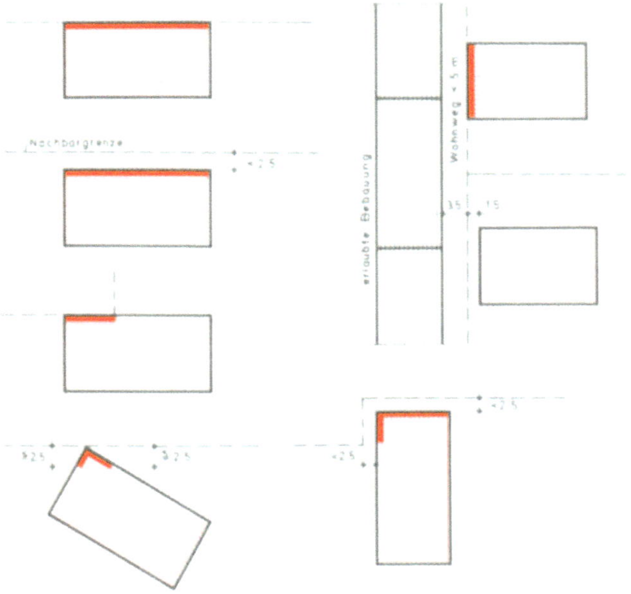


1 Grenzbrandwände bei Gebäuden mit feuerbeständigen oder feuerhemmenden Umfassungen

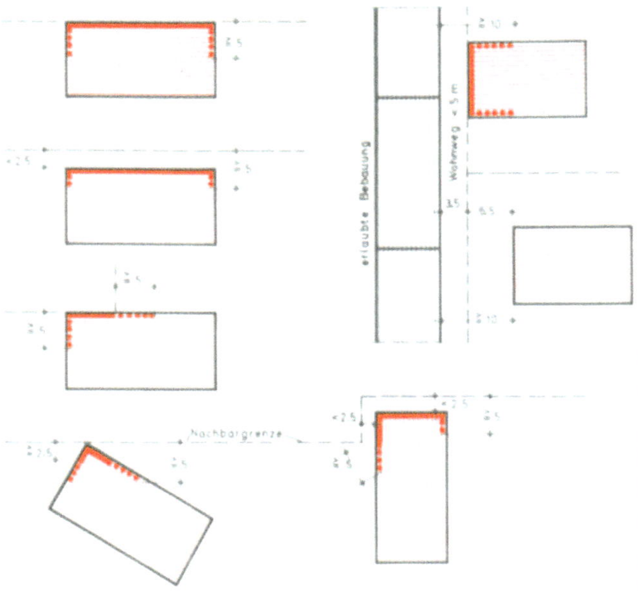


2 Gebäude mit Umfassungen aus brennbaren Baustoffen Außenwände aus nichtbrennbaren Baustoffen an Stelle der Brandschutzabstände

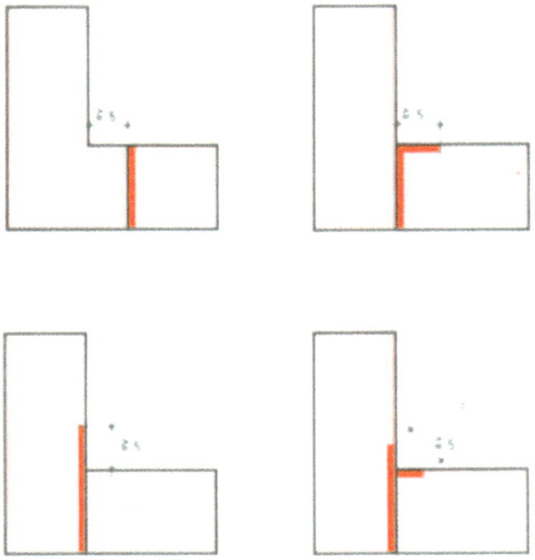

3 Brandwände im einspringenden Winkel von Gebäuden

4 Brandwand an Stelle der Brandschutzabstände

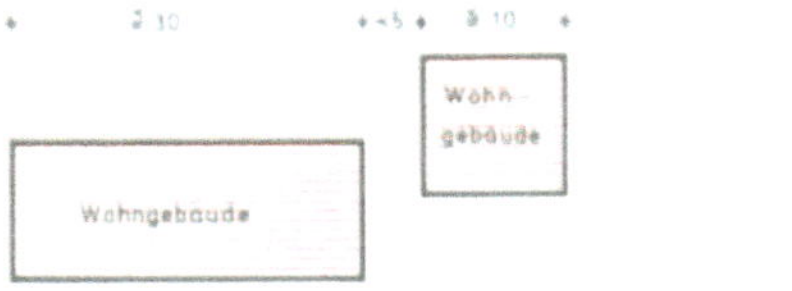


5 Keine besonderen brandschutztechnischen Anforderungen

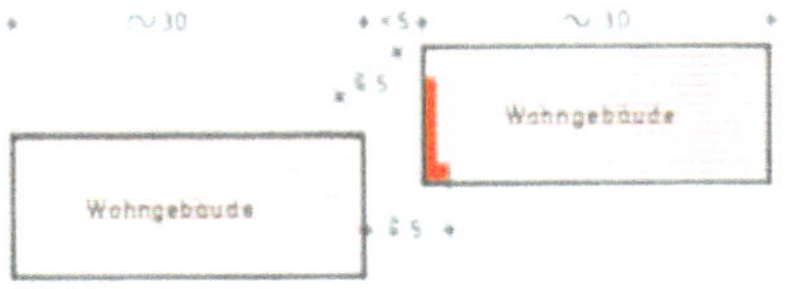


6 Brandwand wegen Gebäudegröße und -abstand

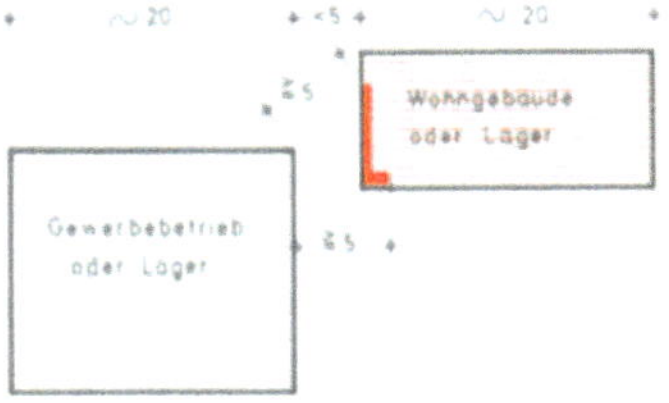


7 Brandwand wegen Größe, Bauart oder Nutzung

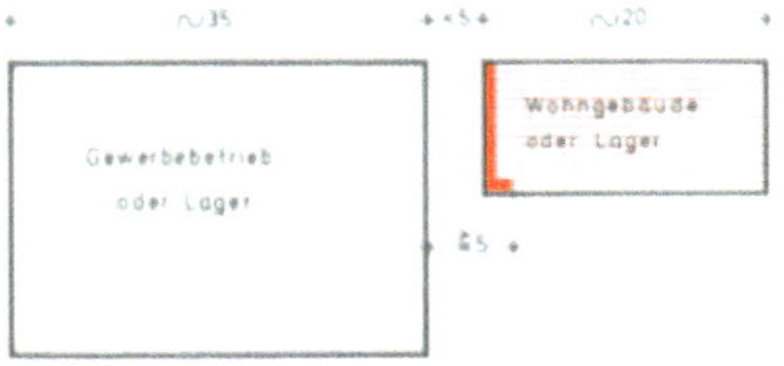


8 Brandwand in jedem Falle

# Anordnung und Ausführung von Brandwänden

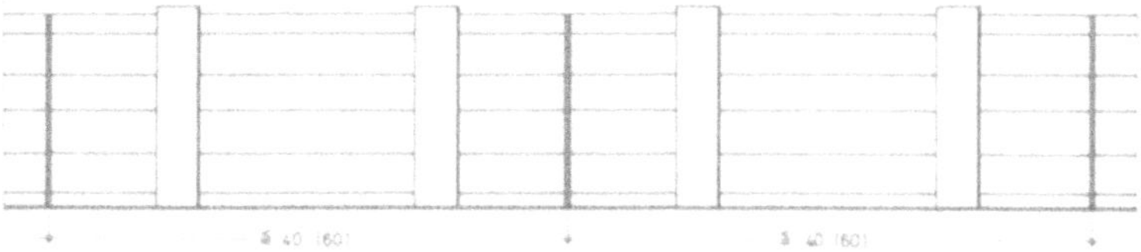


1 Höchstabstände für Brandwände (Landesbauordnung beachten!)

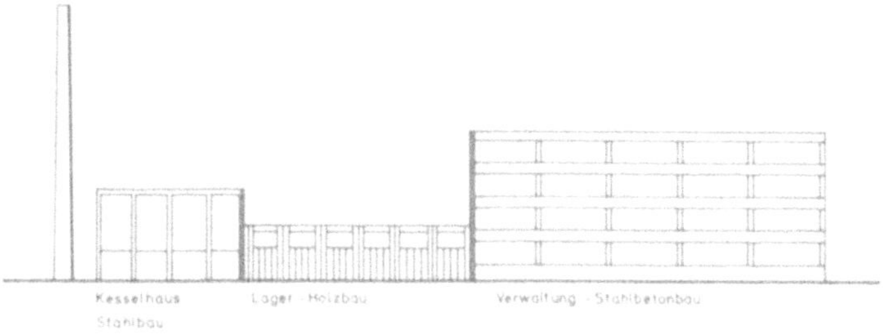


2 Brandwände für aneinandergereihte Gebäude unterschiedlicher Größe und Nutzung

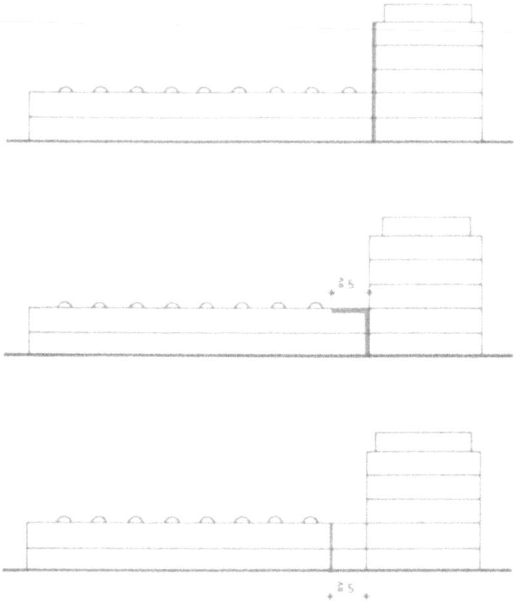


3 Verschiedene Möglichkeiten zur Bildung von Brandabschnitten zwischen verschieden hohen Gebäuden

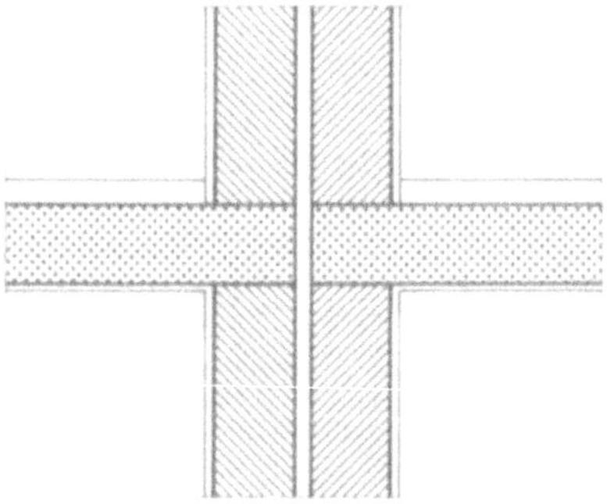

4 Zweischalige Haustrennwand als Brandwand

6 Vor einer Brandwand stehende Stahlstütze mit Putzverkleidung nach DIN 4102

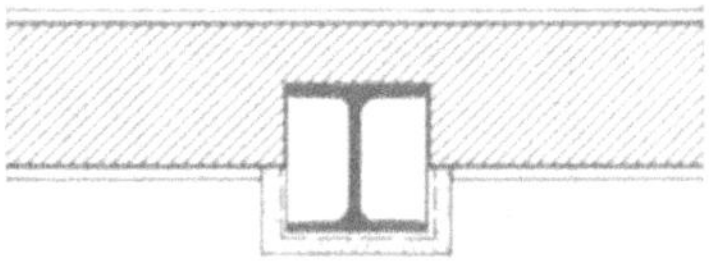

7 In eine Brandwand eingreifende Stahlstütze mit Putzverkleidung nach DIN 4102

Die Stahlstützen dürfen keine Verbindung zu anderen ungeschützten Stahlkonstruktionen haben, weil sonst die Gefahr besteht, daß die bei einem Brand sich ausdehnende Stahlkonstruktion die Brandwände zum Einsturz bringt.

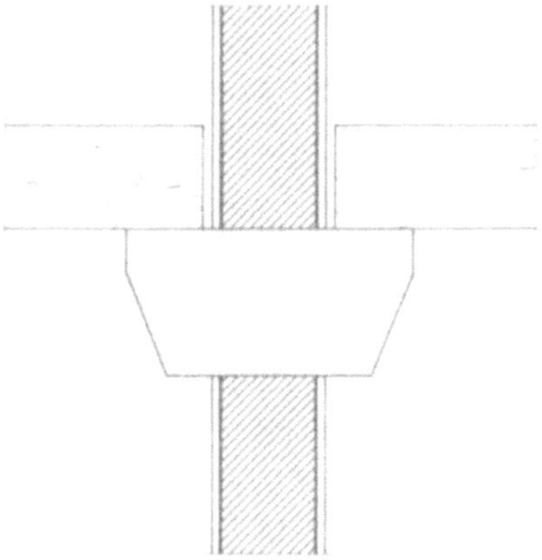

5 Brandwand mit Betonkonsole als Pfettenauflager

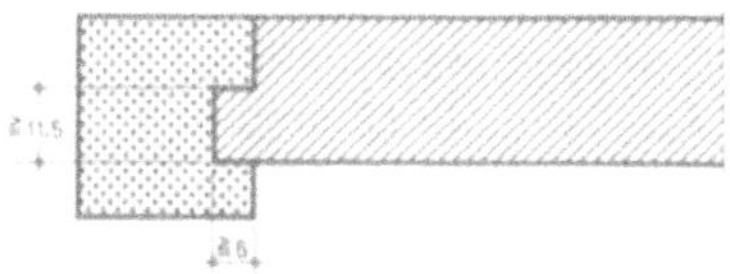


8 Gemauerte Brandwände sind an Stahlbetonstützen oder -balken so anzuschließen, daß keine Fugen entstehen können

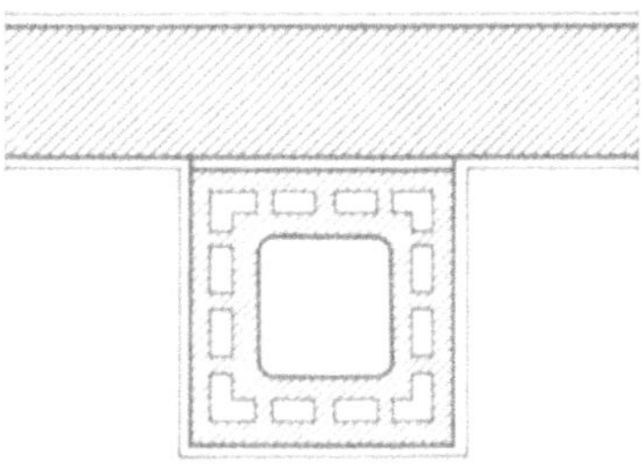

9 Kamine dürfen die Dicke der Brandwand nicht schwächen

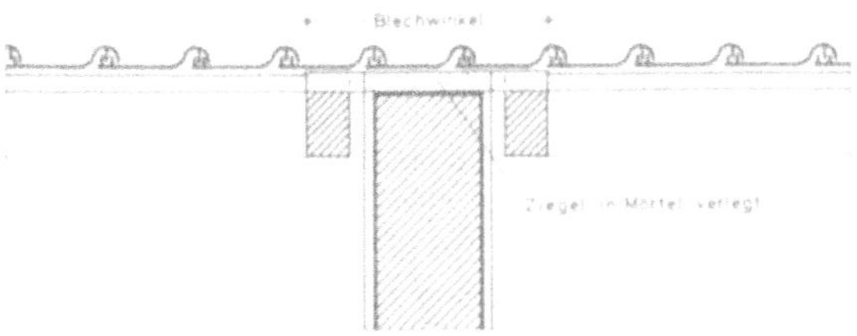


1 Brandwand bis unter die Dacheindeckung bei Gebäuden bis zu 3 Vollgeschossen

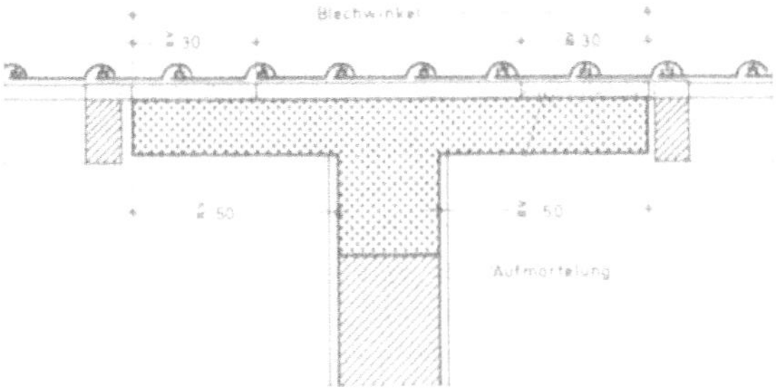


2 Stahlbetonkragplatte als Ersatz für die Überdachführung der Brandwand bei Gebäuden mit mehr als 3 Vollgeschossen

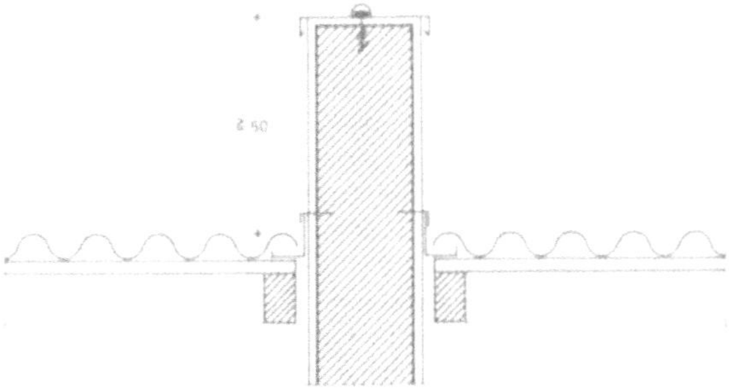


3 Überdachführung der Brandwand bei Gebäuden mit weicher Bedachung

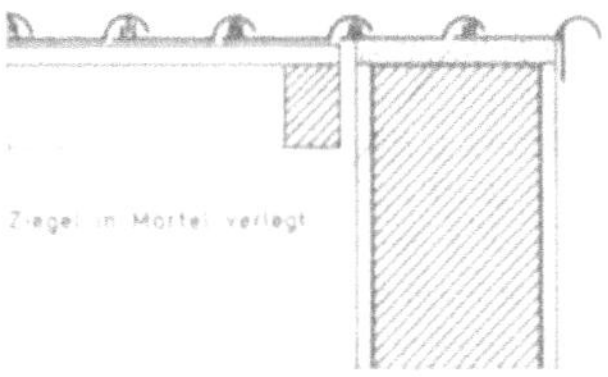


4 Brandwand mit massivem Ortgang

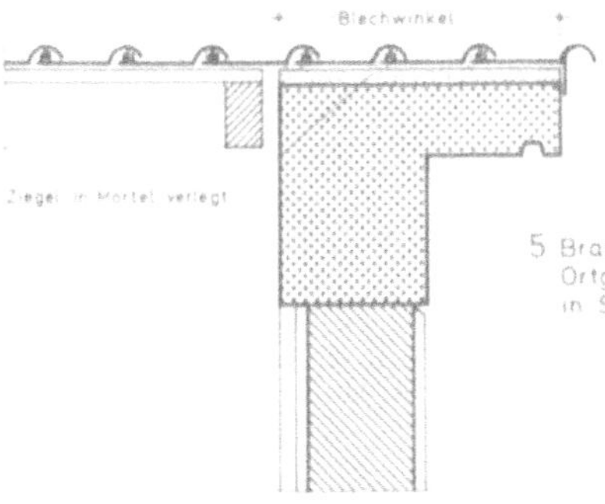


5 Brandwand mit Ortganggesims in Stahlbeton

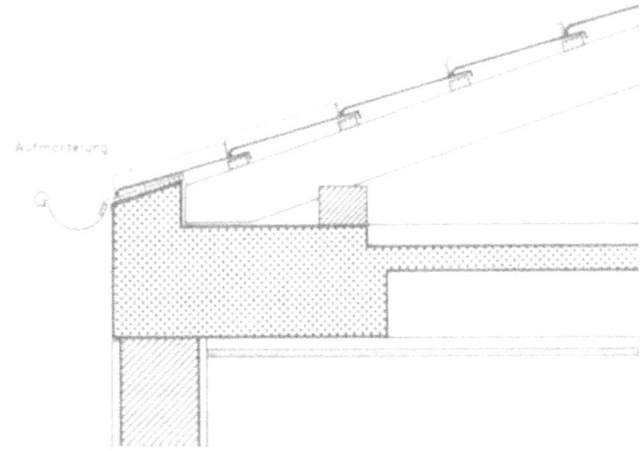


6 Brandwand mit massiver Traufe - Pfettendach

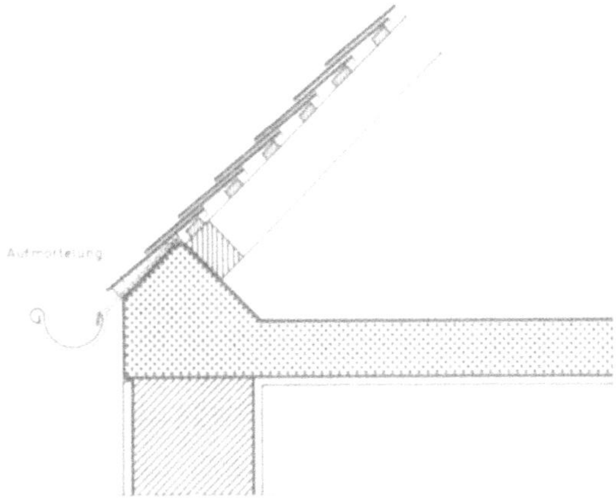


7 Brandwand mit massiver Traufe - Sparrendach

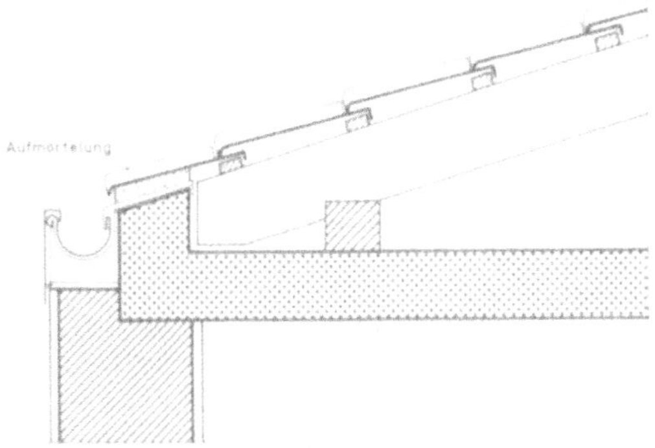


8 Brandwand mit massiver Traufe mit aufgesetzter Regenrinne

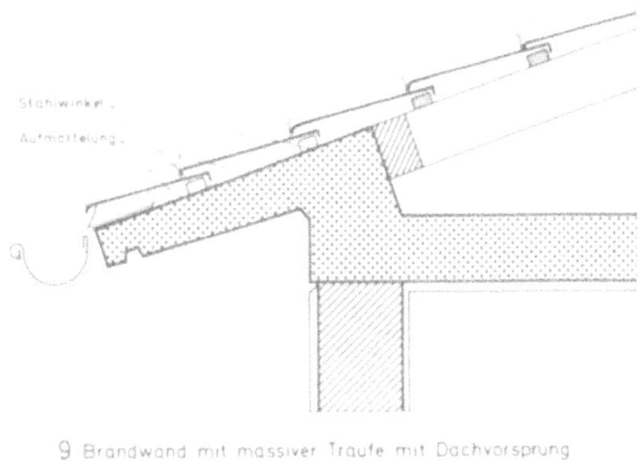


9 Brandwand mit massiver Traufe mit Dachvorsprung

# Feuerschutzabschlüsse

Nach DIN 4102, Teil 5, sind Feuerschutzabschlüsse selbstschließende Türen, Klappen, Rolläden, Tore und dergleichen, die dazu bestimmt sind, im eingebauten Zustand – während eines bestimmten Zeitraumes – den Durchtritt eines Feuers durch Öffnungen in Wänden oder Decken zu verhindern. Diese Forderung gilt für die Feuereinwirkung von beiden Seiten. Die Widerstandsfähigkeit gegen Feuer ist in starkem Maße von der präzisen Herstellung, von der Größe des Abschlusses sowie vom Einbau abhängig. Für Feuerschutzabschlüsse ist jedoch eine Prüfung nach DIN 4102, Teil 5, allein nicht ausreichend, weil hier nur die Feuerwiderstandsdauer, nicht aber die allgemeine Brauchbarkeit des Abschlusses beurteilt wird. Feuerschutztüren außerhalb von Normen bedürfen deshalb immer der Zulassung durch das Institut für Bautechnik, Berlin.

Folgende Feuerwiderstandsklassen werden unterschieden:

| Feuerwiderstandsklasse | Feuerwiderstandsdauer mindestens |
|---|---|
| T 30 | 30 Minuten |
| T 60 | 60 Minuten |
| T 90 | 90 Minuten |
| T 120 | 120 Minuten |
| T 180 | 180 Minuten |

Feuerschutzabschlüsse sind stets als Einheit zu betrachten und zu beurteilen. Dazu gehören im wesentlichen folgende Teile bzw. Anforderungen:

- Das Türblatt, bzw. bei mehrflügeligen Abschlüssen die Türblätter, mit dazugehöriger Zarge.
- Feuerschutztüren müssen selbstschließend sein. Als Schließmittel sind Türschließer mit hydraulischer Dämpfung sowie Federbänder zugelassen.
- Als Türschloß muß ein genormtes Einstecktürschlos mit zugelassenen Türdrückern auf beiden Seiten verwendet werden. Türen, an denen ein Drücker durch einen feststehenden Knopf ersetzt wird, dürfen nur dort eingebaut werden, wo die Fluchtrichtung eindeutig feststeht. Der Drücker ist dabei so anzubringen, daß die Tür vom Flüchtenden durch Drückerbetätigung geöffnet werden kann. Die Verwendung solcher Türen bedarf in jedem Einzelfall der Genehmigung durch die örtliche Bauaufsichtsbehörde.
- Bei zweiflügeligen Türen ist der Einbau eines Schließfolgereglers notwendig.
- Feuerschutzabschlüsse, die aus Nutzungsgründen offengehalten werden müssen und erst im Brandfall schließen, sind mit automatischen Feststellanlagen auszustatten → 72.

Feuerschutzabschlüsse müssen mit den angrenzenden Bauteilen fest verbunden sein. Die beim selbsttätigen Schließen auftretenden dynamischen Kräfte sowie die aus Verformung beim Brand herrührenden Einwirkungen müssen aufgenommen werden können. Dabei darf auch die Standfestigkeit der angrenzenden Wand nicht gefährdet werden.

Bei dünnen Wänden – gemauert weniger als 240 mm, bei Stahlbeton weniger als 150 mm – müssen deshalb zur Verstärkung vom Boden bis zur Decke durchgehende Pfeiler und ebenso dicke Stürze vorgesehen werden. Der Querschnitt gemauerter Pfeiler muß mindestens 240 x 240 mm betragen. Für Feuerschutztüren, die in leichte Ständerwände eingebaut werden, ist eine Funktionsprüfung der eingebauten Tür in der Leichtwand erforderlich.

Feuerschutzabschlüsse sollten grundsätzlich so konstruiert sein, daß sie ihre geprüfte Eigenschaft bei vernünftiger Handhabung und Wartung über eine Zeit von 20 bis 30 Jahren beibehalten.

An Feuerschutzabschlüssen dürfen keine nachträglichen Änderungen vorgenommen werden, die ihre Schutzwirkung vermindern oder gar ganz aufheben. Hierzu gehören z.B. der nachträgliche Einbau von Spionen, Briefdurchwürfen, Panikverschlüssen, Riegeln sowie Änderungen am Schloß oder am Beschlag.

Zugelassene Feuerschutztüren müssen durch ein geprägtes Metallschild mit dem Namen des Herstellers oder einem ihm zugewiesenen Kennzeichen, der DIN-Nummer oder Zulassung, mit der Überwachungsinstanz und dem Fertigungsjahr gekennzeichnet sein.

Feuerschutzabschlüsse, die weder Normen entsprechen noch durch das Institut für Bautechnik zugelassen sind, benötigen die Zustimmung der obersten Baubehörde für den jeweiligen Einzelfall.

Gemäß DIN 4102, Teil 4, dürfen als klassifizierte Feuerschutzabschlüsse verwendet werden:

- Stahltüren T 30-1 nach DIN 18 082, Teil 1, Ausgabe Dezember 1976, Bauart für den Größenbereich A, d.h. einflügelige Stahltüren für Wandöffnungen mit einer Breite von 750 bis 1 000 mm und einer Höhe von 1 750 bis 2 000 mm;
- Feuerschutzabschlüsse, die durch das Institut für Bautechnik allgemein bauaufsichtlich zugelassen sind.

Die Hersteller von Feuerschutztüren sind in einem Industrieverband zusammengeschlossen und verwenden ein Überwachungsgütezeichen. Aufgrund der außerordentlich strengen Bestimmungen für Feuerschutztüren und -abschlüsse ergeben sich entsprechend hohe Fertigungskosten. Es wird deshalb empfohlen, nur genormte Abmessungen einzuplanen, da Sonderanfertigungen für abweichende Maße eine erhebliche Verteuerung mit sich bringen.

Neben den typischen Feuerschutzabschlüssen aus Stahl mit gestrichener Oberfläche gibt es auch Feuerschutztüren, die in ihrem Aussehen und bei den Beschlägen normalen Zimmertüren angepaßt sind. Die Oberflächen der 40 bis 50 mm dicken Türen in den Feuerwiderstandsklassen T 30, T 60 und T 90 können mit Holzfurnieren oder Schichtpreßstoffplatten verkleidet sein. Zugelassen sind Drückergarnituren aus Edelstahl, Aluminium oder in Nylon-Stahl-Verbundbau mit durchgehendem Stahlkern, deren Eignung für Feuerschutztüren der jeweiligen Klasse durch Prüfzeugnis nachgewiesen ist.

Zur Vermeidung des Rauchdurchganges werden neuerdings im Falzbereich von Feuerschutztüren Streifen aus Palusol®-Brandschutzplatten verdeckt eingebaut. Bei Brandbeginn wird der Durchgang des entstehenden Rauches zunächst von den in der Türzarge eingelegten elastischen Profilen gebremst. Bei Vollbrand schäumt der Palusol-Brandschutzstreifen auf und füllt den Türspalt vollständig aus. Der Durchgang von heißem Rauch, Brandgasen, Hitze und Flammen wird so verhindert. Beim Aufschäumen kann ein Blähdruck bis 4 bar entstehen, so daß auch Abdeckschichten den bei etwa 250 °C abgeschlossenen Schäumvorgang nicht behindern.

# Feuerschutzabschlüsse – Türen aus Stahl

## 1 Stahltüren T 30-1 nach DIN 18082, Teil 1

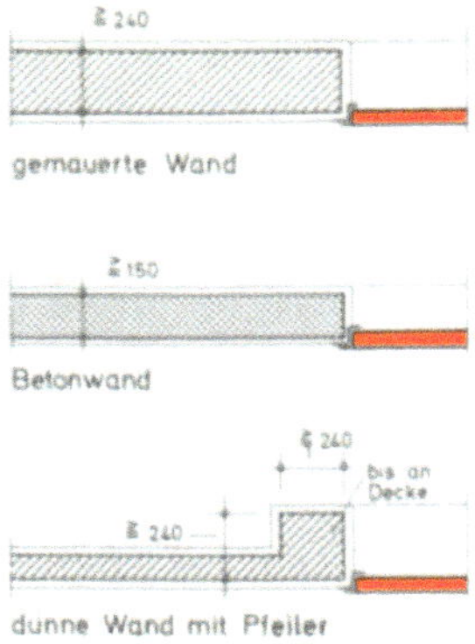


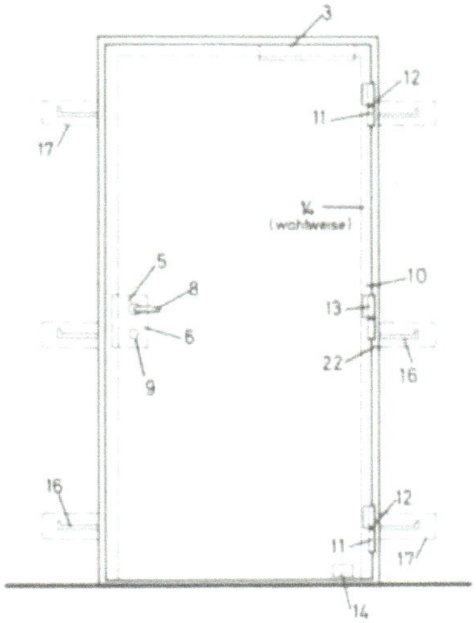


Ansicht

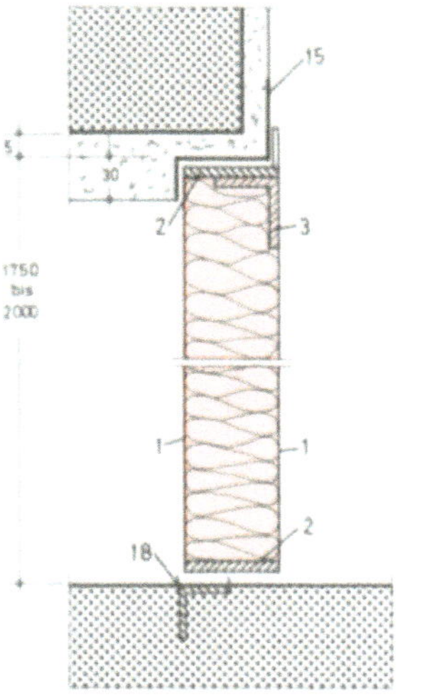


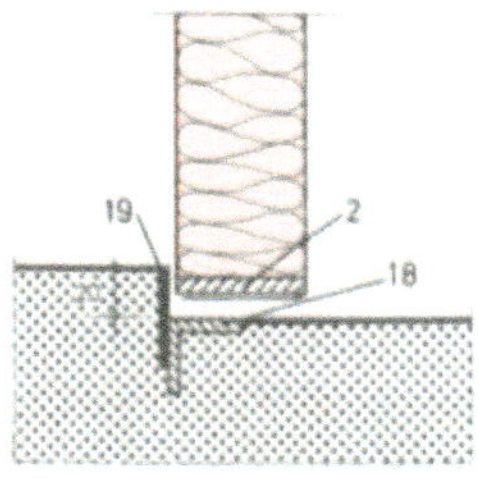


senkrechter Schnitt

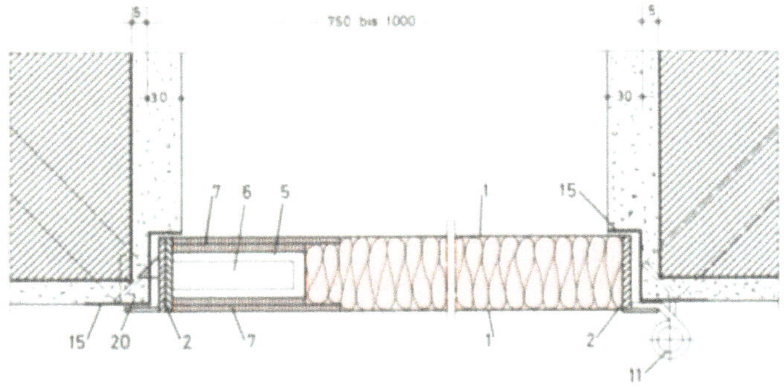


waagrechter Schnitt

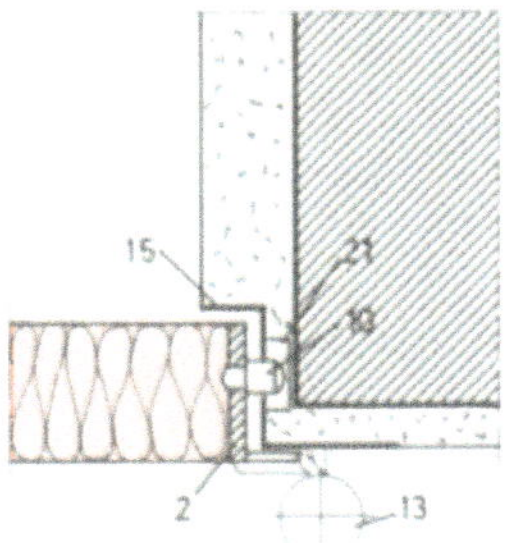

Einzelheit Sicherungszapfen

Erläuterungen

1 Feinblech 1 mm dick
2 Bandstahl 50/5 mm, ringsum zur Aussteifung
3 Verstärkungswinkel für Türschließer 35/4/380 mm
4 Mineralfasereinlage
5 Schloßtasche
6 Schloß nach DIN 18 250, Teil 1
7 Asbestpappe
8 Türdrücker mit Zulassung
9 Schlüssellochblende (entfällt bei Zylinderschlössern)
10 Sicherungszapfen
11 Türbänder 180 x ∅ 14 x 4
12 Kugellagerring (gehärtet)
13 Federband oder oberer Türschließer
14 Kennzeichnungsschild
15 Zarge 24/50/25/3-4 mm
16 Maueranker 35/2 mm
17 Ankerloch - Aussparung
18 Bodenwinkel 30/30/3 mm
19 Flachstahl 35/4 mm als Anschlag
20 Schutzkasten für Schloßriegel und -falle
21 Schutzkasten für den Sicherungszapfen
22 Meterrißmarkierung

- Rostschutz für alle freiliegenden Teile durch Grundierung oder Verzinkung
- bei der Anwendung ist der volle Wortlaut von DIN 18082 Teil 1 zu beachten
- Stahltüren T 90-1 nur mit Einzelzulassung

## 2 Stahltüren mit Einzelzulassung nach DIN 4102, Teil 5

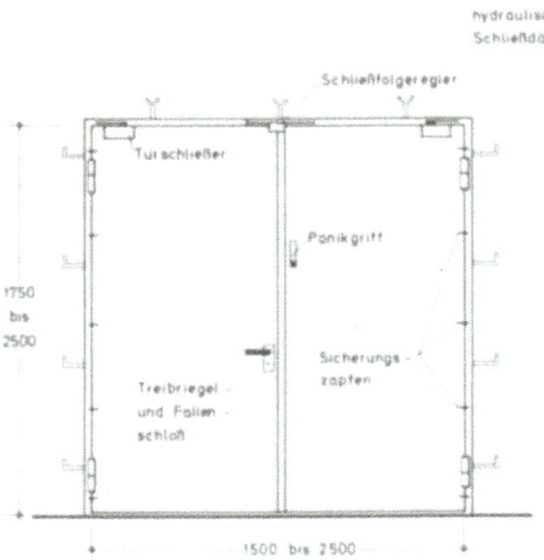


zweiflügelige Stahltür T 90-2

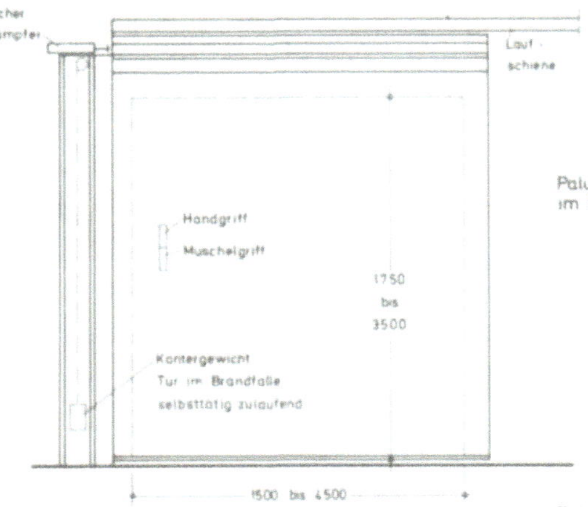


Stahlschiebetor T 90 (auch Hubtor)

- Rolltore bis max. 10,00 x 4,50 m -

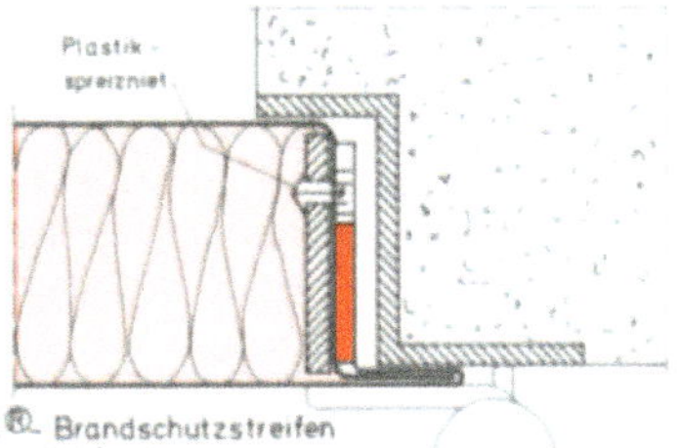


Palusol®- Brandschutzstreifen im Falz eingebaut

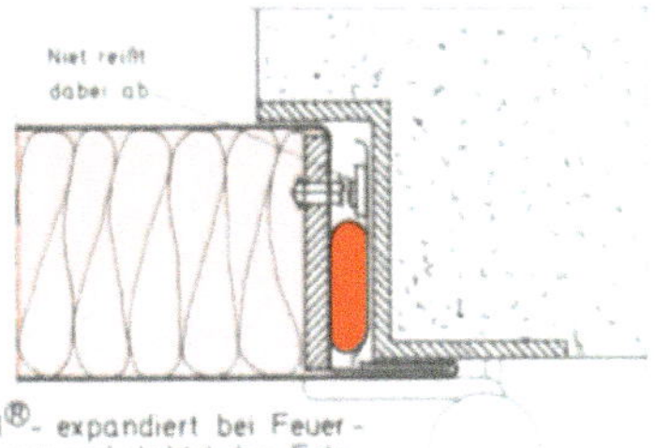


Palusol®- expandiert bei Feuereinwirkung und dichtet den Falz

# Feuerschutzabschlüsse – Türen aus Holzwerkstoffen und Brandschutzplatten
nach DIN 4102, Teil 5

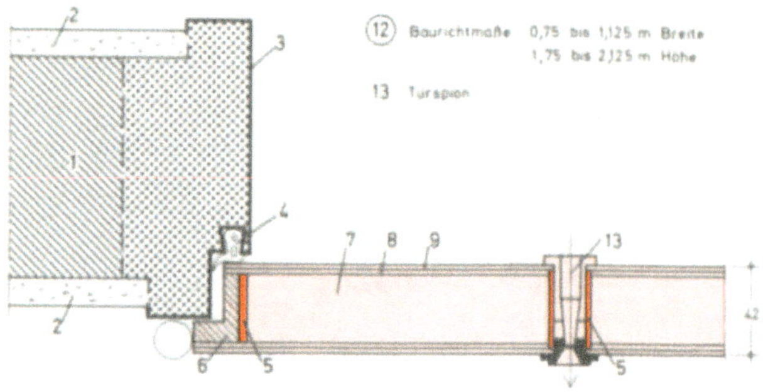

(12) Baurichtmaße 0,75 bis 1,125 m Breite
1,75 bis 2,125 m Höhe

13 Türspion

1 einflügelige Holztür T 30 – 1 (Schörghuber Typ 2)

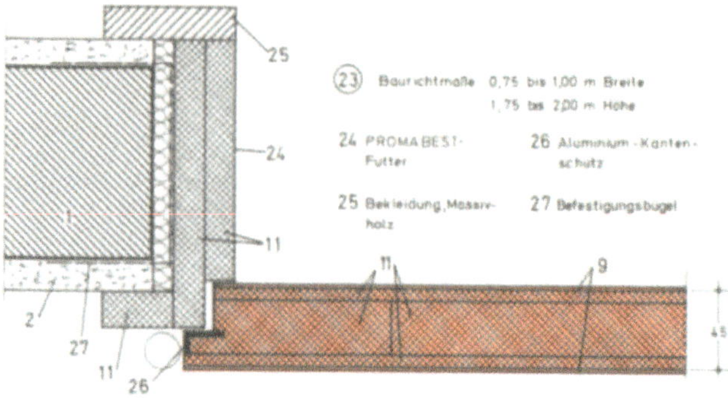

(23) Baurichtmaße 0,75 bis 1,00 m Breite
1,75 bis 2,00 m Höhe

24 PROMABEST-Futter

25 Bekleidung, Massivholz

26 Aluminium-Kantenschutz

27 Befestigungsbügel

5 einflügelige Feuerschutztür T 90 – 1 (PROMAT A)

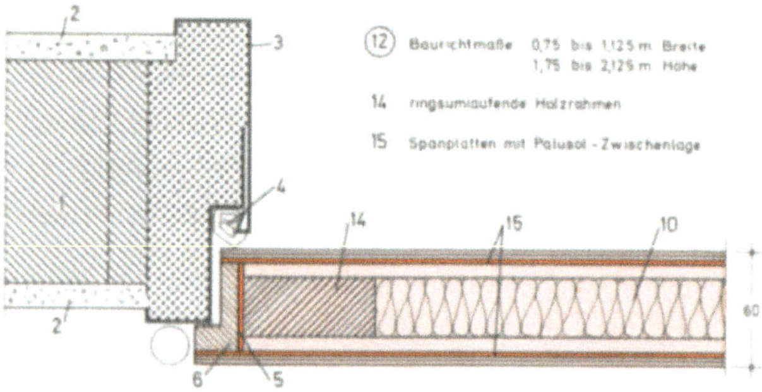

(12) Baurichtmaße 0,75 bis 1,125 m Breite
1,75 bis 2,125 m Höhe

14 ringsumlaufende Holzrahmen

15 Spanplatten mit Palusol-Zwischenlage

2 einflügelige Holztür T 30 – 1 (Schörghuber Typ 3 SH)

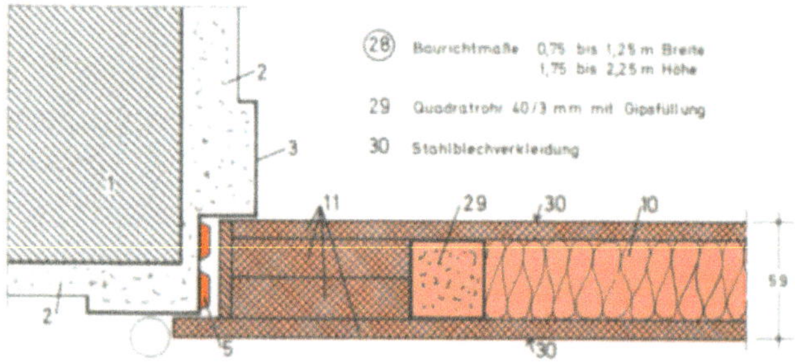

(28) Baurichtmaße 0,75 bis 1,25 m Breite
1,75 bis 2,25 m Höhe

29 Quadratrohr 40/3 mm mit Gipsfüllung

30 Stahlblechverkleidung

6 einflügelige Feuerschutztür T 90 – 1 (Riexinger)

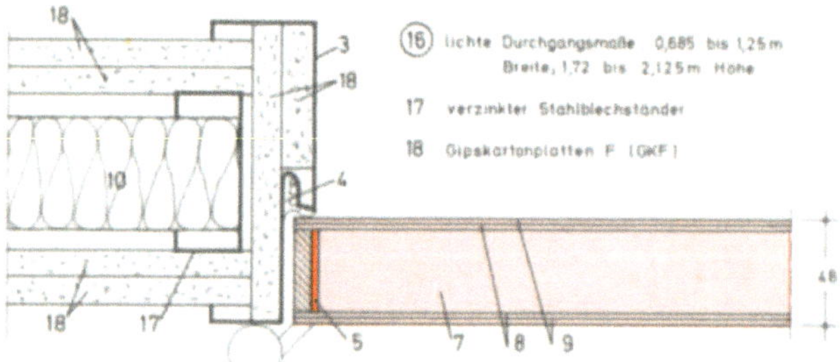

(16) lichte Durchgangsmaße 0,685 bis 1,25 m Breite, 1,72 bis 2,125 m Höhe

17 verzinkter Stahlblechständer

18 Gipskartonplatten F (GKF)

3 einflügelige Holztür T 30 – 1 für Montagewände aus Gipskartonplatten (Schörghuber Typ SKJ)
auch als zweiflügelige Tür T 30 – 2 für massive Wände (Typ 4)

Mit Zulassung

31 Türbänder

32 Schloß mit Drücker

33 Türschließer

34 Kennzeichnungsschild an der Türkante

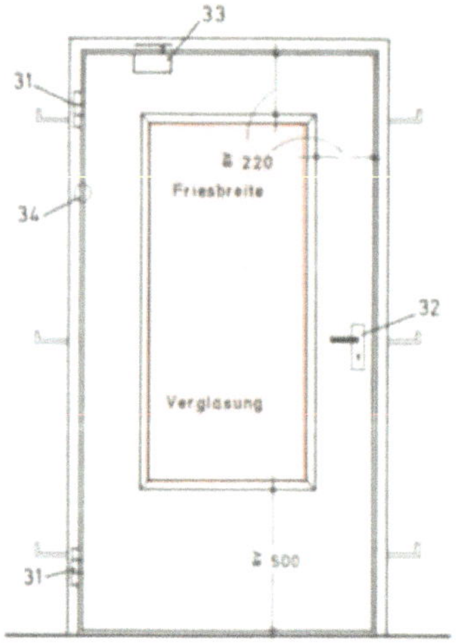


7 Ansicht zur Tür mit Verglasung Abb. 4

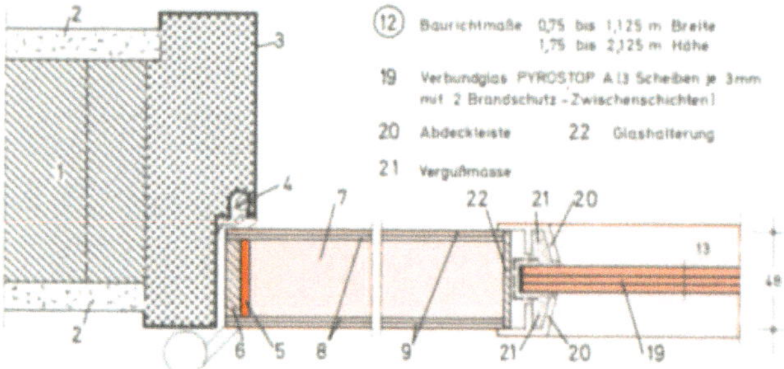

(12) Baurichtmaße 0,75 bis 1,125 m Breite
1,75 bis 2,125 m Höhe

19 Verbundglas PYROSTOP A (3 Scheiben je 3 mm mit 2 Brandschutz-Zwischenschichten)

20 Abdeckleiste

21 Vergußmasse

22 Glashalterung

4 einflügelige Holztür mit Verglasung T 30 – 1 (Schörghuber Typ 5 SG)

Allgemeine Erläuterungen zu den Abbildungen 1 bis 6

1 Massive Wand d = 115 mm
2 Wandputz
3 Stahlumfassungszarge
4 Elastik-Dichtungsschnur
5 Palusol-Brandschutzstreifen
6 Brandschutzumleimer
7 Mittellage Flachspanplatte
8 Sperrfurnier
9 Deckfurnier oder Schichtpreßstoffplatte
10 Mineralfasereinlage
11 Brandschutzplatte (PROMABEST)

# Decken

Decken bilden den oberen Abschluß von Räumen. Sie müssen die darüber anfallenden Lasten sicher auf die Wände oder sonstigen Auflager abtragen; außerdem dienen sie der horizontalen Aussteifung der Gebäude.

Auch Decken müssen einen ausreichend brandsicheren Raumabschluß gewährleisten. Menschen im jeweils darüber liegenden Geschoß muß der Rettungsweg erhalten bleiben; auf der Decke stehende Einrichtungen oder Lagergüter dürfen sich durch zu große Hitze nicht entzünden.

Geschoßdecken werden im allgemeinen so geprüft, daß sie einer Brandeinwirkung von unten nach oben standhalten. Sie müssen aber auch in der Lage sein, die Brandausweitung von oben nach unten zu verhindern.

### Öffnungen in Decken

Öffnungen in Decken sind unvermeidlich, um begehbare Verbindungen zwischen den einzelnen Geschossen herzustellen. Außerdem werden Decken durch Aufzugs- und Installationsschächte sowie eine große Anzahl einzelner oder gebündelter Leitungen durchbrochen.

Besonders kritisch sind Deckenöffnungen, die vom Gebrauch her nicht verschlossen werden können oder nur ungenügend gegen die Einwirkung von Feuer zu sichern sind (wie z.B. offene Treppen in Hallen oder Wohnungen).

Im Brandfall steigen dort die heißen Brandgase kaminartig nach oben. Der darüber liegende Raum kann dadurch in kürzester Zeit Brandraumtemperaturen annehmen, so daß es oft bevor der Brand überhaupt bemerkt wird, sehr schnell zur vollständigen Entzündung der Brandlast kommen kann.

## Klassifizierte Decken

In DIN 4102, Teil 4, sind die gebräuchlichsten Deckenbauarten als klassifizierte Bauteile aufgeführt.

Bei ihrer Verwendung sind folgende grundsätzliche Hinweise zu beachten:

- Wenn nicht anders angegeben, beziehen sich die Klassifizierungen stets auf die raumabschließende Wirkung bei einseitiger Brandbeanspruchung von unten nach oben.
- Zusätzliche Bekleidungen an der Unterseite oder Fußbodenbeläge auf der Deckenoberseite sind bei den klassifizierten Decken ohne weitere Nachweise erlaubt. Bei Verwendung von Baustoffen der Klasse B (brennbar) sind jedoch weitergehende bauaufsichtliche Anforderungen einzuhalten, z.B. bei Rettungswegen, Schulen, Versammlungsstätten, Hochhäusern u.ä.
- Erreicht eine Konstruktion eine Feuerwiderstandsklasse nur mit Hilfe einer Bekleidung, so sind die Hinweise für die Bemessung von Bekleidungen und Dämmschichten zu beachten.
- Sofern die brandschutztechnisch notwendigen Bekleidungen an der Deckenunterseite durch Lampen, Belüftungsöffnungen oder ähnliche Einbauten unterbrochen werden, ist die Eignung dieser Ausführungen stets durch Prüfungen nach DIN 4102, Teil 2, nachzuweisen.
- Einzelne Kabel dürfen durch klassifizierte Massivdecken geführt werden, wenn der verbleibende Lochquerschnitt mit Mörtel oder Beton vollständig verschlossen wird. Für die Durchführung vieler Kabel oder Kabelbündel sind bauaufsichtlich zugelassene Abschottungen erforderlich.

## Dämmschichten und Verkleidungen bei Decken

Die Ausbreitung eines Brandes in einem Raum wird wesentlich durch das Brandverhalten der Baustoffe beeinflußt, mit denen der Raum ausgekleidet ist – also auch durch die Verkleidung der Deckenuntersicht.

Anweisungen hierzu sind insbesondere in den „Richtlinien für die Verwendung brennbarer Baustoffe im Hochbau" enthalten:

- Auf Decken, die feuerhemmend und ganz oder in den tragenden Teilen aus nichtbrennbaren Baustoffen (F 30-A oder F 30-AB) oder feuerbeständig (F 90-A oder F 90-AB) sein müssen, können Dämmschichten aus leichtentflammbaren Baustoffen (Klasse B 3) verwendet werden, wenn über den Dämmschichten ein Estrich von mindestens 2 cm Dicke aufgebracht wird. Im übrigen sind Dämmschichten aus leichtentflammbaren Baustoffen (Klasse B 3) unzulässig.
- Verkleidungen von Decken können – außer in Rettungswegen und in Hochhäusern – aus mindestens normalentflammbaren Baustoffen (Klasse B 2) hergestellt werden. Bei Hochhäusern sind Verkleidungen aus nichtbrennbaren Baustoffen (Klasse A) zu verwenden; Deckenverkleidungen aus schwerentflammbaren Baustoffen (Klasse B 1) können – außer in Rettungswegen – gestattet werden, wenn die angrenzende Wandverkleidung aus mindestens schwerentflammbaren Baustoffen (Klasse B 1) besteht.

## Unterdecken

Abgehängte Decken – heute meist Unterdecken genannt – sind oft gleichzeitig Sichtverkleidungen für horizontal verlegte Leitungen aller Art. Ihre Einstufung in brandschutztechnischer Hinsicht ist abhängig von

- der Feuerwiderstandsklasse der darüber befindlichen Geschoßdecke,
- den Anforderungen an die darunterliegenden Räume oder Flure (z.B. Rettungswege) und
- dem Brandverhalten der im Deckenhohlraum verlegten Installationen und sonstigen Einbauten.

In besonderen Fällen, wie z.B. Versammlungsräumen, kann gefordert werden, daß die Unterdecken auch dem Löschwasserangriff der Feuerwehr standhalten müssen.

In DIN 4102, Teil 4, sind verschiedene Unterdecken als klassifizierte Sonderbauteile aufgeführt. Bei ihrer Anwendung sind aus Gründen des Brandschutzes die folgenden Bestimmungen einzuhalten:

- Die Anschlüsse einer Unterdecke an eine angrenzende Wand müssen immer dicht sein;
- die Angaben gelten generell für Unterdecken ohne Einbauten (z.B. Einbauleuchten, klimatechnische Geräte);
- Ein Anschluß von leichten nichttragenden Trennwänden darf die Brandschutzeigenschaften der Unterdecke nicht nachteilig beeinflussen, was durch Prüfungen nach DIN 4102, Teil 2, nachzuweisen ist;
- zusätzlich angebrachte Bekleidungen dürfen die Feuerwiderstandsdauer einer brandschutztechnisch notwendigen Unterdecke nicht vermindern. Im Bereich zwischen Rohdecke und Unterdecke gelten brennbare Kabelisolierungen oder freiliegende Baustoffe der Klasse B 1 als unbedenklich, sofern die im Brandfall entstehende Brandlast möglichst gleichmäßig verteilt und kleiner als 7 kWh/m$^2$ ist (ein NYM-Kabel 3 x 1,5 mit PVC-Isolierung besitzt z.B. eine Brandlast von etwa 0,45 kWh/m) → 62;
- im Zwischendeckenbereich verlegte Kabel, Rohre und sonstige Installationen müssen an der tragenden Deckenkonstruktion (Rohdecke) mit nichtbrennbaren Baustoffen befestigt werden.

| Mindestdicke d (mm) von Stahlbeton - oder Spannbetonplatten aus Normalbeton ohne Hohlräume (Tabelle 17 von DIN 4102 Teil 4, Entwurf März 1978) | Feuerwiderstandsklasse - Benennung [3] F 30 - A | F 60 - A | F 90 - A | F 120 - A | F 180 - A |
|---|---|---|---|---|---|
| Vollplatten ohne Estrich und ohne Bekleidungen mit<br>statisch bestimmter Lagerung<br>statisch unbestimmter Lagerung ( ) | 60 [1]<br>[2] (80) | 80<br>[2] (80) | 100<br>(100) | 120<br>(120) | 150<br>(150) |
| Vollplatten wie vor, mit 10 mm Deckenputz Mortelgruppe IV a - b (Gipsputze)<br>(Tabelle über die Dicken anderer Putzarten siehe unten) | 50<br>10<br>(70) | 70<br>10<br>(70) | 90<br>10<br>(90) | 110<br>10<br>(110) | 140<br>10<br>(140) |
| Vollplatten mit nichtbrennbarem Estrich oder Asphaltestrich ohne Bekleidungen | Die Mindestdicke betragt bei allen Feuerwiderstandsklassen 50 mm | | | | |
| Gesamtdeckendicke = d + Estrichdicke bei Vollplatten mit<br>statisch bestimmter Lagerung<br>statisch unbestimmter Lagerung ( ) | 60 [1]<br>[2] (80) | 80<br>[2] (80) | 100<br>(100) | 120<br>(120) | 150<br>(150) |
| Vollplatten + Estrich wie vor, mit 10 mm Deckenputz (Gipsputze) | 60<br>10<br>(70) | 70<br>10<br>(70) | 90<br>10<br>(90) | 110<br>10<br>(110) | 140<br>10<br>(140) |
| Vollplatten mit schwimmendem Estrich ohne Bekleidungen mit<br>statisch bestimmter Lagerung<br>statisch unbestimmter Lagerung ( ) | keine Forderung<br>60 [1]<br>[2] (80) | 25<br>60 [1]<br>[2] (80) | 25<br>60 [1]<br>[2] (80) | 30<br>60 [1]<br>[2] (80) | 40<br>80<br>[2] (80) |
| Vollplatten mit schwimmendem Estrich wie vor, mit 10 mm Deckenputz (Gipsputze)<br>☐ Mindestdicke des schwimmenden Estrichs aus nichtbrennbaren Stoffen oder eines Asphaltestrichs ohne Mitrechnung der Dämmschicht | keine Forderung<br>50<br>10<br>(70) | 25<br>50<br>10<br>(70) | 25<br>50<br>10<br>(70) | 30<br>50<br>10<br>(70) | 40<br>70<br>10<br>(70) |
| Mindestdicke d von Vollplatten mit anbetonierten Holzwolleleichtbauplatten bei einer Dicke der Platten von ≧ 25mm | 50 | 50 | — | — | — |
| ≧ 50mm | 50 | 50 | 50 | 50 | 50 |
| Vollplatten mit Unterdecken nach DIN 4102, Teil 4, Abschnitt 5 4 5 | Die Mindestdicke betragt bei allen Feuerwiderstandsklassen 50 mm Klassifizierte Decken mit Unterdecken nach DIN 4102, Teil 4, Abschnitt 7 2 12 oder Nachweis der Eignung durch Prufung | | | | |

[1] Bei Betonfeuchtigkeitsgehalten von mehr als 4 Gew % sowie bei einer Bewehrung mit Stababständen unter 100 mm muß die Mindestdicke wenigstens 80 mm betragen

[2] Mindestdicke wenigstens 100 mm, bei Voraussetzungen wie vor

[3] Bei Verwendung von Asphalt-Estrichen oder schwimmendem Estrich mit Dämmschichten der Baustoffklasse B und bei anbetonierten Holzwolleleichtbauplatten muß die Benennung jeweils F 30 - AB, F 60 - AB, F 90 - AB, F 120 - AB und F 180 - AB lauten

Nähere Ausführungen in DIN 4102, Teil 4, Abschnitt 7.2 2 einschließlich den Tabellen 19, 20 und 21

Bei Verwendung von besonderem Betonzuschlag sind Abminderungen zulässig

Platten, die mehrseitig vom Brand beansprucht werden können oder auskragen, müssen stets eine Mindestdicke von 100 mm haben

**Putzdicken als Ersatz fur Betondeckung**

| Putzart (Tabelle 1 von DIN 4102, Teil 4) | Ersatzdicke des Putzes für 10 mm Normalbeton | maximal zulässige Putzdicke |
|---|---|---|
| DIN 18 550 Mortelgruppe II und IVc (Kalkzementmortel) | 15 mm | 25 mm |
| DIN 18 550 Mortelgruppe IVa - b (Gipsmortel) | 10 mm | 25 mm |
| Putze wie vor mit nichtbrennbaren Putzträgern | 8 mm | 25 mm [1] |
| Vermiculite - oder Perliteputz mit nichtbrennbaren Putzträgern | 4 mm | 30 mm [1] |

[1] gemessen uber Putzträger siehe auch Seite 22

Die Angaben in der Übersicht oben gelten fur

Ortbetonplatten nach DIN 1045, Abschnitt 20

Fertigplatten mit statisch mitwirkender Ortbetonschicht nach DIN 1045, Abschnitt 19 7 6

Balkendecken ohne Zwischenbauteile nach DIN 1045, Abschnitt 19 7 7

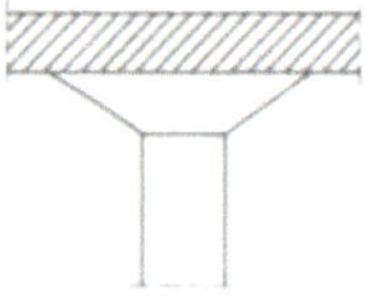

Pilzdecken mit verstärktem Kopf nach DIN 1045, Abschnitt 22

Stahlbeton - oder Spannbetonplattendecken aus Normalbeton mit Hohlräumen

Einzelheiten in Tabelle 18 von DIN 4102, Teil 4

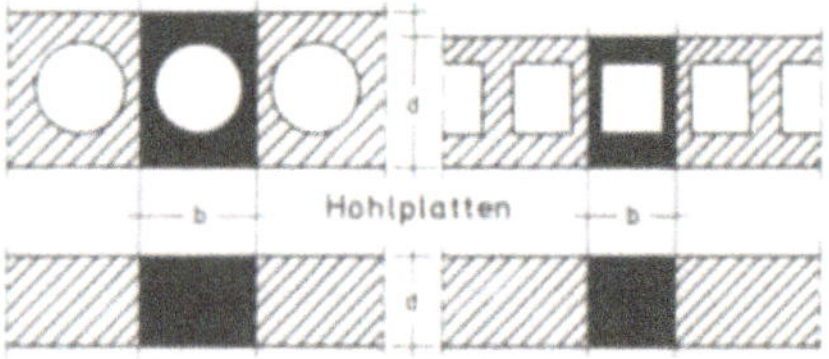


Die notwendige Hohlplatten - Gesamtdicke d, d.h. die brandschutztechnisch wirksame Dicke, errechnet sich durch Division der Nettoquerschnittsflache durch die Breite b

Besonderes Bemessungsverfahren fur Hohlplatten mit brennbaren Bestandteilen

| Mindestdicken von Decken aus Stahlbeton- oder Spannbetonhohldielen aus Normalbeton, Bimsbetonhohldielen und Gasbetonplatten (Tabelle 22 von DIN 4102 Teil 4 Entwurf März 1978)[1] | Feuerwiderstandsklasse - Benennung[2] | | | | |
|---|---|---|---|---|---|
| | F30-A | F60-A | F90-A | F120-A | F180-A |
| Stahlbeton- oder Spannbetonhohldielen ohne Estrich und ohne Bekleidung | 80 | 100 | 120 | 140 | 170 |
| Hohldielen wie vor, mit 10 mm Deckenputz Mörtelgruppe IV a-b (Gipsputze) | 80, 10 | 90, 10 | 110, 10 | 130, 10 | 160, 10 |
| Hohldielen wie vor, mit Estrich aus nichtbrennbaren Stoffen | Die Mindestdicke beträgt bei allen Feuerwiderstandsklassen 80[1] mm | | | | |
| Gesamtdicke = d + Estrichdicke ohne Mitrechnung einer möglichen Dämmschicht | 80 | 100 | 120 | 140 | 170 |
| Hohldielen + Estriche wie vor, mit 10 mm Deckenputz (Gipsputze) | 80, 10 | 90, 10 | 110, 10 | 130, 10 | 160, 10 |
| Bimsbetonhohldielen oder Gasbetonplatten mit oder ohne Estrich | 75 | 75 | 75 | 100 | 125 |
| Gasbetonplatten mit Nut und Feder ohne Fugenvermörtelung, mit oder ohne Estrich | 75 | 75 | 100 | 125 | 150 |
| Mindestdicke von Stahlbeton oder Spannbetonhohldielen mit unterseitigen Holzwolleleichtbauplatten mit einer Dicke ≧ 25 mm | 80 | 80 | — | — | — |
| Mindestdicke von Stahlbeton oder Spannbetonhohldielen mit unterseitigen Holzwolleleichtbauplatten mit einer Dicke ≧ 50 mm | 80 | 80 | 80 | 80 | 80 |
| Hohldielen wie vor mit Unterdecken nach DIN 4102, Teil 4, Abschnitt 5.4.5 | Die Mindestdicke beträgt bei allen Feuerwiderstandsklassen 80 mm. Klassifizierte Decken mit Unterdecken nach DIN 4102, Teil 4, Abschnitt 7.2.12 oder nach Prüfung | | | | |
| Bimsbetonhohldielen oder Gasbetonplatten mit Bekleidungen aus Putz nach DIN 4102, Teil 4, Abschnitt 5.4.1 bis 5.4.3 | 50 | 50 | 75 | 100 | 125 |
| Mindestdicke von Bimsbetonhohldielen oder Gasbetonplatten mit unterseitigen Holzwolleleichtbauplatten mit einer Dicke ≧ 25 mm | 50 | 50 | — | — | — |
| Mindestdicke von Bimsbetonhohldielen oder Gasbetonplatten mit unterseitigen Holzwolleleichtbauplatten mit einer Dicke ≧ 50 mm | 50 | 50 | 50 | 50 | 50 |
| Hohldielen wie vor mit Unterdecken nach DIN 4102, Teil 4, Abschnitt 5.4.5 | Die Mindestdicke beträgt bei allen Feuerwiderstandsklassen 50 mm. Klassifizierte Decken mit Unterdecken nach DIN 4102, Teil 4, Abschnitt 7.2.12 oder nach Prüfung | | | | |

1) Bei Betonfeuchtigkeitsgehalten von mehr als 4 Gew.% sowie bei einer Bewehrung mit Stababständen unter 100 mm muß die Mindestdicke wenigstens 100 mm betragen

2) Bei Verwendung von Asphalt-Estrichen oder schwimmendem Estrich mit Dämmschichten der Baustoffklasse B und bei Holzwolleleichtbauplatten an der Unterseite muß die Benennung jeweils F 30-AB, F 60-AB, F 90-AB, F 120-AB und F 180-AB lauten

3) Mindestabstand u der Feldbewehrung zur beflammten Oberfläche nach DIN 4102, Teil 4, Abschnitt 7.2.3 sowie Tabelle 23

4) Bild 15 und 16 von DIN 4102, Teil 4

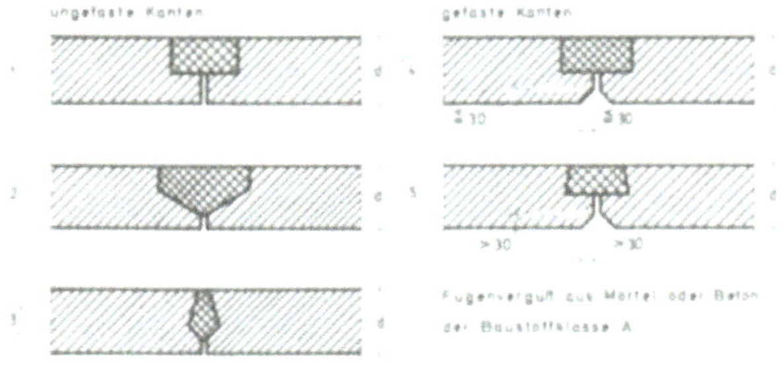


Geschlossene Fugen zwischen Fertigteilplatten (Schema)[4]

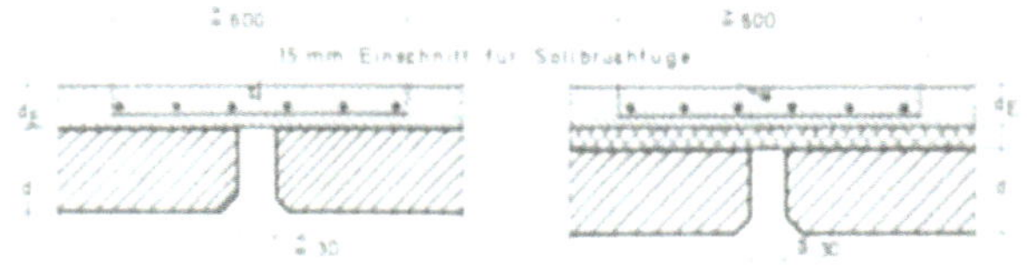


| | | F30-A | F60-A | F90-A | F120-A | F180-A |
|---|---|---|---|---|---|---|
| Mindestdicken (mm) | | | | | | |
| Fertigteilplatte | d | siehe Tabelle 17 obere Zeile (Seite 44) | | | | |
| Estrichdicke | $d_E$ | 30 | 30 | 40 | 45 | 50 |

Offene Fugen zwischen Fertigteilplatten (Schema)[4]

| Mindestdicke d (mm) von Stahlsteindecken (Tabelle 25 von DIN 4102, Teil 4, Entwurf März 1978) | Feuerwiderstandsklasse - Benennung [2] | | | | |
|---|---|---|---|---|---|
| | F 30 - A | F 60 - A | F 90 - A | F 120 - A | F 180 - A |
| Stahlsteindecken ohne Estrich und ohne Bekleidung | 115 | 140 | 165 | 240 | 290 |
| Stahlsteindecken ohne Estrich<br>mit einer Bekleidung aus Putz nach DIN 4102, Teil 4, Abschnitt 5.4.1 bis 5.4.3 | 90 | 115 | 140 | 165 | 240 |
| Stahlsteindecken mit Estrich [1] ohne Bekleidung<br>nichtbrennbarer Estrich oder Asphaltestrich mindestens 30 mm dick | 90 | 90 | 115 | 140 | 165 |
| Stahlsteindecken mit Estrich [1] und mit Bekleidung aus Putz<br>Ausführung jeweils wie oben angegeben | 90 | 90 | 90 | 115 | 140 |

1) Dämmschichten bei schwimmenden Estrichen müssen Abschnitt 5.4.7 entsprechen ( ≥ 30 kg/m³ B1 )

2) Bei Anordnung von Asphaltestrichen und bei Verwendung von schwimmenden Estrichen mit Dämmschichten der Baustoffklasse B muß die Benennung jeweils F 30-AB, F 60-AB, F 90-AB, F 120-AB und F 180-AB lauten

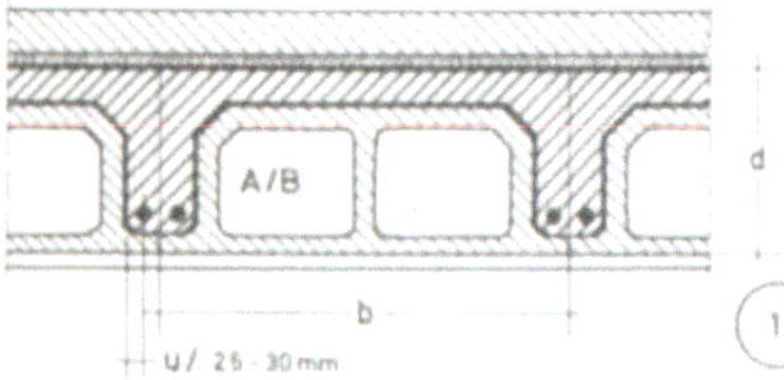

1

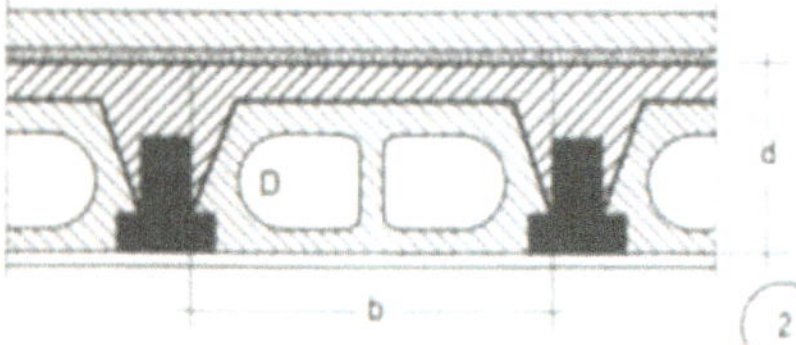

2

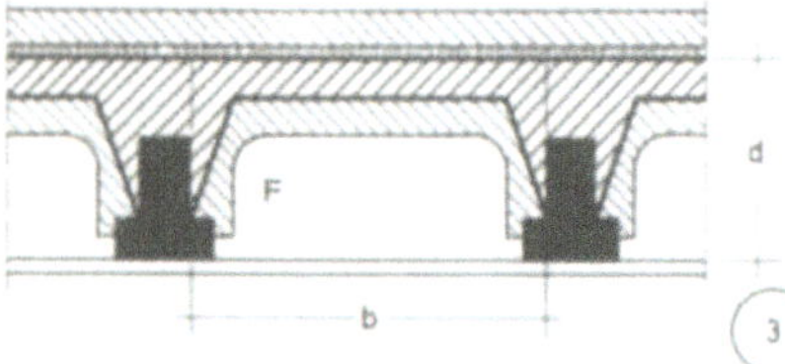

3

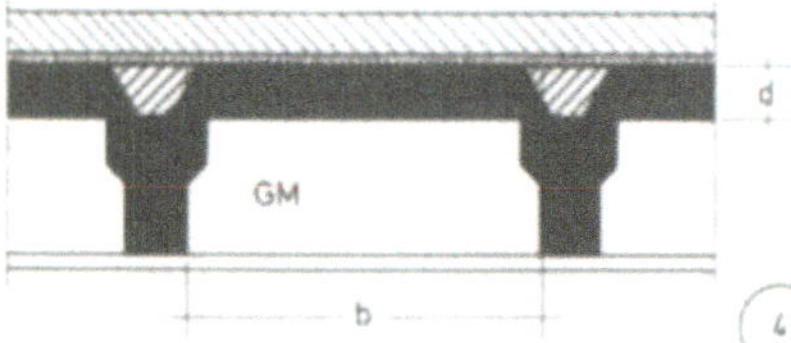

4

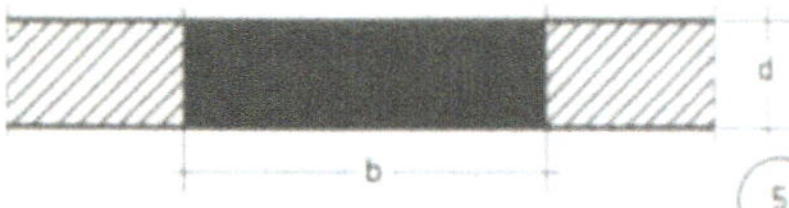

5

Einzelheiten siehe DIN 4102, Teil 4 (Entwurf)

7.2.5 Stahlbetonrippendecken mit statisch mitwirkenden Zwischenbauteilen nach DIN 4158

(1) - mit Zwischenbauteilen A und B

(2) - mit Zwischenbauteilen D

(3) - mit Zwischenbauteilen F

(4) - mit Zwischenbauteilen GM

(5) Vollplatte zum Vergleich von b

Die Mindestgesamtdicke d errechnet sich durch Division der Nettoquerschnittsfläche durch die Breite b, die wenigstens den Werten von Tabelle 17 → 44 entsprechen muß

Gilt auch für die Decken (6) (7) (8)

Unbekleidete F90 - Decken müssen mit mindestens 30 mm Estrich abgedeckt werden

Bemessungen von freiliegenden Rippen oder Balken nach Tabelle 24

7.2.6 Stahlbetonrippendecken mit statisch mitwirkenden Zwischenbauteilen nach DIN 4159 (Ziegel)

(6) Ausführung nach DIN 1045, Abschnitt 21.2

(7) mit vorgefertigten Rippen nach DIN 1045 Abschnitt 19.7.8

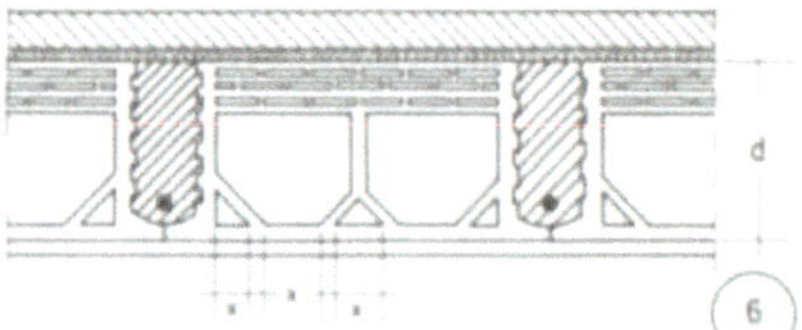

6

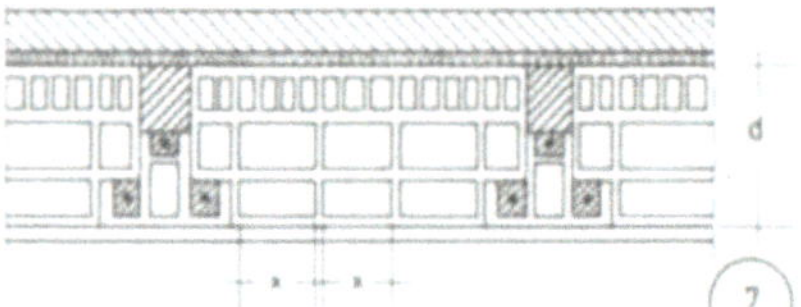

7

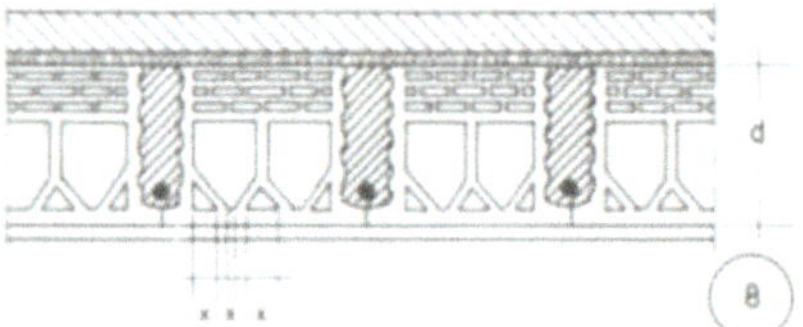

8

7.2.7 Stahlsteindecken nach DIN 1045, Abschnitt 20.2

(8) - mit Zwischenbauteilen nach DIN 4159

(Abmessungen siehe Tabelle oben)

Abstände der Stege x maximal 60 mm, sonst Nachweis der Eignung

| Mindestbetondeckungen und Mindestbekleidungsdicken (mm) zum Schutz von Stahlträgern in Stahlbetondecken aus Normalbeton (Tabelle 26 von DIN 4102, Teil 4, Entwurf März 1978) | Feuerwiderstandsklasse - Benennung | | | | |
|---|---|---|---|---|---|
| | F 30-A | F60-A | F90-A | F120-A | F180-A |
| **Stahlbetondecken mit ganz eingebetteten Stahlträgern**<br>Mindestdeckendicke d nach Abschnitt 7.2.2.2 und 7.2.2.3<br>Mindestbetondeckung $u_{oben}$<br>Mindestbetondeckung $u_{unten}$[1] | 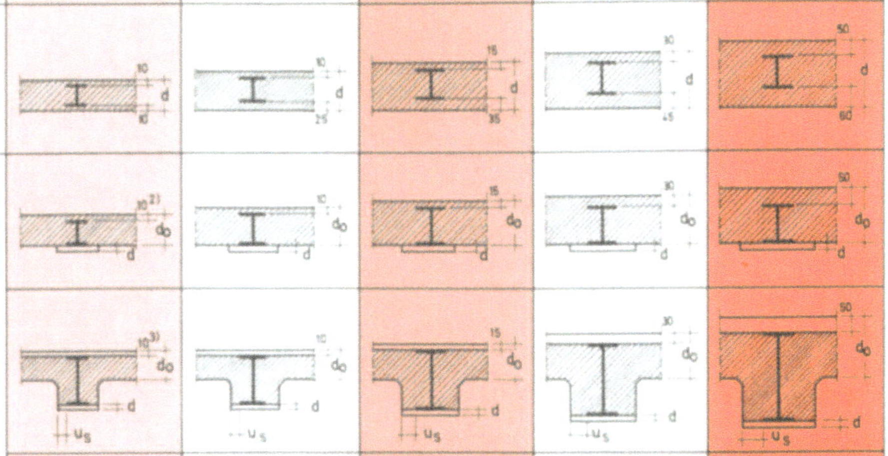 | | | | |
| **Stahlbetondecken mit teilweise eingebetteten Stahlträgern**<br>Mindestdeckendicke $d_o$ siehe d in Abschnitt 7.2.2.2 und 7.2.2.3<br>seitliche Betondeckung $u_s$[1] siehe $U_s$ in Tabelle 34<br>Mindestdicke d über Putzträger bei Verwendung von Putzen aus | | | | | |
| Mörtelgruppe II oder IVc DIN 18550 | 15 (0)[4] | — (5) | — (15) | — (25) | — (–) |
| Mörtelgruppe IVa bis b DIN 18550 | 5 (0)[4] | 15 (5) | 25 (10) | — (20) | — (–) |
| Vermiculite - oder Perliteputze | 3 (0)[4] | 3 (5) | 4 (5) | 10 (8) | 21 (15) |

1) Betondeckungen seitlich und unterhalb von Stahlträgern müssen konstruktiv durch eine Bewehrung gesichert werden 2) Mindestbetondeckung $U_{oben}$
3) Mindestdicke eines Estrichs aus Baustoffen der Klasse A 4) Mindestputzdicke bei Widerlagersteinen von Hourdis - Decken nach Tabelle 27

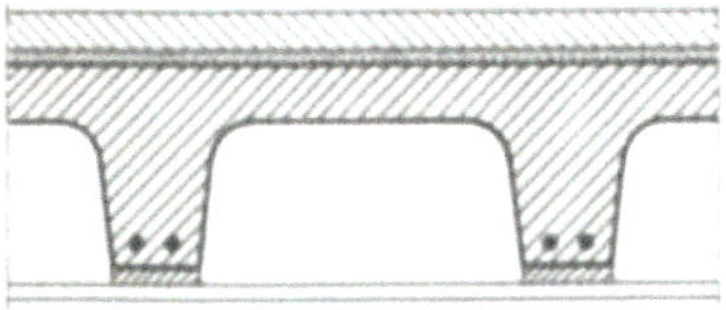

7.2.4 Stahlbeton - oder Spannbetonrippen oder Balkendecken aus Normalbeton ohne Zwischenbauteile

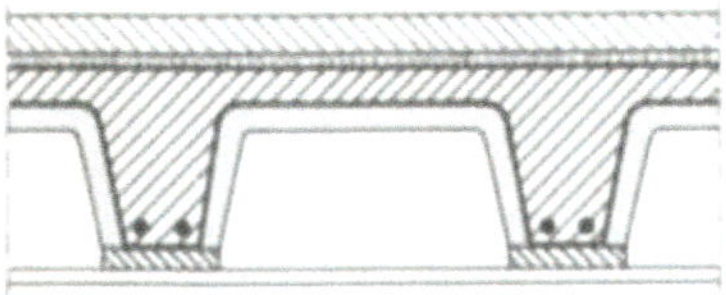

7.2.10 mit Zwischenbauteilen aus Baustoffen der Klasse B

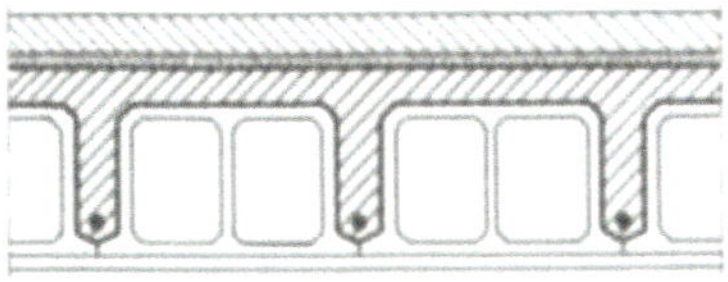

7.2.9 mit Zwischenbauteilen nach DIN 4160 (Ziegel)

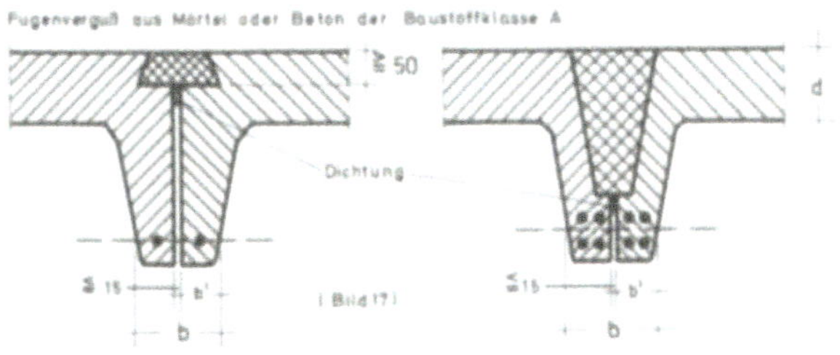


Ausbildung der Fugen zwischen Rippen oder Balken von Fertigteilen (Schema) Einzelheiten siehe DIN 4102, Teil 4 (Entwurf)

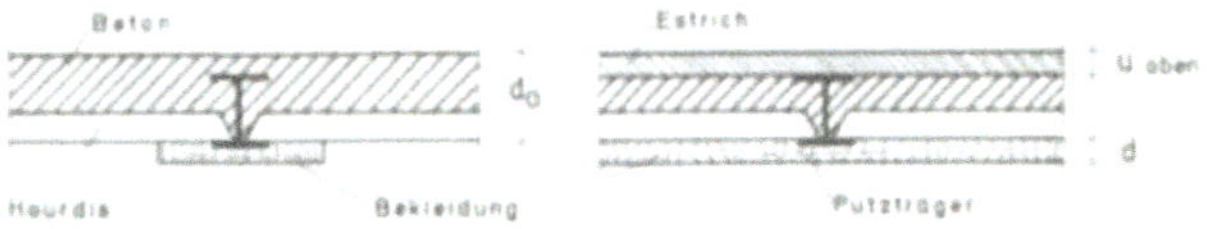


Hourdis - Normaldecken (Schema)

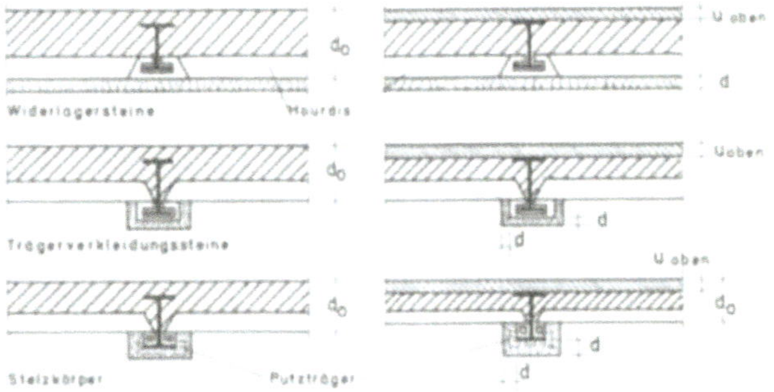


Hourdis - Sonderdecken (Schema)
7.2.8 mit Zwischenbauteilen nach DIN 278 (Hourdis - Decken)

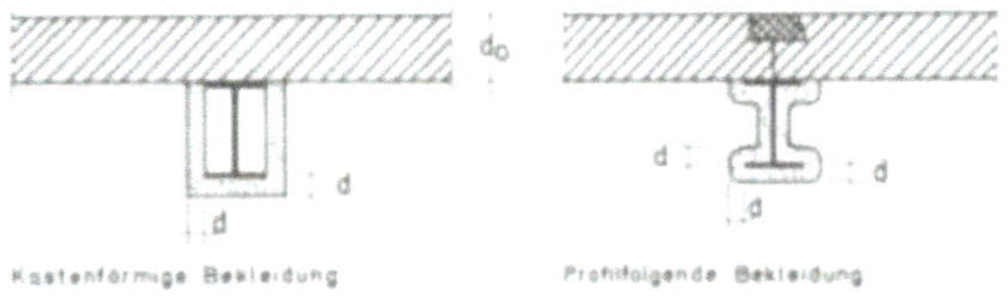


7.2.11 Stahlbetondecken in Verbindung mit Stahlträgern

## Mindestabmessungen von hangenden Drahtputzdecken nach DIN 4121 mit dichten Wandanschlussen ① - Maße in mm

( Tabelle 28 a und 29a von DIN 4102, Teil 4, Entwurf März 1978)

7.2.12 Decken mit Unterdecken

Leichtbeton, auch Zwischenbauteile

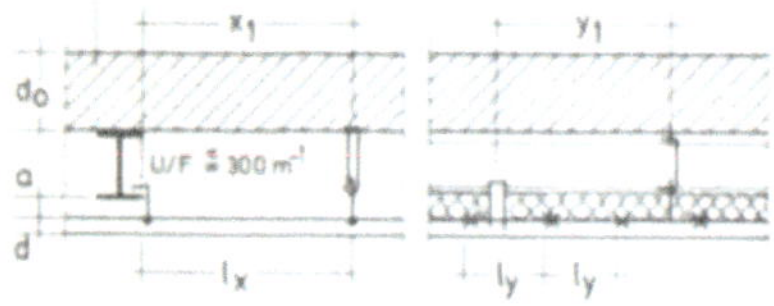


Bauart I

Normalbeton

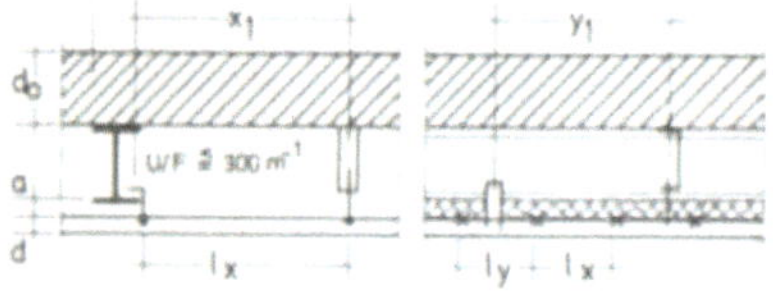


Bauart II

Stahlbeton

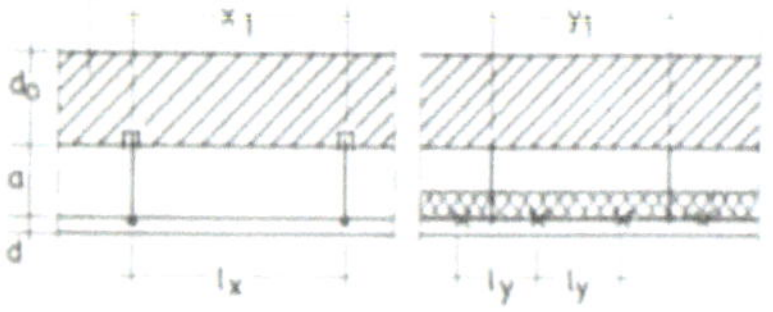


Bauart III

Holzbalkendecke

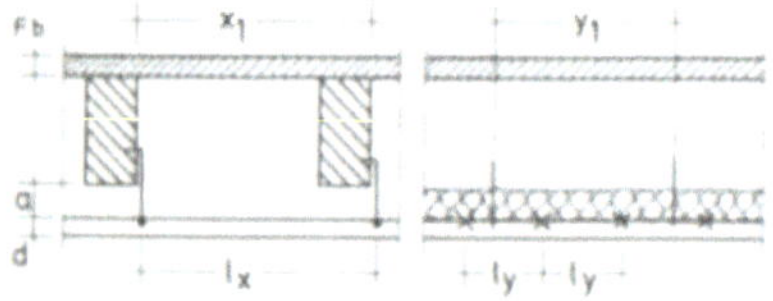


Bauart IV

Fb ≧ 21mm Hobeldielen NF, ≧ 16mm Spanplatten

a bei F 30, Tragstäbe auch direkt auf Balken

| - Konstruktionsmerkmale - | Feuerwiderstandsklasse - Benennung[1] | | | | |
|---|---|---|---|---|---|
| | F30-A | F60-A | F90-A | F120-A | F180-A |
| Maximale Abstände der Aufhängepunkte[2] $x_1$, $y_1$ | 1000 | 750 | 750 | 750 | 750 |
| für Tragstäbe auch Rundstahl ø ≧ 7 mm | 750 | 700 | 400 | 400 | 400 |
| Maximaler Abstand von Querstäben[2] ø ≧ 5mm | 1000 | 750 | 750 | 750 | 750 |
| Maximale Spannweite[2] von | | | | | |
| Streck - oder Rippenstreckmetall $l_x$ | 1000 | 800 | 750 | 750 | 750 |
| Draht - oder Ziegeldrahtgewebe $l_x$ | 500 | 400 | 350 | 350 | 350 |
| Maximaler Abstand der Befestigungen quer zur Spannrichtung[2] $l_y$ | 200 | 200 | 200 | 200 | 200 |
| Mindestabstand a ( Abhängehöhe ) | 12 | 15 | 20 | 30 | 40 |
| **Mindestputzdicke d** über Putzträger bei Decken der Bauart I (mit oder ohne Wärmedämmung) Bauart II + III (mit Wärmedämmung) | | | | | |
| Mörtelgruppe II oder IVc DIN 18 550 | 15 | — | — | — | — |
| Mörtelgruppe IVa bis b DIN 18 550 | 5 | 20 | — | — | — |
| Vermiculite - oder Perliteputze | 5 | 10 | 20 | 30 | — |
| Bauart II (ohne Wärmedämmung) | | | | | |
| Mörtelgruppe II oder IVc | 10 | 15 | 25 | — | — |
| Mörtelgruppe IVa bis b | 5 | 5 | 15 | 25 | — |
| Vermiculite - oder Perliteputze | 5 | 5 | 8 | 15 | — |
| Bauart III (ohne Wärmedämmung) | | | | | |
| Mörtelgruppe II oder IVc | 5 | 5 | 15 | 25 | — |
| Mörtelgruppe IVa bis b | 5 | 5 | 5 | 10 | 20 |
| Vermiculite - oder Perliteputze | 5 | 5 | 5 | 5 | 15 |
| Bauart IV (mit oder ohne Wärmedämmung) | | | | | |
| Mörtelgruppe II oder IVc | 20 | — | — | — | — |
| Mörtelgruppe IVa bis b | 15 | 25 | — | — | — |
| Vermiculite - oder Perliteputze | 10 | 20 | — | — | — |
| Drahtputzdecken die bei Brandbeanspruchung von unten allein F 30 + F 60 erfüllen | | | | | |
| Mörtelgruppen IVa bis b | 20 | — | — | — | — |
| Vermiculite - oder Perliteputze | 15 | 25 | — | — | — |

1) Bei Decken der Bauart IV muß die Benennung F30-B bzw. F60-B lauten

2) Soweit Tragfähigkeit und Verformbarkeit der Putzträger keine engeren Abstände erfordern

## Dichte Wandanschlüsse von Unterdecken an Wänden aus Mauerwerk oder Beton (Schema)

( Bild 5 aus DIN 4102, Teil 4 )

Die Wandanschlüsse ⑤ und ⑥ sind nur bei Konstruktionen der Feuerwiderstandsklasse F 30 anwendbar

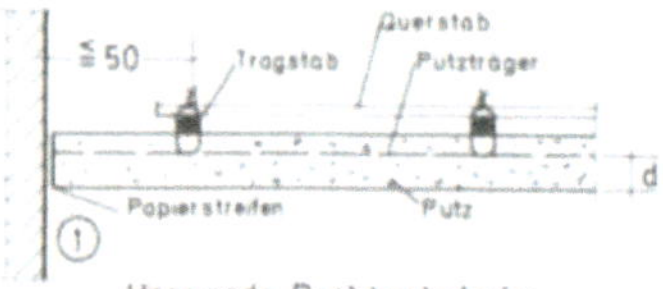


Hangende Drahtputzdecke DIN 4121

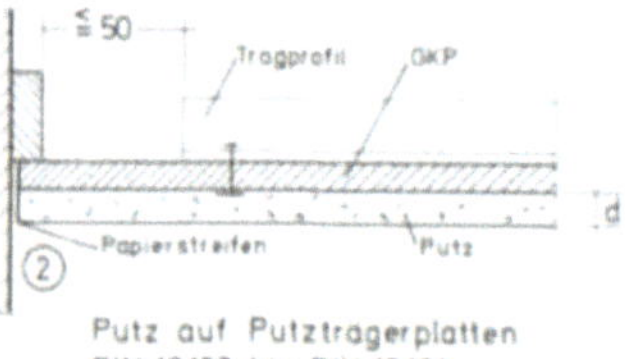


Putz auf Putzträgerplatten DIN 18 180 bis DIN 18 181

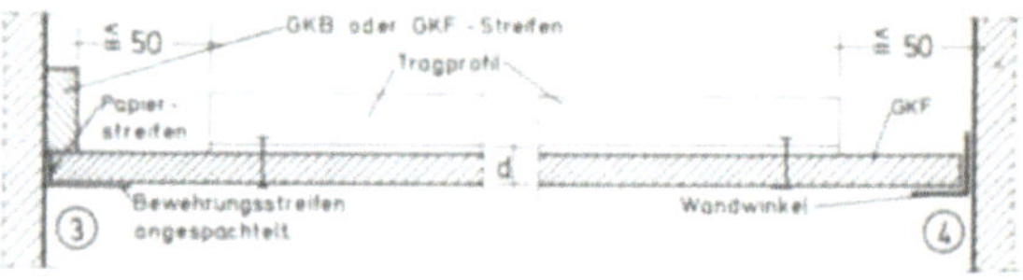


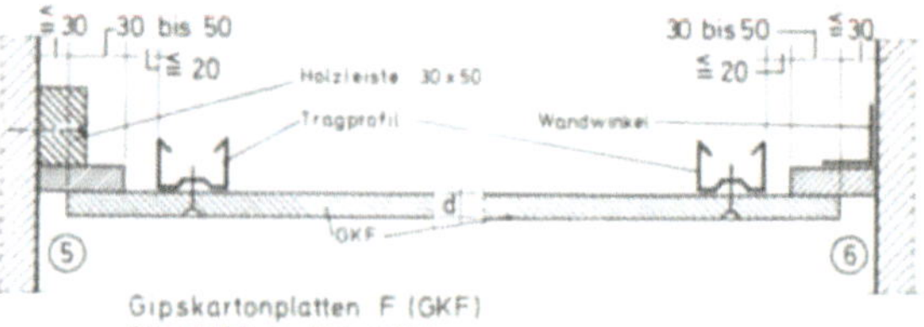


Gipskartonplatten F (GKF) DIN 18 180 bis DIN 18 181

## Mindestabmessungen von Unterdecken mit dichten Wandanschlüssen aus Gipskartonputzträgerplatten (GKP), Gipskartonbauplatten (GKF)

(Tabellen 28c, 28d, 28e, 29b von DIN 4102, Teil 4, Entwurf)

Decken aus Leichtbeton, Gas- bzw. Bimsbeton nach 7.2.3
Stahlbeton mit Zwischenbauteilen nach 7.2.5 bis 7.2.9 oder 7.2.11

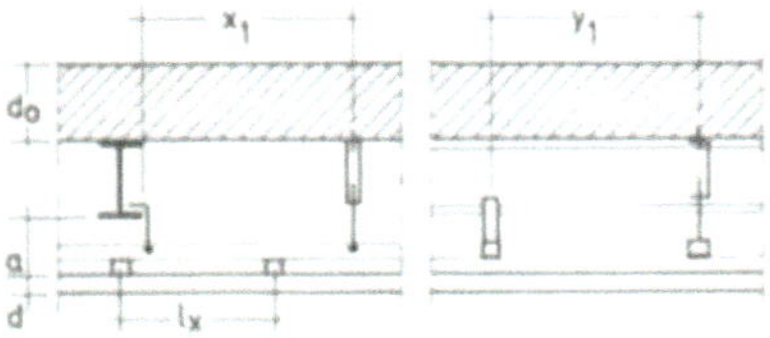


Bauart I

Decken aus Normalbeton nach 7.2.2 bis 7.2.5 – ohne Zwischenbauteile aus Leichtbeton

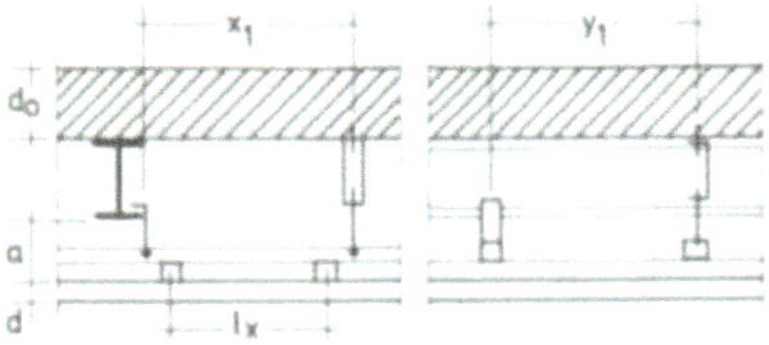


Bauart II

Decken aus Stahlbeton oder Spannbeton aus Normalbeton nach 7.2.2 bis 7.2.5

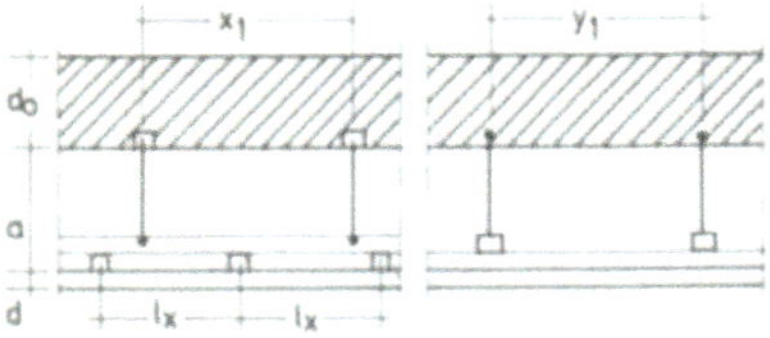


Bauart III

Holzbalkendecken b ≧ 40 mm und dichtem Fußboden (Fb) aus ≧ 21 mm Hobeldielen NF, ≧ 16 mm Spanplatten

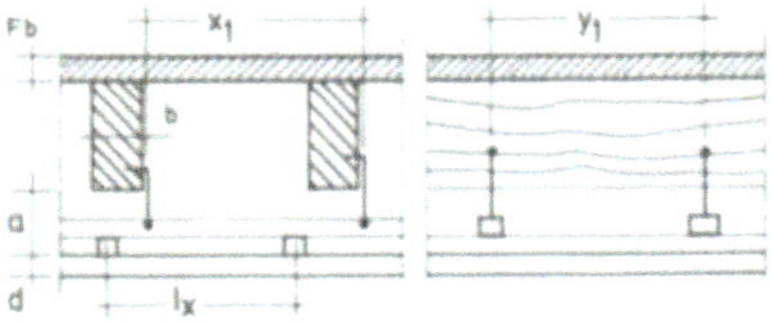


Bauart IV

a F30 Unterkonstruktion auch direkt an den Balken befestigt

### Deckenplatten aus Gips – Maße in mm

| Feuerwiderstandsklasse – Benennung [1] | F30-AB | F60-AB | F90-AB | F 120-AB | F180-AB |
|---|---|---|---|---|---|
| **Maximale Abstände der Aufhängepunkte** $x_1 = y_1$ (Spannweite der Grund- und Tragprofile) | 1000 | 1000 | 1000 | —— | —— |
| Maximale Spannweite der 9,5 mm Putzträgerplatten $l_x$ | 400 | 400 | 400 | —— | —— |
| Mindestabstand a (Abhängehöhe) | 40 | 80 | 80 | —— | —— |
| **Mindestputzdicke d** bei einer Tragkonstruktion aus Stahlblechprofilen oder aus Holzlatten ( ) | | | | | |
| Bauart I und IV (mit oder ohne Wärmedämmung) | | | | | |
| Bauart II und III (mit Wärmedämmung) | | | | | |
| Mörtelgruppe IVa DIN 18 550 | 20 (20) | —— | —— | —— | —— |
| Vermiculite- oder Perliteputze | 15 (15) | —— | —— | —— | —— |
| Bauart II (ohne Wärmedämmung) | | | | | |
| Mörtelgruppe IVa | 15 (20) | —— | —— | —— | —— |
| Vermiculite- oder Perliteputze | 10 (15) | 20 | —— | —— | —— |
| Bauart III (ohne Wärmedämmung) | | | | | |
| Mörtelgruppe IVa | 10 (15) | 15 | —— | —— | —— |
| Vermiculite- oder Perliteputze | 5 (10) | 10 (20) | 20 | —— | —— |
| **Maximale Abstände der Aufhängepunkte** $x_1 = y_1$ (Spannweite der Grund- und Tragprofile) | 1000 | 1000 | 1000 | 1000 | |
| Maximale Spannweite der Gipskartonbauplatten F (GKF) bei Querbefestigung $l_x$ | 400 | 400 | 400 | 400 | |
| Mindestabstand a (Abhängehöhe) | 40 | 80 | 80 | 80 | |
| **Mindestplattendicke d** bei einer Tragkonstruktion aus Stahlblechprofilen oder Holzlatten ( ) | [2] | [2] | [2] | [2] | |
| Bauart I und IV (mit oder ohne Wärmedämmung) | 15 (15) | —— | —— | —— | —— |
| Bauart II und III (mit Wärmedämmung) | 15 (15) | —— | —— | —— | —— |
| Bauart II (ohne Wärmedämmung) | 12,5 (12,5) | —— | —— | —— | —— |
| Bauart III (ohne Wärmedämmung) | 12,5 (12,5) | 12,5 (2×12,5) | 15 | 18 | —— |
| **Maximale Abstände der Aufhängepunkte** | | | | | |
| $x_1$ (Spannweite der Tragprofile) | 1000 | 1000 | 1000 | 1000 | —— |
| $y_1$ (Abstand = Rastermaß der Platten) | 625 | 625 | 625 | 625 | —— |
| Maximale Spannweite der Gipsplatten $l_x$, $l_y$ | 625 | 625 | 625 | 625 | —— |
| Mindestabstand a (Abhängehöhe) | 40 | 80 | 80 | 80 | —— |
| **Plattenart** bei Decken | F 30-A[3] | F60-A[3] | F90-A | F 120-A | F180-A |
| Bauart I bis IV (mit oder ohne Wärmedämmung) bei Schraub- oder Einschubmontage [4] | DF o. SF | —— | —— | —— | —— |
| Decken (ohne Wärmedämmung) bei Einschubmontage [4] mind. 15 mm Dämmschicht | | | | | |
| Bauart II | DF o. SF | DF o. SF | DF o. SF | —— | —— |
| Bauart III | DF o. SF | DF o. SF | DF o. SF | DF o. SF | —— |
| Bauart IV | DF o. SF | DF o. SF | —— | —— | —— |
| Platten DF, Rohdichte (kg/m³) | 100 | 100 | 100 | 100 | —— |
| Platten SF, Rohdichte (kg/m³) | 50 | 100 | 100 | 100 | —— |
| Unterdecken aus Gipskartonbauplatten F (GKF) mit geschlossenen Flächen die bei Brandbeanspruchung von unten allein F erfüllen | F30-B[2] | F60-B[3] | | | |
| d | 12,5 + 12,5 | 18 + 15[5] | —— | —— | —— |

1) Bei Decken der Bauart IV muß die Klassifizierung stets F30-B lauten.

2) GKF-Platten der Baustoffklasse A mit Unterkonstruktionen aus Stahlblechprofilen (mit Ausnahme der Bauart IV) erhalten die Benennungen F30-A, F60-A, F90-A und F120-A

3) Bei Tragkonstruktionen aus Holzlatten muß die Klassifizierung jeweils F30-AB, bei Decken der Bauart IV F30-B bzw. F60-B lauten

4) Bei Schraubmontage mindestens 4 Schrauben pro Platte. Bei Einschubmontage Stahlblechschienen in beiden Richtungen über jeder Platten-Querfuge

5) Die 15 mm dicken Platten müssen auf der Raumseite angebracht werden

## Mindestdicken d in mm der unteren Deckenbekleidung und des Fußbodens bei Decken aus Holz und Holzwerkstoffen der Bauarten V und VI

(Tabelle 30a und 30b von DIN 4102, Teil 4, Entwurf März 1978)

Breite der Balken oder Rippen ≧ 40 mm

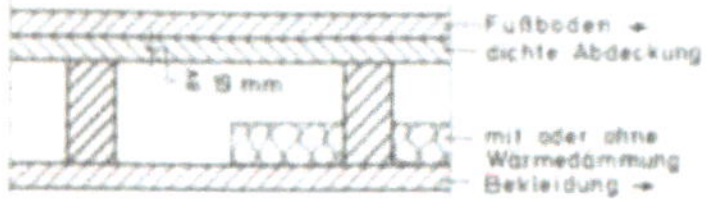


Bauart V

Abdeckung aus Spanplatten oder Sperrholzplatten je ≧ 600 kg/m³

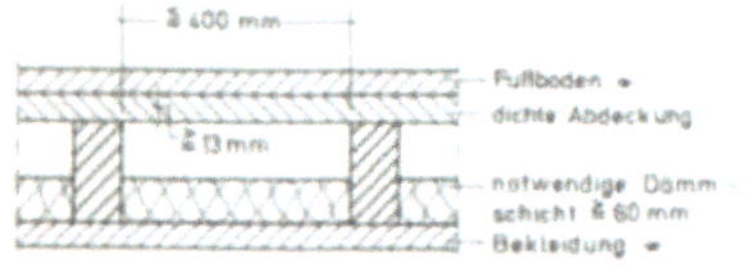


Bauart VI

Dämmschicht Klasse A, ≧ 30 kg/m³ dicht gestoßen und an den Rändern festgelegt

Untere Bekleidung mit dichten Wandanschlüssen

| - Konstruktionsmerkmale - | Bauart V F30-B | Bauart V F60-B | Bauart VI F30-B | Bauart VI F60-B |
|---|---|---|---|---|
| **Mindestdicke der unteren Bekleidung** | | | | |
| Spanplatten ≧ 600 kg/m³, max. Spannweite 625 mm | 19 | — | 16 | — |
| Spanplatten wie vor $d_1$ | 16 | — | 13 | — |
| und einer zusätzlichen raumseitigen Bekleidung aus Gipskartonbauplatten (GKB) $d_2$ | 9,5 | — | 9,5 | — |
| Gipskartonbauplatten F (GKF) geschlossene Fläche, max. Spannweite 400 mm | 12,5 | 12,5 + 12,5 | 12,5 | 12,5 + 12,5 |
| **Mindestdicke des Fußbodens** (über Abdeckung) | | | | |
| schwimmender Estrich A, Asphaltestrich | 20 | 30 | 20 | 30 |
| Dämmschichten B1, ≧ 30 kg/m³ | 15 | 20 | 15 | 20 |
| Spanplatten, Sperrholz, gespundete Hobeldielen oder Parkett | 16 | 22 | 16 | 22 |
| auf einer Dämmschicht B1, ≧ 30 kg/m³ oder Zwischenschicht aus Gipskartonplatten | 9,5 | 15 | 9,5 | 15 |
| Gipskartonbauplatten auf einer Dämmschicht oder direkt auf der tragenden Abdeckung | 9,5 + 9,5 | 15 + 12,5 | 9,5 + 9,5 | 15 + 12,5 |

## Mindestanforderungen an Decken mit freiliegenden Holzbalken

(Tabelle 31 von DIN 4102, Teil 4, Entwurf März 1978)

Mindestauflagertiefe

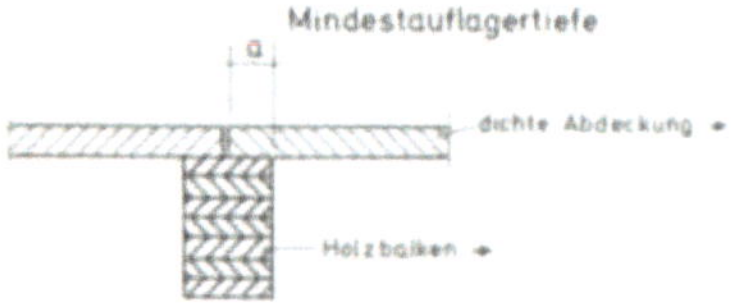


Mindestabmessung bekleideter Balken aus Vollholz oder Brettschichtholz

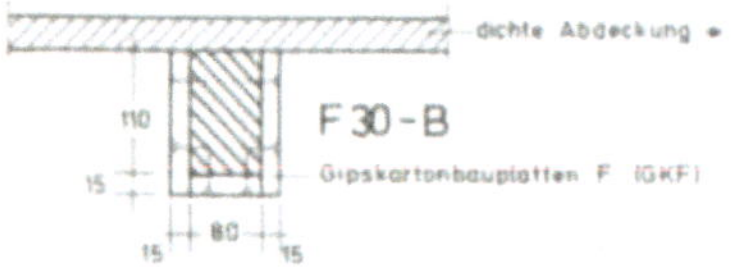


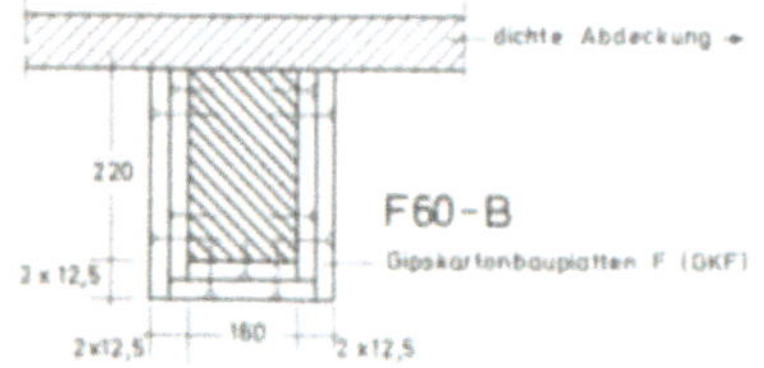


Mindestabmessungen von verdübelten Balken

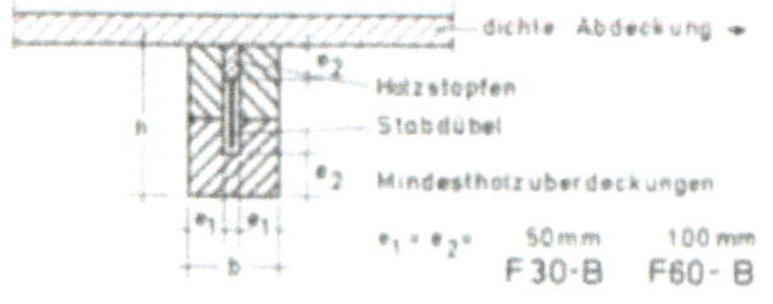


Mindestquerschnitte b/h nach Tabelle 42

| - Konstruktionsmerkmale - | Feuerwiderstandsklasse - Benennung F 30-B | F 60-B |
|---|---|---|
| Balken aus Vollholz b/h bei der Biegespannung (nach Tabelle 42) σ ≧ 13 N/mm² | 150/260 | 300/520 |
| σ = 10 N/mm² | 120/200 | 240/400 |
| σ = 7 N/mm² | 90/160 | 200/320 |
| σ ≦ 3 N/mm² | 80/140 | 180/240 |
| Brettschichtverleimte Balken b/h σ ≧ 14 N/mm² | 140/260 | 280/520 |
| σ = 11 N/mm² | 110/200 | 220/400 |
| σ = 7 N/mm² | 80/150 | 160/300 |
| σ ≦ 3 N/mm | 80/120 | 140/220 |
| Mindestauflagertiefe a mm | 40 | 80 |
| Max zul Biegezugspannung | | |
| Bohlen Güteklasse 2 N/mm² | 2,5 | 2,5 |
| Spanplatten ≧ 600 kg/m³ N/mm² | 1,0 | 1,0 |
| **Mindestabmessung der Abdeckung** | | |
| Bohlen ohne oberen Abschluß |  ≧ 50 | |
| Bohlen mit oberem Abschluß aus d ≧ 12,5 mm Gipskartonbauplatten (GKB) d ≧ 15 mm Dämmschicht Klasse A | 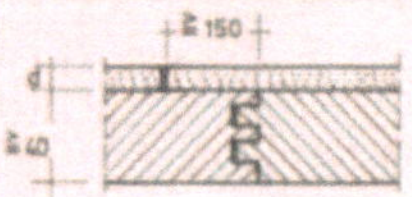 ≧ 150; d; ≧ 40 | 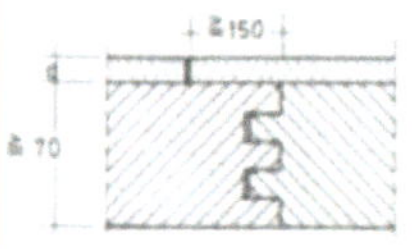 ≧ 150; d; ≧ 70 |
| Spanplatten ≧ 600 kg/m³ ohne Brandschutzausrüstung B 2 oder mit Brandschutzausrüstung B 1 (Maße in ( )) | 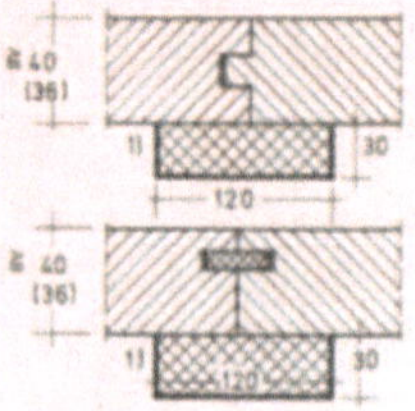 ≧ 40 (36); 11; 30; 120; ≧ 40 (36); 11; 30; 120 | 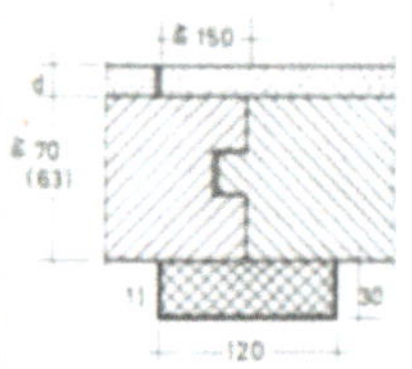 ≧ 150; d; ≧ 70 (63); 11; 30; 120 |

1) Wenn Fußboden → auf der Oberseite der Abdeckung darf Fugendecklasche an der Unterseite entfallen

Einzelabmessungen der Holz-Verbindungsprofile nach Tabelle 31

# Dächer

Nach den Landesbauordnungen muß die Dachhaut gegen Flugfeuer und strahlende Wärme widerstandsfähig sein (harte Bedachung). Bei freistehenden Gebäuden bis zu 2 Vollgeschossen kann eine Dachhaut gestattet werden, die keinen ausreichenden Schutz gegen Flugfeuer und strahlende Wärme bietet (weiche Bedachung), wenn bestimmte Mindestabstände zu den Grundstücksgrenzen sowie zu benachbarten Gebäuden eingehalten werden.

Dachaufbauten, Dachvorsprünge, Dachgesimse und Oberlichter sind so anzuordnen und herzustellen, daß Feuer nicht auf andere Gebäudeteile oder Nachbargrundstücke übertragen werden kann. Bei einem Brand von Nachbargebäuden darf der Brand durch brennende Teile, die auf das Dach fallen, nicht weitergeleitet werden.

Die Brandschutzforderungen an Bedachungen sind in DIN 4102, Teil 7, geregelt. Eine nach dieser Norm bestandene Prüfung schließt bei einem Brand des Gebäudes eine Entflammung der Bedachung und eine Flammenausbreitung über die Dachflächen hinweg nicht aus. Nach den bisher gemachten Erfahrungen kann aber davon ausgegangen werden, daß eine mit 5 cm Grobkies oder mit 5 cm dicken Platten aus Stein oder Beton abgedeckte Dacheindeckung nicht entflammen kann.

In DIN 4102, Teil 4, werden raumabschließende Dächer klassifiziert, die nur einer einseitigen Brandbeanspruchung ausgesetzt sind. Die dort gemachten Angaben gelten auch für Dächer mit Öffnungen wie Oberlichter, Lichtkuppeln, Luken usw., wenn nachgewiesen ist, daß das Brandverhalten der Dächer dadurch nicht nachteilig beeinflußt wird.

Es wird zwischen unbelüfteten und belüfteten Dächern unterschieden:

- Für *unbelüftete Dächer* gelten die Angaben für klassifizierte Decken. Werden bei Massivdächern auf der Dachabdichtung eine Kiesschüttung mit mindestens 50 mm Dicke oder entsprechend dicke, dicht verlegte Betonplatten angeordnet, so darf die Mindestdicke der durchgehenden Betonschicht jeweils um 20 mm verringert werden → 52; ausgenommen davon sind F 30-Decken und Hourdis-Decken. Bei Holzdächern dagegen dürfen die Mindestabmessungen der tragenden Teile nicht verringert werden.
- Bei *belüfteten Dächern* mit beliebig ausgebildeten Dachträgern aus Stahlbeton, Spannbeton, Stahl oder Holz (jeweils mit klassifizierten Bedachungen) muß an der Unterseite eine raumabschließende geschlossene Bekleidung mit dichten Wandanschlüssen vorhanden sein. Der Raum zwischen Bedachung und Bekleidung darf auch belüftet sein. Dächer, die nach diesen Bestimmungen ausgeführt werden, gehören bei Brandbeanspruchung von unten der Feuerwiderstandsklasse F 30 an.

## Bedachungen

In DIN 4102, Teil 7, werden einleitend die folgenden Begriffe erläutert:

- Bedachungen sind Dacheindeckungen und Dachabdichtungen einschließlich etwaiger Dämmschichten sowie Lichtkuppeln oder andere Abschlüsse für Öffnungen im Dach.
- Gegen Flugfeuer und strahlende Wärme widerstandsfähige Bedachungen sollen die Ausbreitung des Feuers auf dem Dach und eine Brandübertragung vom Dach in das Innere des Gebäudes verhindern.

Die in der Praxis am häufigsten vorkommenden harten Bedachungen sind in DIN 4102, Teil 4, klassifiziert.

### Kunststoffe im Dachbereich

Dacheindeckungen mit gewellten oder anders profilierten Platten erfüllen in der Regel die Anforderungen an

- *harte Bedachungen,* wenn sie aus glasfaserverstärkten duroplastischen Kunststoffen mit Brandschutzausrüstung hergestellt und in der Dachkonstruktion mit ausreichender Stoßüberdeckung und Befestigung verlegt werden;
- *weiche Bedachungen,* wenn sie aus thermoplatischen Kunststoffen bestehen.

Satt aufliegende Kunststoff-Dachbahnen ohne Schutzabdeckung sind harte Bedachungen, wenn sie auf einer Glasvlies-Bitumen-Dachbahn oder einer ähnlichen Unterlage verlegt werden.

Der Einsatz von Lichtbändern und Lichtkuppeln in Dächern mit harter Bedachung ist in den „Richtlinien für die Verwendung brennbarer Baustoffe im Hochbau" geregelt → 54.

Die an der Gebäudeaußenseite angebrachten Dachrinnen und Fallrohre dürfen normalentflammbar sein. Gefertigt werden sie heute aus schwerentflammbarem PVC-hart. Sie unterliegen nicht der Prüfzeichenpflicht. Bei Flachdachabläufen aus Kunststoff wird dagegen ein Prüfzeichen verlangt.

## Brandschutz in nichtausgebauten Dachräumen

Begehbare Dachräume müssen über eine Treppe zugänglich sein, die einen sicheren Löschangriff ermöglichen. In Gebäuden mit mehr als 2 Vollgeschossen müssen die Geschoßtreppen auch zum Dachraum führen oder zumindest mit den Treppen zum Dachraum unmittelbar verbunden sein. Lediglich nicht benutzbare, z.B. zu niedrige Dachräume können durch Einschubtreppen, Leitern oder dergleichen zugänglich gemacht werden.

Türen vom Treppenhaus zu nicht ausgebauten Dachräumen müssen selbstschließend und feuerhemmend (T 30) sein, in Gebäuden mit mehr als 5 Vollgeschossen selbstschließend und feuerbeständig (T 90). Feuerhemmende Türen (T 30) sind auch an den Zugängen von Aufenthaltsräumen zu nicht ausgebauten Dachräumen vorgeschrieben.

In Einfamilienhäusern sind für den Zugang zum nichtausgebauten Dachraum einschiebbare Treppen oder Leitern aus beliebigem Material zulässig.

Zum Einbau in Decken, die feuerhemmend sein müssen, gibt es geprüfte und zugelassene feuerhemmende Einschubtreppen → 54.

Aus Gründen des Brandschutzes dürfen in Dachspeichern weder Brennstoffe noch brennbare Flüssigkeiten gelagert werden. Bei sonstigen Lagerungen ist darauf zu achten, daß noch ausreichend Bewegungsfreiheit für die Durchführung von Löscharbeiten besteht. Zu den Kaminen muß ein mindestens 80 cm breiter Zugang vorhanden sein. Direkt an Kaminen dürfen brennbare Stoffe überhaupt nicht abgestellt werden.

| Mindestdicken d (mm) von massiven Dachdecken (unbelüftete Dächer) mit einer Kiesschüttung oder dichtverlegten Betonplatten von mindestens 50 mm Dicke (gemäß DIN 4102, Teil 4, Abschnitt 7.3.2, Entwurf März 1978) | Feuerwiderstandsklasse - Benennung [2] | | | | |
|---|---|---|---|---|---|
| | F 30-A | F 60-A | F 90-A | F 120-A | F 180-A |
| **Stahlbeton- oder Spannbeton-Vollplatten** (Tabelle 17 von DIN 4102 Teil 4, Entwurf März 1978) → 44 | | | | | |
| - ohne Estrich und ohne Bekleidung | 60 [3] (80) | 60 [3] (80) | 80 | 100 | 130 |
| - mit 10 mm Deckenputz der Mörtelgruppe IVa-b (Gipsputze) [1] | 50 + 10 [3] (70) | 50 + 10 [3] (70) | 70 + 10 | 90 + 10 | 120 + 10 |
| **Stahlbeton- oder Spannbetonhohldielen** (Tabelle 22 von DIN 4102 Teil 4, Entwurf März 1978) → 45 | | | | | |
| - ohne Estrich und ohne Bekleidung | 80 | 80 | 100 | 120 | 150 |
| - mit 10 mm Deckenputz der Mörtelgruppe IVa-b (Gipsputze) [1] | 80 + 10 | 80 + 10 | 90 + 10 | 110 + 10 | 140 + 10 |
| **Bimsbetonhohldielen oder Gasbetonplatten** | 75 | 75 | 75 | 75 | 100 |
| **Gasbetonplatten mit Nut- und Federstößen** | 75 | 75 | 75 | 100 | 125 |
| **Bimsbetonhohldielen oder Gasbetonplatten** mit Bekleidungen aus Putz nach DIN 4102, Teil 4, Abschnitt 5.4.1 bis 5.4.3 [1] | 50 | 50 | 50 | 75 | 100 |
| **Stahlsteindecken** (Tabelle 25 von DIN 4102 Teil 4, Entwurf März 1978) → 46 | | | | | |
| - ohne Estrich und ohne Bekleidung | 115 | 115 | 140 | 215 | 265 |
| - mit 10 mm Deckenputz der Mörtelgruppe IVa-b (Gipsputze) [1] | 90 + 10 | 90 + 10 | 115 + 10 | 140 + 10 | 215 + 10 |

Dämmschichten müssen bei massiven Dachdecken mit reduzierten Dicken gemäß DIN 4102, Teil 4, Abschnitt 5.4.7 ausgebildet sein
- nach DIN 18165, Teil 2, Ausgabe 1975, Abschnitt 2.1
- wenigstens der Klasse B1 angehören,
- die Rohdichte muß mindestens 30 kg/m³ betragen

1) Tabelle über die Dicken anderer zugelassener Putzarten Seite 44, links unten

2) Bei Verwendung von Dachbelägen und Dämmschichten der Baustoffklasse B muß die Benennung jeweils F 30-AB, F 60-AB, F 90-AB, F 120-AB und F 180-AB lauten

3) Mindestmaße bei Vollplatten mit statisch unbestimmter Lagerung (durchlaufende Platten)

## 1 Klassifizierte Dächer nach DIN 4102, Teil 4, Abschnitt 7.3 (Entwurf März 1978) bei Brandbeanspruchung von unten

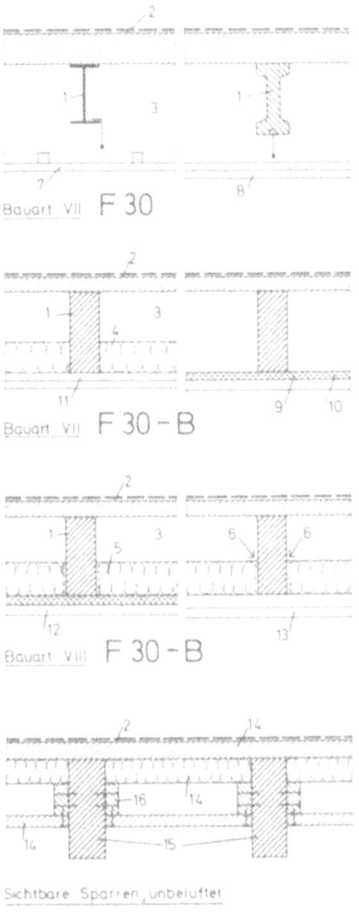


1 Dachträger beliebig (Stahlbeton, Spannbeton, Stahl, Holz)

2 Harte Bedachung gemäß DIN 4102 Teil 4, Abschnitt 8.7 → 54

3 Hohlraum kann durchlüftet sein

4 Der Einbau einer Wärmedämmung (mind. B 2) ist möglich

Sämtliche Bekleidungen müssen mit dichten Wandanschlüssen ausgeführt werden → 48 unten

5 Dämmschicht brandschutztechnisch notwendig

| Mindestdämmschichtdicke (mm) | Mindestrohdichte der Dämmschicht (kg/m³) |
|---|---|
| 80 | 30 |
| 60 | 50 |
| 40 | 100 |

6 Dichter Einbau (einquetschen, anleimen, annageln)

7 Hängende Drahtputzdecke, Mindestputzdicke
- 15 mm Gipsputz (Mörtelgruppe IV a, b, DIN 18 550)
- 10 mm Vermiculite- oder Perliteputz

8 9,5 mm Gipskartonputzträgerplatten mit
- 20 mm Gipsputz oder
- 15 mm Vermiculite- oder Perliteputz

9 16 mm Spanplatten + 12,5 mm Gipskartonbauplatten F (GKF)

10 13 mm Spanplatten + 15 mm Gipskartonbauplatten F (GKF)

11 2 x 12,5 mm Gipskartonbauplatten F (GKF)

12 13 mm Spanplatten + 12,5 mm Gipskartonbauplatten F (GKF)

13 15 mm Gipskartonbauplatten F (GKF)

14 Abdeckung, Dämmschicht und Bekleidung wie bei den Decken der Bauarten IV, V und VI, → 49, 50

15 Balkenabmessungen nach Tabelle 42 von DIN 4102, Teil 4, → 50

16 Holzlatten ≥ 40/60 mm

## 2 Abstände von Gebäuden mit weicher Bedachung
- nach den Landesbauordnungen -

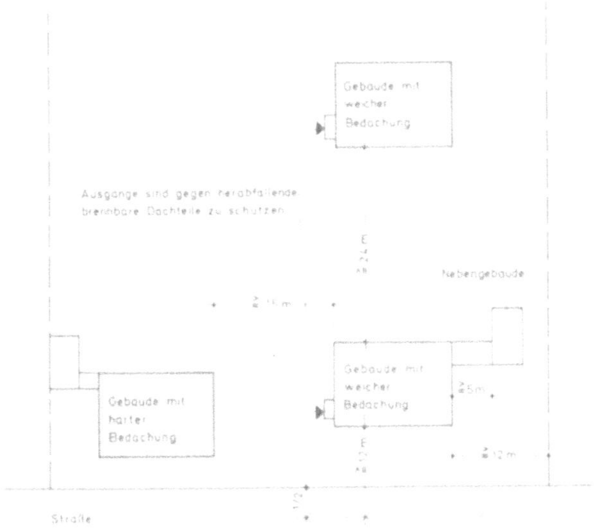


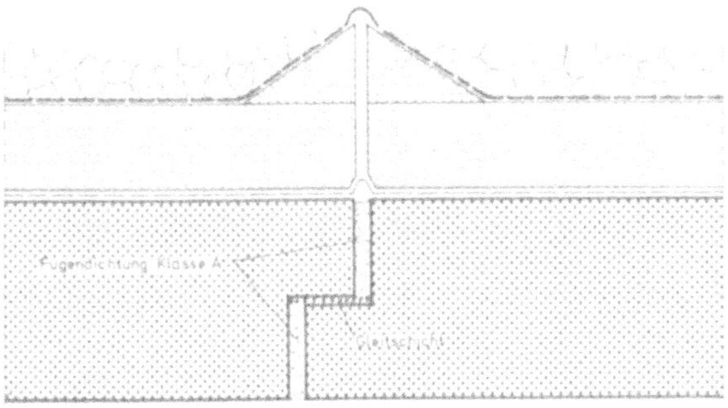


3 Fugen in Decken mit Brandschutz - Anforderungen

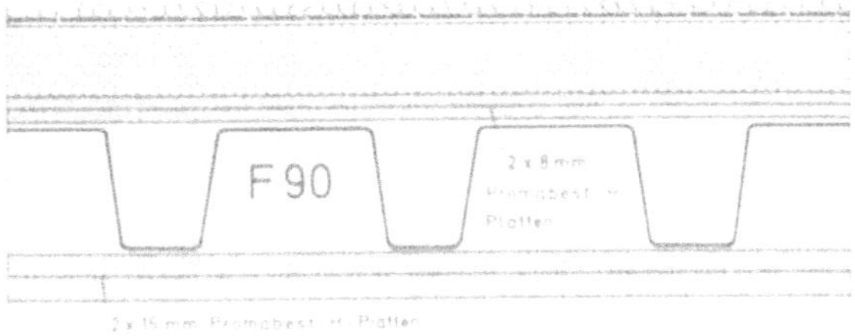


4 Trapezblechdach

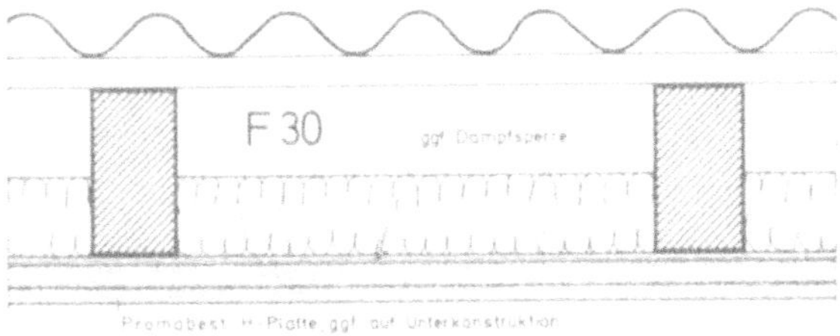


5 Holzdach mit leichter Eindeckung

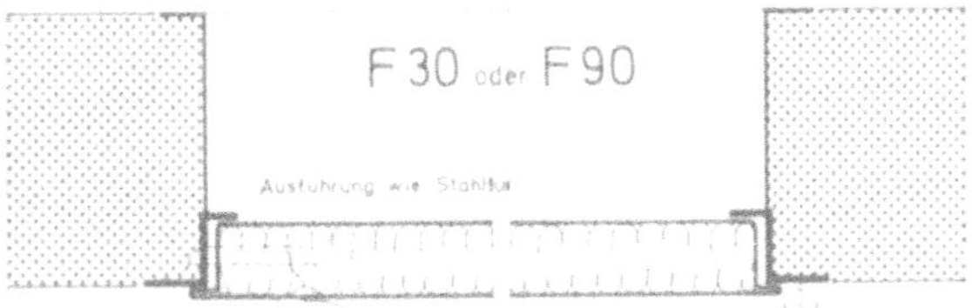


6 Lukentreppe mit Stahlzarge

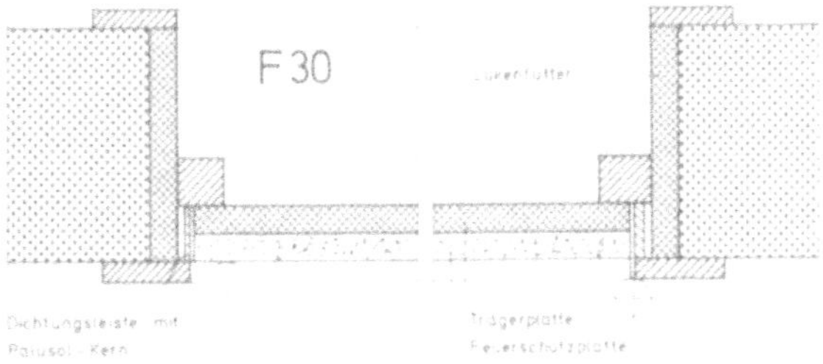


7 Lukentreppe aus Holzwerkstoffen

## 1 Bedachungen (einschließlich Dämmschichten)

nach den Richtlinien für die Verwendung brennbarer Baustoffe im Hochbau

- Dämmschichten unterhalb der Dachhaut: mindestens normal entflammbar (B2)
- Dachflächen (B2) die an aufgehende Wände mit Öffnungen angrenzen: Abdeckung mit 5cm Kiesschüttung oder dgl. bis 5 m Abstand.
- In Dächern mit harter Bedachung sind Lichtbänder und Lichtkuppeln, die diese Anforderungen nicht erfüllen, zu den folgenden Bedingungen zulässig.

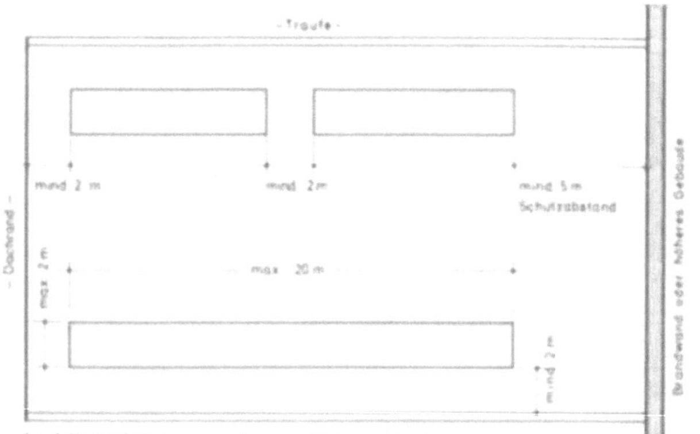


Lichtbänder, Langsseiten parallel zur Traufe

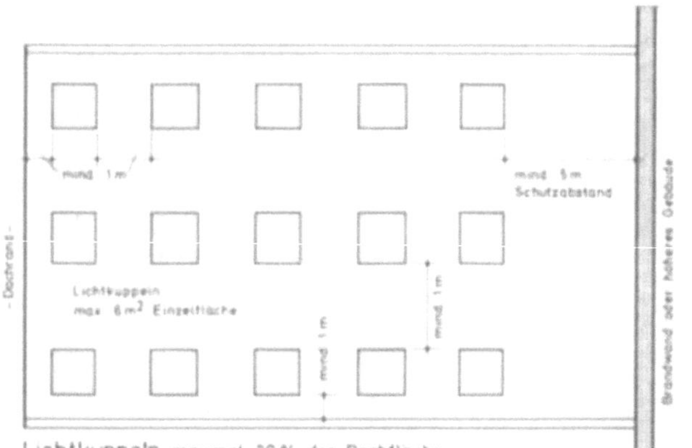


Lichtkuppeln, maximal 20 % der Dachfläche

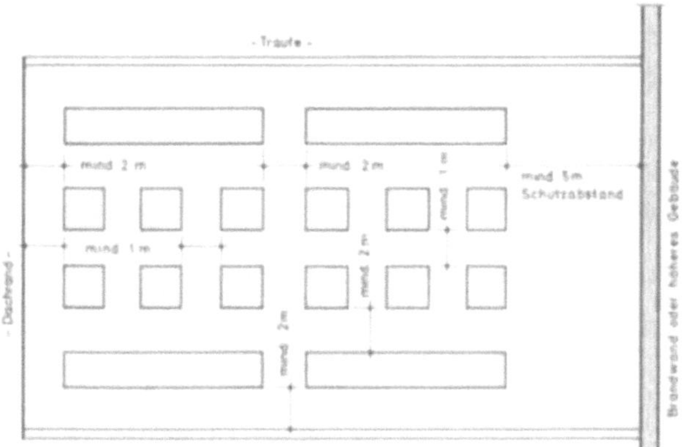


Lichtbänder und Lichtkuppeln
zusammen maximal 30 % der Dachfläche

## 2 Gegen Flugfeuer und strahlende Wärme widerstandsfähige Bedachungen - DIN 4102, Teil 4, Abschnitt 8.7

(Entwurf März 1978)

1. Bedachungen aus natürlichen und künstlichen Steinen der Baustoffklasse A sowie aus Beton, Ziegeln und Asbestzementplatten nach DIN 274.

2. Stahlblech- und Metalldächer

2.1 ohne Dämm- und Deckschichten aus Baustoffen der Klasse B.

2.2 mit unterseitigen Dämmschichten der Klasse B1.

3. Bahnen in mehrlagiger Ausführung auf geschlossener tragender Unterlage, mind. Klasse B2.

3.1 Teerdachpappen, DIN 52121.

3.2 Bitumendachpappen, DIN 52128.

3.3 Bitumen-Dichtungsbahnen und -Schweißbahnen, DIN 52130

3.4 Teer-Sonderdachpappen und Teer-Bitumendachpappen, DIN 52140

3.5 Glasvlies-Bitumendachbahnen V11 und V13, DIN 52143

3.6 Dichtungsbahnen, DIN 18190

3.7 Kombinationen von 3.1 bis 3.6

4. Bedachungen auf beliebigen Unterlagen der Klassen A und B.

4.1 1 Lage Bitumendachpappe 500 (3.2) oder Dichtungsbahn (3.6) + 1 Lage Glasvliesbahn V11 oder V13

4.2 2 Lagen Glasvlies-Bitumendachbahn V11 oder V13 (3.5)

4.3 2 Lagen Bitumendachpappe 500 (3.2) oder Dichtungsbahnen (3.6) + 1 Lage Bitumendachpappe 333 oder 500 (3.2)

4.4 2 Lagen Dichtungsbahnen (3.6)

5. Bedachungen nach 3. und 4. mit zusätzlichen Lagen nach 3.1 bis 3.6.

6. Alle vorgenannten Bedachungen auch mit Kiesschüttung.

7. Bereiche von Bedachungen, die nicht widerstandsfähig gegen Flugfeuer und strahlende Wärme sind, mit mind. 5cm Schüttung aus Kies 16/32.

# Blitzschutz

In der Bundesrepublik gehen alljährlich fast 1 Million Blitze nieder. Die Zahl der Gewitter und Einschläge steigt von der Küste zum Gebirge. So hat im Jahr z.B.

- Schleswig-Holstein 15 bis 20 Gewitter mit 1 bis 3 Blitzschlägen je $km^2$;
- Südbayern (Allgäu) 25 bis 35 Gewittertage mit bis zu 7 Blitzen je $km^2$.

Einschlagende Blitze, die zünden, verursachen Brandschäden. Durch sogenannte *kalte Schläge* können sich explosionsartige Sprengungen ergeben. Dabei werden Dächer teilweise abgedeckt, Wände aus Mauerwerk auseinandergerissen, Schornsteinköpfe abgesprengt und Holzwerk zersplittert. Durch Blitzeinschläge werden aber nicht nur Gebäude, sondern auch die darin lebenden Menschen und Tiere gefährdet.

Nach den Landesbauordnungen sind bauliche Anlagen, die blitzgefährdet sind oder bei denen ein Blitzschlag zu schweren Folgen führen kann, mit Blitzschutzanlagen zu versehen. Werden sie von der Baubehörde verlangt, so ist diese Forderung in der Baugenehmigung enthalten.

Bei Wohngebäuden bis zu 5 Vollgeschossen ist die Errichtung, Änderung und der Abbruch von Blitzableitern im Sinne des Baurechts genehmigungs- und anzeigenfrei. Bei allen anderen baulichen Anlagen ist eine Bauanzeige erforderlich.

Gebäude, bei denen nach Lage, Bauart und Nutzung Blitzeinschlag leicht eintreten und zu schweren Folgen führen kann, sind bauliche Anlagen,

- welche die Umgebung wesentlich überragen (Hochhäuser, hohe Schornsteine und Türme);
- die aus betrieblichen Gründen gefährdet sind (Holzbearbeitungsbetriebe, Mühlen, Lack- und Farbenfabriken, Lager mit brennbaren Flüssigkeiten);
- in denen infolge der Ansammlung von Menschen bei einem Blitzschlag mit einer Panik zu rechnen ist (Versammlungsstätten, Theater, Sportanlagen, Kirchen, Warenhäuser, Krankenanstalten, Schulen);
- die in der Bausubstanz besonders brandgefährdet sind (einzelnstehende Gehöfte, Gebäude mit weicher Bedachung);
- bei denen Kulturgüter geschützt werden sollen (Bauten unter Denkmalschutz, Museen, Archive mit wertvollen Beständen).

Gefahren und Schäden durch Blitzeinschlag können durch eine nach den *Allgemeinen Blitzschutz-Bestimmungen* errichtete Blitzschutzanlage vermieden werden.

Eine Blitzschutzanlage besteht aus den Auffangeinrichtungen, den Ableitungen und der Erdungsanlage:

- Die **Auffangeinrichtungen** sind Flächen oder Körper, die den Blitzschlag auffangen, vornehmlich Leitungen und Metallstangen. Sie bilden ein weitmaschiges Netz auf dem Dach des zu schützenden Gebäudes. Dabei soll kein Punkt der Dachfläche mehr als 10 m von einer Auffangeinrichtung entfernt sein.
  Einzelne, über das Dach ragende Aufbauten (Kamine, Lüfter, Aufzugsköpfe), sind gesondert mit Auffangvorrichtungen zu versehen. Längs des Firstes und der Dachkanten sind ebenfalls Auffangleitungen anzuordnen.
  Bei Steildächern mit harter Bedachung dürfen die Anschlußleitungen für die Auffangeinrichtungen auch unter Dach verlegt werden. In diesem Falle sind im Abstand von 3 bis 4 m Auffangstangen mindestens 20 cm über die Dachhaut zu führen. Unterdachleitungen sind in Gebäuden mit ausgebauten Dachgeschossen und bei Landwirtschaftsbauten nicht zulässig.
  Bei Metalldächern kann auf Auffangeinrichtungen verzichtet werden, wenn das Blech bei Kupfer 0,3 mm, bei anderen Metallen mindestens 0,5 mm dick ist.
- Die **Ableitungen** verbinden die Auffangeinrichtungen auf dem Dach mit der Erdungsanlage. Für jedes Gebäude müssen mindestens zwei Hauptleitungen verlegt werden, bei größeren Gebäuden entsprechend mehr. In den Ableitungen sind Trennstellen anzuordnen, an denen die Leitungs- und Erdungswiderstände gemessen werden können.
- Die **Erdungsanlage** ist die Gesamtheit der miteinander leitend verbundenen Erder (Banderder, Staberder, Fundamenterder); sie hat die Aufgabe, den Blitzstrom in das Erdreich abzuleiten. Vom Erdungswiderstand hängt in hohem Maße die Schutzwirkung der gesamten Blitzschutzanlage ab.

Aufgrund der Zunahme der indirekten Blitzschäden konzentrieren sich die Schutzmaßnahmen heute in erster Linie auf den Potentialausgleich als inneren Blitzschutz. Der Potentialausgleich zwischen der Blitzschutzanlage und allen metallenen Bauteilen innerhalb eines Gebäudes ist in Verbindung mit einem Fundamenterder herzustellen. Fundamenterder sind seit 1970 grundsätzlich für alle Gebäude verbindlich vorgeschrieben, auch wenn diese keine Blitzschutzanlage erhalten.

Für jede Blitzschutzanlage sind Planungsunterlagen zu erarbeiten, die für Entwurf, Bau, Unterhaltung und Überwachung herangezogen werden. Bei einfachen Anlagen genügen Skizzen.

Beim Entwerfen und Ausführen der Blitzschutzanlagen sind entwurfliche Belange zu berücksichtigen; der Schutzwert der Anlage darf jedoch durch ästhetische Vorgaben nicht verringert werden.

Eine Blitzschutzanlage erfüllt nur dann zuverlässig ihren Zweck, wenn sie einwandfrei hergestellt und erhalten wird. Sie darf deshalb nur von Fachfirmen errichtet und instand gehalten werden.

Ausgeführte Blitzschutzanlagen müssen durch anerkannte Sachverständige abgenommen werden; sie sind in regelmäßigen Intervallen zu überprüfen. Über jede Prüfung muß ein Bericht angefertigt werden, in dem insbesondere der Erdausbreitungswiderstand der gesamten Anlage und ihr jeweiliger baulicher Zustand aufgeführt ist.

**Antennenanlagen** für Rundfunk und Fernsehen gehören heute zur selbstverständlichen Ausstattung eines jeden Gebäudes. Sie müssen an eine vorhandene Blitzschutzanlage angeschlossen oder in geeigneter Form selbständig geerdet werden. Die metallische Abschirmung des Fernsehkabels ist mit dem geerdeten Leiter der elektrischen Zuleitung zu verbinden.

Leider besteht oft die irrige Meinung, daß eine nach den VDE-Bestimmungen ausgeführte Antennenanlage auch eine vollwertige Blitzschutzanlage darstelle; dies trifft jedoch keinesfalls zu, da im allgemeinen weder die Ableitungen noch die Erdung einer Antennenanlage den Anforderungen der *Allgemeinen Blitzschutz-Bestimmungen* entsprechen.

## 1 Die Notwendigkeit von Blitzschutzanlagen

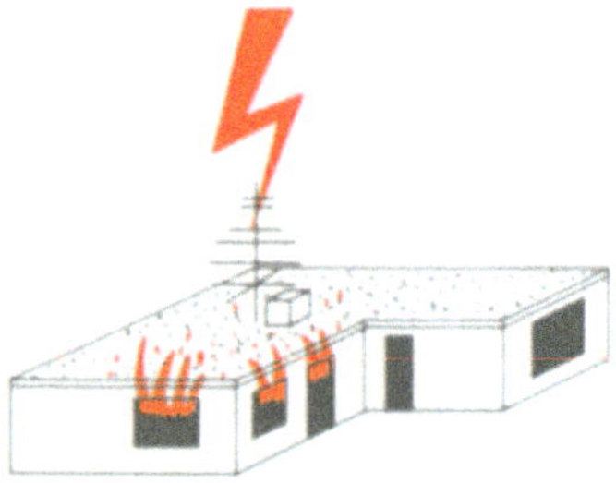

Der Blitz schlägt auch in Antennen ein

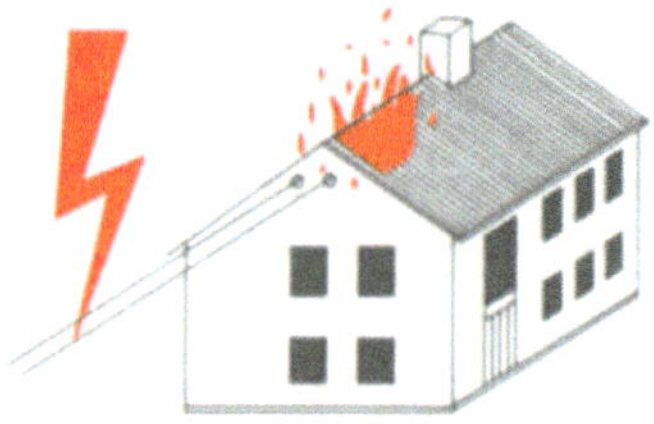

Der Blitz kann über das Freileitungsnetz in ein Gebäude eindringen

Einzelne Auffangstangen auf großen Dachflächen gewähren keinen sicheren Schutz

Bäume geben keinen Blitzschutz

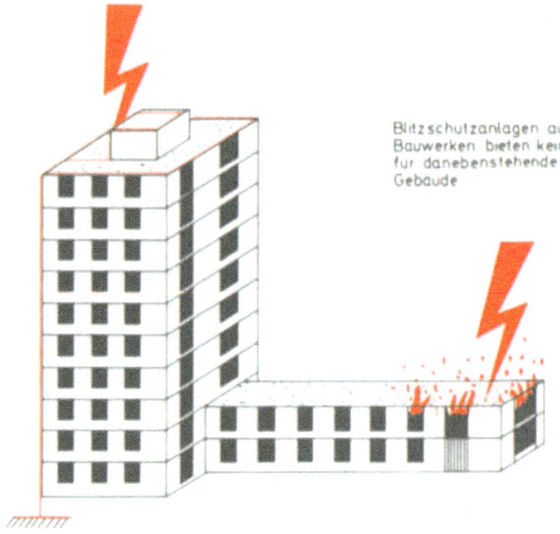

Blitzschutzanlagen auf hohen Bauwerken bieten keinen Schutz für danebenstehende kleinere Gebäude

## 2 Dachleitungen auf flachen und steilen Dächern

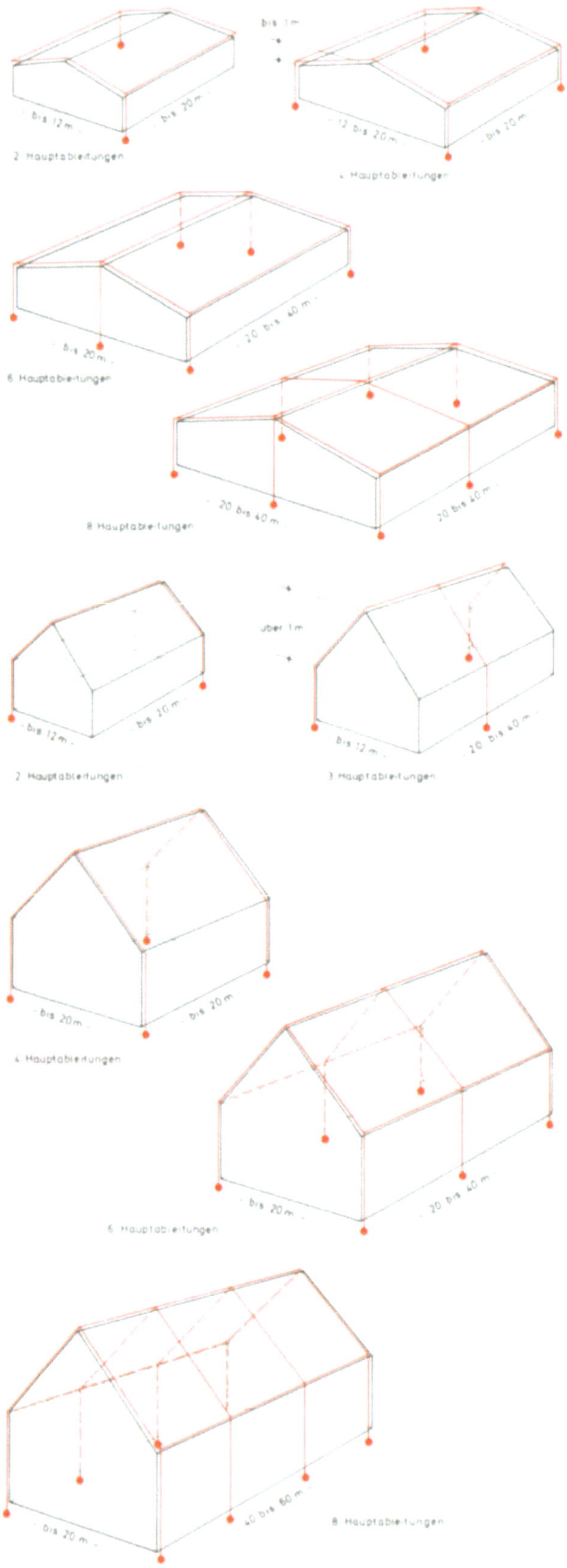

1 Einbeziehung von Blechdächern und Blechwänden in die Blitzschutzanlage

1 Rundstahl oder Bandstahl

2 Tempergußlasche mit Gegenlasche und Schrauben

3 Trennstück Rundstahl/Bandstahl

4 Bandstahl

5 Bandstahl mit Gegenlasche und Schrauben

6 Trennstück Bandstahl/Bandstahl

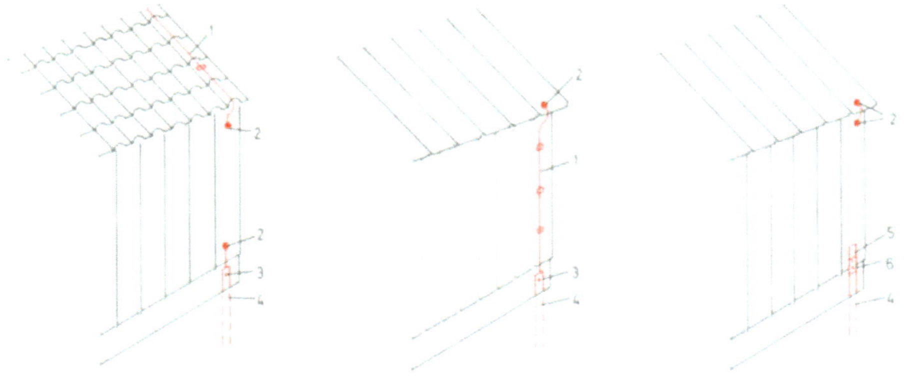


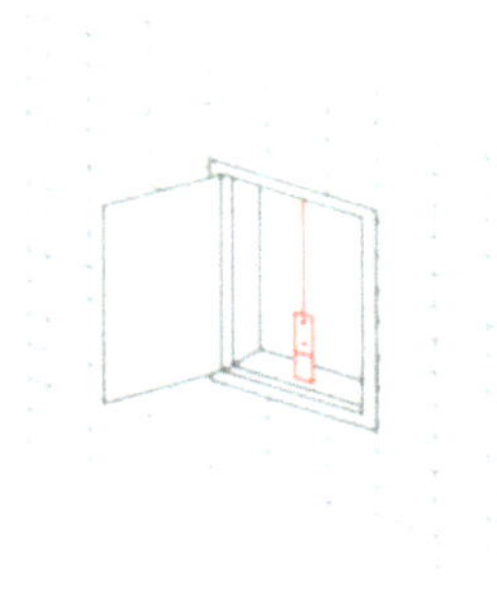

2 Trennstellenkasten für Unterputzableitungen

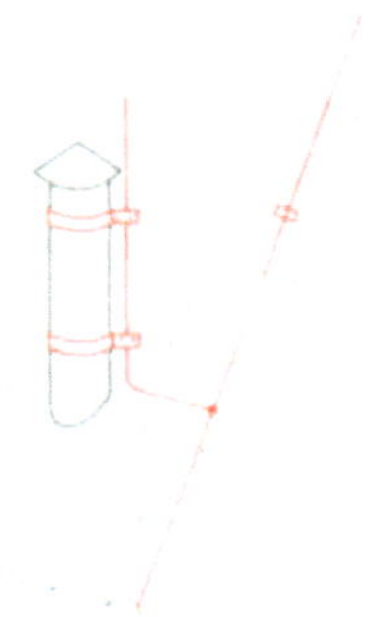

2 Lüftungsrohr aus Asbestzement

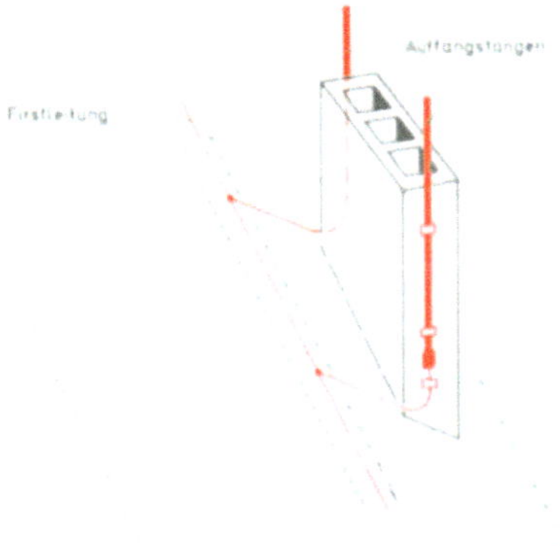


3 Schornstein mit einer Seitenlänge von mehr als 1,20 m

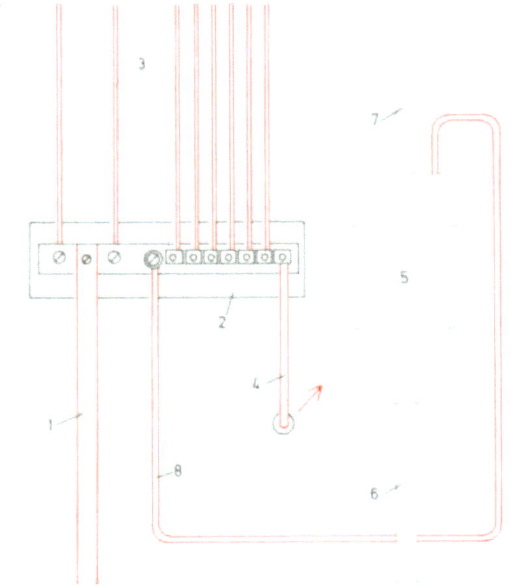

1 Fundamenterder

2 Potentialausgleichschiene

3 Potentialausgleichleitungen für
- Schutzleiter
- Antenne
- Aufzugsanlage
- Fernmeldeanlage
- Zentralheizung
- Wasserrohre
- Gasrohre
- Sonstige Stahlkonstruktionen

4 Blitzschutzanlage

5 Starkstrom-Hausanschlußkasten

6 Starkstrom-Hauseinführung

7 Starkstrom-Hauptleitung

8 Verbindungsleitung bei Nullung

9 Abstandhalter

10 Fundament in Stampfbeton

11 1. Lage Beton

12 Kellerumfassung

13 Waagrechte Isolierung

14 Mit Bitumen eindichten

15 Senkrechte Isolierung

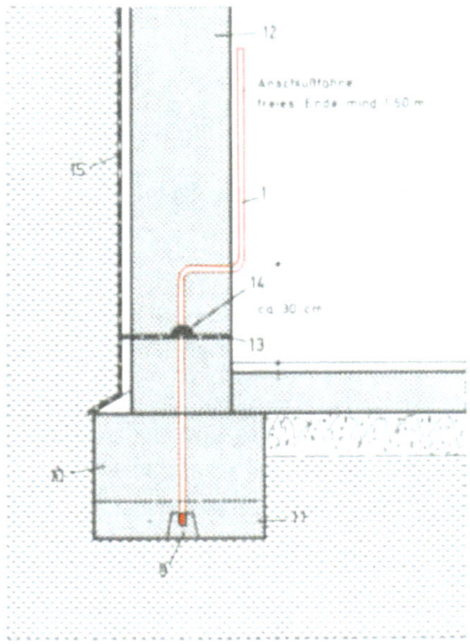


4 Potentialausgleichschiene

5 Fundamenterder

# Lüftungsleitungen

Lüftungsleitungen müssen so beschaffen sein, daß im Brandfalle Feuer und Rauch nicht in Rettungswege, anderer Geschosse oder Brandabschnitte übertragen werden können.

Zur Verhinderung der Brandübertragung sind in Lüftungsleitungen entsprechende Absperrvorrichtungen einzubauen, die gegebenenfalls durch Auslöseeinrichtungen automatisch betätigt werden.

Besondere Gefahr besteht in größeren Versammlungsstätten, Büros, Warenhäuser und Hotels, wenn sich über die Lüftungsanlagen Rauch- und heiße Brandgase rasch ausbreiten und eingeschlossenen Menschen den Fluchtweg versperren.

Lüftungsleitungen – mit Ausnahme der Wohnungslüftung – werden in DIN 4102, Teil 6, behandelt. Es werden folgende Feuerwiderstandsklassen unterschieden:

| Feuerwiderstandsklasse von Rohren und Formstücken für Lüftungsleitungen | Feuerwiderstandsklasse von Absperrvorrichtungen gegen Brandübertragung in Lüftungsleitungen | Feuerwiderstandsdauer mindestens |
|---|---|---|
| L 30 | K 30 | 30 Minuten |
| L 60 | K 60 | 60 Minuten |
| L 90 | K 90 | 90 Minuten |
| L 120 | – | 120 Minuten |

Die geforderten Feuerwiderstandsklassen für Lüftungsleitungen sind abhängig von der Größe der jeweiligen Gebäude:

- Gebäude bis zu 5 Vollgeschossen L 30
- Gebäude bis zur Hochhausgrenze L 60
- Hochhäuser (ab 22 m) L 90
- hohe Hochhäuser (ab 60 m) L 120
- Überbrückung von Brandabschnitten L 90

In den Landesbauordnungen sind bezüglich der Lüftungsleitungen weitere Hinweise enthalten:

- Bei erhöhter Korrosionsgefahr können schwerentflammbare Baustoffe gestattet werden, wenn der Brandschutz gewährleistet ist;
- Abluft darf nicht in den Luftraum von Rettungswegen eingeleitet werden.

## Klassifizierte Lüftungsleitungen

Die in DIN 4102, Teil 4, genannten und nachstehend aufgeführten Lüftungsleitungen können ohne weiteren Nachweis in die entsprechende Feuerwiderstandsklasse eingereiht werden.

**Lüftungsleitungen aus Leichtbeton** der Feuerwiderstandsklassen L 90 mit Formstücken, deren Wangen und Zungen mindestens 50 mm dick sind und DIN 18 150, Teil 1, entsprechen.

**Lüftungsschächte** der Feuerwiderstandsklassen L 30 bis L 120 mit klassifizierten Wänden der Feuerwiderstandsklasse F 30 bis F 180 mit folgenden Bestimmungen:

1. Schachtwände, die nur als nichttragende Wände feuerwiderstandsfähig sind, sind geschoßweise zu errichten. Sie sind so anzuordnen, – z.B. in der Nähe von tragenden Wänden –, daß durch Deckenverformungen keine Kräfte in sie eingeleitet werden.
2. Schachtwände sowie die Decken im Bereich von Schächten aus geschoßweise aufgesetzten Wänden müssen aus nichtbrennbaren Baustoffen hergestellt werden.
3. Durch Schachtwände geführte Lüftungsleitungen sind im Bereich der Wände vollständig einzumörteln.
4. Soweit Absperrvorrichtungen angeordnet werden, sind die brandschutztechnischen Anforderungen an Lüftungsanlagen und die besonderen Bestimmungen für Absperrvorrichtungen zu beachten.

**Lüftungsleitungen aus Stahlblech** mit äußerer Isolierung. Die Angaben zur Art und Dicke der Isolierung, mit der die verschiedenen Feuerwiderstandsklassen erreicht werden, und Einzelheiten zu waagerechten Leitungen (Wanddurchführung, Abhängung) werden gemäß einer Fußnote zu DIN 4102, Teil 4, (Entwurf) Abschnitt 8.6.3. z. Zt. in einem Forschungsvorhaben geklärt.

**Lüftungsleitungen nach DIN 18 017,** Teil 1 bis 3, mit Absperrvorrichtungen müssen den Anforderungen des Prüfbescheides für die verwendeten Absperrvorrichtungen genügen. Absperrvorrichtungen werden entsprechend ihrer Widerstandsdauer nach den Widerstandsklassen K 30–18 017, K 60–18 017 und K 90–18 017 unterschieden.

Lüftungsleitungen entsprechend DIN 18 017, Teil 1 und Teil 2, müssen den oben beschriebenen Leitungen und Schächten aus Leichtbeton, Mauerwerk oder Stahlblech entsprechen. Bei Asbestzementrohren muß die Dicke mindestens 6 mm betragen, bei einer Rohdichte von mindestens 1,55 $kg/dm^3$.

Am günstigsten lassen sich die Brandschutzforderungen mit Einzelschachtentlüftungen nach DIN 18 017, Teil 1, erfüllen. Dabei erhält jedes Geschoß eine eigene Leitung. Bei hohen Häusern ist damit allerdings ein recht großer Platzbedarf verbunden. Bei Sammelschachtanlagen nach DIN 18 017, Teil 2, ist es erforderlich, daß der Nebenschacht nach unten dicht abgesperrt ist und nach oben freien Zugang zum Hauptschacht besitzt, einschließlich des vorgeschriebenen Umlenkkeils. Fehlen diese Voraussetzungen, so können die vom Brandraum in den Nebenschacht eingeleiteten Brandgase in tiefer liegende Geschosse abwärts strömen. Sofern sich diese baulichen Maßnahmen nicht verwirklichen lassen, müssen automatisch wirkende Brandschutzklappen eingebaut werden.

**Lüftungsleitungen aus Stahlblech**

*Warmluftleitungen* werden zur Vermeidung von Wärmeverlusten, *Kaltluftleitungen* zur Vermeidung von Kondensaterscheinungen außen mit Dämmstoffen umhüllt. Oft werden diese Dämmschichten noch mit organischen Stoffen (Beilaufpapier, Wellpappe, bituminierte Pappen) abgedeckt, die praktisch die Nichtbrennbarkeit der Mineralfasern wieder aufheben und im Brandfalle sehr rasch das Feuer weiterleiten.

Bei derargigen Isolierungen muß im Bereich der Wände und Decken die Dämmung samt Umhüllung unterbrochen werden, die Zwischenräume zu den massiven Bauteilen sind mit nichtbrennbaren mineralischen Baustoffen dicht zu schließen.

Luftkanäle aus Stahlblech dehnen sich im Brandfalle beträchtlich aus; die dabei auftretenden Kräfte können angrenzende Bauteile und die Kanäle selbst schwer beschädigen oder gar zerstören. Durch Feuer angegriffene – nichtbrennbare – Isolierungen schrumpfen dagegen.

Absperrvorrichtungen und Auslöseeinrichtungen für Lüftungsleitungen benötigen ein Prüfzeichen des Instituts für Bautechnik Berlin. Die Auslöseeinrichtungen bestehen aus Raucherkennungselementen – meist Ionisationsrauchmeldern –, die bei einer bestimmten Rauchkonzentration in der Lüftungsleitung ansprechen, sowie aus Einrichtungen, die in den zu bedienenden Absperrvorrichtungen einen Schließmechanismus wirksam werden lassen.

Bei Auslöseeinrichtungen muß auf der Außenseite der Lüftungsleitung der Betriebs- und Auslösezustand optisch erkennbar sein.

## 1 Luftungsleitungen aus Blech
mit nichtbrennbaren ISOVER - Brand - schutzplatten und - matten

1 verzinktes Stahlblech, 1 mm dick
2 ISOVER - Brandschutzmatten, 50 mm dick
3 2 Lagen ISOVER - Brandschutzmatten à 40 mm
4 Stahlbetondecke
5 Deckenverguß
6 ggf. Asbestzement - platten als Gleitschicht

Leitungsquerschnitt mit Anordnung der Dammschichten

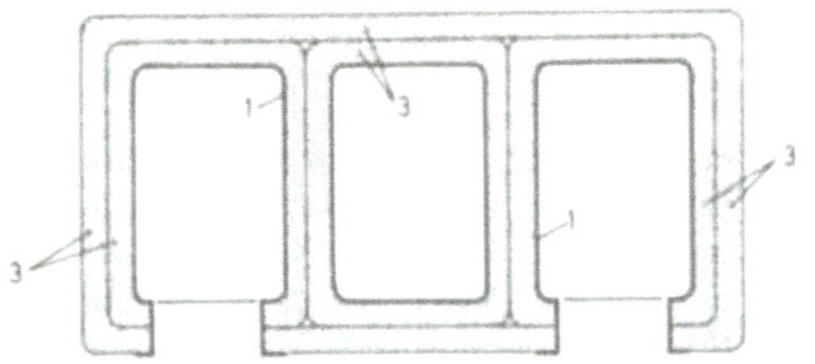


Einzelleitung mit und ohne Offnungen im Brandabschnitt

Blockbauweise mit 3 Zugen

Einzelleitung mit Offnung im Brandabschnitt

Blockbauweise - L 90 - A mit 3 Offnungen
- L 120 - A mit 1-2 Offnungen

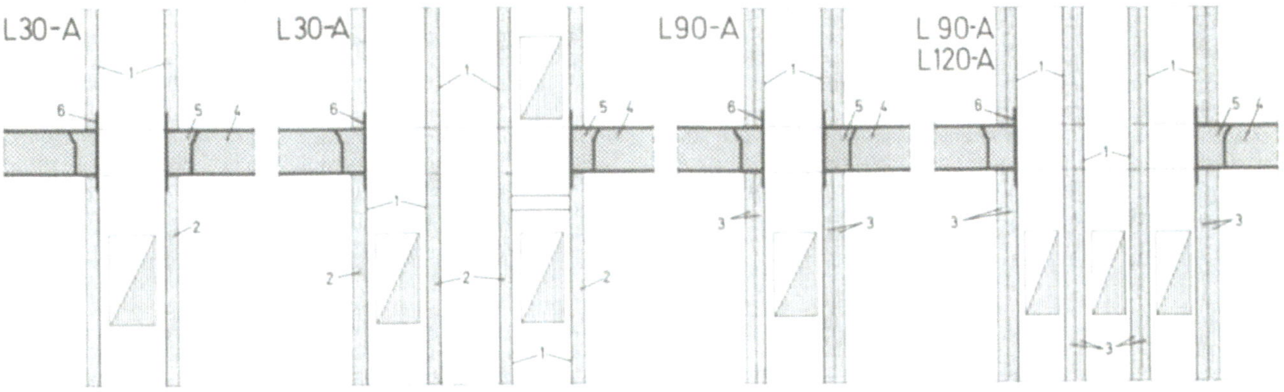


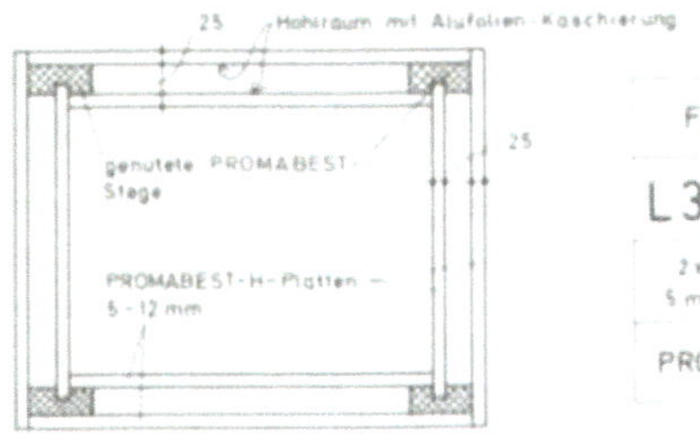


| Feuerwiderstandsklassen | | | |
|---|---|---|---|
| L 30 | L 60 | L 90 | L120 |
| 2 x 5 mm | 2 x 8 mm | 2 x 10 mm | 2 x 12 mm |
| PROMABEST - H - Plattendicken | | | |

## 2 zweischalige Luftungsleitungen aus PROMABEST - H - Platten

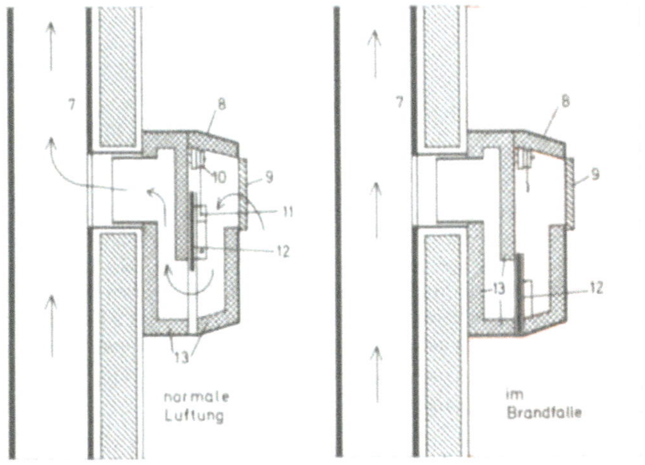


## 3 conit - Abluftsystem mit Brand - Absperrvorrichtung K 90

7 Entluftungsrohr nach DIN 18 017, Blatt 3
8 Geratgehause
9 Lufteintrittsgitter aus - wechselbar mit Fettfilter
10 Stellrad fur Luftmengenregulierung
11 Schmelzlot fur 72°C Auslosetemperatur
12 Brand - Absperrplatte
13 Isolier - Verkleidung

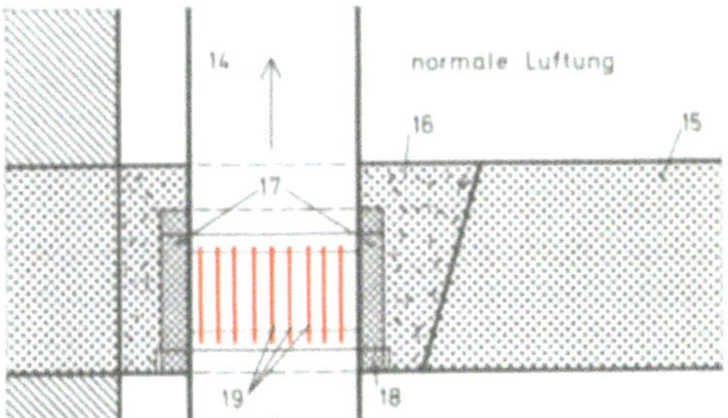


14 Entluftungsrohr
15 Stahlbetondecke
16 Vergußbeton
17 Gehause aus Brandschutz - platten PROMABEST - H
18 losbarer Deckel
19 Palusol - Lamellen in Halte - kammen

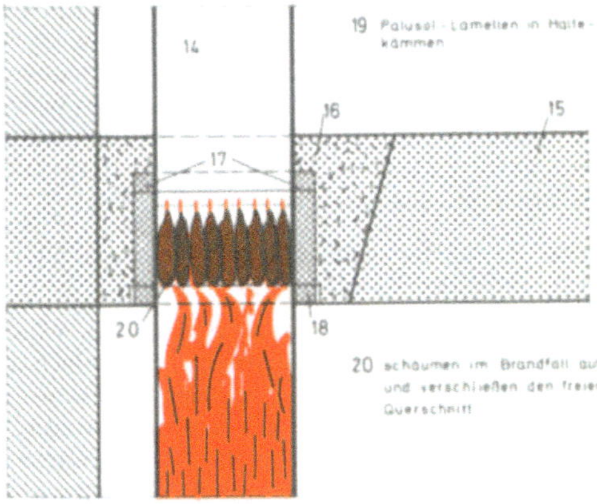


20 schaumen im Brandfall auf und verschließen den freien Querschnitt

## 4 Brandschutzpatrone fur Luftungsleitungen
nach DIN 18 017, Teil 3 K 90

## Installationsschächte und -kanäle

Nach den Landesbauordnungen müssen Installationsschächte und -kanäle aus nichtbrennbaren Baustoffen bestehen. Installationsschächte in Gebäuden mit mehr als zwei Vollgeschossen und Installationsschächte und -kanäle, die Brandabschnitte überbrücken, sind so herzustellen, daß Feuer und Rauch nicht in andere Geschosse oder Brandabschnitte übertragen werden können.

Zur Vermeidung der Brandübertragung sind im Bereich jeder Geschoßdecke ausreichend feuerwiderstandsfähige Abschottungen erforderlich. Diese Brandsperren sind besonders deshalb notwendig, weil durchgehende Schächte wie ein Kamin wirken und so den Brand gleich über mehrere Geschosse übertragen können.

Für die Brandweiterleitung besonders gefährlich sind Rohre aus brennbaren Baustoffen, und zwar umso mehr, je größer ihre lichte Weite ist. Aber auch Rohre aus (nichtbrennbaren) Metallen können sich wegen ihrer guten Wärmeleitfähigkeit sehr ungünstig auswirken. Bei der Ausdehnung derartiger Rohrstränge im Brandfalle entstehen innerhalb der Abschottungen erhebliche Schiebe-Druckspannungen.

### Klassifizierte Installationsschächte

Gemäß DIN 4102, Teil 4, sind Installationsschächte wie klassifizierte Lüftungsleitungen oder -schächte auszuführen → 58. Darüber hinaus gelten noch folgende Bestimmungen:

- Im Bereich der Schachtwände sind durchgeführte Leitungen vollständig einzumörteln, sofern nicht vorgefertigte Durchführungen verwendet werden, die allgemein bauaufsichtlich zugelassen sind.
- Installationsschächte, in denen sich brennbare Stoffe (Dämmstoffe, Leitungen, Isolierungen) befinden – geringe Mengen wie z.B. Rohrschellen sind unschädlich –, müssen in jeder Decke mit einem mindestens 200 mm dicken Mörtelverguß abgeschottet werden.
- Leerrohre, die in die Abschottung eingebaut sind, dürfen nicht mehr als 120 mm Durchmesser aufweisen und müssen mindestens 200 mm lang sein.
- Die bei dünneren Decken überstehenden Teile der Leerrohre müssen mindestens 50 mm dick mit Vergußmörtel umhüllt sein. Nach dem Einziehen von Leitungen sind sie mit Baustoffen der Klasse A dicht auszustopfen, ebenso nicht genutzte Leerrohre.
- Brennstoffleitungen in Installationsschächten müssen aus nichtbrennbaren Baustoffen bestehen. Leitungen aus brennbaren Stoffen oder Leitungen, die Medien mit Temperaturen von mehr als 110 °C führen, dürfen im gleichen Schacht nicht verlegt werden. Derartige Installationsschächte müssen längs belüftet sein.

Weitere Regelungen enthalten die *Richtlinien für die Verwendung brennbarer Baustoffe im Hochbau:*

- Werden Installationsschächte und -kanäle durch Decken oder Wände geführt, an die keine Anforderungen hinsichtlich ihrer Feuerwiderstandsdauer gestellt werden, so kann die Verwendung schwerentflammbarer Baustoffe (Klasse B 1) gestattet werden.
- Für Installationsschächte und -kanäle in Treppenhäusern mit notwendigen Treppen, in Fluren, die als Rettungswege dienen, und über Unterdecken, an die brandschutztechnische Anforderungen gestellt sind, ist die Verwendung brennbarer Baustoffe (Klasse B) unzulässig.
- Die Übertragung von Feuer und Rauch gilt als ausgeschlossen, wenn Installationsschächte und -kanäle die nachstehend aufgeführte Feuerwiderstandsdauer als Mindestzeit aufweisen.

| | |
|---|---|
| in Gebäuden mit 3 bis 5 Vollgeschossen: | 30 Minuten, |
| in Gebäuden mit mehr als 5 Vollgeschossen bis zur Hochhausgrenze: | 60 Minuten, |
| in Hochhäusern (ab 22 m): | 90 Minuten, |
| zwischen Brandabschnitten: | 90 Minuten. |

- Für äußere Verkleidungen, Anstriche und Dämmschichten auf Installationsschächten und -kanälen dürfen schwerentflammbare Baustoffe (Klasse B 1) gestattet werden, wenn diese Außenbeschichtungen nicht durch Wände und Decken geführt werden, für die eine mindestens feuerhemmende Bauart vorgeschrieben ist.

### Rohrleitungen der Baustoffklasse B

Nach den *Richtlinien für die Verwendung brennbarer Baustoffe im Hochbau* sind Rohrleitungen in normal- oder schwerentflammbarer Ausführung wie folgt auszuführen:

- Bei Rohrleitungen aus brennbaren Baustoffen, die durch Trennwände mit geforderter Feuerwiderstandsdauer – ausgenommen Brandwände – geführt werden, müssen wirksame Vorkehrungen gegen eine Brandübertragung getroffen werden. Diese Rohrleitungen müssen auf einer Gesamtlänge von 4 m – davon auf einer Wandseite auf einer Länge von mindestens 1 m – mit Putz oder gleichwertiger Verkleidung aus nichtbrennbaren Baustoffen (Klasse A) ummantelt sein; anderenfalls müssen Absperrvorrichtungen eingebaut werden.
- Werden Rohrleitungen aus normalentflammbaren Baustoffen (Klasse B 2) durch Decken geführt, an die Anforderungen hinsichtlich ihrer Feuerwiderstandsdauer gestellt werden, so müssen diese Rohrleitungen durchgehend in jedem Geschoß mit Putz oder gleichwertiger Verkleidung aus nichtbrennbaren Baustoffen (Klasse A) ummantelt sein oder in Wänden aus nichtbrennbaren Baustoffen (Wandschlitze) verlegt werden. Bei Rohrleitungen aus schwerentflammbaren Baustoffen (Klasse B 1) sind diese Schutzmaßnahmen nur in jedem 2. Geschoß erforderlich; sie können entfallen, wenn Absperrvorrichtungen eingebaut werden. Abzweigende Rohrleitungen brauchen nicht ummantelt zu werden, wenn sie nur innerhalb eines Geschosses und nicht durch Wände geführt werden.

### Doppelböden

Bei Aufstellung bestimmter hochwertiger Geräte (z.B. elektronischer Rechenmaschinen) muß die Möglichkeit bestehen, die umfangreichen Leitungen von unten her einführen zu können. Hierfür ergeben Doppelböden einen großzügig bemessenen Installationsraum, auch für weitere Versorgungsleitungen und -kanäle. Sämtliche Leitungen können dort zu jeder Zeit gewartet, ergänzt oder verändert werden.

Hinsichtlich des Brandschutzes sind an Doppelböden folgende Forderungen zu stellen:

- Die Tragkonstruktion muß aus nichtbrennbaren Baustoffen bestehen.
- Die Belagplatten sind in nichtbrennbarer (Aluminium, Silikatplatten), zumindest aber in feuerhemmender Ausführung (spezielle Span- oder Mehrschichtenplatten) auszuführen.
- Es sind Einrichtungen vorzusehen, die im Brandfalle – von oben oder unten – ein selbsttätiges Schließen der Fugen zwischen den Belagplatten bewirken.
- Falls erforderlich, müssen feuerbeständige Abschottungen für einzelne Bereiche des Hohlraumes eingebaut werden können.

1 brennbare Rohrleitungen durch Wände

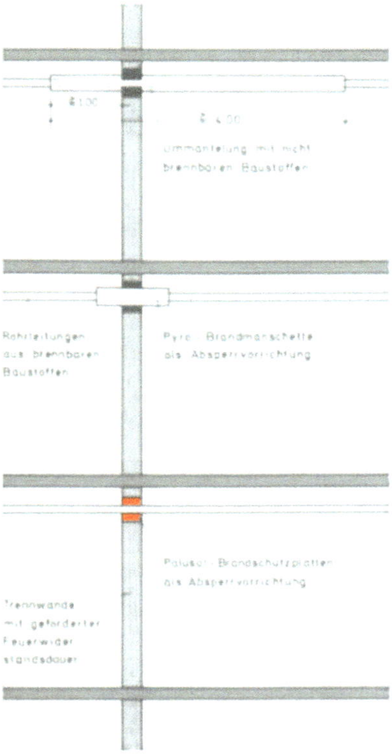


2 Rohrleitungen B2 + B1 durch Decken

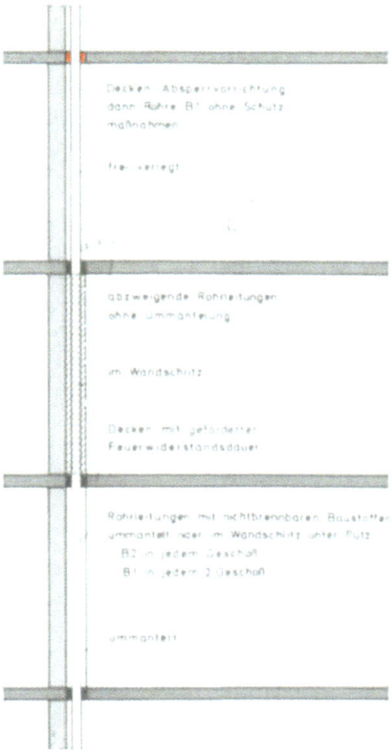


3 Leerrohre in Installationsschächten

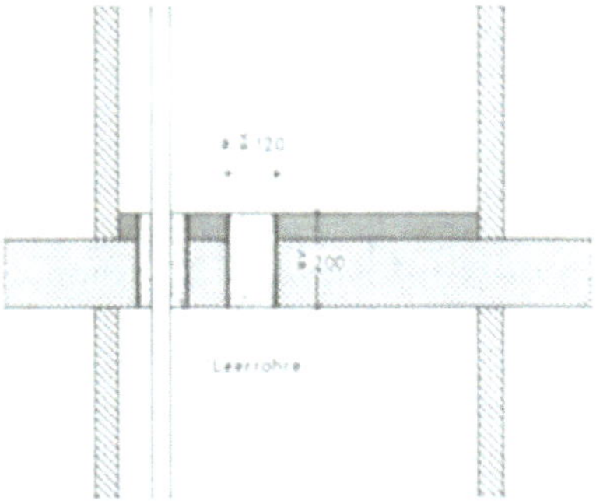


Installationsschacht mit brennbaren Stoffen

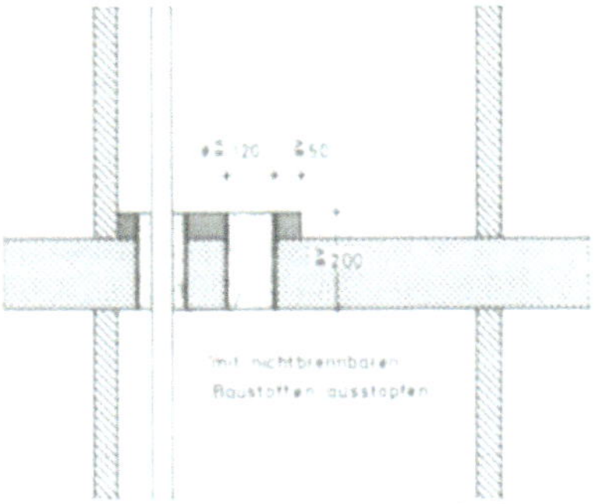


Installationsschacht ohne brennbare Stoffe

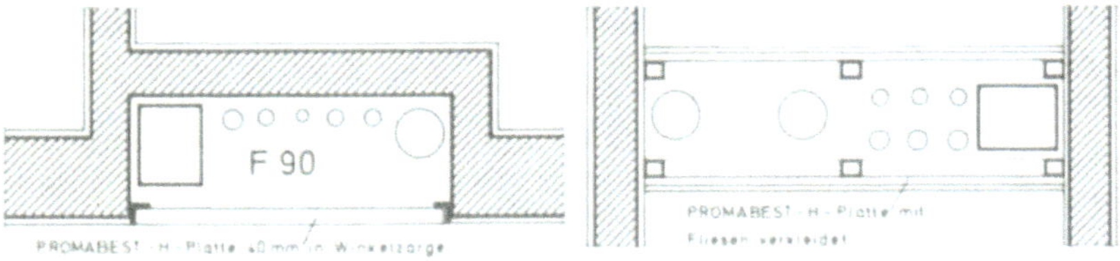


4 Installationsschächte

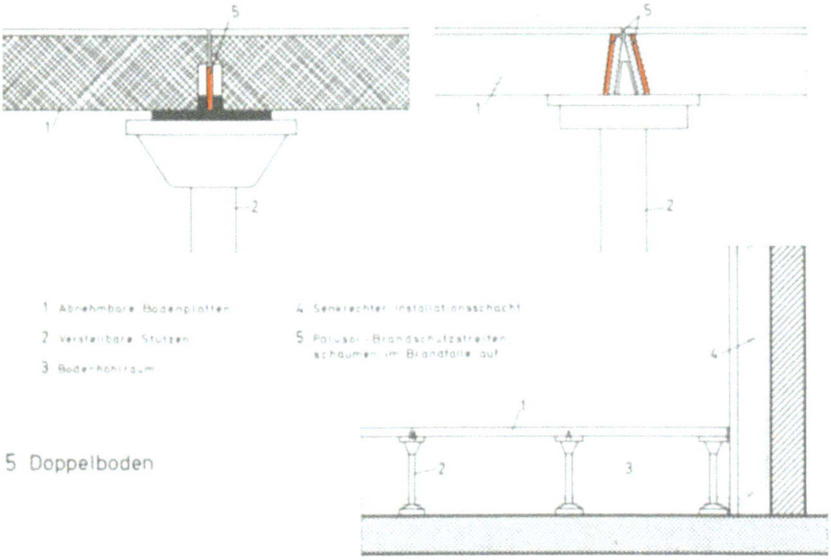


5 Doppelboden

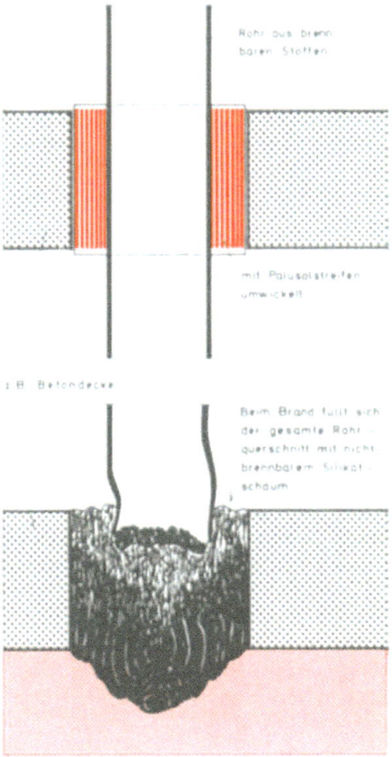


6 Absperrvorrichtung
mit Palusol® - Brandschutzplatten

# Elektroinstallation

In den Landesbauordnungen heißt es ganz allgemein: Elektrische Anlagen müssen so hergestellt und instand gehalten werden, daß Brände nicht entstehen können. Außerdem besteht die grundsätzliche Forderung: Bei Leitungen, die durch Wände und Decken geführt und an welche brandschutztechnische Anforderungen gestellt werden, müssen Vorkehrungen gegen die Brandübertragung in andere Brandabschnitte bzw. Geschosse getroffen werden. Zu beachten sind auch die *Landesverordnungen über Betriebsräume für elektrische Anlagen.*

Hinsichtlich des Brandschutzes sind elektrische Leitungen im Wohnungsbau – auch wenn sie immer zahlreicher werden – kaum ein Gefahrenherd, da sie meist unter Putz liegen und so gegen Brandeinwirkungen hinreichend geschützt sind. Gemäß DIN 4102, Teil 4, dürfen in klassifizierte Wände Steckdosen, Schalterdosen, Verteilerdosen usw. an jeder beliebigen Stelle eingebaut werden; sie dürfen einander jedoch nicht unmittelbar gegenüberliegen. Durch klassifizierte Wände und Decken dürfen einzelne Kabel geführt werden, wenn der verbleibende Lochquerschnitt mit Mörtel oder Beton vollständig verschlossen wird. Für die Durchführung vieler Kabel oder von Kabelbündeln sind zugelassene Abschottungen erforderlich.

Beim Einbau von Zählern und Schalterschränken in feuerbeständige Massivwände wird durch die hiermit verbundene Reduzierung der Wanddicke die Feuerwiderstandsdauer erheblich beeinträchtigt. Auch die geforderten Mindestdicken für Rückwände von Zählernischen in Treppenhauswänden können oft nicht eingehalten werden. Mit Hilfe von 40 mm dicken Silikat-Asbestplatten kann die Feuerwiderstandsklasse F 90 erreicht werden. Für die Feuerwiderstandsklasse F 30 ist bereits eine Plattendicke von 25 mm ausreichend.

Auf brennbare Bau- und Werkstoffe dürfen elektrische Geräte und Betriebsmittel, die zur Befestigungsfläche hin offen sind, nur mit einer ausreichend feuersicheren Zwischenlage angebracht werden:

- Eine mindestens 12 mm dicke Unterlage aus Silikat-Asbest oder ein 1 mm dickes Deckblech auf einer 5 mm dicken Silikat-Asbest-Unterlage.
- Für Betriebsmittel mit Nennströmen unter 16 A ist ein Montageabstand von mindestens 6 mm einzuhalten oder eine Isolierstoffunterlage von mindestens 1,5 mm Dicke einzufügen.

#### Kabelkanäle und -schächte

Freiliegende oder in Kabelkanälen und -schächten verlegte elektrische Kabel mit brennbaren Isolierungen können nach genügender Vorwärmung entzünden und den Brand entlang der Kabelstrecke weiterleiten. Im Hinblick auf den vorbeugenden Brandschutz sind deshalb folgende Maßnahmen zu treffen:

- Kabel und Leitungen müssen gegen Brandeinwirkungen geschützt werden, wenn sie der Sicherheit im Brandfall dienen (Notstromversorgung, Notbeleuchtung, Brandmeldeanlagen usw.).
- Leistungs- und Steuerkabel sollten in getrennten Kabelkanälen und -schächten geführt werden. Eine Trennung ist auch innerhalb eines Kabelkanals durch den Einbau feuerhemmender Wände möglich.
- Versorgungsleitungen (Heißwasser, Dampf, Gas, Öl usw.) sollten nicht in Kanäle und Schächte für Elektrokabel verlegt werden.
- Kabelkanäle sind so auszubilden, daß weder brennbare Stoffe (Öl, Bitumen, Lack, Benzin, Fußbodenpflegemittel) noch Funken (Schweißperlen, glühende Asche) und dergleichen eindringen können.

Gegen von außen einwirkende Brände können Elektrokabel mit schaumschichtbildenden Anstrichen und Beschichtungen geschützt werden. Diese Schutzmittel entwickeln im Brandfalle einen feinporigen, im Volumen rasch anwachsenden Isolierschaum mit folgenden Eigenschaften:

- Behinderung des Feuerangriffs auf die Kabel, die dadurch eine längere Zeit funktionsfähig bleiben,
- Abdichtung der sonst schwer zu verschließenden Kabelzwischenräume;
- Freisetzung von Alkalien, die bei PVC-Isoliermassen das entstehende Chlorwassergas neutralisieren;
- Anpassung des elastischen und flexiblen Schaums an die Bewegungen der Kabel;
- Verzögerung des Rauchaustrittes auf der nichtbeflammten Schottseite.

Zur Verhinderung der Brandübertragung sollten längere Kabelkanäle durch Abschottungen unterteilt werden. Kabelschotts müssen der Brandeinwirkung von beiden Seiten standhalten.

#### Kabel im Unterdeckenbereich

Nach DIN 4102, Teil 4, ist Voraussetzung für den Einsatz der dort klassifizierten Unterdecken, daß sich im Bereich zwischen Rohdecke und Unterdecke keine brennbaren Bestandteile befinden.

Als unbedenklich werden brennbare Kabelisolierungen zugelassen, sofern die Kabel verteilt eingebaut werden und ihre Brandlast nicht mehr als 7 kWh/m$^2$ Deckenflächen beträgt. Für Elektrokabel, die eine höhere Brandlast erbringen, ist die Eignung der vorgesehenen Unterdecken durch Prüfungen nach DIN 4102, Teil 2, nachzuweisen. Weiterhin wird gefordert, daß die im Zwischendeckenbereich verlegten Kabel an der tragenden Deckenkonstruktion (Rohdecke) mit nichtbrennbaren Materialien befestigt werden.

Für die im allgemeinen Hochbau gebräuchlichsten Kabelarten sind Angaben über die Verbrennungswärme des Kabelisoliermaterials sowie die Brandlasten in der nachstehenden Tabelle enthalten.

| Bezeichnung des Kabels | Verbrennungswärme kJ/m | Brandlast kWh/m | Brandlast m/7 kWh |
|---|---|---|---|
| NYM 3x1,5 | 1610 | 0,45 | 15,6 |
| NYM 3x2,5 | 2030 | 0,56 | 12,5 |
| NYM 3x4 | 2510 | 0,70 | 10,0 |
| NYM 3x6 | 3120 | 0,88 | 8,0 |
| NYM 4x1,5 | 1840 | 0,51 | 13,7 |
| NYM 4x2.5 | 2310 | 0,64 | 10,9 |
| NYM 4x4 | 3140 | 0,87 | 8,0 |
| NYM 4x6 | 3650 | 1,01 | 6,9 |
| NYM 5x1,5 | 2050 | 0,57 | 12,3 |
| NYM 5x2,5 | 2460 | 0,73 | 9,6 |
| NYM 5x4 | 3690 | 1,03 | 6,8 |
| NYM 5x6 | 4170 | 1,16 | 6,0 |
| NYY 4x16 | 6770 | 1,88 | 3,7 |
| NYY 4x25 | 9510 | 2,64 | 2,7 |
| NYY 4x35 | 10040 | 2,79 | 2,5 |
| NYY 4x50 | 12340 | 3,43 | 2,0 |

## 1 Elektro-Installation und allgemeiner baulicher Brandschutz

1 Klassifizierte Wande nach DIN 4102 Teil 4
2 Klassifizierte Wande oder Decken nach DIN 4102 Teil 4
3 Eltr. Dosen (Schalter, Verteiler, Steckdosen)
4 einzelne Kabel
5 Kabelbundel
6 Durchbruch satt mit Mortel oder Beton ausfullen
7 zugelassene Abschottung
8 z.B. Treppenhauswand F 90
9 Zahlerschrank aus Stahlblech
10 SILIKAT-Asbest-Platte
11 Leichtwand mit Mineralwollefullung
12 Eltr.-Hohlwanddose
13 Eltr. Betriebsmittel (Ruckseite offen) auf brennbaren Baustoffen

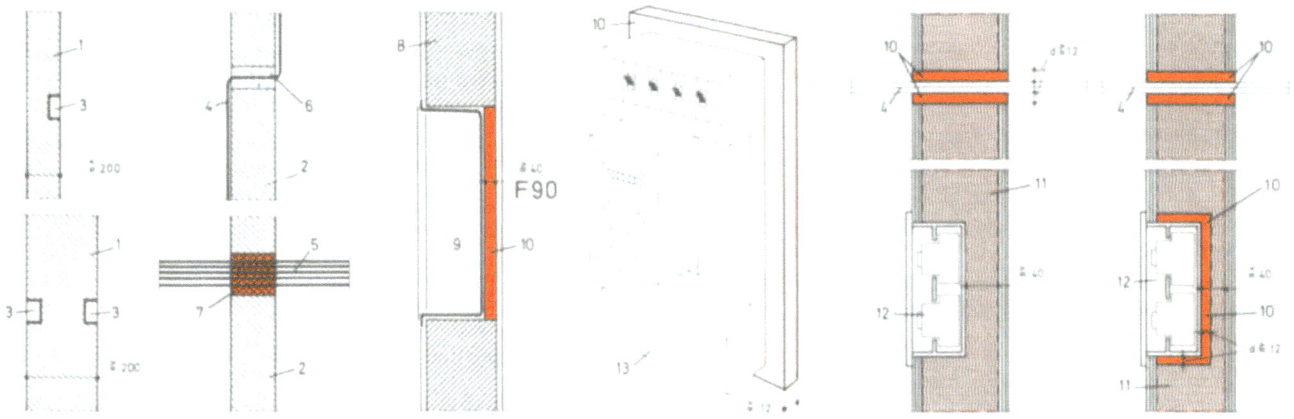


## 2 Elektrokabel durch Brandwande

14 Brandwand
15 Mineralfaserplatten
16 Dammschichtbildner
17 schaumen im Brandfall auf
18 schwere Elektrokabel
19 Sandfullung (Sandtasse)
20 Palusol-Streifen
21 Metallmanschetten

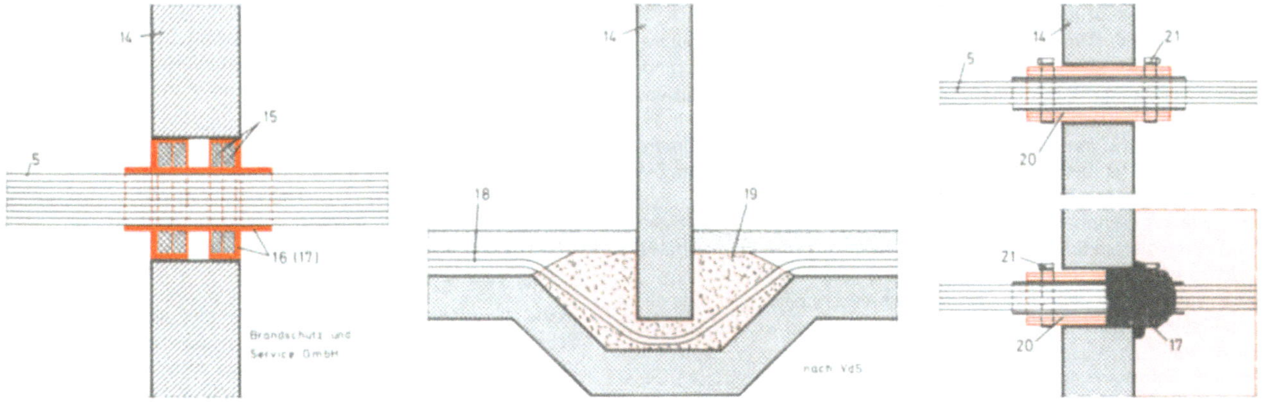


## 3 Elektrokabel durch Branddecken

22 Branddecke
23 Kabelschellen aus Metall
24 nichtbrennbarer Fullbaustoff
25 Korb aus Drahtgewebe
26 gasdichte Spachtelung
27 Bewehrung der Schottfullung
28 Korb aus Stahlblech
29 Schienenkasten
30 Mantelrohr z.B. Asbestzement
31 Rauchgasdichtung

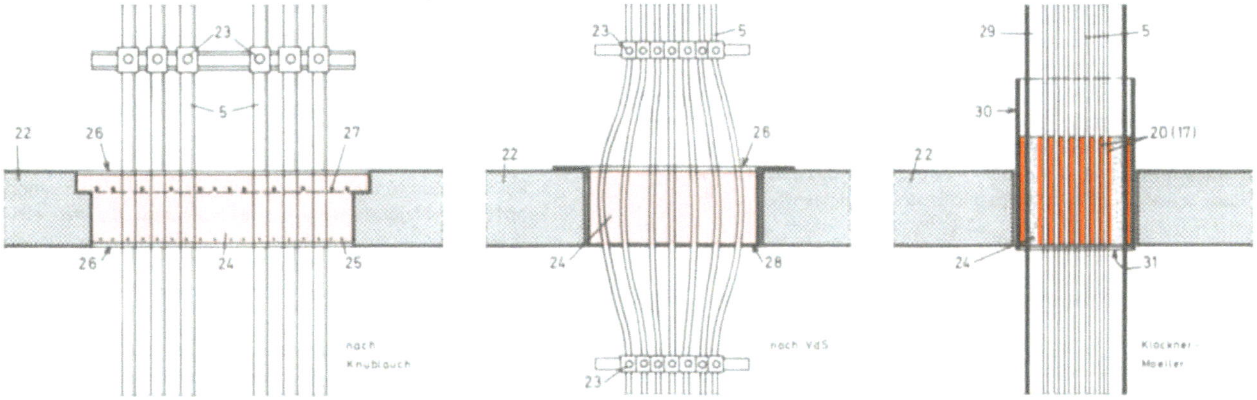

# Schornsteine

Hinsichtlich des baulichen Brandschutzes sind für Schornsteine die wichtigsten Vorschriften in den Landesbauordnungen sowie in DIN 18 160 – Feuerungsanlagen – enhalten.

Alle genehmigungspflichtigen Feuerungsanlagen unterliegen einer Rohbau- und einer Gebrauchsabnahme durch die Bauaufsichtsbehörde. Vor der Gebrauchsabnahme dürfen sie nicht in Betrieb genommen werden.

Die Bestandteile einer Feuerungsanlage sind:

- die Feuerstätte (Einzelofen, Heizungskessel);
- das Verbindungsstück (Rauchrohr, Abgasrohr, Rauchkanal oder Fuchs);
- der Schornstein.

Zur Erzielung einer einwandfreien Verbrennung müssen diese Teile in ihrer Wirkungsweise aufeinander abgestimmt sein.

### Der Schornstein

Angaben aus den Landesbauverordnungen und DIN 18 160:

- Rauchschornsteine sind auf einem feuerbeständigen Unterbau standsicher zu errichten.
- Für den Bau von Hausschornsteine dürfen nur nichtbrennbare Baustoffe der Klasse A nach DIN 4102, Teil 1, verwendet werden.
- Für den Anschluß von Feuerstätten mit Rauch- oder Abgastemperaturen von mehr als 400 °C sowie in Räumen mit besonderen Brand- oder Explosionsgefahren müssen gemauerte Schornsteine mindestens 24 cm dicke Wangen erhalten.
- Die Verschlüsse von Reinigungsöffnungen müssen aus nichtbrennbaren Baustoffen bestehen. In Räumen mit erhöhter Brand- oder Explosionsgefahr sind Reinigungsöffnungen unzulässig.
- Bauteile aus brennbaren Baustoffen müssen von Rauchschornsteinen und deren Verbindungsstücken zu den Feuerstätten so weit entfernt oder so geschützt sein, daß der Brandschutz gewährleistet ist.
- Schornsteine, die nicht einer Norm entsprechen, benötigen eine allgemeine bauaufsichtliche Zulassung durch das Institut für Bautechnik Berlin.
- Rauchschornsteine aus Metall können bei gewerblich benutzten Gebäuden gestattet werden, wenn der Brandschutz gewährleistet ist.

Die gemauerten Schornsteine werden immer mehr von den nachstehend aufgeführten Montageschornsteinen verdrängt:

- Schornsteine aus einschaligen Montage-Formsteinen nach DIN 18 150.
- Mehrschalige Montage-Schornsteine, die aus einem vorgefertigten Schamotte-Innenrohr, der Isolierung und der äußeren Schale aus vorgefertigten Mantelsteinen oder konventioneller Ummauerung bestehen.
- Fertigteil-Schornsteine in Geschoßhöhe als dreischalige Schornsteine, die auf der Baustelle aufeinandergesetzt und gegebenenfalls mit dem Mauerwerk verankert werden.
- Metallschornsteine in ein- oder mehrschaliger Bauweise für Industriekesselanlagen, Luftheizgeräte und Dachheizungszentralen.

### Rauchrohre und Abgaskanäle

Verbindungsstücke zwischen Feuerstätten und Rauchschornsteinen müssen aus form- und hitzebeständigen, nichtbrennbaren Baustoffen bestehen.

Nicht hitzebeständig sind keramische Rohre (Tonrohre), Zementasbestrohre sowie alle Baustoffe, die bei Temperaturen um ca. 1000 °C ihr festes Gefüge verlieren oder reißen.

Rauchrohren aus Stahlblech sollten Wanddick nicht unter 3 mm haben.

Rauchrohre aus Stahlblech müssen von feuerhemmend verkleidetem Holzwerk oder verputzten brennbaren Bauplatten oder ähnlichen Baustoffen midnestens 25 cm, von ungeschütztem Holzwerk und dergleichen mindestens 50 cm entfernt bleiben.

Bei Durchführung durch Wände mit brennbaren oder schwerentflammbaren Stoffen ist für Rauchrohre ein Abstand von 20 cm einzuhalten oder ein Überrohr als Strahlungsschutz anzuordnen.

Rauchrohre und Abgasrohre in Räumen, in denen leicht entzündliche oder explosionsgefährdete Stoffe verarbeitet oder gelagert werden, sind so zu sichern, daß eine Entzündung und Explosion dieser Stoffe weder durch strahlende Wärme noch durch erhöhte Oberflächentemperatur möglich ist.

### Verbrennung und Abgastemperatur

Die Abgastemperatur aus dem Heizkessel soll bei Eintritt in das Rauchrohr 180 °C nicht unter-, 350 °C nicht überschreiten. Als Abgastemperatur für Heizöl EL können je nach Feuerungsleistung 260 bis 290 °C angenommen werden. Durch einen Rauchrohr- oder Schornsteinbrand können dagegen Temperaturen von mehr als 1 000 °C entstehen.

Wenn die Verbrennung der festen oder flüssigen Brennstoffe unvollkommen ist, kann es zu Rußansatz im Schornstein kommen. Die in den Rauchgasen enthaltenen noch brennbaren Bestandteile setzen sich bei Unterkühlung an den Schornsteinwandungen ab; es kommt dann zu Flocken- und Staubrußbränden, die meist an starkem Funkenflug erkennbar sind.

Bildet sich ein Gemisch von Teer- und Wasserdampfkondensat, so entsteht ein sogenannter Schmierruß, bei dem eine Entzündung nicht möglich ist. Steigt jedoch die Rauchgastemperatur, so verdunsten die niedergeschlagenen Teer- und Wasserdämpfe, und der Schmierruß trocknet aus. Der so entstehende Hartruß oder Glanzruß kann durch Flammen aus der Feuerstätte entzündet werden.

Stark verrußte Schornsteine, die sich mit den normalen Geräten des Schornsteinfegers nicht mehr reinigenlassen, müssen unter Beachtung umfangreicher Sicherheitsvorkehrungen ausgebrannt werden. Diese Arbeit darf aber nur der Bezirkschornsteinfegermeister ausführen.

### Aufgaben des Schornsteinfegers

Nach § 13 des Schornsteinfegergesetzes gehören zu den Aufgaben des Bezirkschornsteinfegermeisters u.a.:

- Ausstellung der Bescheinigungen über die Schornsteine und Feuerstätten zur Vorlage bei der Bauaufsichtsbehörde. (Bescheinigung über die Heizöllagerung → 75).
- Überprüfung sämtlicher Schornsteine, Feuerstätten und Verbindungsstücke auf ihre Feuersicherheit in den Gebäuden seines Kehrbezirkes durch persönliche Besichtigung innerhalb von 5 Jahren;
- Schriftliche Meldung vorgefundener Mängel an den Hausbesitzer und, wenn sie nicht innerhalb einer bestimmten Frist abgestellt worden sind, an die zuständige Behörde;
- Vornahme der Brandverhütungsschau oder Teilnahme an ihr, nach Landesrecht.

Einzelheiten zu den Brandverhütungsschauen sind in den Landes-Brandschutzgesetzen geregelt. Im Normalfall soll sie alle 5 Jahre, bei besonders gefährdeten Gebäuden oder Anlagen alle 2 Jahre stattfinden.

## 1 Höhe der Schornsteinköpfe über Dach

1 harte Bedachung
2 weiche Bedachung
3 Dachneigung mehr als 20°
4 Dachneigung weniger als 20°
5 Dachaufbau aus Baustoffen der Klasse B
6 Ggf. erhöhen bis im freien Windstrom
7 Rauchschornsteine müssen beim Dachfirst austreten

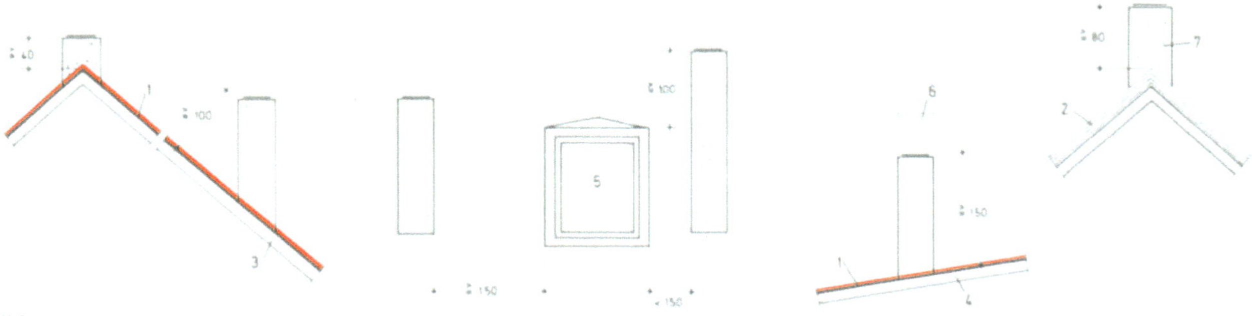


Maße in cm

## 2 Abstände bei Rauchrohren

8 Rauchrohr ohne Strahlungsschutz
9 Rauchrohr mit Strahlungsschutz
10 Bauteil aus Baustoffen der Klasse A
11 Bauteil aus Baustoffen der Klasse B
12 Verkleidung der Klasse A
13 Verkleidung der Klasse A oder B1 nichtbrennbar
14 Verkleidung der Klasse B
15 Türbekleidungen der Klasse B
16 mit Baustoffen der Klasse A ausfüllen

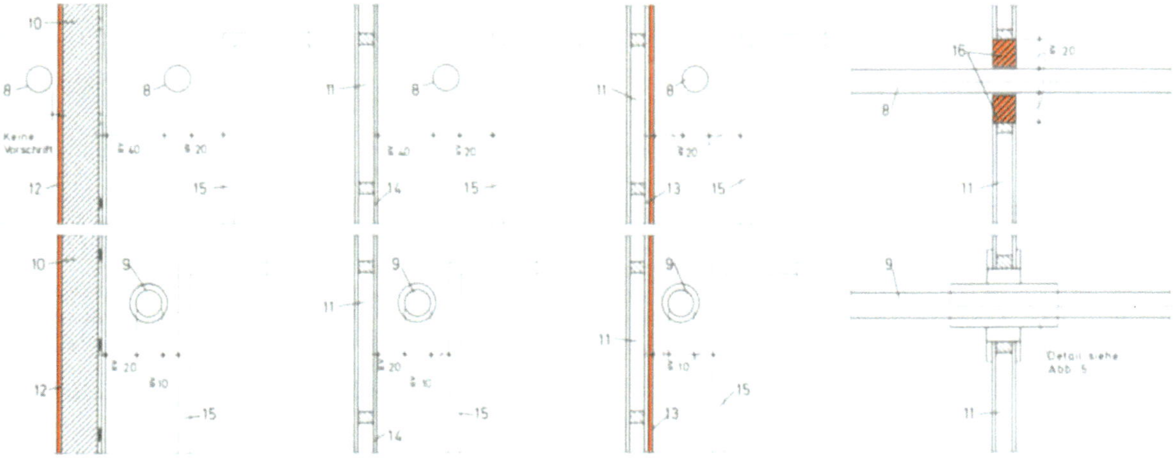


## 3 Schornstein durch Holzbalkendecke

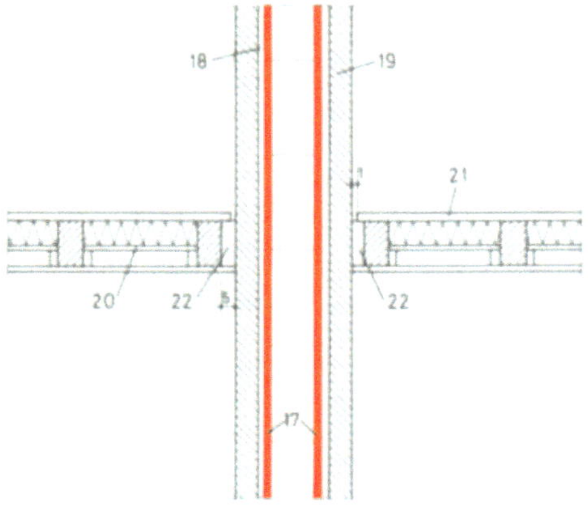

## 4 Reinigungsöffnung über Holzfußboden

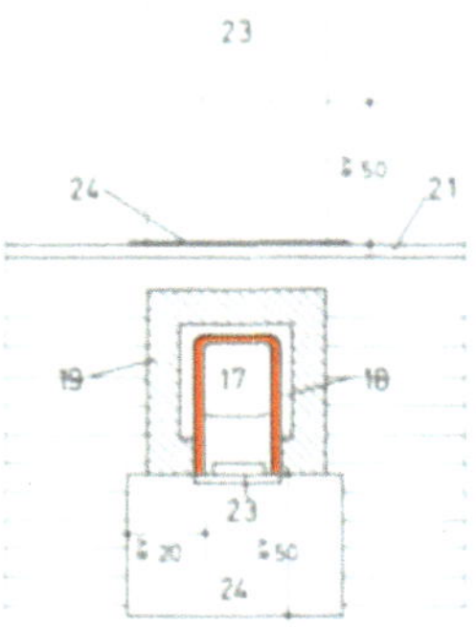


## 5 Überrohr als Strahlungsschutz

(nach DIN 18160 Blatt 2)

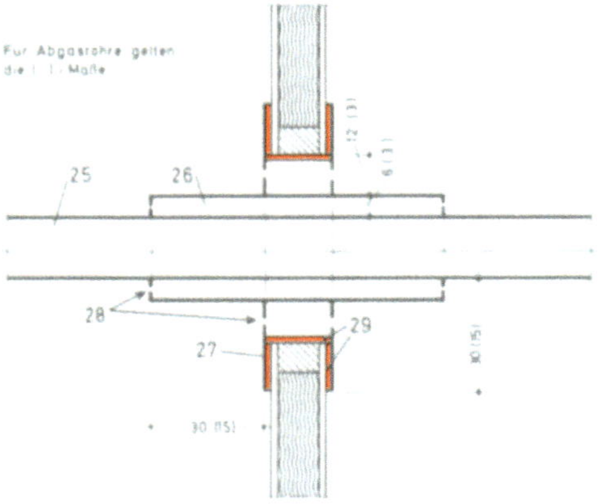


17 Schamotte-Innenrohr
18 Dämmschicht
19 Ummantelung
20 Holzbalkendecke
21 Holzfußboden
22 Verwahrung mit mineralischen Faserdämmstoffen
23 Reinigungsöffnung mit Tür
24 Bodenblech mindestens 1 mm dick oder Betonplatten, Fliesen oder dergl.
25 Rauchrohr oder Abgasrohr
26 Überrohr
27 Blechverkleidung
28 Durchlüftungsöffnungen (50 % der freien Querschnitte)
29 Asbestplatten

# Rettungswege

Es ist eine der wichtigsten Aufgaben unserer Baugesetze, dafür zu sorgen, daß insbesondere Leben und Gesundheit von Menschen durch bauliche Anlagen nicht gefährdet werden. Deshalb dürfen im Brandfall die Menschen im Gebäude nicht

- durch den Brandrauch ersticken oder Vergiftungen erleiden;
- durch Hitze oder Flammen zu Schaden kommen;
- durch herabstürzende Bauteile in Gefahr geraten.

Im Katastrophenfall dienen Rettungswege der Flucht und der Rettung von Menschen. Sie müssen so angelegt sein, daß sie von fliehenden Personen — notfalls mit angehaltenem Atem — durcheilt werden können.

Für jeden Raum, in dem sich regelmäßig Menschen aufhalten, müssen zwei voneinander unabhängige und möglichst in entgegengesetzte Richtung führende Rettungswege vorhanden sein.

Der erste Weg im Falle einer Flucht oder auch Rettung nimmt folgenden Verlauf:

1. von jeder Stelle eines Aufenthaltsraumes aus zur Ausgangstür,
2. durch einen allgemein zugänglichen und als Rettungsweg ausgewiesenen Flur in den Treppenraum der notwendigen Treppe,
3. über die Treppe zum unmittelbaren Ausgang ins Freie und
4. von dort auf dem kürzesten Weg zur öffentlichen Verkehrsfläche.

Die zulässige Rettungsweglänge vom Aufenthaltsraum zur notwendigen Treppe ist in den Landesbauordnungen festgelegt → 69/2.

Der Aufenthaltsraum muß außerdem über einen zweiten Rettungsweg verlassen werden können, wenn der erste infolge Brandeinwirkung nicht begehbar ist.

Die Türen von Rettungswegen müssen sich in Fluchtrichtung durch einen einzigen Griff leicht und in voller Breite öffnen lassen.

Panikverschlüsse — etwa 1,50 m über dem Fußboden — müssen von oben nach unten zu bedienen sein. Besser sind jedoch in Hüfthöhe angebrachte Verschlüsse, die sich bei Druck auf eine Querstange öffnen. Der Verschluß von Türen in Rettungswegen mit Riegeln, Vorhangschlössern oder dergleichen ist immer unzulässig.

### Gebäudegröße und -höhe

Das zu erwartende Risiko im Brandfall wird neben der Art und Nutzung insbesondere von der Gebäudegröße bestimmt:

- Bei geringen Gebäudetiefen ist auch die erforderliche Eindringtiefe für die Feuerwehr gering. Durch die Öffnungen in den Außenwänden können Rauch und Wärme abgeführt sowie Rettungs- und Löschmaßnahmen eingeleitet werden.
- Bei großen Gebäudetiefen ergeben sich dagegen weit von den Außenwänden entfernt liegende innere Zonen. Die Lösch- und Rettungsmaßnahmen der Feuerwehr erfordern unter erschwerten Bedingungen je nach Gebäudegeometrie und Brandlast einen wesentlich höheren Zeitaufwand. Bei derartigen Großgebäuden kann die Bauaufsichtsbehörde besondere Maßnahmen, die zur Rettung von Personen für erforderlich gehalten werden, wie z.B. Fluchttunnels und/oder Notausstiege und -wege über Dächer vorschreiben.

Von weiterer entscheidender Bedeutung für die Personenrettung, im Brandfall ist die Höhenlage der Räume. Bei *erdgeschossigen* Gebäuden ergeben sich im allgemeinen keine Probleme, es sei denn bei besonderer Nutzung, wie z.B. bei Versammlungsstätten.

Bei Gebäuden bis zu *2 Geschossen* werden minimale Forderungen gestellt. Bis zu einer Höhe von etwa 8 m über Geländeoberfläche kann praktisch jede Feuerwehr mit tragbaren Leitern wirksam werden. Diese Höhenlage entspricht im Wohnungsbau den Brüstungshöhen der Fenster im zweiten Obergeschoß → 70/2.

Eine Verschärfung ergibt sich bei Gebäuden ab *3 Vollgeschossen.* Hier muß die Feuerwehr für die Rettung von außen her über Drehleitern verfügen.

Die *Hochhausgrenze* bedeutet das Ende der Rettungs- und Angriffsmöglichkeit der Feuerwehr von außen her. Der Einsatz von Drehleitern (Hubrettungsfahrzeuge) zur Erreichung von Fensteröffnungen oder von Balkonen ist dann nicht mehr möglich.

Wegen der Festlegung der Hochhausgrenze sollte man möglichst die Aufstellflächen für die Hubrettungsgeräte der Feuerwehr als Geländeoberfläche annehmen.

### Räume

Bei normalen Aufenthaltsräumen (Wohnräume, Büros) können die Türen sich zum Raum hin öffnen. Die Türen von Räumen mit besonderer Gefährdung (Laboratorien) sowie mit größerer Belegung (Klassenräume, Versammlungsstätten) müssen jedoch in Fluchtrichtung aufschlagen. Sie dürfen dabei aber nicht in den Rettungsweg (Flur) hineinragen und diesen einengen oder blockieren. Gegebenenfalls sind derartige Türen zum Raum hin in Nischen zu setzen → 69/2.

Besonders große Räume mit enger Belegung, wie z.B. Großraumbüros müssen aus Gründen des Brandschutzes übersichtlich aufgeteilt werden. Von den einzelnen Arbeitsplätzen muß man im Sitzen die Decke des Großraumes überblicken und im Stehen den nächstgelegenen Ausgang deutlich sehen können. Die Stellwände sollten deswegen nicht höher als 1,60 m sein.

### Flure

Aufenthaltsräume, die keine unmittelbaren Ausgänge ins Freie haben, sollen von Fluren aus zugänglich sein. *Gefangene Räume,* bei denen die Flucht nur durch andere Räume mit Brandlast möglich ist, sind ein brandschutztechnischer Mangel. Derartige Räume sollten deshalb nur ausnahmsweise in Wohnungen oder kleineren Büroeinheiten vorkommen.

Ein Flur, der als Rettungsweg dient, muß bestimmten Anforderungen des Brandschutzes genügen:

- Er muß den Fliehenden gegen Flammeneinwirkung und Wärmestrahlung schützen und soll rauchfrei bleiben. Eingedrungener Rauch muß abgeführt bzw. so verdünnt werden können, daß der Flur begehbar bleibt.
- Er sollte möglichst gradlinig angelegt werden, damit er auch noch bei Behinderungen mit einiger Sicherheit benützt werden kann.
- Er darf keine Brandlast enthalten. Einbauten aus brennbaren Stoffen sind deshalb unzulässig → 70/1.
- In Gebäuden mit mehr als 2 Vollgeschossen müssen Verkleidungen von Wänden und Decken aus nichtbrennbaren Baustoffen (Klasse A) bestehen.
  (Für die Verlegung von Leitungen oder Kabeln oberhalb von Rettungswegen werden verschiedene bauliche Möglichkeiten zugelassen → 70/1.)
- In den Begrenzungswänden von Rettungswegen sind oberhalb 1,80 m Lichtöffnungen zulässig, wenn diese der Feuerwiderstandsklasse G 30 nach DIN 4102, Teil 5, entsprechen.
- Die Flucht soll in zwei Richtungen möglich sein; längere Stichflure sind deshalb zu vermeiden. Die Fluchtrichtung muß sich aus dem allgemeinen Verlauf der Flure ergeben oder besonders gekennzeichnet werden.
- Die Aufstellung von Sitzmöbeln in Rettungsfluren ist grundsätzlich nicht gestattet. Ausnahmen werden im allgemeinen zugelassen, wenn sichergestellt ist, daß die Möblierung die vorgeschriebene Fluchtwegbreite nicht einengt, z.B. durch die Anordnung von Sitznischen.

- Notwendige Flure von außergewöhnlicher Länge sind durch rauchdichte, selbstschließende und nicht abschließbare Türen zu unterteilen. Die Rauchabschnitte sollen höchstens 30 m lang sein. Bei einer Unterteilung durch Türen muß sichergestellt sein, daß der gesamte Flurquerschnitt – also auch der Hohlraum über der Abhängedecke – mit nichtbrennbaren Baustoffen rauchdicht abgetrennt wird.
- Vorteilhaft sind (zugelassene) Glastüren, damit der Fliehende den Verlauf und die Fortsetzung des Rettungsweges sehen kann. Ganzglastüren sind so auszubilden oder zu kennzeichnen, daß sie auch von Sehbehinderten als Türen erkannt werden.
- Soweit keine weitergehenden Forderungen gestellt werden, sind als lichte Türbreite mindestens 1,00 m für 150 darauf angewiesene Personen anzunehmen.
- Schiebe-, Pendel-, Dreh- und Hebetüren sind im Zuge von Rettungs- bzw. Fluchtwegen unzulässig.

Sofern für Türen an Kellerabgängen keine weiteren Forderungen gestellt werden, sollen sie zumindest rauchdicht sein, da der Kellerbrand fast immer mit einer Verqualmung des Treppenraumes verbunden ist.

Sollen Räume mit besonderer Gefährdung direkt an den Treppenraum angeschlossen werden, so kann zwischen diesen Räumen und dem Treppenhaus eine Sicherheitsschleuse gefordert werden.

Gemäß den *Richtlinien für die Verwendung brennbarer Baustoffe im Hochbau* wird weiterhin verlangt:

- Lichtöffnungen in den Außenwänden von Treppenräumen und den Wänden von allgemein zugänglichen Fluren in Gebäuden mit mehr als zwei Vollgeschossen müssen aus nichtbrennbaren Baustoffen (Klasse A) bestehen.
- Verschläge und Einbauten aus brennbaren Baustoffen (Klasse B) sind in diesen Treppenräumen und Fluren unzulässig.
- Geländer – mit Ausnahme von Handläufen – müssen in Gebäuden mit mehr als zwei Vollgeschossen aus nichtbrennbaren Baustoffen (Klasse A) bestehen.

## Notwendige Treppen

Nach den Landesbauordnungen müssen notwendige Treppen in solcher Zahl vorhanden und so angeordnet und ausgebildet sein, daß sie für den größten zu erwartenden Verkehr ausreichen und leicht und gefahrlos als Rettungsweg benützt werden können. Weitergehende Forderungen nach mindestens zwei Treppen bestehen für Versammlungsstätten und Schulen mit mehr als zwei Vollgeschossen. Hochhäuser müssen ebenfalls zwei notwendige Treppen oder eine Treppe in einem Sicherheitstreppenraum erhalten.

Entsprechend DIN 4102, Teil 4, können Treppen als klassifizierte Bauteile angenommen werden, wenn folgende Bedingungen erfüllt sind:

- Bei nichtraumabschließenden Treppen (Regelfall) ist eine mehrseitige Brandbeanspruchung anzunehmen.
- Raumabschließende Treppen (Sonderfall) sind wie raumabschließende Decken für eine einseitige Brandbeanspruchung zu bemessen.

Weitere Einzelheiten über Treppen besonders soweit es die Verkehrssicherheit betrifft, ab Seite 182.

### Notwendiger Treppenraum

Über die bauliche Ausbildung von Treppenräume sind in den Landesbauordnungen sehr präzise Forderungen enthalten:

- Jede notwendige Treppe innerhalb eines Gebäudes – außer in Einfamilienhäusern – muß vom Erdgeschoß an aufwärts in einem eigenen, durchgehenden Treppenraum liegen (notwendiger Treppenraum).
- Der Treppenraum ist an einer Außenwand anzuordnen. Innenliegende Treppenräume können gestattet werden, wenn eine Beeinträchtigung ihrer Benutzung durch Raucheintritt ausgeschlossen ist.
- Die Wände von Treppenräumen müssen feuerbeständig und in Gebäuden mit mehr als 2 Vollgeschossen so dick wie Brandwände sein.

Die Decke des Treppenraumes muß die Forderungen erfüllen, die an Decken über dem obersten Geschoß des betreffenden Gebäudes gestellt werden. An Glasdächer sind die Treppenhauswände dicht anzuschließen.

In den Treppenraum führende Türen von nichtausgebauten Dachräumen, Werkstätten, Läden, Lagerräumen usw. müssen zumindest feuerhemmend, bei Gebäuden mit mehr als 5 Vollgeschossen feuerbeständig sein.

### Innenliegende Treppenräume

Nach den Landesbauordnungen bedürfen innenliegende Treppenräume immer der Genehmigung. In Gebäuden mit mehr als zwei Vollgeschossen müssen sie an eine vom Versorgungsnetz unabhängige und bei Ausfall des Netzstromes sich selbsttätig einschaltende Notstromanlage angeschlossen sein. Hiervon ausgenommen sind Wohngebäude bis zu drei Vollgeschossen.

Rauchabzugseinrichtungen – bei außenliegenden Treppenräumen in Gebäuden mit mehr als 5 Vollgeschossen vorgeschrieben – können bei innenliegenden Treppenräumen unabhängig von der Anzahl der Geschosse verlangt werden.

Innenliegende Treppenräume müssen mit der Gebäudeaußenwand durch einen gegen das *Ausgangsgeschoß* feuerbeständig abgetrennten Flur verbunden sein. An die Türen dieses Flures werden die gleichen Anforderungen gestellt wie an die Türen zum Treppenraum.

### Ausgänge

In den Landesbauordnungen wird gefordert, daß der Ausgang ins Freie unmittelbar und auf dem kürzesten Weg zu erreichen ist – sicherlich einer der Gründe dafür, warum der Treppenraum an der Außenwand eines Gebäudes liegen soll.

Als *das Freie* kann auch eine interne oder direkt angrenzende Fläche angesehen werden, die mit einer öffentlichen Verkehrsfläche entweder auf gleicher Ebene oder über eigene Treppen oder Rampen in Verbindung steht und ausreichend bemessen ist. Hierzu können beispielsweise gehören: Terrassen, Fußgängerebenen, Parkdecks sowie begehbare Flachdächer. Diese Zwischenebenen dürfen jedoch nicht mehr als zwei Geschosse über der Geländeoberfläche liegen.

Zwischen dem Treppenraum und dem Ausgang ins Freie kann ein Vorraum oder Windfang angeordnet werden, er darf aber keine brennbaren Einrichtungen oder Ausstattungen enthalten.

Haustüren von Wohngebäuden schlagen im allgemeinen nach innen auf. Bei Gebäuden mit größerem Personenverkehr dagegen müssen Türen im Bereich von Rettungswegen in Fluchtrichtung aufschlagen. Der lichte Durchgang der Außentür muß mindestens so groß sein wie die Laufbreite der zugehörigen Treppe; erforderlichenfalls ist entsprechend der Zahl der im Erdgeschoß hinzukommenden Personen eine größere Türbreite vorzusehen.

## Zweiter Rettungsweg

Für Aufenthaltsräume ist ein zweiter Rettungsweg notwendig, auch wenn diese Forderung nicht direkt aus den Landesbauordnungen herausgelesen werden kann. Dies ist gegeben, wenn der Aufenthaltsraum einen zweiten Ausgang besitzt, der ins Freie, auf einen Rettungsbalkon oder auf Flure und zu Treppenräumen führt, die vom ersten Rettungsweg unabhängig sind.

Als ausreichend zu bezeichnen ist ein zweiter Fluchtweg zu voneinander unabhängigen Treppenräumen, auch wenn diese über den selben Flur zu erreichen sind.

Im äußersten Falle verbleibt noch die Rettung über die Leitern der Feuerwehr, was jedoch nur bis zur Hochhausgrenze möglich ist. Von der Hochhausgrenze an ist der vom Brand oder Rauch bedrohte Mensch allein auf die Rettungswege im Gebäude angewiesen.

Feuertreppen und Feuerleitern sind stets als zusätzliche oder außerordentliche Maßnahme anzusehen. Sie sind von Nutzen, wenn der zweite Rettungsweg nicht sicher genug zu begehen oder erst gar nicht vorhanden ist.

### Nicht notwendige Treppen

Offene und großzügig angelegte Treppen – oft das Kernstück von repräsentativen Eingangshallen – müssen in brandschutztechnischer Hinsicht als nicht notwendige Treppen angesehen werden, da sie nicht von einem feuerbeständigen Treppenraum umgeben sind. Wegen der enormen Deckendurchbrüche dürfen derartige Treppen normalerweise nur zwei Geschosse miteinander verbinden. Unter der Voraussetzung, daß der Weg der notwendigen Treppe nicht über eine offene Treppe führt, kann diese als Zweiter Rettungsweg anerkannt werden. In Gebäuden mit mehr als 5 Vollgeschossen müssen auch nicht notwendige Treppen feuerbeständig sein.

### Rettungsbalkone

Hinsichtlich des Brandschutzes besitzen Balkone gewisse Vorteile:

- Als ausragendes feuerbeständiges Bauteil erhöhen sie den Feuerüberschlagweg.
- Im Brandfalle können die Bewohner des Gebäudes ihre Räume unmittelbar ins Freie verlassen.

Um als vollwertige Rettungswege zu gelten, müssen Balkone bestimmte Anforderungen erfüllen → 70/3.

### Feuertreppen und Feuerleitern

Bei Ausführung dieser Ersatz-Fluchtmöglichkeit sind bestimmte Richtlinien einzuhalten:

- Feuertreppen und Feuerleitern müssen aus nichtbrennbaren Baustoffen bestehen. Sie sind zu einer sicher begehbaren Fläche zu führen, von der eine weitere Rettung möglich ist. Der Rettungsweg darf durch Öffnungen in der Außenwand nicht gefährdet werden.
- Feuertreppen müssen mindestens 65 cm breit sein, durch Geländer geschützt werden, bei einer maximalen Lauflänge von der Höhe eines Geschosses.
- Feuerleitern dürfen in einem Zuge höchstens über zwei Geschosse geführt werden; dann sind Zwischenpodeste anzuordnen und die Leitern versetzt weiterzuführen → 70/4,5.
- Notleitern können auch verlangt werden, wenn die Fenster nicht von den Leitern der Feuerwehr erreicht werden können, z.B. in Hinterhöfen ohne Durchfahrt.

## Ersatzstromversorgung

Bei bestimmten Gebäudearten kann die Baubehörde eine bei Ausfall des Netzstromes automatisch einsetzende Ersatzstromversorgung verlangen. Damit soll vor allem erreicht werden, daß

- innenliegende Flure und Treppenräume nicht plötzlich unbeleuchtet sind;
- normale Flure und Treppenräume auch noch bei Nacht mit einiger Sicherheit begangen werden können;
- in stehengebliebenen Aufzugskabinen mindestens die Beleuchtung weiterbrennt und ein Notruf möglich ist;
- im Katastrophenfall notwendige technische Einrichtungen weiter betrieben werden können, wie z.B. Feuermeldeanlagen, mechanische Rauchabzugseinrichtungen, elektrisch gesteuerte Feuerschutzabschlüsse, Feuerwehraufzüge, Wasserdruckerhöhungsanlagen, Lüftungsanlagen und dergleichen mehr.

Neben dem eigentlichen Notstromaggregat muß eine ausreichende Batterie-Kapazität zur Verfügung stehen, um die kurze Zeit zwischen Ausfall des Netzstromes und Einsatz des Notstromerzeugers problemlos überbrücken zu können. Sollte das Notstromaggregat widrigenfalls nicht anspringen, so muß das Batteriesystem die Notstromversorgung für einen noch weiter eingeschränkten Bereich für eine gewisse Zeit allein übernehmen können.

Reine Sicherheitsbeleuchtungen über Batterien – also ohne Notstromversorgung von Maschinen und Geräten – können für begrenzte Bereiche eingesetzt werden.

Eine besonders wichtige Voraussetzung für die Sicherung des Netzstromes ist ein ausreichender Brandschutz für die verlegten Leitungen.

Für Einfamilienhäuser und Wohnungen gibt es handliche (tragbare) Notstromaggregate mit aufladbaren Batterien. Geräte dieses Typs reichen für eine Minimalbeleuchtung sowie die Versorgung von Ölheizung und Kühlschrank aus.

## Fluchtleitsysteme

Rettungswege müssen so angelegt oder gekennzeichnet sein, daß Fliehende auf möglichst kurzem Weg ins Freie oder in einen gesicherten Bereich gelangen.

Neben den bekannten Hinweisschildern – mit oft zu geringen Abmessungen, – oft auch noch unzweckmäßig plaziert – gibt es sogenannte Fluchtleitsysteme → 71 als eine wesentlich wirkungsvollere Hilfe. Diese *aktive Führung* besteht in der Hauptsache aus Lichtsignalen, die eindeutig, wie z.B. nacheinander aufleuchtende Pfeile, in die Fluchtrichtung weisen. Diese Signale sind so hell, daß man sie auch noch in mäßig verrauchten Räumen gut wahrnimmt.

Das System kann durch akustische Einrichtungen ergänzt werden, über das weitere Hinweise und auch Worte der Beruhigung durchgesagt werden können. Eine Notstromversorgung ist eingebaut.

Fluchtleitsysteme sind besonders bei längeren und nicht eindeutig verlaufenden Fluchtwegen und auch in Gebäuden mit starkem Besucherverkehr von Vorteil.

1 Rettungswege bei verschieden großen Gebauden (ohne Angaben fur Sondernutzungen)

| Gebaude mit Aufenthaltsraumen | 1 Rettungsweg uber notwendige Treppen innerhalb der zulassigen Rettungsweglange: Treppe | Mindest-breite | Treppenraum | 2 Rettungsweg im gleichen Geschoß |
|---|---|---|---|---|
| Kellergeschoß-Einfamilienhaus | - Keine Forderungen - | | | Ausgang oder Ausstieg ins Freie |
| Kellergeschoß-andere Gebaude | in Treppenraum | 0,90 m | Anforderungen entsprechend der daruber befindlichen Gebaudegroße | Ausstieg nur fur Einzelpersonen |
| Einfamilienhaus eingeschossig | - Ausgang ins Freie - | | | keine Forderungen |
| Einfamilienhaus zweigeschossig bzw. ausgebautes Dachgeschoß | offene Treppe Einschubtreppen oder Leitern zum nichtausgebauten Dachraum zulassig | 0,80 m | offen (Diele, Flur, Wohnraum) | uber Fenster und Balkone |
| Gebaude bis 2 Vollgeschosse | in Treppenraum | 0,90 m | an der Außenwand ab Erdgeschoß aufwarts durchgehend innenliegende Treppenraume konnen gestattet werden | uber Fenster und Balkone |
| Gebaude mit 3-5 Vollgeschossen | a) in Treppenraum | 1,00 m | an der Außenwand in einem Zug durch alle Geschosse wenn innenliegende Treppenraume gestattet dann mit Rauchabzug und Notstrom | a) uber Fenster und Balkone mit Zufahrt und Aufstellflache bzw. weitere Treppen in Treppenraumen |
| Gebaude mit mehr als 5 Vollgeschossen | b) in Treppenraum mit Laubengang | 1,10 m | Rauchabzug vorgeschrieben | b) keine Forderungen |
| Hochhauser 22-60 m | a) 2 getrennte Treppen in Treppenraum<br>b) 1 Treppe in außenliegendem Sicherheitstreppenraum | 1,25 m | Hochhausbestimmungen beachten! Fur innenliegende Treppenraume besondere Maßnahmen erforderlich | a) Die 2. Treppe und erforderlichen-falls weitere in Treppenraumen<br>b) keine Forderungen |
| Hochhauser mit Aufenthaltsraumen uber 60 m | in außenliegendem Sicherheitstreppenraum | 1,25 m | Hochhausbestimmungen beachten! wenn innenliegende Sicherheitstreppenraume gestattet werden, sind besondere Maßnahmen erforderlich | eine oder mehrere weitere Treppen in Sicherheitstreppenraumen |

2 Lange des Rettungsweges

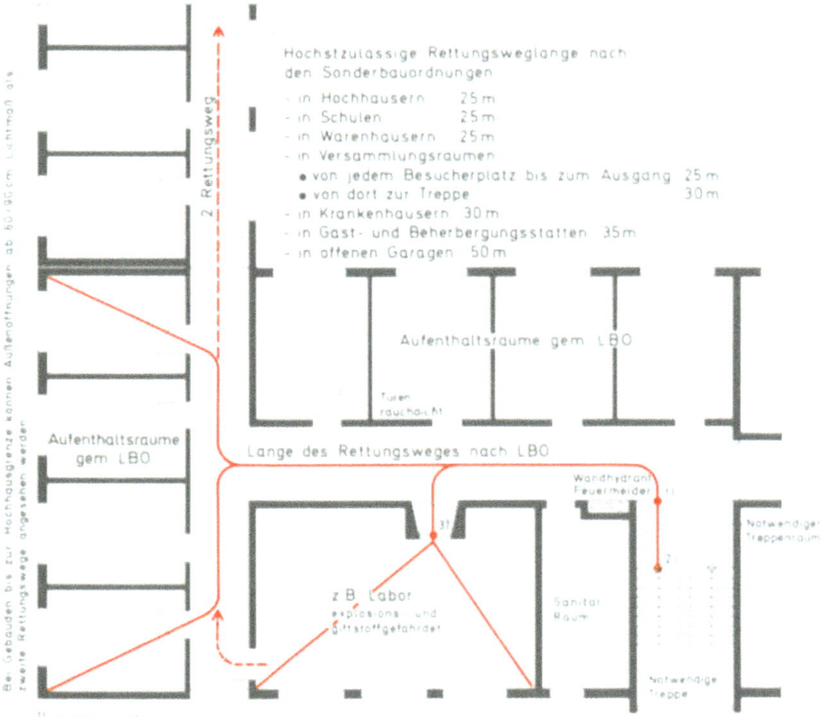


1) hochstens 35 m oder

2) hochstens 40 m, wenn Treppenraum wie Zeichnung bzw. hochstens 35 m, wenn Treppenraum mit weiteren Zugangen von Raumen

3) hochstens 20 m von jedem Punkt des Labors bis zum Ausgang

Weitere Angaben zu Treppe und Treppenraum auf Seite 19 und auf Seite 182

3 Innenliegender Treppenraum

bei hohen Sicherheitsforderungen — Schemagrundriß

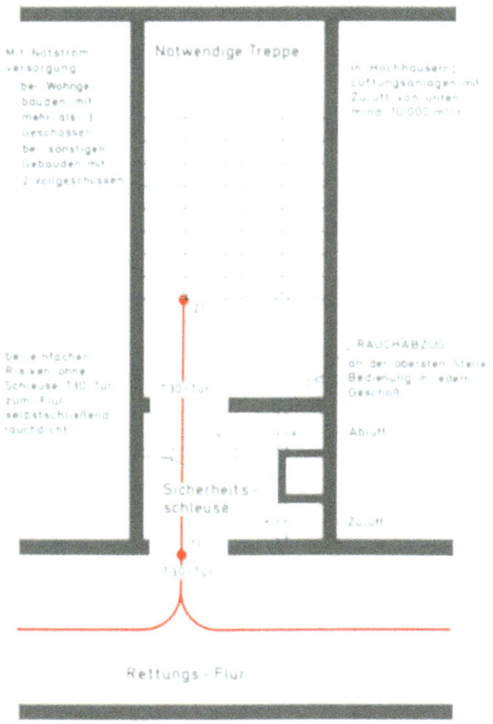

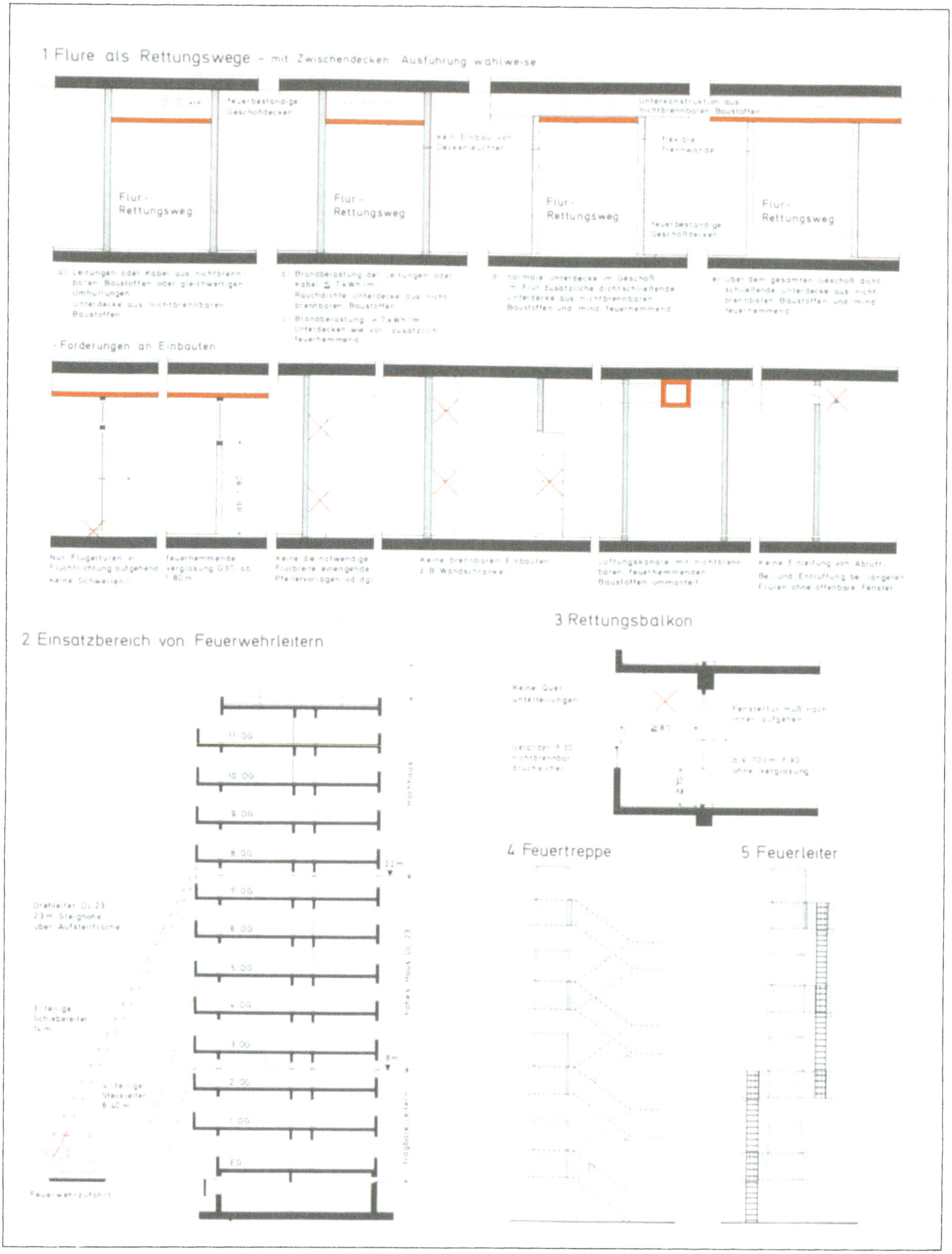
1 Flure als Rettungswege – mit Zwischendecken, Ausführung wahlweise
Flur-Rettungsweg
Forderungen an Einbauten
2 Einsatzbereich von Feuerwehrleitern
3 Rettungsbalkon
4 Feuertreppe
5 Feuerleiter

1 Flucht - Leitsystem
(Klaus Esser)

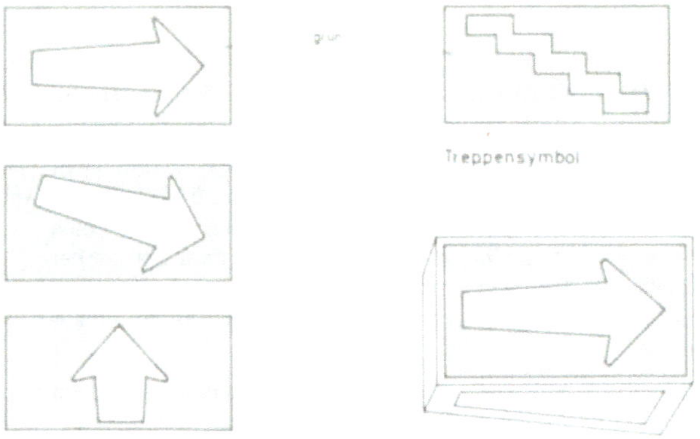


Richtungspfeile

Treppensymbol

Pfeil mit Sicherheitsbeleuchtung
Wandleuchte mit Abstrahlung in weiß nach unten

2 Burogebaude - Schemagrundriß
eingeteilt in die Raumungsabschnitte
A, B, C, D

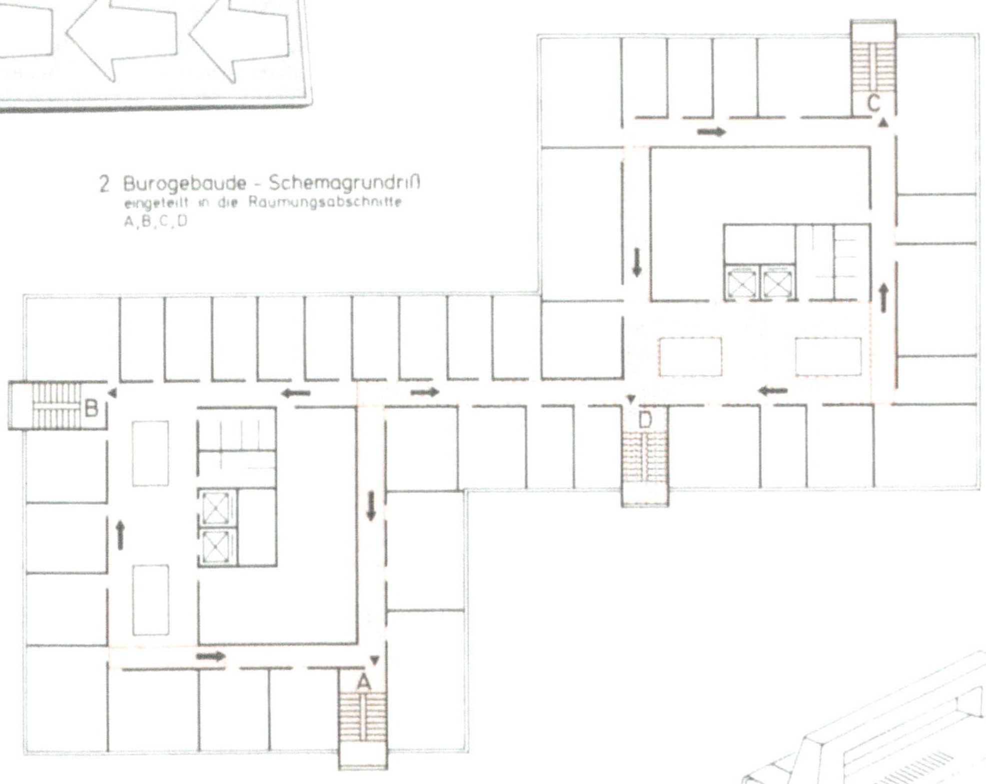


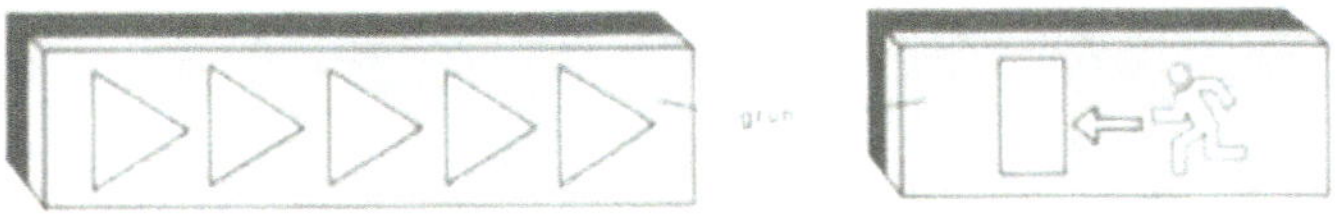


Laufschritt - Richtungspfeile

Hinweisschild Fluchtweg

3 Sicherheitsbeleuchtung

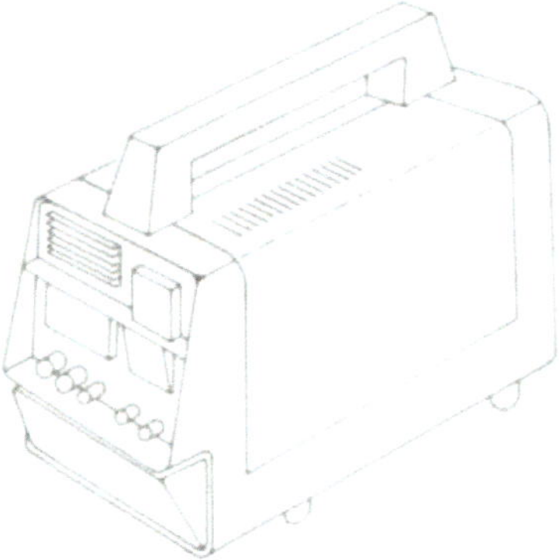

4 Kompakt - Stromerzeuger G 800 (Robert Bosch GmbH)

Lange 512 mm
Breite 235 mm
Hohe 408 mm

Gewicht 27 kg

Lautstarke
65 dB (A)

750 Watt Wechselstrom
2-Takt-Solo-Motor
luftgekuhlt

Hierzu ist in den Landesbauordnungen nachstehende Vorschrift enthalten:

„Treppenräume an Außenwänden müssen ausreichend große und leicht zu öffnende Fenster haben. In Gebäuden mit mehr als 5 Vollgeschossen ist in dem an einer Außenwand angeordneten Treppenraum eine ausreichend große Abzugsöffnung vorzusehen. Diese muß sich an der höchsten Stelle des Treppenraumes befinden; es kann gefordert werden, daß der Rauchabzug auch von darunterliegenden Geschossen aus zu bedienen ist."

Es ist hinreichend bekannt, daß mehrgeschossige Treppenräume wie ein Kamin wirken. Entsteht im Keller oder in einem der Geschosse ein Brand, so strömt der Rauch durch die natürliche Ventilation in den Treppenraum. Hier kann es zu katastrophalen Folgen kommen, wenn der Rauch den Fluchtweg versperrt oder der Feuerwehr die Rettung und den Löschangriff erschwert.

Rauch- und Brandgase müssen deshalb so rasch wie möglich und auf kürzestem Wege durch Öffnungen ins Freie abgeführt werden.

Damit der Rauch auch dort abgeführt werden kann, wo keine Rauchabzugsanlagen vorgeschrieben sind, müssen die Treppenraumfenster in jedem Geschoß ohne Hilfsmittel (z.B. Steckschlüssel) geöffnet werden können. In geschlossenen Glaswänden muß in jedem Geschoß ein Lüftungsflügel von mindestens 0,50 $m^2$ lichter Öffnung eingebaut sein.

Rauchabzugsöffnungen sind in der Treppenraumdecke oder direkt darunter anzuordnen. Durch diese Maßnahme soll sichergestellt werden, daß Rauchsäcke unter der Decke, die als schwere Behinderung bei der Rettung von Personen aus dem obersten Geschoß anzusehen sind, nicht entstehen können.

Rauchabzugsöffnungen müssen einen freien Querschnitt von mindestens 5 % der Grundfläche des jeweiligen Treppenraumes, mindestens jedoch 0,50 $m^2$ aufweisen.

Bei innen liegenden Treppenräumen von Gebäuden mit mehr als drei Vollgeschossen werden sogar 1,00 $m^2$ freier Querschnitt verlangt.

Die Vorrichtungen zum Öffnen der Rauchabzüge müssen entsprechend gekennzeichnet und leicht bedienbar sein. Man muß deutlich erkennen können, ob die Rauchabzugsöffnung offen oder geschlossen ist.

Rauchabzugsöffnungen dürfen auch zur normalen Lüftung des Treppenraumes benutzt werden.

Rauch- und Wärmeabzugsanlagen (RWA) sollen in DIN 18 232 behandelt werden. Bis zum Erscheinen dieser Norm wird empfohlen, die vom Verband der Sachversicherer (VdS) herausgegebenen *Richtlinien für Planung und Einbau von Rauch- und Wärmeabzugsanlagen* anzuwenden.

Darüber hinaus hat der VdS für große Hallen mit mehr als 1 600 $m^2$ Grundfläche und Hallen mit einer Ausdehnung in einer Richtung von mehr als 40 m *Richtlinien für Planung und Einbau von Rauch- und Wärmeabzugsanlagen (RWA) für den Brandfall in gewerblichen und industriellen Hallenbauten* herausgegeben.



Feuerschutzabschlüsse haben bei diesem Anwendungsfall die Aufgabe, Durchbrüche in Brandabschnitt-Begrenzungen zu schließen. Damit soll verhindert werden, daß Feuer und Brandrauch auf weitere Gebäudeteile übergreifen.

Für die konstruktive Ausbildung der Türen selbst gelten grundsätzlich die Vorschriften von DIN 4102, Teil 5, und, soweit es klassifizierte Türen betrifft, Teil 4 dieser Norm → 40.

Bei Feuerschutzabschlüssen mit Feststellvorrichtungen handelt es sich um selbstschließende Einrichtungen. Sie dürfen in geöffnetem Zustand nicht in herkömmlicher Weise festgestellt, d.h. im Schließvorgang blockiert werden; es müssen vielmehr geprüfte und zugelassene Feststellvorrichtungen angeordnet werden, mit Auslöseeinrichtungen, die entweder temperaturempfindlich sind oder auf Rauchfühler reagieren.

Bei zweiflügeligen Türen muß gewährleistet sein, daß die Flügel auch dann selbsttätig ins Schloß fallen, wenn sie nicht in einer bestimmten Reihenfolge geschlossen werden. Die richtige Reihenfolge ist durch Schließfolgeregler zu steuern.

Zur Arretierung der geöffneten Türflügel dienen Haftmagneten. Sie werden an den Feststellpunkten direkt auf der Wand oder in Distanzhalter eingebaut. Am Türblatt werden entsprechende Haftgegenplatten angebracht. Die Haftmagneten arbeiten nach dem Ruhestromprinzip; bei geschlossenem Stromkreis wird die Tür in Offen-Stellung durch den Elektromagneten festgehalten. Nach der von den Temperatur- oder Rauchmeldern bewirkten Stromunterbrechung oder bei Stromausfall wird die Tür freigegeben und durch den automatischen Türschließer geschlossen.

Um sicherzustellen, daß die Flügel auch aus einem kleineren Öffnungswinkel zufallen, dürfen grundsätzlich nur Türschließer mit hydraulischer Dämpfung verwendet werden. Jede Feststellvorrichtung muß auch von Hand gelöst werden können, ohne daß die Funktionsbereitschaft der Auslösevorrichtung beeinträchtigt wird.

Das Institut für Bautechnik, Berlin, hat Anwendungsrichtlinien für Feststellanlagen für Feuerschutzabschlüsse aufgestellt, dem folgende Auszüge entnommen sind:

- Die Feuerschutzabschlüsse dürfen zur Erleichterung des Verkehrs nur so lange durch Feststellanlagen offengehalten werden, wie es aus Sicherheitsgründen vertretbar ist.
- Bei Feuerschutzabschlüssen mit Feststellanlagen muß der für den Schließvorgang erforderliche Bereich ständig freigehalten werden. Diese Bereiche müssen durch Beschriftung, Fußbodenmarkierung o.ä. deutlich gekennzeichnet sein. Es muß weiterhin sichergestellt sein, daß Bauteile (z.B. Zwischendecken), Leitungen oder Lagergüter nicht in den freizuhaltenden Bereich hineinfallen können.
- Feststellanlagen müssen mindestens einmal jährlich vom Betreiber in eigener Verantwortung überprüft und ständig betriebsfähig gehalten werden.

## 1 Brandentlüftung für Treppenhäuser

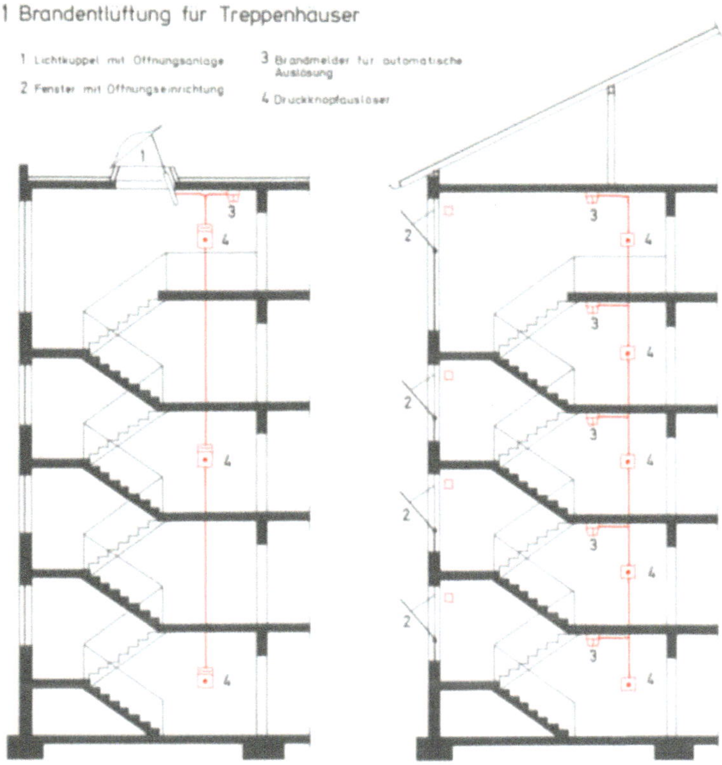


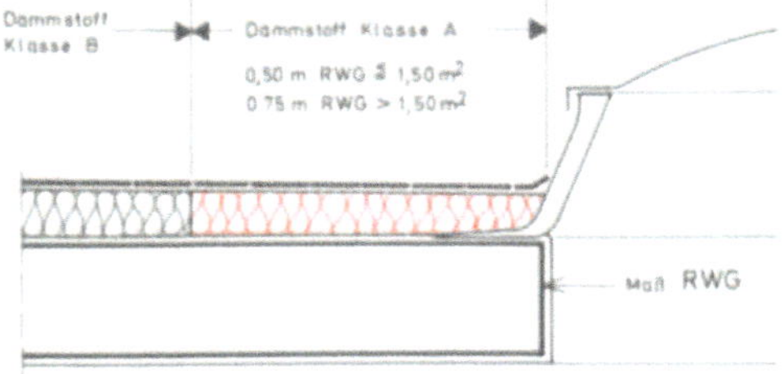


2 Einbau von Rauch- und Wärmeabzugsgeräten (RWG) in Flachdächern mit Dämmstoffen der Baustoff-Klasse B

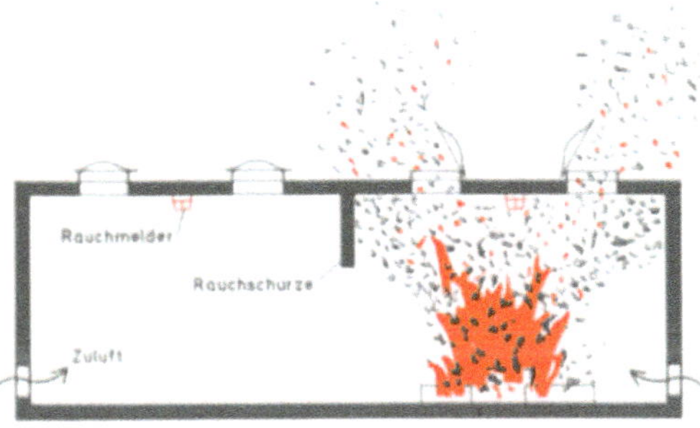


3 Wirkungsweise einer Rauch- und Wärmeabzugsanlage

## 4 Rauch- und Wärmeabzugsanlagen für eingeschossige gewerbliche Gebäude (nach den Richtlinien des VdS)

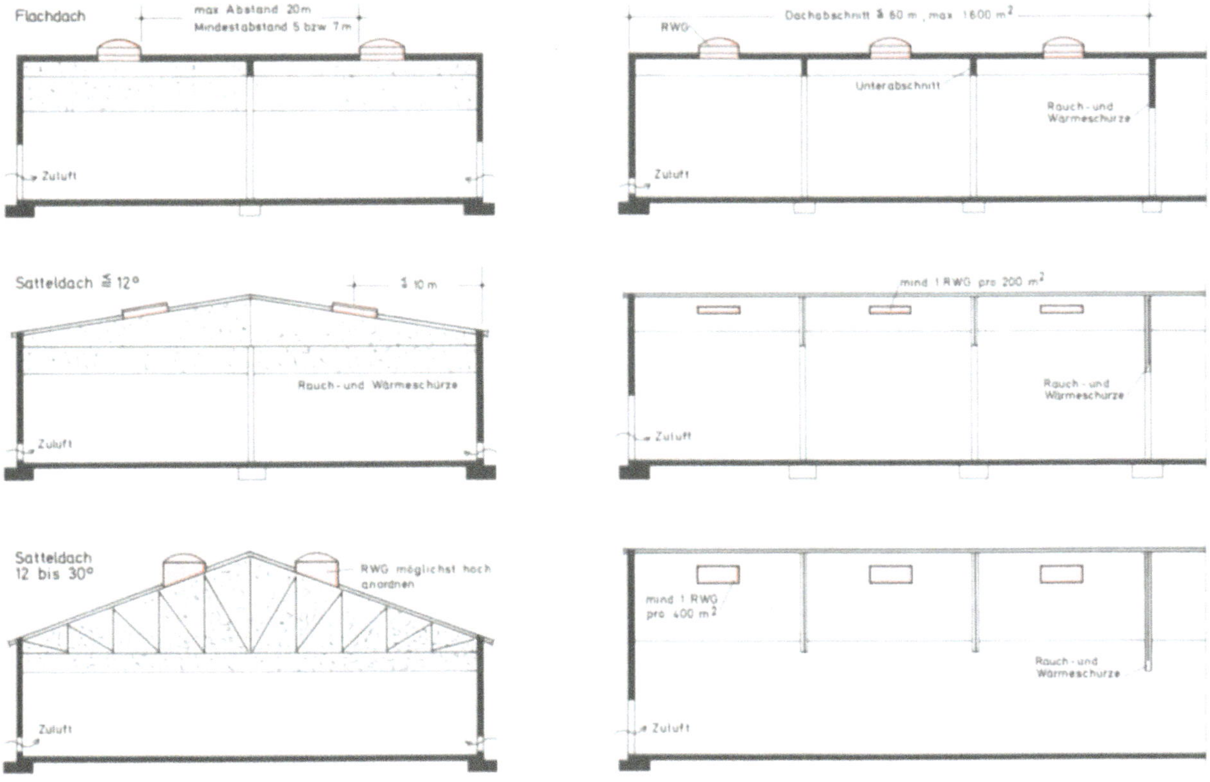


RWG - Mindestabstände zu
- Brandwänden 5m,
- Komplextrennwänden 7m

zusätzliche RWG und Rauchschürzen an Stellen erhöhter Brandgefahr

# 1 Feststellanlagen fur Feuerschutzabschlusse

1 Feuerschutztur
2 Netzanschluß
3 ggf. Netzgleichrichter
4 Tur-Haltemagnet
5 Ankerplatte
6 autom. Turschließer
7 Turfeststeller mit elt. Auslosung
8 Rauchschalter oder -melder
9 Rauchschutzschalter
10 Zusatzmelder
11 Hand-Auslosetaste

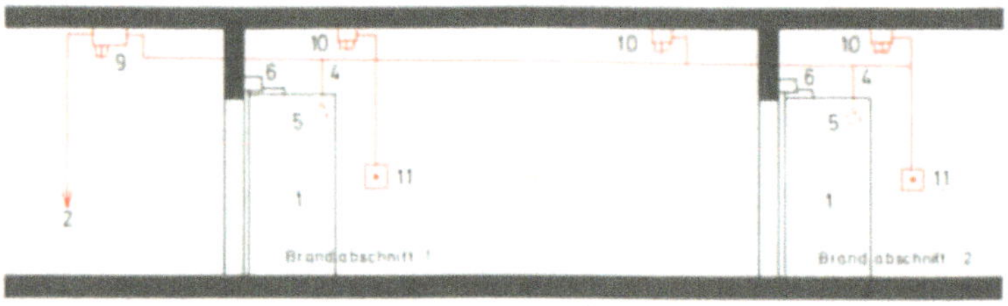


Automatische Schließeinrichtung fur 2 Brandabschnittsturen

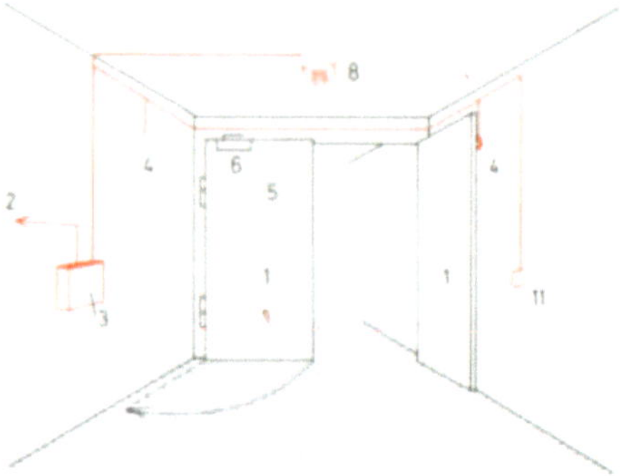

Flur mit zweiflugeligem Feuerschutzabschluß

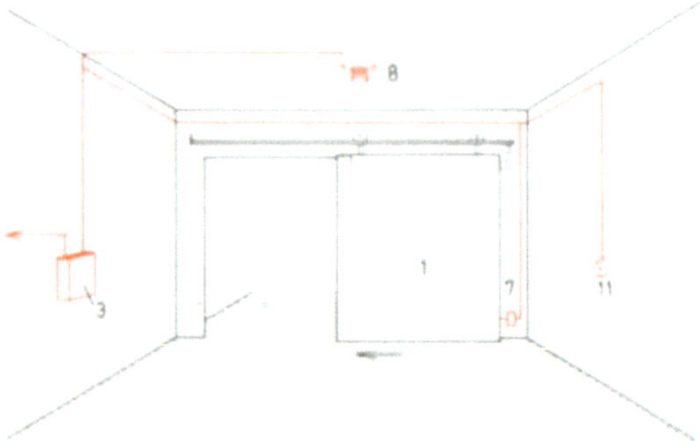

Feuerschutz-Rolltor

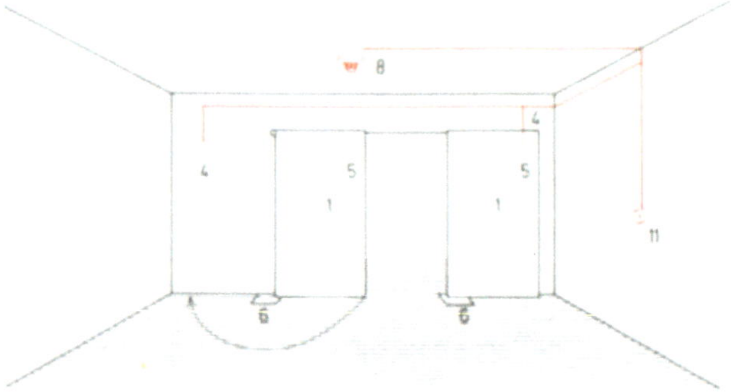

Raum mit zweiflugeligem Feuerschutzabschluß

# 2 Bauteile von Feststellanlagen

Rauchschutzschalter
(notwendig wenn keine Brandmeldeanlage vorhanden ist)

Zusatzmelder
(Ionisations-Rauchmelder)



Ankerplatte
zur Befestigung auf der Tur

BKS-Flachformturschließer mit elektromagnetischem Feststellgestange
(benotigen keinen zusatzlichen Haltemagneten)

Tur-Haltemagnet fur Wandmontage

Tur-Haltemagnet mit Distanzhalter

Tur-Haltemagnet fur Boden- oder Deckenmontage



Tur-Haltemagnet fur Bodenmontage

## Heizräume

Gemäß den Landesbauordnungen sind Heizräume sowie Räume zur Lagerung von Brennstoffen so anzuordnen und herzustellen, daß der Brandschutz und der Gewässerschutz gewährleistet ist.

Heizräume im Sinne der bauaufsichtlich eingeführten *Heizraumrichtlinien (HRR)* sind Räume, in denen eine oder mehrere Feuerstätten für feste, flüssige oder gasförmige Brennstoffe zur Zentralbeheizung, Warmwasserbereitung oder Erzeugung von Betriebs- und Wirtschaftswärme mit einer Gesamtleistung von mehr als 167 500 kJ/h (40 000 kcal/h) aufgestellt sind.

Für Heizräume außerhalb von Kellergeschossen sind zusätzliche bauliche Richtlinien zu beachten.

Hinsichtlich des **baulichen Brandschutzes** ist zu beachten:

- Wände, Decken und Stützen des Heizraumes müssen feuerbeständig sein und aus nichtbrennbaren Baustoffen bestehen. Sie dürfen nicht mit brennbaren Baustoffen verkleidet werden.
- Der Fußboden des Heizraumes muß aus nichtbrennbaren Baustoffen hergestellt sein. Bei Heizungen mit Ölfeuerungen ist er außerdem öldicht auszubilden, bei normalen Zementestrichen zumindest mit einem ölfesten Anstrich.
- Durchbrüche für Heizrohre oder andere Leitungen in Wänden, Decken und Fußböden sind mit nichtbrennbaren Baustoffen dicht zu schließen.
- Türen von Heizräumen müssen nach außen aufschlagen und vom Heizraum aus ohne Schlüssel zu öffnen sein. Türen, die nicht ins Freie führen, müssen mindestens feuerhemmend sein und aus nichtbrennbaren Baustoffen bestehen. Zuluftleitungen, die durch andere Räume geführt werden, die keine Nebenräume des Heizraumes sind, müssen eine Feuerwiderstandsdauer von mindestens 90 Minuten haben. Ansaugöffnungen müssen zu Öffnungen von Räumen mit erhöhter Brand- oder Explosionsgefahr mindestens 1 m entfernt sein.

Für Heizräume außerhalb der Kellergeschosse (Erdgeschoß, Obergeschosse, Dachräume, besondere Räume auf Dächern) gelten die gleichen Anforderungen wie für die im Kellergeschoß angeordneten Heizräume mit folgenden zusätzlichen Bedingungen:

- Bei Heizräumen in Dachräumen von Wohngebäuden genügen als Abtrennung gegen Abstellräume feuerhemmende Wände und Decken aus nichtbrennbaren Baustoffen.
- Bei Heizräumen in besonderen Räumen auf Dächern, die nicht an anders genutzte Räume angrenzen, genügen feuerhemmende, aus nichtbrennbaren Baustoffen bestehende Wände und Decken.
- Brennstoffsteigeleitungen in Schächten sind zu entlüften; die Schächte müssen aus nichtbrennbaren Baustoffen hergestellt sein.
- Außerhalb des Heizraumes sind in der Nähe des Zuganges an gut erreichbarer Stelle für die Brandklassen A, B, C zugelassene Feuerlöscher nach DIN 14 406 mit einem Füllgewicht von mindestens 6 kg anzubringen.

## Heizöllagerung

Lagerbehälter für Heizöl und deren Leitungen müssen so beschaffen und eingebaut sein, daß ein Eindringen des Brennstoffes in Gewässer und Abwasseranlagen verhindert wird. Nach dem Wasserhaushaltsgesetz gelten diese Sicherheitsbestimmungen auch für das Abfüllen von Heizöl.

Es gelten die bauaufsichtlich eingeführten *Heizölbehälter-Richtlinien (HBR).*

Außerhalb von Wohnungen in Räumen ohne Feuerstätten darf Heizöl bis zu insgesamt 5 000 Liter je Gebäude oder je Brandabschnitt gelagert werden, wenn bei Lagerung von mehr als 300 Liter Heizöl die Räume mindestens feuerhemmende Wände und Decken haben sowie feuerhemmende Türen gegen den Treppenraum besitzen.

Mehr als 5 000 Liter Heizöl dürfen nur in Heizöllagerräumen gelagert werden. Innerhalb von Gebäuden darf die Lagermenge 100 000 Liter je Heizöllagerraum nicht überschreiten.

Batteriebehälter dürfen nicht mehr als 2 000 Liter Fassungsvermögen haben und zu Batterien mit höchstens 5 Behältern zusammengeschlossen werden.

Vor der ersten Befüllung von oberirdisch aufgestellten Heizölbehältern muß von dem Betreiber eine Bescheinigung des Bezirkschornsteinfegermeisters eingeholt werden, die darüber Auskunft gibt, daß gegen die Erstbefüllung im Hinblick auf den Brandschutz und die Betriebssicherheit keine Bedenken bestehen.

Bodenabläufe, bei denen mit einlaufendem Heizöl gerechnet werden muß, dürfen nur über einen Heizölabscheider oder bei kleinen Anlagen (z.B. Wohnhaus) über eine Heizölsperre an das Kanalnetz angeschlossen werden.

Das direkte Einleiten von Heizöl in den Kanal ist wegen der damit verbundenen Explosionsgefahr außerordentlich gefährlich und deshalb strengstens verboten.

Hinsichtlich des baulichen Brandschutzes ist zu beachten:

- Heizöllagerräume müssen aus feuerbeständigen Wänden, Pfeilern, Stützen und Decken bestehen.
- Türen, die nicht ins Freie führen, müssen mindestens feuerhemmend sein. Fußböden, Einbauten und Unterteilungen müssen aus nichtbrennbaren Baustoffen bestehen. Bei Heizöllagerräumen in ein- und zweigeschossigen Gebäuden kann von diesen Forderungen abgesehen werden, wenn wegen des Brandschutzes keine Bedenken bestehen.
- Leitungen von Lüftungsanlagen, die mit anderen Räumen in Verbindung stehen, müssen innerhalb der Heizöllagerräume feuerbeständig sein. Die Leitungen sind so auszubilden, daß Feuer und Rauch nicht in andere Räume übertragen werden können.
- Bei Lagerung von mehr als 300 Liter Heizöl müssen in der Nähe des Zugangs zu den Heizöl-Lagerräumen Feuerlöscher mit einem Füllgewicht von mindestens 6 kg Löschmittel bereitgehalten werden, die für die Brandklassen A, B, C geeignet sind.
- Ortsfeste Behälter im Freien müssen von Bauteilen aus normal- oder schwerentflammbaren Baustoffen und von Öffnungen in Wänden mindestens 3 m, von feuerhemmenden und feuerbeständigen Wänden ohne Öffnungen mindestens 25 cm und von Grundstücksgrenzen mindestens 1 m entfernt aufgestellt sein.

## Garagen

Im Sinne der Bauvorschriften sind Garagen mit einer Nutzfläche bis 100 $m^2$ Kleingaragen. Sie dürfen mit anderen Räumen unmittelbar durch Öffnungen mit mindestens feuerhemmenden, selbstschließenden Türen verbunden sein. Bei Ausführung sämtlicher Bauteile in feuerhemmender Bauart oder aus nichtbrennbaren Baustoffen brauchen Sicherheitsabstände zu anderen Gebäuden und zur Grundstücksgrenze nicht eingehalten zu werden.

Werden dagegen Kleingaragen mit Bauteilen aus brennbaren Baustoffen – also in nichtfeuerhemmender Bauart – errichtet, dann sind folgende Auflagen zu beachten:

- 5 m Abstand von Nachbargrundstücken
- 10 m Abstand von bestehenden oder erlaubten künftigen Gebäuden oder Anbau an feuerbeständige Wände ohne Öffnungen von anderen Gebäuden
- Feuerbeständige und öffnungslose Wände der Garage zur Nachbargrenze oder zum benachbarten Gebäude hin

Außerdem gelten noch folgende Bauregeln:

- Dächer von Garagen sind mit einer harten Bedachung entsprechend DIN 4102, Teil 7, bzw. mit klassifizierten Bedachungen gemäß Teil 4 dieser Norm auszuführen.
- Fußböden müssen aus nichtbrennbaren Baustoffen bestehen.
- In Abwasserleitungen innerhalb von Garagen und an Stellen, an denen Kraftfahrzeuge aufgetankt und/oder mit brennbaren Flüssigkeiten gereinigt werden, sind Benzinabscheider einzubauen, um Explosionen im Entwässerungssystem zu vermeiden.
- Garagen dürfen grundsätzlich keine Anlagen, Einrichtungen oder Lagergüter enthalten, bei denen sich brennbare Dämpfe oder Gase entwickeln können.

**Kraftfahrzeugstellplätze** müssen ebenso wie Garagen dem Brandschutz genügen. Sie müssen von Gebäudewänden und ungeschützten Bauteilen aus brennbaren Baustoffen mindestens 5 m, von Gebäudewänden in feuerhemmender Bauart mindestens 3 m Abstand erhalten.

Von Gebäuden mit feuerbeständigen Außenwänden brauchen keine Abstände eingehalten zu werden.

Auf den Kraftfahrzeugstellplätzen und in einem Umkreis von mindestens 5 m darf kein offenes Feuer benutzt werden. Innerhalb dieses Bereiches dürfen keine leichtentzündlichen Stoffe gelagert oder aufbewahrt werden.

Durch Kraftfahrzeugstellplätze dürfen Zu- und Ausgänge von Gebäuden, Zu- und Ausfahrten von Höfen, Durchfahrten und sonstigen Verkehrswege, die bei einem Brand als Rettungswege für die Bewohner und als Angriffswege für die Feuerwehr dienen, nicht unzulässig beeinträchtigt werden.

## Aufzüge

In den Landesbauordnungen sind folgende Brandschutzforderungen enthalten:

- Fahrschächte mit feuerbeständigen Wänden
- Verkleidungen der Innenwände aus nichtbrennbaren Baustoffen
- Decken der Fahrschächte entsprechend den Anforderungen an Decken über dem obersten Vollgeschoß des Gebäudes
- Fahrschachttüren, bei denen Feuer und Rauch nicht in andere Geschosse übertragen werden können
- Feuerbeständige Abtrennung des Aufzugsmaschinenraums von benachbarten Räumen
- Türen zum Aufzugsmaschinenraum mindestens feuerhemmend (T 30), bei Gebäuden mit mehr als 5 Vollgeschossen feuerbeständig (T 90)

Für den Brandfall geht man davon aus, daß die Türen von Fahrschächten von der Geschoßseite aus mit dem vollen Brand angegriffen werden. Weiterhin ist anzunehmen, daß ein Teil der durch die Türen dringenden Gase im Fahrschacht aufsteigt, so daß die darüber liegende Tür in den Bereich von Heißgas gerät.

Personen- und Lastenaufzüge dürfen im Brandfall wegen der möglichen Verqualmung und Hitzeeinwirkung sowie der Gefahr des Steckenbleibens nicht benutzt werden.

Abschlüsse in Fahrschachtwänden müssen nach DIN 4102, Teil 5, geprüft und zugelassen sein. Es dürfen auch nur Fahrschachttüren aus einer güteüberwachten Produktion verwendet werden.

Die Wirksamkeit der Abschlüsse kann außerdem nur dann als gesichert gelten, wenn eine geeignete Fahrschachtentlüftung vorhanden ist und der Fahrkorb überwiegend aus Baustoffen der Klasse A besteht.

Nach DIN 4102, Teil 4, gelten zur Zeit als klassifizierte Abschlüsse in Fahrschachtwänden der Feuerwiderstandsklasse F 90:

- Flügel- und Falttüren nach DIN 18 090
- Horizontal- und Vertikal-Schiebetüren nach DIN 18 091
- Vertikal-Schiebetüren für Kleinlastenaufzüge nach DIN 18 092
- Abschlüsse, die durch das Institut für Bautechnik allgemein bauaufsichtlich zugelassen sind.

### Feuerwehraufzüge für Hochhäuser

Als weitere Sicherheitsmaßnahmen werden seit einigen Jahren in über 30 m hohen Hochhäusern besondere Feuerwehraufzüge verlangt. Sie sollen den Löschkräften der Feuerwehr ein sicheres Erreichen der Einsatzstelle ohne Benutzung der für die Flucht der Hausbewohner benötigten Treppenräume ermöglichen. Hinweise auf diese Sondernutzung sind sowohl im Fahrkorb als auch außerhalb deutlich sichtbar anzubringen.

Beim Feuerwehraufzug kann es sich um einen notwendigen Aufzug handeln, der im Brandfall ausschließlich der Feuerwehr zur Verfügung stehen muß. Für diesen besonderen Aufzug sind außerdem Forderungen zu erfüllen, die über die allgemeinen Bestimmungen für Aufzüge in Hochhäusern hinausgehen. Vorgeschrieben sind:

- ein eigener Fahrschacht in feuerbeständiger Bauweise;
- ein Zugang in jedem Geschoß von einem ausreichend belüfteten Vorraum;
- ein Zugang im Erdgeschoß oder auf *Feuerwehrebene* durch eine Sicherheitsschleuse oder eine direkt ins Freie führende Tür;
- eine Mindesttragfähigkeit von 900 kg;
- ein Fahrkorb mit mindestens 1,00 m Breite, 2,10 m Tiefe und 2,00 m Höhe;
- eine im Fahrkorb installierte Gegensprechanlage zum Eingangsgeschoß und zum Maschinenraum;
- der Anschluß an eine Notstromversorgung, so daß der Feuerwehraufzug bei Ausfall des Netzstromes betriebsbereit bleibt;
- ein zusätzlicher Feuerwehr-Schlüsselschalter neben den allgemeinen Bedienungsknöpfen, über den der Fahrkorb durch Vorzugsruf jederzeit ohne Halt zum Eingangsgeschoß geleitet werden kann;
- eine wöchentlich einmal durchzuführende Funktionsprüfung.

## Brandschutz auf Baustellen

Brände auf Baustellen entstehen meist durch Nachlässigkeit und Leichtsinn, weil Brandschutzmaßnahmen während dieser Zeit überhaupt nicht oder nur sehr nachlässig beachtet werden.

Eine Anhäufung brennbarer Stoffe ergibt sich ganz besonders kurz vor der Fertigstellung von Gebäuden. Zwischen Stapeln von Packmaterial, Plastikfolien, Dämmstoffen, Bauholz und sonstigem leicht entflammbaren Abfall wird geschweißt und gelötet, werden Kleber, Vergußmassen und Bitumen erwärmt, wird geraucht, stehen Lacke und Lösungsmittel, Flüssiggasflaschen und Trockenöfen.

Die ausführenden Unternehmer, die gemäß schriftlicher Auftragserteilung verpflichtet sind, den Bau ständig sauber zu halten und die Abfälle laufend abzufahren, wählen aber viel lieber den bequemeren Weg und verbrennen ihre Abfälle an der Baustelle.

Andererseits sind in dieser Bauphase Löscheinrichtungen in der Regel noch nicht betriebsbereit. Auch die Feuerwehrzufahrten sind noch nicht vorhanden, da die Außenanlagen bekanntlich zuletzt hergestellt werden.

Den bauleitenden Architekten und auch den Bauherren wird dringend empfohlen, dem Brandschutz auf der Baustelle erhöhte Sorgfalt zu widmen. Die Auffassung, dies sei ja Sache der ausführenden Unternehmer, wird sich im Schadensfall oder gar vor Gerichten kaum durchsetzen lassen. Die Rechtsgrundlage für die Forderung nach einem ausreichenden Brandschutz auf Baustellen ergibt sich aus den Landesbauordnungen.

Das Merkblatt *Brandschutz bei Bauarbeiten,* herausgegeben von den Bau-Berufsgenossenschaften bzw. dem Verband der Sachversicherer, enthält wichtige Hinweise.

Auf Anforderung steht dieses Merkblatt auch den Architekten zur Verfügung.

Nachstehend einige wichtige Auszüge aus diesen Sicherheitsregeln.

### Einrichten der Baustelle

Bei der Aufstellung von überwiegend aus brennbaren Stoffen bestehenden Bauunterkünften (Holzbaracken, Wohnwagen) sowie Behelfsbauten für Werkstätten und Lagerung sind ausreichende Abstände einzuhalten, um einer Brandübertragung vorzubeugen und im Gefahrenfalle eine Tätigkeit der Feuerwehr nicht zu behindern. Angaben über die notwendigen Abstände für Baracken und weitere Hinweise zur Ausführung enthalten die Landesbauordnungen.

Die Lagerung von leichtentzündlichen brennbaren Stoffen ist besonders deutlich zu kennzeichnen.

### Feuer und offene Flammen

Das Abbrennen von Baustellenabfällen darf nur erfolgen, wenn keine Gefahr durch Übergreifen des Feuers, Hitzeeinwirkung, Funkenflug oder Rauchentwicklung entsteht und der Abbrand ständig überwacht wird. Das Abbrennen kann aus Gründen des Umweltschutzes unzulässig sein, was durch vorheriges Befragen der Feuerwehr oder der zuständigen Polizeidienststelle festzustellen ist.

An bestimmten Arbeitsplätzen, an denen mit leichtentzündlichen und explosionsgefährlichen Stoffen gearbeitet wird, sind die Benutzung von offenen Flammen und das Rauchen sowieso strikt verboten.

### Brandgefährliche Geräte und Arbeiten

Geräte, die Gas oder Heizöl verbrauchen, elektrische Geräte sowie sonstige Wärmegeräte sind so zu installieren und zu betreiben, daß Brände nicht entstehen können. Während des Betriebes sind sie ausreichend zu beaufsichtigen.

Bei Arbeiten mit Schweißbrennern und ähnlichen Geräten, bei denen durch offenes Feuer, erhitzte Metallteile, Funkenflug, abtropfende glutflüssige Stoffe oder auf andere Weise Brandgefahren auftreten können, ist eine mögliche Feuers- und Explosionsgefahr vor Beginn der Arbeiten festzustellen und zu beseitigen.

Beim Kochen und Erwärmen von Bitumen, Teer und ähnlichen Stoffen ist sicherzustellen, daß sie sich nicht entzünden oder entzündet werden.

### Brand- und explosionsgefährliche Stoffe

Brennbare Baustellenabfälle dürfen in und auf Gebäuden sowie in künstlichen Hohlräumen unter dem Erdboden nicht gelagert werden. Beim Fehlen von geeigneten Lagerflächen sind die Abfälle laufend abzufahren.

Reinigungsmittel, Lösemittel, Isolier-, Anstrich- und Versiegelungsmittel sowie bestimmte Klebstoffe können brennen oder deren Dämpfe mit Luft explosible Gemische bilden. Die Aufschriften, Verarbeitungshinweise und die Warnsymbole auf den Behältnissen dieser Stoffe sind zu beachten. Besondere Sorgfalt muß einer ausreichenden Be- und Entlüftung von entsprechenden Lagerräumen und der Vermeidung von Zündquellen gelten.

Lagerräume für Gasflaschen müssen ausreichend be- und entlüftet sein; bei Flüssiggas dürfen sie nicht unter Erdniveau liegen. Gasflaschen dürfen nicht mit leichtentzündlichen und brennbaren Stoffen gelagert werden und sind vor Erwärmung sowie gegen Schlag, Stoß und Erschütterungen zu schützen. An den Arbeitsplätzen dürfen nur die im Gebrauch befindlichen Flaschen aufgestellt sein.

### Rettung von Personen

Rettungswege, Verkehrswege, Baustellenzufahrten, Ausgänge und Treppenräume, die bei einem Brand als Fluchtwege und als Angriffswege für die Feuerwehr dienen können, sind freizuhalten und zu kennzeichnen. Es ist dafür zu sorgen, daß mindestens zwei entgegengesetzt verlaufende Rettungswege vorhanden sind.

### Löschen von Bränden

Bei der Ausführung von Bauarbeiten sind den besonderen Betriebsgefahren entsprechende Feuerlöschmittel und -geräte in einsatzbereitem Zustand und der erforderlichen Anzahl bereitzuhalten.

Dies gilt besonders für Hochhäuser und sonstige ausgedehnte bauliche Anlagen, bei denen die notwendigen Brandschutzmaßnahmen rechtzeitig mit der zuständigen Feuerwehr festzulegen sind.

Bei umfangreichen Bauarbeiten ist im Einvernehmen mit der Feuerwehr ein Brandschutz- und Rettungsplan zu erstellen.

### Erste Hilfe bei Verbrennungen

Es ist sicherzustellen, daß das hierfür zutreffende Merkblatt an allgemein gut zugänglicher Stelle aufgehängt ist.

Nach Entdeckung eines Brandes sind unverzügliche Alarmierung der Feuerwehr und schneller Einsatz der Löschkräfte für eine wirksame Brandbekämpfung von entscheidender Bedeutung.

Von der Öffentlichkeit kann die Alarmierung auf verschiedene Weise erfolgen:

- Über *Telefon:* Bei Wahl der Feuerwehr-Notrufnummer 112 wird eine direkte Verbindung zur nächsten Leitstelle der Feuerwehr oder – wenn eine solche nicht besteht – der Polizei hergestellt. Ab 1980 sollen für alle Telefonanschlüsse die Notrufe 110 für die Polizei und 112 für die Feuerwehr gebührenfrei sein.
- Über *öffentliche Münzfernsprecher:* Nach Betätigung eines Hebels an einem schon teilweise installierten Zusatzgerät zu einem öffentlichen Münzfernsprecher wird eine Sprechverbindung zur nächsten Leitstelle der Feuerwehr oder der Polizei selbsttätig und für den Besucher münzfrei hergestellt.
- Über *öffentliche Feuermelder:* Öffentliche Feuerwehr-Notrufmelder sind von Hand auslösbare Melder, wobei eine Standortangabe an die Melderzentrale erfolgt. Wegen des dichten Telefonnetzes und der Gefahr von Fehlalarmierungen werden derartige Melder heute kaum noch aufgestellt.

Eine weitere Möglichkeit zur Alarmierung der Feuerwehr ist der Einsatz von automatischen oder nichtautomatischen Brandmeldern. Sie sind meist Bestandteil einer umfassenden Brandmeldeanlage, so wie sie beispielsweise in der Übersicht auf Seite 80 dargestellt ist.

Automatische Brandmeldeanlagen sollen insbesondere während der Nachtstunden einen Brand rechtzeitig melden. Dabei ist zu beachten, daß über 60 % aller Brandschäden während der Nachtstunden entstehen.

Brandmeldeanlagen können bei Gebäuden von besonderer Nutzung oder Gefährdung von den Behörden gefordert werden.

Von den Sachversicherern werden sie verlangt, wenn sie entsprechend hohe Werte zu versichern haben.

In den Landesbauordnungen gibt es konkrete Vorschriften für Hochhäuser; neben Löschwasserleitungen und Rettungsgeräten können auch Feuermeldeeinrichtungen verlangt werden.

Sollen durch die Einrichtung von Brandmeldeanlagen Ermäßigungen bei den Versicherungsprämien erreicht werden, sind bei ihrem Aufbau die vom Verband der Sachversicherer herausgegebenen *Richtlinien für Planung und Einbau von automatischen Brandmeldeanlagen* unbedingt zu beachten.

### Nichtautomatische Brandmelder

Ein nichtautomatischer Brandmelder ist ein von Hans auslösbarer Melder mit oder ohne Impulsgeber (z.B. Druckknopfmelder, auch Handmelder genannt).

Zur Alarmauslösung wird die Glasscheibe eingeschlagen und der Druckknopf gedrückt. Eine Verriegelung hält den Knopf in der gedrückten Stellung fest. Die Rückstellung des Knopfes erfolgt automatisch, wenn die Glasscheibe ersetzt wird.

Für den Außenbereich gibt es Handmelder mit Schutzdach sowie besonders ausgebildete Geräte für explosionsgefährdete Betriebe.

Nach DIN-Vorschrift müssen Druckknopfmelder einheitliche Farbe (rot nach RAL 3 000) und Beschriftung aufweisen. Die Montagehöhe mit 1,50 m über Fußboden ist ebenfalls vorgeschrieben. Falls der Montageort nicht auffällig ist, muß der Standort durch Hinweisschilder kenntlich gemacht werden.

Ein automatischer Brandmelder ist ein Melder, der auf Begleiterscheinungen eines Brandes selbständig anspricht. Jeder Brand zeichnet sich durch sogenannte Brandkenngrößen aus, wie z.B. Temperaturerhöhung, Rauch, Flammenstrahlung; diese physikalischen Größen sind von der jeweiligen Art des Feuers abhängig.

Automatische Brandmelder werden unterschieden in:

- *Rauchmelder,* die auf in der Luft enthaltene Verbrennungsprodukte (Schwebestoffe) ansprechen. Unterschieden wird zwischen Ionisations-Rauchmeldern und optischen Rauchmeldern. Ionisations-Rauchmelder finden auch als Lüftungskanalmelder sowie bei Rauchschaltern Verwendung;
- *Wärmemelder,* die auf Temperaturerhöhung ansprechen. Unterschieden werden Wärme-Maximalmelder und Wärme-Differentialmelder;
- *Flammenmelder,* die auf die von Flammen ausgehende Strahlung ansprechen.

Mit Hilfe einer in den automatischen Brandmelder eingebauten Leuchtdiode kann der Alarmort lokalisiert werden.

### Ionisations-Rauchmelder

Rauchgase – auch als Aerosole bezeichnet – sind eine Mischung aus feinen, fast unsichtbaren Rauchpartikeln. Rauch ist ein sicheres Merkmal zur Früherkennung eines Brandes. Auch versteckte Schwelbrände machen sich durch ihre Rauchentwicklung bemerkbar.

Der Ionisations-Rauchmelder reagiert auf sichtbaren und unsichtbaren Rauch, lange bevor sich Flammen bilden oder die Temperatur stark ansteigt. Dadurch ist es möglich, den Brand noch im Anfangsstadium zu erkennen und zu melden.

Der Melder enthält zwei Meßkammern, in denen zwischen schwach radioaktiven Materialien ein Ionenstrom fließt, der durch Eindringen von Rauch verändert wird. Die Spannungsänderungen werden ausgewertet und über eine elektronische Schaltung an die Brandmeldezentrale weitergeleitet. Im Melder können drei Empfindlichkeitsstufen eingestellt werden, wodurch eine Anpassung an die zutreffenden Raumbedingungen möglich ist.

Zur Vermeidung von Täuschungsalarmen sollen Ionisations-Rauchmelder nicht in Räumen eingesetzt werden, in denen mit einer starken Rauchentwicklung während der normalen Nutzung zu rechnen ist.

### Lüftungskanalmelder

Hier handelt es sich um spezielle Ionisations-Rauchmelder für die Brandrauch-Überwachung in Lüftungskanälen mit Windgeschwindigkeiten von 1 bis 20 m pro Sekunde. Dabei strömt die Luft am eingebauten Melder vorbei und wird durch ein Austrittsrohr wieder in das Kanalsystem zurückgeleitet. Der weitere Funktionsablauf entspricht den oben beschriebenen punktförmigen Ionisations-Rauchmeldern.

### Rauchschalter

Der Rauchschalter – auch Rauchalarmschalter oder Rauchschutzschalter genannt – wird dort eingesetzt, wo bei einer Brandentstehung elektrische Steuer- und Regelvorgänge eingeleitet werden müssen, wie z.B. für

- das Schließen von Brandabschnittstüren und -schutzklappen → 72;
- das Öffnen von Rauchklappen;
- das Ausschalten von Ventilatoren;

– das Abschalten von Maschinen und Einrichtungen;
– das Einschalten von Alarmgebern.

Rauchschalter sind Einzelgeräte und arbeiten überwiegend nach dem Prinzip des Ionisations-Rauchmelders. An ein Hauptgerät können bis zu 8 weitere Brandrauchmelder angeschlossen werden.

**Optische Rauchmelder**

Optische Rauchmelder reagieren nur auf sichtbaren Rauch. Die bei einem Brand entstehenden Schwebeteilchen gelangen durch den thermischen Auftrieb in die Meßkammer des Melders. Bei Erreichen eines vorbestimmten Streulichtwertes (Alarmschwelle) wird über einen nachfolgenden elektronischen Schaltkreis in der Zentrale Alarm ausgelöst. Optische Rauchmelder sind besonders zur Überwachung von Räumen mit elektrischen Brandrisiken geeignet; sie werden dort im allgemeinen zusammen mit Ionisations-Rauchmeldern eingesetzt.

**Wärme-Maximalmelder**

Der Wärme-Maximalmelder schließt bei Erreichen einer bestimmten Maximaltemperatur einen Bimetallkontakt. Dadurch zündet eine eingebaute Kaltkathodenröhre und löst in der Zentrale Alarm aus. Die Alarmmeldung erfolgt je nach Meldertyp bei einer Temperatur von 55 °C oder 80 °C.

Zu den Maximalmeldern gehört auch der Schmelzlotmelder; er spricht an, sobald die Brandwärme den Loteinsatz auf seinen Schmelzpunkt gebracht hat. Durch verschiedene Schmelzpunkte der dazu benutzten Metall-Legierungen lassen sich unterschiedliche Ansprechtemperaturen festlegen.

Sprinkleranlagen → 83 enthalten im allgemeinen ein Auslöseorgan, das nach diesem Prinzip arbeitet.

Wärme-Maximalmelder sind geeignet für den Einsatz in niedrigen Räumen, in denen der Brandablauf einen raschen Temperaturanstieg erwarten läßt und die Auslösetemperatur schnell erreicht wird, sowie in solchen Räumen, in denen wegen großer Temperaturschwankungen und arbeitsbedingter Rauchentwicklung andere Melder nicht eingesetzt werden können.

Für Räume mit mehr als 6 m Höhe ist der Wärme-Maximalmelder nicht geeignet.

**Wärme-Differentialmelder**

Der Wärme-Differentialmelder ist in der Praxis mit einem Maximalmelder kombiniert. Alarm wird ausgelöst, wenn die Temperaturerhöhung einen vorgegebenen Wert überschreitet (Differentialmelder) oder die eingestellte Maximaltemperatur (Maximalmelder) erreicht wird.

Wärme-Differentialmelder werden vorzugsweise in Bereichen eingesetzt, in denen im Brandfall mit ungleichmäßig ansteigender Temperatur zu rechnen ist.

**Flammenmelder**

Die Flammen eines Brandes geben bei der Entwicklung von Wärme eine elektromagnetische Strahlung ab. Der Flammenmelder wertet davon die infraroten Strahlen aus; da sich diese mit Lichtgeschwindigkeit ausbreiten, hat der Flammenmelder den Vorteil, sehr schnell zu reagieren.

Auf normale Umgebungslichtverhältnisse, wie z.B. Sonnenlicht, Licht von Glühlampen oder Leuchtstoffröhren, spricht der Flammenmelder nicht an, dagegen aber auf stärkere Lichterscheinungen, wie sie z.B. beim Schweißen entstehen oder durch Lichtbogenlampen erzeugt werden.

Flammenmelder werden dort eingesetzt, wo mit einer schnellen Flammenentwicklung zu rechnen ist. Sie sind auch zur Überwachung hoher Räume geeignet, meist in Kombination mit Ionisations-Rauchmeldern.

**Meldersockel**

Punktförmige Brandmelder werden im allgemeinen auf zuvor montierte Sockel aufgesteckt. Dies hat folgende Vorteile:

- Das Leitungsnetz kann sofort nach der Installierung geprüft werden.
- Das Auswechseln von Meldern bei Änderungen des Raumzustandes ist auf einfachste Art möglich.
- Beim Austausch von Meldern während der Inspektion wird eine Unterbrechung in der Überwachung vermieden.

Die Sockel gibt es für alle in der Praxis vorkommenden Montagearten (Aufputz, Unterputz, hängend).

**Brandmeldezentralen**

Die Brandmeldezentrale wertet die von den Meldern eingehenden Signale aus und übermittelt Alarm- und Steuerbefehle entsprechend einem vorbestimmten Programm.

Moderne Zentralen sind in Modular-Bauweise aufgebaut. Über austauschbare Steck-Module können je nach Größe des Gerätes die Melderlinien, an denen die Brandmelder gruppenweise angeschlossen sind, aufgeschaltet werden.

Für Brandmeldeanlagen sind zwei unabhängige Stromversorgungen vorgeschrieben, und zwar Netzstrom sowie eine Notstromversorgung.

Automatische Brandmeldeanlagen werden vom Verband der Sachversicherer (VdS) nur anerkannt, wenn sie den Richtlinien des Verbandes entsprechen und von einer anerkannten Fachfirma errichtet wurden.

Gegebenenfalls können Brand- und Einbruchmeldeanlagen in einem Gerät gemeinsam untergebracht werden.

**Alarmmittel**

Von der Brandmeldezentrale kann stiller und/oder akustischer bzw. optischer Alarm ausgelöst werden. Eine Beschreibung der Alarmmittel ist im Kapitel Einbruchmeldeanlagen → 146 enthalten. Bei größeren baulichen Anlagen folgt meist die Aufschaltung der objektgebundenen Brandmeldeanlage zu einer Hauptmeldezentrale, welche in der Regel die Einsatzzentrale der Feuerwehr ist. Zur Durchführung dieser Arbeiten wird von der Feuerwehr ein Schwachstrom-Unternehmen eingeschaltet, das in der Feuerwehr-Zentrale ein eigenes Tableau unterhält, Verbindungen über das öffentliche Fernsprechnetz herstellt und überwacht. Der Aufwand für die Miete ist abhängig von der Entfernung zwischen Melder und Feuerwehr.

**Mobile Brandüberwachung**

Hierbei handelt es sich um eine Brandmelde-Kleinanlage, die in einem robusten Baustellenkoffer untergebracht ist. Sie besteht aus Mehrbereichs-Brandmeldern, die über eine Batterie versorgt werden, sowie aus akustischen und optischen Alarmgeräten. Eine Funkalarmierung kann angeschlossen werden. Diese Brandwächter werden eingesetzt zur Überwachung feuergefährlicher Arbeiten, auch wenn diese abgeschlossen sind, aber noch Brandgefahr besteht.

# Brandmeldeanlagen

1 Funktionsschema

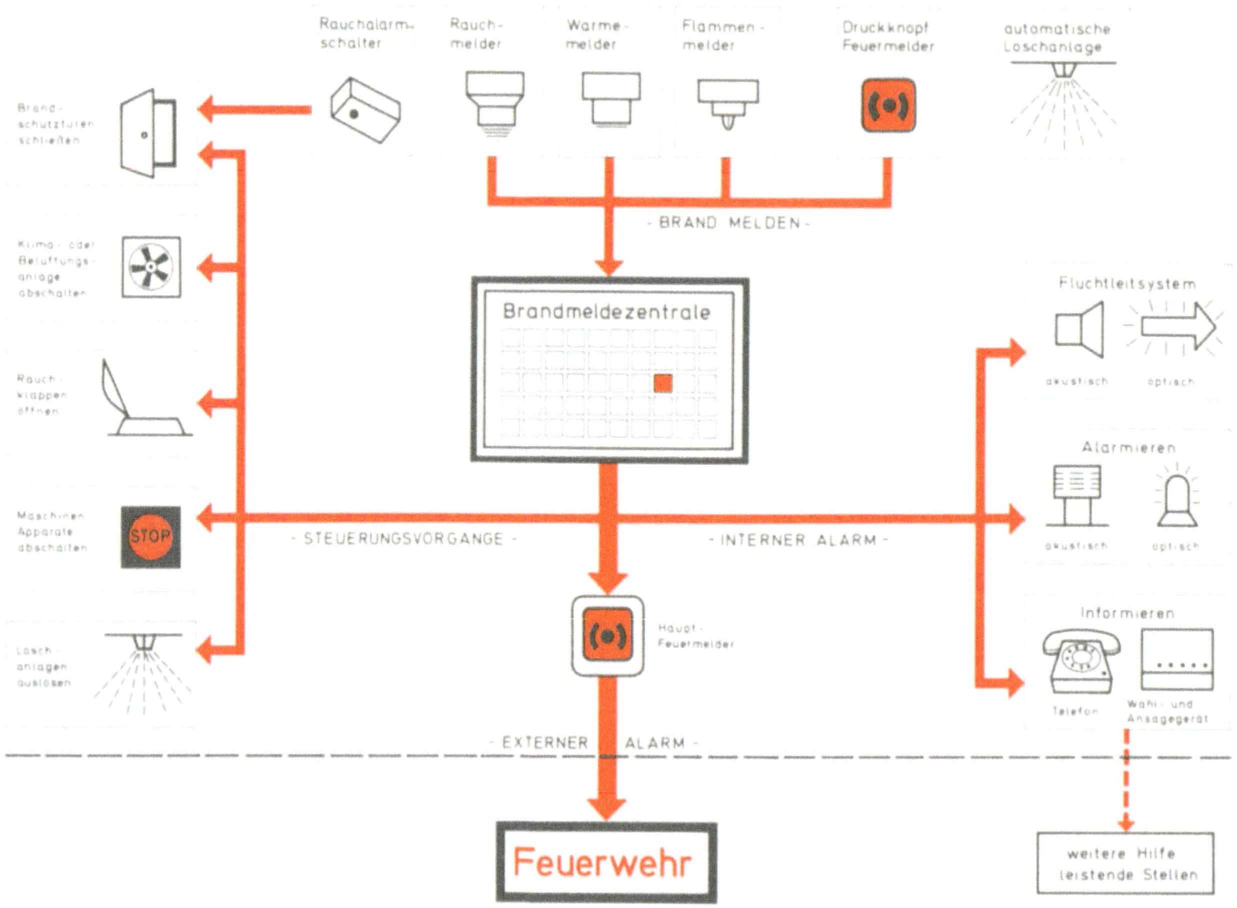


## 2 zweckmäßige Brandmelder
fur die zu erwartende Brandentwicklung

## 3 Einsatz der Brandmelder
bei verschiedenen Raumhohen und Dachschragen

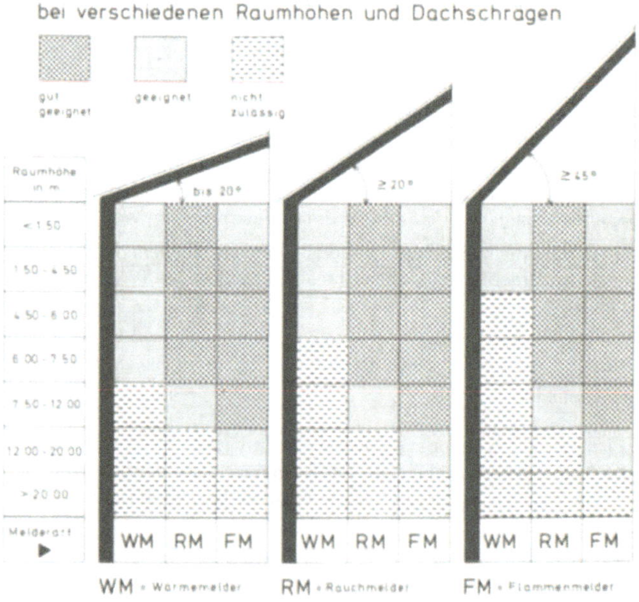

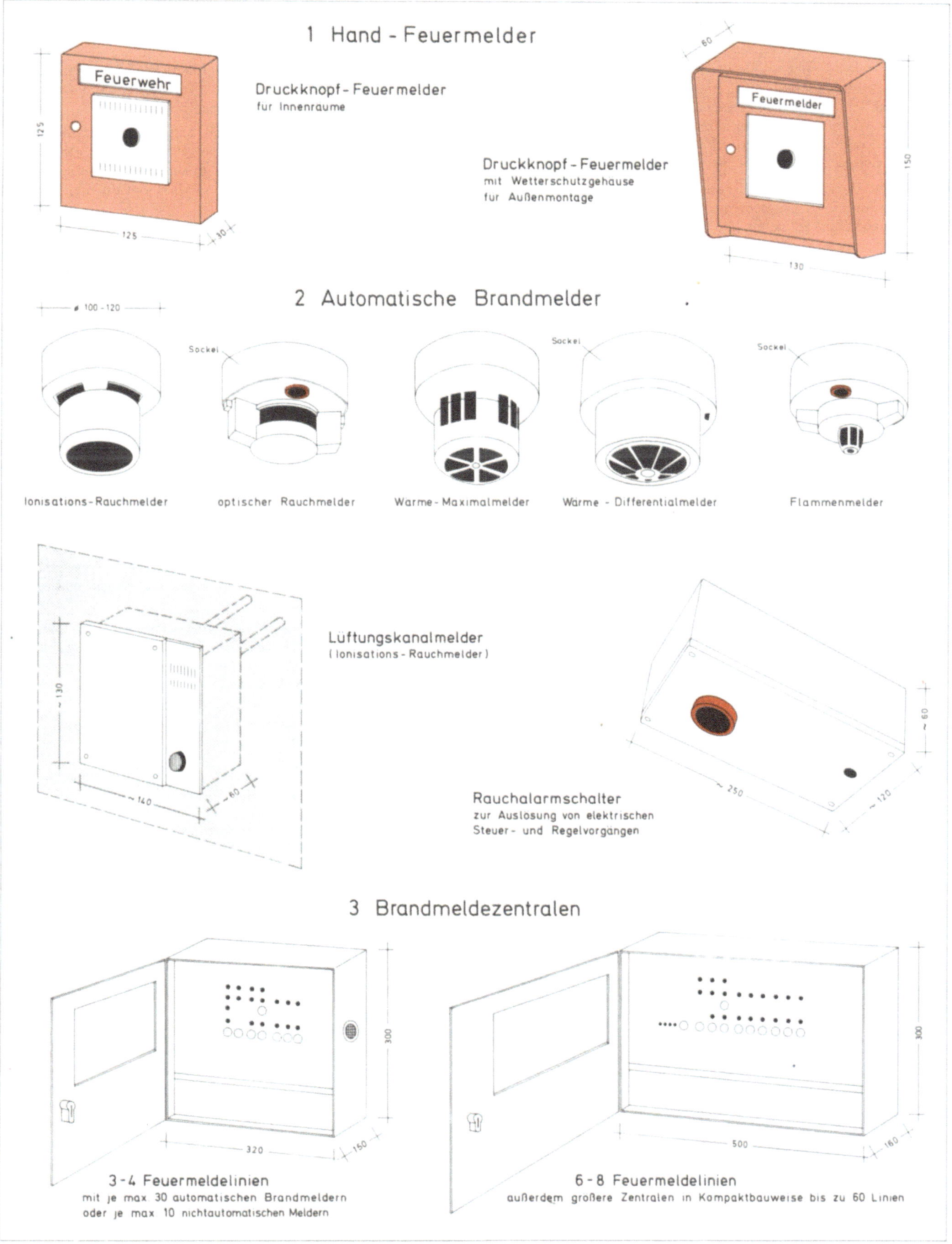
1 Hand - Feuermelder
Feuerwehr
Druckknopf - Feuermelder
für Innenräume
Druckknopf - Feuermelder
mit Wetterschutzgehäuse
für Außenmontage
Feuermelder
125
125
30
60
150
130
2 Automatische Brandmelder
ø 100 - 120
Sockel
Sockel
Sockel
Ionisations - Rauchmelder
optischer Rauchmelder
Wärme - Maximalmelder
Wärme - Differentialmelder
Flammenmelder
Lüftungskanalmelder
(Ionisations - Rauchmelder)
~ 130
140
60
Rauchalarmschalter
zur Auslösung von elektrischen
Steuer- und Regelvorgängen
~ 60
~ 250
~ 120
3 Brandmeldezentralen
300
320
150
3 - 4 Feuermeldelinien
mit je max. 30 automatischen Brandmeldern
oder je max. 10 nichtautomatischen Meldern
300
500
160
6 - 8 Feuermeldelinien
außerdem größere Zentralen in Kompaktbauweise bis zu 60 Linien

# Feuerlöscheinrichtungen

In den Landesbauordnungen ist die grundsätzliche Forderung enthalten, daß Gebäude mit Aufenthaltsräumen nur errichtet werden dürfen, wenn ausreichend Wasser zur Brandbekämpfung zur Verfügung steht. Ist die geforderte Wassermenge nicht zu sichern, so sind für die erste Brandbekämpfung technische Löschmittel bereitzustellen.

Ausführliche Vorschriften über Feuerlöscheinrichtungen sind in der Warenhausverordnung, Garagenverordnung und der Verordnung über Versammlungsstätten enthalten.

### Löschwasserversorgung

Wasser ist wegen seiner vielen Vorteile das für die überwiegende Anzahl aller Brände am besten geeignete Löschmittel.

Sofern Löschwasser aus dem öffentlichen Netz entnommen werden soll, empfiehlt es sich, rechtzeitig mit dem örtlichen Wasserwerk Verbindung aufzunehmen; je nach Umfang des vorgesehenen Bauvorhabens kann sogar eine Verstärkung des Rohrnetzes erforderlich werden. Dabei ist zu beachten, daß Rohrleitungen unter 100 mm Durchmesser für die Großbrandbekämpfung unzureichend sind; ebenso sind Ringleitungen wegen der größeren Sicherheit Stichleitungen vorzuziehen. Aus dem öffentlichen Netz gespeiste Löschwasser-Entnahmestellen können häufig nur dann ihre volle Leistung abgeben, wenn ein besonderer Brandschieber betätigt wird. Dieses Ventil öffnet eine Umgehungsleitung um die Wasseruhr, die den erhöhten Löschwasserfluß stark drosseln würde. Brandschieber sind oft versteckt angebracht und der Feuerwehr nicht bekannt. Eine einwandfreie Kennzeichnung und gegebenenfalls weitere Hinweisschilder sind dann erforderlich.

Für Löschzwecke können bei ungenügender allgemeiner Wasserversorgung zusätzliche Maßnahmen verlangt werden, wie z.B.:

- *Löschwasserteiche* als künstlich angelegte offene Löschwasser-Vorratsräume mit Entnahmestellen. Der Löschwasserteich kann z.B. auch ein Schwimmbad sein;
- *Unterirdische Löschwasser-Behälter;*
- *Löschwasserbrunnen* als künstlich angelegte Entnahmestelle für Löschwasser aus dem Grundwasser.
  Der Brunnen muß über eine mindestens 3,50 m breite Zufahrt für Feuerwehrfahrzeuge erreichbar sein.

Zur Löschwasserversorgung können auch alle *natürlichen offenen Gewässer* in Anspruch genommen werden, sofern sie zugänglich und für Löschfahrzeuge anfahrbar sind. Erforderlichenfalls muß eine vertiefte Saugstelle oder ein Stauraum angelegt werden.

Der Feuerwehr stehen zur Wasserentnahme aus dem Rohrnetz Hydranten zur Verfügung; dabei werden unterschieden:

- *Unterflurhydranten,* aus denen mittels eines Standrohres Wasser entnommen werden kann. Sie werden überwiegend in öffentlichen Verkehrsflächen eingebaut. Für die Feuerwehr haben sie oft den Nachteil, daß sie nicht leicht gefunden werden, insbesondere wenn sie durch parkende Autos zugestellt oder von Eis und Schnee bedeckt sind.
- *Überflurhydranten,* aus denen ohne Zuhilfenahme einer weiteren Armatur Wasser entnommen werden kann. Sie sind aus der Sicht der Feuerwehr vorteilhafter, da sie leichter zu finden sind und auch mehr Wasser als Unterflurhydranten liefern.

### Löschwasserleitungen nach DIN 14 462

Löschwasserleitungen nach dieser Norm sind in Gebäuden fest verlegte Leitungen mit absperrbaren Schlauchanschlüssen an den Entnahmestellen → 84/1. Man unterscheidet:

- Steigleitungen *naß,* die ständig mit unter Druck stehendem Wasser gefüllt sind;
- Steigleitungen *trocken,* in die das Löschwasser erst im Bedarfsfall durch die Feuerwehr eingespeist wird;
- Steigleitungen *naß/trocken,* die im Bedarfsfall durch Fernbetätigung von Armaturen mit Wasser aus dem Trinkwassernetz gespeist werden.

Löschwasser-Entnahmestellen im Innern von Gebäuden werden auch Wandhydranten genannt → 84/2. Sie sind mit betriebsbereit angekuppelter Schlauchleitung samt Strahlrohr versehen und in erster Linie für den Gebrauch durch die Bewohner bestimmt. Wenn baulich möglich, empfiehlt sich ihre Unterbringung in Fluren und Vorräumen zwischen Treppenraum und den Nutzräumen.

Vorteilhaft ist eine Kombination von Wandhydranten mit Feuerlöschern und gegebenenfalls Druckknopf-Nebenmelder. Die Brandschutzeinrichtungen prägen sich so dem Benutzer des Gebäudes besser ein.

## Feuerlöscher

Entsprechend DIN 14 406 sind tragbare Feuerlöscher Löschgeräte mit einem Gewicht bis zu 20 kg, deren Löschmittel durch gespeicherten oder bei Inbetriebsetzung erzeugten Druck ausgestoßen werden → 85/1,2.

Feuerlöscher fallen unter das Gesetz für technische Arbeitsmittel und benötigen eine Zulassung. Das Zulassungskennzeichen muß auf jedem Löscher vorhanden sein.

Richtlinien über den Einsatz von Feuerlöschern haben die Berufsgenossenschaften und der Verband der Sachversicherer aufgestellt. Meist liegt jedoch die Anordnung von Feuerlöschern im Ermessen der für den Brandschutz zuständigen Behörde.

### Feuerlöscher-Bauarten

- *Pulverlöscher (PG)* sind universell einzusetzende Feuerlöscher. Sie können – abgesehen von Hochspannungsanlagen – für Brände aller Brandklassen eingesetzt werden.
- *Pulverlöscher (P)* sollten nur dort installiert werden, wo keine Glutbrände (Brandklasse A) entstehen können.
- *Pulverlöscher (PM)* löschen Metallbrände (Brandklasse D).
- *Kohlensäurelöscher (K) mit Schneebrause* sind besonders für den Einsatz in Laboratorien geeignet.
- *Kohlensäurelöscher (K) mit Gasdüse* sind speziell zum Löschen von Bränden bestimmt, bei denen brennendes Gas unter Druck aus einer Leitung austritt. Sie dürfen nicht zum Löschen von brennbaren Flüssigkeiten (Benzin) verwendet werden, da der austretende Löschstrahl die brennende Flüssigkeit verspritzt und damit den Brand sogar vergrößert.
- *Halonlöscher (HA)* dürfen wegen der gesundheitsschädlichen Gase nicht in engen, schlecht belüfteten Räumen verwendet werden.
  Kohlensäure- sowie Halonlöscher sind zum Löschen von Glutbränden (Brandklasse A) weder geeignet noch zugelassen.
- *Wasserlöscher (W)* dürfen nur dort installiert werden, wo ausschließlich mit Glutbränden (Brandklasse A) zu rechnen ist, aber nicht in der Nähe von Öl- oder Elektroheizgeräten und nicht dort, wo brennbare Flüssigkeiten lagern.

Für Brände in elektrischen Anlagen können Pulverlöscher (PG und P) bei Spannungen bis zu 1 000 Volt eingesetzt werden. Zum Einsatz in elektrischen oder elektronischen Anlagen sind Kohlensäure- und Halonlöscher wegen ihrer rückstandslosen Löschmittel besonders geeignet.

Für elektrische Anlagen galt früher die Brandklasse E; in der heutigen Gliederung ist sie nicht mehr enthalten. Den entsprechenden Vermerk findet man deshalb nur noch auf Feuerlöschern älterer Bauart.

#### Anzahl der Feuerlöscher

Feuerlöscher sind entsprechend der Brandgefahr und der Grundfläche der zu versorgenden Räume in ausreichender Anzahl bereitzustellen. Die Tabelle → 85/4 enthält Richtwerte; besondere Brandgefahren sind entsprechend zu berücksichtigen.

Wegen der Art und Anzahl der Feuerlöscher sollten die Bedingungen der Versicherungen unbedingt eingehalten werden. Wenn die vereinbarten Feuerlöscher nicht oder nur in geringerer Zahl vorhanden waren, können die Versicherungen nach einem Brand die Zahlung verweigern.

Wenn damit zu rechnen ist, daß auch Jugendliche, ältere oder weibliche Personen die Feuerlöscher benutzen müssen, sollten vorzugsweise mehrere kleinere Löscher an Stelle eines großen Löschers aufgestellt werden.

#### Einsatz der Feuerlöscher

Feuerlöscher sind aufgrund ihrer Bauart, ihrer Löschmittel-Füllmenge und ihrer relativ kurzen Spritzdauer dazu bestimmt, Entstehungsbrände zu bekämpfen und zu löschen. Mit mehreren Feuerlöschern können im konzentrierten Einsatz aber auch größere Brände gelöscht werden oder zumindest so lange niedergehalten werden, bis die Feuerwehr eingetroffen ist und die weitere Brandbekämpfung übernimmt.

Je nach Größe des zu schützenden Bereiches sollte eine entsprechende Anzahl von Personen in der Handhabung von Feuerlöschern (Inbetriebsetzen und Löschtaktik) durch Sachkundige eingewiesen werden.

Feuerlöscher sind regelmäßig, mindestens jedoch alle zwei Jahre zu überprüfen. Bei hohen Brandrisiken können kürzere Zeitabstände erforderlich sein. Über die Prüfung ist ein schriftlicher Nachweis zu führen. Zu empfehlen ist der Abschluß eines Wartungsvertrages mit einer Firma, die sich verpflichtet, alle vorhandenen Feuerlöscher zu überprüfen und zu warten, auch wenn sich darunter andere als die eigenen Fabrikate befinden sollten.

#### Standort der Feuerlöscher

Feuerlöscher sind an gut sichtbaren und im Brandfall leicht zugänglichen Stellen so anzubringen, daß sie vor Beschädigungen geschützt sind.

Falls sie sich, durch Raum- oder Einrichtungsverhältnisse bedingt, nicht übersichtlich genug anbringen lassen, sind zusätzliche Hinweiszeichen erforderlich → 85/3. Feuerlöscher sollten nur so hoch über dem Fußboden montiert werden, daß auch kleinere Personen sie ohne Schwierigkeiten aus der Halterung entnehmen können. Die Abstände zwischen den installierten Feuerlöschern sollten nicht mehr als 30 m betragen.

Je nach Einsatzort und -art kann es vorteilhaft sein, mehrere Feuerlöscher örtlich zusammenzufassen. Dies sollte in der Nähe von Gefahrenstellen geschehen, wobei auch Feuermelder, Sicherheitsbeleuchtungen und Rettungsgerät untergebracht werden können.

Geeignete Standorte sind z.B. die Fluchtwege zwischen Aufenthaltsräumen und notwendigen Treppen oder Ausgängen. Ungeeignete Standorte sind z.B. gefangene Räume, Raumecken unterhalb von Treppen und vor allem Orte, wo Materialien abgestellt oder gestapelt werden können, die dann den Feuerlöscher verdecken.

### Sprinkleranlagen

Durch Sprinkleranlagen wird das Feuerschadensrisiko auf ein Minimum reduziert. Die Sachversicherer haben dies frühzeitig erkannt und den Einbau von Sprinkleranlagen gefördert, indem sie hohe Rabatte gewähren. Der Verband der Sachversicherer (VdS) hat umfassende und sehr gründlich durchgearbeitete *Vorschriften über die Errichtung von Sprinkleranlagen* herausgegeben. Diese müssen bei Inanspruchnahme von Rabatten unbedingt eingehalten werden. Die Installation derartiger Anlagen darf auch nur von vom VdS zugelassenen Firmen vorgenommen werden.

Nach dem Einbau wird die Sprinkleranlage durch die techn. Prüfstelle des Verbandes der Sachversicherer abgenommen und im Anschluß daran die Höhe des Rabattes auf die Prämie für die Feuer- und Betriebsunterbrechungsversicherung festgelegt.

#### Funktionsweise einer Sprinkleranlage

An der Decke – zuweilen auch an den Wänden – des zu schützenden Raumes werden gleichmäßig verteilt Düsen an ein zuvor installiertes Rohrnetz montiert, durch das sie dann mit Wasser versorgt werden. Die einzelne Düse – Sprinkler genannt – ist normalerweise durch ein Glasfäßchen (Glasampulle) verschlossen, das mit einer Spezialflüssigkeit gefüllt ist. Bricht ein Feuer aus, so erwärmen die aufsteigenden Brandgase die Flüssigkeit, die sich ausdehnt und das Glasfäßchen bei ca. 68 °C aufsprengt. Daraufhin strömt das unter hohem Druck stehende Wasser aus, wird durch den Sprühteller verteilt und löscht das Feuer. Außerdem wird automatisch eine Alarmglocke betätigt. Gleichzeitig kann über einen Druckschalter Alarm zur Feuerwehr gegeben werden.

Sprinkleranlagen benötigen zwar relativ wenig Wasser; es muß aber auch sichergestellt sein, daß ein Feuer dann noch wirksam bekämpft wird, wenn es sich schnell über eine größere Fläche ausbreitet. Daher werden an die Wasserversorgung besonders hohe Anforderungen gestellt.

Hierfür müssen zwei verschiedene Wasserquellen zur Verfügung stehen:

- *erschöpfliche* Wasserquellen, wie z.B. Hochbehälter, bei denen auch Wasser zufließt, wenn z.B. der elektrische Strom ausfällt;
- *unerschöpfliche* Wasserquellen, wie z.B. Wasserleitungsnetze, weitere Vorratsbehälter und natürliche Quellen.

Sprinkleranlagen werden unterschieden in:

- *Naßanlagen,* die ständig mit unter Druck stehendem Wasser gefüllt sind. Es muß gewährleistet sein, daß das Wasser in den Rohrleitungen nicht einfrieren kann;
- *Trockenanlagen,* die überall dort Verwendung finden, wo mit Frostgefahr gerechnet werden muß; bei ihnen wird erst im Bedarfsfalle Wasser in die Rohrleitung eingespeist.

# Löschwasserleitungen

## 1 – nach DIN 14 462 vom August 1978

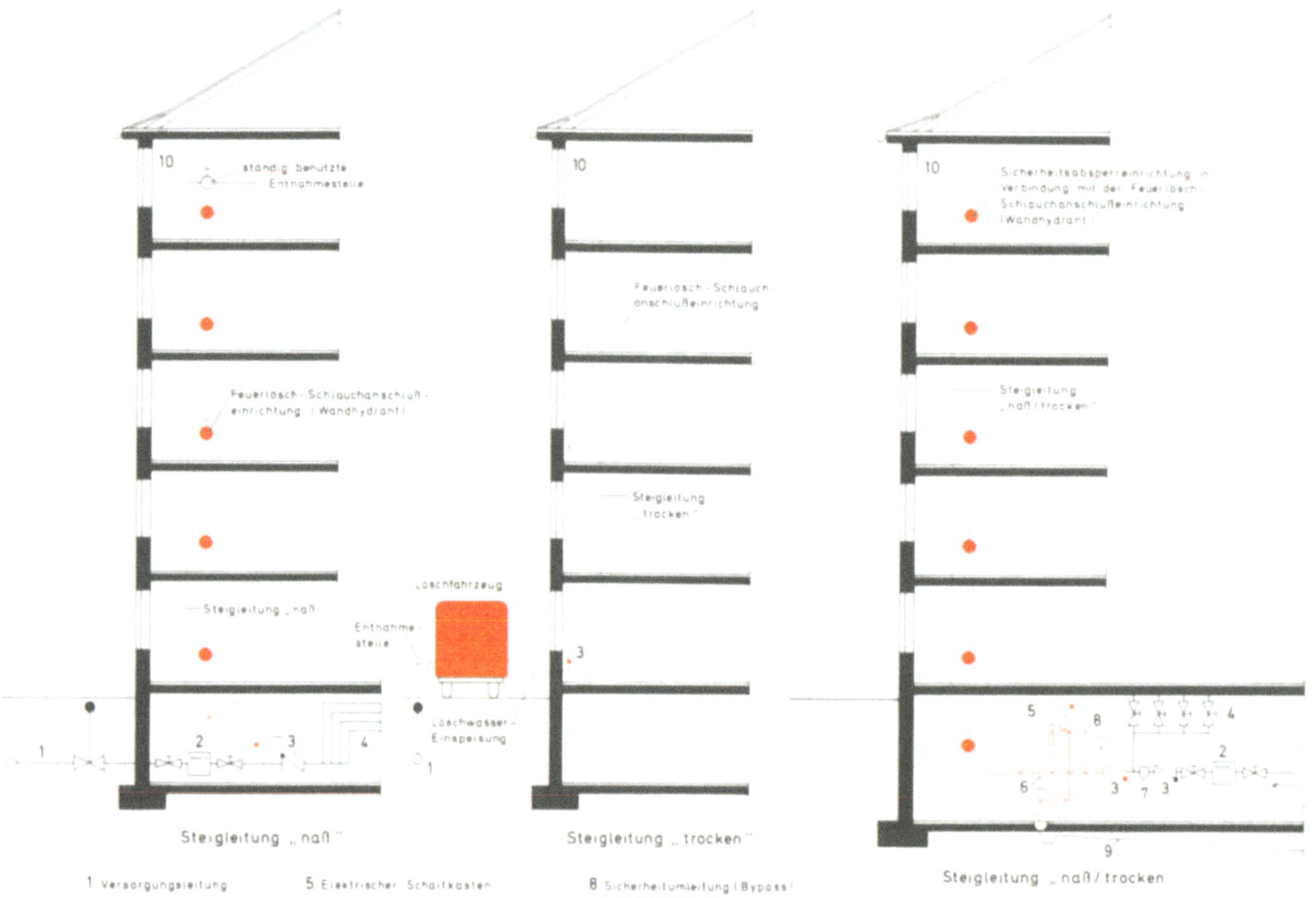


1 Versorgungsleitung
2 Wasserzähler
3 Rückflußverhinderer
4 Hausleitungsanlage
5 Elektrischer Schaltkasten
6 Füll- und Entleerungsarmatur automatisch betätigt
7 Sieb
8 Sicherheitumleitung (Bypass) manuell betätigt
9 Entwässerung (freier Auslauf)
10 2-Rohrbe- und entlüfter

## 2 Wandhydranten-Schränke

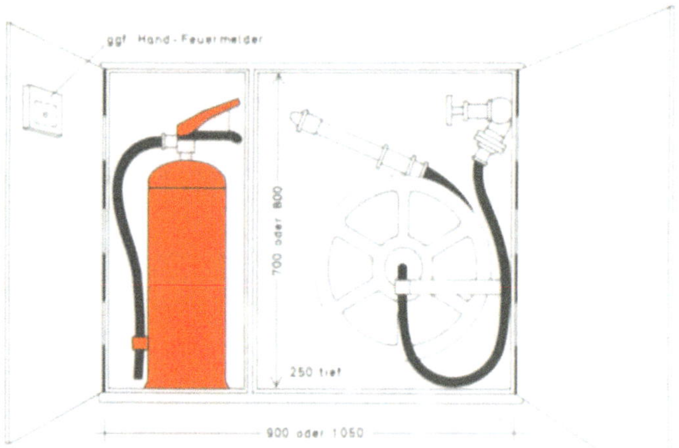


Kombi-Einbauschrank mit Feuerlöscherfach und wasserführender Schnelleinsatz-Haspel

Einbauschrank mit Schlauchhaspel

Nischenschrank für Steigleitung „trocken" mit Schlauchanschlußventil

# Feuerlöscher

## 1 tragbare Feuerloscher (Beispiele)

Pulverloscher PG
fur die Brandklassen A B C
und bei eltr Spannungen
bis 1 000 Volt

Pulverloscher P
fur die Brandklassen B C
und Branden in Gegenwart
elektrischer Spannungen

Pulverloscher PG
mit außenliegender
Treibmittelflasche fur
die Brandklassen A B C

Kohlendioxidschneeloscher
fur die Brandklasse B
und Branden in Gegenwart
elektrischer Spannungen

## 2 Brandklassenschema

| tragbare Feuerloscher - Loschmittelfullung - | Kennbuchstabe | Loscher-Großen Inhalt kg | ca Gewicht kg | Brandklassen - zu loschende Stoffe: A Brennbare feste Stoffe (Holz Papier Kohle Textilien Stroh) | B Flussige Stoffe (Benzin Ole Fette Kunststoffe) | C Gasformige Stoffe (Propan Acetylen Stadt- u Erdgas) | D Brennbare Metalle (Aluminium einschl Legierungen) |
|---|---|---|---|---|---|---|---|
| Pulverloscher mit ABC-Loschpulver | PG | 6<br>12 | 18<br>9 | ■ | ■ | ■ | |
| Pulverloscher mit BC-Loschpulver | P | 6<br>12 | 11<br>20 | | ■ | ■ | |
| Pulverloscher mit Metallbrand-Loschpulver | PM | 12 | 20 | | | | ■ |
| Kohlendioxidschnee- und -nebelloscher | K | 6 | 17 | | ■ | | |
| Kohlendioxidgas-Loscher | K | 6 | 17 | | | ■ | |
| Halonloscher | HA | 4<br>6 | 8<br>10 | | ■ | ■ | |
| Wasserloscher | W | 10 | 16 | ■ | | | |

## 3 Ausführungshinweise

Hinweisschild

Hinweispfeil

Standort-Hinweis

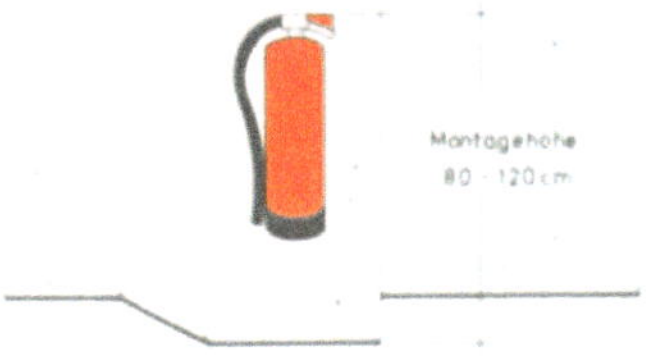


## 4 Anzahl der bereitzustellenden Feuerlöscher

| Umfang der Brandgefahr | Anzahl der 12 kg-Loscher fur Grundflachen bis m² 50 | 100 | 150 | 200 | 250 | 300 | 350 | 400 | 450 | 500 | 600 | 700 | 800 | 900 | 1000 |
|---|---|---|---|---|---|---|---|---|---|---|---|---|---|---|---|
| geringe Brandgefahr<br>niedrige Brandbelastung<br>geringe Brennbarkeit | 1 | 1 | 2 | 3 | 3 | 3 | 3 | 3 | 3 | 3 | 4 | 4 | 4 | 4 | 5 |
| mittlere Brandgefahr<br>geringe Brandbelastung<br>normal entflammbar | 1 | 2 | 3 | 3 | 3 | 3 | 4 | 4 | 4 | 4 | 5 | 5 | 6 | 6 | 7 |
| großere Brandgefahr.<br>große Brandbelastung<br>hohe Brennbarkeit | 2 | 3 | 3 | 4 | 4 | 5 | 5 | 6 | 6 | 7 | 8 | 9 | 10 | 11 | 12 |

1 Funktionsschema einer Sprinkleranlage

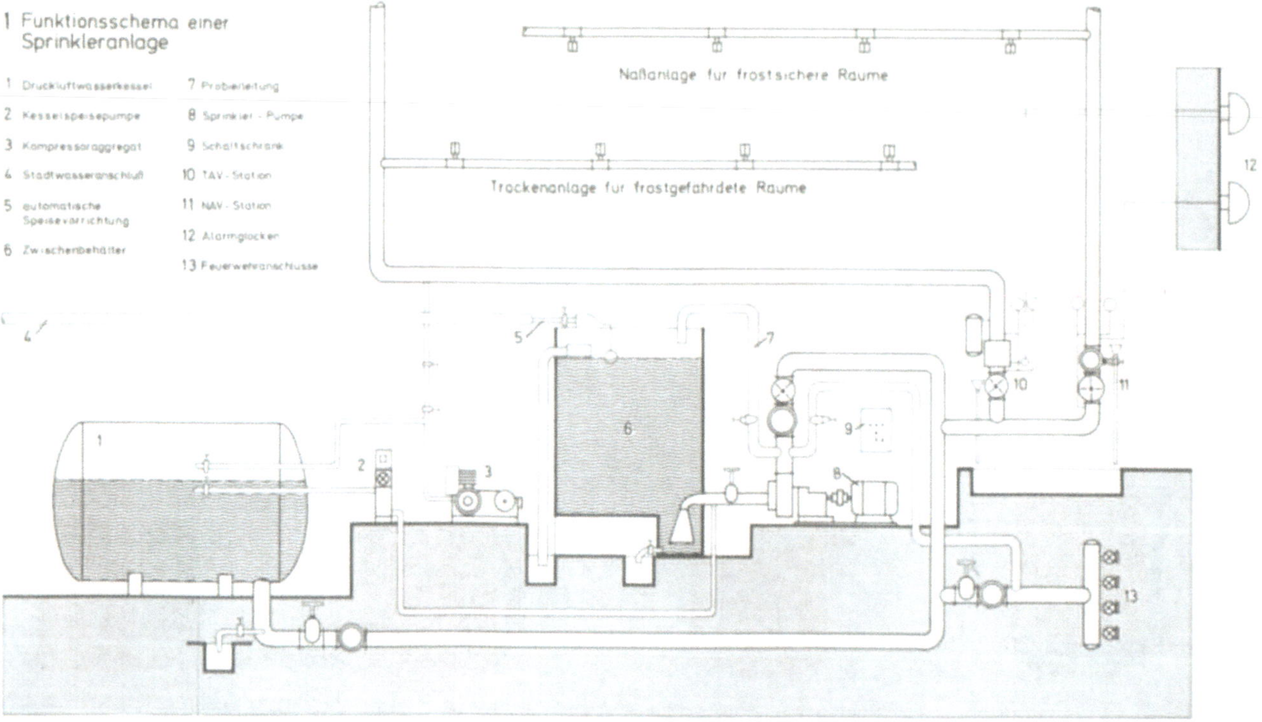


2 Sprinkler - Schutzflachen (nach VdS)
(Brandgefahren (BG) siehe Seite 13)

| Art der Sprinkler | Schutzflache DxS in $m^2$ | | | |
|---|---|---|---|---|
| | fur BG1 | fur BG2 | fur BG3 | fur BG4 |
| Normalsprinkler | 9 | 9 | 9 | 9 |
| Schirmsprinkler | 21 | 12 | 9 | 9 |
| Seitenwandsprinkler | 9 | 9 | 9 | nicht zulässig |

3 Sprinkler - Aufteilung (nach VdS)

D = Abstand zwischen den Strangrohren

S = Abstand zwischen den Sprinklern auf Strangrohren

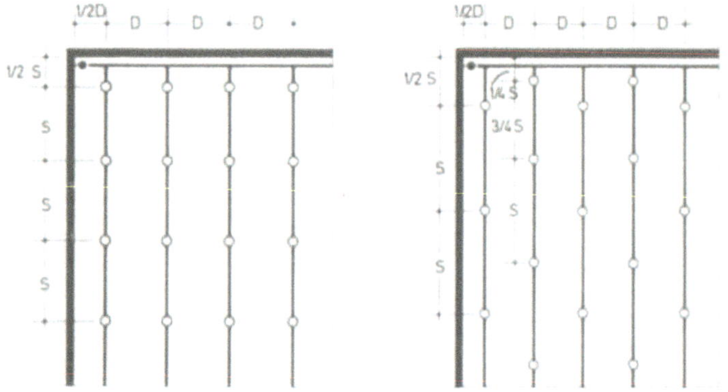


4 Sprinkler - Funktionsweise

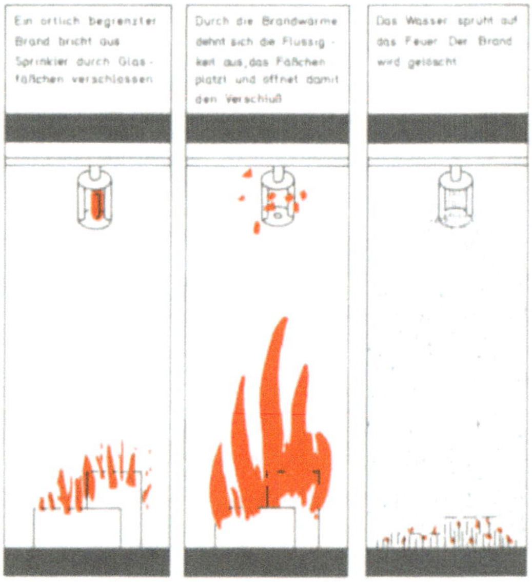


5 Sprinkler

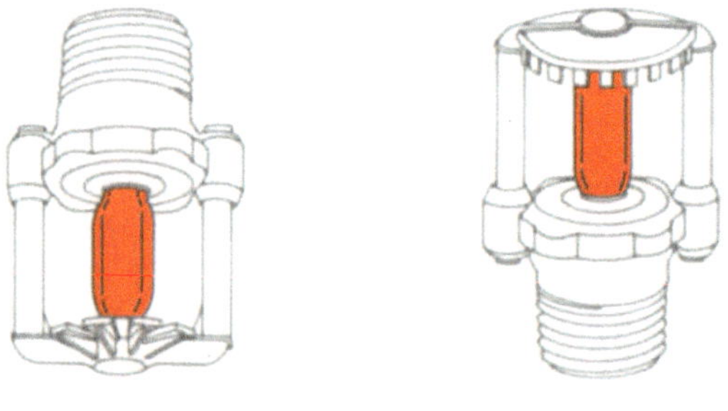

Normalsprinkler, hängend

Schirmsprinkler, stehend

| Ortsfeste Loschanlagen [2] | Anwendung | Kurzbeschreibung | Einsatzgebiete |
|---|---|---|---|
| Sprinkleranlagen<br>→ 83 | Naß- und Trockenanlagen<br>bis 1000 Sprinkler<br>uber 1000 Sprinkler | Selbsttatige Feuerloscheinrichtungen, die das Loschwasser durch festverlegte Rohrleitungen unmittelbar bis an den Brandherd heranfuhren.<br>Bei Brandhitze offnen sich die Sprinkler selbsttatig und verteilen das Loschwasser auf den entstehenden Brand; gleichzeitig erfolgt Brandmeldung | Waren- und Kaufhauser, Theater, Tiefgaragen[3], Verwaltungsgebaude, Industriebauten, Silos, Flach- und Hochlager, Muhlen, Holz-, Textil-, Papier-, Gummi- und Kunststoffbetriebe.<br>Kompensation von Brandabschnittsuberschreitungen[4] |
| Spruhwasser-Loschanlagen | Erganzung zu Sprinkler-Anlagen | Festverlegtes Rohrleitungsnetz mit offenen Dusen, die das austretende Wasser regenartig uber den zu schutzenden Bereich verteilen. Gleichzeitig wird Feueralarm gegeben. Im Brandfalle werden die gesamte Anlage oder einzelne Dusengruppen selbsttatig ausgelost | Dort, wo im Brandfalle mit einer schnellen Flammenausbreitung gerechnet werden muß, wie z. B. in Chemischen Fabriken, Raffinerien, Tanklagern, holzverarbeitenden Betrieben, Flugzeughangars, Theaterbuhnen, Freilufttransformatoren |
| Schaum-Loschanlagen | Handgerate fur etwa 6 $m^3$ Mittelschaum<br>Fahrbare Schaumgerate<br>Schaumloschfahrzeuge bis zu 2000 Liter Schaummittel und 18 000 Liter Wasser | Die wichtigsten Teile sind die Loschzentrale mit der Loschmittelversorgung, das Rohrnetz und die Schaumerzeuger. Die Loschwirkung beruht bei Schwer- und Mittelschaum auf der Kuhlung und der Verhinderung von Luftzufuhr, bei Leichtschaum vor allem auf dem Stickeffekt. Loschschaum wird aus Wasser und einem beigemischten Schaummittel gebildet. Schwerschaum mit 4- bis 20facher, Mittelschaum mit 20- bis 200facher, Leichtschaum mit 200- bis 1000facher Verschaumung | Schwerschaum fur Brande der Klasse A und B, besonders in der Mineralolindustrie.<br>Mittelschaum bei Flachenbranden, Chemikalienlagern, Brandunfallen im Straßenverkehr.<br>Leichtschaum fur Brande in Olkellern, Reifenlagern, Flugzeughallen, Maschinenraumen |
| Halon-Löschanlagen | Loschsystem fur einzelne Raume oder Objekte.<br>Mobile Loscheinrichtung, z. B. fur Schweiß- und Lotarbeiten | Zentrales Loschsystem mit Losch- und Treibmittelbehalter, dem Rohrleitungsnetz mit den Austrittsdusen und der Warneinrichtung. Halon loscht durch chemische Einwirkung in kurzester Zeit. In loschfahiger Konzentration fur den Menschen ungefahrlich. Hinterlaßt keine Ruckstande, verursacht keine Folgeschaden | Brande an elektrischen Einrichtungen, auch innerhalb der sie umgebenden Gehause, Antriebsaggregate, Elektro-Schaltanlagen, EDV-Anlagen, Fernmeldezentren, Motoren, Farb- und Lackspritzstande |
| $CO_2$-Loschanlagen | Hochdruckanlagen mit einzelnen Stahlflaschen – auch fahrbare<br>Niederdruckanlagen fur großere Loschmittelmengen | Das Loschmittel $CO_2$ (Kohlendioxid) wird in Form von Gas, Nebel oder Schnee fur den Raum- oder Objektschutz verwendet. Verteilung uber ein Rohrleitungssystem mit Loschdusen mit zahlreichen Steuer- und Warneinrichtungen. $CO_2$ erstickt das Feuer, indem es den Sauerstoff der Luft auf mindestens 15 Vol.-% herabsetzt. $CO_2$ ist elektrisch nicht leitend und hinterlaßt keine Ruckstande. Bei ausgeloster Anlage durfen sich wegen Erstickungsgefahr keine Personen im Raum aufhalten. Akustischer Alarm muß deshalb dem $CO_2$-Loscheinsatz vorausgehen | Farb- und Lackspritzraume, Schalt- und Steueranlagen, EDV-Anlagen, besonders gefahrdete wertvolle Lagerguter, Maschinenraume, Tankanlagen im Raum, Transformatoren, Druckerei- und Textilmaschinen.<br>Vorgeschrieben sind Warnschilder an allen Turen zu $CO_2$-geschutzten Raumen |
| Pulver-Loschanlagen | Fahrbare Pulverloschgerate bis 250 kg<br>Pulverloschfahrzeuge von 1000 bis 12 000 kg, auch in Kombination mit Schaumloschmitteln | Zentrale Anlagen mit Loschpulver als Loschmittel fur den Raum- und Objektschutz. Sie bestehen aus dem Loschmittelbehalter (auch mehrere), der Druckgasflasche oder Flaschenbatterie, dem Rohrnetz mit den Pulveraustrittsdusen und der Warnanlage. Vorteilhaft fur die schlagartige Abloschung von Flussigkeits- und Gasbranden. Ungiftig, keine Gefahrdung von Personen. Es entstehen aber Verunreinigungen! | Freiluftanlagen, die brennbare Flussigkeiten oder brennbare Gase enthalten, Chemieanlagen, Lagerraume, Olkeller, Flugzeughangars, Methangasspeicher, Gießereien, Maschinen- und Motorenbau |
| Berieselungs-anlagen | Schutzanlagen | Standig betriebsbereites Rohrleitungssystem zur Abgabe von Wasser fur die Oberflachenkuhlung | Keine Loschanlage |
| Schaum/Wasser-Hydrant | Einbauschrank mit Wandhydrant | Brandbekampfung mit Schaum und/oder Wasser. Schaummittelbehalter im Schrank | Fur den Schnelleinsatz in Betriebs- und Lagerraumen |
| Flammensperren in Rohrleitungen | Fest eingebaut | Schlagartige Abgabe von Loschmitteln in die anlaufende Explosion | Explosionsgefahrdete staubfuhrende Rohrleitungen und Behalter |

[1] Hand-Feuerloschgerate sowie weitere Loscheinrichtungen ab Seite 82

[2] Ortsfeste Loschanlagen bestehen aus einem fest verlegten Rohrleitungssystem, in das uber geeignete Aufgabevorrichtungen Loschmittel eingespeist werden

[3] Selbsttatige Feuerloschanlagen sind in großeren Kaufhausern, Theatern mit Vollbuhnen und Tiefgaragen gesetzlich vorgeschrieben

[4] Nur mit ausdrucklicher Genehmigung durch die Bauaufsichtsbehorde

# Feuerwehr

In der Bundesrepublik Deutschland obliegt der Brandschutz den Gemeinden. Die rechtlichen Grundlagen hierfür sind in *Landesgesetzen über den Brandschutz und die Technische Hilfe* enthalten.

Nach diesen Bestimmungen ist eine den örtlichen Verhältnissen entsprechende Feuerwehr aufzustellen:

- in Städten mit mehr als 100 000 Einwohnern eine Berufsfeuerwehr, die durch freiwillige Feuerwehren ergänzt werden kann;
- in größeren Mittelstädten – hierfür sind im Gesetz keine Bestimmungen enthalten – meist eine freiwillige Feuerwehr mit hauptberuflichen Kräften;
- in Gemeinden ohne Berufsfeuerwehr eine freiwillige Feuerwehr.

Außerdem können Betriebe mit erhöhter Brand- oder Explosionsgefahr oder anderen besonderen Gefahren verpflichtet werden, eigene Feuerwehren zu unterhalten. Zumindest sind aber wegen der Verhütung und Bekämpfung von Bränden und Explosionen die erforderlichen Geräte und Einrichtungen auf eigene Kosten bereitzustellen.

### Mitwirkung der Feuerwehr bei Baugenehmigungsverfahren

Aus rechtlichen Gründen sind die Feuerwehren nicht in der Lage, in eigener Zuständigkeit bauliche Maßnahmen aus Gründen des Brandschutzes zu verlangen. Bei bestimmten Gebäuden werden sie aber am Baugenehmigungsverfahren beteiligt. Die von der Feuerwehr gemachten Auflagen werden dann Bestandteil der Baugenehmigung.

Geprüft werden grundsätzlich alle öffentlichen Gebäude, Gewerbe- und Industriebauten sowie Wohnbauten über vier Geschosse. Außerdem steht der Sachbearbeiter der Berufsfeuerwehr den Architekten beratend zur Verfügung.

### Flächen für die Feuerwehr auf Grundstücken

Jedes Gebäude ist so anzuordnen, daß es im Einsatzfall von Feuerwehr- oder Rettungsfahrzeugen gut erreicht werden kann. Die zur Rettung von Personen notwendigen Zugänge, Zufahrten, Aufstell- und Bewegungsflächen dienen dann gleichzeitig der Brandbekämpfung.

*Zugänge für die Feuerwehr* müssen gradlinig, ebenerdig und mindestens 1,25 m breit sein. Durchgänge müssen an jeder Stelle im Lichten mindestens 2,00 m hoch sein. Für Türöffnungen und andere geringfügige Einengungen genügt eine lichte Breite von 1,00 m.

*Feuerwehrzufahrten* sind befestigte Flächen auf dem Grundstück, die mit der öffentlichen Verkehrsfläche direkt in Verbindung stehen; sie können auch überbaut sein (Durchfahrten).

Wesentlich für die Benutzbarkeit der Zufahrten ist das Freihalten von parkenden Kraftfahrzeugen. Die geforderte Bordsteinabsenkung bedeutet nach der Straßenverkehrsordnung Halteverbot. Bei einer Freihaltung durch Absperrpfosten müssen diese mit Schlössern versehen sein, die mit den genormten Schlüsseln für Überflurhydranten zu öffnen sind.

Zufahrten über Betonrasensteine müssen deutlich gekennzeichnet sein und dürfen nicht durch Anpflanzungen in ihrer lichten Weite eingeengt werden.

Um ein sicheres Rangieren der Einsatzfahrzeuge zu ermöglichen, sind ausreichend bemessene Wendemöglichkeiten einzuplanen.

*Aufstellflächen* auf dem Grundstück sind so anzuordnen, daß alle zum Retten von Personen in Frage kommenden Fenster oder Balkone mit Leitern erreicht werden können.

*Bewegungsflächen* sind erforderlich für das Aufstellen von Feuerwehrfahrzeugen, die Entnahme und Bereitstellung von Geräten und die Entwicklung von Rettungs- und Löscheinsätzen. Sie sollen außerhalb des Bereichs herabfallender Bauteile liegen. Bewegungsflächen können gleichzeitig Aufstellflächen sein.

### Der Einsatz der Feuerwehr

Wie bereits ausgeführt, erfolgt in der Praxis der zweite Rettungsweg oft über die Leitern der Feuerwehr. Fenster oder Balkone sollten deshalb so liegen, daß sich gefährdete Personen der Feuerwehr auch bemerkbar machen können.

Zur Grundausstattung einer jeden Feuerwehr gehört eine Leiter mit 8,40 m Länge, mit der man, normale Geschoßhöhen vorausgesetzt, sicher die Fenster des zweiten Obergeschosses erreicht. Bei dieser Gebäudehöhe genügt ein Zugang, der das Instellungbringen dieser tragbaren Normalleiter ermöglicht.

Daneben kennt die Feuerwehr zwar noch andere Tragleitern mit 9,90 und 14 m Einsatzlänge, darauf nimmt das Baurecht aber keine Rücksicht, da diese Leitern nicht überall vorausgesetzt werden können.

Liegen die Brüstungen der zum Retten von Personen notwendigen Fenster mehr als 8 m über der Geländeoberfläche, so ist eine Feuerwehrzufahrt und eine Aufstellfläche für Hubrettungsgeräte erforderlich.

Ab der Hochhausgrenze sind sowohl die bedrohten Personen als auch die helfende Feuerwehr allein auf die im Gebäude befindlichen Rettungswege angewiesen.

Feuerwehrzufahrten werden meist an der Grundstücksgrenze durch Tore verschlossen. Die Übernahme von Schlüsseln für diese Tore kann der Feuerwehr nicht zugemutet werden, die Schlüssel sind vielmehr an einer ständig besetzten Stelle (z.B. Pförtner) bereitzuhalten oder in speziellen Schlüsselkästen zu deponieren, wo sie die Feuerwehr im Ernstfalle entnehmen kann.

### Weitere Rettungsmöglichkeiten

Die nachstehend aufgeführten weiteren Wege zur Rettung von Personen können keinesfalls als offizielle Rettungsmöglichkeiten angesehen werden, auch wenn sich in besonders verzweifelten Einzelfällen damit eine Rettung durchführen läßt.

*Hubschrauber* stehen in den seltensten Fällen rechtzeitig zur Verfügung. Bei einer Verqualmung über dem Gebäudedach ist das Aufnehmen von bedrohten Personen aus Sichtgründen fast unmöglich. Selbst wenn das Dach von Rauch frei bleibt, ist das Einholen in den Hubschrauber für die entnervten Menschen eine lebensgefährliche Aktion.

*Sprungpolster und Sprungtücher* setzen entsprechende Freiflächen vor dem Brandobjekt voraus.

*Rettungsschläuche* werden am Fenster angebracht, wo gefährdete Personen hineinklettern und zur Erde rutschen können.

*Strickleitern und Knotenseile* sind Hilfsmittel, mit denen man sich frei an der Fassade herablassen kann.

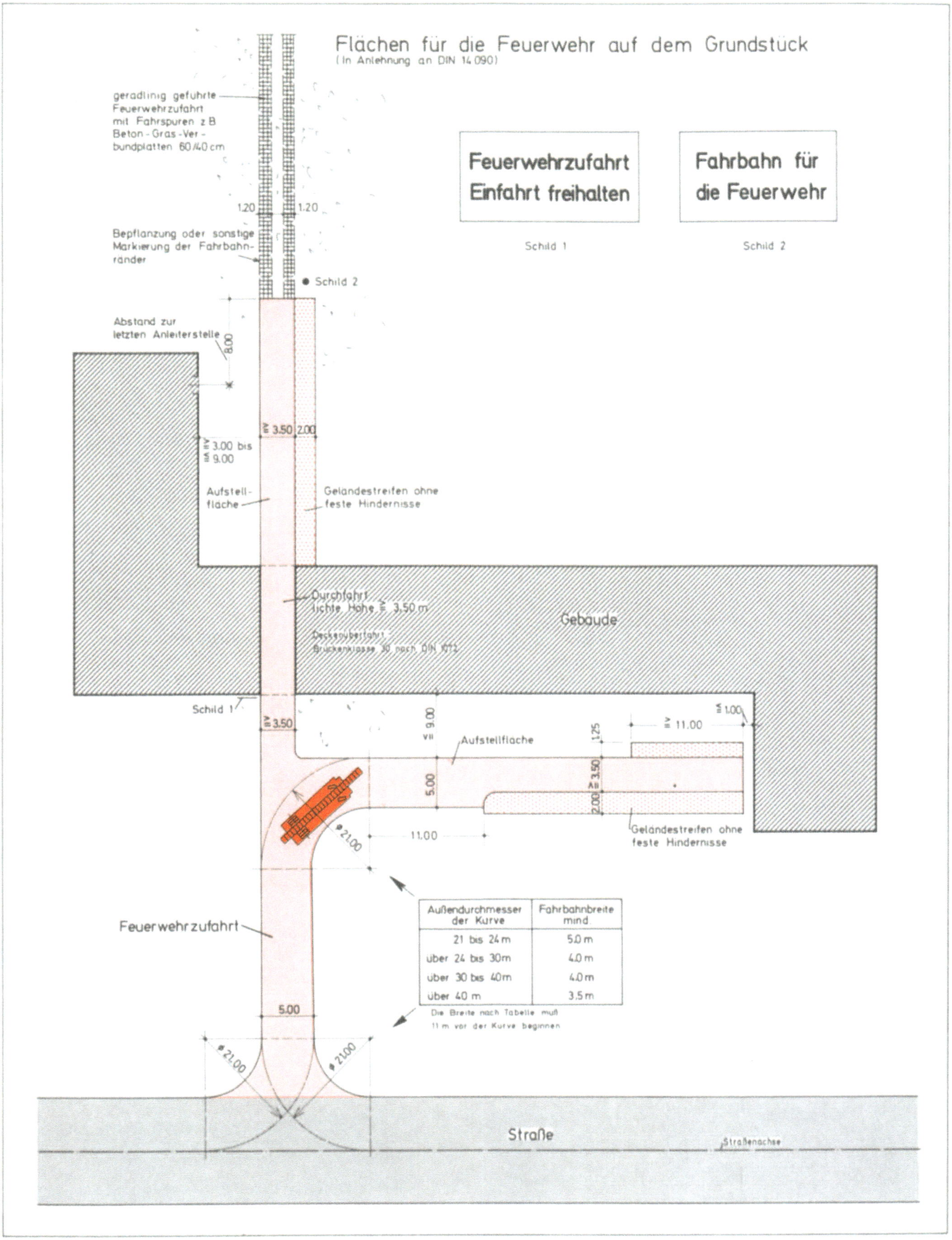

Flächen für die Feuerwehr auf dem Grundstück
(In Anlehnung an DIN 14 090)
Feuerwehrzufahrt
Einfahrt freihalten
Schild 1
Fahrbahn für
die Feuerwehr
Schild 2
geradlinig geführte Feuerwehrzufahrt mit Fahrspuren z.B. Beton-Gras-Verbundplatten 60/40 cm
1.20
1.20
Bepflanzung oder sonstige Markierung der Fahrbahnränder
Schild 2
Abstand zur letzten Anleiterstelle
8.00
≧ 3.50
2.00
≧ 3.00 bis
≦ 9.00
Aufstellfläche
Geländestreifen ohne feste Hindernisse
Durchfahrt
lichte Höhe ≧ 3.50 m
Deckenüberfahrt
Brückenklasse 30 nach DIN 1072
Gebäude
Schild 1
≧ 3.50
≦ 9.00
Aufstellfläche
1.25
≦ 1.00
≧ 11.00
5.00
≧ 3.50
2.00
Geländestreifen ohne feste Hindernisse
⌀ 21.00
11.00
Feuerwehrzufahrt
Außendurchmesser der Kurve | Fahrbahnbreite mind.
21 bis 24 m | 5.0 m
über 24 bis 30 m | 4.0 m
über 30 bis 40 m | 4.0 m
über 40 m | 3.5 m
Die Breite nach Tabelle muß 11 m vor der Kurve beginnen
5.00
⌀ 21.00
⌀ 21.00
Straße
Straßenachse

## Notrufmelder mit Sprechmöglichkeit

### 1 Notruf im öffentlichen Fernsprechnetz
für gebührenfreien Notruf

Beschriftung:

1 Hörer abnehmen

2 Feuerwehr Hebel nach links schwenken
Polizei Hebel nach rechts schwenken

3 nach Aufforderung sprechen

4 münzfreier Notrufmelder als Zusatzgerät zum Münzfernsprecher

5 schwenkbarer Bedienungshebel

6 Sprechstelle für die Öffentlichkeit

7 Aufschrift Polizei + Feuerwehr

8 Eingebauter Fernsprechapparat für Dienstgespräche von Außendienst-Beamten

9 Blinklicht für die Signalisierung eines Anrufes von der Zentrale an Außendienst-Beamte

10 Sprechklappe - muß bei Benutzung angehoben werden

11 Antennenmast

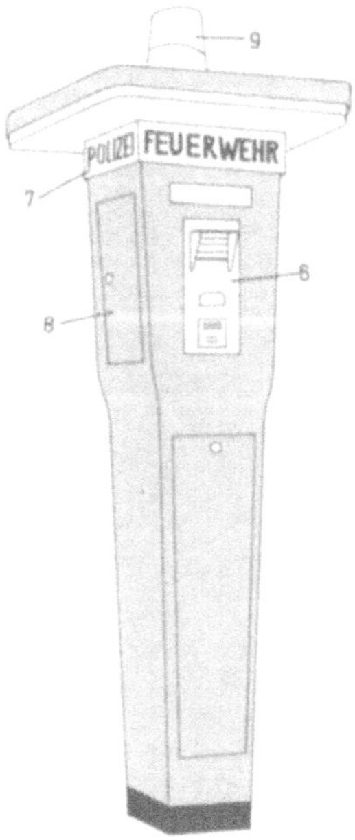


2 freistehende Notrufsäule
als drahtgebundene Anlage, in grüner Farbgebung

3 Funk-Notrufsäule
mit gegensprechfähigem Sende-Empfangsgerät

### 4 Feuerwehr - Schlüsselkasten

A für Objekte mit erhöhtem Sachwertschutz (Warenhäuser, Industriebetriebe, EDV-Anlagen, Staatsbauten)

B für Objekte mit untergeordneten Sachwertschutz (Zufahrten zu Wohnanlagen, Krankenhäuser etc.)

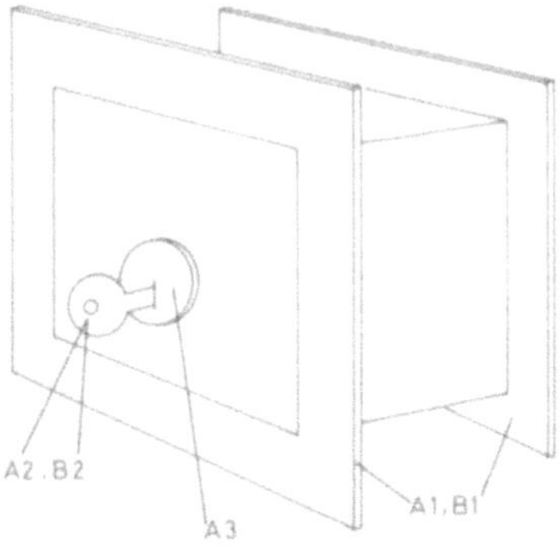


A 1 Korrosionsgeschützter Kasten aus hochwertigem 3mm - Stahl

A 2 z.B. Doppelbartschloß mit 6 Zuhaltungen

A 3 Alarmsicherung gegen gewaltsames Aufbrechen

B 1 Korrosionsgeschützter einfacher Stahlkasten

B 2 z.B. Schließzylinder nach DIN 18 252

### 5 Beton - Gras - Verbundplatten

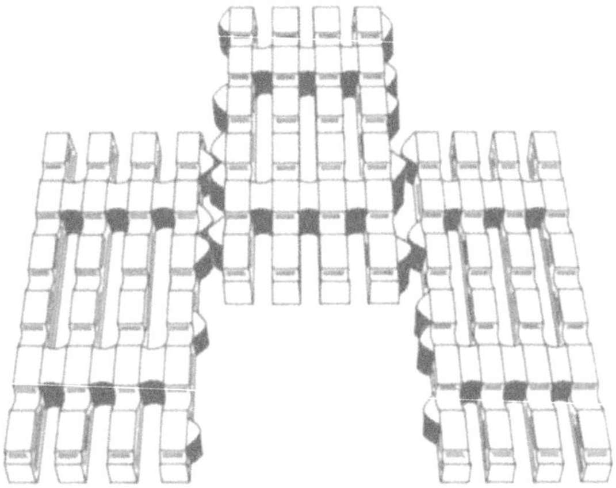

Draufsicht - Verlegeschema

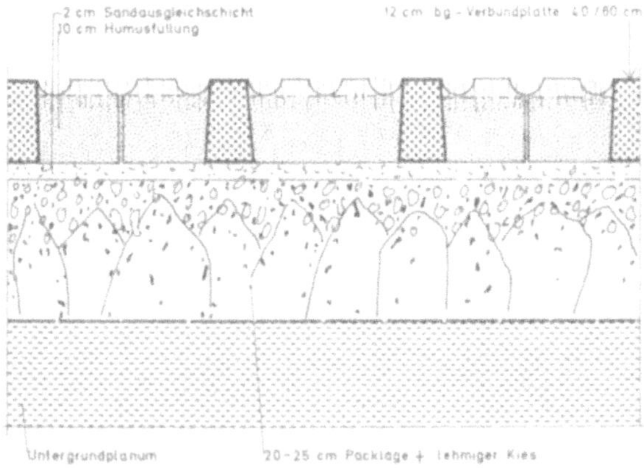


Längsschnitt durch eine Feuerwehr - Fahrspur

## Weitere Einwirkungen beim Brand

### Brandrauch

Die Zusammensetzung des Brandrauches hängt sehr von der Art des brennenden Stoffes, der Luftzufuhr und der Temperatur ab. Rauchvergiftungen sind meistens Kohlenoxidvergiftungen und nur in seltenen Fällen auf die Gesamtwirkung aller Giftanteile des Brandrauches zurückzuführen. Die Übersicht auf Seite 92 soll deshalb nicht so sehr Schreckgespenster zeigen, sondern vielmehr auf mögliche Gefahren hinweisen.

Wichtig ist auch die Lichtdurchlässigkeit des Rauches. Sie bestimmt für die Fliehenden wesentlich die Orientierung, insbesondere mit Hilfe von Lichtsignalen und optischen Wegweisern.

*Atemgifte mit erstickender Wirkung* sind Gase und Dämpfe, die an und für sich keine Gifte im herkömmlichen Sinne sind. Sie können jedoch Schädigungen oder sogar den Tod herbeiführen, wenn durch ihre Anwesenheit der Sauerstoffgehalt der Luft unter 15 % sinkt. Dazu gehören z.B. Stickstoff, Wasserstoff, Methan, Propan, Butan sowie Wasserdampf und Edelgase.

*Atemgifte mit Reiz- und Ätzwirkung* wirken auf die Schleimhäute der Atemwege schädigend und können außerdem Reizungen der Augen und der Haut hervorrufen. Ihre Gefährlichkeit hängt in starkem Maße von ihrer Löslichkeit im Wasser ab. Schwer lösliche Stoffe werden erst in der Lunge aufbereitet und rufen Verätzungen und Plasmaaustritte in den Lungenbläschen hervor, die den Gasaustausch unterbinden. Die Wirkung der Gifte ist oft erst nach einiger Zeit erkennbar. Die wichtigsten Atemgifte dieser Gruppe sind: Fluorwasserstoff, Chlorwasserstoff, Nitrose-Gase, Ammoniak, Schwefeldioxid, Säuredämpfe, Staub von Ätznatron, Ätzkali oder von Ätzkalk.

*Atemgifte mit Wirkung auf Blut, Nerven oder Zellen* besonders Kohlenmonoxid und Kohlendioxid, wirken auf dem Weg über die Lunge auf das Blut oder die Organe schädigend.

Im Zusammenhang mit Bränden können noch weitere Atemgifte auftreten, so z.B. Äther, Benzol, Benzin, Methylalkohol, Chloroform, Tetrachlorkohlenstoff, Schwefelwasserstoff.

Ganz besonders heimtückisch ist das verstärkte Zusammenwirken von mehreren Rauchgasen wie auch von Rauchgasen mit Medikamenten, Drogen, Beruhigungsmitteln, Schlafmitteln oder Alkohol.

Erhöhte Gefahr durch die Atemgifte besteht auch bei nervlich-seelichem Streß mit Angstzuständen und dadurch allgemein herabgesetzter physischer Widerstandskraft.

### Explosionen

Wie bereits an anderer Stelle → 12 erwähnt, ist eine Explosion, die sehr schnell verlaufende plötzliche Verbrennung oder chemische Umsetzung mit Wärmeentwicklung und Ausdehnung (Druckanstieg) von Dämpfen und Gasen, meist mit einem mehr oder minder heftigen Knall verbunden.

Explosionsgefahr besteht überall dort, wo sich zündfähige Gas-Luft-Gemische in hinreichender Menge bilden können, wie z.B. bei Benzin, Lack mit hohem Lösungsmittelanteil, brennbaren Flüssigkeiten, Undichtheiten in der Gas-Installation oder bei Gasverbrauchseinrichtungen.

Im Hausbereich besonders explosionsgefährdet sind leere Behälter und Kanister, die brennbare Flüssigkeiten in geringen oder geringsten Mengen enthalten, die noch nach Monaten zündfähige Dampf-Luft-Gemische bilden können.

### Brennbare Flüssigkeiten

Brennbare Flüssigkeiten mit einem Flammpunkt bis 100 °C werden in folgende Gruppen und Gefahrenklassen eingeteilt (vgl. hierzu auch die Übersicht auf Seite 93):

**Gruppe A:** Flüssigkeiten, die nicht mit Wasser mischbar sind

| | |
|---|---|
| Gefahrenklasse I | Flüssigkeiten mit einem Flammpunkt unter 21 °C |
| Gefahrenklasse II | Flüssigkeiten mit einem Flammpunkt von 21 °C bis 55 °C |
| Gefahrenklasse III | Flüssigkeiten mit einem Flammpunkt von über 55 °C bis 100 °C |

**Gruppe B:** Flüssigkeiten mit einem Flammpunkt unter 21 °C, die sich bei 15 °C in jedem beliebigen Verhältnis in Wasser lösen.

Brennbare Flüssigkeiten sind dadurch gefährlich, daß sie bei normaler Temperatur schnell verdunsten und mit der Luft ein brennbares bzw. explosionsfähiges Gemisch bilden. Die Brennbarkeit ist abhängig

- vom Flammpunkt (Temperatur, bei der sich brennbare Dämpfe entwickeln können) sowie
- von der Zündtemperatur (niedrigste Temperatur, bei der sich das Gemisch von selbst entzündet).

### Lösemittel

Lösemittel (früher Lösungsmittel) werden gebraucht, um feste Stoffe streich- oder sprühbar zu machen oder um die Konzentration von Flüssigkeiten zu verändern. Sie werden auch verwendet, um bestimmte Stoffe von anderen Stoffen oder Oberflächen zu lösen, z.B. Fett von der Kleidung (Fleckentferner). Bekanntestes Lösemittel ist das Wasser; es ist ziemlich ungefährlich. Nahezu alle anderen Lösemittel fallen wegen ihrer Gefährlichkeit unter die *Verordnung für gefährliche Arbeitsstoffe.*

Das bedeutet, daß sie nur in gekennzeichneten Verpackungen abgegeben werden dürfen. Diese Kennzeichnungspflicht gilt im Gegensatz zu früheren Regelungen auch für Kleinpackungen.

Lösemittel sind auch in Anstrich- und Imprägniermitteln, in Dichtungs- und Klebstoffen enthalten. Bei ihrer Verarbeitung sind die damit Beschäftigten der Einatmung von Lösemitteldämpfen ausgesetzt, die zu akuter Vergiftung führen können; hinzu kommt die Brand- und Explosionsgefahr. Die Dämpfe der Lösemittel können sich in Fußbodennähe ansammeln und über alle möglichen Öffnungen hinweg in Nachbarräume und besonders in tiefer gelegene Räume gelangen. Es genügen bereits energiearme Funken, wie Schlag-, Schweiß-, Schleif- und Schaltfunken von elektrischen Geräten, Zündvorrichtungen an Gasgeräten oder Tabaksglut, um Lösungsmitteldämpfe zu entzünden.

Wegen ihres sehr niedrigen Selbstzündepunktes können sie sich auch an heißen Gegenständen und Flächen, z.B. Heizplatten, Heizspiralen und dergleichen entzünden.

### Selbstentzündung

Verschiedene brennbare Stoffe können sich unter bestimmten Bedingungen ohne Wärmezufuhr von außen erwärmen. Ursachen dafür sind komplizierte biologische und chemische Reaktionen. Dieser Vorgang, der zunächst ohne sichtbar zu werden abläuft, ist schwerer zu erkennen als die Ursachen anderer Brandentstehungen. Die Entzündungstemperatur bei diesen Stoffen liegt so niedrig, daß ohne Zufuhr von Fremdwärme Entzündung erfolgen kann. Der Grund für die Selbstentzündung ist das Zusammenwirken ungesättigter organischer Verbindungen mit dem Sauerstoff der Luft. Selbstentzündlich sind z.B. Lackrückstände, die ungesättigte Fettsäuren (Öllacke, Alkydharze, Expoxidharze) enthalten.

| Atemgifte | Formel | Flammpunkt °C | Zündtemperatur °C | Eigenschaften | Wirkung auf den Menschen | Vorkommen |
|---|---|---|---|---|---|---|
| Ammoniak | $NH_3$ | | 630 | Farbloses, stechend riechendes Gas, leichter als Luft, leicht löslich in Wasser (Salmiakgeist), an der Luft schwerentflammbar | Reizung der Augen und oberen Atemwege, Husten, Schwindel, Erbrechen | In Chemischen Fabriken, Labors, Kälteerzeugungsanlagen. Als Basis für Kunstdünger. Wird frei bei der Fäulnis organischer stickstoffhaltiger Verbindungen. |
| Benzoldämpfe | $C_6H_6$ | −11 bis +5 | 555 | Aus einer farblosen, betäubend riechenden, brennbaren und giftigen Flüssigkeit entstehen Dämpfe mit charakteristischem Geruch, unlöslich in Wasser, explosibel | Starkes Nervengift, gelangt durch Atmung und durch die Haut in den Körper. Erzeugt rauschähnliche Zustände, Kopfschmerzen, Hustenreiz, bei hoher Konzentration Atemstillstand. | In Kraftfahrzeugräumen, beim Reinigen von Treibstofftanks. In Chemischen Reinigungen. Benzolhaltige Lösungen in Klebern, Farben, Lacken. |
| Blausäuredämpfe | HCN | < −20 | 535 | Farblose, sich leicht ausbreitende Dämpfe mit schwachem Geruch nach bitteren Mandeln. Schwache Säure, aber sehr giftig. | In geringen Mengen atmungsstimulierend, in größeren Konzentrationen Lähmung der Zellatmung und der Muskelleistung. | Beim Verschwelen stickstoffhaltiger Materialien. Entsteht praktisch aus allen Natur- und Kunststoffen, auch aus Papier und Leder, besonders aus Wolle. |
| Chlorwasserstoff | HCl | | | Farbloses, stark rauchendes Gas von stechendem Geruch. Vereinigt sich mit der Feuchtigkeit der Luft zu giftigen Salzsäurenebeln. Nicht brennbar. | In geringen Konzentrationen Reiz der Augen und der Atemorgane (Warnung!). In größeren Konzentrationen Schädigung der Lungen. | Salzsäure wird in der Technik in großen Mengen gebraucht. Löst viele Metalle unter der Bildung von Chloriden auf. |
| Kohlenmonoxid | CO | < −20 | 605 | Farbloses und geruchloses Gas – somit kaum erkennbar. Geringfügig leichter als Luft, sehr giftig. Brennbar mit schwach blauer Flamme, explosibel. | Ursache für die meisten Rauchvergiftungen. Besonders gefährliches Atemgift, starkes Blutgift. Wirkt einschläfernd, erzeugt Kopfschmerzen, Schwindelgefühl, Bewußtlosigkeit, Lähmung, Atemstillstand. | Bei jeder **unvollkommenen** Verbrennung, im Leuchtgas, in den Auspuffgasen von Verbrennungsmotoren, in Explosionsgasen, praktisch in allen Brandgasen. |
| Kohlendioxid | $CO_2$ | | | Farbloses und geruchloses Gas mit schwach saurem Geschmack, etwa $1\frac{1}{2}$ mal schwerer als Luft, giftig, nicht brennbar. | Wirkt in größeren Konzentrationen narkotisch und giftig. Für die menschliche Atmung sind 10 % lebensgefährlich, 25 % tödlich. | Bei der **vollkommenen** Verbrennung von Kohlenstoff und Kohlenstoffverbindungen. In $CO_2$-Löschanlagen → 87 |
| Methan | $CH_4$ | < −20 | 600 bis 630 | Farbloses, fast geruchloses Gas, nur halb so schwer wie Luft, ungiftig, brennbar, bildet mit der Luft explosible Gemische („schlagende Wetter"). | Stickgas, bewirkt in höheren Konzentrationen Atemstillstand durch Sauerstoffabsperrung. | Als Sumpfgas, im Gruben- und Leuchtgas enthalten. Bestandteil der Erdgase. Entsteht auch beim Verfaulen organischer Stoffe. |
| Schwefeldioxid | $SO_2$ | | | Farbloses Gas von stechendem Geruch, schwerer als Luft, in Wasser löslich, giftiges Rauchgas, nicht brennbar. | Reizung der oberen, bei stärkerer Einatmung auch der tiefen Atemwege. Heiserkeit, Hustenreiz, Bronchitis, Atemnot, Bewußtseinsstörungen. | Als Verbrennungsprodukt von Schwefel bei der Schädlingsbekämpfung. Beim Ausschwefeln von Fässern und Kellern, zum Bleichen und Desinfizieren. |
| Schwefelkohlenstoff | $CS_2$ | −30 | > 102 | Gelbliche brennbare Flüssigkeit mit üblem Geruch. Die Dämpfe sind 2,6 mal schwerer als Luft und brennbar, explosionsgefährlich. | In größeren Mengen betäubend, in kleineren Mengen bei längerer Einwirkung schweres Nervengift, das auch durch die Haut wirkt. | In Gummi- und Kunstseidefabriken, in Labors, bei der Schädlingsbekämpfung, als Lösemittel. Besonders leicht entzündlich (funkensichere Werkzeuge). |
| Tetrachlorkohlenstoffdämpfe (kurz: „Tetra") | $CCl_4$ | | | Aus schwerer farbloser Flüssigkeit entstehen angenehm riechende Dämpfe, schwerer als Luft, giftig, nicht brennbar. | Reizung von Augen und Atemorganen, in höheren Konzentrationen Hustenreiz, Kopfschmerzen, Benommenheit bis zur Bewußtlosigkeit, Lähmung. | Als Lösemittel für Fette, Öle, Wachse und Harze. Bei der Ungezieferbekämpfung. Als Löschmittel nicht mehr zugelassen. |

Die vorstehenden Angaben wurden im wesentlichen dem von der Bundesarbeitsgemeinschaft der Unfallversicherungsträger der öffentlichen Hand (BAGUV) herausgegebenen Merkblatt „Sicherheit im Feuerwehrdienst-Atemschutz" entnommen.

| Gefahren-klasse | Brennbare Flussigkeiten | Formel | Dichte | Temperaturbereiche | | | Eigenschaften<br>Wirkung auf den Menschen | Vorkommen<br>Anwendung |
|---|---|---|---|---|---|---|---|---|
| | | | g/cm³ | Siede-punkt °C | Flamm-punkt °C | Zund-tempe-ratur °C | | |
| AI | Ether | $C_2H_5OC_2H_5$ | 0,71 | 34 | −45 | 170 | Klar, farblos, mit typischem Geruch, ungiftig, wirkt betaubend. Die Dampfe sind hochentzundlich. | Gutes Narkosemittel. Weit verbreitetes Losemittel. Gummi wird angegriffen. |
| | Benzin (Ottokraftstoff) | | 0,71 | 35 | −20 | 240 | Farblos, giftig, Dampfe sind schwerer als Luft. Mit Luft gemischt sehr gefährlich und explosibel. | Lose- und Entfettungsmittel. Keine offenen Flammen, nicht rauchen, nur im Freien anwenden. Bei laufendem Motor Garagentore immer offen halten. |
| | Benzol | $C_6H_6$ | 0,88 | 80 bis 100 | −11 bis +5 | 555 | Farblose Dampfe mit charakteristischem Geruch, hochgiftig, leicht entzundlich und explosibel. Starkes Nervengift, dringt durch die Haut, betaubende Wirkung bis zum Atemstillstand. | Vielgebrauchtes Losemittel. Oft in Klebstoffen, Farben und Lacken enthalten. Lost Gummi, greift die Kleidung und alle organischen Stoffe an. |
| AII | Terpentinol | $C_{10}H_{16}$ | 0,86 | 149 | 33 | 220 | Reizung der Atemwege (Lungenentzundung) und Augen. Kann allergische Erscheinungen auslosen. | Bei der Herstellung von Ölfarben und Lacken. Zersetzt Gummi. |
| | Petroleum | | 1 | 200 bis 300 | > 40 | 220 | Enthalt Schwefelwasserstoff. Dampfe sind giftig und hochentzundlich. | Vereinzelt noch Petroleumofen ohne Schornsteinanschluß fur die Bauaustrocknung. Grobreinigungsmittel fur stark olverschmutzte Teile. |
| | Essigsaure | $CH_3COOH$ | 1,05 | 118 | 40 | 485 | Farblose, stechend riechende Dampfe. Stark giftig und atzend, erzeugen Brandblasen. | Im Tafel- und Weinessig enthalten, in Essigessenz 80 %. Trinken von Essigsaure kann todlich sein. Essigsaure Tonerde als Arzneimittel. Geringe Anteile im Holz. |
| AIII | Heizol EL | | 0,80 bis 0,86 | 300 bis 350 | > 55 | 220 | Gehalt an Kohlenstoff 86 %, an Wasserstoff 13 %. Der Schwefelgehalt darf hochstens 0,8 Gew.-% betragen. | Schwefel verwandelt sich bei der Verbrennung in Schwefeldioxid, das mit den Abgasen abgefuhrt wird. Unter dem Taupunkt bildet sich schweflige Saure. |
| B | Aceton | $CH_3COCH_3$ | 0,79 | 56 | −19 | 540 | Farblos, fruchtig aromatisch riechend. Reizung der Augen und der Haut. | Feuergefahrliches Losemittel. Greift viele Kunststoffe, Lacke, Klebstoffe und Kosmetika an. Wasser mit 4 % Aceton hat noch einen Flammpunkt von 54 °C. |
| | Methanol - Methylalkohol - | $CH_3OH$ | 0,81 | 65 | 11 | 455 | Farblos, giftig, von brennendem Geschmack. Dampfe etwas schwerer als Luft. Beeinträchtigt Zentralnervensystem. Getrunken oder eingeatmet, kann zur Erblindung fuhren, ab 50 Gramm todliche Wirkung. | Lose- und Desinfektionsmittel. Geruch und Geschmack ahneln dem trinkbaren Alkohol – **Gefahr der Verwechslung!** |
| | Ethanol - Ethylalkohol - | $C_2H_5OH$ | 0,79 | 78 | 12 | 425 | Farblos, von angenehmem Geruch, ungiftig. Dampfe schwerer als Luft. Bewirkt Doppelsehen und Brechreiz. In großeren Mengen berauschendes Nervengift, ab 300 Gramm todlich. | Zur Herstellung alkoholischer Getranke. Als Brennspiritus vergallt. Losemittel. Spirituslacke. Frostschutz im Scheibenwaschwasser der Autos. |

## Brandgefahren in Haus und Wohnung

Mit zunehmendem Wohlstand sind auch die Ausstattungen der Wohnungen sehr umfangreich und wertvoll geworden. Der sogenannte Holzgleichwert ist auf mehr als 20 kg/m$^2$ Wohnfläche angestiegen.

Ein recht trauriges Bild hierzu liefern die Statistiken. Demnach sind 90 % aller Brandtoten in Gebäuden umgekommen, davon wiederum 68 % in Wohnbereichen. Von allen Bränden im Wohnbereich sind über 80 % flammenlose Schwelbrände. Mehr als 70 % aller Brandtoten und Verletzten sind ausschließlich Opfer von Rauch- und Rauchgasvergiftungen ohne jede Flammen- oder Hitzeeinwirkung.

Brände entstehen überwiegend nachts, wobei Brandrauch oder Gase vom Schlafenden normalerweise nicht wahrgenommen werden; die giftigen Rauchbestandteile (z.B. Kohlenmonoxid) rauben ihm dann noch im Schlaf das Bewußtsein, was eine Selbstrettung praktisch unmöglich macht.

### Empfehlungen zur Vermeidung von Bränden im Wohnbereich

**Leuchtkörper** aller Art sind an oder in Einrichtungen so anzubringen, daß kein Wärmestau entsteht und daß sie nicht mit entzündlichen Stoffen in Berührung kommen. Bei Werkstoffen mit Entzündungstemperaturen unter 200 °C müssen entsprechende Sicherheitsabstände eingehalten oder feuerbeständige Platten zwischen Lichtquelle und unmittelbarer Umgebung angeordnet werden. Besondere Beachtung verdienen Drosselspulen von Leuchtstofflampen; sie können sich im normalen Betrieb bereits bis zu 140 °C erwärmen, in Ausnahmefällen können sogar Temperaturen von 350 °C und mehr erreicht werden.

**Anschlußleitungen** für Elektrogeräte oder -lampen müssen an der Einführungsstelle des Möbelstückes gegen mechanische Beschädigungen geschützt werden. Für den Dauergebrauch bestimmte Zuleitungen sind ausreichend fest zu verlegen.

Bei Fernsehgeräten sind die häufigsten Brandursachen Kurzschluß und Hitzestau. Besondere Vorsicht ist bei eingebauten Fernsehgeräten geboten.

Fernsehgeräte entwickeln während des Betriebes bekanntlich Wärme. Wird diese nicht ausreichend abgeführt, so verringert sich die Lebensdauer des Gerätes, und die Brandgefahr wird erhöht. Bei eingebauten Fernsehgeräten ist deshalb insbesondere für eine ausreichende Be- und Entlüftung zu sorgen.

Steckvorrichtungen für Netz und Antenne müssen auch bei eingebauten Geräten gut zugänglich sein. Gefahr droht besonders bei Farbfernsehern, die etwa doppelt so viel Energie wie Schwarz-Weiß-Geräte verbrauchen.

Alle **Textilien** sind grundsätzlich als brennbar zu betrachten. Bei Kleiderbränden kommt es meist zu schweren Körperschäden. Aus den Wohnungstextilien entstehen beim Schwelbrand zwangsläufig giftige Rauchgase.

Besonders leicht entflammbar sind in der Regel leichte und luftige Gewebe, ganz gleich ob aus Naturfaser oder aus synthetischer Faser bzw. aus Fasermischungen. Der Abbrand eines Gewebes hängt weniger von der Art der Faser als von der Dichte und Dicke des Stoffes und seiner Ausrüstung ab. Ein weiterer Einflußfaktor auf die Brennbarkeit von Textilien ist die Art ihrer Anbringung. Besonders vom Feuer gefährdet sind senkrecht hängende Gardinen, Dekorationsstoffe und Wandvorhänge. Fest gewebte Teppiche, die auf einem nichtbrennbaren Boden liegen, sind dagegen weit weniger gefährlich.

Empfehlenswert ist die Anschaffung eines **Feuerlöschers.** Dabei sollte man darauf achten, daß damit auch Brände von Elektrogeräten und -leitungen gelöscht werden können → 82.

Zur Früherkennung von Bränden in der Wohnung gibt es sogenannte **Haushaltsrauchmelder,** die nicht größer sind als eine Untertasse. Sie werden direkt an der Decke oder an der Wand angebracht. Eine elektrische Zuleitung ist nicht nötig, da dieser Kleinmelder aus einer handelsüblichen Batterie gespeist wird. Bevor diese zu schwach wird, alarmiert das Gerät das nahende Ende der Batterie. Außerdem kann man die einwandfreie Funktion jederzeit mittels eines Prüfknopfes kontrollieren. Der Rauchmelder arbeitet nach dem photoelektrischen Prinzip. Im Brandfalle wird ein Signalhorn mit ausreichender Lautstärke in Tätigkeit gesetzt. Sogenannte Täuschungsalarme z.B. durch Zigarettenrauch sollen nicht möglich sein. Mit dem Einsatz dieses Gerätes soll insbesondere verhindert werden, daß Personen im Schlaf durch Brandrauch geschädigt werden oder gar zu Tode kommen.

Die häufigste **Explosionsgefahr** im Haushalt ist durch undichte Gasleitungen gegeben. Auch Dämpfe von feuergefährlichen Reinigungsmitteln können Explosionen auslösen. Da sie oft schwerer als Luft sind (z.B. Benzindämpfe), können sie sich lange in geschlossenen Räumen halten und zu Zündstellen hinkriechen.

### Lagerung und Abfallbeseitigung

In den Landesbauordnungen sind auch Vorschriften über die Abfallbeseitigung enthalten:

- Abfallbehälter müssen geschlossen werden können, dicht sein und unter der Einwirkung eines Schwelbrandes im Innern des Behälters auch dicht bleiben.
- In Gebäuden dürfen Brennstoffrückstände nur in Behältern aufbewahrt werden, die dicht und nichtbrennbar sind und durch Wärme nicht zerspringen können. Sie müssen mit Deckeln aus nichtbrennbaren Stoffen dicht verschlossen werden.
- Abwasser, durch das besondere Gefahren hervorgerufen werden können, darf nur entsprechend geklärt in das Entwässerungsnetz abgeleitet werden. Brennbare Flüssigkeiten der Gruppe A darf man deshalb auch nicht in den Ausguß gießen.
- Behälter für schädliche oder brennbare Flüssigkeiten müssen einschließlich ihrer Zubehörleitungen vor dem Aufstellen bauaufsichtlich genehmigt werden.

Öl- oder fettgetränkte Faserstoffe wie z.B. Putzlappen dürfen wegen der Gefahr der Selbstentzündung nur in dichtschließenden, nichtbrennbaren Behältern aufbewahrt werden. Sägemehl, Sägespäne, Holzschleifstaub oder ähnliche Stoffe, die zum Aufnehmen oder Aufsaugen von Öl oder anderen fetthaltigen oder leicht entzündbaren Stoffen benutzt worden sind, müssen nach Gebrauch unverzüglich und gefahrlos beseitigt werden. Leicht entzündbare feste Stoffe dürfen in Treppenräumen, Gängen, Durchfahrten und in offenen Dachräumen nicht gelagert werden.

Feuergefährliche Stoffe und Flüssigkeiten dürfen nur in feuer- und bruchsicheren, besonders gekennzeichneten Behältern und nur in verschlossenen Räumen aufbewahrt werden.

## 1 Haushaltrauchmelder (optoelektronisches Prinzip)

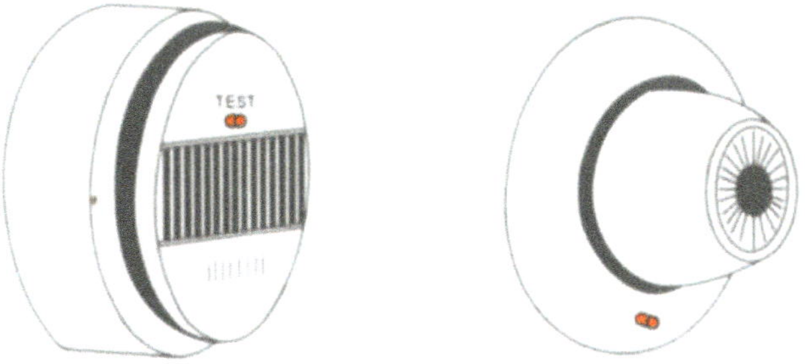


## 3 eingebaute elektrische Leuchten

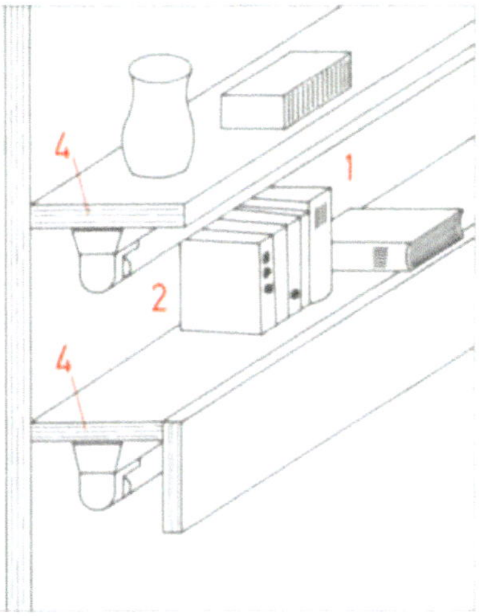


## 2 Fernsehgeräte in Möbeln – Sicherheitsabstände (Maße in cm)

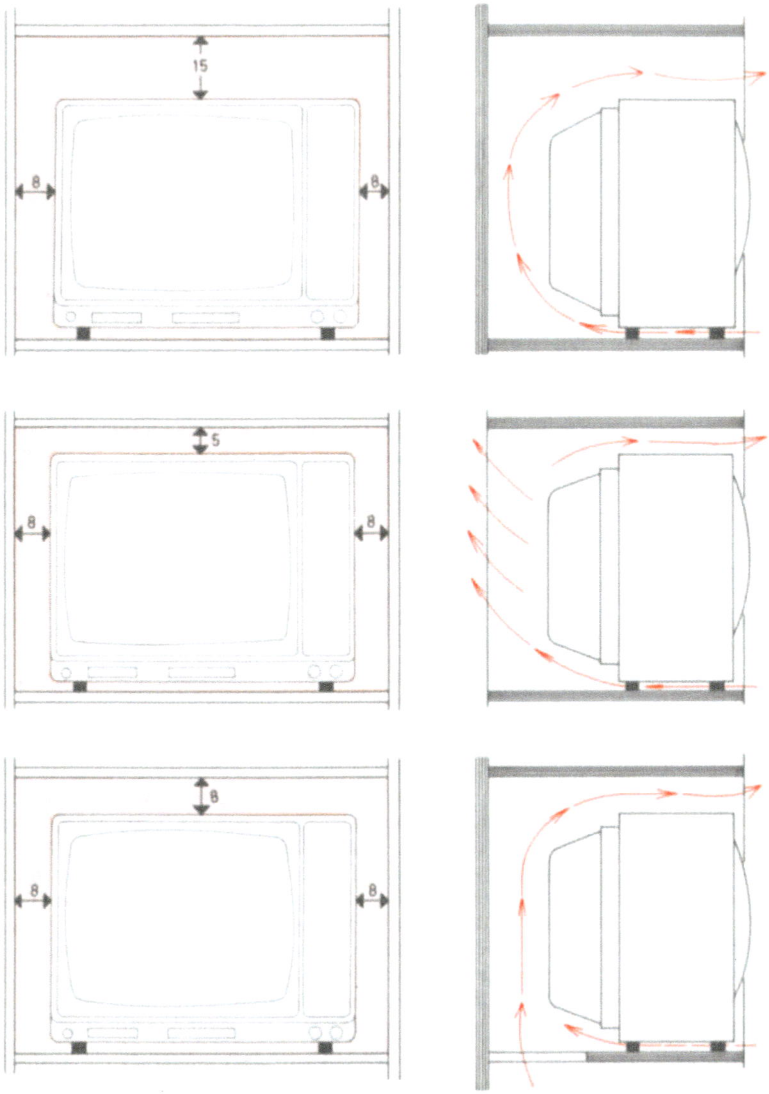


### Leuchten-Kennzeichnung (Auswahl)

- GS – Sicherheitszeichen nach dem Gesetz für technische Arbeitsmittel (GtA)
- VDE – VDE-Zeichen (Verband deutscher Elektrotechniker) Auf Einhaltung der zutreffenden VDE-Bestimmungen geprüft
- F – Leuchtstofflampen-Leuchten geeignet für die direkte Anbringung auf brennbaren Bau- und Werkstoffen mit Entzündungstemperaturen ≙ 200 °C
- Leuchten geeignet für die Montage auf schwer- oder normal-entflammbaren Werkstoffen entsprechend DIN 4102
- Leuchten mit begrenzter Oberflächentemperatur, geeignet für den Einbau in Möbel aus Werkstoffen mit nicht bekannten Entflammungseigenschaften
- T z.B. T45 – Leuchten für den Betrieb bei höheren Umgebungstemperaturen zum Beispiel 45 °C. Normale Leuchten sind für Umgebungstemperaturen bis 30 °C bestimmt

### Einige Grundregeln

1. Wärmestau vermeiden!
2. Keine Berührung mit entzündlichen Stoffen!
3. Einbauanweisung der Möbel-Hersteller beachten, insbesondere die Mindestabstände
4. Montage nur auf Bau- und Werkstoffen, deren Entzündungstemperatur über 200 °C liegt
5. Mindestabstand von Glühlampen-Leuchten so, daß die Oberflächentemperatur an benachbarten brennbaren Bau- und Werkstoffen nicht mehr als 85 °C erreicht

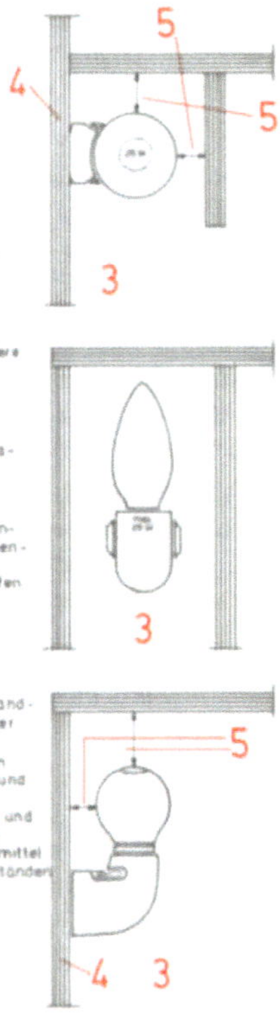


Ausführlichere Hinweise in den Brandschutz-Richtlinien des Verbandes der Sachversicherer (VdS)

Form 2005 Elektrische Leuchten
Form 2015 Elektrische Geräte und Einrichtungen
Form 2023 Elektrische Anlagen und brennbare Baustoffe
Form 2024 Elektrische Betriebsmittel in Einrichtungsgegenständen
Form 2703 Elektrowärme
Form 2711 Fernsehgeräte

Die Formblätter sind über die Feuerversicherer zu beziehen

# Kunststoffe

Es ist verständlich, daß Kenntnisse über die Kunststoffe wegen deren Neuheit und stürmischen Entwicklung auf dem Bausektor noch nicht so geläufig sind wie bei den althergebrachten Baustoffen. Es wurde deshalb versucht, die wichtigsten Angaben zu den neuen Werkstoffen auf den folgenden 8 Tafeln in Form von Übersichten darzustellen. Für weitere eingehende Informationen wird auf die einschlägige Literatur verwiesen.

Kunststoffe sind inzwischen für weite Bereiche der Industrie sowie für den täglichen Gebrauch unentbehrlich geworden. Die Bauindustrie dürfte der bedeutendste Abnehmer von Kunststoffen sein. Hinsichtlich der Verbrauchsmengen steht dort Polyvinylchlorid (PVC) an der Spitze, gefolgt von den Polyesterharzen, Polyäthylen (PE) und Polystyrol (PS), sowie den Schaumkunststoffen aus Polystyrol und Polyurethan.

Angaben über weitere Kunststoff-Erzeugnisse wie Kunststoff-Dispersionen, Kunststoff-Kleber und Lack-Kunstharze werden hier nicht gebracht, da es sich nicht um Kunststoffe im Sinne von Werkstoffen handelt. Im Vordergrund dieser Abhandlung steht notwendigerweise die Betrachtung der Kunststoffe hinsichtlich des baulichen Brandschutzes.

Zur Einleitung die Erklärung einiger Begriffe in allerkürzester Form.

Unter Kunststoffen versteht man im allgemeinsten Sinn des Wortes organische Stoffe, die durch chemische Umwandlung von Naturprodukten oder durch Synthese aus Primär-Produkten hergestellt werden.

Dabei wird grundsätzlich zwischen halbsynthetischen und vollsynthetischen Kunststoffen unterschieden. *Halbsynthetische* Kunststoffe werden aus Naturstoffen hergestellt, die bereits aus Makromolekülen aufgebaut sind.

Dazu gehören beispielsweise Zelluloid und Zellglas, für welche Zellulose als Ausgangsbasis dient.

Von weitaus größerer Bedeutung sind jedoch die *vollsynthetischen* Kunststoffe, bei denen die Makromoleküle aus kleinen Molekülen durch chemische Umsetzungen synthetisiert werden. Die makromolekulare Struktur der Kunststoffe gleicht im Prinzip dem Molekülaufbau natürlicher organischer Werkstoffe, wie Holz, Tier- und Pflanzenfasern, Naturgummi.

Ausgangsstoffe für vollsynthetische Kunststoffe sind einfache Kohlenstoffverbindungen (Monomere), die durch chemischen Aufschluß oder physikalische Methoden (Rektifikation) aus den fossilen Kohlenstoffträgern Erdöl, Erdgas oder Kohle gewonnen werden. Diese einfachen Ausgangsverbindungen mit niedrigem Molekulargewicht werden durch chemische Umwandlungen mit hohem Molekulargewicht in den betreffenden Kunststoff überführt. Dabei werden die Monomere durch Polymerisation, Polyaddition oder Polykondensation zu Makromolekülen vereinigt, die mehr als 1 000, ja sogar Millionen von Atomen enthalten und somit hochmolekulare Stoffe bilden.

Die nach diesen Methoden erhaltenen Kunststoffe können in ihren Eigenschaften oft wesentlich verbessert werden, wenn keine einheitlichen, sondern chemisch verschiedenartige Monomere Verwendung finden. Man gelangt dann zu den Copolymeren oder Mischpolymerisaten.

Die Kunststoffe werden in die folgenden Hauptgruppen eingeteilt:

- Thermoplaste oder Plastomere,
- Duroplaste oder Duromere,
- Elastomere.

**Thermoplaste** sind Kunststoffe, die durch die Einwirkung von Wärme weich und verformbar werden und nach dem Abkühlen wieder erhärten.

**Duromere** lassen sich nach dem Aushärten nicht mehr verformen. Das aus den miteinander verbundenen Makromolekülen entstandene räumliche Netzwerk kann nur noch durch Chemikalien oder große Hitzeeinwirkung zerstört werden.

**Elastomere** sind polymere Werkstoffe, die sich über einen weiten Temperaturbereich gummielastisch verhalten. Man spricht auch von synthetischem Kautschuk.

### Eigenschaften, Beständigkeit

Die Dichte der Kunststoffe ist mit 0,9 bis 2,0 als gering anzusehen. Die Korrosionsbeständigkeit aller Kunststoffe ist so hoch, daß sie bei normalen Gebrauchsbedingungen keinerlei Oberflächenschutz benötigen. Kunststoffe sind derzeit die besten und wirtschaftlichsten organischen Isolierstoffe der Elektrotechnik.

Fast alle Kunststoffe sind unempfindlich gegen die im Alltag gebräuchlichen Stoffe Wasser, alkoholische Getränke, Essig und Seifenlösungen. Eine Verträglichkeit mit den Baustoffen Zement, Kalk, Gips ist praktisch für alle am Bau eingesetzten Kunststoffe gegeben.

Ein wichtiges Kriterium für die Verwendung von Formteilen aus Kunststoff bei höheren Temperaturen ist ihre Wärmeformbeständigkeit, insbesondere bei Dauergebrauch. Bei konstruktivem Einsatz ist der vergleichsweise geringe Elastizitätsmodul unverstärkter Kunststoffe zu beachten. Deren Wärmedehnfähigkeit ist wesentlich höher als diejenige metallischer Werkstoffe, es sei denn, die Kunststoffe sind entsprechend mineralisch gefüllt oder sonstwie verstärkt.

Hervorzuheben ist die geringe Wärmeleitfähigkeit, ganz besonders bei Kunststoffschäumen.

### Das Brandverhalten von Kunststoffen

Kunststoffe sind als organische Stoffe brennbar. Bei ihrer Verwendung müssen – wie bei allen anderen als brennbar eingestuften Bauteilen – die Forderungen des baulichen Brandschutzes erfüllt werden.

Zahlreiche Kunststoffe können in die Baustoffklassen B 1 (schwerentflammbar) eingereiht werden. Für alle Baustoffe der Klasse B 1 ist bekanntlich ein Prüfzeichen oder eine allgemeine Zulassung des Instituts für Bautechnik in Berlin erforderlich.

Für die Verwendungsmöglichkeiten thermoplastischer Kunststoffe ist in verschiedenen Anwendungsfällen, z.B. Außenwände mehrgeschossiger Gebäude, bedeutsam, ob sie als brennend abfallend (abtropfend) zu bewerten sind. Hinweise dazu werden in den Prüfzeugnissen für normalentflammbare Baustoffe und in den Prüfbescheiden für schwerentflammbare Baustoffe gegeben.

Das Brandverhalten der Kunststoffe kann mit Hilfe besonderer Brandschutzausrüstungen wesentlich verbessert werden. Im Verbund mit einem gut wärmeleitenden Untergrund (Beton, Mauerwerk, Trägerplatten) ist auch die Verwendung von Kunststoffen von relativ geringer Dicke möglich.

Von Ausnahmefällen – auf die noch eingegangen wird – abgesehen, stellen Kunststoffe im Brandfall kein größeres toxilogisches Risiko dar als herkömmliche organische Werkstoffe.

### Elektrostatische Aufladungen

Die meisten Kunststoffe sind hervorragende elektrische Isolierstoffe, also nichtleitende Materialien. Dies hat jedoch den geringen Nachteil, daß sie sich durch Reibung und bei zu geringer Luftfeuchtigkeit elektrostatisch aufladen können (Reibungselektrizität). In der Anfangszeit der Kunststoff-Entwicklung machte sich dies z.B. beim raschen Gleiten der Hand über PVC-Handläufe oder beim Gehen mit Kreppsohlen über Kunststoffböden bemerkbar. Der bei der Entladung entstehende Strom ist jedoch außerordentlich gering, die Schreckwirkung dagegen groß. Elektrostatisch aufgeladener Kunststoff zieht mehr oder minder den Staub an. Dabei können Gefahren infolge Funkenüberschlag auftreten.

Durch Antistatika, die den Kunststoffen schon bei ihrer Herstellung zugesetzt werden, läßt sich die elektrostatische Aufladung beseitigen oder doch zumindest erheblich reduzieren. Außerdem ist es möglich, die Oberflächen von Kunststoff-Fertigteilen auch nachträglich antistatisch auszurüsten.

## Polyvinylchlorid (PVC)

Der Kunststoff PVC hat den größten Anteil an der Kunststoff-Gesamtproduktion, auch soweit es das Bauwesen betrifft.

PVC kann als einer der beständigsten Kunststoffe bezeichnet werden.

So hat man festgestellt, daß Wasserrohre aus PVC, die 1938 verlegt wurden, auch heute noch einwandfrei sind.

Es ist möglich, PVC durch die Beigabe entsprechender Zusätze und Stabilisatoren weitestgehend auf den vorgesehenen Einsatzzweck einzustellen.

In der Praxis werden 3 Arten von Polyvinylchlorid unterschieden:

- PVC weich, mit weichmacherhaltigen Zusätzen;
- PVC hart, ohne Weichmacher und normal schlagzäh;
- PVC erhöht schlagzäh, ohne Weichmacher mit entsprechenden Zusätzen.

Weichmacher sind Substanzen, die einen harten und spröden Kunststoff weich und schmiegsam machen. Der Weichmacheranteil läßt sich in weiten Grenzen variieren; er kann bei PVC bis zu etwa 50 % betragen. So muß z.B. eine Folie zur Auskleidung von Heizöltanks mit einem ölbeständigen Weichmacher gefertigt werden, während z.B. für Kabelisolierungen, die Temperaturen über 100 °C ausgesetzt werden, nur nichtflüchtige Weichmacher in Frage kommen.

### Brandverhalten von PVC

PVC gehört zu jener Gruppe von Kunststoffen, die in ihrem Makromolekül gebundenes Chlor enthalten, welches für die Eigenschaften Härte, Beständigkeit, Abriebfestigkeit und Schwerentflammbarkeit notwendig ist.

Hart-PVC brennt lediglich unter der Einwirkung einer Fremdflamme und verlöscht nach deren Entfernung. Bei in der Schweiz durchgeführten Brandversuchen wurde festgestellt, daß Hart-PVC bei einer stufenweisen Erhitzung von 100 °C bis 300 °C seine Eigenschaft „schwerbrennbar" nicht verliert. Bei Weich-PVC ist die Brennbarkeit des Weichmachers zu berücksichtigen. Weich-PVC kann mit Phosphat-Weichmachern und chlorhaltigen Zusätzen ähnlich schwerentflammbar gemacht werden wie Hart-PVC.

Praktische Erfahrungen bei normalen Brandfällen bestätigen, daß PVC-Bauteile nur soweit zersetzt werden und wegbrennen, wie sie von der Flamme erfaßt werden; in unmittelbarer Nachbarschaft aber erlöschen sie und leiten das Feuer nicht weiter.

Beim Brand von PVC entwickeln sich grau-weißliche Dämpfe, die Chlorwasserstoff enthalten. Chlorwasserstoff ist ein farbloses, scharf riechendes und stark wasserlösliches Gas. Wird es in Wasser eingeleitet, entsteht Salzsäure. Chlorwasserstoffdämpfe sind giftig. Sie reizen die Lungen bereits in sehr geringen Mengen, Mengen, die weit unter dem Maß einer möglichen Giftwirkung liegen.

Weiterhin ist zu berücksichtigen, daß Chlorwasserstoff als Reizgas sehr leicht bemerkt wird, so daß Personen vor unbemerktem Einatmen giftiger Schwelgase gewarnt werden.

Die von PVC-Bränden ausgehenden Gase haben dann die geringste Auswirkungen, wenn sie auf kürzestem Wege ins Freie abgeleitet werden und sich somit stark verdünnen.

Bei dem üblichen Einsatz von PVC-Bauteilen ist der Anteil von Chlorwasserstoff bei den Brandgasen im allgemeinen so gering, daß sich gegenüber den sonstigen Brandgasen kaum zusätzliche Verschlechterungen ergeben. Dies trifft ganz besonders für den Außeneinsatz zu.

Ganz anders verhält es sich dagegen bei sogenannten PVC-Großbränden, die z.B. in Fabrikationsstätten für PVC-Erzeugnisse, in Großlagern oder in Kabelschächten mit PVC-isolierten elektrischen Leitungen entstehen können, ebenso in Elektrizitätswerken und EDV-Anlagen.

Dort können die Chlorwasserstoffdämpfe und die mit der Luftfeuchtigkeit daraus entstehende Salzsäure ganz erhebliche Korrosionsschäden sowohl am Brandort selbst als auch in benachbarten Räumen verursachen.

Bei diesen speziellen Anlagen sind besondere Vorkehrungen zu treffen und entsprechende Auflagen zu beachten. Einschlägige Richtlinien hierzu haben der Verband der Sachversicherer (VdS) sowie die jeweils in Frage kommenden Industrieverbände herausgegeben, wohl nicht zuletzt deshalb, weil bei PVC-Bränden die Folgeschäden höher sein können als der unmittelbare Brandschaden selbst.

### Lagerung von PVC-Erzeugnissen

Von einer bestimmten Menge an muß PVC so gelagert werden, daß es bei einem Brand anderer Stoffe weder durch Flammen noch durch heiße Brandgase oder Wärmestrahlung erfaßt werden kann. Auch die Zwischenlager sind so klein wie möglich zu halten und gesondert von Lagern für andere brennbare Stoffe anzulegen. Größere Mengen von PVC-Erzeugnissen sind möglichst in feuerbeständigen, abgetrennten Räumen und getrennt von anderen Erzeugnissen zu lagern. In Lagern mit wertvollem, aber korrosionsempfindlichen Inhalt ist die Einlagerung von PVC-Erzeugnissen zu unterlassen.

### Vorbeugende bauliche Maßnahmen

Aufgrund von Erkenntnissen aus der Praxis werden als vorbeugende Maßnahmen für den unmittelbaren Schutz der Bausubstanz gegen PVC-Brände folgende Empfehlungen gegeben:

- der Schutz von Stahlkonstruktionen durch dichte Beton- oder Putzummantelungen
- der Schutz von porösen Baustoffen (Gips, Gasbeton), insbesondere ihrer Stahlbewehrung, durch einen porenverschließenden Glattputz mit abschließendem Kalk- oder Mineralfarbenanstrich
- der gleiche Schutz für normale Stahlbetonbauteile mit porösen Oberflächen
- die grundsätzliche Verwendung von Kalk- oder Mineralfarbenanstrichen als hervorragende Absorber von chlorwasserstoffhaltigen Gasen

<table>
<tr><td colspan="6">Tafel 1 Kunststoffe im Bauwesen</td></tr>
<tr><th>Technische Bezeichnung</th><th>Kurzzeichen</th><th>Rohstoff - Handelsnamen</th><th>Verarbeitungsverfahren</th><th colspan="2">Materialeigenschaften</th></tr>
<tr><td>Polyethylen<br>— niederer Dichte<br>— hoher Dichte</td><td>PE<br>LDPE<br>HDPE</td><td>Baylon<br>Hostalen<br>Lupolen<br>Vestolen</td><td>Spritzgießen, Hohlkörperblasen, Pressen, Extrudieren, Kabeltechnik, Blas- und Flachfolien, Rotationsformen, halbharter Schaumstoff</td><td colspan="2">Teilkristalline Struktur. Zähelastisch, keine Spannungsrißbildung. Normale Wärmestandfestigkeit, gut kältebeständig<br><br>Höhere Kristallinität. Hart und steif, verschleißfest, flexibel (bricht nicht). Höhere Wärmestandfestigkeit, sehr gut kältebeständig</td></tr>
<tr><td>Polypropylen</td><td>PP</td><td>Hostalen PP<br>Novolen<br>Vestolen P</td><td>Spritzgießen, Extrudieren, Thermoformen, Blas- und Flachfolien</td><td colspan="2">Teilkristalline Struktur. Hohe Steifigkeit und Oberflächenhärte, härter als PE. Sehr zäh, keine Spannungsrißbildung. Gute Wärmeformbeständigkeit, geringe Kälteschlagzähigkeit</td></tr>
<tr><td>Polyisobutylen</td><td>PIB</td><td>Oppanol B</td><td>Kalandrieren, Extrudieren</td><td>Kautschukartige Masse, amorphes Elastomer. Gedeckte Farben von den Füllstoffen abhängig</td><td rowspan="2">Weichmacherfreie Folien, bitumenbeständig, kautschukelastisch, brechen nicht. Keine Spannungsrißbildung. Gut alterungsbeständig, sehr gut kältebeständig.</td></tr>
<tr><td>Etylencopolymerisat - Bitumen</td><td>ECB</td><td>Lucobit</td><td>Extrudieren, Pressen, Vergießen</td><td>Mischung eines Ethylpolymerisats mit Bitumen. Zähelastisch. Schwarze Eigenfarbe durch Bitumenanteil</td></tr>
<tr><td>Polystyrol</td><td>PS</td><td>Hostyren,<br>Polystyrol,<br>Vestyron</td><td>Partikel- und Extruderschaum</td><td colspan="2">Amorphe Struktur. Sehr hart und steif, aber relativ spröde. Gefahr der Spannungsrißbildung. Sehr gut kältebeständig. Glasklar und transparent. Farben von hoher Brillanz.</td></tr>
<tr><td>Polystyrol schlagfest</td><td>SB</td><td>Hostyren S,<br>Polystyrol 400,<br>Vestyron 500</td><td>Spritzgießen, Extrudieren, Thermoformen</td><td>Schlagfestes Polystyrol mit feinsten Kautschukteilchen. Hohe Schlagzähigkeit, weniger spröde</td><td rowspan="2">Gut temperaturwechselbeständig, sehr gut kältebeständig</td></tr>
<tr><td>Acrylnitril - Butadien - Styrol</td><td>ABS</td><td>Novodur, Terluran</td><td>Spritzgießen, Extrudieren, Thermoformen</td><td>Styrol und Acrylnitril mit feinsten Kautschukteilchen. Besonders schlagzäh, steif und kratzfest, antistatisch.</td></tr>
<tr><td>Polyvinylchlorid<br>— mit Weichmacher</td><td>PVC<br>PVC weich</td><td>Alkoplan, Benefol, Delifol, Dolcoplast, Mipolam, Organit, Peguform, Trocal (Produktnamen)</td><td>Weich- und Hartschaum, Kalandrieren, Extrudieren, Kabeltechnik, Spritzgießen</td><td colspan="2">Struktur ist abhängig von der Art und Menge des Weichmachers und der sonstigen Zusätze.<br>Leder- oder gummiartig bis sprödhart. Im allgemeinen abriebfest.</td></tr>
<tr><td>— normal schlagzäh<br>— erhöht schlagzäh</td><td>PVC hart<br>PVC erhöht schlagzäh</td><td>Hostalit, Lonza, Solvic, Trosiplast, Vestolit, Vinoflex<br>Hostalit Z, Vinidur</td><td>Extrudieren, Thermoformen, Kalandrieren, Blasformen, Spritzgießen</td><td colspan="2">Ohne Weichmacher. Gut warmformbar und schweißbar, zu kleben und spanend zu bearbeiten.<br>Zähelastisch bis hart, verschleißfest, korrosionsfest.<br>Gute Kältestandfestigkeit, PVC erhöht schlagzäh, auch bei tiefen Temperaturen.</td></tr>
<tr><td>Polymethylmethacrylat (Acrylglas)</td><td>PMMA</td><td>Degalan, Deglas, Plexiglas, Resarit, Resartglas</td><td>Extrudieren, Spritzgießen, Vergießen</td><td colspan="2">Warm formbar, zu kleben und spanend zu bearbeiten. Gute Oberflächenhärte, kratzfest, splittert nicht. Edle Farbwirkung, glänzende Oberflächen. Alterungsbeständig, sehr gut lichtbeständig</td></tr>
<tr><td>Polycarbonat</td><td>PC</td><td>Carbaglas, Lexan, Makrofol, Makrolon, Merlon</td><td>Extrudieren, Spritzgießen, Thermoformen</td><td colspan="2">Außerordentlich schlagzäh. Normalausführung kratzempfindlich, mit Verstärkungseinlagen aber kratzfest und noch höhere Festigkeitswerte. Dünne Platten mit hoher Lichtdurchlässigkeit. Gute Wärmeformbeständigkeit, sehr gut kältebeständig.</td></tr>
<tr><td>Polyamid</td><td>PA</td><td>Degamid, Durethan, Platamid, Trogamid, Ultramid, Vestamid</td><td>Spritzgießen, Extrudieren, Hohlkörperblasen, Blas- und Flachfolien, Vergießen, Rotationsformen</td><td colspan="2">Teilkristalline Struktur ähnlich Naturhorn. Biegesteif, hohe Kratz- und Abriebfestigkeit. Gute Temperaturstandfestigkeit, kochfest und sterilisierbar.</td></tr>
<tr><td>Ungesättigtes Polyesterharz<br>— glasfaserverstärkt</td><td>UP<br>GF-UP</td><td>Alpolit, Leguval, Palatal, Vestopal</td><td rowspan="2">Am Bau: Vergießen, Untermischen, Aufspritzen, Einpressen<br>GF-Fertigung: Handverfahren, Faserspritzverfahren, Kalt- und Warmpressen, Wickeln, Schleudern, Profilziehen, kontinuierliche Plattenherstellung</td><td colspan="2" rowspan="2">Härtbare technische Harze, hart, zäh oder flexibel. Werkstücke mit Glasfasern, Quarzmehl, Kaolin oder Metallpulver verstärkt sind von hoher Steifigkeit, harter Oberfläche, abriebfest. Zugfestigkeiten von 100 bis 600 $N/mm^2$<br>Ausreichende Wärmeformbeständigkeit, außerordentlich gut kältebeständig.</td></tr>
<tr><td>Epoxidharz<br>— glasfaserverstärkt</td><td>EP<br>GF-EP</td><td>Araldit, Epikote, Hostapox, Lekutherm, Rütapox</td></tr>
<tr><td>Phenol - Formaldehydharz</td><td>PF</td><td>Alresen, Bakelite, Kauresin, Resinol, Trolitan, Supraplast</td><td rowspan="3">Leim auftragen, Fasern binden, Vergießen, Pressen<br><br>Kontinuierliche Plattenherstellung<br><br>Formgießen<br><br>UF-Ortschaum</td><td colspan="2">Härtbare technische Harze. Sehr harte Oberflächen, poren- und rißfrei. Gute Wärmeformbeständigkeit.</td></tr>
<tr><td>Harnstoff - Formaldehydharz</td><td>UF</td><td>Bekaminol, Basopor, Kaurit, Resamin, Urecoll</td><td colspan="2" rowspan="2">Sehr harte und rißfreie Oberflächen. Ausreichende Wärmeformbeständigkeit. Dekorative Schichtstoffplatten (DKS) mit lichtechten Oberflächen in vielen Farben und Dekors, auch zigarettenglutfest und erhöht wärmebeständig.</td></tr>
<tr><td>Melamin - Formaldehydharz</td><td>MF</td><td>Kauramin, Madurit, Melan, Meloiam</td></tr>
<tr><td>Polyurethan</td><td>PUR</td><td>Baytherm, Caprolan, Desmodur, Despophon, Lupranat, Lupranol</td><td>Ortschaum, Weichschaum, Hartschaum, Strukturschaum, Spritzen, Gießen, Aufstreichen, Einpressen</td><td colspan="2">Meist vernetzte Polyurethane. Weichelastisch bis zähhart oder sprödhart. Abriebfest, fäulnisbeständig. Elastomere sind elastisch verformbar, mit hoher Bruchdehnung und Zugfestigkeit.</td></tr>
</table>

## Tafel 2 Mechanische und Thermische Kennwerte

| Kurzzeichen | Rohdichte g/cm³ | Zug-/Reiß-festigkeit[1] N/mm² | Kugeldruckhärte N/mm² | Wärmeleitfähigkeit W/mK | Wärmedehnung[2] mm/m 50 K | Temperaturgrenzen der Anwendung[3]: Kurzzeitig[4] °C | Dauergebrauch[5] °C | in der Kälte[6] °C | UV-Beständigkeit[7] |
|---|---|---|---|---|---|---|---|---|---|
| LDPE | ≧ 0,92 | $\sigma_Z$ 8 bis 10 | ca 13 | 0,30 | ca 10,0 | ~ 85 | ~ 65 | unter −50 | ○ |
| HDPE | ≦ 0,96 | $\sigma_Z$ 20 bis 30 | ≦ 60 | 0,40 | 6,0 bis 7,5 | ~ 100 | ~ 80 | | ○ |
| PP | 0,91 | $\sigma_Z$ 30 bis 40 | 40 bis 60 | 0,22 | 5,5 | ~ 140 | ~ 100 | bis ± 0 | ○ |
| PIB | 0,93 | $\sigma_R$ 6 | | 0,28 | 4,0 | 80 | 60 | − 45 | + |
| ECB | 0,97 | $\sigma_R$ 4,5 | 12 | 0,16 | 7,5 bis 10,0 | 80 | 60 | − 40 | + |
| PS | 1,05 | $\sigma_Z$ 40 bis 55 | 150 | | 4,0 | ~ 80 | ~ 60 | | ○ |
| SB | 1,05 | $\sigma_Z$ 25 bis 55 | ca 100 | 0,17 | 4,0 bis 5,0 | ~ 80 | 60 bis 70 | unter −50 | ○ |
| ABS | 1,06 | $\sigma_Z$ 35 bis 60 | 65 bis 100 | | 4,0 bis 5,5 | ~ 95 | ~ 85 | | ○ |
| PVC weich | 1,20 bis 1,35 | $\sigma_Z$ 30 bis 10 | | ~ 0,16 | variiert[9] | —[9] | ~ 60[9] | − 20 bis − 50[9] | + |
| PVC hart | 1,38 | $\sigma_Z$ 55 | 120 | 0,16 | 3,5 | ~ 80 | ~ 60 | − 30 | + |
| PVC erhöht schlagzäh | 1,35 | $\sigma_Z$ 50 | 100 | | | | | − 40 | + |
| PMMA | 1,18 | $\sigma_Z$ 80 | 190 | 0,18 | 3,5 | ~ 95 | ~ 70 | unter − 50 | + |
| PC | 1,20 | $\sigma_Z$ 65 | 950 | 0,21 | 3,25 | ~ 140 | 115 | − 80 | + |
| PA | 1,13 | $\sigma_Z$ 40 bis 60 | 70 bis 200 | 0,29 | 3,5 bis 5,0 | ~ 180 | ~ 90 | − 30 bis − 45 | + |
| GF-UP | 1,2 bis 2,0 | $\sigma_Z$ 100 bis 600[8] | 160 bis 180 | 0,22 | 0,8 bis 1,5 | 180 | 130 | unter − 150 | + |
| EP | | $\sigma_Z$ 40 bis 60 | ca 160 | 0,23 | 2,0 bis 3,5 | 160 | 110 | | + |
| PF | 1,4 bis 1,8 | $\sigma_Z$ 20 bis 25 | 150 bis 320 | | 0,75 bis 1,5 | 160 | 95 | | + |
| UP | 1,5 bis 2,0 | $\sigma_Z$ 30 | 260 bis 400 | 0,35 | 2,0 bis 2,5 | 100 | 65 | − 70 | + |
| MF | | | | | 0,5 bis 1,5 | 130 | 100 | | + |

1) $\sigma_Z$ = Zugfestigkeit
$\sigma_R$ = Reißfestigkeit
Zum Vergleich
Aluminiumlegierungen
$\sigma_Z$ 70 bis 250
Konstruktionsstahl
$\sigma_Z$ 700 bis 840

2) Längenausdehnung für 50 K Temperaturunterschied als anschauliche Größe

3) Erfahrungswerte an Formteilen Abhängig von der Art der mechanischen Belastung

4) Wärmeformbeständigkeit bis zu einigen Stunden bei geringer mechanischer Belastung

5) Temperaturbelastbarkeit über Jahre Veränderung der Werkstoffeigenschaften infolge Wärmealterung in einem für technische Bauteile erfahrungsgemäß noch vertretbarem Maß

6) Deutliche Abnahme der Zähigkeit gegenüber der Zähigkeit bei Raumtemperatur

7) + = beständig
○ = bedingt beständig

8) Mechanische Werte abhängig von der Glasfaserverstärkung

9) Abhängigkeit von Art und Menge der Weichmacher

## Tafel 3 Kunststoffe in der Anwendung

| Kurzzeichen | Bauwesen | Haushaltbereich |
|---|---|---|
| LDPE | Bautenwetterschutzfolien, Feuchtigkeitsabdichtungen, Dachunterspannbahnen, Elektroisolier- und Mantelmassen, Dampfsperren, Estrich-Trennfolien, Abdeckfolien, Baueimer, Mörtelkübel, Elektrorohre und -dosen. | Schrumpffolien, Verpackungsfolien, Plastikbeutel, Flaschen, Tuben, Dosen. |
| HDPE | Trinkwasserleitungen, Gasrohre, Fußbodenheizung, Abwasserrohre, Lüftungsrohre, Heizöltanks, Mülltonnen, Fittings, Armaturen, Dachgullys, abriebfeste Beläge, Straßenbegrenzungspfosten, Blendschutzlamellen. | Lagerbehälter, Flaschenkästen, Mülleimer, Benzinkanister, Stuhlsitze |
| PP | Fußbodenheizung, Warmwasserrohre, Filtervliese, hochtemperaturfeste Hausentwässerungsrohre, Sanitär-Armaturen, Teppichböden, Sichtschutzgewebe, Gehäuse für Geräte und Apparate, Scharniere. | Eimer, Wannen, Waschmaschinenbauteile, Verpackungsbänder, Seile. |
| PIB | Abdichtungsbahnen, Dachbahnen, Fugendichtungsmassen, Klebstoffe, Säureschutz. | |
| ECB | Abdichtungen und Auskleidungen im Hoch- und Tiefbau, Dachbahnen, Bautenschutz, Bitumenveredelung, elastische Lagermatten. | |
| PS<br>SB | Schalungen, Abstandshalter, Spülkästen, Elektro-Hausanschlußkästen, Elektro-Verteilerdosen, Elektro-Kabelschellen, Dübel, Wandfliesen, Einbau- und Wannenleuchten, Lichtraster, Telefonapparate. | Verpackungen für Lebensmittel, Küchengeschirr, Gehäuse für Radio-, Phono- und Fernsehgeräte, Lampenschirme, Möbelteile, Schubladen, Sitzschalen. |
| ABS | Rohre, Ventile, Fittings, Raumlüfter, Briefkästen, Schutzhelme, Telefonapparate. | Schalen, Dosen, Teller, Sitzmöbel, Gehäuse für Radio-, Phono- und Fernsehgeräte sowie für Elektrogeräte, Koffer. |
| PVC<br>weich | Fußbodenbelag-Gehschichten, Treppenhandläufe, Sockelleisten, Treppenkanten, Dekorfolien, Tapeten, Schwimmbeckenfolien, Heizöltank-Auskleidungen, Faltwände und -türen, Beschichtungen für Gewebe, Elektroisolier- und Mantelmassen, Dichtungs- und Dachbahnen, Fenster- und Türdichtungen, transparente Pendeltüren, Dehnungsfugenbänder, Blechbeschichtungen. | Möbelprofile, Dekor- und Möbelfolien, Kunstleder, Vorhänge, Bademattten. |
| PVC<br>hart | Dränrohre, Sickerrohre, Elektro-Kabelkanäle, Gasrohre, Trinkwasserrohre, Abwasserrohre, Lüftungskanäle und -rohre, Wand- und Deckenverkleidungen, Balkonverkleidungen, Gesimsblenden, Lichtwände, Raumteiler, Rolladen-Profile, Duschabtrennungen, Spülkästen. | Behälter und Verpackungen aller Art. |
| PVC<br>erhöht schlagzäh | Kunststoff-Fenster, Türzargen, Dachrinnen, Fallrohre, Wellplatten, Fassadenelemente, Außenwandverkleidungen, Sonnenschutz. | |
| PMMA | Lichtkuppeln, Stegdoppelplatten, großflächige Licht-Überdachungen, Lichtwände, Wellplatten, Raster- und Lichtdecken, Sanitärobjekte, Verglasungen, Beleuchtungen, Balkon- und Treppenverkleidungen, Schwimmbadabdeckungen, Gewächshäuser, Verkehrs- und Reklameschilder, Dichtungs- und Fugenmassen. | Gehäuse für Geräte, Maschinen und Apparate, Geräteteile aller Art. |
| PC | Schlagfeste, einbruchsichere Verglasungen, schußsichere Schalter, unzerstörbare Straßenleuchten, Telefonzellen, Sportverglasungen, Sportplatz- und Brückengeländerfüllungen, Lichtplatten, Stegdoppelplatten, Laternenmaste, Schutzhelme, Elektro-Isolierfolien. | Gehäuseteile von Radio-, Phono- und Fernsehgeräten, Teile von Werkzeugen und Elektrogeräten. |
| PA | Teppichböden, Beschläge, Griffe, Garderobehaken, Heizölbehälter, Rohre, Ventile, Dübel, Schrauben, Lagerschalen für Geräte, Kabelmäntel. | Gehäuse für Radio-, Phono- und Fernsehgeräte, Sitzmöbel, Textilerzeugnisse. |
| UP | Industrie-Estriche, Polyesterharz-Betonwaren, belastbare Klebemörtel, Spachtelmassen, Vergußmassen, Flachdach-Sanierungen. | |
| GF-UP | Schwimmbecken, Wellplatten, Lichtplatten, Trennwände, Balkonbrüstungen, Fassadenplatten, Außenwandelemente, Lichtkuppeln, Lichtschächte, Heizölbehälter, Abgasrohre, Sanitärzellen, Formschalungen, Garagentore, freitragende Dächer, Gewächshäuser. | Gartenmöbel, Wohnwagen, Boote. |
| EP<br>GF-EP | Beschichtungen, Versiegelungen, Imprägnierungen, fugenlose Bodenbeläge, Klebstoffe, Rohre, Behälter. | Behälter. |
| PF | Holzleime, Span- und Preßholz-Formteile, Schalter, Stecker, Steckdosen. | Gehäuse für Radio-, Phono- und Fernsehgeräte. |
| UF | Bindemittel für Spanplatten, Holzfaserplatten, dekorative Schichtpreßstoffplatten. | |
| MF | Holzleime, dekorative Schichtpreßstoffplatten, Lackzusätze, Preßmassen, Fensterbänke, Stecker, Steckdosen, Telefonapparate, Teile von Elektrogeräten. | Bruchfeste Teller, Tassen, Dosen. |
| PUR | Elastische Sportstättenbeläge, fugenlose Kunststoffböden, Beschichtungsmassen, Dichtungsmassen und -profile, Klebstoffe, Lacke, elastische Zwischenlager, Estrichzusätze, Dachgullys, Dachaufsatzkränze, Dachlüfter. | Blumenkästen, Möbelformteile, Teppichrückenbeschichtungen. |

Tafel 4 Schaumkunststoffe im Bauwesen

| Typkurzzeichen | Schaumkunststoff – Material – | Baustoffklasse B 2 | Baustoffklasse B 1 | Rohdichte kg/m³ | Warmeleitfahigkeit[1] W/mK | Warmeformbestandigkeit °C | Anwendung |
|---|---|---|---|---|---|---|---|
| W | Polystyrol-Hartschaum - Partikelschaum - (Blockware, Bandware Automatenplatten) | | PS 15 SE | $\geqq$ 15 | | | **W Wärmedämmstoffe, nicht druckbelastet** z.B. in Wänden (Kerndämmung, Gebaude dehnungsfugen), auf Wänden (Außendammung mit Putz oder hinterluftet, Innendämmung), in belufteten Flachdächern und Dachschragen, Kernlagen fur Leichtwände, Außenwand- und Brustungselemente, Kombinations-Dammplatten, Kuhlhausdämmung, Klimazellen, Behälter dämmung, Rohrisolierungen und Rohrschalen, Aussparungskörper |
| WD | | | PS 20 SE | $\geqq$ 20 | | kurzfristig ca 95 | |
| WS | | | PS 30 SE | $\geqq$ 30 | 0,40 | | |
| T | Trittschall-Dammplatten | | PS T SE | Keine Anforderung | | | |
| WD | Polystyrol-Hartschaum - Extruderschaum - | | | $\geqq$ 25 | | langfristig 80-85 | **WD Wärmedämmstoffe, druckbelastet** z.B. unter druckverteilenden Boden, in einschaligen Flachdachern (Platten, rollbare Dammbahnen), Dachelemente, geformte Dammplatten fur Welldächer, „Umkehrdacher" (PS-Extruderschaum), einschalige Außendammung mit Automatenplatten |
| WS | | | | $\geqq$ 30 | | | |
| WD | Polyurethan-Hartschaum (Blockware, Platten mit Kraftpapier- oder Bitumenpapier-Kaschierung) | PUR 30 WD | PUR30WDSE | | 0,035 | kurzfristig >200 | **WS Wärmedämmstoffe, erhöht druckbelastet** z.B. Parkdecks, Durchfahrten, Frostschutz im Straßenbau |
| WS | | PUR 30 WS | PUR 30 WS SE | $\geqq$ 30 | | | **T PS-Trittschall-Dämmplatten** unter schwimmendem Estrich |
| WD | Polyurethan-Hartschaum mit beidseitig gasdiffusionsdichten metallischen Deckschichten | PUR 30 WDM | PUR30WDMSE | | 0,029 | langfristig 110 | Aus **Polystyrol-Schaumstoff** außerdem Schalungskörper, Rolladenkasten, geformte Dammplatten fur die Warmwasser-Fußboden heizung, Strukturschalungen, Deckensichtplatten, Akustikplatten, Untertapeten, Dranplatten, Damm-Mortel ®Styropor-Beton, ®Styromull fur die Bodenverbesserung |
| WS | | PUR 30 WSM | PUR30WSMSE | | | | |
| W | Phenolharz-Hartschaum (Blockware, Platten mit Kaschierung) | PF 30 | PF 30 SE | $\geqq$ 30 | | kurzfristig >200 | |
| WD | | PF 35 | PF 35 SE | $\geqq$ 35 | 0,045 | langfristig 130 | Aus **Polyurethan-Schaumstoff** weiterhin ausgeschaumte Außenwand- und Brustungselemente, Akustikplatten, Schallabsorber-Wande, Fugenhinterfullung, Balken und Konsolen (Imitationen), PUR-Leichtbeton |
| WS | | PF 45 | PF 45 SE | 45 | | | |
| | Polyurethan (PUR) - Ortschaum | B 2[2] | | ca 60 | 0,035 | langfristig 110 | Dachdämmung und -isolierung zugleich, Hohlraumausschäumung, Montageschaum, technische Isolierungen |
| | Polyvinylchlorid (PVC) - Hartschaum | | B 1 | 50 bis 90 | 0,040 | kurzfristig 80 langfristig 60 | Elastische Unterlagen fur Bodenbelage, Korperschall-Isolierung, Dichtungsbander, Turzargen, Fensterbretter, Mobelteile |
| | Harnstoffharz (UF) - Ortschaum | B 2 | | ca 10 | 0,040 | kurzfristig 100 langfristig 90 | Hohlraumausschaumungen, Schlitzdämmung, ®Hygromull fur die Bodenverbesserung |
| | Polyethylen (PE) - Schaumstoff | B 2[3] | | 20 bis 40 | 0,040 | kurzfristig 100 langfristig 80 | Fugenhinterfullung, Trittschalldammung, Teppichunterlagen, Untertapeten, leichte Trennwande, Unterlagen fur Schwingboden |

[1] Rechenwert [2] Widerstandsfähig gegen Flugfeuer und strahlende Warme, auf massivem nichtbrennbaren Untergrund [3] Es gibt selbstverloschende Typen

## Tafel 5 Richtwerte für die Chemikalienbeständigkeit von Kunststoffen bei 20 °C Dauergebrauch

| Kurzzeichen | Säuren: schwach im allgemeinen | Säuren: stark im allgemeinen | Säuren: oxydierend | Säuren: Flußsäure | Halogene (trocken) | Laugen: schwach | Laugen: stark | Lösemittel: Alkohole | Lösemittel: Ester | Lösemittel: Ketone | Lösemittel: Ether | Lösemittel: Halogen-Alkane | Treibstoffe und Öle: Benzol | Treibstoffe und Öle: Benzin | Treibstoffe und Öle: Treibstoffgemisch | Treibstoffe und Öle: Mineralöl | Treibstoffe und Öle: Fette, Öle |
|---|---|---|---|---|---|---|---|---|---|---|---|---|---|---|---|---|---|
| LDPE | + | + | — | + | — | + | + | ○ | ○ | ○ | — | — | — | ⊖ | — | ○ | ⊖ |
| HDPE | + | + | — | + | — | + | + | + | + | + | ○ | ⊖ | ○ | ⊕ | ⊕ | ⊕ | ⊕ |
| PP | + | + | — | ○ | ⊖ | + | + | + | ⊕ | ⊕ | ○ | ⊖ | ⊖ | ⊕ | ○ | + | + |
| PIB | + | + | ⊖ | + | ⊖ | + | + | + | ⊖ | ○ | — | — | — | — | — | — | ⊖ |
| ECB | + | ⊕ | ⊖ | ⊕ | — | + | + | ⊖ | — | — | — | — | — | — | — | — | ⊖ |
| PS | + | ⊕ | ⊖ | ⊕ | — | + | + | + | — | — | — | — | — | ⊖ | — | ○ | + |
| SB | + | ○ | — | ○ | — | + | + | ⊕ | — | — | — | — | — | ○ | — | ○ | + |
| ABS | + | ○ | — | — | ○ | + | + | ⊕ | — | — | — | — | — | + | | + | + |
| PVC[1] weich | + | ⊕ | ○ | ○ | — | + | ○ | ⊕ | — | — | — | — | — | ⊖ | — | ⊕ | ⊕ |
| PVC hart | + | + | ⊕ | ⊕ | ⊖ | + | + | + | — | — | — | ⊖ | — | + | ⊖ | + | + |
| PMMA | + | ⊕ | ⊖ | ○ | ○ | + | + | ⊕ | — | — | ○ | — | — | + | — | + | + |
| PC | + | + | ○ | — | + | — | — | ⊕ | ⊖ | ⊖ | — | — | ○ | + | + | + | + |
| PA | — | — | — | — | — | + | ○ | + | + | + | + | + | + | + | + | + | + |
| UP | + | ⊖ | ⊖ | — | ⊖ | ○ | ⊖ | ⊕ | ⊖ | — | — | — | ⊖ | + | + | + | + |
| EP | + | + | — | ⊕ | + | ⊕ | ⊕ | + | ○ | ⊕ | + | ○ | + | + | + | + | + |
| PF | + | — | — | + | + | + | — | + | + | + | + | + | + | + | + | + | + |
| UF | ○ | — | — | — | | + | ○ | + | + | + | + | + | + | + | + | + | + |
| MF | ○ | — | — | — | | + | ⊖ | + | + | + | + | + | + | + | + | + | + |
| PUR[2] | + | ○ | — | — | — | ○ | ○ | ⊕ | — | — | ⊕ | — | ⊖ | + | ○ | + | + |

+ beständig ○ bedingt beständig — unbeständig
⊕ beständig bis bedingt beständig ⊖ bedingt beständig bis unbeständig

1) mit ca. 40 % Weichmacher
2) Elastomer-Gießharze

Tafel 6

# Brandverhalten von Kunststoffen I

| Kurzzeichen | Brandverhalten nach DIN 4102: normal entflammbar, Baustoffklasse B 2 | Brandverhalten nach DIN 4102: schwer entflammbar, Baustoffklasse B 1 | Schweizerische Brandkennwerte: Brennbarkeit | Schweizerische Brandkennwerte: Qualmbildung | Wenn Kunststoffe allein brennen: Farbe des Rauches | Geruch der Schwaden | nach freiwerdende Produkte | Heizwert kJ/kg (kcal/kg) | Temperaturbereiche: Fremdentzündung °C | Temperaturbereiche: Selbstentzündung °C |
|---|---|---|---|---|---|---|---|---|---|---|
| PE | Rohdichte ≦ 0,94 g/cm³ ≧ 1,4 mm; > 0,94 g/cm³ ≧ 1,0 mm | Dicken 0,2 bis 6 mm | IV V | 3 | weiß bis hellgrau | schwach paraffinartig | relativ ungiftige Kohlenwasserstoffe, Olefine, Paraffine, Wasser | 44 000 (10 500) | 340 | 350 |
| PP | Formmassen ≧ 1,4 mm; Rohre nach DIN 80 781 | Dicken 2 bis 20 mm | IV V | 2 | | | | | 410 | 420 |
| PIB | Dicken ≧ 1,4 mm | harte Bedachung | IV | 3 | hellgrau | etwas nach verbranntem Gummi | verschiedene Kohlenwasserstoffe | 44 500 (10 600) | 410 | < 600 |
| ECB | Dicken ≧ 2,0 mm | harte Bedachung | | | dunkelgrau | nach Bitumen | dto. | 40 400 (9 600) | 410 | < 600 |
| PS | Formmassen ≦ 1,6 mm | mit Brandschutzausrüstung | IV | 1 | schwarz | typisch süßlich (Styrol) | verschiedene Kohlenwasserstoffe, Ethylbenzol, Benzol, Styrol, Toluol, Wasser | 39 800 (9 500) | 380 | 495 |
| SB | | Dicken 1 bis 3 mm | V | | | | | 40 400 (9 600) | 350 | 490 |
| ABS | | | IV | | | dto. + Gummi | | 35 200 (8 400) | 385 | 455 |
| PVC weich | Dicken < 1 mm verklebte Fußbodenbeläge | Fußbodenbeläge auf massivem Untergrund, sonst mit | IV bis V | 2 | dunkelgrau | nach Salzsäure und brenzlicher Beigeruch | verschiedene Kohlenwasserstoffe, Benzol, Chlorwasserstoff | 20 900 (5 000) | 320 bis 340 | 435 bis 560 |
| PVC hart | jede Dicke | Dicken bis 4 mm, Rohre ⌀ ≦ 40 mm mit Wanddicke ≦ 3,2 mm | V | | | | | 18 900 (4 500) | 390 | 455 |
| PMMA | Tafeln ≧ 2 mm | Platten 1,5 bis 4 mm | IV V | 3 | hellgrau | typisch fruchtartig (Ester) | Methylmethacrylat, Wasser | 26 500 (6 300) | 300 | 450 |
| PC | jede Dicke | Platten 2 bis 4 mm | V | 2 | hell bis dunkelgrau | etwas phenolartig | Bisphenol A, Wasser | 30 700 (7 300) | 320 | 500 |
| PA | Dicken < 1 mm | Dicken 1 bis 4 mm | IV V | 3 | hellgrau | nach verbranntem Horn | verschiedene Kohlenwasserstoffe, Ameisensäure, Amine, Ammoniak, Wasser | 31 000 (7 400) | 420 | 425 |
| UP GF-UP | Dicken ≧ 1,3 mm | mit und/oder Prüfzeichen | IV V[9] | 2 | dunkelgrau bis schwarz | nach Styrol und scharfer Beigeruch | verschiedene Kohlenwasserstoffe, Wasser | 18 800 (4 500) | 400 | 485 |
| EP GF-EP | | | IV oder V | | | gering, evtl. Amin oder Phenol | verschiedene Kohlenwasserstoffe, Formaldehyd, Wasser | 42 400 (10 100) | 400 | 580 |
| PF | Dekorative Schichtpreßstoffplatten allein oder mit – Holzwerkstoffen ab 2 oder 5 mm Dicke, – Holzfaserplatten ab 3 mm Dicke, – Flachpreßplatten ab 4 mm Dicke | Sperrholz und Spanplatten mit Brandschutzeigenschaften siehe Übersicht Seite 23 | gefüllte Sorten V | 3 | dunkelgrau | nach Phenol, Formaldehyd | verschiedene Kohlenwasserstoffe, Phenol, Formaldehyd, Wasser | 13 400 (3 200) | 520 | 570 |
| UF | | | | | hellgrau | nach Ammoniak, Amine, widerlicher fischiger Beigeruch | Amine, Ammoniak, Blausäure, Wasser | 20 900 (5 000) | 380 bis 500 | ab 570 |
| MF | | | | | | | | 21 400 (5 100) | 475 | 625 |
| PUR[12] | Fugendichtungsmassen zwischen Bauteilen mind. A 2 | PUR-Folien | IV oder V | 1 bis 2 | schwarz | typisch stechend (Isocyanate) | verschiedene Kohlenwasserstoffe, Amine, Ammoniak, Cyanide, Isocyanate | 23 000 (5 500) | 310 | 420 |
| Tannenholz[13] | Dicken > 2 mm | nur mit feuerhemmenden Anstrichen oder Beschichtungen | IV | 3 | hellgrau | verbranntes Holz | verschiedene Kohlenwasserstoffe, Ameisensäure, Essigsäure, Formaldehyd, Wasser | 18 900 (4 500) | 280 | 280 |

1) Klassifizierungen nach DIN 4102, Teil 4. Siehe auch die Aufzählung Seite 20

2) Mindestdicke für Platten, die nicht als „brennend abtropfend" gelten

3) Außerdem nach Prüfbescheiden

4) Brennbarkeitsgrade: III leicht brennbar, IV mittelbrennbar, V schwerbrennbar, VI nichtbrennbar

5) Qualmgrade: 1 stark, 2 mittel, 3 schwach

6) Nachstehende Beobachtungen und Werte aus labormäßigen Versuchen. Sie können nur als Anhalt für eine allgemeine Einschätzung dienen. Bei einem Schadenfeuer können sich jedoch erhebliche Abweichungen ergeben (z. B. Brandumfang, Ventilation, Geometrie des Fertigteils, Lage im Raum usw.)

7) Alle organischen Stoffe – also alle Kunststoffe und das Holz in dieser Übersicht – erzeugen im Brandfalle als gefährlichstes Brandgas Kohlenmonoxid, dazu Kohlendioxid, außerdem noch die in dieser Spalte aufgeführten hauptsächlich auftretenden Produkte

8) Nach Prüfverfahren ASTM D 1929

9) mit Brandschutzausrüstung

10) Dachdichtungsbahnen zusammen mit einer Lage Glasvlies-Bitumendachbahn 5 gelten als „harte Bedachung" gemäß DIN 4102, Teil 7

11) Abhängig von der Art und Menge des Weichmachers und der anderen Zusätze

12) vorwiegend gummielastisch

13) Tannenholz ist Vergleichsmaßstab

14) trocken in Standarddicken

15) zum weiteren Vergleich:

| | | |
|---|---|---|
| Papier | 17 600 | (4 200) |
| Linoleum | 20 500 | (5 000) |
| Baumwolle | 21 800 | (5 200) |
| Heizöl | 42 000 | (10 000) |

16) dünne Bretter oder Späne

Tafel 7

## Brandverhalten von Kunststoffen II

Während eines Schadenfeuers – durch die Beteiligung von Kunststoffen – zu erwartende Risiken:

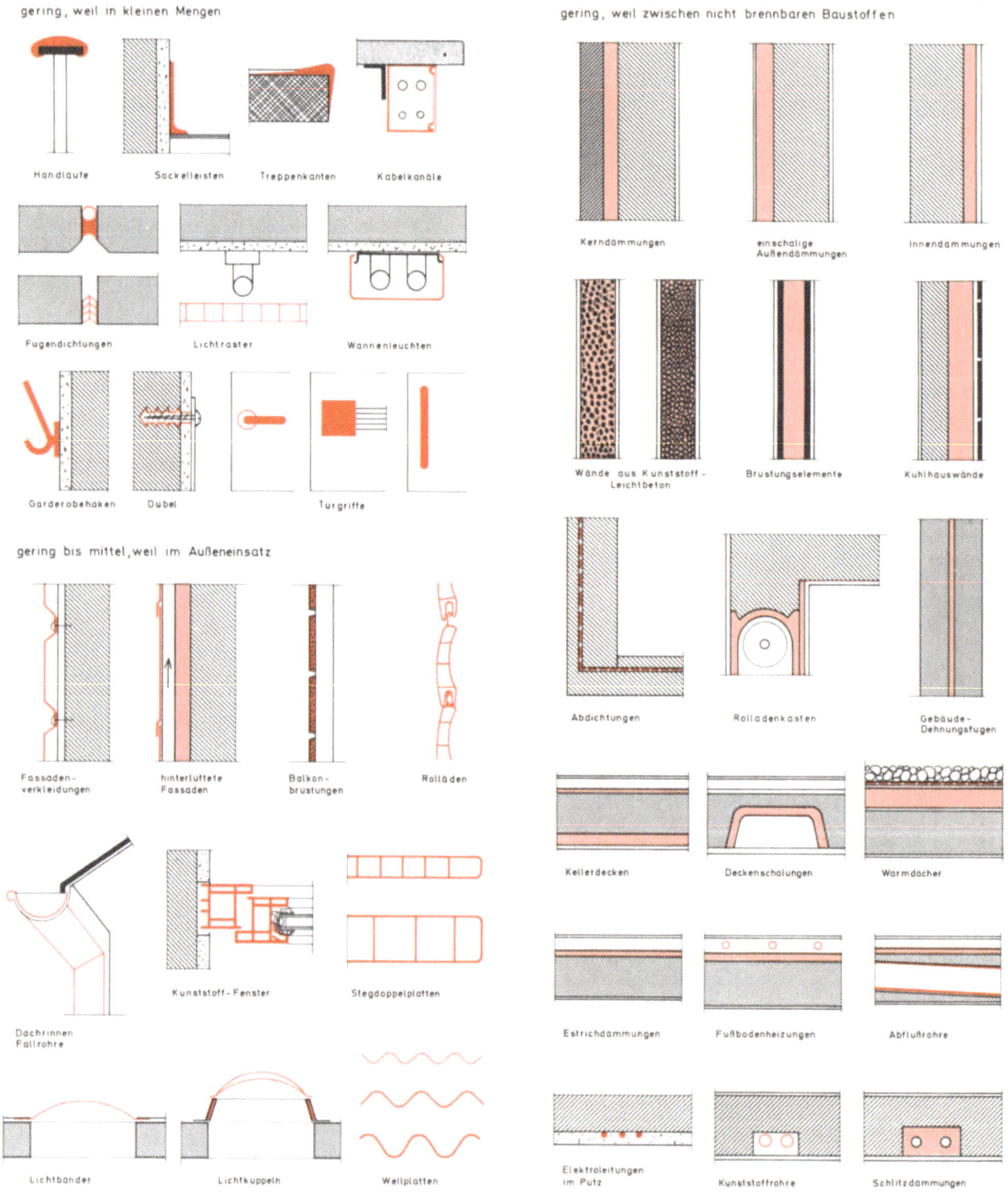


→

# Brandverhalten von Kunststoffen III

gering, weil auf nicht brennbaren Unterlagen dicht verklebt

Bodenbelage

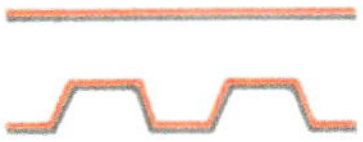

Blechbeschichtungen

Dammtapeten

Kunststofftapeten

gering, weil die Hauptkonstruktion eine wesentlich hohere Brandlast aufweist

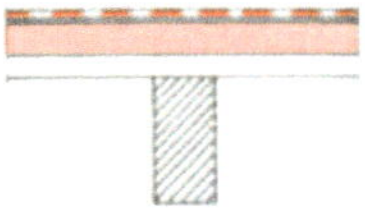

Warmdacher in Holzkonstruktion

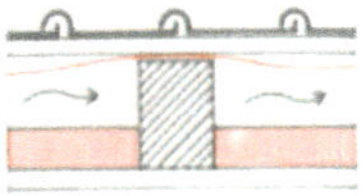

geneigte Dacher in Holzkonstruktion

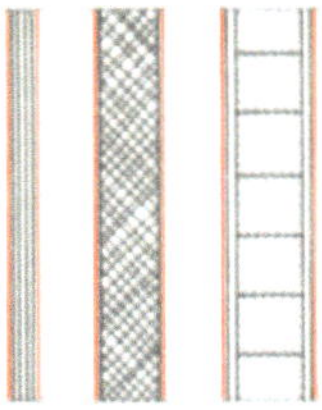

beschichtete Holzwerkstoffe

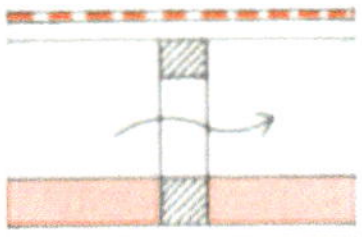

Kaltdacher in Holzkonstruktion

Bei einem Raumbrand mittel bis groß, weil großere bzw. stark gegliederte Oberflachen

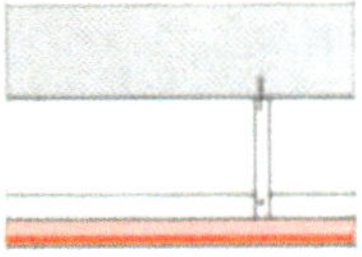

abgehangte Decken

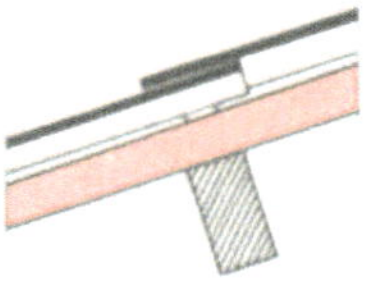

sichtbare Dachdammung

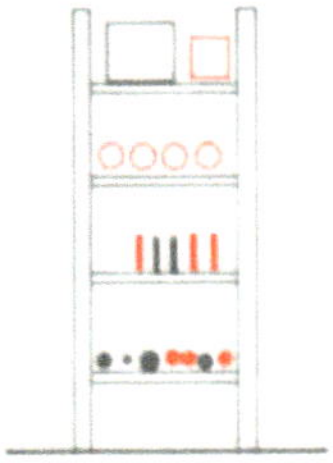

Kleinlager

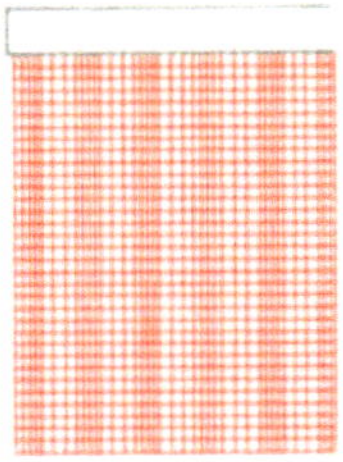

Vorhange

## 1 Lagerung von PVC

(Zu 1 und 2 Textauszuge aus den VdS - Merkblattern Form 2003 und 2004)

Hauptprinzip der richtigen Lagerung von PVC als Rohstoff, Halbzeug oder Fertigware ist die Trennung von brennbaren Materialen

- Halbzeug und Fertigfabrikate aus PVC sind getrennt von anderen Erzeugnissen und in feuerbestandig abgetrennten Raumen zu lagern
- Zwischenlager sind so klein wie moglich zu halten und gesondert von Lagern fur andere brennbare Stoffe anzulegen

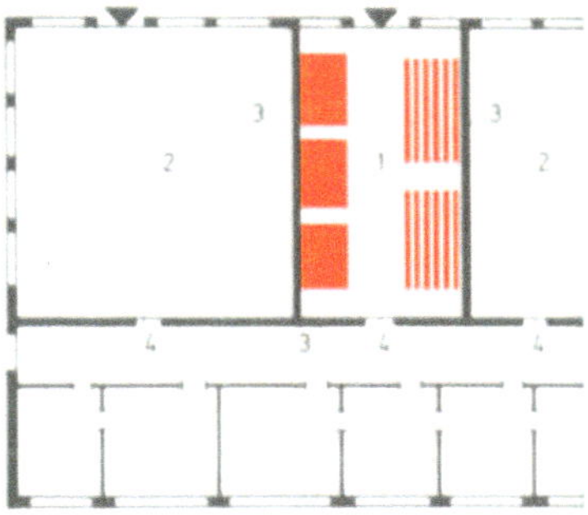

PVC - Halbzeug - und Fertigwarenlager

1 PVC - Lager  3 Brandwand
2 Betriebsstatten  4 F 90 - Tur

## 2 Korrosionsgefahrdung durch PVC

Alle Maßnahmen des vorbeugenden Brandschutzes welche die Brandentstehung verhindern und eine Brandausweitung beschranken, sind auch wirksam zur Vermeidung von Folgeschaden durch Korrosion

Korrosionsgefahrdet sind der Brandstelle benachbarte Raume und Gebaude die von Brandgasen durchzogen werden

Besonders gefahrdet sind

- Blanke Metallteile
- Elektronische Anlagen
- Kontakte elektrischer Schalt - und Meßgerate

Korrosiongefahrdete benachbarte Gebaude

## 3 PVC - gefahrdete Betriebe und Anlagen sind u.a.

- PVC - verarbeitende Betriebe
- PVC - Großlager
- Rechen - und Steuerzentralen
- Fernmeldezentralen
- Hochfrequenzeinrichtungen
- Prazisionseinrichtungen
- Elektrizitatswerke
- Kabelkanale und - schachte

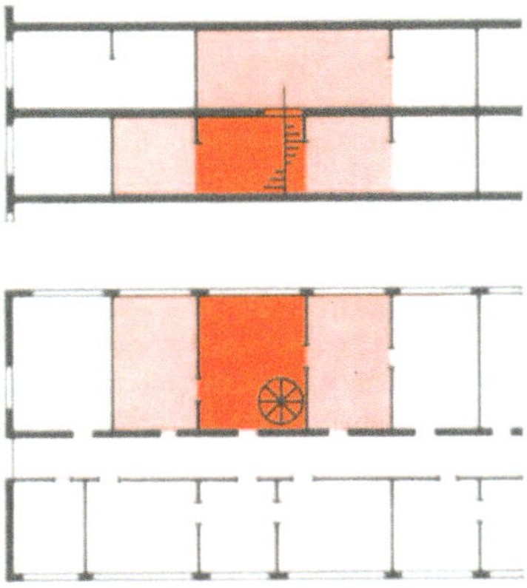

Korrosionsgefahrdete benachbarte Raume

# Einbruchschutz

Einbrecher erbeuten nicht nur erhebliche Werte, sie zerstören oft auch Unersetzbares. Einbruchdiebstahl ist in Friedenszeiten neben Feuer die schwerste Gefährdung, der Werte ausgesetzt sind.

Es muß daher auch im Interesse der Architekten, Bauherren und Hausbesitzer liegen, die Einbrecher durch eine in der Praxis realisierbare Sicherungstechnik an ihren Taten zu hindern. In Zeiten der Gewaltkriminalität muß bei Gebäuden auch an den Objektschutz gedacht werden (mutwillige Zerstörungen, Racheakte, Sabotage).

Versicherungen können nach einem Einbruch nur materielle Schäden ersetzen; oft aber sind die immateriellen Schäden, wie z.B. die Wiederherstellung von Akten, Geschäftsbüchern, Datenträgern und Zeichnungen größer. Auch im privaten Haushalt läßt sich nicht alles ersetzen, denn viele Dinge haben einen hohen persönlichen Wert. Wertvolle Kunstgegenstände oder seltener Schmuck können außerdem meist nicht wieder beschafft werden.

Die Versicherungen ersetzen im allgemeinen bei Einbruchdiebstählen den Schaden; sie verlangen aber dann meist auch eine Verbesserung der Sicherungsmaßnahmen oder setzen gegebenenfalls die Prämien drastisch herauf. Die Einbruchdiebstahl-Versicherer haben in Zusammenarbeit mit der Kriminalpolizei Sicherungsrichtlinien für gewerbliche Betriebe und private Haushaltungen erarbeitet. Beurteilungsmaßstab ist dabei das zu versichernde Risiko (Es gibt derart hohe Risiken, daß sie ohne erstklassige Alarmanlagen überhaupt nicht versicherbar wären.)

Ein schwerer Diebstahl liegt in der Regel vor, wenn der Täter in ein Gebäude, in eine Wohnung, einen Dienst- oder Geschäftsraum einbricht, einsteigt, mit einem falschen Schlüssel oder unter Benutzung von Werkzeugen eindringt oder sich in dem Raum verborgen hält.

### Sicherungstechnik

Unter Sicherungstechnik werden Maßnahmen verstanden, die für die Abwehr einer kriminellen Gefahr für Leib, Leben und Sachwerte erforderlich sind. Dabei gilt es, die Gefahr und ihre spezielle Erscheinungsform zu erkennen und zu entscheiden, welche Mittel zur Abwehr einzusetzen sind. Die nachfolgenden Ausführungen sollen eine Übersicht über die grundsätzlichen Probleme der Sicherungstechnik und deren zweckmäßigen Einsatz geben. Sie ersetzen jedoch keinesfalls die detaillierten Empfehlungen der Fachleute für die im jeweiligen Einzelfall notwendigen Maßnahmen.

Zur Abwehr von Einbruchdiebstahl und Beraubung kennt man heute zwei unterschiedliche Methoden, die – zusammen angewandt – sich sinnvoll ergänzen:

- *Mechanische Sicherungen* sind bauliche Maßnahmen und weitere Vorkehrungen, die dem Täter mechanischen Widerstand entgegensetzen. Ihre Überwindung darf nur mit Gewalt und unter Hinterlassung von Gewaltspuren möglich sein.
- *Elektrische Überwachung* in Form von Einbruch- und Überfallmeldeanlagen. Einbruchmeldeanlagen melden den Einbruchversuch oder das Eindringen in den überwachten Raum automatisch. Überfallmeldeanlagen dagegen werden durch gefährdete Personen bei aufkommender Gefahr manuell betätigt. Mit diesen Anlagen kann noch ein weiterer Schutzeffekt erzielt werden, indem man automatisch einsetzende Alarmmittel nachschaltet, wie z.B. Hupen, Sirenen, Scheinwerfer. Außerdem können in begründeten Fällen hilfeleistende Stellen automatisch herbeigerufen werden.

Daneben gibt es noch weitere Sicherungsmöglichkeiten, wie optische und akustische Überwachungen, lichttechnische Effekte und Zugangskontrollen.

### Mitwirkung der Polizei

Die Probleme der Kriminalität – und hierzu gehören Einbruchdiebstahl und Überfall – zu lösen, muß als eine gesellschaftliche Gesamtaufgabe gesehen werden und nicht nur als ein Anliegen der Polizei. Die Polizei hat zwar die Aufgabe, strafbare Handlungen zu verfolgen, sie wird aber auch tätig, wenn strafbares Unrecht vorbeugend verhindert werden soll. Zur Aufklärung über die vorbeugende Verbrechensbekämpfung werden kriminalpolizeiliche Beratungsstellen unterhalten → 204. Sie sind bei den Landeskriminalämtern sowie bei der Kriminalpolizei in größeren Städten und Ballungsgebieten eingerichtet; die Beratungen sind kostenlos. Bei diesen Beratungsstellen erhält man auch Auskunft über VdS-anerkannte Einbruchmeldeanlagen sowie über Firmen, die derartige Anlagen liefern und installieren dürfen.

Näheres über die Aufschaltung von Einbruchmelde- und Überfallmeldeanlagen, den Polizeinotruf und deren Benutzung auf Seite 147.

Die Kriminalpolizei warnt immer wieder vor der mißbräuchlichen Benutzung des Hinweises „kriminalpolizeilich empfohlen". Die Kriminalpolizei verleiht keine Gütezeichen, wie z.B. die Güteschutzverbände im Bauwesen. Sie berät vielmehr, ob das angebotene Sicherungsmittel empfehlenswert und für den vorgesehenen Zweck geeignet ist.

### Einbruchdiebstahl in Zahlen

Früher waren hauptsächlich Juweliere, Pelz- und Teppichhändler einbruchgefährdet. Dann sind die übrigen Geschäfte sowie Industrie- und Gewerbebetriebe als lohnendes Betätigungsfeld für erträgliche Einbruchdiebstähle hinzugekommen. Das Risiko für professionelle Einbrecher im Geschäftsbereich ist infolge der inzwischen verwirklichten Sicherungsmaßnahmen immer größer geworden. Daher wenden sich die Profis – wie auch das Heer von Gelegenheitstätern – immer mehr dem privaten Bereich zu, da dort das Risiko geringer ist und mit wachsendem allgemeinen Wohlstand die zu erwartende Beute immer größer wird.

Begehrte Ziele des Einbruchsdiebstahls sind anonyme Wohnhochhäuser und Villen in ruhigen Vorstadtgegenden.

Diese Entwicklung läßt sich unschwer aus Statistiken → 107 ablesen. Die bekannt gewordenen Einbruchdiebstähle auf je 100 000 Einwohner gerechnet sind danach

- im Geschäftsbereich von 120 Einbrüchen im Jahre 1962 auf 272 im Jahre 1970 angewachsen, dann aber rapide auf durchschnittlich 150 Einbrüche zurückgegangen.
- Im Wohnbereich dagegen erfolgte ein stetiger Aufstieg von 43 Einbrüchen im Jahre 1962 auf 163 im Jahre 1976, also fast eine Vervierfachung.

Bei den zusammengefaßten einfachen und schweren Einbruchdiebstählen für das Jahr 1977 ergibt sich folgende Aufteilung:

| | | | |
|---|---|---|---|
| Geschäftsbereich | 191 500 Einbrüche | = | 46,2 % |
| Wohnbereich | 160 000 Einbrüche | = | 38,7 % |
| Neubauten und Baustellen | 62 350 Einbrüche | = | 15,1 % |
| im Jahr 1977 | 413 850 Einbrüche | = | 100,0 % |

Interessant sind auch die von der Kriminalpolizei erzielten Aufklärungsquoten. Sie betragen 16,3 % bei Neubauten, 32,5 % bei Warenhäusern. Bei Baudiebstählen wird also nur jeder sechste, in Warenhäusern nur jeder dritte Einbruchdiebstahl von der Polizei aufgeklärt, obwohl im Warenhaus die Hausdetektive mithelfen.

Diese Zahlen zeigen deutlich, daß die in den letzten Jahren immer häufiger installierten Sicherungsanlagen in Betrieben und Diensträumen mitgeholfen haben, die Zahl der Einbruchdiebstähle im Geschäftsbereich fast um die Hälfte zu senken.

**Wie kommen Einbrecher ins Haus?**

Hierzu sollen die aus der Polizeistatistik entnommenen, aber zusammengefaßten und gerundeten Zahlen als allgemeiner Überblick dienen:

*Einbruch in Wohnungen*

65 % durch die Wohnungstür
35 % durch Fenster und Fenstertüren

*Einbruch in Wohnhäuser*

55 % durch die Haustür oder einen Nebeneingang, davon jeder zwanzigste mit Hilfe eines Nachschlüssels
40 % durch offene oder geschlossene Fenster und Balkontüren oder durch die Verglasung von Nebentüren
5 % durch Kellerfenster

*Einbruch in Geschäftshäuser*

22 % durch die Schaufenster
25 % durch die verglasten Eingangstüren
14 % durch den Kellereingang
14 % durch Fenster an der Rückseite
23 % durch die hintere Zugangstür
2 % durch Oberlichte.

**Staatliche Hilfen beim Einbruchschutz**

Die Alarmanlage bildet im Sinne des Steuerrechts einen Bestandteil eines Einfamilienhauses. Bezüglich der Kosten der Anlage ergibt sich daraus eine erhöhte Gebäudeabschreibung gemäß § 7b des Einkommenssteuergesetzes. Nach den heutigen Vorstellungen ist die Einrichtung eines Eigenheimes mit einer nicht besonders aufwendigen Alarmanlage eine Maßnahme, die zeitgemäßen Wohnansprüchen entspricht.

Bei bestehenden Gebäuden kann das *Modernisierungs- und Energieeinsparungsgesetz (ModEnG)* vom 1. Juli 1978 angewandt werden. Dort heißt es in § 4, Abs. 1:

„Bauliche Maßnahmen, die den Gebrauchswert der Wohnung erhöhen, sind insbesondere Maßnahmen zur Verbesserung (neben anderen Verbesserungen, d. Verf.) der Sicherheit vor Diebstahl und Gewalt."

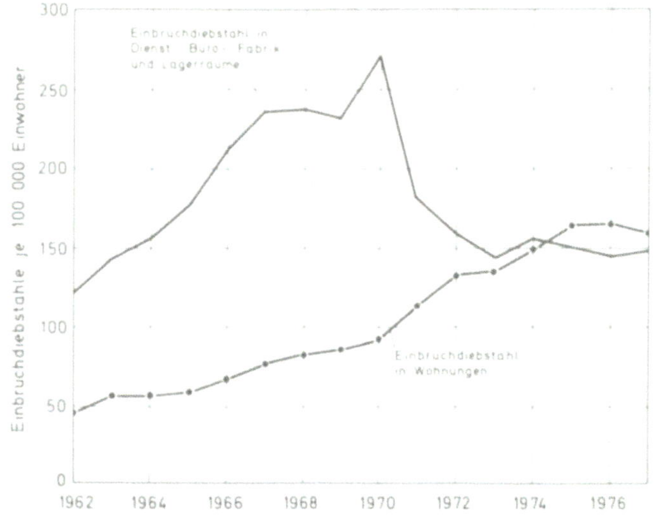


**1** Bekanntgewordene Einbruchdiebstähle je 100 000 Einwohner in Diensträume und Wohnungen (Straftatenziffer) in der Bundesrepublik Deutschland von 1962 bis 1977 (Quelle: Bundeskriminalamt Wiesbaden).

| Einbruch-Diebstahl - Bereich - | Anzahl[1] 1977 | in % | Steigerungsrate in % 1977 / 1976 | Aufklärungsquote[2] |
|---|---|---|---|---|
| Banken, Sparkassen, Geldinstitute, Poststellen[3] | 1 300 | 0.3 | +8.3 | 30.0 |
| Dienst-, Büro-, Fabrik-, Werkstatt-, Lagerräume[3][5] | 89 700 | 21.7 | +2.8 | 26.1 |
| Warenhäuser, Verkaufsräume, Selbstbedienungsläden[3] | 38 570 | 9.3 | +6.0 | 32.5 |
| Schaufenster, Schaukästen, Vitrinen[4] | 12 070 | 2.9 | +8.8 | 26.9 |
| Gaststätten, Kantinen, Hotels und Pensionen[3] | 49 910 | 12.1 | +5.5 | 29.0 |
| Wohnungen[3][5] | 97 350 | 23.6 | -2.7 | 28.1 |
| Boden- und Kellerräume[4] | 62 600 | 15.1 | +7.2 | 19.7 |
| unbewohnte Neu- und Rohbauten, Baubuden, Baustellen | 62 350 | 15.0 | +0.5 | 16.3 |
| Gesamt | 413 850 | 100 % | +2.6[6] | 25.1[6] |

1) Die Zahlen sind leicht gerundet
2) in % der bekannt gewordenen Straftaten
3) Diebstahl unter erschwerten Umständen
4) einfache und schwere Diebstähle zusammen
5) siehe auch Verlauf 1962 bis 1976, Bild 1
6) durchschnittlicher Wert aus dieser Übersicht

**2** Bekanntgewordene Einbruchdiebstähle in ausgewählten Gebäude- und Raumgruppen in der Bundesrepublik Deutschland für 1977 (Quelle: Bundeskriminalamt Wiesbaden)

# Mechanische Sicherungen

Bei allen Sicherheitsüberlegungen muß davon ausgegangen werden, daß sich in letzter Konsequenz alle mechanischen Sicherungen, also auch sehr solide gebaute massive Wände und Decken, überwinden lassen. Es ist aber schon sehr viel erreicht, wenn das betreffende Schutzbauteil einen ausreichenden Widerstandswert besitzt, um bei einem Angriff Hilfe herbeiholen zu können.

Unter *Widerstandswert* wird die Zeit verstanden, die ein leistungsfähiger Fachmann unter Verwendung mondernster Werkzeuge und Arbeitstechniken aufwenden müßte, um das mechanische Hindernis gewaltsam zu überwinden.

Im Sprachgebrauch der Sicherungsfachleute erscheint auch der Ausdruck *Widerstandszeitwert.* Dabei wird die Dauer des Widerstandswertes um die Zeit erweitert, die eine hilfeleistende Stelle, z.B. die Polizei, voraussichtlich braucht, um vom Beginn des Täterangriffs auf das Objekt bis vor dessen Überwindung am Tatort eintreffen zu können. Dieser Zeitplan stimmt aber nur dann, wenn bei Beginn der Einbruchshandlung eine sofortige Alarmierung erfolgt, z.B. über eine Einbruchmeldeanlage.

Daß die Hilfeleistung im Einbruchsfalle Zeit braucht, selbst wenn der Alarm sofort gegeben wird, wissen auch die Einbrecher. Bei lohnenden Objekten nehmen erfahrene Profis dies durchaus in ihr Kalkül auf, z.B. bei einem Schaufenster-Blitzeinbruch. Die Zeit vom Einschlagen der Scheiben bis zum Eintreffen der sofort alarmierten Polizei genügt ihnen meist, um Beute zu machen. Wenn bei diesen Schaufenstern neben der Alarmanlage noch ausreichende mechanische Sicherungen bestehen, so hat ein solcher Blitzeinbruch keine Aussicht auf Erfolg.

An diesem Beispiel kann man wiederum den engen Zusammenhang von mechanischer Sicherung und elektrischer Überwachung erkennen.

Mechanische Sicherungen sind nur dann wirkungsvoll, wenn sie dem Einbrecher *sämtliche* Wege verbauen. Bei lohnenden Objekten finden erfahrene Einbrecher fast immer heraus, welches die schwachen Stellen ihres in Aussicht genommenen Objektes sind.

Bei der Beurteilung der Sicherheit eines Außenbauteiles muß unter anderem auch dessen Lage berücksichtigt werden. So sollte z.B. eine an der Rückseite eines Gebäudes liegende und nicht einsehbare massive Außenwand mit hohem Widerstandswert zusätzlich überwacht werden, z.B. durch Körperschallmelder. Liegt diese stabile Wand dagegen an einer auch nachts belebten Straße, wird man im allgemeinen ohne zusätzliche Überwachung auskommen.

Die Begrenzung des Sicherungsbereiches muß nicht immer mit der Außenhaut eines Gebäudes zusammenfallen. Zuweilen genügt es, bestimmte Bereiche im Innern des Gebäudes zusätzlich zu schützen. Aber auch hier gilt der Grundsatz: Zuerst die mechanische Sicherheit (Wände, Decken, Türen) herstellen, dann den internen Sicherungsbereich einschließlich des Vorfeldes elektrisch überwachen.

### Einbruchwerkzeuge

Um ein Bauteil hinsichtlich seines Widerstandswertes einigermaßen beurteilen zu können, sollte man wissen, welche Werkzeuge und Verfahren dem Einbrecher zur Verfügung stehen könnten.

Die Beurteilung der Einbruchwerkzeuge kann nach folgender Einteilung erfolgen:

- Einfache Einbruchswerkzeuge: Autogene Schneidbrenner, Handbohrmaschinen, Brennschleifer, Hammer und Meißel, sonstige Hand-Werkzeuge.
- Mittelschwere Einbruchswerkzeuge: Elektrische Schlagmeißel und -bohrer, Lichtbogenschweißapparate, Mini-Sauerstofflanzen.
- Schwere Einbruchswerkzeuge: Diamant-Kronenbohrer, Sauerstofflanzen.

Zur Gruppe der schweren Werkzeuge müssen auch alle bekannten Verfahren zur Betontrennung gerechnet werden, auch wenn es sich um außergewöhnliche Anwendungen handeln dürfte.

- Beton-Brennen: Mit der Sauerstofflanze wird geräuschlos und ohne Erschütterungen gearbeitet. Durch die Verbrennung von Eisen plus Sauerstoff entstehen Temperaturen von über 2 500 °C.
- Beton-Sägen: Zum Heraustrennen großflächiger Öffnungen ohne Erschütterungen. Beim (trockenen) Sägen entsteht im Arbeitsbereich selbst erheblicher Lärm, jedoch wird kaum Körperschall erzeugt. Für einen geräuscharmen Einsatz ist für das Diamantsägeblatt eine Wasserspülung erforderlich.
- Beton-Pressen: Bauteile mit entsprechender Masse werden erschütterungsfrei und geräuschlos zerkleinert.
- Kernbohren: Erschütterungsfreies Herstellen von runden Öffnungen. Es entsteht geringer Luftschall, aber kaum Körperschall. Durch das Nebeneinandersetzen mehrerer Bohrlöcher können größere Öffnungen hergestellt werden.

Wie bei allen technischen Errungenschaften ist zu befürchten, daß die industrielle Entwicklung noch wirksamerer Werkzeuge und Durchbruchverfahren in kürzester Zeit auch den Einbrechern zur Verfügung steht.

### Betonbauteile

Um einem Angriff mit thermischen Werkzeugen besser Widerstand leisten zu können, sollten bei einbruchsicheren Betonbauteilen die Zuschlagstoffe des Betons hohe Härtegrade bei geringer Wärmeausdehnung aufweisen, wie z.B.

- Natursteine, wie Basalt, Diabas, Diorid, Granit, Kalkstein, Quarz;
- künstliche Hartbetonstoffe, auch künstliche Schmelzen genannt, wie Elektrokorund und Siliziumkarbid sowie besondere Schlacken, Stoffe mit einem Schmelzpunkt um 2 000 °C und sehr hoher Biegezug- und Druckfestigkeit.

Der Beton sollte gemäß den Empfehlungen für den Bau von Tresorräumen mit einer Druckfestigkeit von mindestens 60 /Nmm$^2$ (600 kp/cm$^2$) ausgeführt sein.

### Nachträgliche Verstärkungen

Eine Verbesserung des Widerstandswertes von Außen- oder Innenwänden läßt sich mit engmaschigem Baustahlgewebe erzielen, das in eine Zementmörtelschicht eingebettet ist und gut mit der vorhandenen Wand verankert werden muß. Für das Aufbringen der Verstärkungsschicht, besonders bei mehrlagigen Armierungen, ist das Torkret-Spritzverfahren sehr gut geeignet, erfordert aber seinen Preis. Wirksamer sind vorbetonierte Wandschalen mit entsprechender Bewehrung ab 15 cm Dicke.

### OSE-Elemente

Die von der Firma Feldmühle AG hergestellten und in verschiedenen Stärken lieferbaren Elemente werden vornehmlich beim Objektschutz und zum Bau von Panzerschränken und -türen verwendet. Im Kern der Elemente befindet sich eine mit Gummi fest verbundene extrem harte Keramikmasse; sie gewährleistet einen erhöhten Widerstand gegen alle mechanischen Werkzeuge einschließlich Diamant-Kronenbohrer. Aufgrund des elastomeren Materials bleiben auch Schlagangriffe wirkungslos. Die Gummifüllmasse bewirkt weiterhin, daß bei einem Angriff mit Schweißbrenner oder Sauerstofflanze eine besonders heftige Qualm- und Geruchsentwicklung entsteht, die ein Arbeiten in geschlossenen Räumen praktisch unmöglich macht → 114.

## 1 Wande mit Sicherheitseigenschaften

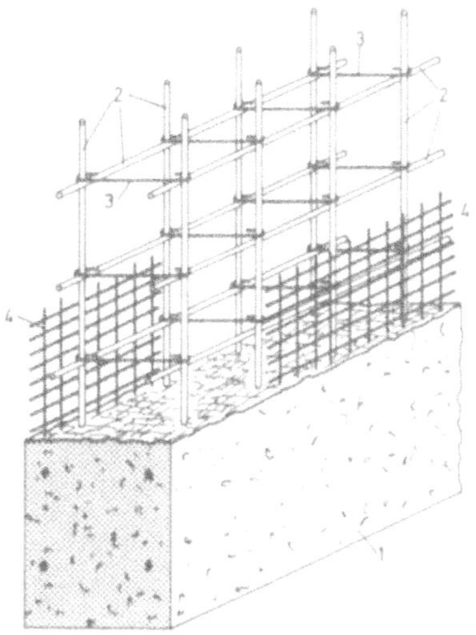


Stahlbetonwand mit „kubischer" Bewehrung

1 Beton ≥ B 35

2 senkrechte und waagrechte Bewehrungsstäbe ≥ ∅ 18 mm z.B. BSt 42/50 RU oder RK

3 Querverbindungen

4 engmaschiges Baustahlgewebe z.B. BSt 50/55 RK oder Beton-Streckmetall

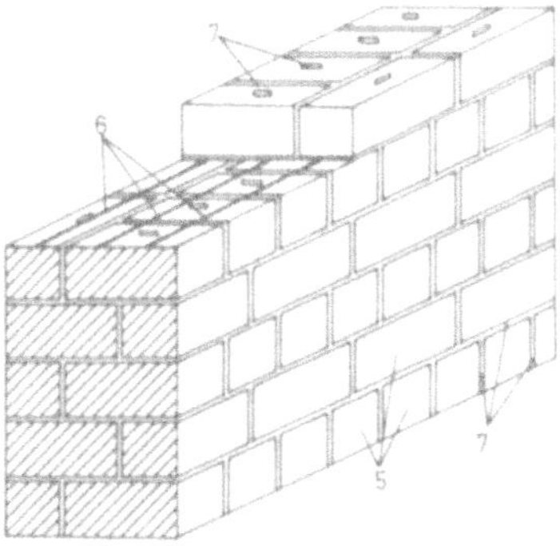


Gemauerte Wand

5 Vollsteine mit rauher Lagerfläche ≥ 12 MN/m² (150 kp/cm²)

6 Stahleinlagen ∅ 8 mm mit Haken oder Baustahlgewebe-Streifen, mind. in jeder 2. Lagerfuge Lagerfugen max. 20 mm dick

7 Zementmörtel (Mörtelgruppe III) ggf. mit Haftzusätzen Vollfugig mauern, Griffschlitze satt ausfüllen

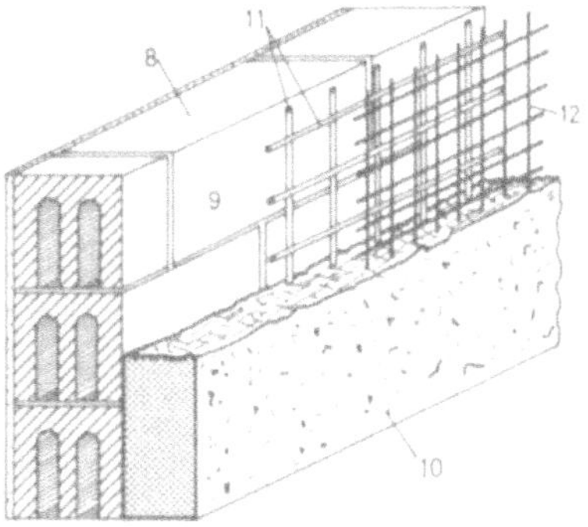


Stahlbeton-Wandverstarkung

8 vorhandene Wand z.B. Leichtmauerwerk

9 Wandoberfläche gut aufrauhen

10 Beton ≥ B 35, mind. 150 mm dick

11 hintere Armierungslage ähnlich 2

12 vordere Armierungslage wie 4

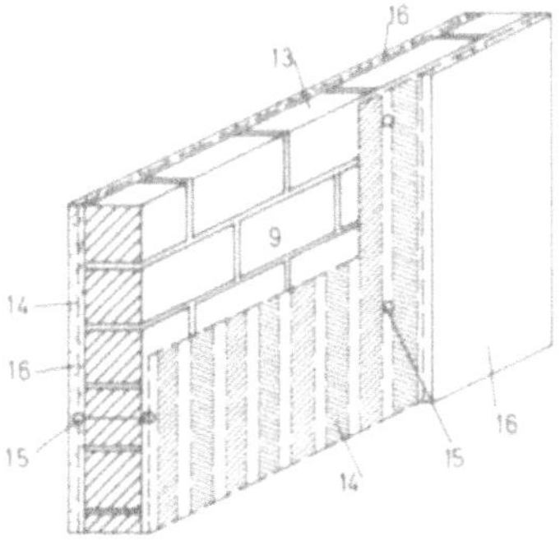


Verstarkung einer Innenwand

13 vorhandene Zwischenwand

14 Rippenstreckmetall 0,5 mm dick auf beiden Wandseiten

15 durch die Wand miteinander verbunden

16 mehrlagiger Grundputz, Mörtelgruppe III mit Haftzusätzen, mind. 25 mm dick

## 2 Wände, Decken und Sohlen für Tresorraume

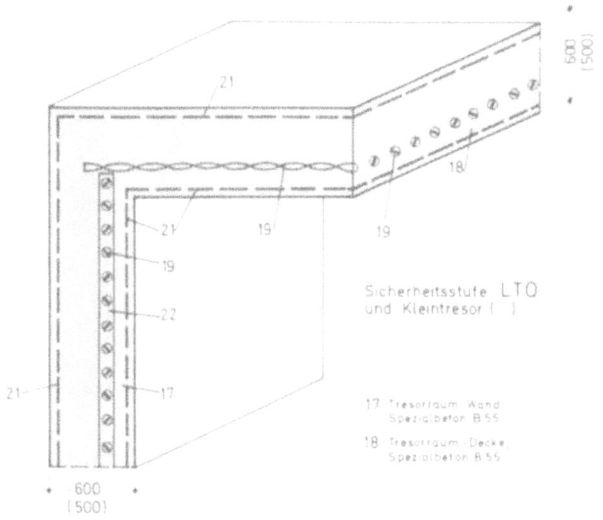


Sicherheitsstufe LTO und Kleintresor ( )

17 Tresorraum-Wand Spezialbeton B 55

18 Tresorraum-Decke, Spezialbeton B 55

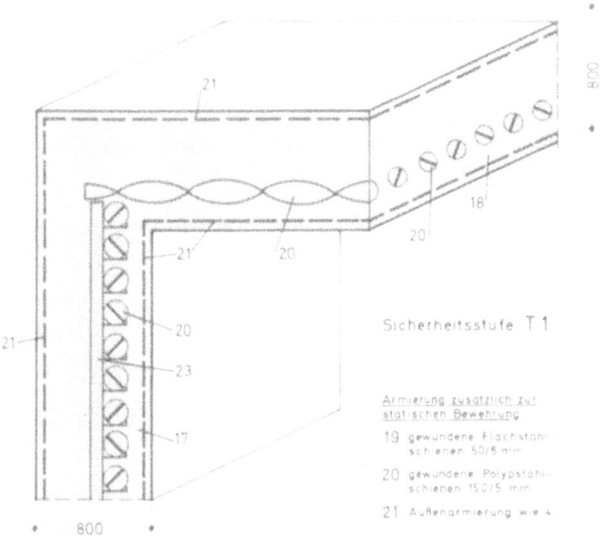


Sicherheitsstufe T 1

Armierung zusätzlich zur statischen Bewehrung

19 gewundene Flachstahlschienen 50/6 mm

20 gewundene Polypstahlschienen 150/5 mm

21 Außenarmierung wie 4

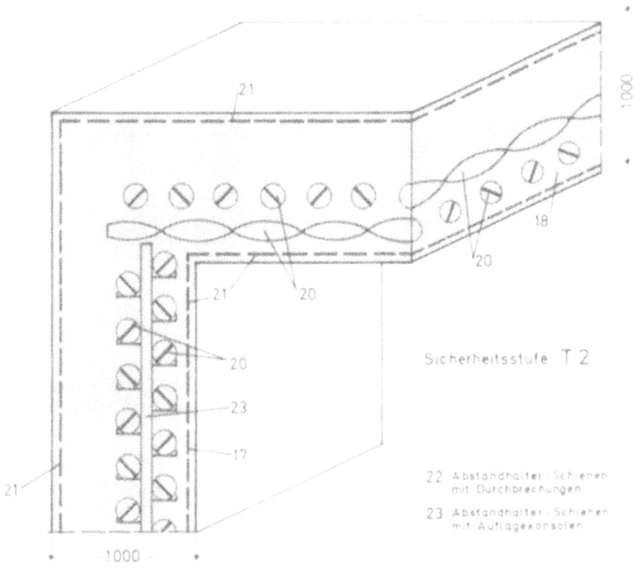


Sicherheitsstufe T 2

22 Abstandhalter-Schienen mit Durchbrechungen

23 Abstandhalter-Schienen mit Auflagekonsolen

| Nr. der Konstruktion | **Außenwände** mit Sicherheitseigenschaften | Gesamtdicke | Gesamtgewicht | Schalldämm-Maß | Wärmedurchlaß-Widerstand 1/Λ | | Wärmedurchgangskoeffizient k | | Wärmespeicherungszahl W | Temperatur-Amplituden-Verhältnis |
|---|---|---|---|---|---|---|---|---|---|---|
| | | mm | kg/m² | dB | m²K/W | m²h°C/kcal | W/m²K | kcal/m²h°C | kJ/m²K | TAV |
| 1 | Sicherheits-Außenwand mit Außendämmung und hinterlüfteter Verkleidung | 580 | 1 071 | 58 | 2.19 | 2.55 | 0,43 | 0.37 | 470 | 0,01 |
| 2 | Sicherheits-Außenwand in Mantelbetonbauweise | 430 | 809 | 57 | 2.06 | 2.40 | 0,45 | 0.39 | 440 | 0,01 |
| 3 | Außenwand als Stahlbeton-Fertigteil mit Kerndämmung | 325 | 649 | 55 | 1.63 | 1.90 | 0,56 | 0.48 | 350 | 0,02 |
| 4 | Außenwand einer Fertigteil-Raumzelle | 225 | 290 | 48 | 1.61 | 1.87 | 0,56 | 0.48 | 180 | 0,05 |
| 5 | Verstärkte Außenwand mit Außendämmung und Sparverblendern | 420 | 560 | 53 | 2.06 | 2.40 | 0,45 | 0.39 | 310 | 0,02 |
| 6 | Verstärkte Außenwand mit Außendämmung und Außenputz | 440 | 625 | 54 | 1.75 | 2.04 | 0,52 | 0.45 | 290 | 0,03 |
| 7 | Außenwand mit nachträglicher äußerer Verstärkung | 460 | 617 | 54 | 0.83 | 0.97 | 1,01 | 0.87 | 230 | 0,05 |
| 8 | Außenwand mit nachträglicher innerer Verstärkung | 415 | 510 | 53 | 0.88 | 1.02 | 0,96 | 0.77 | 220 | 0,07 |
| — | Tresorwand als Außenwand zum Vergleich | 800 | 2 080 | 60 | 0.33 | 0.38 | 2,04 | 1.75 | 560 | 0,01 |

(1) Für ausgesprochene Sicherheitsräume in Verbindung mit Sicherheits-Decken → (9) + (10). Eine zusätzliche elektrische Überwachung, z. B. durch Körperschallmelder, wird empfohlen. Der Aufbau ist bauphysikalisch einwandfrei.

(2) Eine sehr günstige Konstruktion für normale Wohn- und Bürobauten. Der Aufbau entspricht allen bauphysikalischen Anforderungen, auch soweit es den Wärme- und Schallschutz betrifft. Die Ziegelinnenschale ist ein sehr guter Klimaregler.

(3) Damit bei einem äußeren Angriff der dabei erzeugte Körperschall besser auf die Tragwand übertragen werden kann, empfehlen sich für die Außenschale zusätzliche Verankerungen, auch wenn dadurch der Gesamtdämmwert geringfügig herabgesetzt wird. Zur Erzielung eines optimalen Wärmeschutzes ist die Dämmschicht in 80 mm Dicke auszuführen.

(4) Z. B. als Ferienhaus, wenn die Außengestaltung der Landschaft angepaßt werden soll. Entsprechend der geringen Wanddicke ergibt sich jedoch nur ein begrenzter Schutz. Für Dauerwohnungen deshalb nicht zu empfehlen.

(5) Die Abminderung des Wärmedämmwertes der Tragwand infolge des aus Sicherheitsgründen verwendeten Zementmörtels wird durch die außenliegende Dämmschicht wieder ausgeglichen.

(6) Empfehlenswerte Ausführung, wenn nur Teilbereiche einer größeren Außenwand eine Verstärkung erhalten sollen, wobei eine Angleichung an die übrige Putzfassade möglich ist.

(7) Die Verstärkungsschicht wird zweckmäßig mit Torkret-Spritzbeton in mehreren Lagen aufgebracht. Zuvor ist die Wandoberfläche gründlich aufzurauhen und das Baustahlgewebe gut mit der vorhandenen Tragwand zu verankern. Eine weitere Verbesserung wird durch die Verwendung von Stahlfaser- oder Glasfaserspritzbeton erzielt.

(8) Die innere Verstärkung von Leichtmauerwerk soll in erster Linie bewirken, daß der Einsatz von Körperschallmeldern möglich ist. Bei Mauerwerk mit vielen Fugen oder Leichtmauerwerk sind Körperschallmelder bekanntlich nur bedingt einsatzfähig → 152.

Die Wände (7) und (8) sind hinsichtlich des baulichen Wärmeschutzes ungenügend.

(—) Ein Außenbauteil muß vor allem bauphysikalisch richtig aufgebaut sein. Eine besondere massive und zusätzlich armierte Wand allein – so wie z. B. bei innenliegenden Tresorräumen – genügt hier nicht.
Die 80 cm dicke hochwertige Stahlbetonwand erfüllt noch nicht einmal die Mindestbedingungen des geforderten baulichen Wärmeschutzes. Auf Grund ihres hohen Flächengewichtes mit über 2000 kg/m² sind die Eigenschaften Luftschalldämmung, Wärmespeicherung und sommerlicher Wärmeschutz jedoch ausgezeichnet.
Für den Winter-Wärmeschutz sind zusätzliche Dämmschichten erforderlich.

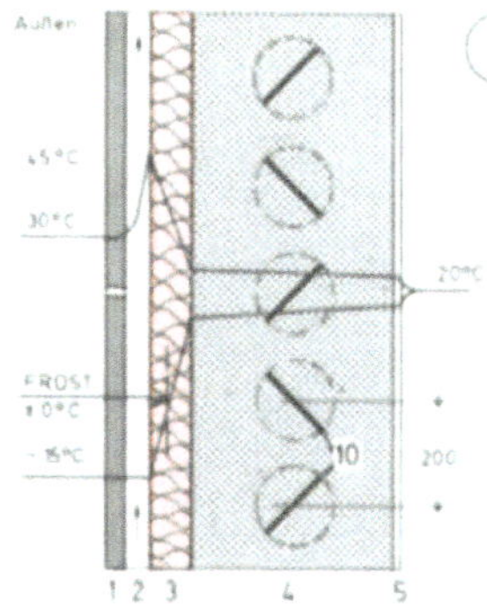


## (1) Sicherheits - Außenwand mit Außendämmung und hinterlüfteter Verkleidung

| | | |
|---|---|---|
| 1 | Natursteinplatten, Betonplatten Spaltplattenelemente oder dgl. | 40 mm |
| 2 | Luftschicht | 45 mm |
| 3 | Dämmplatte | 80 mm |
| 4 | Tresorbeton B 55 | 400 mm |
| 5 | Innenputz | 15 mm |
| | Wanddicke | 580 mm |

10 gewundene Polypstahlschienen 150/5 mm → 109 (20)
oder kubische Bewehrung → 109/1 oben

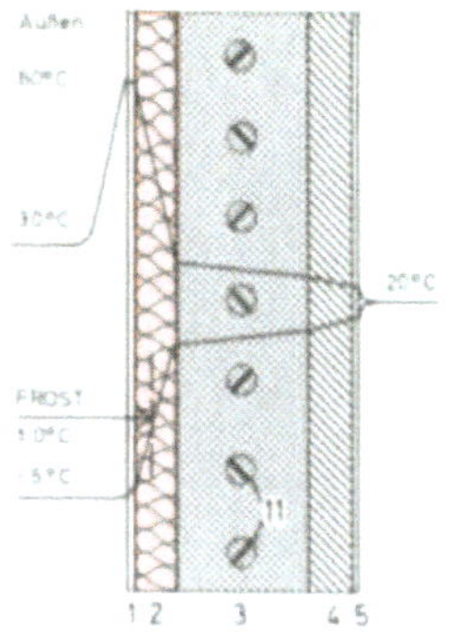


## (2) Sicherheits - Außenwand in Mantelbetonbauweise

| | | |
|---|---|---|
| 1 | Außenputz auf armiertem Grundputz | 15 mm |
| 2 | Äußere Dämmschale EPS | 75 mm |
| 3 | Tresorbeton B 55 | 250 mm |
| 4 | innere Ziegelschale | 75 mm |
| 5 | Innenputz | 15 mm |
| | Wanddicke | 430 mm |

11 gewundene Flachstahlschienen 50/6 mm → 109 (19)
oder kubische Bewehrung → 109/1 oben

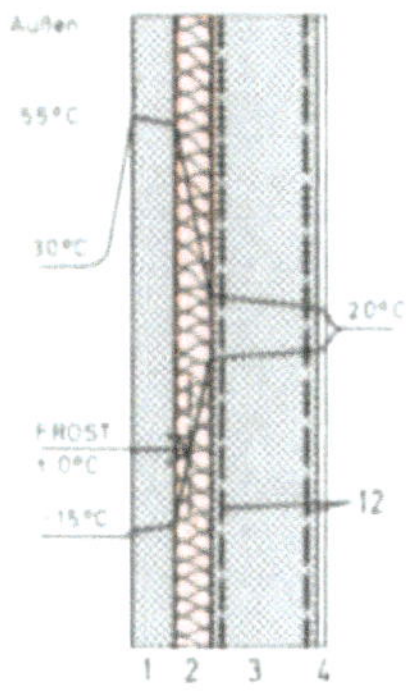


## (3) Außenwand als Stahlbeton-Fertigteil mit Kerndämmung

| | | |
|---|---|---|
| 1 | Stahlbeton Außenschale B 35 | 70 mm |
| 2 | Dämmplatte | 60 mm |
| 3 | Stahlbeton Tragwand B 35 | 180 mm |
| 4 | Innenputz | 15 mm |
| | Wanddicke | 325 mm |

12 zusätzlich engmaschiges Baustahlgewebe oder Betonstreckmetall → 109 (4)

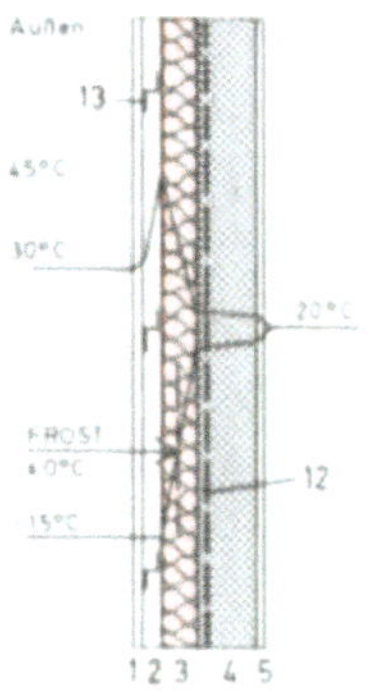


## (4) Außenwand einer Fertigteil - Raumzelle

| | | |
|---|---|---|
| 1 | Holzverkleidung oder dgl. | 20 mm |
| 2 | Luftschicht | 30 mm |
| 3 | Dämmplatte | 60 mm |
| 4 | Stahlbeton B 35 | 100 mm |
| 5 | Gipskartonplatte | 15 mm |
| | Wanddicke | 225 mm |

13 Unterkonstruktion aus Stahl-Profilen in engen Abständen

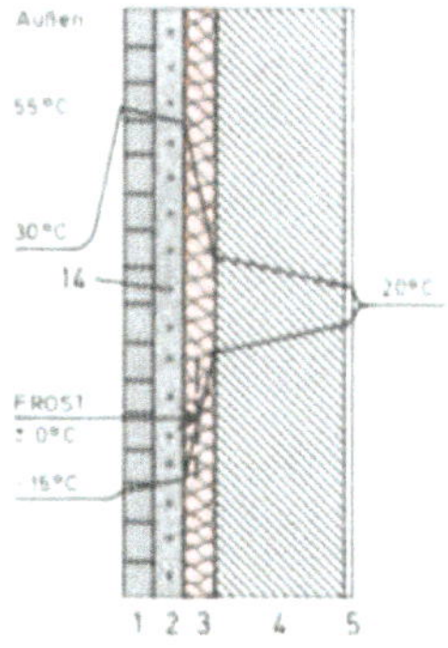


## (5) Verstärkte Außenwand mit Außendämmung und Sparverbiendern

| | | |
|---|---|---|
| 1 | Sparverblender VHLz | 52 mm |
| 2 | Ansetzmörtel und Feinbeton-verstärkungsschicht | 53 mm |
| 3 | Klemmfalz - Dämmplatte EPS | 60 mm |
| 4 | Mauerwerk → 109/1 | 240 mm |
| 5 | Innenputz | 15 mm |
| | Wanddicke | 420 mm |

14 Baustahlgewebe mit dem Mauerwerk verankert, zusätzliches Drahtgeflecht

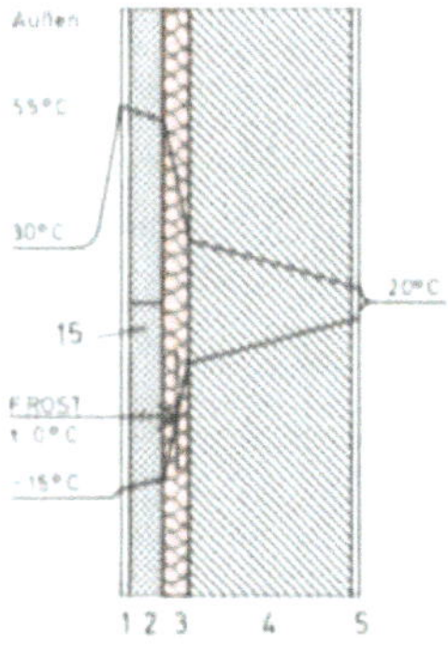


## (6) Verstärkte Außenwand mit Außendämmung und Außenputz

| | | |
|---|---|---|
| 1 | Außenputz mit Drahtgewebe | 15 mm |
| 2 | Stahlbetonplatten B 35 | 60 mm |
| 3 | Dämmplatten | 50 mm |
| 4 | Mauerwerk → 109/1 | 300 mm |
| 5 | Innenputz | 15 mm |
| | Wanddicke | 440 mm |

15 Stahlbetonplatten mit dem Mauerwerk verankert oder Feinbeton-verstärkungsschicht wie Wand (7)

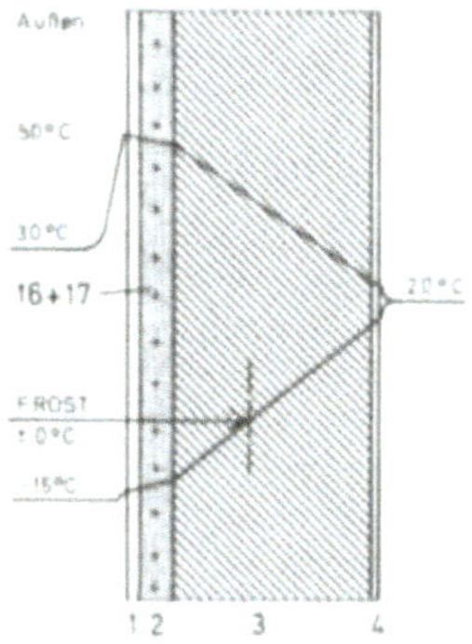


## (7) Außenwand mit nachträglicher äußerer Verstärkung

| | | |
|---|---|---|
| 1 | Außenputz | 20 mm |
| 2 | Feinbeton - Verstärkungsschicht | 60 mm |
| 3 | Vorhandenes Mauerwerk z.B. Mz 1,2 | 365 mm |
| 4 | Innenputz | 15 mm |
| | Wanddicke | 460 mm |

16 Eine oder mehrere Lagen Baustahlgewebe, mit dem Mauerwerk verankert

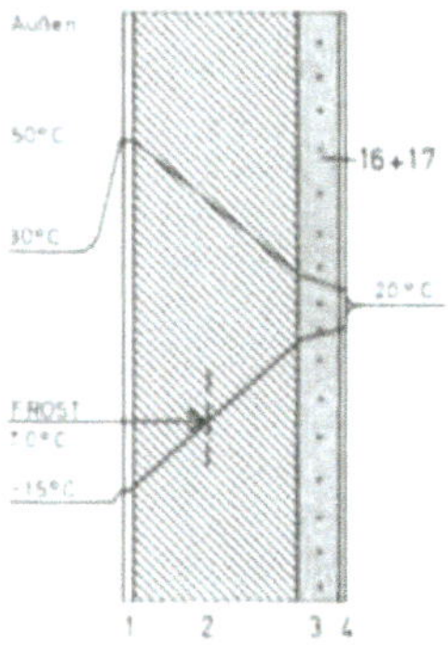


## (8) Außenwand mit nachträglicher innerer Verstärkung

| | | |
|---|---|---|
| 1 | Vorhandener Außenputz | 20 mm |
| 2 | Vorhandenes Mauerwerk z.B. Hohlblocksteine Hbl 25 | 300 mm |
| 3 | Feinbeton - Verstärkungsschicht | 80 mm |
| 4 | Gipskartonplatten | 15 mm |
| | Wanddicke | 415 mm |

17 Verstärkung im Torkret - Spritz - Verfahren aufgebracht, oder in mehreren Lagen angeworfen

# Dächer und Decken

mit Sicherheitseigenschaften

| Nr der Konstruktion | Dächer und Decken mit Sicherheitseigenschaften | Gesamtdicke mm | Gesamtgewicht kg/m² | Schalldämm-Maß dB | Wärmedurchlaß-Widerstand 1/Λ $\frac{m^2K}{W}$ | $\frac{m^2h\,°C}{kcal}$ | Wärmedurchgangskoeffizient k $\frac{W}{m^2K}$ | $\frac{kcal}{m^2h\,°C}$ | Wärmespeicherungszahl W $\frac{kJ}{m^2K}$ | Temperatur-Amplituden-Verhältnis TAV |
|---|---|---|---|---|---|---|---|---|---|---|
| 9 | Sicherheits-Dachdecke als einschaliges Flachdach | 565 | 1186 | 58 | 2.28 | 2.65 | 0,41 | 0.35 | 520 | 0,01 |
| 10 | Sicherheits-Kellerdecke und -Geschoßdecke | 490 | 1108 | 58 | 1.60 | 1.86 | 0,52 | 0.45 | 505 | 0,01 |
| 11 | Stahlbetondecke über offener Durchfahrt | 520 | 644 | 55 | 2.38 | 2.77 | 0,39 | 0.34 | 490 | 0,01 |
| 12 | Zweischaliges Flachdach auf Stahlbetondecke | 480 | 486 | 52 | 2.09 | 2.43 | 0,43 | 0.37 | 390 | 0,01 |
| 13 | Begehbare Terrasse auf Stahlbetondecke | 390 | 701 | 55 | 2.22 | 2.58 | 0,42 | 0.36 | 410 | 0,01 |
| 14 | Stahlbetondecke unter nicht ausgebautem Dachgeschoß | 290 | 533 | 53 | 1.63 | 1.90 | 0,54 | 0.46 | 370 | 0,02 |
| 15 | Schweres, geneigtes Ziegeldach auf Spannbeton-Hohldielen | 340 | 332 | 49 | 2.11 | 2.45 | 0,43 | 0.37 | 240 | 0,03 |
| 16 | Mittelschweres, flach geneigtes Dach mit Asbestzement-Kurzwellplatten | 325 | 132 | 42 | 2.30 | 2.67 | 0,40 | 0.34 | 75 | 0,08 |
| 17 | Verstärkte Holzbalkendecke unter nicht ausgebautem Dachgeschoß | 280 | 151 | 43 | 2.31 | 2.69 | 0,40 | 0.34 | 80 | 0,07 |

Decken und Wände mit gewissen Sicherheitseigenschaften können niemals Tresore oder hochwertige Wertbehältnisse ersetzen. Sie sollen aber bewirken, daß ein Einbrecher – auch mit schweren oder thermischen Werkzeugen – so lange aufgehalten wird, bis die Abwehrmaßnahmen einsetzen.
Sie zwingen den Täter, mehr Zeit aufzuwenden und mehr Lärm zu machen als ihm lieb ist. In vielen Fällen wird er davor zurückschrecken.
Da, wo ein besonderes Sicherheitsbedürfnis besteht, sollten auch bei verstärkten Außenkonstruktionen zusätzlich elektronische Einbruchmelder (z.B. Körperschallmelder) installiert werden.

(9) Die Sicherheitsdecke kann auch als zweischaliges Dach ausgebildet sowie unter nichtausgebauten Dachgeschossen angeordnet werden.

(10) Bei Geschoßdecken kann die untere Dämmschicht entfallen. Wegen des hohen Eigengewichtes ist bei Verwendung von Teppichböden eine besondere Trittschalldämmung oft nicht erforderlich.

(11) Als zusätzliche Sicherung wird die Einlage von gewundenen Drahtnetzen im Hohlraum über der Zwischendecke empfohlen, die entsprechend mit der Betondecke zu verankern sind. Für einen „Über Kopf" arbeitenden Einbrecher sind sie eine spürbare Behinderung, bevor er an die eigentliche Massivdecke herankommt.

(12) Der gut verankerte Aufbau wirkt bei Angriffen von außen zeitverzögernd. Zur weiteren Sicherung können die Zwischenräume mit Sperrmaterial ausgefüllt werden. Den gleichen Zweck erfüllt verzinktes Baustahlgewebe über den Dämmplatten, das an die Verankerungen angeschweißt ist.

(13) Bei ausreichend tragfähigen Plattenbelägen auch als Parkdeck einsetzbar. Terrassen sind besonders gefährdet, da der Einbrecher ohne besondere Kraftanstrengung seine Einbruchwerkzeuge ansetzen kann.

(14) Bei der Dicke des armierten Estrichs sollte die zulässige Tragfähigkeit der Rohdecke restlos ausgenutzt werden. Die erste Überwindungssicherung bei Dachgeschossen sollte jedoch immer am Dach selbst erfolgen.

(15) Eine Konstruktion mit vielen Vorzügen wie z.B. guter Einbruchschutz, Brandschutz, Schallschutz sowie winterlicher und sommerlicher Wärmeschutz. Die Fugen der Spannbeton-Hohldielen sind mit Rippenstahl zu armieren und mit Haftmörtel satt auszugießen, besonders an den Verankerungsstellen für die Sparrenhölzer.

(16) Nach dieser Methode können auch vorhandene Holzdächer hinsichtlich ihres Sicherheitswertes und bauphysikalischen Aufbaues verbessert werden, dabei machen sich besonders die Verbesserungen bezüglich des sommerlichen Wärmeschutzes und des Schallschutzes bemerkbar.

(17) Bei entsprechender Tragfähigkeit ist auch ein armierter Zementestrich möglich. Durch die Auflage des gut verankerten Lochbleches, abgedeckt mit einer Spanplatte, wird auch die Gesamtstabilität der aus einzelnen Balken bestehenden Decke wesentlich verbessert.

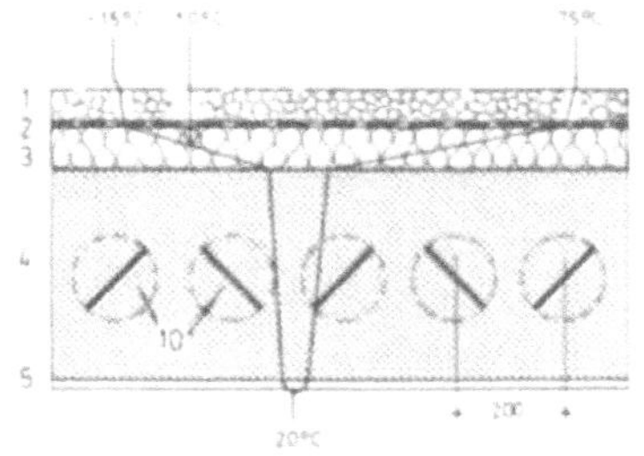

**(9)** Sicherheits - Dachdecke als einschaliges Flachdach

| | | |
|---|---|---|
| 1 | Kiesschüttung 16/32 mm | 60 mm |
| 2 | Dachhaut | 10 mm |
| 3 | Dämmschicht ggf. auf Dampfsperre | 80 mm |
| 4 | Tresorbeton B 55 | 400 mm |
| 5 | Deckenputz | 15 mm |
| | Deckendicke | 565 mm |

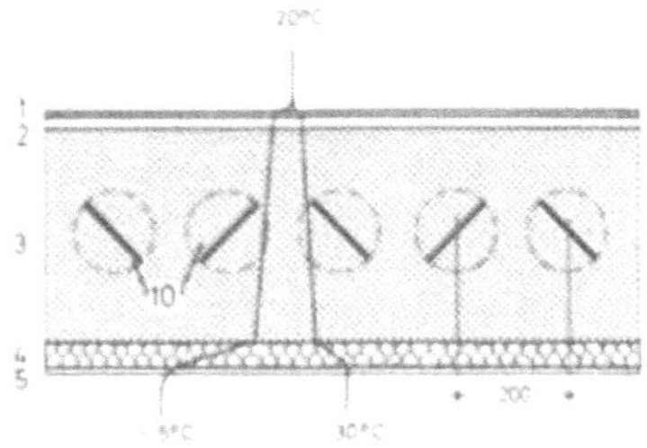

**(10)** Sicherheits - Kellerdecke und -Geschoßdecke

| | | |
|---|---|---|
| 1 | Teppichboden | 10 mm |
| 2 | Ausgleichsestrich | 20 mm |
| 3 | Tresorbeton B55 | 400 mm |
| 4 | EPS - Hartschaumplatte mit Rillen, anbetoniert | 50 mm |
| 5 | Kunststoff - Zementputz mit Armierung | 10 mm |
| | Deckendicke | 490 mm |

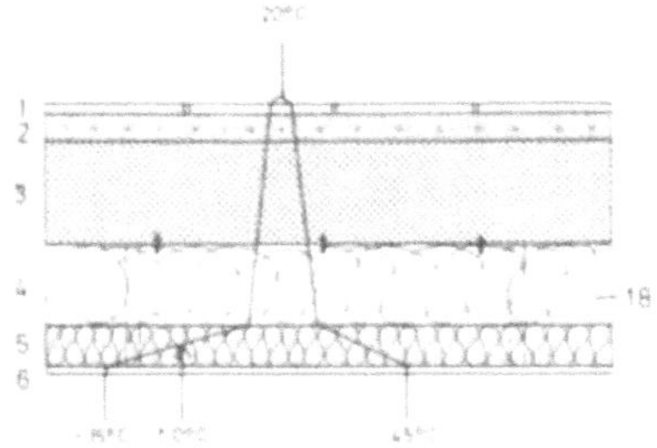

**(11)** Stahlbetondecke über offener Durchfahrt

| | | |
|---|---|---|
| 1 | Bodenplatten | 20 mm |
| 2 | Verlegemörtel mit Baustahl | 50 mm |
| 3 | Stahlbetondecke B 25 | 200 mm |
| 4 | Luft - Hohlraum mit Unterkonstruktion | 153 mm |
| 5 | Mineralfuserplatten | 80 mm |
| 6 | Leichtmetall - Lamellen | 15 mm |
| | Deckendicke | 520 mm |

18 Drahthindernis an der Decke verankert

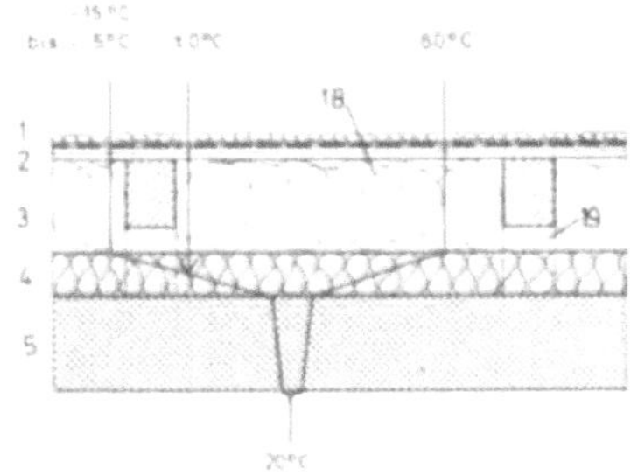

**(12)** Zweischaliges Flachdach auf Stahlbetondecke

| | | |
|---|---|---|
| 1 | Dachhaut mit Kiespressung | 20 mm |
| 2 | Dachschalung auf Holzpfetten | 25 mm |
| 3 | Luft - Hohlraum mit Pfettenstutzen | 175 mm |
| 4 | Dämmplatten | 80 mm |
| 5 | Stahlbetondecke B 25 | 180 mm |
| | Dachdicke | 480 mm |

19 Holzkonstruktion gut mit der Massivdecke verankert

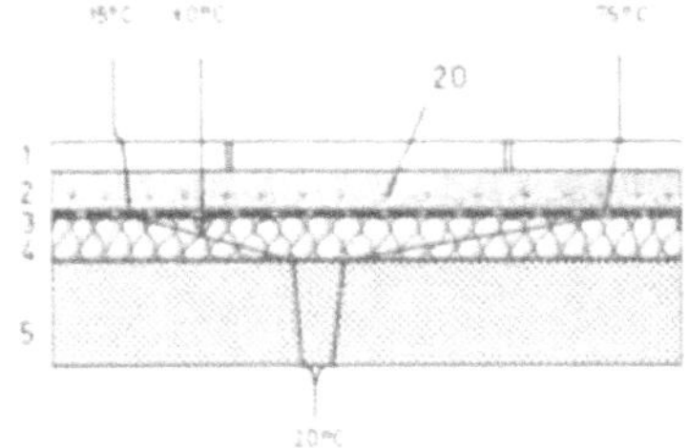

**(13)** Begehbare Terrasse auf Stahlbetondecke

| | | |
|---|---|---|
| 1 | Waschbetonplatten auf Klebemörtel, Fugen offen | 50 mm |
| 2 | Einkornbeton als Sickerschicht | 70 mm |
| 3 | Abdichtung | 10 mm |
| 4 | Dämmplatte auf Dampfsperre | 80 mm |
| 5 | Stahlbetondecke B 25 | 180 mm |
| | Deckendicke | 390 mm |

20 engmaschiges, verzinktes Baustahlgewebe

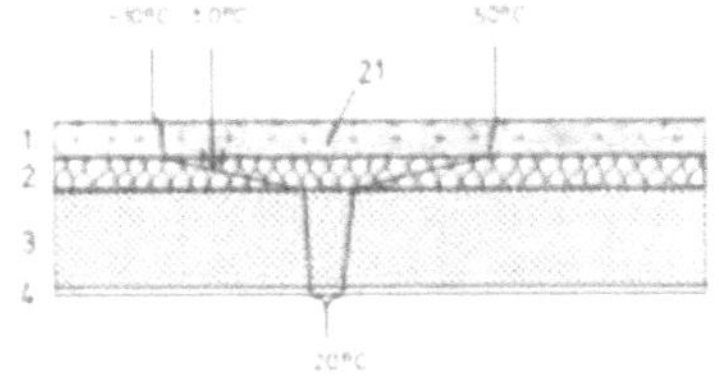

**(14)** Stahlbetondecke unter nicht ausgebautem Dachgeschoß

| | | |
|---|---|---|
| 1 | Zementestrich mit Baustahlgewebe | 60 mm |
| 2 | Dämmplatte | 60 mm |
| 3 | Stahlbetondecke B 25 | 160 mm |
| 4 | Deckenputz | 10 mm |
| | Deckendicke | 290 mm |

21 Besser 80 - 100 mm Dicke und 2 Lagen Baustahlgewebe

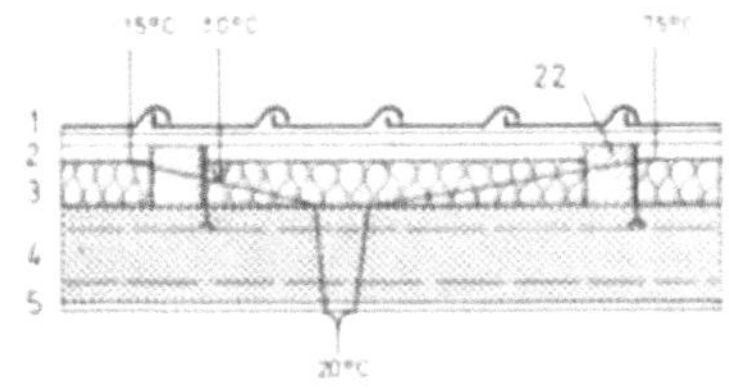

**(15)** Schweres, geneigtes Ziegeldach auf Spannbeton-Hohldielen

| | | |
|---|---|---|
| 1 | Dachziegel auf Latten | 70 mm |
| 2 | Luft - Hohlraum | 20 mm |
| 3 | Dämmschicht | 80 mm |
| 4 | Spannbeton - Hohldielen | 180 mm |
| 5 | Innenputz | 10 mm |
| | Dachdicke | 140 mm |

22 Sparrenhölzer 80/100 mm in den Fugen der Hohldielen verankert

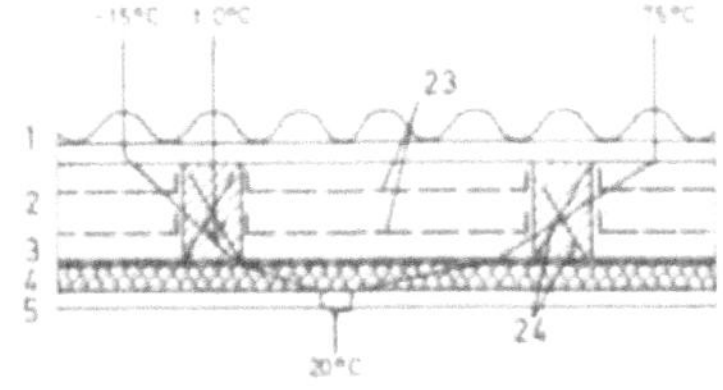

**(16)** Mittelschweres, flach geneigtes Dach mit Asbestzement-Kurzwellplatten

| | | |
|---|---|---|
| 1 | Asbestzement - Kurzwellplatten auf Latten | 100 mm |
| 2 | Schaumbeton, Leichtkalkbeton | 180 mm |
| 3 | Stahl - Lochblech | 3 mm |
| 4 | Dämmplatte | 40 mm |
| 5 | schwere Spanplatte | 22 mm |
| | Dachdicke | 325 mm |

23 2 Lagen Baustahlgewebe, seitl. abgekantet und an den Sparren befestigt

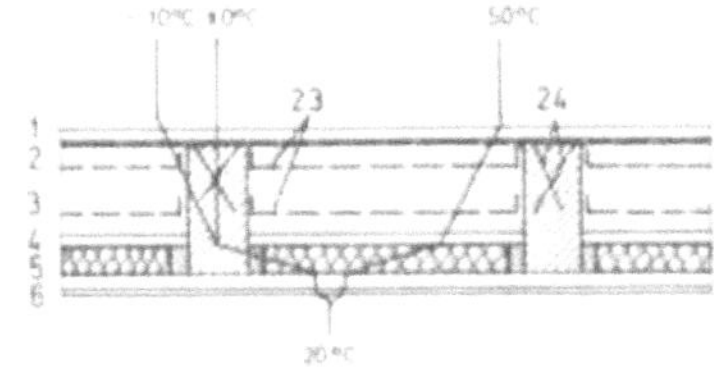

**(17)** Verstärkte Holzbalkendecke unter nicht ausgebautem Dachgeschoß

| | | |
|---|---|---|
| 1 | schwere Spanplatte | 22 mm |
| 2 | Stahl - Lochblech | 3 mm |
| 3 | Leichtbeton 600 $kg/m^3$ | 150 mm |
| 4 | Fehlboden | 20 mm |
| 5 | Dämm - Matte | 50 mm |
| 6 | Gipskartonplatte auf Bretterrost | 35 mm |
| | Deckendicke | 280 mm |

24 mit langen Drahtstiften befestigt

## OSE Objekt-Sicherheits-Elemente der Feldmuhle Aktiengesellschaft, 7310 Plochingen

| Element-Starke in mm | OSE 30 ohne Außenblech | OSE 30 | OSE 40 | OSE 50 | OSE 60 | OSE 80 |
|---|---|---|---|---|---|---|
| Schema-Querschnitte | 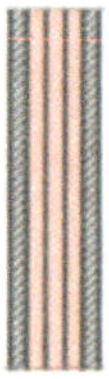 | 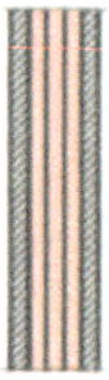 | 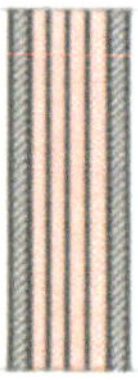 | 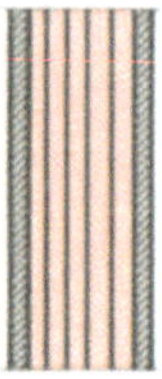 | 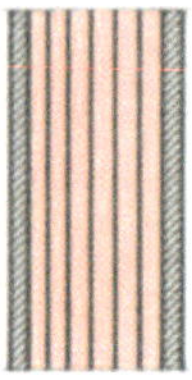 | 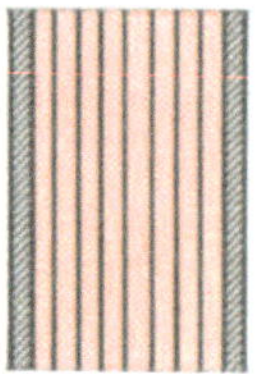 |
| Widerstand gegen mechanische Werkzeuge | Begrenzter Schutz gegen einfache Einbruchs-werkzeuge | Begrenzter Schutz gegen einfache Einbruchs-werkzeuge | Weitgehender Schutz gegen Einbruchs-werkzeuge | Weitgehender Schutz gegen Einbruchs-werkzeuge | Guter Schutz gegen schwere Einbruchs-werkzeuge | Hochstmoglicher Schutz gegen schwere Einbruchs-werkzeuge |
| Widerstand gegen thermische Werkzeuge | Geringer Schutz gegen leichte Brande | Begrenzter Schutz gegen Schneidbrenner und Brand | Begrenzter Schutz gegen Schneidbrenner und Brand | Weitgehender Schutz gegen alle thermischen Werkzeuge und Brand | Guter Schutz gegen alle thermischen Werkzeuge und Brand | Hochstmoglicher Schutz gegen alle thermischen Werkzeuge und Brand |
| Beschuß-sicherheit gegen Handfeuerwaffen 357 Magnum VMKS | Durchschuß | ohne Merkmal | ohne Merkmal | ohne Merkmal | ohne Merkmal | ohne Merkmal |
| Beschuß-sicherheit gegen Natogewehr G3-SMK 762 | Durchschuß | Durchschuß | Durchschuß | Beule mit Riß | Beule ohne Riß | Beule ohne Riß |
| Warme-durchgangs-koeffizient k | 4.9 | 4.2 | 4.1 | 3.9 | 3.5 | 3.0 |
| Schall-dammung dB | 46 | 40 | 44 | 49 | 53 | 56 |
| Druck-sicherheit in Bar | | 1.0 | 2.5 | 3.0 | 4,0 bei entsprechend konstruktivem Aufbau | 6,0 bei entsprechend konstruktivem Aufbau |
| Brandschutz nach DIN 4102 Teil 5 | T 30 mit zusatzlicher Brandplatte | T 30 mit zusatzlicher Brandplatte | T 60 mit zusatzlicher Brandplatte | T 60 mit zusatzlicher Brandplatte | T 90 mit zusatzlicher Brandplatte | T 90 mit zusatzlicher Brandplatte |
| Spreng-sicherheit | | | | | 2 kg | 10 kg bei entsprechend konstruktivem Aufbau |
| Splitter-schutz | | | | | Weitreichend sicher gegen Projektile L:D=1:1 Gewicht 48g Geschwindigkeit 1300 m/s | Sicher gegen Projektile L:D=1:1 Gewicht 48g Geschwindigkeit 1600 m/s |
| Gewicht $kg/m^2$ | 74 | 93 | 139 | 150 | 164 | 178 |

## Stahlgitter

Zu den Vergitterungen gibt der VdS folgende Empfehlungen: „Insbesondere Kellerfenster oder andere tief gelegene Einstiegsmöglichkeiten sind mit stabilen Gittern aus Vierkantstäben (Stahl, Mindeststärke 18 mm) bei Abständen zwischen waagerechten und senkrechten Gitterstäben von max. 100 x 200 mm zu sichern. Die Stäbe sollen an den Berührungspunkten verschweißt, die Stabenden gespreizt und mindestens 80 mm tief verankert sein. Kombinationen zwischen Rund- und Flacheisen entsprechender Stabilität sind möglich. Blenden aus Lochblech sollen aus Stahl und mindestens 3 mm dick sein."

Fenster und Verglasungen von Haustüren können durch Gitter gesichert werden. Wenn das Sicherheitsbedürfnis vorrangig ist, sollte man Ziergitter durch im *Hintergrund* eingeschweißte Verstärkungen einbruchhemmend machen. Sicherheitsgitter sind mit ausreichend bemessenen und genügend langen Krampen in die Leibung einzuzementieren. Für Gitter, die am Fensterrahmen befestigt werden, sind durchgehende Schrauben zu verwenden, die man von außen nicht abdrehen kann. Bei vorgesetzten Gittern (sogenannten Korbgittern) ist darauf zu achten, daß auch die seitlichen Abschlüsse nach den Sicherheitsrichtlinien geschlossen sind.

Wo einerseits ein Schutzbedürfnis besteht, andererseits aber eine äußere Vergitterung als störend empfunden wird, kann die Gitterkonstruktion auf der Innenseite des Fenster oder im Zwischenraum von zwei Verglasungen angebracht werden; darüber hinaus kann das Fenster selbst elektrisch überwacht werden.

Bei der Konstruktion der Gitter sollte man auch überlegen, mit welchen Werkzeugen sie aufgebrochen werden könnten. Gängige Überwindungswerkzeuge für Gitter sind Brecheisen, Hebel, Bolzenschneider, Wagenheber und Metallsäge.

Eine gute Schutzwirkung bietet einbruchhemmendes Streckmetall. Eine Metallschere ist schwierig anzusetzen; sollte trotzdem ein Ausschnitt gelingen, so verhindern die vorstehenden Drahtenden ein müheloses Durchkriechen. Damit kann man z.B. einfache Verglasungen im Innern des Gebäudes nachträglich sichern.

### Scheren- und Rollgitter

Diese beweglichen Gitter sind oft die einzige Möglichkeit, Schaufenster, Ladeneingänge und dergleichen während der Nachtzeit mechanisch zu schützen. Die konstruktive Ausbildung der Scheren- und Rollgitter ist abhängig von

- dem angestrebten Wirkungsgrad der Einbruchsicherheit
- den Abmessungen der zu schützenden Öffnung sowie
- dem für das aufgerollte oder zusammengeschobene Gitter zur Verfügung stehenden Einbauraum.

Stabdicke, Materialgüte und die Verbindungen der einzelnen Gitterteile untereinander müssen so beschaffen sein, daß diese mit einfachen Werkzeugen nicht aufgebrochen werden können.

Als Verschluß kann ein Zylinderschloß vorgesehen werden, das Teil der Gebäudeschließanlage ist.

### Betongitter

Betongitter mit besonderem Widerstandswert sollten folgende konstruktiven Merkmale aufweisen:

- Verwendung von hochwertigem Feinbeton mit „griffigen" Zuschlägen unter Einlage gerippter oder profilierter Bewehrungsstäbe;
- Verschweißung der Armierungskreuzpunkte, so daß sich praktisch ein in Beton eingebettetes Stahlgitter ergibt;
- zusätzliche Verankerungsmittel für den Beton, wie z.B. Umwicklung der Bewehrungsstäbe mit Stahldraht, der punktweise anzuschweißen ist;
- ausreichende Verankerung im benachbarten Mauerwerk, damit das Betongitter nicht in einem Stück herausgelöst werden kann.

Dieser Einbruchschutz ist ausreichend gegen Angriffe mit den üblichen Handwerkzeugen. Ist jedoch ein Angriff mit schweren Werkzeugen (Sauerstofflanze, Betonsägen und dergleichen) zu befürchten, dann hilft nur eine zusätzliche elektrische Überwachung der dahinter liegenden Fenster.

Betongitter, die mit der Außenfassade bündig sitzen, können bei kleineren Fensteröffnungen architektonisch ansprechende Lösungen ergeben.

### Sicherung von Lüftungsöffnungen

Die normalen handelsüblichen Zu- oder Abluftgitter haben im allgemeinen keinen Sicherheitswert. Für einen wirksameren Schutz werden stabile Gitter angeboten, die sich äußerlich von den bekannten Luftgittern nicht unterscheiden. Hinter dem äußeren normal aussehenden Gitter sind weitere mechanische Sicherungselemente bzw. Verstärkungen ohne eine wesentliche Verminderung des geforderten Lüftungsquerschnitts eingebaut. Im Bedarfsfall kann die Luftöffnungssicherung außerdem noch elektronisch überwacht werden.

Weiterhin besteht die Möglichkeit, die Luftkanäle selbst an die Einbruch-Meldeanlage anzuschließen, z.B. mit Pendelmelder → 152.

### Schußsichere Lamellen

Die Lamellen bestehen aus doppelwandigen Hohlkörperprofilen aus rostfreiem Spezialstahl mit sehr hoher Festigkeit. Je nach Anbringungsart sind sie horizontal oder vertikal beweglich. Damit läßt sich ein guter Einbruchschutz bei gleichzeitigem Sonnenschutz erreichen. Der Einbruchschutz wird durch mechanische Verriegelung gewährleistet, die ein gewaltsames Öffnen der Lamellen von außen verhindert. Die geschlossenen Lamellen sind auch widerstandsfähig gegen einen Beschuß mit Faustfeuerwaffen. Der zusätzliche Anschluß an ein vorhandenes Alarmsystem ist möglich.

### Schußsicheres Panzerholz

Delignit-Panzerholz® *schußsicher* ist ein plattenförmiger Holzwerkstoff ohne Metalleinlagen.

Damit lassen sich schußsichere und einbruchhemmende Türen, Trennwände und dergleichen herstellen. Das Panzerholz kann von Tischlereibetrieben mit handwerksüblichen Maschinen und Werkzeugen bearbeitet werden. Durch dekorative Furnier- oder Kunststoffoberflächen erhält das Panzerholz das bei den heutigen Holzwerkstoffen übliche Aussehen; die Eigenschaft Schußsicherheit ist nicht zu erkennen.

Delignit-Panzerholz *schußsicher* ab 30 mm Dicke entspricht den *Unfallverhütungsvorschriften Kassen;* ab 38 mm Plattendicke ist es sogar beschußhemmend gegen Maschinenpistolen. Die Einbruchhemmung ergibt sich durch eine sehr große Härte, Festigkeit und Zähigkeit des Panzerholzes.

Bei Brandversuchen wurde eine Einreihung in die Feuerwiderstandsklasse F 60 erreicht.

## 1 Stahl-Sicherheitsgitter

1 Verankerung der nach innen abgekropften Stabenden im Mauerwerk mind 100 mm tief

2 Verankerung am Fensterstock oder am Sturz bzw an der Fensterbank

3 Waagrechter lichter Abstand max 100 mm

4 Senkrechter lichter Abstand max 200 mm

5 Gitterstabe 18/18 mm oder gleichwertiger Querschnitt (Rundstahl ø 20 mm, Flachstahl 25/6 mm oder 60/5 mm)

6 Gitterstabe an den Beruhrungspunkten verschweißt - nicht nur aufeinanderlegen - sondern auskehlen (gleiche Querschnitte) oder durchstoßen (Stabe durch Flachstahl)

7 Rundstabe aus Hart-Manganstahl, durchgesteckt durch

8 Flachstabe aus Hart-Manganstahl

9 senkrechte Lamellen und umlaufender Rahmen Flachstahl 50/6 bis 80/8 mm

10 durchgesteckte Rundstabe ø 20 mm

11 Schmuckstabe direkt auf das Sicherheitsgitter geschweißt

12 Ziergitter - auch Korbgitter - ohne Verbindung mit dem Sicherheitsgitter montiert

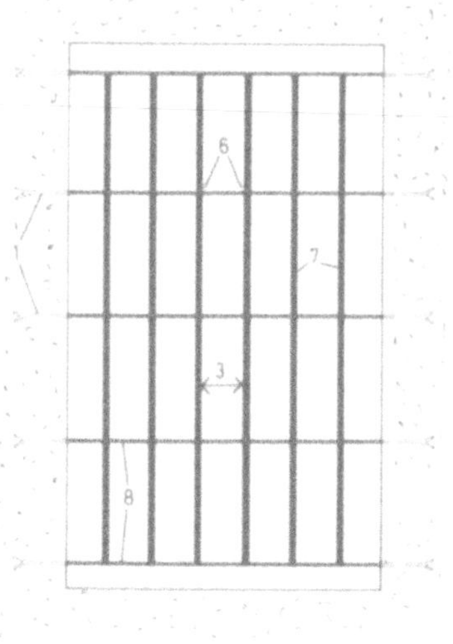

Sägesicheres Gitter

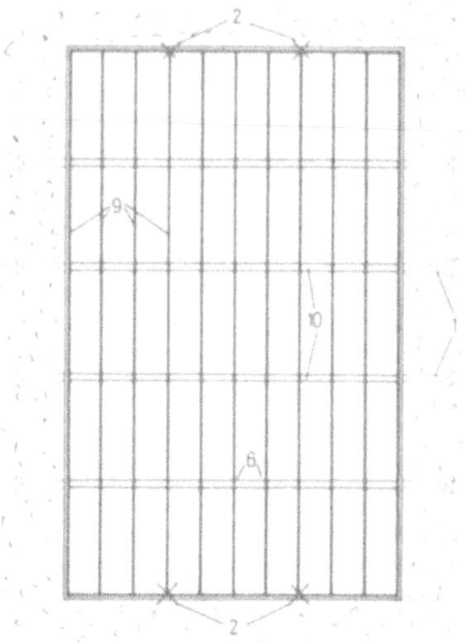

Lamellen-Sicherheitsgitter

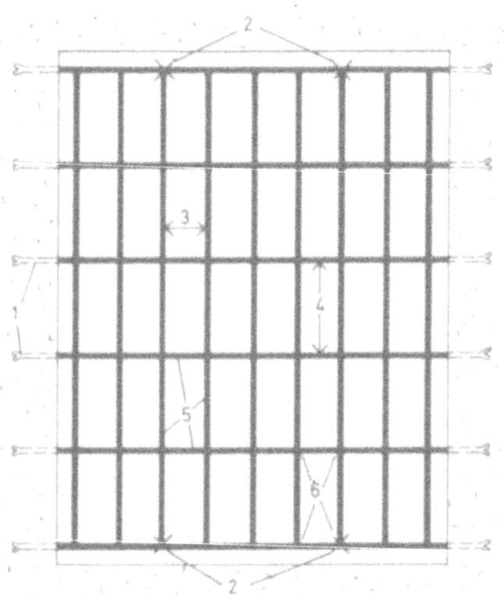

einfaches Sicherheitsgitter

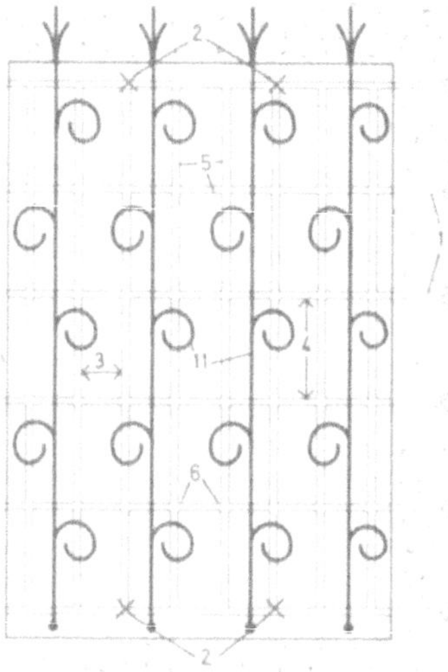

Sicherheitsgitter wie vor, mit aufgesetzter Ausschmuckung

Sicherheitsgitter wie vor, mit davorgesetztem Ziergitter

## 2 Sichere Luftungsgitter

1 Umfassungszarge

2 Winkeleisen-Rahmen

3 Lamellen aus Flachstahl

4 Blechlamellen, abgekantet

5 Lochblech, gestanzt, 3mm dick

6 Drahtgewebe

7 Verstärkungs-Stahlrohre

8 Verstärkungs-Rundstahl ø 18 mm in die Lamellen eingeschweißt

9 Verstärkungs-Flachstahl am Lochblech angeschweißt

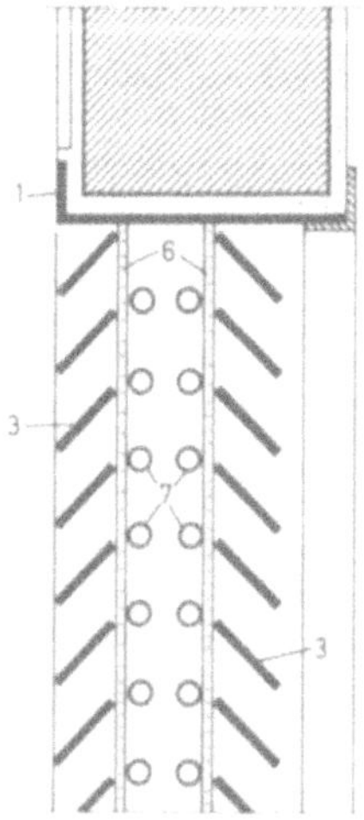

Luftungsgitter mit hohem Sicherheitswert (Bochumer Eisenhutte)

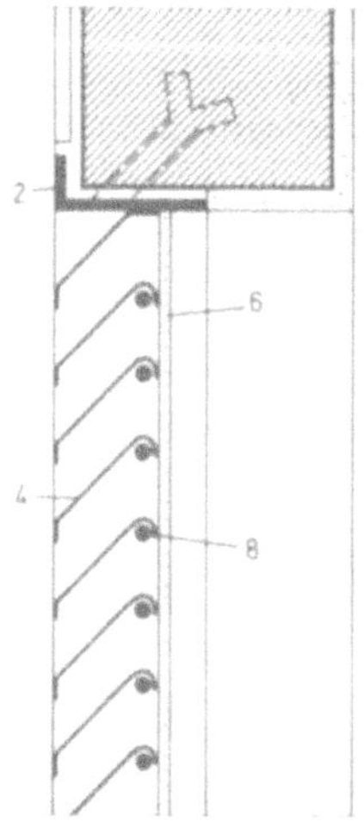

Luftungsgitter mit verstarkten Blechlamellen

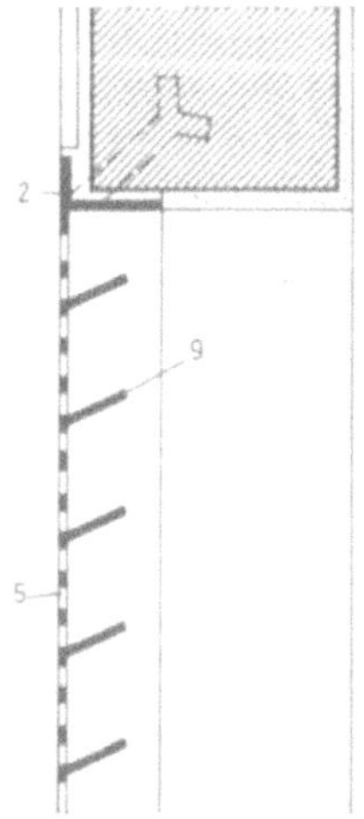

Lochblech mit Verstarkungen

## 1 Scherengitter

1 Laufschiene oben
U-Profil (auch klappbar)

2 Laufschiene unten
Hochkantstahl (bei Türen klappbar)

3 senkrechte Stäbe aus Spezial-U-Stahl

4 Flachstahlscheren

5 Treib- und Stangenriegelverschluß

6 Zylinderschloß (Schließanlage)

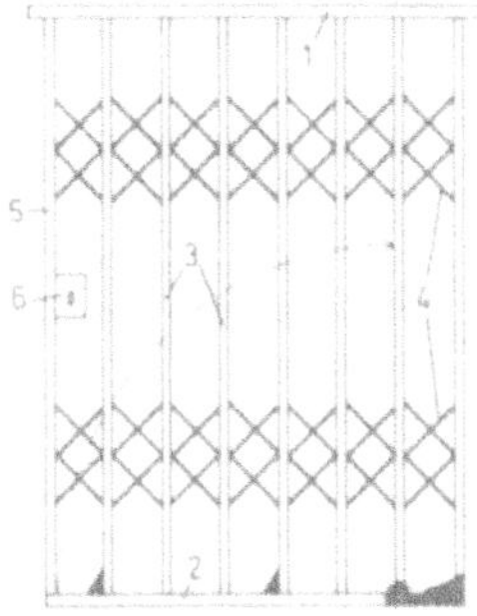


einflügelig mit 2 Scherenreihen

zweiflüglig mit 3 Scherenreihen

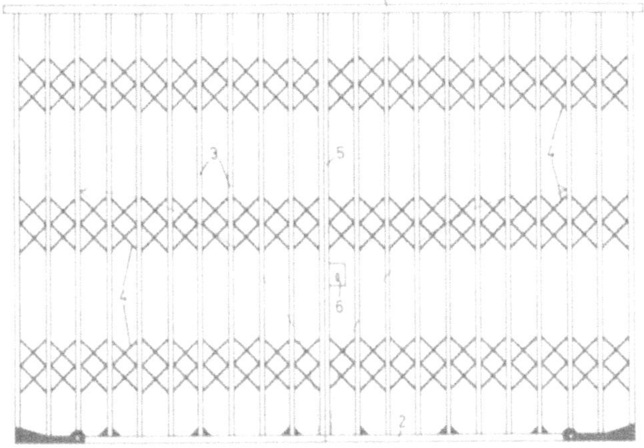


## 2 Rollgitter

1 Sicherheits-Führungsschiene

2 Gitterstab ø 10 mm

3 Bund, Gitterstäbe drehbar

4 Gelenk-Verbindung

5 Querstäbe ø 8 oder 10 mm

6 Flachstahl 15/5, 18/5, 20/5 mm
auch Edelstahl 16/4 mm

7 Verstärkungsstab

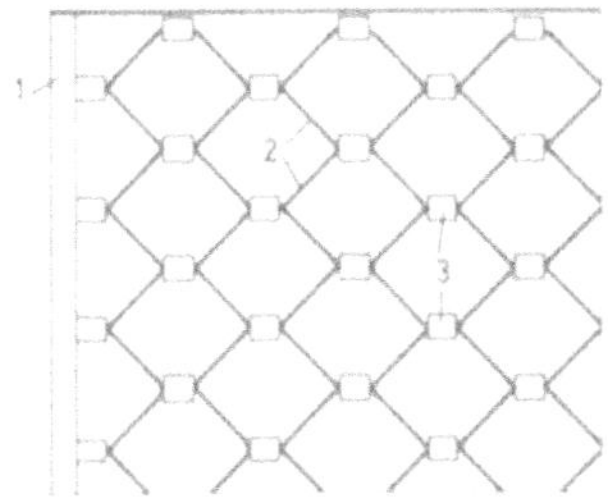


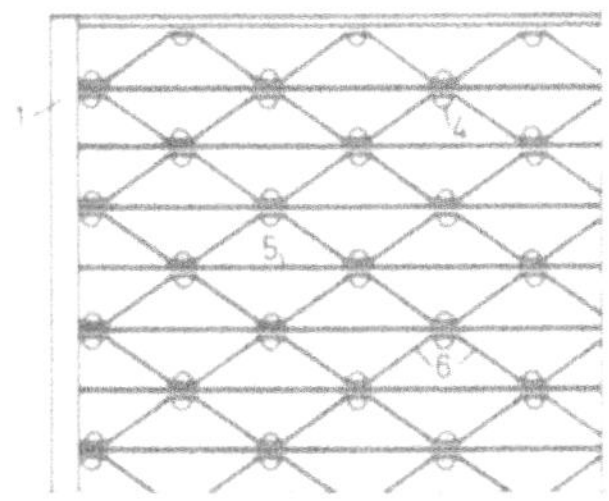


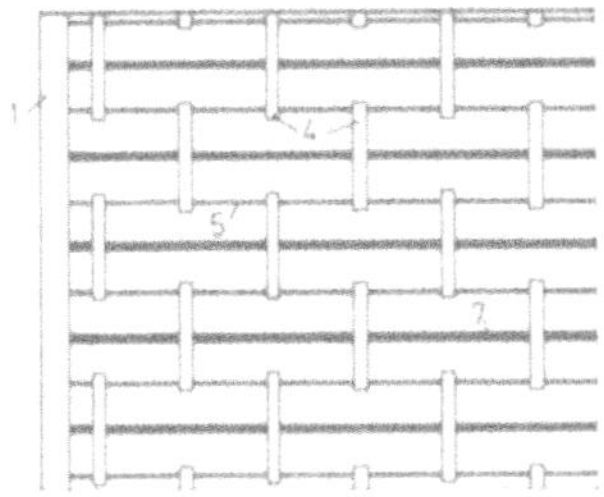


## 3 schußsicheres Panzerholz

## 4 Betongitter

Konstruktionsmerkmale → 115

1 Beton-Lamellengitter
für Nebenfenster

2 Fugen aus Haftmörtel mit Stahleinlagen, mind. 20 mm breit

Handelsübliche Ornamentsteine

3 Balken 5 Balkenkreuz

4 Kreisring 6 Diagonalkreuz

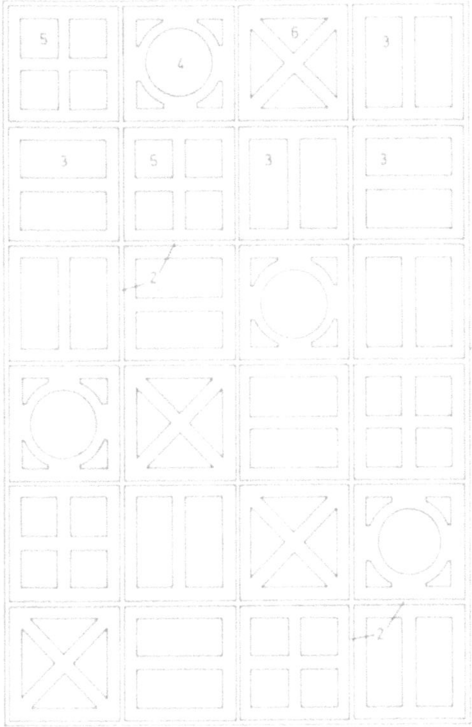


## 5 schußsichere Lamellen

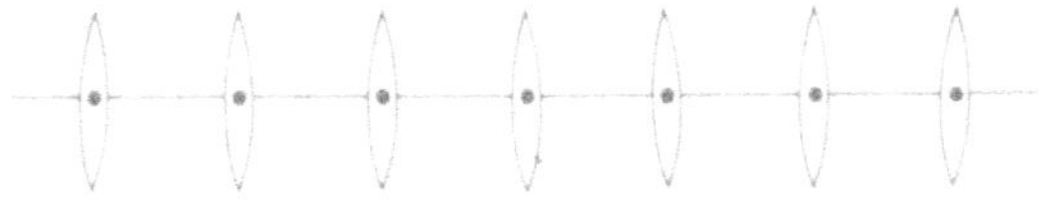

offen, Lichtdurchlaß

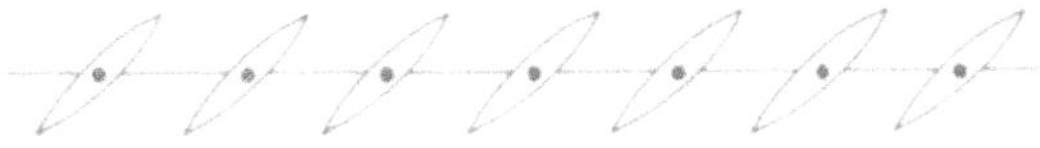

teilweise offen, Sonnenschutz

geschlossen, Einbruchschutz, schußsicher

## Rolläden

Die Schutzwirkung von Rolläden wird sowohl überbewertet als auch angezweifelt. In bestimmten Fällen bieten Rolläden einen relativen Überfallschutz, wie z.B. an Schlafräumen oder vor Schaufenstern.

Der Sicherheitswert eines Rolladens ist von den verwendeten Materialien und dem fachgerechten Einbau abhängig. Jalousien, die im wesentlichen nur Sonnenlichtblenden sind und deshalb nur dünne Lamellen besitzen, sind keine Rolläden und bieten keine Sicherheit (VdS).

Ein ausreichender Schutz kann mit Rolläden aus Stahl, Aluminium oder Holz erreicht werden, deren Führungsschienen im Mauerwerk fest verankert sind. Die Befestigungs- und Verbindungselemente für die Rolläden dürfen von außen nicht erkennbar sein.

Kunststoffrolläden haben nur dann einen Sicherheitswert, wenn die doppelwandigen Lamellen nicht hohl, sondern durch Einlagen aus Metall oder ähnlichem stabilisiert sind. Außerdem müssen Rolläden gegen Hochschieben von außen, z.B. durch Riegel oder sonstige Feststellvorrichtungen, gesichert sein.

Rolläden mit einer hohen Sicherheitsfunktion bestehen aus Stahlblech- oder schweren Leichtmetall-Lamellen.

Die oft nachträglich vorgebauten Mini-Rolläden haben keinen Sicherheitswert.

### Klappläden

Bei Klappläden ist dafür zu sorgen, daß sie in geschlossenem Zustand nicht hochgeschoben und ausgehängt werden können. Außerdem dürfen die Beschlagteile von außen nicht abmontierbar sein. Zur weiteren Sicherung können auf der Bandseite in entsprechende Ausnehmungen eingreifende Rundbolzen vorgesehen werden (sogenannte Hinterhaken). Eine ausreichende innere Verriegelung des geschlossenen Klappladens wird als selbstverständlich vorausgesetzt.

Klappläden mit den vorgenannten Merkmalen und in einer festen Bauart oder mit zusätzlichen Verstärkungsauflagen haben einen guten Widerstandswert. Bei Gebäuden, die, wie z.B. Ferienhäuser, längere Zeit unbenutzt sind, sind stabile Klappläden oft die einzige Möglichkeit, Fenster zu sichern.

## Kellerfenster

Die handelsüblichen Kellerfenster mit äußerem Gitter- und innerem Glasflügel lassen sich durch exzentrisch wirkende Hebel verschließen Dieser Verschluß kann jedoch von außen mit recht einfachen Mitteln (Schraubenzieher oder Drahtschlaufe) geöffnet werden. Es ist deshalb erforderlich, den Schließhebel mit einem stabilen Hangschloß oder dergleichen zusätzlich zu sichern. Einen weiteren Schutz bieten einbruchsichere Verglasungen.

Eine wirkungsvolle Maßnahme sind von innen angeschraubte Lochbleche in mindestens 3 mm Dicke anstelle der dünnwandigen Mäusegitter.

Bei einem erhöhten Sicherheitsbedürfnis sollte neben dem serienmäßigen Gitterflügel, der mehr als Ungezieferschutz anzusehen ist, auf der Außenseite zusätzlich ein stabiles Gitter angebracht werden. Hierfür sind Betongitter, die mit der Außenverblendung oder dem Außenputz bündig sitzen, sehr gut geeignet.

### Lichtschächte

Kleine Kellerfenster sollten selbst ausreichend gesichert sein. Der Rost des davor liegenden ebenfalls kleinen Lichtschachtes braucht dann nur seine Funktion als Schutzabdeckung zu erfüllen.

Bei größeren Lichtschächten sollte immer eine Schachtabdeckung vorgesehen werden, auch dann, wenn das zugehörige Fenster allein sicher ist. Damit wird verhindert, daß sich ein Einbrecher in dem geräumigen Schacht jeglicher Einsicht entziehen und in aller Ruhe der Durchbrucharbeit am Fenster widmen kann.

Es sind Fälle bekannt, nach denen es Gelegenheitseinbrechern gelungen ist, mit einem normalen Auto-Wagenheber, der an der Längswand des Lichtschachtes abgestützt wurde, die verschlossenen Lochgitterflügel von handelsüblichen Stahlkellerfenstern mühelos und ohne besondere Lärmverursachung einzudrücken.

Die Roste von zu sichernden Lichtschächten müssen in sich ausreichend stabil sein. Von oben dürfen sie nicht abgehoben werden können. Die als Verschlußmittel angebotenen dünnen Ketten sind weniger geeignet; sie können rosten und sind leicht durchzukneifen.

Lichtschächte vor Fenstern, bei denen es auf einen möglichst großen Lichteinfall ankommt, sind mit Stabrosten abzudecken, deren hochkant stehende Flacheisen senkrecht zum Fenster verlaufen.

Von Lichtschächten wird zuweilen verlangt, daß sie als Notausstiege oder Fluchtwege zu benutzen sind. Zu diesem Zwecke sind die Schächte mit Steigleitern oder Steigeisen auszustatten. Die gegen Abheben gesicherte Schachtabdeckung muß dann über eine Art Panikverschluß, der direkt neben dem Ausstiegfenster im Raum zu betätigen ist, im Notfalle sofort freigegeben werden können.

## Sicherung des Daches

Bei ein- und zweigeschossigen Häusern ist es für den Einbrecher relativ einfach, auf das Dach zu gelangen. Offenstehende Dachfenster bieten sich praktisch zum Einsteigen an. Aber auch ein paar Dachziegel sind schnell und geräuschlos abgedeckt, und der Einbrecher gelangt vom Dachboden über die Schiebetreppe in den Wohnbereich des Hauses. Sofern die Dachschrägen nicht durchgehend und ausreichend stabil verschalt sind, ist der Zugang zum Speicher wie eine Außentür zu behandeln.

### Bodentreppen

Bodentreppen als Zugang zu nicht genutzten Dachräumen von Einfamilienhäusern sind besonders einbruchgefährdet. In einem (z.B. während des Urlaubs) unbewohnten und sonst nicht gesicherten Haus hat ein in den Dachraum eingedrungener Einbrecher genügend Zeit, völlig unbeobachtet den Lukendeckel der Bodentreppe zu überwinden. Vorbeugende Maßnahmen können sein:

- elektrisches Alarm-Einzelgerät ähnlich wie bei Abschlußtüren → 163 in Verbindung mit einem akustischen Signalgeber auf der Gebäudeaußenseite;
- Verstärkung des normalen Lukendeckels aus Holzwerkstoffen mit 3 mm Stahlblech oder dergleichen. Wenn aus Gewichtsgründen notwendig, sind zusätzlich schwere Beschläge anzubringen. Als Abwesenheitssicherung sollte der verstärkte Deckel von unten her mit drei kräftigen Riegeln mit Hangschlössern gesichert werden;
- bei Neubauten empfehlen sich doppelwandige Stahldeckel mit in den Deckenbeton eingegossenen Stahlzargen. Die Stahldeckel entsprechen in ihrem Aufbau Stahltüren und sind gleichzeitig feuerhemmend oder feuerbeständig.

### Flachdachausstiege

Serienmäßige Flachdachausstiege besitzen einen massiven Deckel, z.B. aus Leichtmetall-Guß, und können von innen verriegelt und abgeschlossen werden.

Es gibt auch Lichtkuppeln, die als Flachdachausstieg ausgebildet sind. Ihre Rahmen sind besonders verwindungssteif. Sie können von innen und von außen geöffnet und abgeschlossen werden.

## 1 Rolladen mit Sicherheitseigenschaften

1 Verstärkungseinlagen aus Stahl
2 Luftschlitze im Steg
3 WIRAL-Aluminium-Rolladen
4 Kunststoff-Einbettung
5 einwandige Rolladenprofile aus Leichtmetall, Stahl oder Edelstahl
6 Alu-Hohlprofile mit Schaumkern
7 Alu-Hohlkammerprofile mit Kettenverbindung
8 Kunststoff-Rolladen mit Kettenverbindung
9 Kunststoff-Rolladen mit Schiebeprofilen

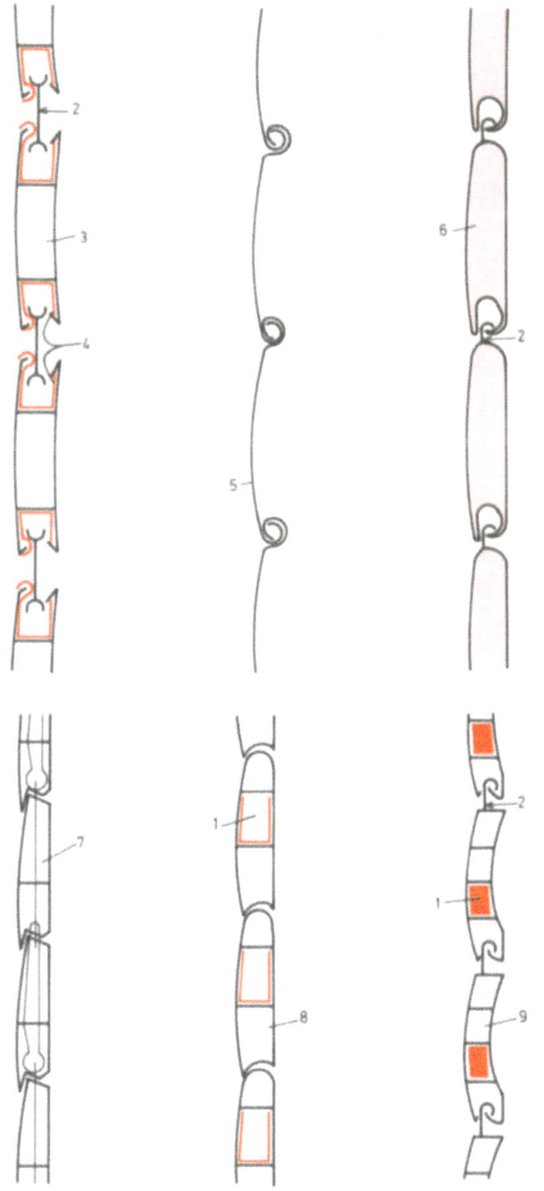


## 2 Rolladensicherung gegen Hochschieben

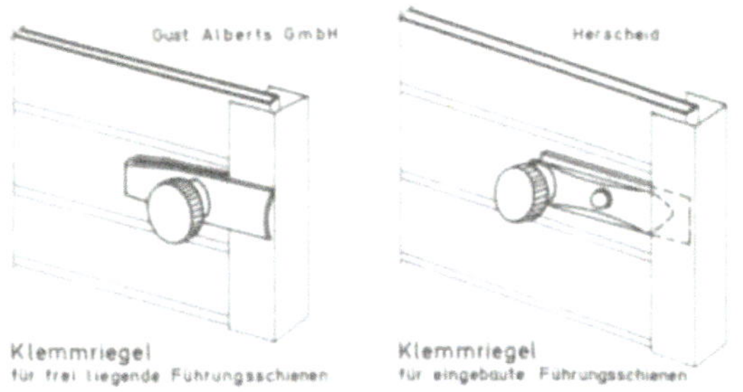


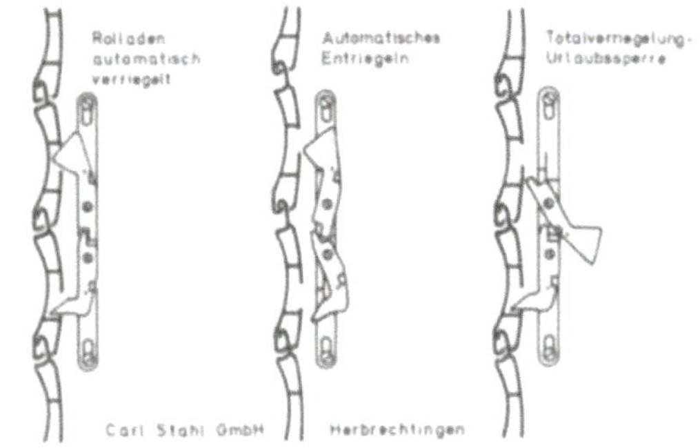


Automatische Rolladensicherung

## 3 Rolladensicherung gegen Herausreißen

1 Rolladenstäbe
2 Spezial-Führungsschienen
3 Ausnehmungen
4 Arretierungssteg
5 Verstärkungseinlagen
6 runde Sicherungsscheibe

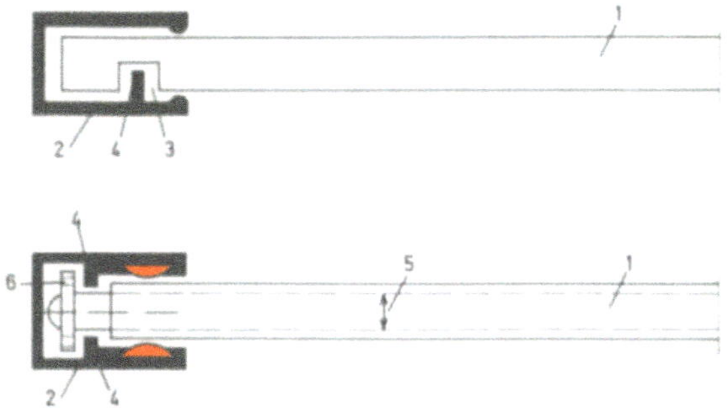


## 4 Rolladenschloß

1 Rolladen-Abschlußprofil
2 Zylinderschloß
3 Stangen, 2-tourig, je 10 mm

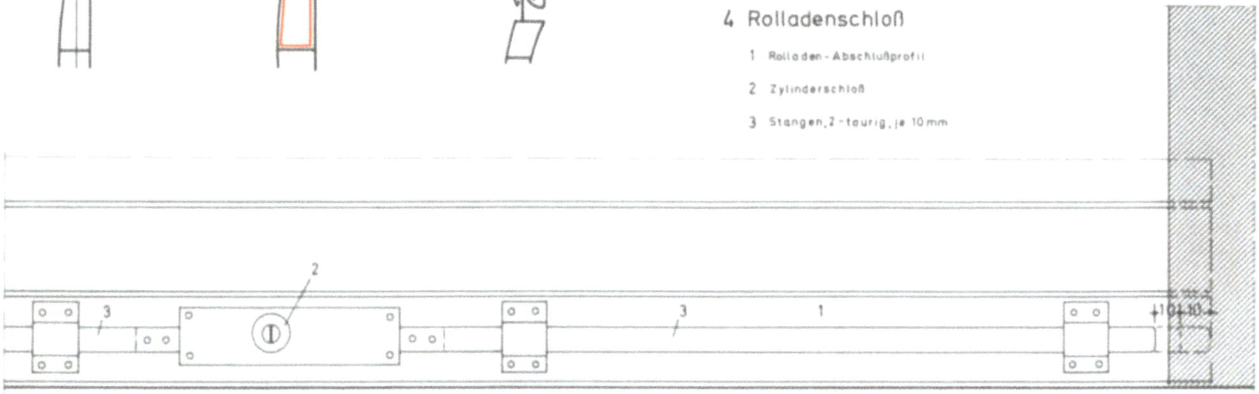

## 1 Kellerfenster

1 z.B. zweiflugeliges Stahlkellerfenster

2 Mausegitter

3 Konstruktionsmerkmale → 115

4 ggf. einbruchhemmende Verglasung oder 3mm Lochblech als weitere Sicherung

5 Abstand ≦ 50 mm

6 Konstruktionsmerkmale → 118

Beton-Lamellenfenster

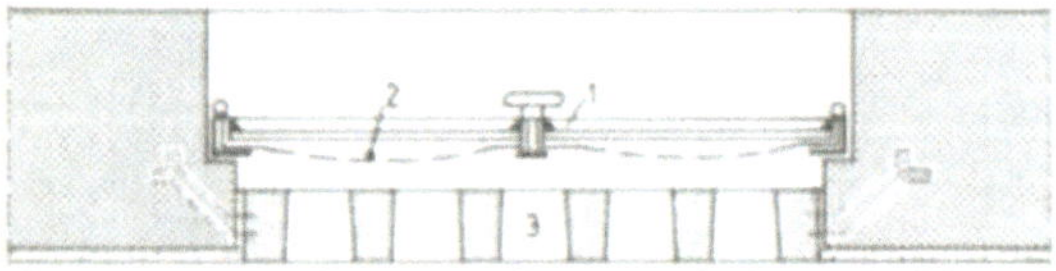

Betongitter auch als Fertigteil mit Rahmen zum Einstellen in die Schalung

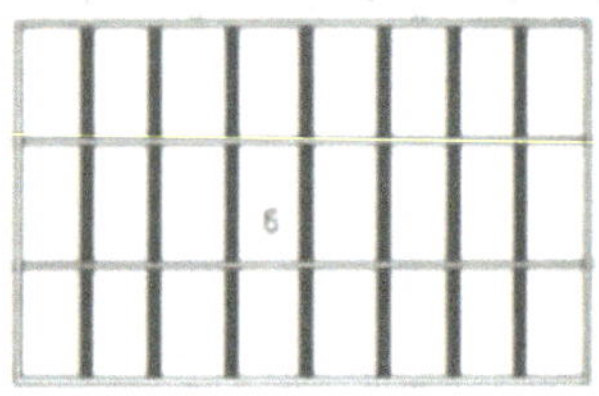

Stahl-Sicherheitsgitter

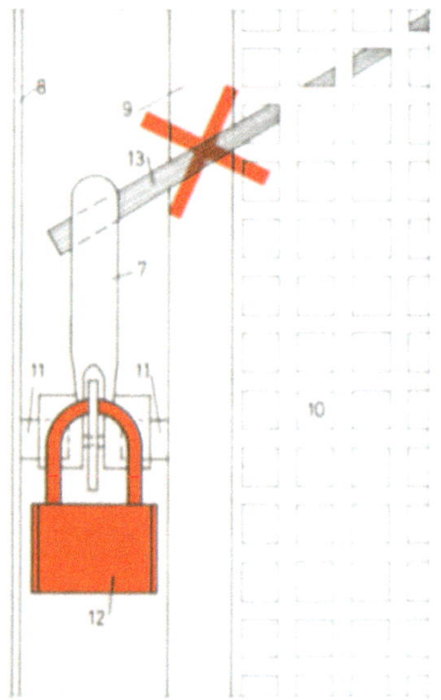

Stahl-Kellerfenster mit Hebelverschluß

7 Exzenter-Hebel

8 Fensterrahmen

9 Rahmen Glasflugel

10 Lochgitter

11 Verschluß-Nocken

12 stabiles Hangschloß

13 ohne Schloß mit Schraubenzieher od. dgl. aufzudrucken

## 2 Lichtschachte

1 Lichtschachtwande

2 Keller-Außenwand

3 Fenster

4 fest eingebauter Rahmen

5 wetterbestandiges Hangschloß

6 Flachstahlanker

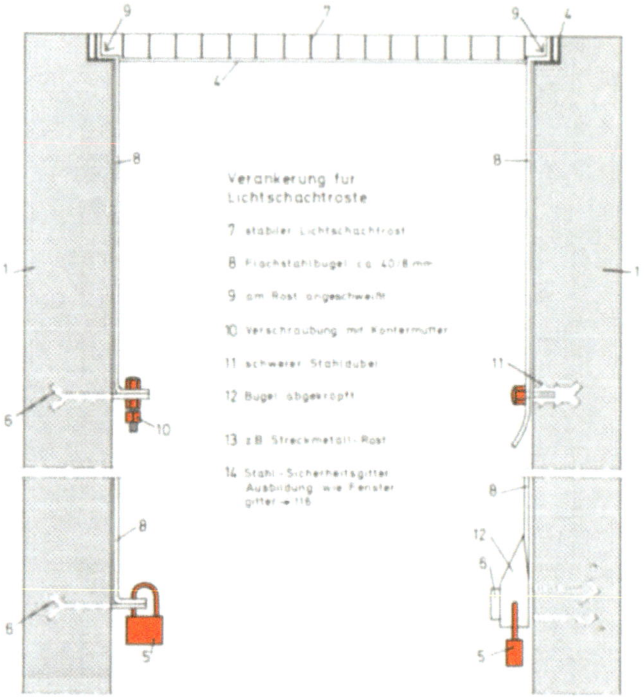

Verankerung fur Lichtschachtroste

7 stabiler Lichtschachtrost

8 Flachstahlbugel ca. 40/8 mm

9 am Rost angeschweißt

10 Verschraubung mit Kontermutter

11 schwerer Stahldubel

12 Bugel abgekropft

13 z.B. Streckmetall-Rost

14 Stahl-Sicherheitsgitter Ausbildung wie Fenstergitter → 116

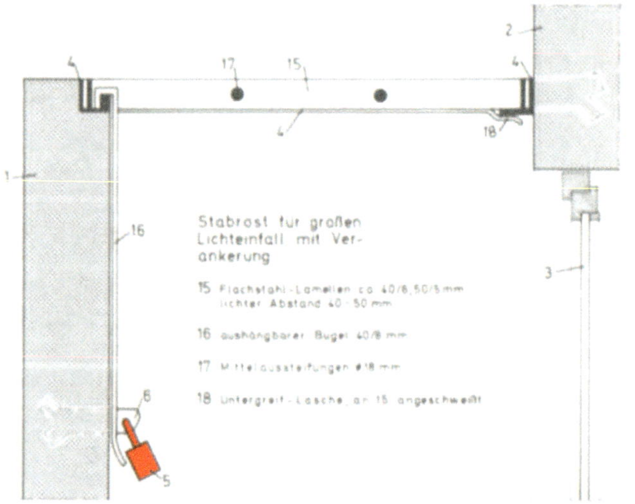

Stabrost fur großen Lichteinfall mit Verankerung

15 Flachstahl-Lamellen ca. 40/6, 50/5 mm lichter Abstand 40-50 mm

16 aushangbarer Bugel 40/8 mm

17 Mittelaussteifungen ø18 mm

18 Untergreif-Lasche an 15 angeschweißt

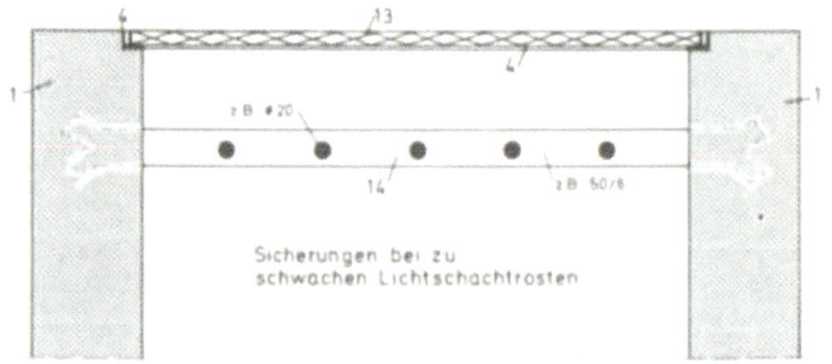

Sicherungen bei zu schwachen Lichtschachtrosten

## 1 Bodentreppe

1 vorhandene Bodentreppe in Holzkonstruktion

2 Belag mit 3 mm-Stahlblech

3 kräftige Bänder mit 2 verschweißt und in der Betondecke verankert

— Bodentreppe mit feuerbeständigem Stahl-Lukendeckel → 53

4 kräftige Riegel mit Hangschlössern

5 Aussteifungsrahmen, z.B. ☐ 40/40/2 mm mit 2 verschraubt

6 durchgehende Deckenverkleidung z.B. Holzbretter, mit abklappbarem Deckel

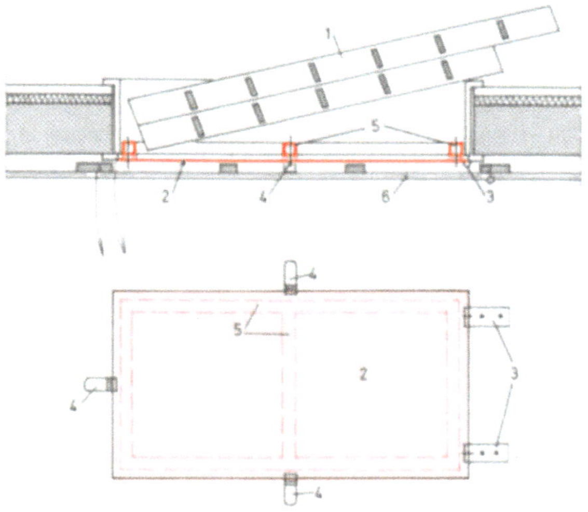

## 2 Lichtkuppeln

1 Stahlbetondecke

2 Lichtkuppel mit Aufsatzkranz

3 Sicherheitsgitter, Ausführung → 118

4 ggf. innere Mattscheibe

5 beschlagfeste Innenscheibe z.B. Polycarbonat

Elektrische Sicherungen, an Einbruchmeldeanlage angeschlossen oder an

6 örtlicher Alarmgeber

7 Alarmdrähte → 150, oder

8 Magnetkontakt → 149, z.B. Esser-cleptonix, oder

9 Fadenzugschalter → 154

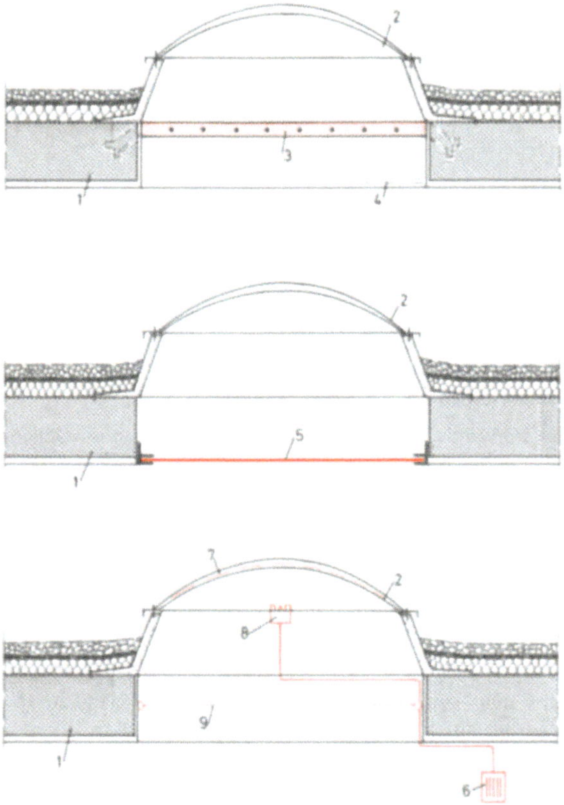

## 3 Flachdachausstiege

1 Stahlbetondecke

2 Leichtmetallguß-Deckel

3 umlaufende kräftige Zarge

4 abschließbarer Hebelverschluß, nur innen

5 angegossene Bänder

6 Feuerschutzklappe T 30 oder T 90

7 Scherentreppe

8 doppelschalige Lichtkuppel

9 verwindungssteifer Rahmen

10 Verschluß von innen

11 ggf. beschlagfeste Kunststoff-Scheibe

12 bei erhöhtem Sicherheitsbedürfnis zusätzliche Stahl-Klappe

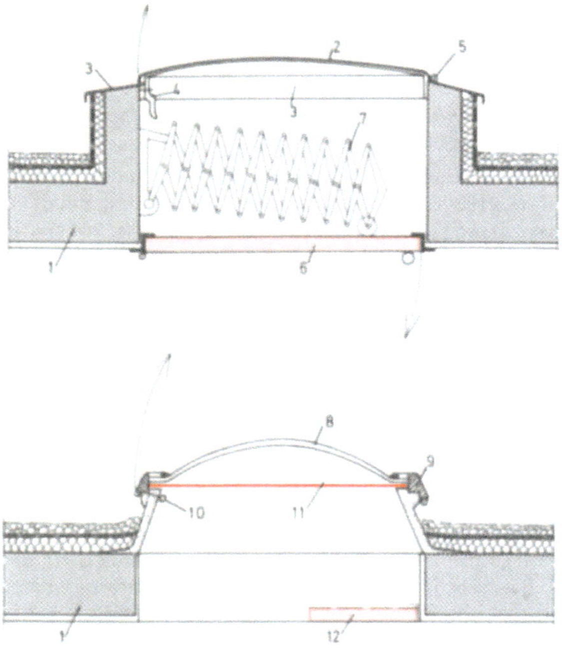

## 4 Dachflächenfenster

1 Eine Außenjalousie oder ein dünner Leichtmetall-Rolladen bieten keinen Einbruchschutz

2 Verankerung der Fensterrahmen mit der Dachkonstruktion, von außen nicht abschraubbar

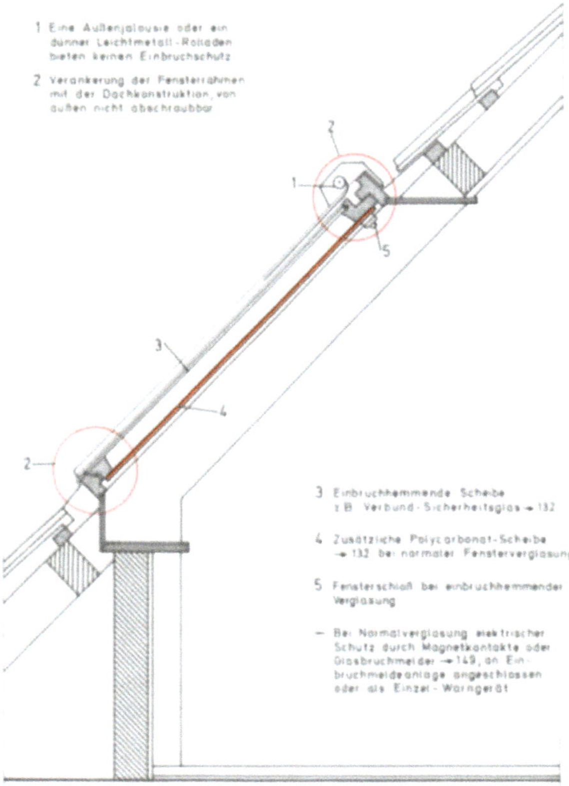

3 Einbruchhemmende Scheibe z.B. Verbund-Sicherheitsglas → 132

4 Zusätzliche Polycarbonat-Scheibe → 132 bei normaler Fensterverglasung

5 Fensterschloß bei einbruchhemmender Verglasung

— Bei Normalverglasung elektrischer Schutz durch Magnetkontakte oder Glasbruchmelder → 149, an Einbruchmeldeanlage angeschlossen oder als Einzel-Warngerät

## Türen

Wie die Statistik → 107 zeigt, kommen Einbrecher bei den meisten Einbruchdiebstählen durch eine Tür. Bevorzugte Arbeitsweisen waren:

- das Aufsplittern des Türblattes im Schloßbereich,
- das Herausbrechen des Schloßriegels bzw. des Schließbleches,
- die Zerstörung der Riegelöffnung in Stahlzargen,
- das Abdrehen von vorstehenden Schließzylindern.

Gefährdete Türen müssen also in Zukunft einen höheren Sicherheitsgrad aufweisen als bisher.

Der Normenausschuß Bauwesen befaßt sich z.Zt. mit der Erarbeitung der DIN 18 103 Einbruchsicherheit von Türen, Anforderungen und Prüfungen. Darin sollen alle wesentlichen Türelemente, wie z.B. Zarge, Türblatt, Türbänder sowie Schloß und Beschläge behandelt werden. Vorgesehen ist die Einteilung in zwei Sicherheitsgruppen:

- Widerstandsklasse A *einbruchhemmend* mit den grundsätzlichen Anforderungen für Wohnungs- und Hausabschlußtüren. Bei diesen Türen soll ein Widerstandswert von 2,5 Minuten erreicht werden. Innerhalb dieser Zeit dürfen unter Anwendung von Hilfsmitteln durch Einbrecher Bauteile der Türelemente nicht so beschädigt oder zerstört werden, daß ein Schlupfloch von mindestens 40 x 40 cm entsteht.
- Widerstandsklasse B *erhöht einbruchhemmend* für Türen von besonders gefährdeten Objekten mit einem Widerstandszeitwert von 5 Minuten.

Die verschiedenen Einzelteile eines Türelementes (Zarge, Blatt, Bänder, Schloß, Beschläge usw.) wirken zwangsläufig zusammen. In bezug auf den Einbruchschutz muß ein Türelement daher als Ganzes betrachtet werden. Ziel der Normungsarbeit soll nicht eine bestimmte Bauart mit bestimmten Werkstoffen sein, sondern die Festlegung von allgemeinen Anforderungen, wobei die Wahl der zu verwendenden Materialien und die Konstruktionsart dem Hersteller überlassen bleiben.

Im Zusammenhang mit dem Abschluß von Einbruchdiebstahl-Versicherungen sind die Richtlinien für Hausratversicherung (SH) des Verbandes der Sachversicherer (VdS) zu beachten. Darin sind folgende Türarten gekennzeichnet:

- Wabentüren mit glattem Türblatt aus Holz oder Kunststoff mit einem geringen Sicherheitswert;
- Füllungstüren aus einem Holz-, Metall- oder Kunststoffrahmen mit Füllungen aus Holz oder anderen Werkstoffen. Der Sicherheitswert der Füllungstür ist abhängig von der Stabilität der Füllung;
- Vollholztüren, bestehend aus einem massiven Holzaufbau in einer Mindeststärke von 40 mm, mit anerkanntem, ausreichendem Sicherheitswert;
- Metalltüren, vorzugsweise doppelwandig, wie z.B. Feuerschutztüren oder Metall-Sicherheitstüren; sie besitzen einen erhöhten Sicherheitswert.

### Haustüren, Wohnungsabschlußtüren

Die einschlägige Industrie bietet inzwischen einbruchhemmende Haus- und Wohnungsabschlußtüren an, die bereits die Merkmale der zukünftigen DIN 18 103 aufweisen.

Bekannt sind auch einbruchhemmende Haustüren, die einstückig aus glasfaserverstärktem Polyesterharz hergestellt sind.

Für besondere Schutzbedürfnisse gibt es Stahl-Sicherheitstüren. Hierbei handelt es sich um Türelemente mit einer besonders tabilen Stahlumfassungszarge, die durch 12 kräftige Flachstahl-Maueranker fest im Mauerwerk gehalten werden und nicht herausgestemmt werden können. Eine massive Schwelle macht ein Ausheben von unten unmöglich. Das 55 mm starke Türblatt liegt bündig in der Stahlzarge. Verschlossen wird die Stahl-Sicherheitstür durch mehrere Riegel sowie Sicherungsbolzen auf der Bandseite. Gegen übliche Handfeuerwaffen ist die Tür schußsicher. Ein Weitwinkelspion ist eingebaut.

#### *Türspione*

Wohnungsabschlußtüren und in bestimmten Fällen auch Haustüren sollten wegen der persönlichen Sicherheit der Bewohner grundsätzlich einen Türspion besitzen. Ungebetene Besucher werden dann erkannt, bevor die Tür geöffnet wird. Türspione gibt es für die unterschiedlichsten Türstärken. Sie besitzen ein Weitwinkel-Okular, durch das der Tür-Vorbereich übersehen werden kann.

Als Neuerung wird ein Türspion angeboten, der hinter dem Namensschild verdeckt liegt und als solcher von außen nicht zu erkennen ist. Bei einem Blickwinkel von 180° soll jeder Besucher in voller Größe erkannt werden können.

### Kellerabgangstüren, Kelleraußentüren

Die Ausbildung dieser Türen richtet sich in erster Linie nach bauaufsichtlichen Anforderungen, wie z.B. dem Brandschutz, darüber hinaus nach dem für notwendig gehaltenen Schutz der Kellerräume. Bei Treppenhäusern in Mehrfamiliengebäuden usw. sollten am Kellerabgang grundsätzlich Stahltüren mit kräftigem Schließer und Sicherheitsschloß eingebaut werden. Das Schloß sollte auch sichern, wenn die Tür nur zugeworfen oder vom Schließer angedrückt wird. Für Keller-Außentüren gelten im Prinzip die gleichen Sicherheitsforderungen wie für die sonstigen Außentüren des Hauses. Sind diese Türen dem normalen Einblick entzogen, so sollte der Sicherheitsgrad noch höher gewählt werden. Es genügen dann in der äußeren Ansicht einfache Ausführungen, wie z.B. genormte Stahltüren.

### Sichere Innentüren

Bei besonderen Sicherheitsbedürfnissen kann für normal aussehende Innentüren ein erhöhter Durchbruchschutz gefordert werden. Hierzu steht unter der Bezeichnung Panzerholz ein gut geeigneter Werkstoff zur Verfügung, der mit normalem Türoberflächenmaterial abgedeckt ist. Derartige Türen sind auch gegen Handfeuerwaffen schußsicher.

Ab 30 mm Dicke wird Panzerholz als schußsicherer Werkstoff im Sinne der *Unfallverhütungsvorschriften Banken* anerkannt.

Unter Verwendung von schußsicheren Verglasungen in stabilen Metallrahmen lassen sich auch erhöht widerstandsfähige Glastüren herstellen.

### Stahltürzargen

Hinsichtlich des Einbruchschutzes besitzen Stahltürzargen große Vorteile. Die mit Beton vergossene Zarge ist mit ihren Ankern unlösbar mit dem Mauerwerk verbunden. Die Dicke des Stahlbleches sollte nicht unter 2 mm liegen. Umfassungszargen, die es für Fertigwandstärken bis zu 270 mm gibt, sind sicherer als schmale Eckzargen.

## Schlösser

### Einsteckschlösser

Die Türblätter einbruchhemmender Türen sollen so dick sein, daß genormte Einsteckschlösser eingebaut werden können, ohne daß dadurch die Festigkeit des Türblattes beeinträchtigt wird.

Einsteckschlösser für einbruchhemmende Türen sollen folgende Merkmale aufweisen:

- geschlossener Kasten ohne Eingriffsmöglichkeit von außen;
- gehärtete Stahlbuchsen für alle durchgehenden Löcher, die der Befestigung der Außenbeschläge dienen;
- zusätzliche Auflagen aus gehärtetem Stahl, um das Anbohren des Schlosses von außen zu verhindern und Eingriffe in das Riegel- oder Fallenschließwerk unmöglich zu machen;
- gehärteter Riegel mit verlängertem Riegelkopf, um das Abscheren und das Absägen des Riegels zu verhindern. Den gleichen Zweck erfüllen auch zwei im Riegel enthaltene rollende Stahlbolzen; sie müssen spezialgehärtet und nicht durchsägbar sein;
- zweitourige Verriegelung (zwei Schlüsselumdrehungen); beim eintourigen Schloß muß der Riegel mindestens 20 mm ausgeschlossen werden. In Türen mit schmalen Rohrrahmen sind Schwenkriegelschlösser einzubauen.

### Buntbartschlösser

Hier handelt es sich um Einsteckschlösser mit der einfachsten Art einer Türverriegelung. Die Form des Schlüsselbartes ist mit den Ausnehmungen für den Schlüssel an beiden Seiten des Einsteckschlosses formgleich. Für einen anders geformten Schlüssel soll dadurch die Einführung verhindert werden. Große Sicherheit bietet diese Art von Schlössern allerdings nicht, denn mit einfachen Drahthaken läßt sich jedes Buntbartschloß mühelos aufschließen.

### Zylindereinbausicherung

Buntbartschlösser erhalten durch eine Zylindereinbausicherung einen ausreichenden Sicherheitswert. Die Einbausicherung mit Kreuzbartschlüssel muß mindestens 6 gefederte Zuhaltungsstiftpaare aufweisen.

Die Zylindereinbausicherung darf nicht mit der *Schlüssellochsperre* verwechselt werden, die in das Schlüsselloch eingedreht wird und keinen ausreichenden Sicherheitswert besitzt.

### Zuhaltungs-(Chubb-)Schlösser

Sie enthalten eine Anzahl von Zuhaltungen, die zuerst mit dem dafür passenden Schlüssel betätigt werden müssen, bevor sich der Riegel schließen läßt.

- Zuhaltungsschlösser mit Sicherheitsfunktionen müssen mindestens sechs Zuhaltungen (symmetrisch oder unsymmetrisch) aufweisen. Die Anzahl der Zuhaltungen entspricht der Anzahl der Bartstufen, vermindert um eine Stufe für den Riegeltransport.
- Zuhaltungsschlösser besitzen einen höheren Sicherheitswert, wenn sie mit besonderen Sperrelementen ausgestattet sind.
- Zuhaltungsschlösser mit Doppelbartschlüssel mit mindestens 6 Zuhaltungen je Bart haben einen hohen Sicherheitswert.

### Schließzylinder

Schließzylinder und Einsteckschloß zusammen werden als Zylinderschloß bezeichnet. Aus der ursprünglichen Rundzylinderform hat sich die Oval- und vorwiegend die Profilzylinderform entwickelt; letztere hat sich durchgesetzt.

Genormte Schließzylinder enthalten mindestens 5 Stiftzuhaltungen. Der Schließzylinder sollte auf der Außenseite der Tür nicht überstehen, damit er nicht abgeschlagen oder abgedreht werden kann. Ein etwaiger Überstand muß durch eine Sicherheitsrosette ausgeglichen werden.

Schließzylinder werden meist nachträglich in ein sogenanntes Grundschloß (z.B. Einsteckschloß) eingebaut. Dies trifft besonders zu, wenn es sich um eine Schließanlage handelt. In Schließanlagen können auch die Schalteinrichtungen für elektrische Einbruchmeldeanlagen einbezogen werden.

### Kasten-(Riegel-)Schlösser

Kastenschlösser werden vorwiegend als zusätzliches Sicherheitsschloß an Türen eingesetzt; sie können auch als Hauptschloß verwendet werden.

Eine Ausführungsart ist besonders für Wohnungsabschlußtüren geeignet. Die Kombination enthält einen am Schließkasten angebrachten Sperrbügel, so daß es möglich ist, die Tür zunächst nur einen Spalt zu öffnen.

Kastenschlösser mit Drehknopf allein haben bei Türen mit Glaseinsatz wegen der Durchgriffgefahr keinen Sicherheitswert.

### Doppelriegelschloß

Das Doppelriegelschloß mit Querverschluß ergibt eine massive Verriegelung auf beiden Seiten der Tür. Der Sicherheitswert dieses Doppelverschlusses hängt wesentlich von der Beschaffenheit der Schließbleche und deren Befestigung ab. Das Doppelriegelschloß ist ein sehr wirksamer zusätzlicher Verschluß, wenn es auf besondere Sicherheit ankommt, wie z.B. für rückwärtige Ausgänge.

### Sicherheitsstangenschloß

Bei der Bedienung des Stangenschlosses werden Treibstangen bewegt, deren Enden in Schließbleche eingreifen, die am Türrahmen eingebaut sind. Man unterscheidet:

- zweiriegeliges Stangenschloß nach oben und unten schließend;
- dreiriegeliges Stangenschloß mit einer Verriegelung nach oben und unten sowie einem aus dem Schloßkasten heraustretenden Stahlriegel;
- Vierpunkt-Sicherheitsschloß, wobei mit einer Schlüsseldrehung entsprechend dem Prinzip der Tresortürverschlüsse eine Verriegelung nach allen vier Seiten erfolgt.

### Dreipunkt-Verriegelung

Diese Einsteck-Sicherheits-Verriegelung besteht aus einem Hauptschloß und zwei Nebenschlössern als komplette Einheit. Sie besitzen einen gemeinsamen, fast die gesamte Türhöhe einnehmenden Langstulp. Das Hauptschloß schließt mit seinem schweren Stahlriegel, die beiden Nebenschlösser jeweils mit einem starken Zirkelriegel. Das im Falz eingebaute Schließblech ist ebenfalls durchgehend.

### Schloß mit Partner-Schlüssel

Mit dieser Schlüsselteilung wird erreicht, daß immer nur zwei Personen, die je eine Schlüsselhälfte besitzen, gleichzeitig das elektromagnetische Schloß bedienen können. Mit der Teilung der Schlüssel will man die Verantwortung auf zwei Personen verteilen und die Kontrollfunktion erhöhen.

### Hangschlösser

Die modernen Zylinder-Hangschlösser dürfen nicht mit den altbekannten Vorhangschlössern verglichen werden, bei denen man mit einem starken Schraubenzieher den Bügel einfach auseinanderdrücken konnte. Es gibt Zylinder-Hangschlösser unterschiedlicher Größe für Innenräume, zur Verwendung im Freien (z.B. als Verschluß der Lichtschachtrost-Sicherung), sowie Bolzenhangschlösser für sehr schwere Beanspruchungen.

1 Einbruchhemmende einflügelige Holz-Haustür

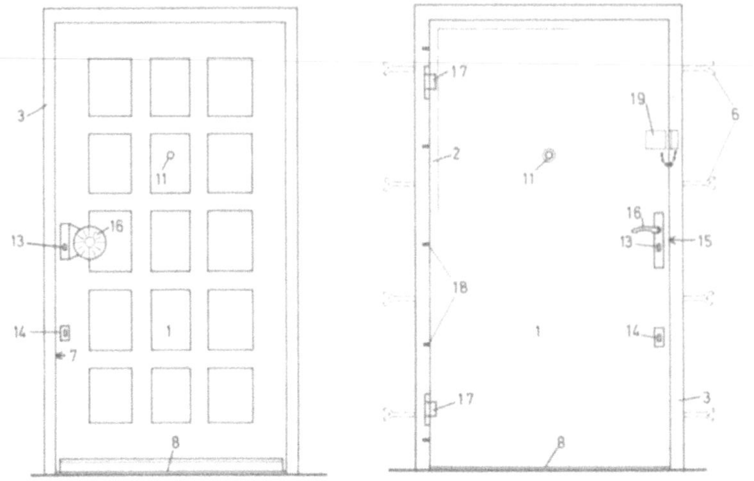


Außenansicht    Innenansicht

2 Einbruchhemmendes Haustürelement in Metall/Glaskonstruktion

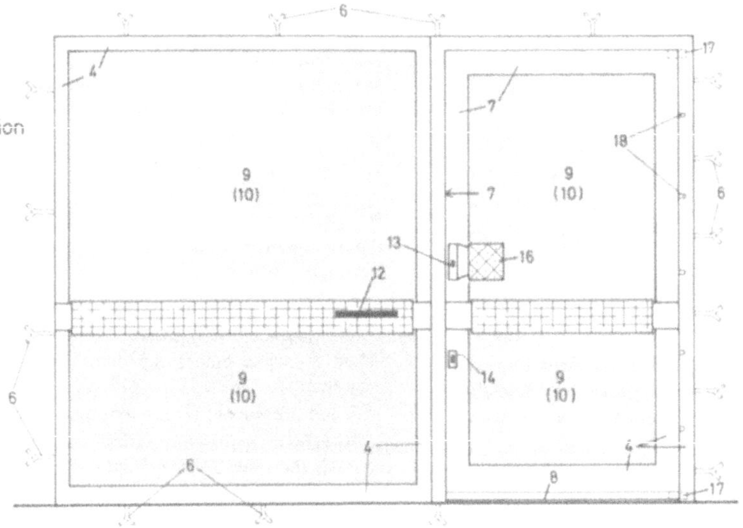


Außenansicht

3 Einbruchhemmende Wohnungsabschlußtür in Stahlzarge

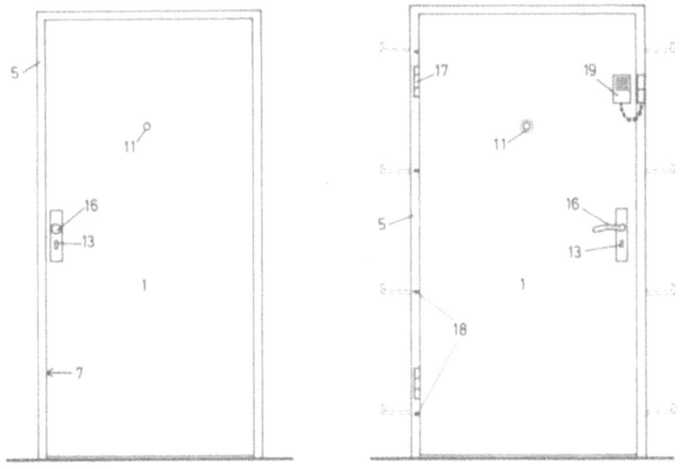


Außenansicht    Innenansicht

1 **Türblatt**, Haustüren
- glatt mind 50 mm dick, 7-fach verleimt, ggf mit aufgesetzten Motiven.
- massive Rahmen mind 180/65 mm, Füllungen mind 40 mm dick.

Wohnungsabschlußtüren, glatt, mind 40 mm dick, mehrschichtig, massiver Kern oder Metalltür, wenn erhöht einbruchhemmend

2 **ggf. Stabilisierungsrahmen**
auf der Tür-Innenseite

3 **Türrahmen** (Blendrahmen, Türstock)
in Holz mind 80/65 mm

4 **Rahmenprofile**
ausreichende Materialdicke, verwindungssteif, dauerhafter Zusammenbau, wärmegedämmte Bauart

- **Verstärkungen**
bei Metall-Hohlprofilen an besonders beanspruchten oder geschwächten Teilen

5 **Tür-Umfassungszarge**
aus 2mm-Stahlblech mit angeschweißten Ankern, einbetoniert

6 **Verankerungen**
Anker 40/5 mm mind 120 mm tief im Mauerwerk einzementiert oder gleichwertige Befestigung
Anschließen nur bei Stahlbeton

7 **Türfalz**
außen dicht anliegend, damit kein Ansatz für Brecheisen.
Umlaufende Dichtungseinlage als Schlagregen- und Windschutz

8 **Schwelle**
Montageschiene (zugl. Abstandhalter) während der Bauzeit. Darauf Schwellenschiene, Dichtungsprofil am Türblatt

9 **Verglasungen** → 130 ff
Der Widerstandswert sollte dem des massiven Türblattes entsprechen
Isolierglas zur Vermeidung von Schwitzwasser

10 **Schutzgitter** → 116
Bei Verglasungen ohne oder mit nur geringer Einbruchhemmung Sicherheitsgitter auf der Außen- oder Innenseite

11 **Türspion** → 42/1
wenn der äußere Haustürbereich nicht auf andere Weise einzusehen ist.
Bei Wohnungsabschlußtüren grundsätzlich.

12 **Briefkastenöffnungen**
Schwächung nur für den notwendigen Durchwurfschlitz. Nicht bei erhöht einbruchhemmenden Türen

13 **Hauptschloß** → 126/1
schweres Sicherheits-Einsteckschloß mit verlängerter Stulpe

14 **Zusatzschloß** → 126/5
Riegelschloß ggf mit Türsperre gekoppelt

15 **Schließblech** → 126/7
nur Sicherheitsschließblech!
Ausnehmungen in Zargen und Rohrrahmen mit Abdeckkasten

16 **Türbeschlag** → 127/4
nur Sicherheitsbeschläge!
Keine nach außen vorstehende Schließzylinder

17 **Türbänder**
dreiteilig in schwerer Ausführung oder Metalltüren-Zapfenband

18 **Sicherungsbolzen** → 127/6
mind. 4 Stück, besser 6 Stück

19 **Türsperre** → 129
einfache oder abschließbare Türkette ggf mit Alarmeinrichtung

- **Wärmedämmung** bei Haustüren
Zur Vermeidung von Schwitzwasser muß der k-Wert der Konstruktion in allen Teilen $\leqq$ 3,5 $W/m^2 K$ betragen.
Wärmebrücken vermeiden!

- **Sonstiges Zubehör**
  - Türschließer,
  - Türfeststeller,
  - elektrische Türöffner

- **Weitere Sicherungsmaßnahmen** → 149
Elektrische Überwachung wie z. B. Magnetkontakte, Riegelkontakte, Überwachungskontakte, Glasbruchmelder.

## 1 Metall - Sicherheitstur (Stahl - Schanz)

1 Doppelwandige Stahltur mit Isolierfullung, verzinkt
2 Stahlturzarge
3 Dichtungsschnur
4 Turspion
5 Sicherheits-Einsteckschloß
6 Vertikalverriegelung
7 Sicherheitsriegel
8 Zapfenbänder
9 einfache Sicherungsbolzen
10 doppelte Sicherungsbolzen

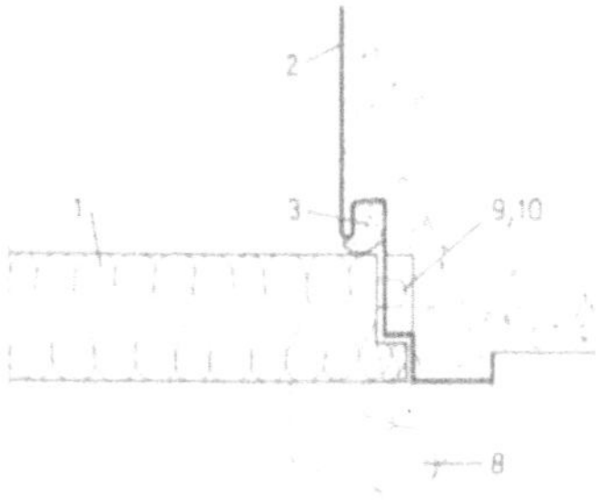

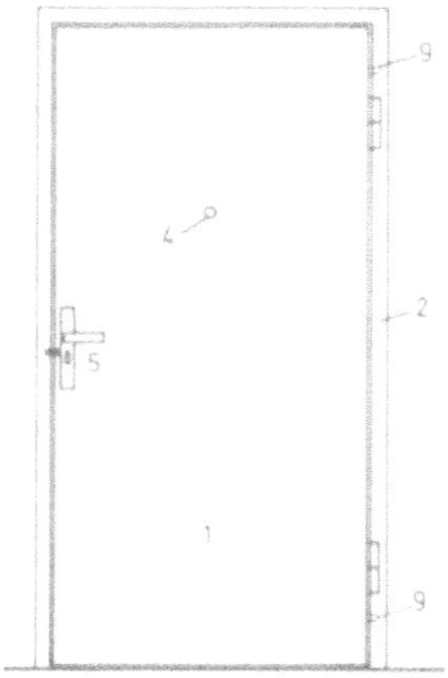

Turblatt 40 mm, 3-fach gesichert

Wohnungsabschlußtur

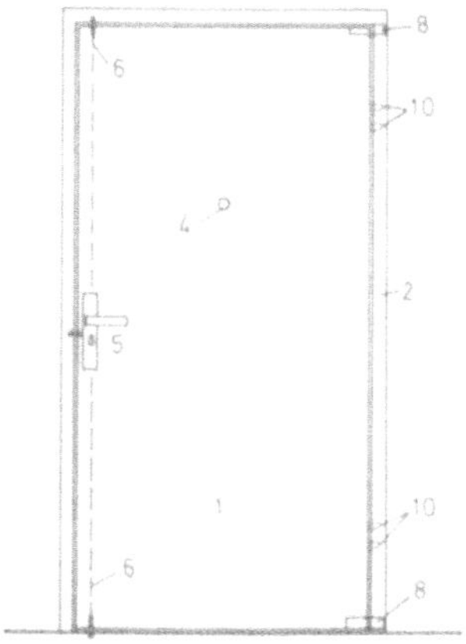

Turblatt 45 mm, 5-fach gesichert

T 30 feuerhemmend
auch schußsicher

Haustur, Außenturen
Innenbereich

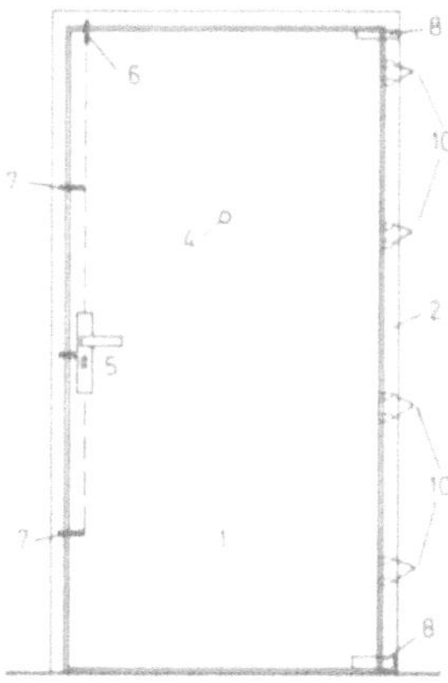

Turblatt 56 mm, 8-fach gesichert

T 90 feuerbeständig
erhohte Schußsicherheit

Industrie, Banken,
Laden, Apotheken

## 2 Der Sicherheitswert von Turen (VdS-Richtlinien)

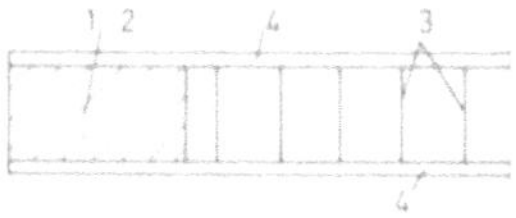

Wabentur mit geringem Sicherheitswert

1 schmaler Rahmen
2 Verstarkungen am Schloß und an den Bandern
3 Waben aus Pappe
4 dunne Deckplatten

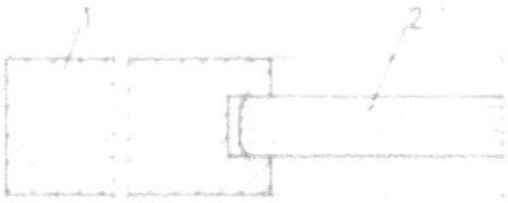

Fullungstur, Sicherheit abhangig von der Stabilitat der Fullungen

1 Rahmen aus Holz, Metall oder Kunststoff
2 eingeschobene Fullung

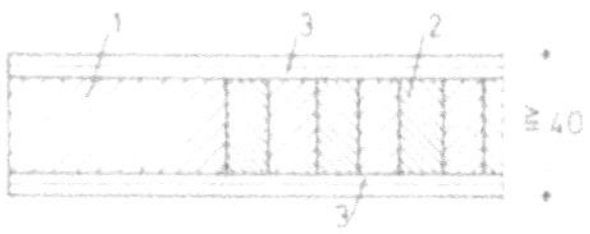

Vollholztur mit ausreichendem Sicherheitswert

1 massiver Rahmen
2 Kernlage aus Tischler- oder Spanplatten
3 Deckplatten aus Holzwerkstoffen

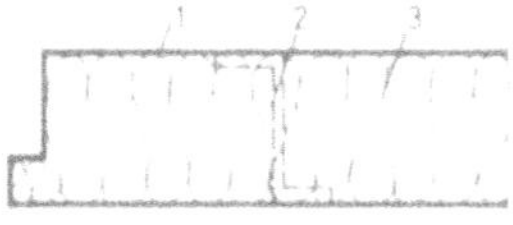

Metalltur mit erhohtem Sicherheitswert

1 Stahlblech mind 1mm dick
2 eingebaute Verstarkungen
3 Isolierfullung

## 3 Stahl-Turzargen

1 Mauerwerk
2 Beton B 30
3 Stahl-Umfassungszarge
4 Stahl-Eckzarge
5 Maueranker
6 Dichtungseinlage
7 Turband
8 Turblatt

Die einbetonierte Umfassungszarge hat den hochsten Sicherheitswert

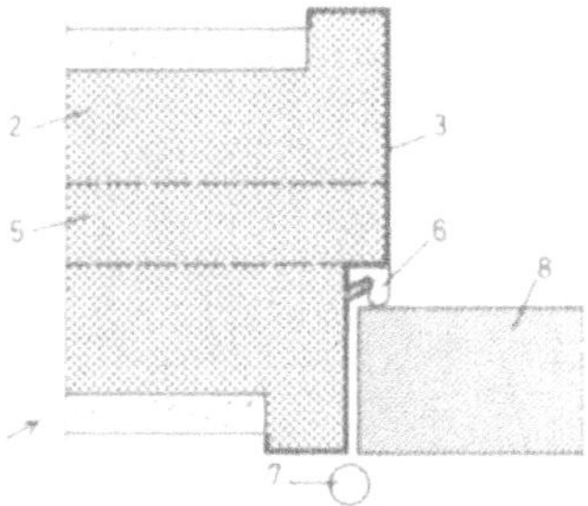

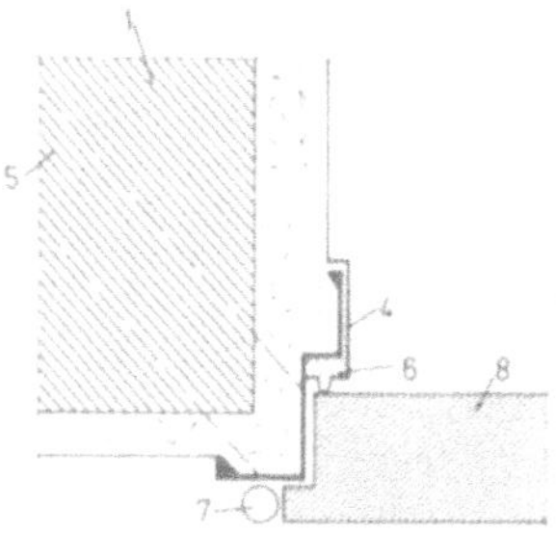

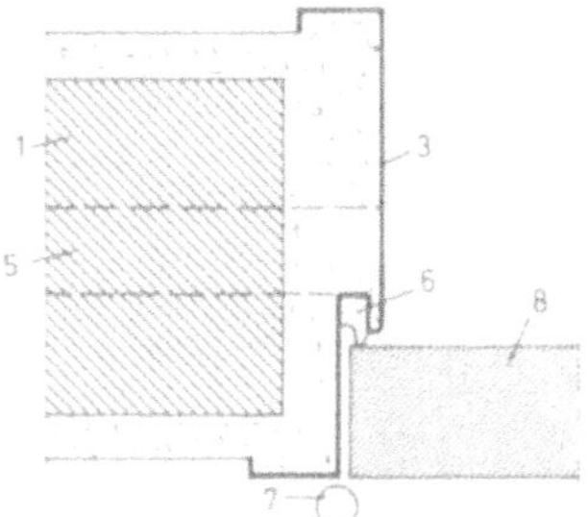

## 4 Schußsichere Tur mit Glasausschnitt

9 Panzerholz-Einlage
10 Spanplatten
11 Furnierauflage
12 Kanten-Umleimer
13 schußsicheres Glas
14 kraftige Deckleiste

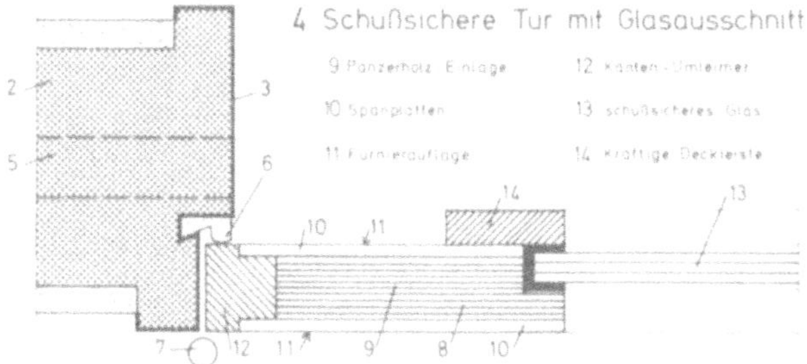

## 5 Metalltur mit Holzaufdoppelung

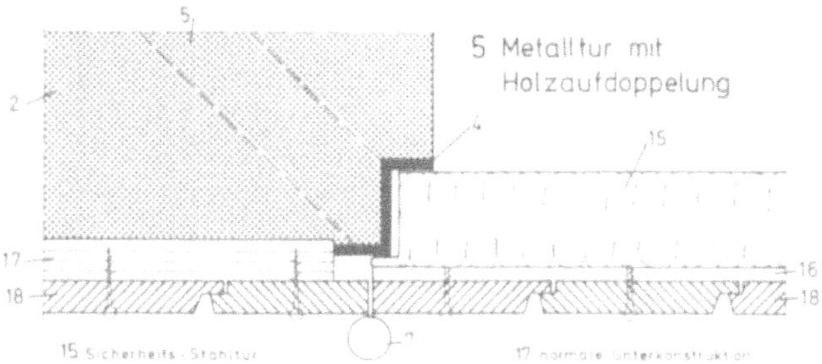

15 Sicherheits-Stahltur
16 aufgeschraubte Flacheisen 40/6mm
17 normale Unterkonstruktion
18 Verkleidungsbretter

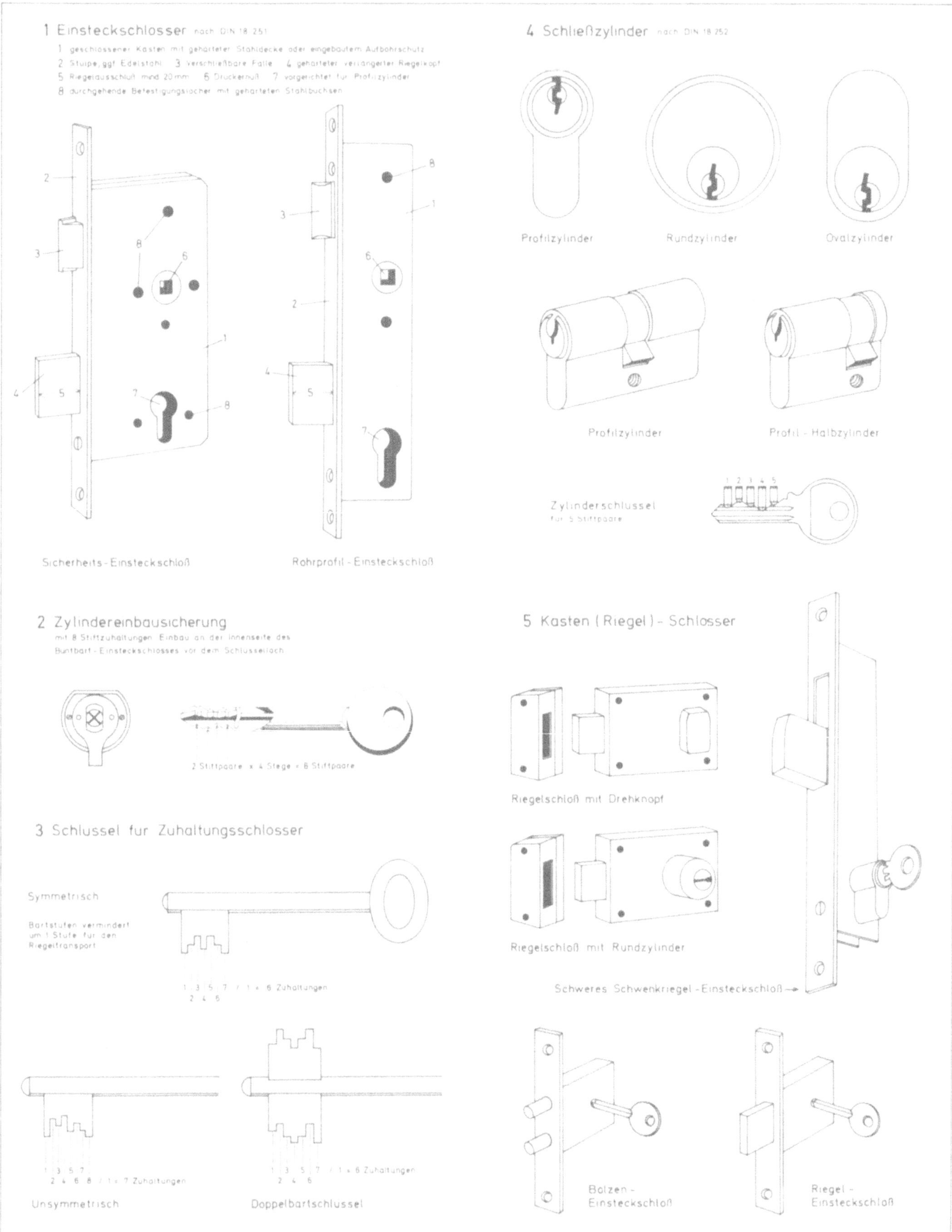
1 Einsteckschlösser nach DIN 18 251
1 geschlossener Kasten mit gehärteter Stahldecke oder eingebautem Aufbohrschutz
2 Stulpe, ggf. Edelstahl 3 verschließbare Falle 4 gehärteter verlängerter Riegelkopf
5 Riegelausschluß mind. 20 mm 6 Drückernuß 7 vorgerichtet für Profilzylinder
8 durchgehende Befestigungslöcher mit gehärteten Stahlbuchsen
Sicherheits-Einsteckschloß
Rohrprofil-Einsteckschloß
4 Schließzylinder nach DIN 18 252
Profilzylinder
Rundzylinder
Ovalzylinder
Profilzylinder
Profil-Halbzylinder
Zylinderschlüssel
für 5 Stiftpaare
1 2 3 4 5
2 Zylindereinbausicherung
mit 8 Stiftzuhaltungen. Einbau an der Innenseite des
Buntbart-Einsteckschlosses vor dem Schlüsselloch
2 Stiftpaare x 4 Stege = 8 Stiftpaare
3 Schlüssel für Zuhaltungsschlösser
Symmetrisch
Bartstufen vermindert
um 1 Stufe für den
Riegeltransport
1 3 5 7 / 1 = 6 Zuhaltungen
2 4 6
1 3 5 7
2 4 6 8 / 1 = 7 Zuhaltungen
Unsymmetrisch
1 3 5 7 / 1 = 6 Zuhaltungen
2 4 6
Doppelbartschlüssel
5 Kasten (Riegel)-Schlösser
Riegelschloß mit Drehknopf
Riegelschloß mit Rundzylinder
Schweres Schwenkriegel-Einsteckschloß
Bolzen-
Einsteckschloß
Riegel-
Einsteckschloß

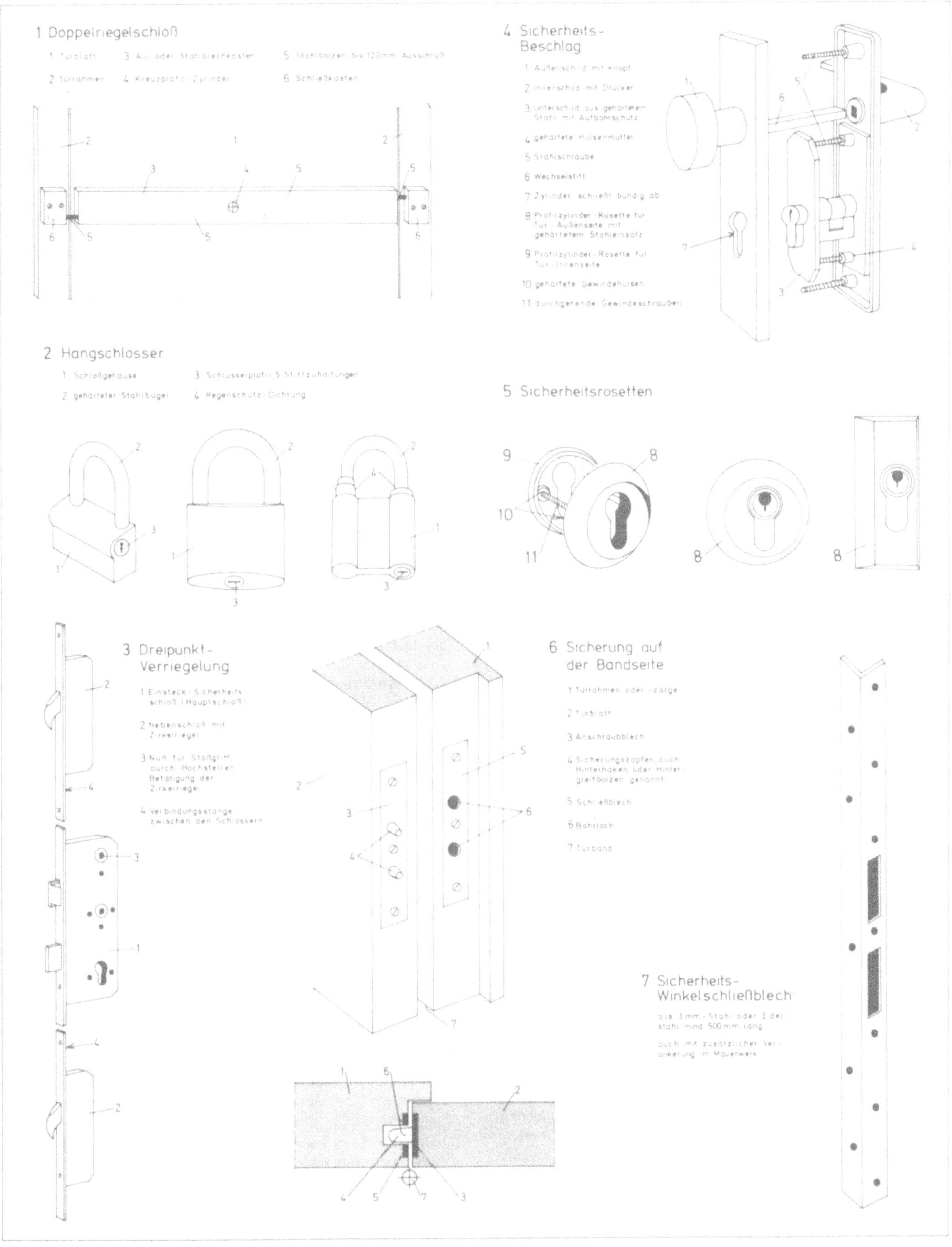
1 Doppelriegelschloß
1 Türblatt
2 Türrahmen
3 Alu- oder Stahlblechkasten
4 Kreuzprofil-Zylinder
5 Stahlbolzen, bis 120 mm Ausschluß
6 Schließkasten
4 Sicherheits-Beschlag
1 Außenschild mit Knopf
2 Innenschild mit Drücker
3 Unterschild aus gehärtetem Stahl mit Aufbohrschutz
4 gehärtete Hülsenmutter
5 Stahlschraube
6 Wechselstift
7 Zylinder schließt bündig ab
8 Profilzylinder-Rosette für Tür-Außenseite mit gehärtetem Stahleinsatz
9 Profilzylinder-Rosette für Tür-Innenseite
10 gehärtete Gewindehülsen
11 durchgehende Gewindeschrauben
2 Hangschlösser
1 Schloßgehäuse
2 gehärteter Stahlbügel
3 Schlüsselprofil, 5 Stiftzuhaltungen
4 Regenschutz-Dichtung
5 Sicherheitsrosetten
3 Dreipunkt-Verriegelung
1 Einsteck-Sicherheitsschloß (Hauptschloß)
2 Nebenschloß mit Zirkelriegel
3 Nuß für Stoßgriff, durch Hochstellen Betätigung der Zirkelriegel
4 Verbindungsstange zwischen den Schlössern
6 Sicherung auf der Bandseite
1 Türrahmen oder -zarge
2 Türblatt
3 Anschraubblech
4 Sicherungszapfen, auch Hinterhaken oder Hintergreifbolzen genannt
5 Schließblech
6 Bohrloch
7 Türband
7 Sicherheits-Winkelschließblech
aus 3 mm-Stahl oder Edelstahl mind. 500 mm lang
auch mit zusätzlicher Verankerung im Mauerwerk

## Sicherheitsbeschläge

Bei Außen- und Wohnungseingangstüren sollten grundsätzlich Sicherheitsbeschläge eingebaut werden.

Das Sicherheitslangschild muß so beschaffen sein, daß ein Abschlagen und Abdrehen überstehender Schließzylinder unmöglich gemacht wird. Massive Stahlschilder mit geschliffener und vernickelter Oberfläche sind 10 mm dick. Bei Aluminium-Schildern sorgen zusätzliche Verstärkungsrücken für die Stabilität; eingelegte gehärtete Stahlplatten dienen als Anbohrschutz. Die Schilder müssen von außen nicht sichtbar verschraubt werden.

#### Sicherheitsbeschlag mit elektronischem Anbohrschutz

Er kann an eine Alarmanlage oder ein Alarmgerät angeschlossen werden. In diesen Sicherheitsbeschlag ist eine Ruhestromschleife integriert, die den Beschlag und den Schließzylinder überwacht. Wird eines dieser Teile angebohrt oder wird versucht, den Sicherheitsbeschlag durch schwere Einbruchwerkzeuge zu entfernen, so wird die Ruhestromschleife unterbrochen und Alarm ausgelöst.

#### Sicherheitsschließbleche

Für Holztüren gibt es Stahl-Winkelschließbleche mit 3 mm Materialdicke und einer Gesamtlänge von mindestens 500 mm. Sie sind mit mindestens 7 Schrauben auf einem gut tragfähigen Holzuntergrund zu befestigen.

Bei Stahltürzargen können die vorbereiteten Ausnehmungen für Falle und Riegel durch entsprechende Hinterfütterungen die notwendige Stabilität erhalten.

#### Sicherheit auf der Bandseite

Bei einbruchhemmenden Türen sollte man grundsätzlich nur besonders stabile Türbänder verwenden. Vorteilhaft sind die heute üblichen drei- oder mehrteiligen Einbohrbänder. Es ist anzustreben, daß die Türen einwärts aufgehen, so daß die Bänder im gesicherten Bereich liegen. Bei nach außen aufschlagenden Türen sollten die Bänder durch zusätzliche Maßnahmen gegen Ausbauen sowie gegen Ausheben der Tür gesichert werden.

Ein guter Schutz auf der Bandseite sind im Falzbereich eingebaute Zwangsverriegelungen, sogenannte *Hinterhaken.* Sie bestehen aus einem oder mehreren Stahlbolzen, die mittels Anschraubblechen am Falz der Tür befestigt werden und bei geschlossener Tür in gegenüberliegende im Türrahmen eingebaute Schließbleche eingreifen.

## Türsperren

#### Türketten

Einfache Sperrketten sind zwar keine Einbruchsicherung, können aber dafür sorgen, daß eine bereits geöffnete Tür von Fremden nicht ganz aufgestoßen wird. Sperrketten dürfen nicht durch den geöffneten Türspalt gelöst oder mit Gewalt herausgerissen werden können.

Bei einer neueren Sicherheits-Türkette ist das abnehmbare Ende in einem am Türrahmen befestigten Schließkörper arretiert. Die Kette wird erst freigegeben, wenn das Schloß betätigt wird. Die Aufbauteile sind sehr schmal, so daß sie auch an Metallrahmen von Glastüren befestigt werden können.

Bei einer weiteren Ausführungsart ist die Sperrkette mit einem Kastenriegelschloß verbunden.

#### Verschließbare Türsperren

Anstelle der bekannten Kette ist ein starres Sperrglied vorgesehen. Der Verschlußteil ist auf dem Blendrahmen montiert. Die Sperre ist mittels Schlüssel von außen verschließbar, so daß sich gleichzeitig die Funktion eines Zusatzschlosses ergibt.

#### Kastenschloß mit Sperrbügel

Das Kastenschloß dient zunächst als zusätzliche Verriegelung bei Haus- und Abschlußtüren. Wird die Tür geöffnet, so verhindert ein eingebauter Sperrbügel die volle Öffnung. Erst bei erneutem Schließen der Tür und weiterem Drehen des Bedienungsknopfes wird der Bügel freigegeben.

#### Türsperre mit Alarmeinrichtung

Hierbei handelt es sich um eine Kombination zwischen Alarmgeber und Türsperre. Bei gewaltsamem Öffnen der Tür verhindert die nachgeschaltete Sperre ein weiteres Eindringen bei ständiger Alarmgabe. Die Sperre kann sowohl von innen als auch von außen verschlossen und wieder geöffnet werden. Das Gerät ist – unabhängig vom Stromnetz – von Batterien gespeist.

#### Abschlußtür-Alarmgerät

Diese elektronische Sicherheits-Türkette wird auf die Innenseite von Haus- und Abschlußtüren montiert. Als Stromquelle dient eine handelsübliche Batterie. Bei Durchschneiden oder Abreißen der Sicherheitskette, bei Betätigung der Überfalltaste oder bei sonstigen Sabotageangriffen ertönt aus dem Gerät sofort ein durchdringender Alarm. Das Gerät kann von außen wie von innen verschlossen werden. Dabei ist auch der Schloßzylinder elektronisch gesichert. Unbefugtes Abmontieren oder Abreißen löst automatisch Alarm aus.

#### Alarm-Türschloß

Bei diesem Zusatzschloß ist der Schließzylinder mit einem Alarmgeber gekoppelt, der netzunabhängig, also mit Batterie arbeitet. Es wird sofort Alarm ausgelöst, wenn versucht wird, mit einem falschen Schlüssel oder einem Schließwerkzeug nachzuschließen, beim Versuch, den Zylinder abzutasten oder abzureißen, ferner bei Aufbohrversuchen sowie bei allen Bemühungen, die Tür gewaltsam zu öffnen.

Bei einem ähnlich wirkenden Gerät ist zusätzlich eine Türsperre aus massivem Stahl einschließlich einer Überfalltaste eingebaut.

## Schlüsseldienste

Die in ihren Schließungen immer sicherer und dadurch aber auch komplizierter gewordenen Schlösser erfordern spezielle, nur für das jeweilige Schloß passende Schlüssel. Für deren Nachfertigung werden besondere Einrichtungen benötigt, über die weder der Schlosser noch der Eisenhandel verfügen. Aus diesem Grunde sind die speziellen Schlüsseldienste entstanden.

Unter der Bezeichnung *Interkey* hat sich eine Gesellschaft europäischer Schlüsseldienste gebildet. Die angeschlossenen Betriebe wollen nicht nur Türen öffnen und Ersatzschlüssel anfertigen, sie verstehen sich gleichzeitig als Sicherheitsberater und Händler in Sachen Einbruchschutz. Nach den Richtlinien dieses Verbandes sollen alle gefertigten Ersatzschlüssel registriert werden. Außerdem muß sich der Schlüsselbesteller entsprechend ausweisen können, was dann ebenfalls festgehalten wird.

# Türsperren

A Abschließbare Turkette (ABUS)

B Alarm-Turschloß (Winkhaus)

C Abschlußtür-Alarmgerat (Emmerich)

D Kastenschloß mit Sperrbügel (ABUS, ZEISS IKON)

E Verschließbare Türkette mit Alarmgerat (ABUS)

1 Turblatt
2 Turrahmen oder -zarge
3 Kastenschloß
4 Schließkasten
5 Drehknopf
6 gehartete Riegel
7 Schließgehäuse mit Zylinderschloß
8 von außen über Zylinderschloß abschließbar
9 Sicherheitskette
10 elektronische Sicherheitskette
11 Sperrbugel
12 Alarmgeber
13 Überfalltaste, Tastendruck löst Alarm aus

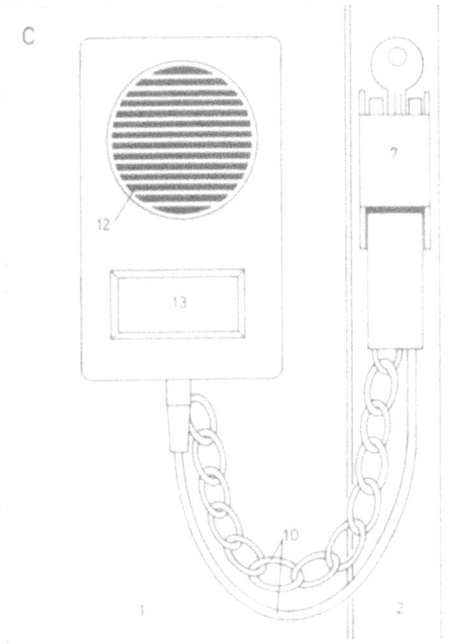


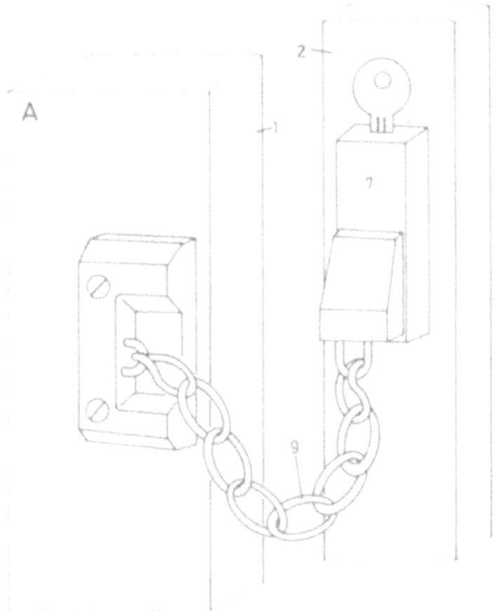


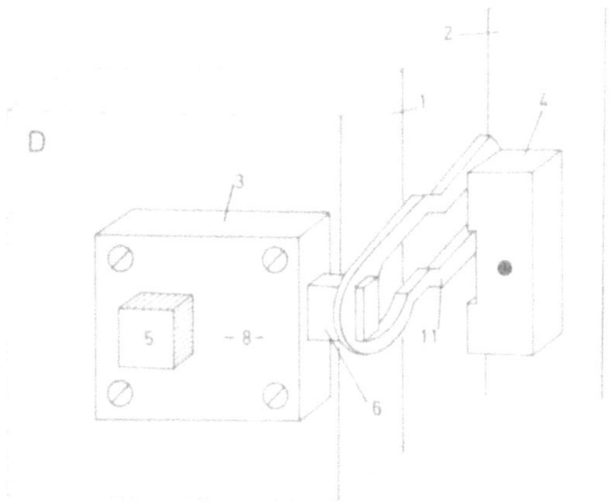


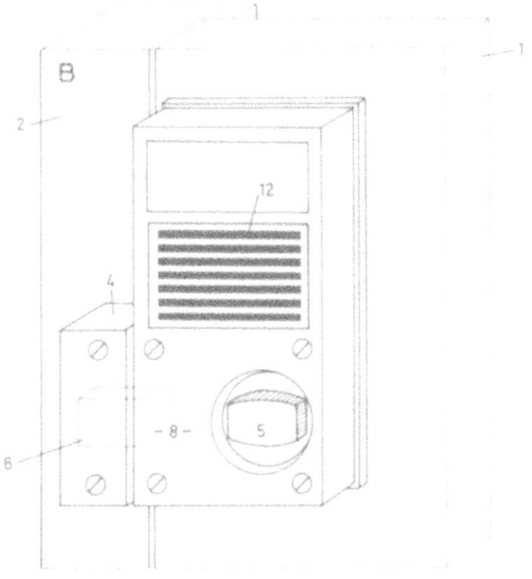


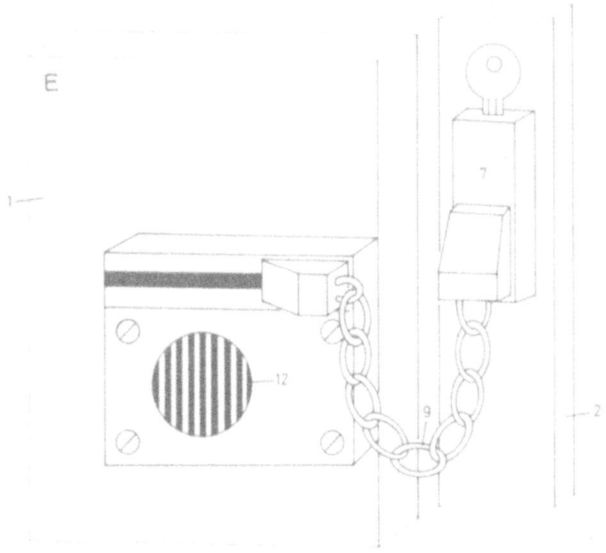

## Glas und Sicherheit

Im Zusammenhang mit den folgenden Ausführungen interessieren nur die Eigenschaften von Glas, soweit es den Einbruchschutz betrifft.

Mehrscheiben-Isolierglas, das wegen eines verbesserten Wärmeschutzes heute praktisch für alle Wohn- und Nutzbauten vorgeschrieben ist, hat keinen höheren Sicherheitswert wie das herkömmliche Einscheiben-Fensterglas. Beim Zerschlagen einer Isolierglasscheibe ergibt sich lediglich eine etwas stärkere Geräuschentwicklung, weil beide Scheiben auf einmal zu Bruch gehen.

Eine Verbesserung der Einbruchsicherheit wird erreicht, wenn zum Aufbau der Isoliergläser Verbundsicherheitsglas und/oder schlagfeste Kunststoffscheiben verwendet werden.

### Drahtglas

Drahtglas kann als das älteste industriell gefertigte Glas mit Sicherheitseigenschaften angesehen werden. Sein Ursprung geht auf das Jahr 1855 zurück.

In die gegossenen Gläser wird während des Herstellungsprozesses ein punktgeschweißtes Drahtnetz eingewalzt. Bei gewaltsamer Zerstörung übernimmt die Drahtarmierung eine splitterbildende Wirkung.

Drahtgläser gibt es unter den Bezeichnungen Drahtglas, Drahtspiegelglas und Drahtornamentglas.

Gemäß einer älteren Bewertung ist eine Drahtglasscheibe mit 7 mm Dicke als *durchbrucherschwerend* einzustufen; zwei solcher Scheiben, in 2 cm Abstand hintereinander eingebaut, werden als *durchbruchhemmend* bezeichnet.

Drahtornamentglas mit einer Dicke ab 10 mm wird heute bei Türen und Fenstern als *einbruchhemmend* anerkannt. Voraussetzung ist dabei, daß die Anliegerschaft oder ständiger Fußgängerverkehr (auch zur Nachtzeit) diese Verglasungen einsehen kann. Der Täter muß also noch ein zusätzliches Beobachtungsrisiko eingehen.

Die Verglasung einer Außentür bzw. eines Keller- oder Nebenfensters mit Drahtornamentglas (Glashalteleisten innen, genügend breiter Glasfalz) ist oft wirkungsvoller als ein zu schwach ausgebildetes Gitter. Auch eine zertrümmerte Scheibe hat infolge des eingegossenen Drahtnetzes immer noch einen gewissen Zusammenhalt. Selbst wenn man die Glasreste entfernt, behindern die vorstehenden Drahtenden einen Einstieg.

### Einscheiben-Sicherheitsglas

Diese Glasart erhält ihre besonderen Eigenschaften durch ein Wärme-Schockverfahren. Dabei wird in der ganzen Scheibe ein Zustand innerer Spannungen aufgebaut. Die Oberflächenschichten stehen unter Druckspannung, der Kern der Scheibe steht unter Zugspannungen. Einscheiben-Sicherheitsglas wird deshalb auch als vorgespanntes Glas bezeichnet. Bei Bruch löst sich die gesamte Scheibe in ein engmaschiges Netz kleiner Glaskrümel auf, die meist stumpfkantig sind und untereinander mehr oder weniger lose zusammenhängen.

Einscheiben-Sicherheitsglas allein besitzt keine wirklich einbruchhemmende Eigenschaft, obwohl es der Handel mitunter so anpreist. Ein Einbau ist nur dort vertretbar, wo ein Blitzeinbruch praktisch unmöglich ist und an der Scheibe angebrachte Glasbruchkontakte auf das Vorhandensein einer Einbruchmeldeanlage hinweisen.

Mehrscheiben-Sicherheitsglas enthält Einlagen aus 0,1 mm dickem Stahldraht. Diese Einlagen erhöhen seine Festigkeit nicht; sie erzeugen lediglich einen Dekoreffekt.

### Verbund-Sicherheitsglas

Verbund-Sicherheitsglas (VSG) besteht aus zwei oder mehr hintereinander liegenden Glasscheiben, die durch hochelastische Zwischenschichten fest miteinander verbunden sind. Transparenz und optische Eigenschaften der einzelnen Scheibe bleiben auch beim Verbund mehrerer Scheiben nahezu erhalten. Bei Stoß oder Schlag splittern zwar die Scheiben, die Bruchstücke haften aber fest an der Zwischenfolie und erschweren ein Durchdringen.

Eine Verbesserung der durchbruchhemmenden Wirkung bei Verbund-Sicherheitsgläsern ist nur durch den Einsatz verstärkter Folien zu erzielen.

Aus Sicherheitsgründen müssen selbstverständlich alle übrigen Bauteile der Verglasungseinheit, also auch die Rahmen und deren Verankerungen mit dem sie umgebenden Bauteil, diesen hohen Anforderungen entsprechen.

Verbund-Sicherheitsglas mit Alarmdrahteinlage, das an eine Einbruchmeldeanlage angeschlossen ist, hat eine besonders hohe Schutzwirkung.

### Sicherheits-Isolierglas

Zweischeiben-Isolierglas mit einbruchhemmender Wirkung besteht aus einer äußeren 6 mm dicken normalen Glasscheibe und einer inneren Scheibe aus Verbund-Sicherheitsglas mit dem Aufbau 4 mm Glas + 0,76 mm Folie + 4 mm Glas.

Bei einem Angriff wird zunächst die äußere Scheibe zerstört und die innere Scheibe angebrochen. Bei der Innenscheibe kommen dann die hohe Reißfestigkeit und die Elastizität der eingebetteten Folie zur Wirkung. Bei einem weiteren Vorgehen wird der Täter darüber hinaus durch die scharfen Glasreste der Außenscheibe erheblich behindert. Es gibt bereits Dreifach-Sicherheits-Isoliergläser mit einer sehr hohen Einbruch-Schutzfunktion und ausgezeichneter Wärme- und Schalldämmung.

### Beschußhemmende Verglasungen

Zur Feststellung der beschußhemmenden Wirkung von Gläsern und sonstigen Bauteilen gibt es internationale und nationale Normen. Im Gegensatz hierzu liegen für einbruchhemmende Gläser z.Zt. keine genormten Prüfbedingungen vor.

Während die Einbruchhemmung mit wachsender Foliendicke zunimmt, wird die Beschußhemmung stärker von der Glasmasse in der Verbindung mit elastischen Zwischenschichten beeinflußt.

Deshalb ist ausgesprochen beschußhemmendes Panzerglas mit seiner großen Gesamtglasstärke, aber nur geringen Foliendicke, nicht wirklich einbruchhemmend. Es kann durch einige wenige Schläge mit einem Vorschlaghammer durchbrochen werden.

Verbund-Sicherheitsglas als vierschichtiges Panzerglas mit einer Mindestdicke von 25 mm (Gewicht 62,5 kg/m$^2$) bietet Beschußsicherheit gemäß der *Unfallverhütungsvorschrift Kassen* und ist gleichzeitig einbruchhemmend. Bei sachgemäßem Einbau ist es zur Absicherung von Schaufenstern mit hochwertigen Ausstellungsstücken (etwa Juwelen) gut geeignet.

### Kunststoff-Scheiben

Polycarbonat- und Acrylscheiben werden bezüglich des Materials im Kapitel Kunststoffe (Seite 96 ff.) behandelt.

Die glasklaren Polycarbonat-Platten sind fast unzerbrechlich. Sie bieten bestmöglichen Schutz gegen Bruch. Steinwürfe, Schläge mit Hämmern oder Stöße mit Brechstangen können eine derartige Scheibe nicht zerstören. Die beschlagfesten Eigenschaften werden bereits ab 3 mm Dicke erreicht. Polycarbonat-Scheiben sind als einbruchhemmendes Verglasungsmaterial eingestuft.

Neben der Normalausführung gibt es eine verbesserte Qualität, die kratzunempfindlich ist, darüber hinaus beschußhemmende Verbundsysteme.

Acrylscheiben besitzen ähnliche Eigenschaften wie Polycarbonate. Im Gegensatz zu diesen verfügen sie über eine größere Oberflächenhärte, aber eine nicht so ausgeprägte Beschlagfestigkeit und Flexibilität. Gereckte Acrylscheiben haben ab 8 mm Dicke eine einbruchhemmende Wirkung.

Acrylverbundscheiben mit drei Schichten (Dicke 34 mm) oder als Massivscheibe (Dicke 50 mm) bieten Beschußsicherheit im Sinne der *Unfallverhütungsvorschriften Kassen.*

**Fenster und Fenstertüren**

Bei Fenstern und Fenstertüren ohne jegliche Sicherung hat es der Einbrecher relativ leicht. Nach dem Aufschneiden oder Einschlagen der Scheibe in Höhe der Verschlüsse braucht er nur durchzugreifen, die Verschlüsse zu öffnen und einzusteigen.

Zur Abwehr einfacher Einbrüche sind Fenster und Fenstertüren einschließlich der Oberlichte im Erd- oder Untergeschoß und solche, die ohne Hilfsmittel von außen (über Anbauten, Balkone, Feuerleitern, Dächer) erreichbar sind, mit abschließenden Verriegelungen zu sichern (VdS-Richtlinien).

Diese Verriegelungen haben den weiteren Vorteil, daß damit die Fenster und Fenstertüren gegen unbefugtes Öffnen von innen abgesperrt werden können, z.B. wegen der Kinder. Bei vorhandenen Fenstern kann z.B. am unteren Rahmen nachträglich ein Fensterschloß mit Schließzylinder angeschraubt werden. Damit läßt sich sowohl das geschlossene als auch das in Lüftungsstellung gebrachte Fenster sichern.

Um ein noch höheres Maß an Sicherheit zu erreichen, ist es notwendig, Sicherheitsgläser oder schlagfeste Kunststoff-Scheiben einzubauen und/oder elektrische Glasbruchmelder zu installieren.

**Glasbausteine**

Die Einbruchsicherheit einer Glasbausteinwand ist in erster Linie abhängig von

- der Größe und dem Gewicht der einzelnen Glaskörper, wobei kleinere Formate vorteilhafter sind;
- der Stahlarmierung in den Fugen, die möglichst mit gerippten oder profilierten Stahlstäben auszuführen ist;
- der Qualität des Fugenmörtels bzw. Feinbetons;
- der Verankerung im umgebenden Bauteil;
- der Anzahl, dem Abstand und der Einzelbreite austeifender Betonrippen im Feld.

Aus Sicherheitsgründen sollten anstelle von Öffnungsflügeln nur Lüftungssteine von einer Steingröße eingebaut werden.

Als Neuerung werden beschußhemmende Glasbausteine angeboten; diese spezielle Eigenschaft soll von der Kriminalpolizei festgestellt worden sein.

**Glasstahlbeton**

Bei dieser Bauart wirken Beton, Betongläser und Betonstahl zusammen und ergeben belastbare Lichtelemente, die meist in waagerechte Bauteile eingebaut werden. Betongläser – besonders als Vollbetongläser – besitzen einen höheren Widerstandswert als Hohl-Glasbausteine, nicht zuletzt wegen ihres kleineren Formates und der meist runden Form. Wegen des hohen Sicherheitswertes sollte man sich deshalb nicht scheuen, Glasstahlbeton-Elemente auch in Außenwänden einzubauen, zumindest dort, wo es aus Sicherheitsgründen für notwendig gehalten wird und auch noch gestalterisch zu vertreten ist.

**Betonfenster**

*Betonwaben* sind feingliedrige Rahmen in verschiedenen Abmessungen und Formen. Der Widerstandswert von Betonwabenfenstern ist weitgehend abhängig von der Einzelgröße der verwendeten Betonwaben, der Fugenbewehrung, der Verankerung im umgebenden Mauerwerk und der Ausführung der – auf die jeweilige Größe abgestimmten – Verglasung. Wegen einer besseren Verkrallung des Fugenmörtels ist es vorteilhaft, wenn die Betonwaben an ihren Rändern gerillt oder aufgerauht sind. Der Glasfalz sollte sich stets auf der Innenseite befinden, wenn notwendig, mit einer zusätzlichen Sicherung gegen ein Herausdrücken der Verglasung. Bei höheren Sicherheitsanforderungen sind Formate zu wählen, die im Lichten kleiner als ein Durchschlupfloch sind.

*Ornament- oder Filigransteine* aus Beton besitzen gegenüber den schlanken Betonwaben kräftigere Umrahmungen und kleinere Lichtflächen. Dadurch sind sie hinsichtlich des Einbruchschutzes auch wirkungsvoller.

*Beton-Lamellen-Fenster* haben einen Widerstandswert, der weitgehend vom lichten Abstand der Lamellen sowie der Art der Verglasungen abhängig ist.

Aus Sicherheitsgründen sollte der Abstand zwischen den Lamellen nicht mehr als 20 cm betragen.

Beim bemo-Sicherheitsfenster beträgt der Achsabstand der senkrechten Betonpfosten maximal 25 cm, woraus sich ein lichter Abstand von höchstens 16 cm ergibt, ein Abstand, durch den man nicht mehr einsteigen kann. Die serienmäßig vorgesehene Doppelverglasung mit Drahtglas oder Polycarbonat-Scheiben ist als weiterer Einbruchschutz anzusehen.

Angeboten werden auch Betonfenster beliebiger Größe, bei denen hinter der Einscheibenverglasung oder zwischen Doppelscheiben ein massives Stahlgitter als Sicherungselement angeordnet ist (bemo-Fenster und Weser-Montagefenster).

**Lichtkuppeln**

Lichtkuppeln, die meist außerhalb des leicht einsehbaren Bereiches liegen, sind ein begehrtes Ziel der Einbrecher. Sie sollen vor allem keine von außen abschraubbaren Teile aufweisen. Zu ihrer Sicherung gibt es verschiedene Möglichkeiten:

- eine stabile Vergitterung auf der Innenseite;
- Verbesserung der mechanischen Festigkeit durch eine innere Zusatzscheibe aus beschlagfestem Kunststoff, z.B. einer Polycarbonat-Scheibe;
- doppelschalige Lichtkuppeln mit eingebauten Alarmdrähten zum Anschluß an eine Einbruch-Meldeanlage oder für eine Einzelalarmierung;
- eingebauter Magnetkontakt gegen das Abheben der Kuppeln mit Anschluß an eine zentrale Einbruchmeldeanlage oder Einzelalarmgabe mit Batteriebetrieb;
- Einbau eines Fadenzugschalters mit Anschluß an die Einbruchmeldeanlage.

**Dachflächenfenster**

Für diese inzwischen weit verbreitete Fensterform gelten im Prinzip die gleichen Regeln wie für stehende Fenster. Die auf den Dachsparren befestigten, einbaufertig angelieferten Elemente dürfen vor allem von außen nicht demontierbar sein.

Einige Firmen bieten diese Fenster mit serienmäßig eingebautem Verbund-Sicherheitsglas an.

Die meisten Modelle enthalten eine sogenannte Kinder-Sicherung, mit der sich der Verschluß abschließen läßt. Einer Gewaltanwendung hält diese einfache Sicherung jedoch nicht stand.

| lfd Nr | Glas-Bezeichnung (Schema-Querschnitte nächste Seite) | Dicke | Gewicht | Schalldämm-Maß[1] | Wärmedurchgangskoeffizient k[1] | | Sicherheitseigenschaften |
|---|---|---|---|---|---|---|---|
| | | mm | kg/m² | dB | $\frac{W}{m^2 K}$ | $\frac{kcal}{m^2 h °C}$ | |
| 1 | Fensterglas MD | 2,8 | 7 | 22-24 | 6,0 | 5,1 | Keine Einbruchhemmung, ungenügende Wärmedämmung |
| 2 | Kristallspiegelglas | 12 | 30 | 32 | 5,6 | 4,8 | |
| 3 | zweifaches Isolierglas<br>12 mm Luftzwischenraum (LZR) | 20 | 20 | 29 | 3,0 (1,6)[2] | 2,6 (1,4)[2] | Keine Einbruchhemmung, gute Wärmedämmung |
| 4 | dreifaches Isolierglas<br>2x12 mm Luftzwischenraum | 36 | 30 | 32 | 2,1 | 1,8 | Keine Einbruchhemmung, erhöhte Wärmedämmung |
| 5 | Drahtglas mit punktgeschweißtem Netz<br>(Drahtspiegelglas, Drahtornamentglas) | 10 | 25 | 30 | 5,7 | 4,9 | Ab 10 mm einbruchhemmend oder 2 Stück 7 mm-Scheiben im Abstand |
| 6 | Profilit-Bauglas mit punktgeschweißtem Netz doppelschalig | 47 | 40 | 37 | 2,8 | 2,4 | Einbruchhemmend durch 2 Stück 6 mm-Scheiben in 35 bzw. 55 mm Abstand, dazu Verstärkungsschenkel Wärmedämmend |
| 7 | Einscheiben-Sicherheitsglas | 8 | 20 | 29 | 5,8 | 5,0 | Keine Einbruchhemmung<br>im Gebrauch schlag-, stoß- und biegebruchfest, splitterfrei |
| 8 | Verbund-Sicherheitsglas (VSG) 2-scheibig | 12[3] | 30 | 35 | 5,3 | 4,6 | Einbruchhemmend mit verstärkter Folienschicht, splitterbindend |
| 9 | Verbund-Sicherheitsglas (VSG) 3-scheibig | 19[4] | 48 | 38 | 5,1 | 4,4 | Einbruchhemmend<br>Beschußhemmend gegen leichte Faustfeuerwaffen |
| 10 | Verbund-Sicherheitsglas (VSG) 4-scheibig<br>Panzerglas, auch Bankenglas | 26 | 65 | 40 | 5,0 | 4,3 | Erhöht einbruchhemmend Beschußhemmend gegen mittlere Faustfeuerwaffen, zugelassen durch UVV „Kassen" |
| 11 | Sicherheits-Isolierglas<br>6 mm Glas + 12 mm LZR + 8 mm VSG | 26 | 36 | 36 | 2,9 | 2,5 | Einbruchhemmend und wärmedämmend, raumseitig splitterbindend |
| 12 | Polycarbonat (PC)-Scheiben<br>(Makrolon, Lexan) | 5 | 6 | 23 | 5,2 | 4,5 | Einbruchhemmend praktisch unzerbrechlich |
| 13 | Polycarbonat-Verbundscheiben<br>(Lexgard) | 33 | 40 | 35 | 3,1 | 2,7 | Erhöht einbruchhemmend, beschußhemmend gegen alle Faustfeuerwaffen, zugelassen durch UVV „Kassen" |
| 14 | Acryl-Scheiben gereckt<br>(Plexidur-plus) | 8 | 9 | 22-24 | 4,8 | 4,1 | Einbrucherschwerend im Gebrauch besonders fest und schlagzäh |
| 15 | Stegdoppelplatten aus Plexiglas[5] | 40 | 7,5 | 23 | 2,9 | 2,5 | Keine Einbruchhemmung, wärmedämmend im Gebrauch biegesteif, ballwurffest |
| 16 | Acryl-Verbundscheiben<br>(Plexiglas) | 34 | 40 | 35 | 2,7 | 2,3 | Einbruchhemmend<br>Beschußsicherheit im Sinne der UVV „Kassen" |
| 17 | Polyester-Waben<br>zweischalig mit Verstärkungsgitter | 24 | 15 | 26 | 2,7 | 2,3 | Einbruchhemmende und wärmedämmende Lichtelemente für Haustüren |
| 18 | Mehrscheiben-Sicherheitsglas<br>(EVERIT) | 16 | 29 | 34 | 4,5 | 3,9 | Erhöht einbruchhemmend, in besonderer Ausführung auch beschußhemmend |
| 19 | dto. als zweifaches Isolierglas<br>mit 12 mm LZR (EVERIT) | 32 | 39 | 36 | 2,9 | 2,5 | Erhöht einbruchhemmend, in besonderer Ausführung auch beschußhemmend, wärmedämmend |
| 20 | dreifaches Sicherheits-Isolierglas[6]<br>5 mm Glas + 8 mm LZR + 5 mm PC + 8 mm LZR + 5 mm Glas | 31 | 31 | 35 | 2,4 | 2,1 | Einbruchhemmend, bedingt schußsicher, gute Wärmedämmung |
| 21 | dreifaches Sicherheits-Isolierglas[6]<br>8 mm Glas + 8 mm LZR + 5 mm PC + 8 mm LZR + 6 mm VSG | 35 | 40 | 36 | 2,3 | 2,0 | Erhöht einbruchhemmend,<br>schlag- und schußsicher, raumseitig splitterbindend<br>Gute Wärmedämmung |
| 22 | dreifaches Sicherheits-Isolierglas[6]<br>8 mm VSG + 8 mm LZR + 5 mm PC + 8 mm LZR + 6 mm VSG | 35 | 40 | 36 | 2,3 | 2,0 | Erhöht einbruchhemmend,<br>schlag- und schußsicher, beidseitig splitterbindend<br>Gute Wärmedämmung |

1) Angaben auf die Scheibe allein bezogen
2) Thermoplus-Isolierscheiben
3) Sonderanfertigung bis ca. 40 mm
4) Sonderanfertigung bis ca. 60 mm
5) auch in 16 mm Dicke aus Plexiglas oder Makrolon
6) Isolar-Panzer-Isolierglas

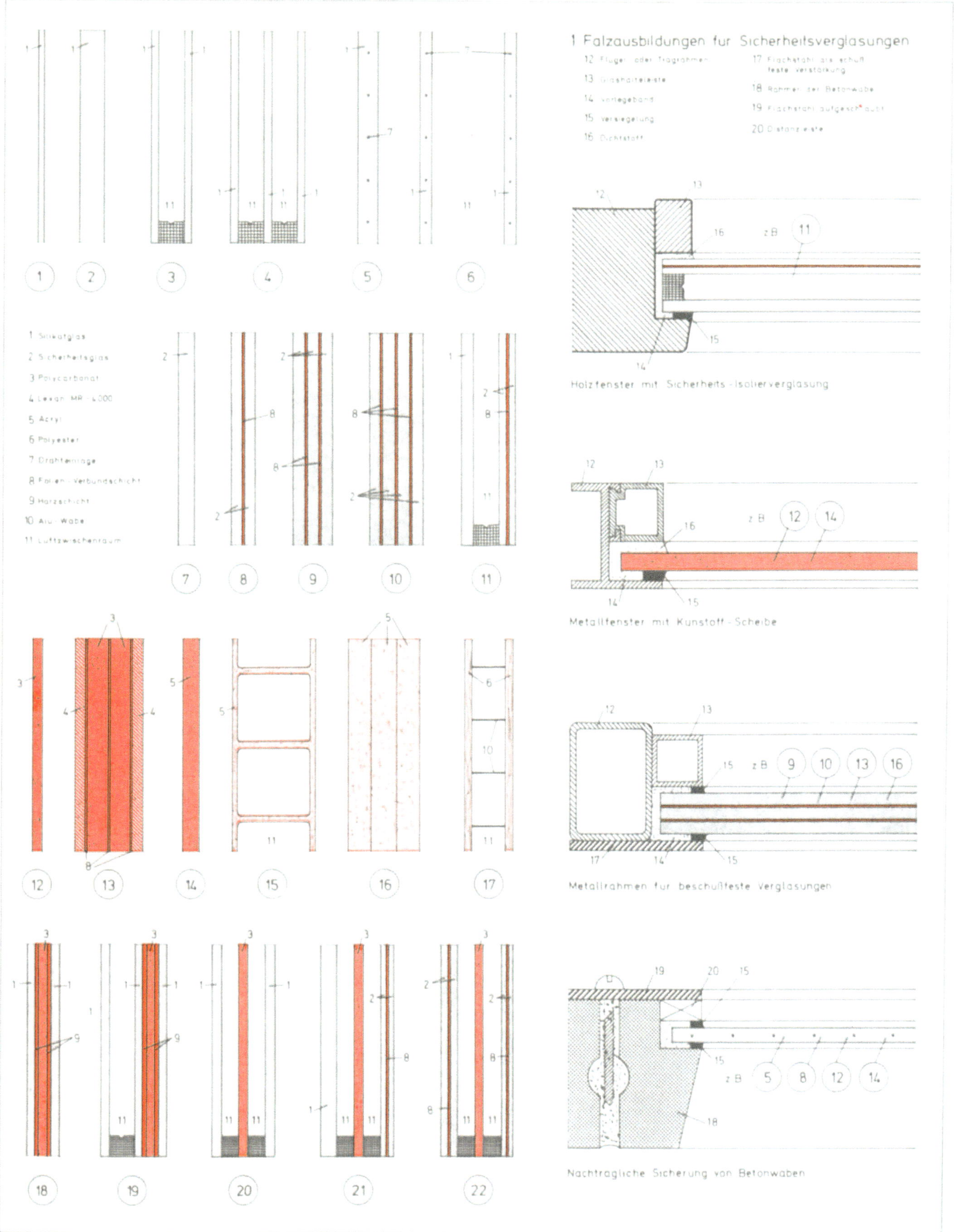
1 Falzausbildungen fur Sicherheitsverglasungen
12 Flugel oder Tragrahmen
13 Glashalteleiste
14 Vorlegeband
15 Versiegelung
16 Dichtstoff
17 Flachstahl als schuß feste Verstärkung
18 Rahmen der Betonwabe
19 Flachstahl aufgeschraubt
20 Distanzleiste
1 Silikatglas
2 Sicherheitsglas
3 Polycarbonat
4 Lexan MR - 4000
5 Acryl
6 Polyester
7 Drahteinlage
8 Folien - Verbundschicht
9 Harzschicht
10 Alu - Wabe
11 Luftzwischenraum
Holzfenster mit Sicherheits - Isolierverglasung
Metallfenster mit Kunststoff - Scheibe
Metallrahmen fur beschußfeste Verglasungen
Nachtragliche Sicherung von Betonwaben

## 1 Sicherheits - Fenstergriffe

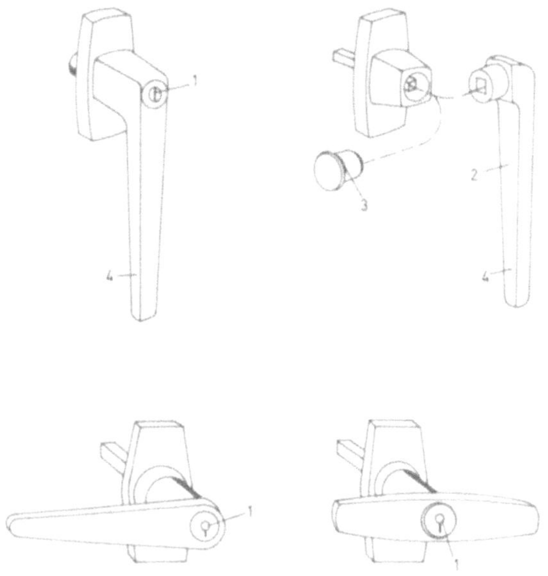


## 3 Fenstertur - Sicherungen

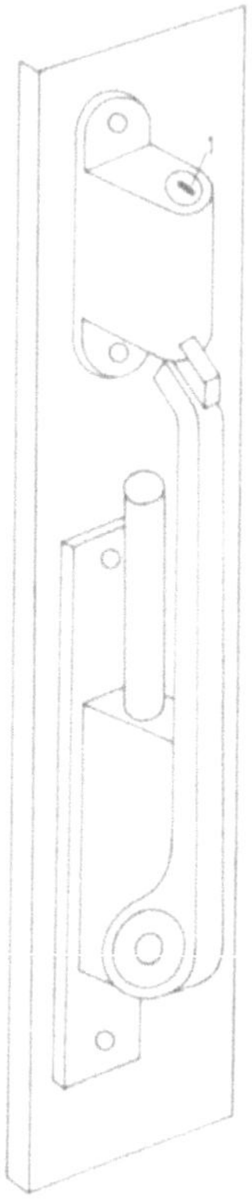


zusatzliche Hebetur - Sicherung

abschließbarer Kipp - Schiebeturbeschlag

## 2 einbruchhemmendes Fenster aus Aluminium (W Hartmann Hamburg)

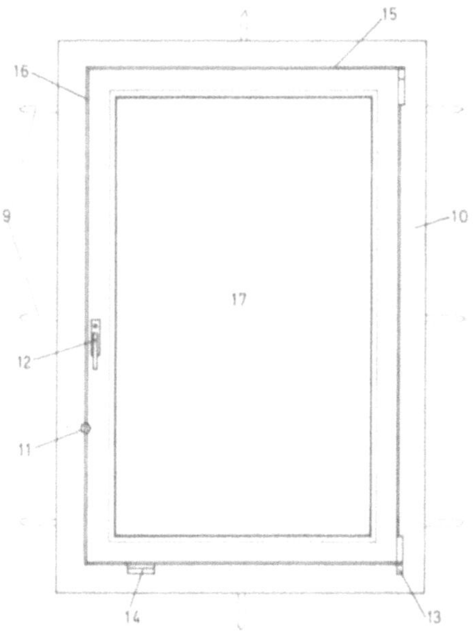


1 eingebautes Zylinderschloß
2 abnehmbarer Handhebel
3 Kunststoff - Verschlußkappe
4 Blockierung in der Verschluß- und Kippstellung
5 Einsteckschloß fur innen und außen Vorgerichtet fur Profilzylinder
6 Kippstellung, abschließbar
7 Drehstellung
8 Verschlußstellung, abschließbar
9 stabile Wandverankerung, z B schwere Spreizdubel
10 Keramik - Aluminiumlegierung als Schneidschutz (umlaufend)
11 Sicherungshaken gegen Aufbrechen (umlaufend)
12 abschließbarer Getriebehebel mit Anbohrschutz
13 verstärktes Ecklager
14 verstellbarer Auflaufbock
15 verstärkte Schere
16 Zusatzschere
17 Verbund - Sicherheitsglas auch Alarm - SEKURIT

— Dachflächenfenster, Lichtkuppeln → 121
— Flachenuberwachung - Glas → 153

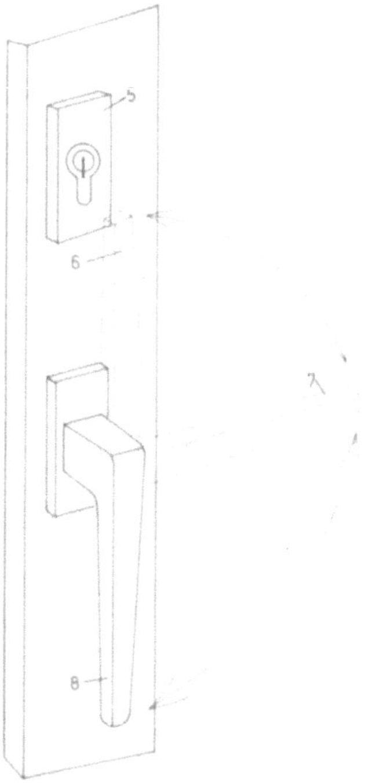


abschließbarer Drehkippbeschlag

1 Dehnungsfuge
2 Gleitfuge
3 Mörtelfuge
4 Abdichtung
5 Hohl-Glasbaustein
6 Beton-Randstreifen
7 U-Metallprofil
8 Betonglas Form C oder D
9 Betonglas Form A
10 Stahlbetonrippen
11 äußere Betonwabe
12 innere Betonwabe
13 senkrechte Betonlamellen
14 z.B. Holzschraublamelle
15 harter Dämmstoff
16 Isolierverglasung
17 Drahtornamentglas bzw. Polycarbonat-Scheibe (auch als Isolierverglasung)
18 Klappflügel nach außen aufgehend
19 umlaufendes T-Profil
20 Gitterstäbe ⌀ 18 mm

## 1 Glasbausteinwände

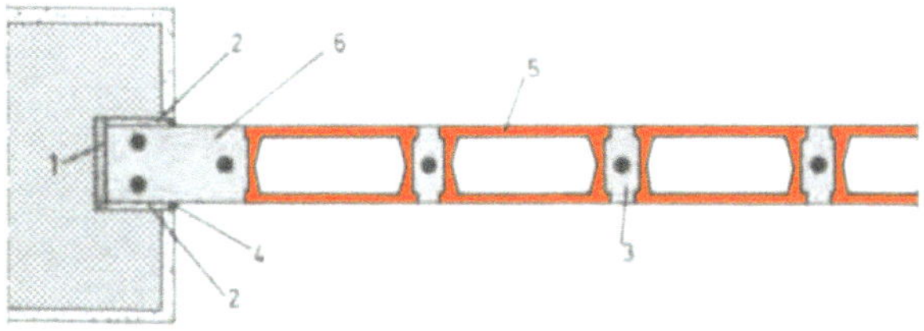

Einbau in umlaufenden Mauerschlitz

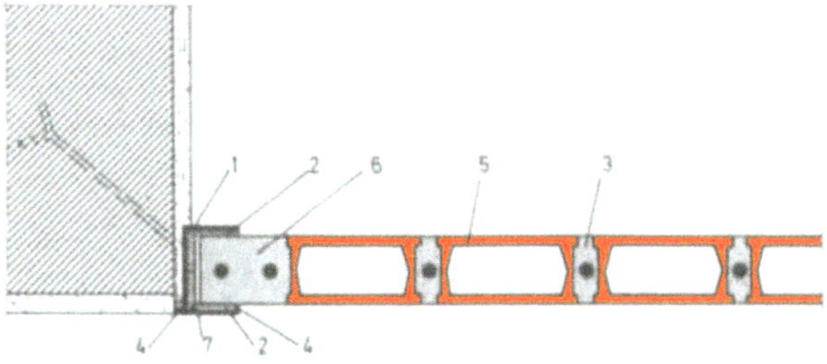

Einbau in umlaufende U-Profile

## 2 Glasstahlbeton

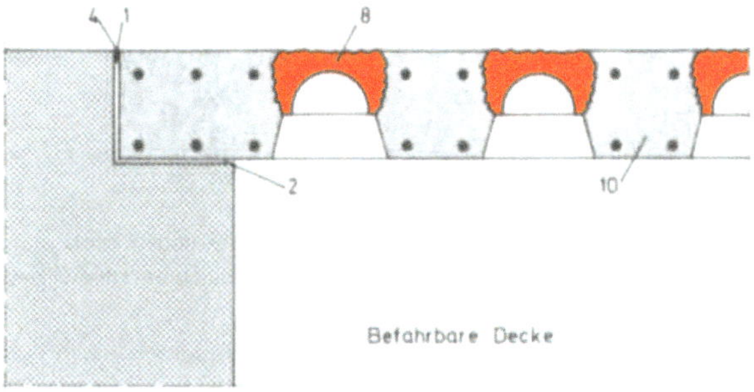

Befahrbare Decke

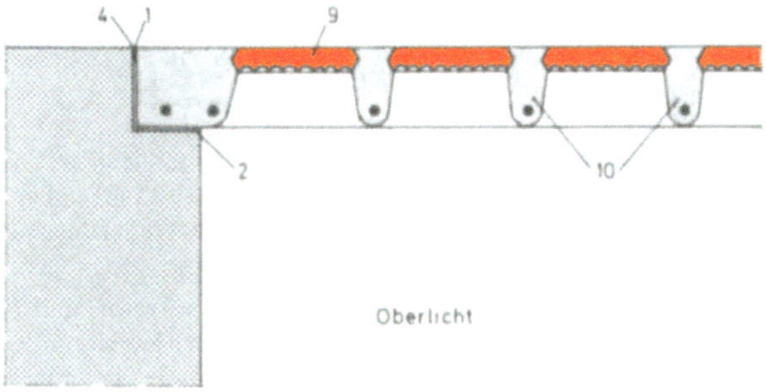

Oberlicht

## 3 Betonfenster

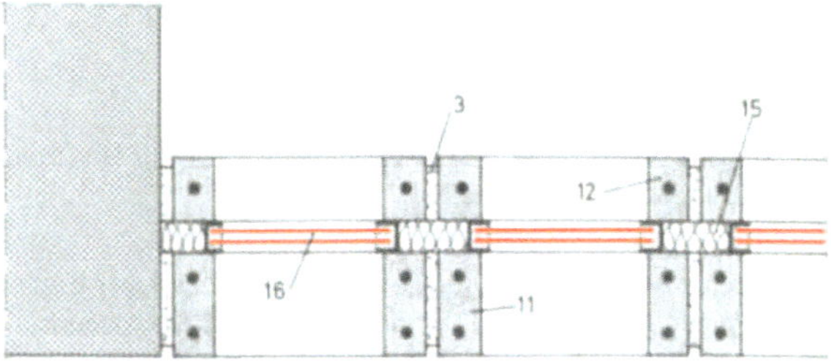

zweischalige wärmegedämmte Betonwaben

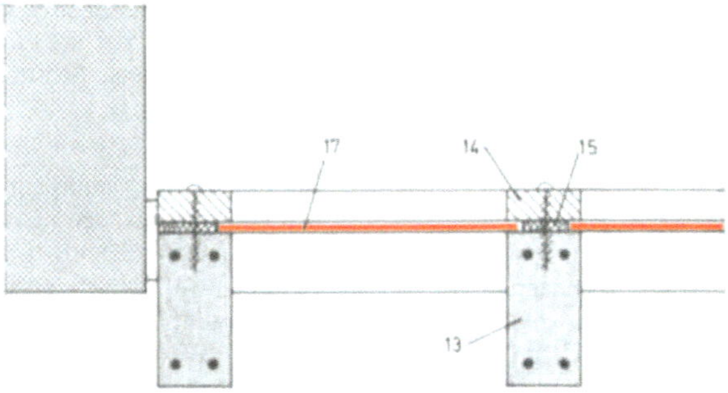

Beton-Lamellen-Fenster

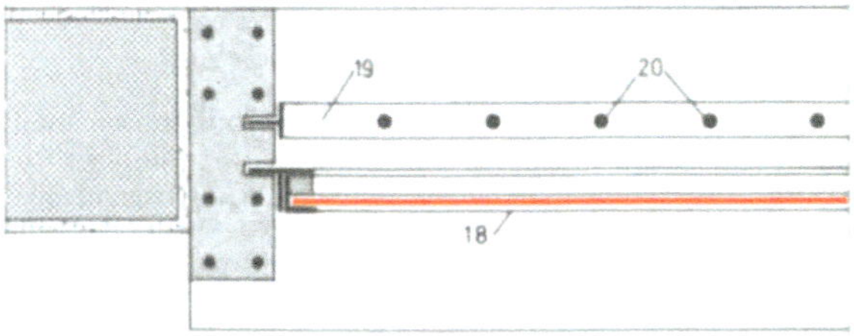

Betonfenster mit innerem Sicherheitsgitter

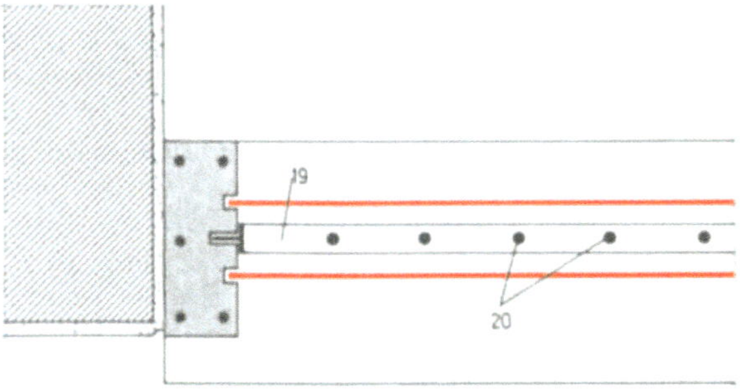

Betonfenster mit Gitter zwischen den Scheiben

## Wertbehältnisse

Unter diesem Sammelbegriff werden, unabhängig von ihrem Format, Behältnisse verstanden, in denen Werte aufbewahrt werden, z.B. Kassetten, Stahlschränke, Panzer-Geldschränke und Tresore.

Solange es Wertbehältnisse gibt, wird auch versucht werden, sie aufzubrechen und auszurauben. Hier findet ein ständiger „Leistungswettbewerb" zwischen Einbrechern und einschlägiger Industrie statt. Das Ergebnis auf der Industrieseite sind die heutigen Panzergeldschränke und Tresoranlagen mit hoher technischer Perfektion.

### Stahlschränke, Panzer-Geldschränke

Entsprechend dem VDMA-Einheitsblatt 24 990 werden Stahl- und Geldschränke wie folgt eingeteilt:

*Einwandiger Stahlschrank, Sicherheitsstufe A*
Zur Aufbewahrung von Schriftgut in Räumen mit geringer Brandgefahr. Er bietet einen leichten Schutz gegen Angriffe mit einfachen Einbruchswerkzeugen, jedoch keinen Schutz gegen Schneidbrenner und Brände.

*Zwei- und dreiwandiger Stahlschrank, Sicherheitsstufe B*
mit hitzebeständigen Isolierstoffen zwischen Außen- und Innenmantel, zur Aufbewahrung von Schriftgut in Räumen mit geringer Brandgefahr. Er bietet einen leichten Schutz gegen Angriffe mit einfachen Einbruchwerkzeugen und gegen leichte Brände, jedoch keinen Schutz gegen Schneidbrenner.

*Stahlschrank, Sicherheitsstufe C 1*
mit hitzebeständiger Isolierung und der zusätzlichen Kennzeichnung F, zur Aufbewahrung von Schriftgut sowie Wertgegenständen in Räumen mit geringer Brandgefahr. Er bietet einen begrenzten Schutz gegen Angriffe mit mechanisch wirkenden Einbruchswerkzeugen und gegen leichte Brände. Ohne die Kennzeichnung F kein Schutz gegen Brände.

*Stahlschrank, Sicherheitsstufe C 2*
Ausführung und Anwendung wie bei C 1, aber weitgehenderer Schutz gegen Angriffe mit mechanisch wirkenden Einbruchwerkzeugen.

*Stahlschrank mit Feuerwiderstand*
Beweglicher Stahlschrank in verschiedenen RAL-Güteklassen zur Aufbewahrung von Papieren, Magnetbändern und -platten, sonstigen Datenträgern und wärmeempfindlichen Stoffen.

*Panzer-Geldschrank, Sicherheitsstufe D 1*
mit armiertem Hartbeton zwischen Außen- und Innenmantel sowie zusätzlichem Brandkasten mit Luftisolierung, zur Aufbewahrung von Schriftgut, Wertgegenständen und Geld. Er bietet begrenzten Schutz gegen Angriffe mit schweren Einbruchwerkzeugen einschließlich Schneidbrenner und weitgehenden Schutz gegen Brände.

*Panzer-Geldschrank, Sicherheitsstufe D 2*
Ausführung wie D 1, jedoch mit doppelter Armierung. Er bietet weitgehenderen Schutz gegen Angriffe mit schweren Einbruchwerkzeugen einschließlich Schneidbrennern.

*Schwerer Panzer-Geldschrank, Sicherheitsstufe E*
Ausführung wie D 2, jedoch mit zusätzlichem Spezial-Panzergehäuse. Er bietet einen hervorragenden Schutz gegen Angriffe mit schweren Einbruchwerkzeugen einschließlich Schneidbrennern.

Stahl- und Panzerschränke, die den RAL-Gütebedingungen entsprechen, tragen auf der Innenseite der Tür eine Plakette mit den wichtigsten technischen Angaben und dem Prüfvermerk.

Vor der Aufstellung von schweren Panzer-Geldschränken ist zu überprüfen, ob der vorgesehene Aufstellungsort hierzu die statischen Voraussetzungen erfüllt.

Neuartige Stahlschränke der Sicherheitsstufen C 1,F und C 2,F besitzen Wandungen aus OSE-Platten → 114. Ihr Gewicht ist wesentlich geringer als das der herkömmlichen Panzer-Geldschränke.

Moderne Panzerschränke sind auch mit eingebautem Alarmsystem erhältlich.

### Einmauerschränke

Ein Einmauerschrank ist ein Wertbehältnis mit einwandigen Stahlwänden, das im Mauerwerk fest verankert wird. Die Tür kann den Sicherheitsstufen A bis C entsprechen. Einmauerschränke sollten mit mindestens 20 cm Hartbeton mit Stahleinlagen ummantelt werden; dies dient gleichzeitig als Schutz gegen Brände.

Einen Einmauerschrank, auch als Wandtresor oder Mauergeldschrank bezeichnet, sollte man nicht hinter einem Gemälde verstecken, auch wenn dies in Film und Fernsehen immer wieder vorgeführt wird. Damit kommt man dem Einbrecher nur noch entgegen, denn hier sucht er bestimmt zuerst.

### Einsatzschränke

Hier handelt es sich um Stahlschränke bzw. Panzer-Geldschränke kleineren Formats der Sicherheitsstufe A bis D 1, die in Möbel oder hinter Wandverkleidungen fest eingebaut werden.

### Bodentresore

Diese Einmauerschränke in kleineren Abmessungen werden in die massive Decke eingebaut. Es ist darauf zu achten, daß weder Feuchtigkeit noch Fremdkörper in den Tresor gelangen können.

### Einfache Behältnisse, Kassetten

Ein einfaches Behältnis muß Sicherheit gegen die Wegnahme seiner selbst sowie gegen die der darin befindlichen Gegenstände bieten (sogenannter einfacher Verschluß). Hierzu gehören z.B. verschlossene Schränke oder Schreibtische; ihr Sicherheitswert ist jedoch äußerst gering.

Unbefestigte Kassetten, die man wegtragen kann, können noch nicht einmal als einfacher Verschluß betrachtet werden, selbst wenn sie verschlossen sind. Eine Sicherheitskassette muß also gegen Wegnahme fest verankert sein.

Alarmgeschützte Kassetten besitzen ein vom Stromnetz unabhängiges Läutewerk, das bei geringster Bewegung der Kassette anschlägt und mehrere Stunden anhält.

### Tresorräume

Tresorräume gelten auch heute noch als der gegen Einbruchdiebstahl, Brand und sonstige äußere Gewalteinwirkung sicherste Aufbewahrungsort.

Nach den VDMA-Richtlinien ist ein Tresorraum ein gegen Einbruch geschützter Raum mit mindestens 600 mm dicken Wänden, Decke und Sohle aus Beton, der mit einer Tresortür verschlossen wird. Beim Kleintresorraum beträgt die Betondicke mindestens 500 mm.

### Archivräume

Der Archivraum soll wichtige Unterlagen einschließlich Datenträger, nicht jedoch Geld- und Wertsachen, gegen Brand und unbefugten Zugriff schützen. Archivtüren sollten eine Feuerwiderstandsdauer von 150 Minuten aufweisen.

Als Grundlage für die bauliche Ausführung von Tresor- und Archivräumen hat die Forschungs- und Prüfgemeinschaft Geldschränke und Tresoranlagen e.V. Empfehlungen herausgegeben. Darüber hinaus gibt es Richtlinien für den Bau von Räumen für elektrische Datenverarbeitungsanlagen und Verwahrung von Datenträgern, aufgestellt vom Verband der Sachversicherer e.V.

# Stahlschränke, Panzer - Geldschränke

Schemabeispiele - eingeteilt nach Sicherheitsstufen

zu den Tabellen

Außenmaße B = Breite, H = Höhe, T = Tiefe

Innenmaße b = Breite, h = Höhe, t = Tiefe

Maße in cm

Gewicht in kg

## A Einwandiger Stahlschrank

| | | | | |
|---|---|---|---|---|
| B | 60 | 68 | 84 | 120 |
| H | 100 | 135 | 185 | 195 |
| T | 50 | 52 | 52 | 52 |
| b | 59 | 67 | 83 | 119 |
| h | 95 | 124 | 174 | 184 |
| t | 40 | 47 | 47 | 47 |
| kg | 90 | 200 | 310 | 390 |

## D1 Panzer - Geldschrank

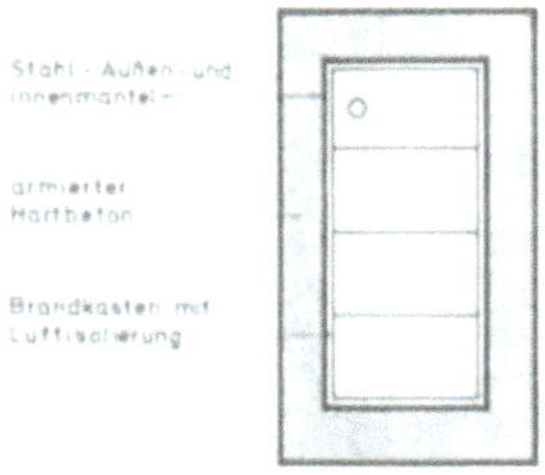


| | | | | |
|---|---|---|---|---|
| B | 88 | 88 | 88 | 103 |
| H | 95 | 120 | 150 | 195 |
| T | 74 | 74 | 84 | 84 |
| b | 50 | 50 | 50 | 66 |
| h | 58 | 83 | 110 | 155 |
| t | 31 | 31 | 43 | 43 |
| kg | 1390 | 1760 | 2400 | 3270 |

## B Zweiwandiger Stahlschrank

(auch dreiwandig)

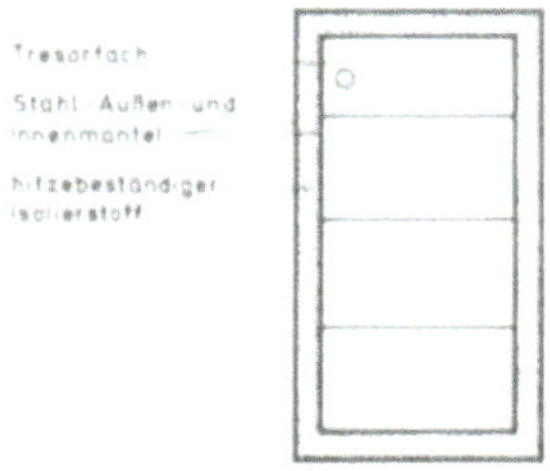


| | | | | |
|---|---|---|---|---|
| B | 50 | 68 | 84 | 121 |
| H | 100 | 120 | 150 | 185 |
| T | 45 | 56 | 68 | 88 |
| b | 35 | 50 | 87 | 105 |
| h | 83 | 100 | 130 | 185 |
| t | 32 | 40 | 50 | 50 |
| kg | 180 | 310 | 430 | 720 |

## D2 Panzer - Geldschrank

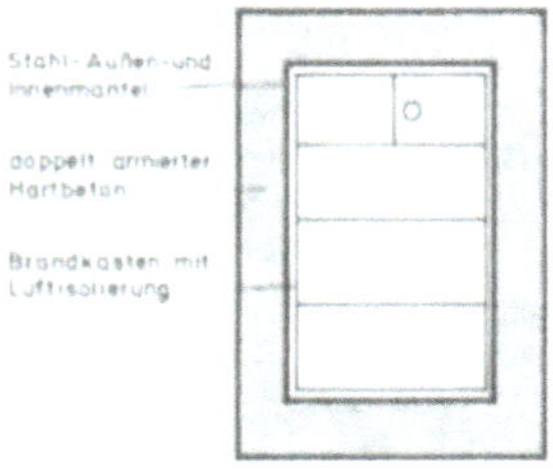


| | | | | |
|---|---|---|---|---|
| B | 107 | 107 | 107 | 137 |
| H | 100 | 150 | 195 | 195 |
| T | 88 | 88 | 88 | 88 |
| b | 65 | 65 | 65 | 95 |
| h | 55 | 105 | 150 | 150 |
| t | 42 | 42 | 42 | 42 |
| kg | 2750 | 3600 | 4400 | 5400 |

## C 1+2 Dreiwandiger Stahlschrank

(schwere Bauart)

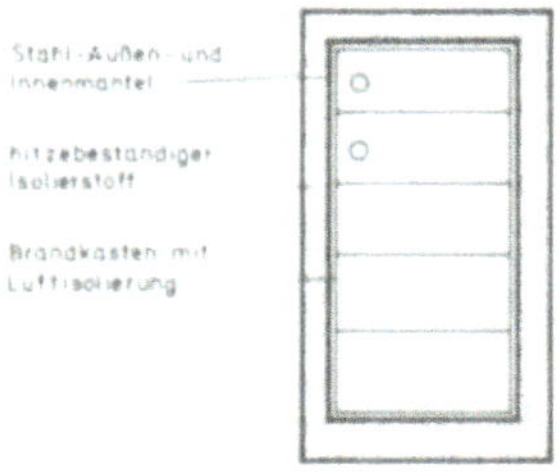


| | | | | |
|---|---|---|---|---|
| B | 58 | 74 | 84 | 119 |
| H | 102 | 125 | 160 | 190 |
| T | 50 | 66 | 71 | 80 |
| b | 34 | 50 | 80 | 95 |
| h | 71 | 90 | 130 | 180 |
| t | 30 | 40 | 45 | 53 |
| kg | 250 | 420 | 640 | 1040 |

## E Schwerer Panzer-Geldschrank

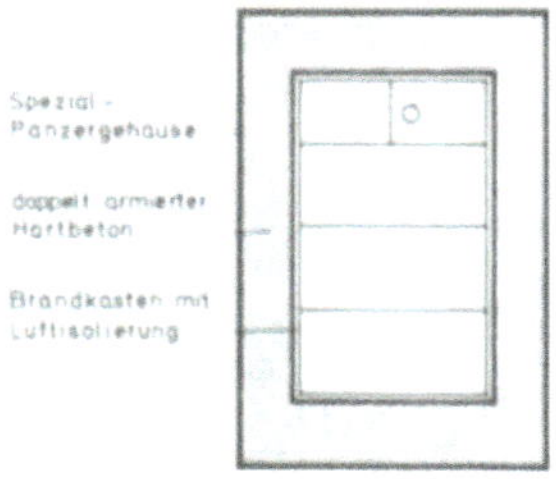


| | | | | |
|---|---|---|---|---|
| B | 107 | 107 | 107 | 137 |
| H | 100 | 150 | 195 | 195 |
| T | 88 | 88 | 88 | 88 |
| b | 65 | 65 | 65 | 95 |
| h | 55 | 105 | 150 | 150 |
| t | 40 | 40 | 40 | 40 |
| kg | 2900 | 3850 | 4800 | 6000 |

## C 1+2 Stahlschrank aus OSE - Material

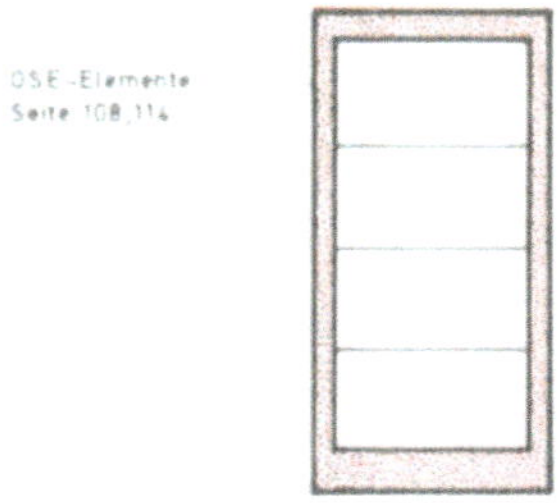


| | | | | |
|---|---|---|---|---|
| B | 55 | 55 | 55 | 80 |
| H | 60 | 94 | 136 | 169 |
| T | 51 | 51 | 51 | 67 |
| b | 40 | 40 | 40 | 64 |
| h | 38 | 71 | 114 | 147 |
| t | 32 | 32 | 32 | 48 |
| kg | 210 | 320 | 430 | 780 |

## Stahlschrank mit Feuerwiderstand

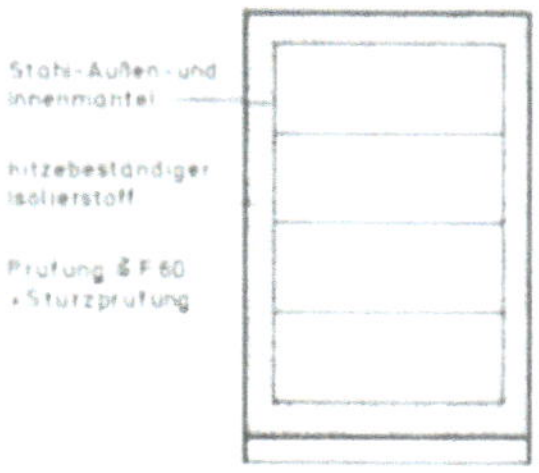


| | | | | |
|---|---|---|---|---|
| B | 75 | 100 | 100 | 165 |
| H | 125 | 150 | 185 | 210 |
| T | 65 | 80 | 85 | 85 |
| b | 58 | 80 | 80 | 145 |
| h | 97 | 118 | 153 | 178 |
| t | 40 | 55 | 60 | 60 |
| kg | 470 | 560 | 650 | 1050 |

1 Einmauerschrank

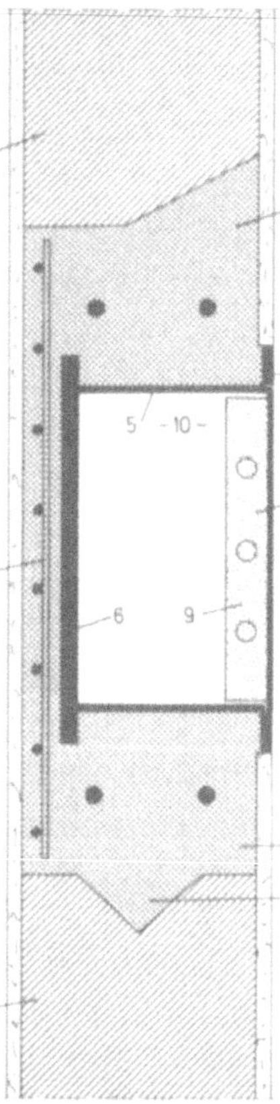


2 befestigte Kassette

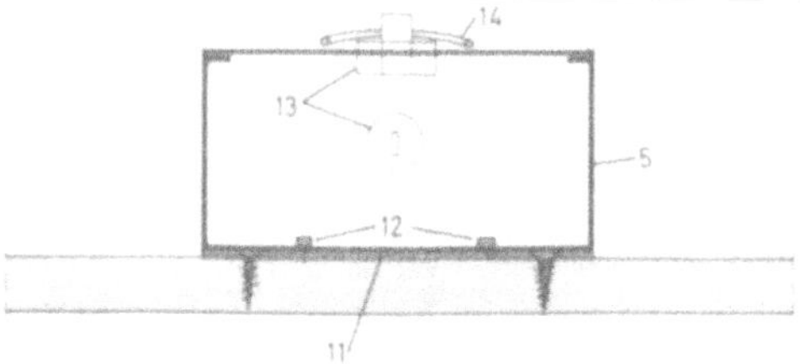


1 massives Mauerwerk in Zementmörtel
2 Vergußbeton B 35
3 Nuten auch seitlich
4 Baustahlgewebe
5 Stahlmantel
6 Stahl-Panzerplatte
7 Frontrahmen
8 doppelwandige Tür mit 2 bis 4 Verriegelungsbolzen
9 hitzebeständiger Isolierstoff
10 ggf. verschließbares Innenfach
11 Bodenplatte am Standplatz befestigt
12 Verankerungsstifte
13 Kassettenschloß oder Zahlenschloß
14 Handgriff
15 Stahl-Außen- und Innenmantel
16 Möbeltür
17 doppelwandiger Deckel nach 3 Seiten schließend
18 Abdeckplatte
19 Beton-Rahmen
20 schwimmender Estrich
21 abnehmbarer Bodenbelag

3 Einsatzschrank

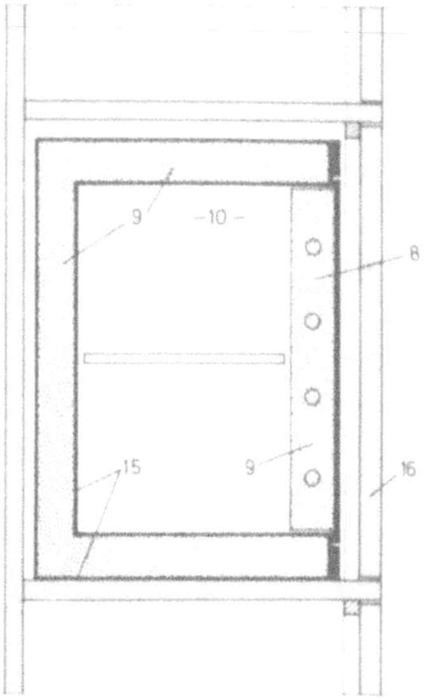


4 Bodentresor

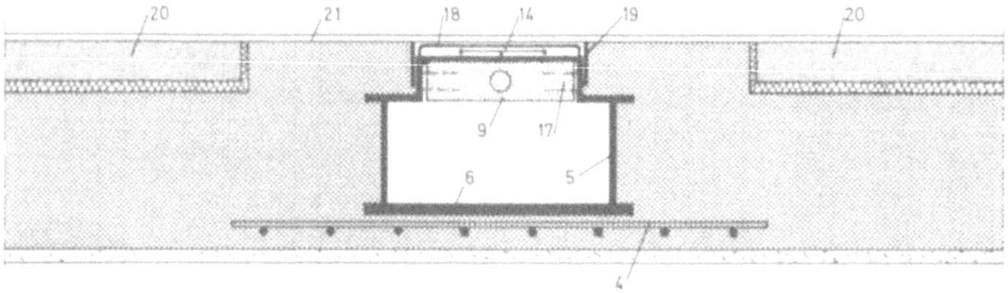


5 Tresorraum mit Kontrollgang

1 Wände, Decke, Sohle aus Spezialbeton B 55 → 109
2 Sicherheitsarmierung aus gewundenen Polypstahl- oder Flachstahlschienen → 109
3 Sohle vorteilhaft auf gewachsenem Fels oder über Grundwasser
4 Tresortür
5 Tagesgittertür
6 Körperschallmelder
7 Direkt anschließende Räume sind in die Überwachungsanlage einzubeziehen
8 Kontrollgang, Breite ≧ 500 mm in den Ecken Kontrollspiegel
9 Kontrollgang-Gittertür
10 Außenwände ≧ 250 mm, mind. Beton B 25

| | | Sicherheitsstufe | | | |
|---|---|---|---|---|---|
| | | Klein-tresor | LTO | T1 | T 2 |
| 1 | Dicke der Wände Decke und Sohle | 500mm | 600mm | 800mm | 1000mm |
| 2 | zusätzliche Armierung | 1 Lage gewundene Flachstahlschienen 50/6mm | | 1 Lage gewundene Polypstahlschienen 150/5mm | 2 Lagen |

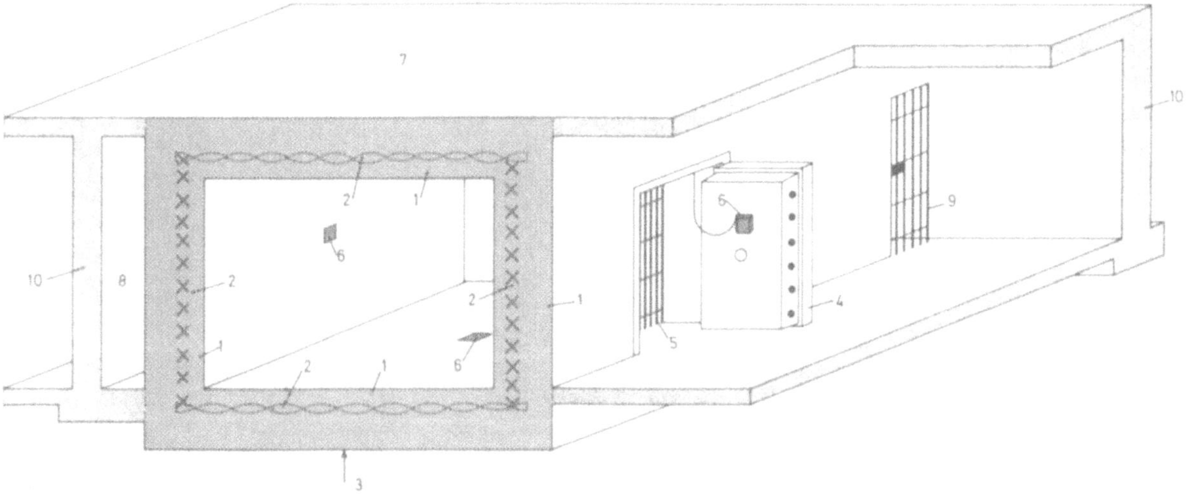

# Einbruchmeldeanlagen

Der Tatbestand „Einbruch" ist im juristischen Sinne dann erfüllt, wenn in Grundstücke, Objekte und Räume, die von mechanischen Begrenzungen gleich welcher Art umgeben sind und von außen nicht ohne weiteres betreten werden können, gegen den Willen des Besitzers oder Mieters eingedrungen wird.

Zur Abwehr von Einbrüchen ist es natürlich erforderlich, mehr zu tun. Man kann Grundstücke, Objekte und Räume gegen Einbruch durch widerstandsfähige Begrenzungen mechanisch sichern und/oder mit Hilfe elektrischer Maßnahmen überwachen.

Bei *mechanischen Sicherungen* hat der Einbrecher einen höheren Widerstand zu überwinden. Bleibt ihm genügend Zeit, so ist ein Eindringen – wenn auch mit entsprechendem Kraft- und Geräteaufwand – möglich. Werden die Bewohner des Hauses durch die dabei entstehenden Geräusche rechtzeitig aufgeweckt, so besteht die Gefahr, daß der Einbrecher in Panikstimmung gerät, wenn ihm plötzlich Personen gegenüberstehen, besonders wenn diese versuchen, ihn anzugreifen.

Eine *elektronische Sicherung* (Einbruchmeldeanlage) zeigt den Einbruchversuch akustisch und optisch an. Gleichzeitig werden die Personen im Gebäude alarmiert und sind meist in der Lage, Hilfe herbeizurufen. Besonders vorteilhaft ist eine Außenhautüberwachung, bei der der Einbruchversuch frühzeitig bekannt wird.

Für die Beurteilung des Einbruchschutzes ergibt sich daraus, daß mechanische Sicherheit in Verbindung mit elektrischer Überwachung besonders vorteilhaft ist.

Eine Einbruchmeldeanlage muß so aufgebaut sein, daß sie für das jeweilige Objekt optimal ausgelegt und für den Betreiber unkompliziert zu bedienen ist. Mit der Projektierung und Ausführung von Einbruchmeldeanlagen sollte man deshalb nur erfahrene Fachfirmen betrauen.

Von der Kostenseite her ist es am günstigsten, den Einbau einer Einbruchmeldeanlage bereits bei der Planung des Hauses vorzusehen.

Zumindest sollten alle baulichen Maßnahmen, wie z.B. das Verlegen von Leerrohren, ausgeführt werden, so daß die Installierung der Anlage jederzeit ohne größeren Aufwand möglich ist.

Mit dem Einbau einer Einbruchmeldeanlage können auch finanzielle Vorteile verbunden sein:

- Bei der Bemessung der Prämien für die Einbruchdiebstahl-Versicherung wird das Vorhandensein einer VDS-anerkannten Einbruchmeldeanlage zu Gunsten des Versicherten berücksichtigt.
- Die Installationskosten für eine Einbruchmeldeanlage zählen zum Herstellungsaufwand des Gebäudes und können steuerlich entsprechend behandelt werden.

**Vorschriften und Richtlinien**

Bei der Installierung von Einbruchmeldeanlagen sind bestimmte technische Vorschriften und Richtlinien zu beachten:

- VDE-Bestimmungen, insbesondere VDE 0100, 0800 (Klasse C nach Abschnitt F) und 0804 in der jeweils gültigen Fassung. Die Bestimmungen 0800 sollen durch die Bestimmungen 0833 abgelöst werden.
- DIN 14 675 Feuermelde- und Alarmanlagen, Aufbau und Betrieb; praktisch als Ergänzung zu VDE 0800.
- Richtlinien des Verbandes der Sachversicherer e.V., Köln (VdS); insbesondere die Anforderungen an Einbruchmeldeanlagen für gewerbliche Risiken sowie für Haushaltsrisiken. Sie gelten, wenn die Versicherungsgesellschaft wegen eines hohen Sachwertrisikos bestimmte Auflagen macht. Dabei sind auch die vom VdS aufgestellten Zulassungsbestimmungen für Geräte, Systeme und Erstellerfirmen zu beachten.
- Richtlinien für Überfall- und Einbruchmeldeanlagen mit Anschluß an die Polizei (ÜEA); sie werden von den jeweiligen Länder-Innenministerien herausgegeben. Für die Aufschaltung bei der Polizei sind außerdem die technischen Angaben der jeweils beauftragten Schwachstromfirma einzuhalten.
- Bestimmungen der Deutschen Bundespost für Geräte, welche elektromagnetische Wellen aussenden oder an das Leitungsnetz der Post angeschlossen werden.

**Verband der Sachversicherer e.V. Köln (VdS)**

Einbruchmeldeanlagen, die von den Sachversicherungen verlangt werden bzw. von deren Vorhandensein man sich einen Prämienvorteil erwartet, müssen nach den Richtlinien des Verbandes der Sachversicherer e.V. (VdS) ausgeführt sein. Zum Aufbau derartiger Anlagen dürfen nur Teile eines vom VdS anerkannten Einbruchmeldesystems verwendet werden. Die ebenfalls vom VdS anerkannte Errichterfirma muß mit einem Installationsattest bestätigen, daß die ausgeführte Einbruchmeldeanlage diesen Bedingungen entspricht.

Für die Prüfung von Geräten und Systemen für den Einbruchschutz unterhält der Verband der Sachversicherer in Köln ein gut eingerichtetes Prüfinstitut.

Der Versicherungsnehmer wird im Versicherungsschein verpflichtet, die Einbruchmeldeanlage auch zu benutzen, sie monatlich einmal überprüfen, halbjährlich warten und etwaige Mängel oder Schäden unverzüglich beseitigen zu lassen.

Sämtliche Teile einer VdS-anerkannten Einbruchmeldeanlage müssen ortsfest installiert sein; die häufig angepriesenen mobil aufstellbaren Einzelgeräte können deshalb keine VdS-Anerkennung erhalten.

**Einbruchmeldeanlagen verschiedener Größe**

*Kleinstanlagen* (nicht zu verwechseln mit Alarm-Einzelgeräten) können dort eingesetzt werden, wo man sich bereits von der Absicherung einer Tür oder einiger Fenster Sicherheit gegen Einbruch verspricht, z.B. in Appartements, Gartenhäusern und dergleichen.

Bei batteriegespeisten Kleinstanlagen sollten nur solche Alarmgeber angeschlossen werden, die im Ruhezustand keinen Strom verbrauchen. Kleinstalarmzentralen besitzen einen Kipphebel zum Ein- und Ausschalten; sie können aber auch mittels Schaltorgan an der letzten Tür scharfgeschaltet werden.

Bei diesen Mini-Anlagen handelt es sich meist um Selbstbausätze, für die es keine VdS-Anerkennung gibt.

*Kleine Einbruchmeldeanlagen* sind für in ihrem Umfang begrenzte Objekte ausgelegt, wie z.B. Einfamilienhäuser. Bei VdS-anerkannten Anlagen müssen die Anforderungen an Überfall- und Einbruchmeldeanlagen für Hausratrisiken eingehalten werden.

*Mittlere und große Einbruchmeldeanlagen* werden bei Geschäften, Banken, Behörden und Industriebetrieben gebraucht, in denen eine große Anzahl von Einbruchmeldern eine entsprechende Zahl von Meldelinien erfordern. Wird die Anlage von der Versicherung verlangt, dann sind die VdS-Richtlinien über Einbruchmeldeanlagen für gewerbliche Risiken einzuhalten.

Die Abgrenzung zwischen mittleren und großen Anlagen ist nicht festgelegt. Als Anhalt kann folgende Unterscheidung angenommen werden:

- mittlere Anlagen für 4 bis 10 Meldelinien, durch steckbare Einheiten an der Zentrale für objektbezogene Bedürfnisse leicht anpaßbar;
- große Anlagen bis zu 80 und mehr Meldelinien.

# Einbruchmeldeanlagen — Begriffe, Geräte - Kurzbeschreibungen

**Einbruchmelderanlagen** dienen der Sicherheit der im Objekt befindlichen Personen und Sachwerte. Sie sollen unbefugtes Eindringen melden.

Z

Die **Einbruchmelderzentrale** (Alarmzentrale) empfangt die durch Einbruchmelder ausgelosten Signale, wertet sie aus und gibt sie als Alarmmeldung an die Alarmierungseinrichtungen weiter.

Netz 220 V

Die **Stromversorgung** der Einbruchmelderanlagen soll nach Moglichkeit uber einen separaten Netzanschluß verfugen. Die Notstromversorgung soll die Funktion der Einbruchmelderanlage bei Netzausfall uber einen Zeitraum von mindestens 45 Stunden erhalten.

Die **Scharfschalteinrichtung** der Einbruchmelderanlage kann im Zusammenhang mit dem Schloß der zuletzt begehbaren Tur betatigt werden.

„**Geistige" Verschluß- oder Schalteinrichtung**, deren Betatigung nach Einstellen von Buchstaben oder Ziffern erfolgt.

Mit **Registriereinrichtungen** konnen die Zeiten der Scharfschaltung und Entscharfung sowie eines Alarms und seiner Abstellung festgehalten werden.

**Art der Alarmierung**

Die **externe Alarmgabe** sollte uber **zwei** voneinander unabhangigen Signalgebern **akustisch** (z.B. Sirenen) und **optisch** (z.B. Rundumkennleuchte) erfolgen. Der optische Signalgeber ist geeignet, nach automatischer Abschaltung der akustischen Signalgeber auf das betroffene Objekt aufmerksam zu machen.

TWG

Gleichzeitig, oder in Ausnahmefallen allein, kann ein **Telefonwählgerät** verwendet werden, das an die Fernsprechleitung angeschlossen wird. Das **TWG** wahlt im Alarmfall automatisch einen oder mehrere Fernsprechteilnehmer an und gibt einen auf Band gespeicherten Text durch.

Polizei

Unter bestimmten – strengen – Voraussetzungen kann eine Alarmmeldung (Stiller Alarm) als **Polizei-Notruf** signalisiert werden.

Bewachungs-unternehmen

Diesen strengen Bestimmungen unterliegt nicht ein Anschluß an die **Notrufzentralen** privater Wach- und Sicherheitsunternehmen.

Bei Anwesenheit von Personen kann eine **interne Alarmgabe**, d.h. nur fur die Anwesenden wahrnehmbar, optisch und/oder akustisch erfolgen.

Durch zusätzlich vorhandene **Uberfallmelder** muß jederzeit, unabhängig vom Schaltzustand der Einbruchmelderanlage, externer Alarm manuell ausgelost werden konnen.

**Einbruchmelder** nehmen bei Einbruchen die auftretenden unterschiedlichen physikalischen Kriterien (z.B. Gerausche und Bewegungen) auf und geben sie als elektrische Signale an die Einbruchmelderzentrale weiter.

Die elektrische Uberwachung kann durch Kontakte, z.B. **Uberwachungskontakte**, erfolgen. Alarm wird ausgelost, wenn der von der Zentrale ausgehende Ruhestrom in der Meldelinie sich andert oder unterbrochen wird.

**Ubergangskontakte** werden gebraucht, um bei beweglichen Uberwachungsfeldern (z.B. Schiebeturen, Hebe/Schiebefenster) im geschlossenen Zustand eine elektrisch leitende Verbindung zwischen der Meldelinie und dem auf dem beweglichen Flugel angebrachten Durchbruchmelder (z.B. Glasbruchmelder) herzustellen.

**Magnetkontakte** dienen der Offnungsuberwachung von beweglichen Teilen (z.B. Fenster und Turen). Sie bestehen aus einem Magneten und einem Schutzgaskontakt. Beim Offnen werden diese voneinander entfernt und es erfolgt eine Signalgabe zur Einbruchmelderzentrale.

**Riegelkontakte** werden vornehmlich zur Verschlußuberwachung von Turen gebraucht. Sie werden in die Turzarge eingebaut. Ein gewaltsames Offnen der Tur unterbricht den Stromkreis und fuhrt zur Alarmgabe.

**Pendelmelder** (Pendelkontakte) eignen sich zum Schutz gegen das Eindringen durch Luken, Luftungskanale, Installationsgange sowie ahnlich begrenzte Offnungen.

**Körperschallmelder** dienen der Uberwachung von Wanden, Decken und Wertbehältnissen. Hierzu werden die Melder auf der zu uberwachenden Flache befestigt. Alarm wird ausgelost, wenn die im Melder befindliche Auswerteschaltung Schwingungen registriert, die etwa vom Arbeiten mit Werkzeugen herruhren.

**Glasbruchmelder** sind zur Uberwachung von Glasflachen bestimmt, auf die sie geklebt werden. Wenn die Auswerteschaltung Schwingungen registriert, die beim Glasbruch auftreten, erhalt die Einbruchmelderzentrale ein Signal.

**Uberwachungsfolien** bestehen aus dunnen Aluminium- oder Messingstreifen, die mit einem speziellen Kleber angebracht werden. Sie eignen sich besonders zur Durchbruchuberwachung von Glasscheiben. Eine Alarmmeldung erfolgt, wenn die Folie bei Glasbruch reißt.

Bei Verbundsicherheitsglas mit Alarmdrahteinlage – kurz **Alarmglas** – verlauft zwischen den Glasscheiben ein Draht. Er ist so angeordnet, daß der Scheibenrand nicht beruhrt wird. Eine Alarmmeldung erfolgt, wenn der Draht bei Glasbruch reißt.

**Erschutterungskontakte** (Vibrationskontakte) eignen sich u.a. zur Durchbruchuberwachung von Glasbausteinen. Sie sollten so justiert sein, daß nur die bei Durchbruchen auftretenden Erschutterungen die Meldelinie kurzzeitig unterbrechen.

**Fadenzugkontakte** eignen sich zur Uberwachung von Offnungen. Die zu uberwachende Flache wird mit einem Faden bzw. dunnen Draht uberspannt, wobei dieser einen Schalter in Mittelstellung halt. Die Veranderung dieser Mittelstellung fuhrt zur Meldung.

Mit **Alarmtapeten** werden Flachen (z.B. Decken und Wände) tapeziert. Das Zerreißen eines der in der Tapete dicht beieinander liegenden Drahte fuhrt zur Unterbrechung der Meldelinie und somit zur Alarmgabe.

**Druckmelder** (z.B. Trittmatten) sollten vorzugsweise unter den Teppichboden verlegt werden. Alarmgabe erfolgt bei Druckanderungen.

**Bewegungsmelder** arbeiten meistens nach dem Prinzip des Doppler-Effektes (Ultraschall-Doppler, Hochfrequenz-Doppler). Sender und Empfänger sind vorwiegend in einem Gehause untergebracht. In einer Auswerteschaltung wird die Sendefrequenz mit der im Raum reflektierten Frequenz verglichen. Bewegt sich im uberwachten Bereich ein Korper bestimmter Großenordnung, findet eine Frequenzänderung statt. Ist ein bestimmter Auslosepegel erreicht, wird ein Signal zur Einbruchmelderzentrale gegeben.

Beim **Infrarotmelder** besteht das Funktionsprinzip darin, daß ein warmeempfindlicher Meßfuhler in Verbindung mit einer Optik den zu uberwachenden Raum in eine Anzahl wärmeempfindlicher und nichtempfindlicher Bereiche aufteilt. Bewegt sich z.B. eine Person zwischen den beiden Bereichen, wird uber eine Auswerteschaltung ein Signal zur Einbruchmelderzentrale gegeben.

Bei **Ultraschallschranken** wird zwischen Sender und Empfanger ein Ultraschallfeld aufgebaut. Wird dieses z.B. durch eine eindringende Person verandert, erfolgt eine Meldung zur Einbruchmelderzentrale.

Bei **Hochfrequenzschranken** wird zwischen Sender und Empfanger ein elektromagnetisches Feld aufgebaut. Bewegt sich eine Person in diesem Feld, erfolgt eine Signalgabe an die Einbruchmelderzentrale.

Bei **Lichtschranken** wird von einem Sender ein unsichtbarer Infrarotstrahl zu einem Empfanger gestrahlt. Wird dieser Strahl unterbrochen, erfolgt eine Meldung an die Einbruchmelderzentrale.

**Kapazitiv-Feldänderungsmelder** (Feldmaßige Uberwachung) eignen sich zur Uberwachung von Einzelobjekten (z.B. Wertbehältnisse und Bilder). Um das zu uberwachende Objekt wird ein elektrisches Feld aufgebaut. Jede Annäherung an das elektrische Feld wird von dem Melder registriert und an die Einbruchmelderzentrale weitergeleitet.

# Einbruchmeldeanlagen — Aufbau und Wirkungsweise

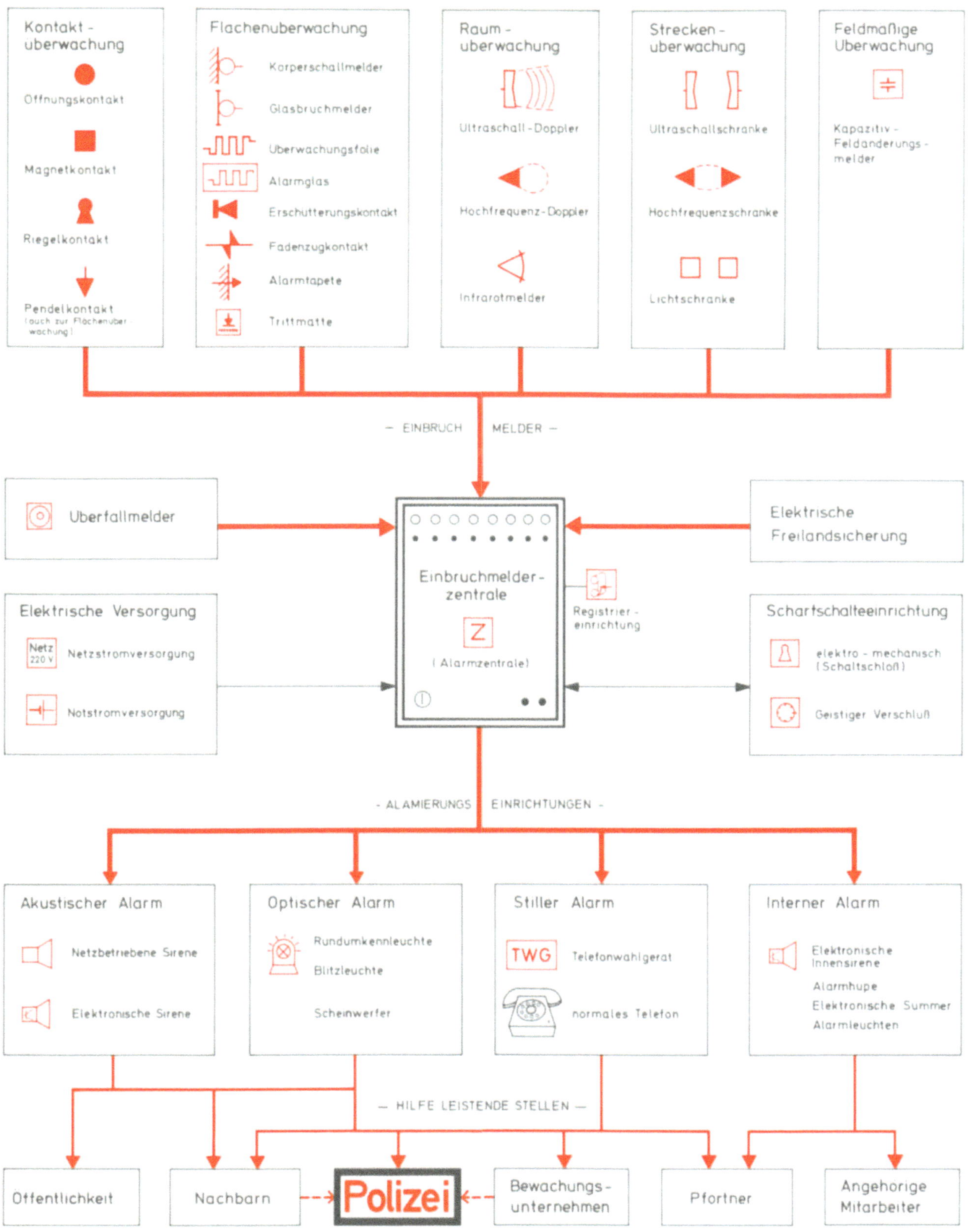

## Einbruchmeldezentralen

Der wichtigste Teil einer Einbruchmeldeanlage ist die Zentrale mit ihren Funktionen:

- Entgegennahme der von den Einbruch- und Überfallmeldern kommenden Alarmsignale mit nachfolgender Auslösung der Alarmierungseinrichtungen (Sirenen, Blinkleuchten)
- Weitergabe von Mitteilungen an hilfeleistende Stellen als stiller Alarm (über Telefonwählgerät, Polizeinotruf)
- Durchführung von Prüfungsaufgaben (sind alle Fenster und Türen verschlossen? Sind die automatischen Melder im alarmfreien Zustand?)
- Auswertung der von den Scharfschalt- und Bedienungseinrichtungen kommenden Signale
- Meldung von Störungen mit Angabe der gestörten Meldelinie
- Überwachung der Stromversorgung

Die heutigen Zentralen sind für einschiebbare Steckbauteile eingerichtet. Dies ermöglicht eine relativ einfache Anpassung an wechselnde Aufgaben und Vergrößerungen.

Werden noch mehr Alarmlinien benötigt, als in der Zentrale vorhanden oder unterzubringen sind, so kann die Zentrale mit Hilfe von Linienzusatzgeräten entsprechend erweitert werden.

Die Einbruchmeldezentrale muß ihren Standort innerhalb des geschützten Bereiches haben und auf Sabotage überwacht werden.

### Energieversorgung

Für die Energieversorgung von VdS-anerkannten Einbruchmeldeanlagen sind zwei voneinander unabhängige Energiequellen erforderlich. Neben dem Netzanschluß muß ein anlageeigener Akkumulator einschließlich einer Ladeeinrichtung als Notstromversorgung vorhanden sein. Der Akku muß bei Netzausfall einen uneingeschränkten Betrieb der Anlage für mindestens 60 Stunden gewährleisten.

Der Ausfall der Netzstromversorgung muß optisch, der der Notstromversorgung optisch und akustisch angezeigt werden.

Für die Energiezuführung aus dem elektrischen Netz muß ein separater Stromkreis mit eigener Absicherung zur Verfügung stehen.

Netzstromversorgung und Akkumulator sollten grundsätzlich Bestandteile der Zentrale sein. Sie können sich jedoch auch außerhalb in verschlossenen Gehäusen befinden, wenn diese so nah an der Zentrale montiert sind, daß ein Angriff auf die Verbindungsleitungen ohne mechanische Beschädigung der Gehäuse nicht möglich oder der Verlauf der Verbindungsleitungen nicht sichtbar ist.

### Registriereinrichtungen

Bei größeren Einbruchmeldeanlagen oder bei besonders hohen Risiken kann von der Versicherung eine Registriereinrichtung als Zusatzgerät gefordert werden. Registriereinrichtungen halten die Zeiten der Scharfschaltung und Entschärfung sowie eines Alarmes und seiner Abstellung fest. Dies ist vor allem dann wertvoll, wenn mehrere Personen zu einem gesicherten Objekt Schlüssel besitzen und die nachträgliche Aufklärung eines Vorkommnisses betrieben werden muß. Wegen der Kontrollfunktion muß das Registrierpapier mindestens einen Monat vorhalten.

### Meldelinien

Der gesamte Überwachungsbereich einer Einbruchmeldeanlage ist in verschiedene Meldebereiche unterteilt. Melde- oder Alarmlinien verbinden die einzelnen Melder (Kontakte der Außenhautsicherung, Bewegungsmelder) mit der Zentrale. Ein Meldebereich kann bis zu 5 benachbart liegende Räume mit einer Gesamtfläche von höchstens 400 $m^2$ umfassen. An eine Meldelinie sollten nicht mehr als 20 Melder angeschaltet werden.

Das Einschleifen der verstreut eingesetzten Alarmmelder in die Leitung der Alarmlinie erfolgt über Verteilerkästen. Es ist zweckmäßig, eine Hauptleitung zum Verteiler zu verlegen und von dort aus über Stichleitungen die Alarmmelder anzuschließen. Aus Sicherheitsgründen sollten die Leitungen möglichst unauffällig, vorzugsweise unter Putz verlegt werden.

An der Zentrale muß es möglich sein, die einzelnen Linien bzw. Objektbereiche kontrollieren zu können. Die Alarmanlage darf sich nämlich nur scharfschalten lassen, wenn alle Linien eingeschaltet und nicht unterbrochen bzw. gestört sind. Ist in unscharfem Zustand eine Meldelinie gestört, so wird dies optisch an der Zentrale angezeigt, ohne daß Alarm ausgelöst wird. Ist die Störung nicht sofort zu beseitigen, so kann die betreffende Linie abgeschaltet werden; der übrige Teil der Anlage bleibt in Funktion.

### Sabotage- und Überfallinie

Zur Sicherung der Einbruchmelder (als Gerät), der Meldelinien sowie der externen Alarmierungsmittel ist eine Sabotagelinie vorgeschrieben; sie kann gleichzeitig Überfallinie sein. An sie werden die für den Personenschutz notwendigen Überfallmelder angeschlossen.

Für den Betreiber der Anlage darf weder die Sabotage-Meldelinie an der Zentrale abschaltbar noch die optische Anzeige für den ausgelösten Zustand rückstellbar sein. Lediglich die akustische Anzeige muß von Hand abgeschaltet werden können.

Im Wohnbereich sollten Überfallmelder in der Nähe der Haus- bzw. Wohnungstür und im Schlafzimmer, bei Ladengeschäften an der Kasse vorgesehen werden.

### Möglichkeiten der elektrischen Einbruchsicherung

Einbruchmeldeanlagen sollen die im Sicherungsbereich befindlichen Werte überwachen und, wenn notwendig, gefährdete Personen schützen. Dabei können die nachstehend aufgeführten elektrischen Sicherheitsmaßnahmen zum Einsatz kommen:

*Außenhautsicherung:* Der Einbrecher wird bereits an der Außenseite des Gebäudes festgestellt, Alarm wird ausgelöst. Gesichert werden Türen und Fenster gegen unbefugtes Öffnen oder Einschlagen; Mauern, Decken und Dächer gegen Durchbruch.

*Raumüberwachung:* Elektronische Melder überwachen dreidimensional die Räume; vorteilhaft hinter der geschützten Außenhaut.

*Objektschutz:* Die schwerpunktmäßige Überwachung von besonders wertvollen Einrichtungen, wie z.B. Geldschränken und Kunstwerken.

*Fallensicherung:* Als zusätzliche Sicherung für Eingänge, Wege und Treppen.

*Sabotagesicherung:* Bereits ein Angriff auf die Bauteile oder Leitungen einer Einbruchmelde- oder Überfallanlage führen zum Alarm.

*Überfallmeldung:* Personénschutz durch manuell zu betätigende Überfallmelder; besonders in Geldinstituten, aber auch in Wohnungen.

*Freilandsicherung:* Damit soll der unbefugte Zutritt auf ein mechanisch ausreichend gesichertes Grundstück angezeigt werden.

Oft ist es notwendig, mehrere dieser Maßnahmen zu koppeln, da wirksame Einbruchmeldeanlagen auf alle Stellen ausgedehnt sein müssen, über die ein Einbruch möglich bzw. wahrscheinlich ist.

## 1 Kleinstalarmzentralen Z

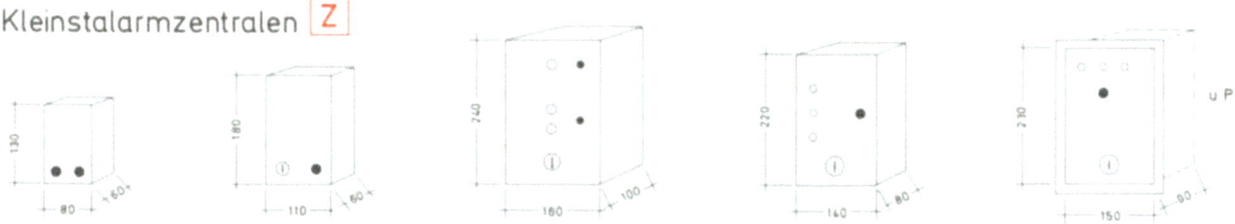


1 Linie
Netz oder Batterie
ca 0,5 kg

1 Linie
nur Batterie
ca 1 kg

1 Linie
12 V-Akku eingebaut
ca 3,5 kg

1 Linie + 1 Überfallinie
12 V-Akku eingebaut
ca 2 kg

1 Linie + 1 Überfallinie
12 V-Akku eingebaut
ca 2,5 kg

## 2 Kleine Alarmzentralen Z

alle mit eingebauter Notstromversorgung

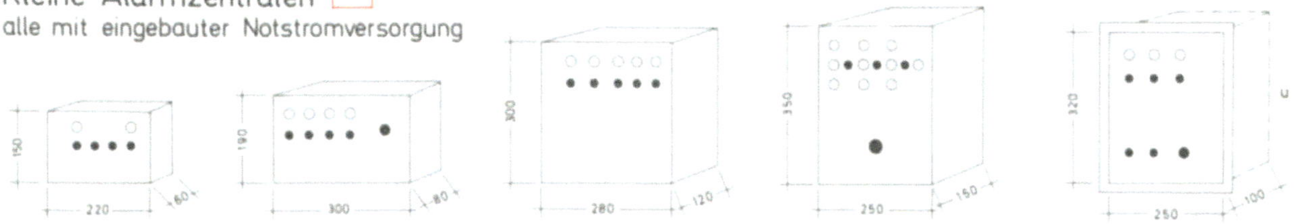


2 Linien + Überfallinie
ca 2,2 kg

3 Linien + Überfallinie
ca 3,8 kg

3 Linien + Überfallinie
ca 6,5 kg

3 Linien + Überfallinie
ca 7,8 kg

3 Linien + Überfallinie
ca 7,5 kg

## 3 Mittlere Alarmzentralen Z

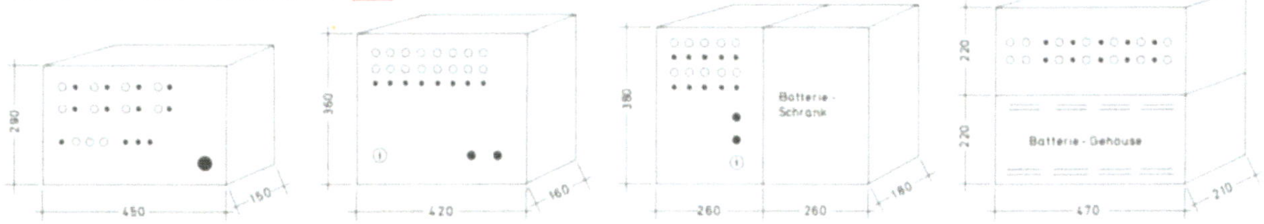


bis 8 Linien
Notstromversorgung eingebaut
ca 12 kg

bis 8 Linien
Notstromversorgung eingebaut
ca 15 kg

bis 10 Linien
Notstromversorgung im 2. Schrank
ca 20 kg

bis 10 Linien
Notstromversorgung im 2. Gehäuse
ca 15 kg

## 4 Große Alarmzentralen Z

bis 80 Linien →
Notstromversorgung außerhalb
ca 130 kg

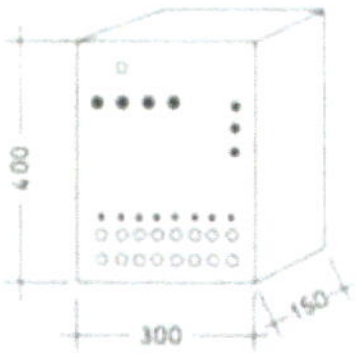


bis 18 Linien
Notstromversorgung
eingebaut
ca 10 kg

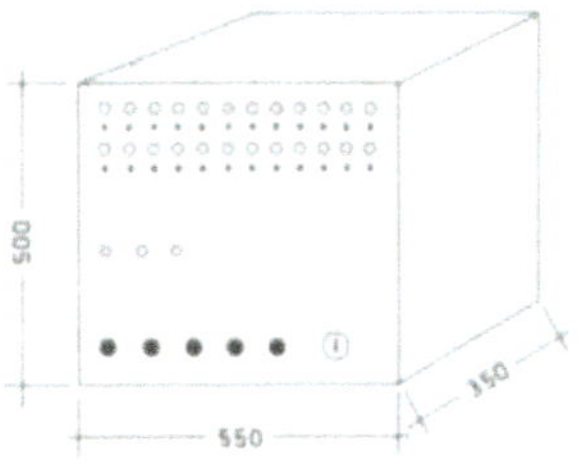


bis 24 Linien
Notstromversorgung
eingebaut
ca 30 kg

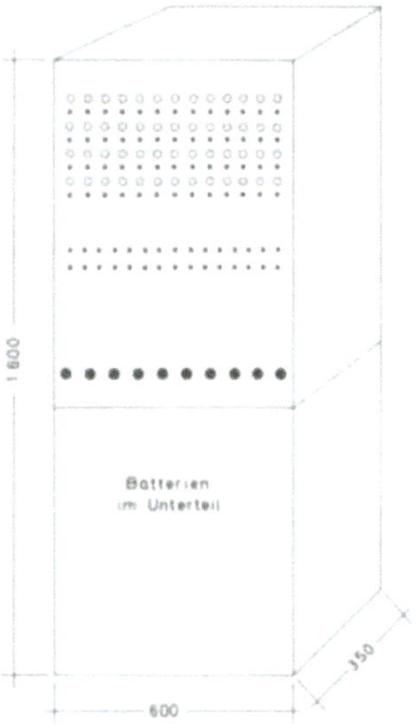


bis 52 Linien →
ca 110 kg

## Schalt- und Verschlußeinrichtungen

Die Einbruchmeldeanlage muß durch eine elektromechanische Verschlußeinrichtung *scharfgeschaltet,* d.h. in den Betriebszustand versetzt werden. Normalerweise erfolgt dies an derjenigen Tür, die beim Verlassen des Gebäudes zuletzt benutzt wird. Das Außerbetriebsetzen der Einbruchmeldeanlage (z.B. tagsüber) nennt man *Unscharfschalten;* erst danach darf der Zugang zum Sicherungsbereich möglich sein. Das Schaltorgan wird in die Alarmlinie, die der Tür zugeordnet ist, eingeschleift.

Nach dem Scharfschalten führt jedes Auslösen eines Einbruchmelders oder Signalisieren durch ein Überwachungsgerät zur Alarmierung. Bei Vorhandensein eines Alarmkriteriums, beim Anstehen einer Sabotagemeldung oder bei Störung der Notstromversorgung darf nicht scharfgeschaltet werden können. Die vorgenannten Kriterien wie auch die Scharfschaltung selbst müssen an der Zentrale eindeutig erkennbar sein.

Die Verschlußeinrichtung einschließlich ihres Einbaubereichs sind über die Sabotagelinie in die elektrische Überwachung einzubeziehen; ein Angriff darauf muß zur Alarmierung führen.

Bei großen Risiken kann zusätzlich ein sogenannter *geistiger Verschluß* (z.B. Zahlenkombinationsschloß, Codiereinrichtung usw.) verlangt werden.

Zur Kontrolle der Scharf- oder Unscharfschaltung können die Schaltorgane eingebaute Quittiereinrichtungen enthalten. Den gleichen Zweck erfüllen auch auf der Außenseite der letzten Tür wahrnehmbare Kurzsignale, wie z.B.

- die normale Hausklingel, sie muß dann mit der Zentrale verbunden werden;
- eine vorhandene Außenbeleuchtung, die von der Tür aus einzusehen ist;
- eine für diesen Zweck angebrachte und von der Zentrale gespeiste Kontrollampe.

### Blockschlösser

Beim Blockschloß, dem bekanntesten Schaltorgan, ist der Schließriegel zusätzlich durch einen Elektromagneten blockiert. Dieser Blockierungsmagnet gibt den Schloßriegel beim Scharfschalten der Anlage nur frei, wenn die interne Anlagenüberwachung keinen Fehler anzeigt.

Einsteck-Blockschlösser müssen, um vom Verband der Sachversicherer anerkannt zu werden, eine Schließsicherheit entsprechend DIN 18 252 besitzen und gegen Sabotageangriffe aller Art gesichert sein.

Blockschlösser sind im allgemeinen für Profilzylinder vorgerichtet und können somit in die Schließanlage einbezogen werden.

Wird das Blockschloß als Zusatzschloß zum normalen Türschloß verwendet, so läßt sich die Tür für den normalen Gebrauch verschließen, ohne die Anlage gleichzeitig scharfzuschalten.

### Schaltschlösser

Es kann notwendig sein, daß die Einbruchmeldeanlage von zwei verschiedenen Stellen scharf- bzw. unscharf geschaltet wird. Durch eine Wechselschaltung in Verbindung mit einem Schaltschloß – auch Kontaktschloß genannt – ist dies möglich. Zur Kenntlichmachung des Schaltvorganges sollte das Schaltschloß mit Leuchtanzeige oder Summer ausgestattet sein. Mit Schaltschlössern lassen sich auch Teilbereiche innerhalb des gesicherten Objektes scharf oder unscharf schalten.

Für Alarmanlagen von unbewohnten Gebäuden gibt es spezielle Schaltschlösser oder Schlüsselschalter. Diese besitzen zwei Schaltstellungen mit den Funktionen *unscharf* (aus) und *scharf* (ein). Der jeweilige Schaltvorgang wird durch eingebaute Kontrollampen angezeigt.

### Zahlenkombinationsschlösser

Bei hohen Risiken kann außer dem Blockschloß ein sogenannter *geistiger Verschluß* gefordert werden.

Es handelt sich um eine Schalteinrichtung, die zusätzlich zur Betätigung des Schlüssels die Kenntnis einer geheimzuhaltenden Zahl erforderlich macht. Hierzu gehören auch die Zahlenkombinationsschlösser mit Einstellmöglichkeiten bis zu 1 Million Kombinationen.

Beim Entschärfen der Anlage muß zuerst die richtige Ziffernfolge am Zahlenkombinationsschloß eingestellt werden. Ein damit verbundener Schaltkontakt löst ein Signal an der Zentrale aus. Die Zentrale bereitet das Entschärfen vor und gibt den Blockiermagneten des Blockschlosses frei. Erst dann läßt sich die Anlage über das Blockschloß unscharf schalten. Beim Scharfschalten der Anlage geschieht dieser Vorgang in umgekehrter Reihenfolge.

Zahlenkombinationsschlösser werden auch bei Panzerschränken eingesetzt.

### Elektronische Codiergeräte

Eine weitere Möglichkeit des zusätzlichen *geistigen Verschlusses* ist die Tastcodierung. Eine derartige Anlage besteht aus einem Tastgerät (Eingabeeinheit) und einem Steuergerät (Auswerteeinheit).

Das Tastgerät wird vorzugsweise – in Auf- oder Unterputzmontage – in der Nähe des Blockschlosses montiert.

Das Steuergerät befindet sich im gesicherten Bereich, meist bei der Zentrale. Bei bestimmten Ausführungen kann es auch als Auswerteeinheit in die Zentrale eingeschoben werden. Der Bedienungsvorgang in Kombination mit dem Blockschloß ähnelt dem Zahlenkombinationsschloß; auch hier sind bis zu 1 Million Code-Varianten möglich. Die Code-Zahl ist mittels Digitalschalter beliebig oft änderbar. Es empfiehlt sich, das Tastenfeld, das einem elektronischen Kleinrechner sehr ähnlich sieht, in ein verschließbares Gehäuse einzubauen.

### Sperrzeitschaltuhr

Mit einer Sperrzeitschaltuhr kann man erreichen, daß sich die Einbruchmeldeanlage z.B. eines Tresorraumes nur während ganz bestimmter vorprogrammierter Zeiträume entschärfen läßt, beispielsweise während einer Zeit, zu der mit Sicherheit mehrere Betriebsangehörige anwesend sind. Eine Entschärfung während einer anderen Zeit führt zwangsläufig zum Alarm.

### Codegesteuerte Elektro-Türöffneranlagen

Derartige Anlagen sind zwar keine Schalteinrichtungen für Einbruchmeldeanlagen, sie können jedoch vorteilhaft eingesetzt werden, wenn Räume oder Bereiche aus Sicherheitsgründen nur für einen bestimmten Personenkreis zugänglich sein dürfen, z.B. als Teilbereich eines gesicherten größeren Objektes.

Ähnlich wie das elektronische Codiergerät als geistiger Verschluß besteht die Türcode-Anlage aus einem Tast- und Steuergerät sowie dem Elektro-Türöffner. Nur wenn am Tastgerät die richtige Codezahl getastet ist, entriegelt der Türöffner. Das Tastgerät ist außerhalb, das verschließbare Steuergerät innerhalb des Sicherheitsbereiches zu installieren.

## Schaltorgane

### 1 Blockschlösser

schmal, Dornmaß 25 mm
mit Aufbohrsicherung
vorgerichtet für Profilzylinder

breit, Dornmaß 50 - 60 mm
für Sicherheits-Vierbartschlüssel

### 2 Riegelkontakt

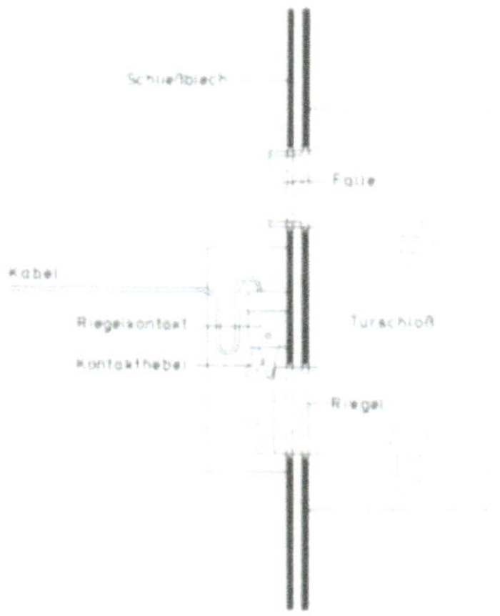


### 3 Kontaktschlösser, auch Schlüsselschalter, Schaltschlösser

Vierbartschlüssel
auch mit Summer

für Profil-Halbzylinder
Anzeigen rot + gelb

mit Schlüsselschalter
Anzeigen rot + grün

### 4 Zahlenkombinationsschloß

drei zweistellige Zahlen
= 1 Million Einstellmöglichkeiten

### 5 Elektronisches Codiergerät

Tastgerät

Steuergerät

### 6 Sperrzeitschaltuhr

mit 2 Präzisionsuhrwerken

## Signalgeber

Die optischen und akustischen Signalgeber außerhalb des Gebäudes haben die Aufgabe, die Öffentlichkeit – insbesondere die Nachbarschaft – auf einen Einbruch hinzuweisen und etwaige Eindringlinge möglichst zu verunsichern und zur Flucht zu bewegen.

Für VdS-anerkannte Einbruchmeldeanlagen gelten folgende Bestimmungen:

Einbruchmeldeanlagen müssen entweder an den automatischen Polizeiruf angeschlossen oder/und für eine örtliche optische und akustische Alarmgabe eingerichtet werden.

- Die örtliche, *optische* Alarmgabe erfolgt durch weithin sichtbare Rundumkennleuchten bzw. Blitzleuchten, Halogenscheinwerfer, Alarmtransparente oder die Einschaltung der Laden- bzw. Außenbeleuchtung.
- Für die örtliche *akustische* Alarmgabe sind zwei voneinander unabhängige Signalgeber außerhalb der gesicherten Räume so anzubringen, daß sie schwer zugänglich sind und die Alarmsignale gut von der Nachbarschaft aufgenommen werden können.

Es müssen mindestens zwei akustische und ein optischer Extern-Signalgeber vorgesehen werden.

In bestimmten Fällen kann es zweckmäßig sein, die Abgabe des externen Alarms zu vergrößern und zuerst einen internen Voralarm auszulösen. Nach Ablauf der Verzögerungszeit setzt dann automatisch der externe Alarm ein. Sämtliche externen Signalgeber müssen sabotageüberwacht sein.

Bei Einbruchmeldeanlagen in Wohnungen sollte grundsätzlich die Möglichkeit einer internen Alarmgabe vorgesehen werden.

Es empfiehlt sich, die Nachbarschaft über die vorhandene Einbruchmeldeanlage und insbesondere die Wirkung der akustischen und optischen Alarmierung zu informieren mit der Bitte, die wahrgenommenen Signale sofort der nächsten Polizeidienststelle mitzuteilen.

### Optische Signalgeber

Blink- und Signallichter (Feuerwehr, Polizei, Ambulanz) werden über eine weite Entfernung gesehen und gegenüber normaler Beleuchtung (Straßenlaterne, Scheinwerfer) stark hervorgehoben.

Blitzlicht zeigt auch ganz gezielt den Ort der Gefahr an eine Forderung, die von den nur relativ kurze Zeit in Betrieb befindlichen akustischen Signalgebern nicht immer erfüllt werden können.

Neben dem Einsatz der vorgeschriebenen optischen Signalgeber sollte in jedem Fall auch die vorhandene Haus- oder Hofbeleuchtung eingeschaltet werden; sie ist deshalb an die Zentrale anzuschließen.

Als Signalfarbe für optische Extern-Signalgeber ist vorzugsweise die Farbe Rot zu wählen.

Die *Rundumkennleuchte* hat bei einer sinnvollen Montage eine sehr große Reichweite. Damit wird im Falle eines Alarmes eindeutig der Auslöseort gekennzeichnet. Sie bleibt im Gegensatz zu den akustischen Signalgebern bis zur manuellen Rückstellung an der Zentrale in Betrieb. Es kann zuweilen zweckmäßig sein, die Rundumkennleuchte auf das Sirenenschutzgehäuse zu montieren, besonders wenn die Sirene am höchsten Punkt des Hauses (z.B. Dachfirst) angebracht ist.

Die *Blitzleuchte,* ein neuerer elektro-optischer Signalgeber, hat den Vorteil, daß mechanische Teile nicht bewegt werden müssen; außerdem besitzt sie eine Lichtstärke, die von anderen Systemen nicht erreicht wird.

### Akustische Signalgeber

Als akustische Extern-Signalgeber können Sirenen, elektronische Signalgeber, Zweiklanghörner, Hochleistungsläutewerke und Hupen verwendet werden. Die Lautstärke der in einem wetterfesten Schutzgehäuse eingebauten Signalgeber muß im Abstand von einem Meter zum Signalgeber mindestens 100 dB(A) betragen.

Das Schutzgehäuse soll verhindern, daß unbefugte Personen die Alarmgeber stören oder gar zerstören können, ohne daß dies bemerkt wird.

Die beiden vorgeschriebenen akustischen Signalgeber sollten bei einem Gebäude möglichst an entgegengesetzten Seiten und an schwer zugänglicher Stelle witterungsgeschützt installiert werden. Der Montageort muß eine gute akustische Abstrahlung gewährleisten.

Die Alarmgabe ist nach örtlicher polizeilicher Regelung begrenzt, z.B. auf 2 oder 3 Minuten; dann müssen die Alarmgeber automatisch abschalten.

*Netzbetriebene Sirenen* erzeugen einen durchdringenden charakteristischen Sirenenheulton (Prinzip der Luftschutzsirene) und sind weitreichende Alarmgeber. Motorsirenen sind während eines Netzausfalles nicht betriebsbereit; ihr Einsatz ist deshalb nur zusammen mit einer elektronischen Sirene sinnvoll.

*Elektronische Sirenen* sind Druckkammerlautsprecher mit eingebautem Generator und Verstärker. Sie benötigen eine Spannung von nur 12 Volt und sind daher netzunabhängig. Bei sehr geringem Stromverbrauch erzeugen sie eine enorme Lautstärke; diese beträgt im Abstand von einem Meter 110 db (A). Der Sirenenton ist fortlaufend auf- und abklingend. Es gibt elektronische Sirenen, bei denen mit dem Ertönen des Signals eine Kontroll-Leuchte zu blinken beginnt. Im Gegensatz zum zeitlich begrenzten akustischen Signal erlischt das optische Signal erst dann, wenn der Verschlußzustand an der Zentrale wieder hergestellt ist.

Das *Zweiklanghorn* mit zwei Starktonhörnern, die in einem stabilen Stahlblechgehäuse untergebracht sind, kann einen dauernden oder intermittierenden Doppelton ausstrahlen, dessen Klangbild sich von den normalen Umweltgeräuschen gut unterscheidet.
Das Zweiklanghorn kann auf oder unter Putz montiert werden. Bei Unterputzmontage ist als mechanischer Schutz ein stabiles Gitter anzubringen. Zur Sabotageüberwachung ist ein Mikroschalter eingebaut.

### Signalgeber für den Innenbereich

Wecker und sonstige Läutewerke sind bekannte Signalgeber für den täglichen Bereich, z.B. für das Anzeigen von Pausen. Wegen der Verwechselungsgefahr sollten sie zur Alarmgabe bei Einbruchmeldeanlagen nicht eingesetzt werden.

Wesentlich wirkungsvoller sind die nachstehend aufgeführten Geräte, die durch Alarmleuchten ergänzt werden können.

*Elektronische Innensirenen,* bei denen durch einen elektronischen Tongenerator ein intermittierendes Signal erzeugt und in Schallwellen umgewandelt wird. Innensirenen sind völlig verschleißfrei und erfordern deshalb keinerlei Wartung.

*Alarmhupen* bestehen aus einem kleinen Lautsprecher und elektronischen Bauteilen; sie können auf oder unter Putz eingebaut werden.

*Elektronische Summer* sind Miniaturgeräte, die auf elektronischem Wege einen Warnton erzeugen. Bei sehr geringer Stromaufnahme werden in einem Meter Entfernung Signale von 80 dB(A), bei größeren Geräten – die aber immer noch sehr klein sind – Lautstärken bis 100 dB(A) erzeugt.

**Stiller Alarm**

Neben den geforderten akustischen und optischen Extern-Signalgebern sowie den ergänzenden internen Alarmmitteln kann auch über einen sogenannten stillen Alarm Hilfe herbeigerufen werden, wie z.B. durch

– *Nachbarschaftsruf* über eine direkte Verbindungsleitung oder einen von der Post gemieteten Stromweg;
– *Pförtnerruf* oder Ruf an eine andere ständig besetzte Stelle, die dann die weiteren Maßnahmen trifft;
– *Telefonwählgerät* zum vereinbarten Teilnehmer über das öffentliche Fernsprechnetz;
– *Polizeiruf,* in besonderen Fällen über Postmietleitungen.

**Automatisches Wähl- und Ansagegerät**

Das Telefonwählgerät (TWG) ist eine Zusatzeinrichtung. Im Alarmfalle wird über das öffentliche Fernsprechnetz gleichzeitig oder nacheinander eine öffentliche (z.B. Polizei) oder private (z.B. Bewachungsunternehmen) Notrufstelle und/oder eine private Sprechstelle angerufen und ein auf Magnetband besprochener Meldetext durchgesagt. Zur Sicherung kann das Programm zweimal wiederholt werden, was frühestens nach zwei Minuten möglich ist.

Ist einer der beiden Teilnehmer besetzt oder erfolgt nach Abheben des Hörers keine Wortmeldung, so wird die Verbindung getrennt und der nächste Wählvorgang eingeleitet. Erreicht das Gerät keinen der beiden Teilnehmer, so kann akustischer und/oder optischer Alarm ausgelöst werden.

Ein Telefonwählgerät ist besonders für schutzbedürftige Objekte in abgelegenen Orten ohne Polizeidienststelle zu empfehlen.

Moderne Telefonwählgeräte bieten die Möglichkeit der Fernabfrage. Von jedem Telefonanschluß, auch von öffentlichen Fernsprechstellen, läßt sich der Ist-Zustand des Gerätes und der überwachten Anlage abfragen. Mit Hilfe eines Quittiersenders, der an die Sprechmuschel des Handapparates gehalten wird, ist sichergestellt, daß sich nur berechtigte Personen informieren können; das Telefonwählgerät sendet den Störungstext erst nach Auswertung des codierten Quittier-Signals.

**Anschluß an den Polizeinotruf**

Auf die Hauptmeldeanlage der Polizei aufgeschaltete Einbruch- oder Überfallmeldeanlagen dienen dazu, bei Gefahr für Personen und Sachwerte in kürzester Zeit polizeiliche Hilfe herbeizurufen.

Gemäß den Richtlinien der einzelnen Länder-Innenministerien können Überfall- und Einbruchmeldeanlagen nur dann an die Polizei angeschlossen werden, wenn

– Personen aufgrund ihrer Tätigkeit,
– Sachen wegen ihrer erheblichen Werte,
– Institutionen wegen ihrer herausragenden wirtschaftlichen, politischen oder sonstigen Bedeutung

besonders gefährdet sind und ihre Sicherheit im öffentlichen Interesse liegt.

Nach Genehmigung dürfen an den öffentlichen Polizeinotruf nur Einbruchmeldeanlagen angeschlossen werden, die von Spezialfirmen mit eigenem Wartungsdienst errichtet werden. Ebenso wird der Nachweis einer geregelten Wartung efordert.

Im Alarmfall hängt die Zeit zwischen Alarmgebung und Polizeieinsatz in erster Linie von örtlichen Faktoren ab, wie z.B. der Entfernung zur Polizeistation, der Erreichbarkeit des Einsatzortes sowie von tages- und jahreszeitlichen Einflüssen.

Infolge des verstärkten Einbaus von Einbruchmeldeanlagen ist auf die Polizei eine Flut von Anträgen auf Anschluß an den Polizeinotruf zugekommen. In vielen Städten sind die Zentralen der Polizei vollständig belegt, so daß zuweilen berechtigte Anträge zurückgewiesen werden müssen.

Dagegen ist die Zahl der Anschlüsse von Alarmanlagen an Notrufzentralen privater Wach- und Sicherheitsdienste praktisch unbegrenzt.

Der Verband der Sachversicherer e.V. Köln hat Richtlinien für Hauptmeldeanlagen von Bewachungsunternehmen erlassen. Darin werden Mindestanforderungen für den Anschluß von VdS-anerkannten Einbruchmeldeanlagen festgelegt.

Bei mehr als 20 aufgeschalteten VdS-anerkannten Einbruchmeldeanlagen muß an der Empfangszentrale des Bewachungsunternehmens eine Registriereinrichtung angeschlossen werden.

Bei einer Aufschaltung von automatischen Telefonwähl- und Ansagegeräten an die Notrufzentrale eines privaten Wach- und Sicherheitsdienstes wird der ankommende Alarm zunächst überprüft. Erst wenn mit einiger Sicherheit anzunehmen ist, daß es sich nicht um einen Fehlalarm handelt, wird die Polizei verständigt.

Die Notrufzentralen der privaten Bewachungsunternehmen können bei den angeschlossenen Alarmanlagen auch den Bedienungsstand der einzelnen Anlagen mitüberwachen, wenn z.B. vergessen wird, diese ein- oder auszuschalten. Darüber hinaus können weitere Überwachungseinrichtungen betrieblicher Art angeschlossen werden.

**Fehlalarme**

Als Fehlalarm (oder auch als falscher Alarm) wird das nicht vom Einbrecher herbeigeführte Auslösen einer Einbruchmeldeanlage bezeichnet.

Die Gründe hierfür können vielfältig sein, wie z.B. Fehlbedienung, Vergeßlichkeit, unzulässiges Betreten überwachter Bereiche und dergleichen mehr.

Es ist verständlich, daß die Polizei allergrößten Wert auf ausreichende Sicherung gegen Fehlalarme legt. Nach dem Eintreffen der Polizei muß sich der Grund für den Alarm – also auch für den Fehlalarm – eindeutig erkennen lassen.

Häufige Fehlalarme mit anschließendem Aufheulen der Sirenen führen dazu, daß die zunächst hilfeleistenden Nachbarn oder Anwohner gegen Alarm gleichsam immunisiert und im Ernstfalle nicht mehr tätig werden.

Fehlalarme können aber auch in Einwirkungen ihre Ursache haben, die der Betreiber einer Einbruchmeldeanlage nicht zu vertreten hat, wie z.B. Störungen durch Bauarbeiten im Leitungsnetz der Post oder Blitzschlag und andere Witterungseinflüsse.

# Alarmgeber – für Außen

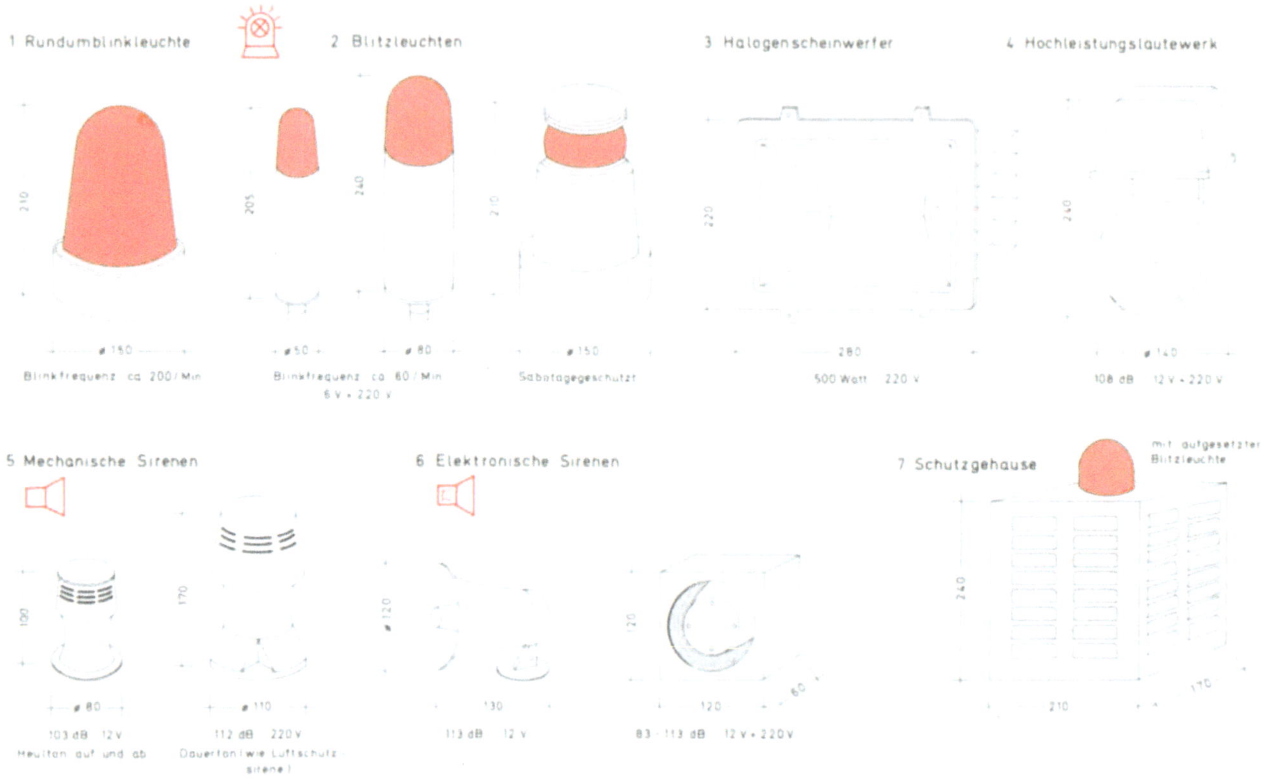


# Alarmgeber – für Innen

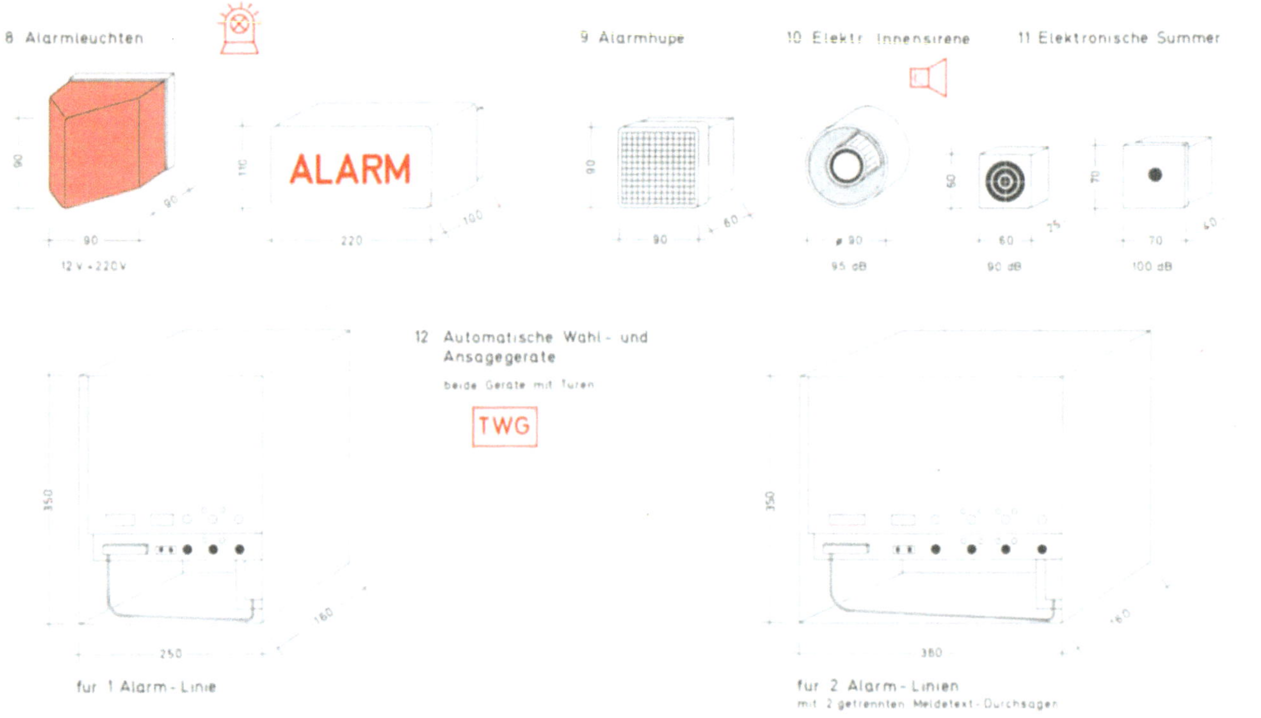

## Einbruchmelder

Einbruchmelder sind Bauelemente für die Außenhautüberwachung. Entsprechend ihrer Funktion kann man sie in zwei Gruppen einteilen:

- *Öffnungsmelder* für im Normalfall zu öffnende Teile wie Fenster und Türen; bei unbefugter Öffnung müssen sie Alarm auslösen.
- *Durchbruchmelder* für die Überwachung der Außenhaut auf gewaltsamen Durchbruch.

Sämtliche Einbruchmelder müssen auf Sabotage überwacht sein.

### Riegelkontakte

Die einfachste Verschlußeinrichtung ist ein Sicherheitsschloß mit einem Riegelkontakt. Dieser Verschluß wird benötigt, wenn bei scharfgeschalteter Alarmanlage die Türen der überwachten Räume verschlossen sein müssen.

Riegelkontakte enthalten einen Mikroschalter, der über einen Hebel vom Riegel des Schlosses betätigt wird. Infolge seiner außergewöhnlich kleinen Abmessungen kann er auch in Stahlzargen eingebaut werden.

Für Ganzglastüren, deren Schlösser nach unten schließen, gibt es spezielle Bodenriegelkontakte. Wegen der Verschmutzungs- und Durchfeuchtungsgefahren muß das Kontaktmaterial entsprechend beständig sein.

Eine mit einem Riegelkontakt ausgestattete Tür muß sehr sorgfältig angeschlagen sein und darf auch bei längerem Gebrauch nicht abhängen, da es sonst zu Kontaktschwierigkeiten kommt.

### Magnetkontakte

Der Magnetkontakt, zuweilen auch Magnet- oder Reed-Schalter genannt, dürfte der am häufigsten eingesetzte Kontakt in der Gruppe der Alarmmelder sein. Er meldet das Öffnen von Türen, Fenstern, Schränken, Apparate-Gehäusen, Schubladen usw.

Als Vorteile dieses Öffnungsmelders sind geringe Fehlalarmquoten, hohe Überwachungsqualität und verhältnismäßig niedrige Anschaffungspreise zu nennen.

Der Magnetkontakt besteht aus einem Schaltelement und einem Dauermagneten. Die beiden Einheiten werden in zulässigem Abstand, der von ihrer Wirksamkeit abhängt, auf dem festen und dem beweglichen Teil des Schutzobjektes (z.B. einem Fenster) genau gegenüberliegend montiert. Der Magnetschalter bleibt durch das Kraftfeld des Dauermagneten geschlossen. Erfolgt eine Vergrößerung des höchstzulässigen Abstandes zwischen den beiden Einheiten, so wird das magnetische Kraftfeld abgeschwächt oder ganz unterbrochen. Dadurch öffnet der Magnetkontakt und unterbricht den Stromkreis der Alarmauslösung.

Magnetschalter sollten grundsätzlich nur im gesicherten Bereich eingesetzt werden, bei Fenstern also auf der Innenseite.

Magnetkontakte sind auch Zustandsmelder; die Meldelinie wird erst dann geschlossen, wenn die Tür oder das Fenster geschlossen ist.

Für Garagentore oder schwere Stahltore gibt es Hochleistungs-Magnetkontakte, die bis zu 30 mm Abstand ihre Wirkung behalten. Bei einer weiteren Ausführungsart wird der Kontakt auf der Schwelle von Garagentoren montiert; er kann vom Auto überfahren werden.

### Überwachungskontakte

Der Überwachungskontakt, früher auch Tür- oder Fensterschalter genannt, enthält einen gefedert gelagerten Betätigungsstift. Er wird am feststehenden Teil einer verschließbaren Öffnung (Türrahmen, Fensterstock) angebracht. In scharfgeschaltetem Zustand der Anlage meldet er das Öffnen der Tür oder des Fensters.

Türen und Fenster, die so überwacht werden, müssen in geschlossenem Zustand unbeweglich sein, da sonst Fehlalarme entstehen können.

Die früher sehr häufig verwendeten Überwachungskontakte sind wegen ihrer Störanfälligkeit infolge äußerer Einflüsse (Verschmutzung und Korrosion der offen liegenden Betätigungsstifte) weitgehend durch Magnetkontakte abgelöst worden. Eine Ausnahme bilden die nachstehend beschriebenen Übergangskontakte.

### Übergangskontakte

Übergangskontakte werden bevorzugt gebraucht, um bei Hebe-Schiebefenstern oder -türen, Schwenkfenstern und Schiebetüren im geschlossenen Zustand eine elektrisch leitende Verbindung zwischen der Meldelinie und dem auf dem beweglichen Flügel angebrachten Durchbruchmelder (z.B. Glasbruchmelder) herzustellen. Das eine Teil des Übergangskontaktes wird auf dem festen Rahmen, das andere, genau gegenüberliegend, auf dem Rahmen des beweglichen Flügels angebracht. Der Einbau in Fenster oder Türen mit Alu- oder Stahlprofilrahmen ist möglich.

Die Kontaktstifte beim Übergangskontakt sind hartvergoldet und gefedert. Dadurch wird ein sicheres Schalten und eine hohe Lebensdauer gewährleistet. Da es sich um offene Kontakte handelt, sind sie gegen Verschmutzungen empfindlich. Übergangskontakte gibt es in ein- bis vierpoliger Ausführung.

### Glasbruchmelder

Glasbruchmelder, auch Glasbruchsensoren genannt, werden zur Überwachung von Glasflächen eingesetzt, wenn hohe Anforderungen an die Überwachungsqualität und Sicherheit gegen Fehlalarm gestellt werden müssen.

Die elektronischen Glasbruchmelder reagieren nur auf die bei einem Bruch der Glasscheibe auftretenden hohen Frequenzen.

Sonstige Einwirkungen auf Schaufenster oder Fensterscheiben, wie Klopfen, Schlagen oder Reiben, lösen ebensowenig wie atmosphärische Einwirkungen oder elektrische Felder Fehlalarme aus.

So hat zum Beispiel der Glasbruchmelder GB 22 der Firma Cerberus folgende Funktionsweise: Beim Einschlagen von Glasscheiben entstehen Massenbeschleunigungen. Diese erzeugen mechanische Schwingungen, die sich als Körperschall im Glas fortpflanzen. Der piezokeramische Sensor des Melders nimmt diese Schwingungen auf und wandelt sie in elektrische Signale um. Die für brechendes Glas typischen Frequenzen werden im Melder verstärkt und zur Alarmauslösung ausgewertet.

Ein ausgelöster Alarm wird bis zu dessen Rückstellung an der Zentrale durch eine im Glasbruchmelder enthaltene Leuchtdiode angezeigt. Der Melder ist gegen Sabotage geschützt. Eine Klebehaftung im Temperaturbereich von minus 40 bis plus 70 °C wird gewährleistet.

Der Wirkungsbereich entspricht bei fast allen bekannten Glasarten einer überwachten Glasfläche von 15 $m^2$; dies gilt auch für Doppelscheiben und Drahtgläser. Bei schwerem Panzerglas sind es etwa 4 $m^2$. Die Anbringung des Melders kann direkt neben dem Fensterrahmen, also außerhalb des Sichtbereiches, erfolgen.

### Überwachungsfolien

Überwachungsfolien sind meist Aluminiumfolien von ca. 0,01 mm Dicke und 8 mm Breite, die auf Glasscheiben – besonders Schaufensterscheiben – geklebt werden. Bei Zerstörung der Scheibe zerreißen sie und lösen Alarm aus.

Nach den VdS-Richtlinien ist für die Folienstreifen ein maximaler Abstand von 20 cm einzuhalten. Abweichungen hiervon sind nur dann zulässig, wenn im Bereich der Fenster keine wertvollen Waren lagern, die mittels einer Angel durch ein 20 cm großes Loch herausgezogen werden können. In keinem Fall darf der Abstand zwischen den Folienstreifen 100 cm übersteigen.

Folienstreifen sind ästhetisch wenig ansprechend und können bei der Glasreinigung beschädigt werden.

### Verglasungen mit Alarmgabe (Alarmglas)

Verbundsicherheitsglas besteht aus zwei oder mehreren Glasscheiben, die durch elastische Folien fest miteinander verbunden sind. Bei Stoß oder Schlag splittern zwar die Scheiben, die Bruchstücke haften aber fest an der Zwischenfolie und erschweren ein Durchdringen. Verbundglas wird deshalb als einbruchhemmend anerkannt. Darüber hinaus kann es so gefertigt werden, daß es auch noch alarmgebend wirkt.

*KINON-Kristall mit Alarmdraht,* besteht aus zwei oder mehreren Glasscheiben mit dazwischenliegenden Folien.

In einer der Folienschichten ist, mäanderförmig über die ganze Scheibe verteilt, ein Feinsilberdraht eingelegt, dessen Enden an eine Linie der Einbruchmeldeanlage angeschlossen werden. Bei Bruch der Scheibe zerreißen die Drähte und lösen Alarm aus.

*KINON-Kristall mit Alarmschleife* kommt ohne Drahteinlage aus. Auf der äußeren Scheibe aus Einscheiben-Sicherheitsglas, die mit einer oder mehreren Kristallspiegelglasscheiben mit dazwischenliegenden Folien verbunden wird, ist in einer Ecke eine elektrisch leitende Schleife eingebrannt. Das Prinzip der Alarmgabe beruht hier auf der charakteristischen Sprungbildung bei der Beschädigung des Einscheiben-Sicherheitsglases. Auch nach der Zerstörung ist noch eine einbruchhemmende Wirkung vorhanden.

*SIGLA-Kristall-Scheiben* enthalten dünne versilberte Kupferdrähte, deren Enden an eine Meldelinie der Einbruchmeldeanlage angeschlossen werden. Reißt bei Anbruch des Glases der Draht, wird Alarm ausgelöst. Typ 1 wird mit sichtbaren Flächenanschluß, Typ 2 mit unsichtbarem Randanschluß hergestellt.

An Alarmgläsern sind noch weitere Kombinationen bekannt; auch die Fertigung von Alarm-Isolierverglasungen ist möglich. Bei vorhandenen Glasflächen kann durch nachträglich aufgesetzte Scheiben aus Sekurit-Alarmglas eine einbruchanzeigende Verglasung hergestellt werden.

### Körperschallmelder

Körperschallmelder sprechen auf mechanische und thermische Einwirkungen an. Sie werden vorwiegend zur Überwachung von Panzerschränken und Tresorräumen eingesetzt. Dabei soll es sich stets um gut schallleitende Flächen, wie z.B. Betonwände und -decken oder vollfugiges Hartmauerwerk handeln. Weniger geeignet ist Mauerwerk mit offenen Fugen; ungeeignet sind gemauerte Wände aus Leichtbaustoffen sowie Holzdecken und -wände. Wenn alle Voraussetzungen erfüllt sind, ist die Überwachungsqualität bei Körperschallmeldern als recht hoch zu bezeichnen.

Bei einem Gewaltangriff auf das mit Körperschallmeldern überwachte Bauteil entstehen Massenbeschleunigungen. Dadurch werden mechanische Schwingungen erzeugt, die sich als Körperschall im Material fortpflanzen. Der piezokeramische Sensor des Körperschallmelders nimmt diese Schwingungen auf und wandelt sie in elektrische Signale um. In einem ausgewählten Frequenzbereich werden die Signale verstärkt und zur Alarmauslösung ausgewertet. Der Körperschallmelder ist unempfindlich auf umgebungsbedingte Störeinflüsse sowie auf Einzelschläge und Raumschall.

Zur Vergrößerung der Überwachungsfläche können an einem Körperschallmelder bis zu 5 in Reihe geschaltete Zusatzmikrofone angeschlossen werden.

Mittels eines speziellen Fernprüfsystems kann von zentraler Stelle aus jederzeit die Funktionstüchtigkeit der Körperschallmelder kontrolliert werden.

### Erschütterungskontakte

Erschütterungskontakte dürfen nur dort eingesetzt werden, wo keine Fehlalarme zu befürchten sind, z.B. an Mauern, Decken, Glasbausteinen, Zweitscheiben (nicht Isolierglas) und Fensterscheiben hinter Rollläden, die bei scharfgeschalteter Anlage verschlossen sind. Für die Überwachung von unstabilen Bauteilen (klappernde Fenster und Türen), frei zugänglichen Schaufenstern sowie einfach verglasten und leicht erreichbaren Fenstern sind sie jedoch nicht geeignet.

Das Schaltelement im Erschütterungskontakt ist eine schwingende Kontaktfeder, die bei Erschütterungen aufgrund ihrer Massenbeschleunigung den Stromkreis kurzzeitig öffnet und Alarm auslöst.

### Alarmdrähte und -tapeten

Diese Überwachungsart kommt vor allem bei dünnwandigen Flächen mit geringer Körperschall-Leitfähigkeit zur Anwendung, wie z.B. bei Wänden und Decken aus Holz, Verkleidungen aus Gipskartonplatten, Hart- und Weichfaserplatten.

Als Alarmdraht wird ein dünner, isolierter Draht verwendet, der auf die zu überwachende Fläche aufgespannt, aufgeklebt oder eingeputzt wird. Der Überwachungsstrom fließt ständig durch dieses Feindrahtnetz. Beim Durchbrechen der überwachten Fläche wird der Stromfluß unterbrochen und Alarm ausgelöst. Nachteilig ist dabei, daß die Einbruchmeldung erst erfolgt, wenn die zu überwachende Fläche zerstört ist. Bei der Alarmdrahttapete sind in einer starken Papierbahn im Abstand von etwa 8 cm dünne lackisolierte Kupferdrähte eingebettet. Sie kann mit herkömmlichen Tapeten überklebt werden.

Bei Wandflächen, die mit Alarmdrähten gesichert sind, muß darauf geachtet werden, daß durch das Einschlagen von Befestigungsmitteln oder durch scheuernde Möbel keine ungewollte Beschädigung entsteht.

### Trittmatten

Trittmatten sind Alarmmelder, die auf Belastung reagieren (Druckmelder). Damit kann man auf einfache Art Räume gegen unbefugtes Betreten absichern. Sie werden auch vor Wandtresore, Kassenschränke und Treppenaufgänge ausgelegt. Die dünne Ausführung ermöglicht es, die Matte unsichtbar unter Teppichböden, losen Teppichen und Fußmatten zu verstecken. Es gibt auch noch Kontaktmatten in 6 bis 10 mm Dicke.

Wird die Kontaktmatte durch eine Person betreten, so berühren sich zwei Metallfolien; dadurch wird ein Stromkreis geschlossen und Alarm ausgelöst.

Der Sicherheitswert von Trittmatten ist begrenzt. Sie sollten daher nur als Fallensicherung innerhalb eines umfassenderen Einbruchmeldesystems mitverwendet werden.

# Kontaktüberwachung

## 1 Magnetkontakte, auch Magnetschalter, Reedkontakte

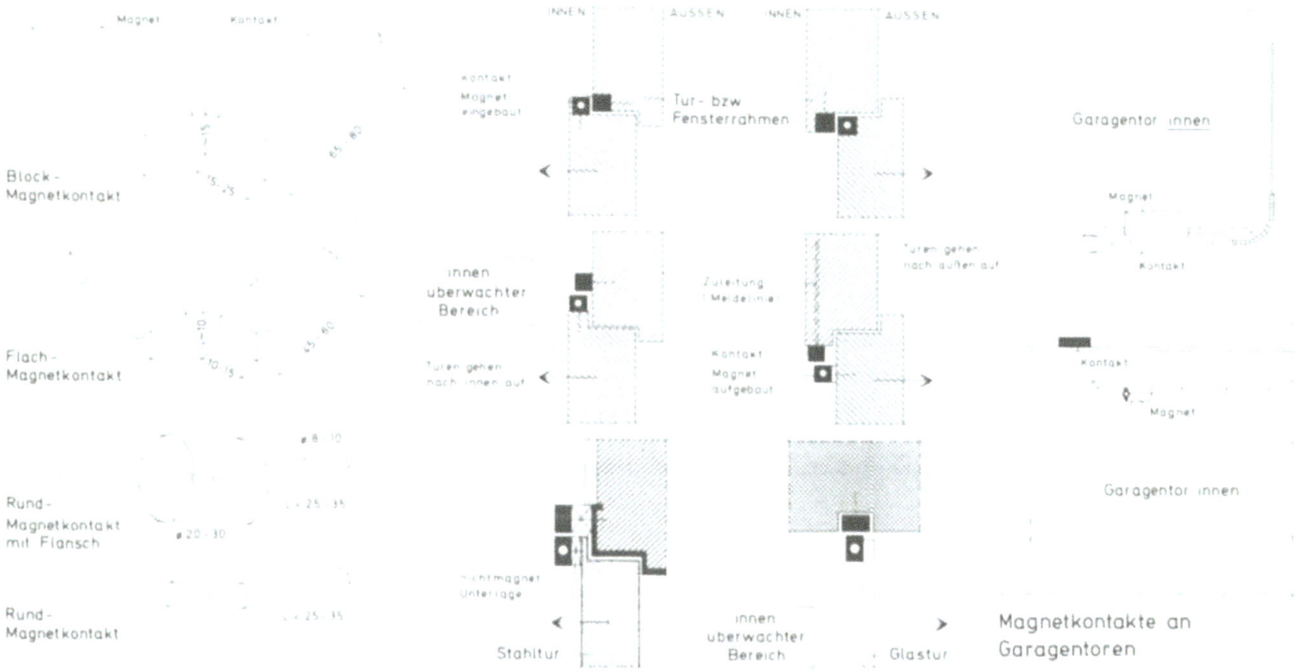

Magnetkontakte an Garagentoren

## 2 Überwachungskontakte, auch Offnungskontakte, Tur- oder Fensterschalter

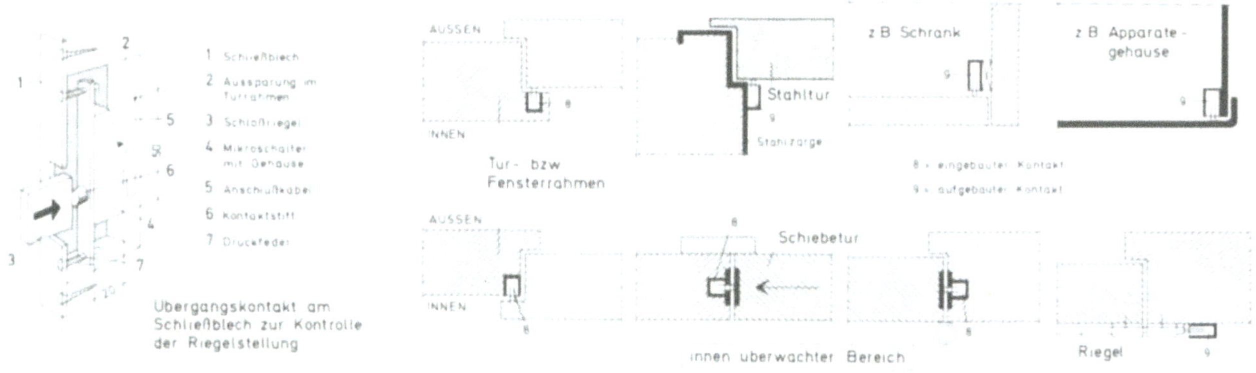

Ubergangskontakt am Schließblech zur Kontrolle der Riegelstellung

## 3 Übergangskontakte, auch Stoßelkontakte

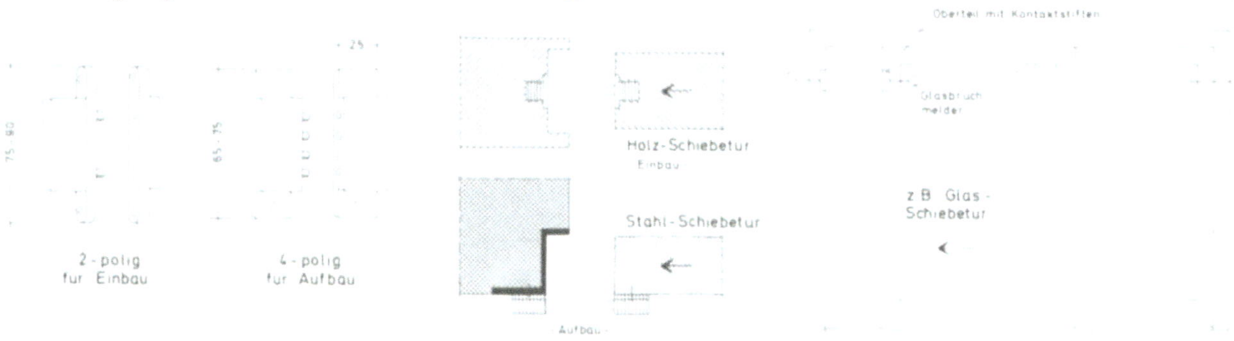

# Flächenüberwachung - Bauteile

## 1 Körperschallmelder

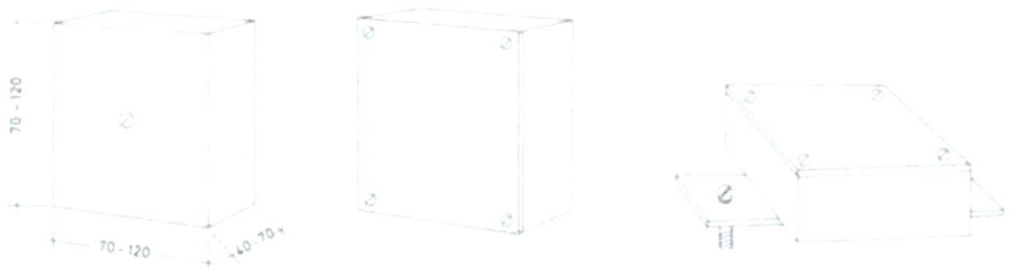


auf Putz — unter Putz — im Fußboden

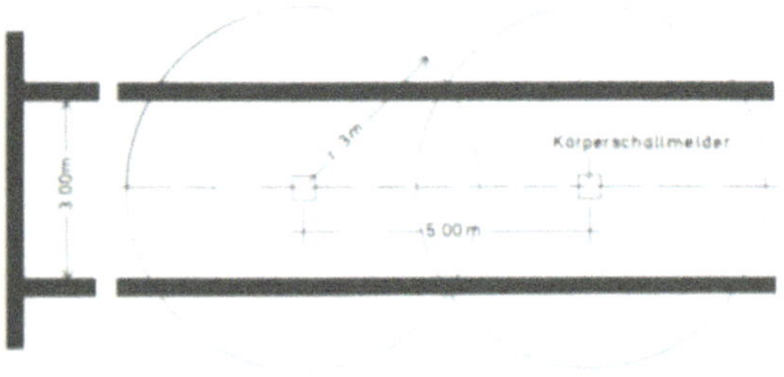


Außenwand Stahlbeton
Wirkbereich ca. 50 m², r = 3 m

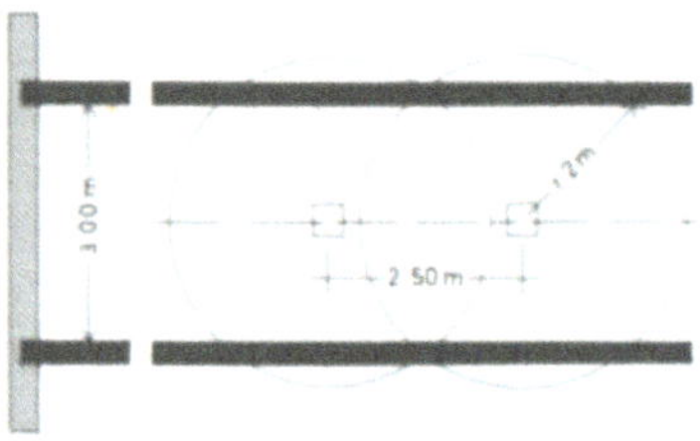


Außenwand Ziegelmauerwerk
Wirkbereich ca. 12 m², r = 2 m

## 2 Erschütterungskontakte

auch Vibrationskontakte

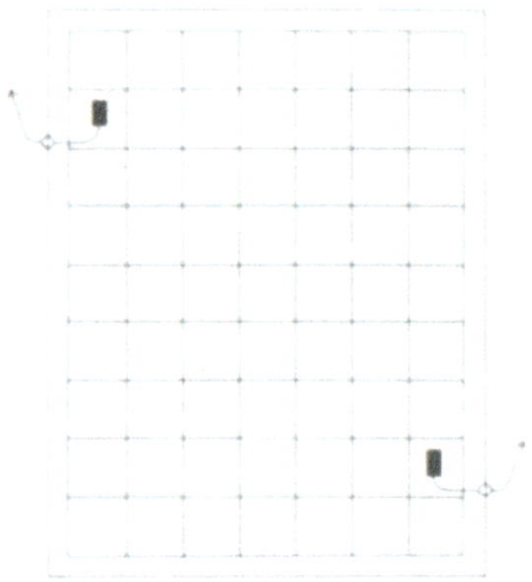

Glasbausteinwand

## 3 Alarmtapeten, Alarmdrähte



Alarmtapete

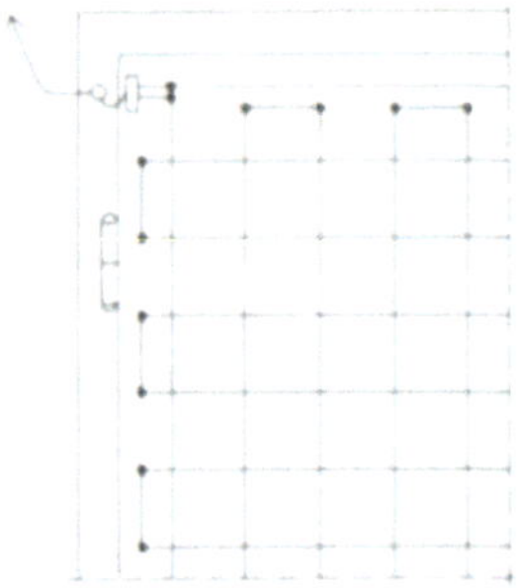

Tür mit Alarmdrähten

## 4 Druckmelder z.B. Trittmatten

Übliche Größen 50 / 100 - 150 cm
40 / 60 - 120 cm
100 / 100 - 200 cm
max. 200 / 200 cm

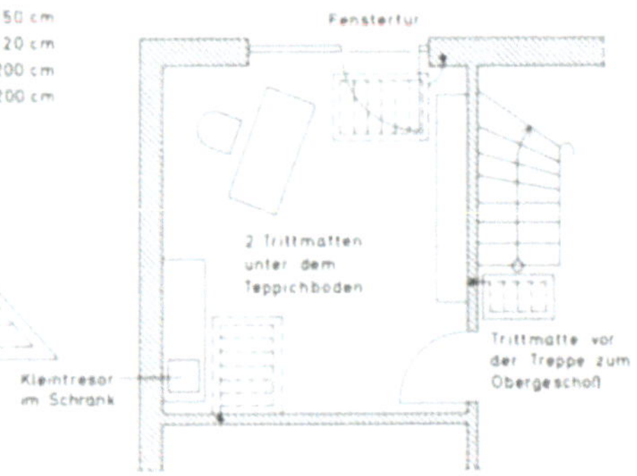


Arbeitszimmer im Wohnhaus

## 5 Fadenzugkontakte

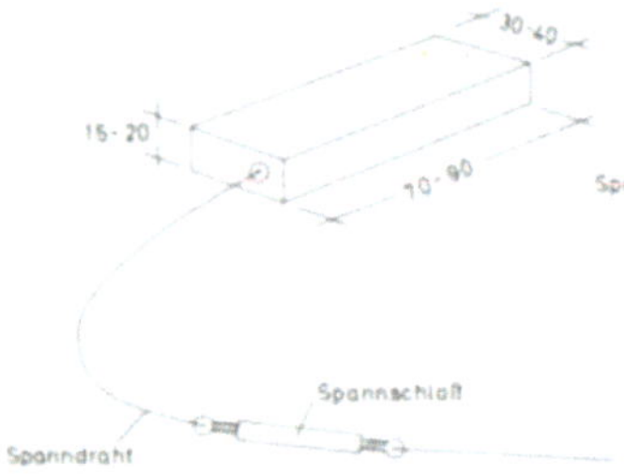


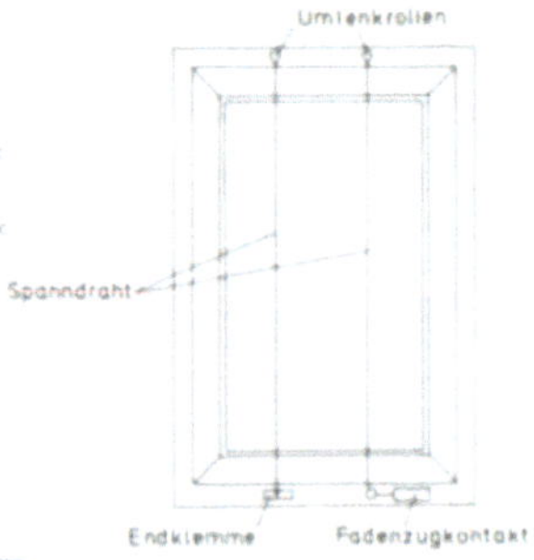


Lichtkuppel-Untersicht

## 6 Pendelmelder

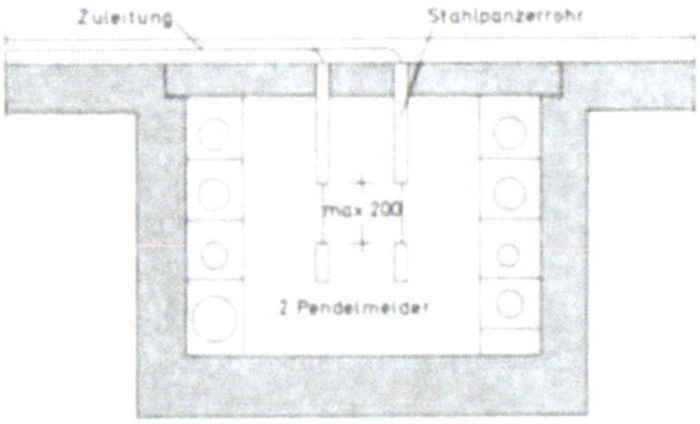


Installations-Kanal

# Flächenüberwachung – Verglasungen

## 1 Glasbruchmelder, auch Glasbruchsensoren

## 2 Überwachungsfolien, auch Foliensicherung

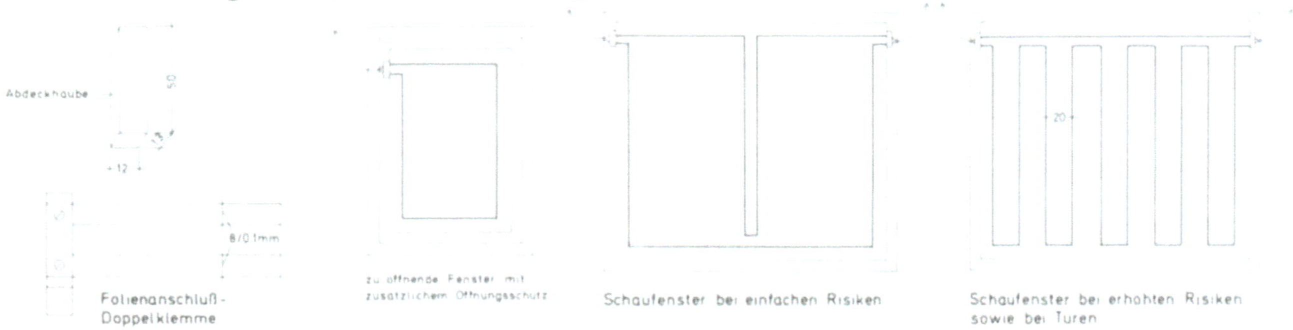


## 3 Verglasungen mit Alarmgabe, auch Alarmgläser

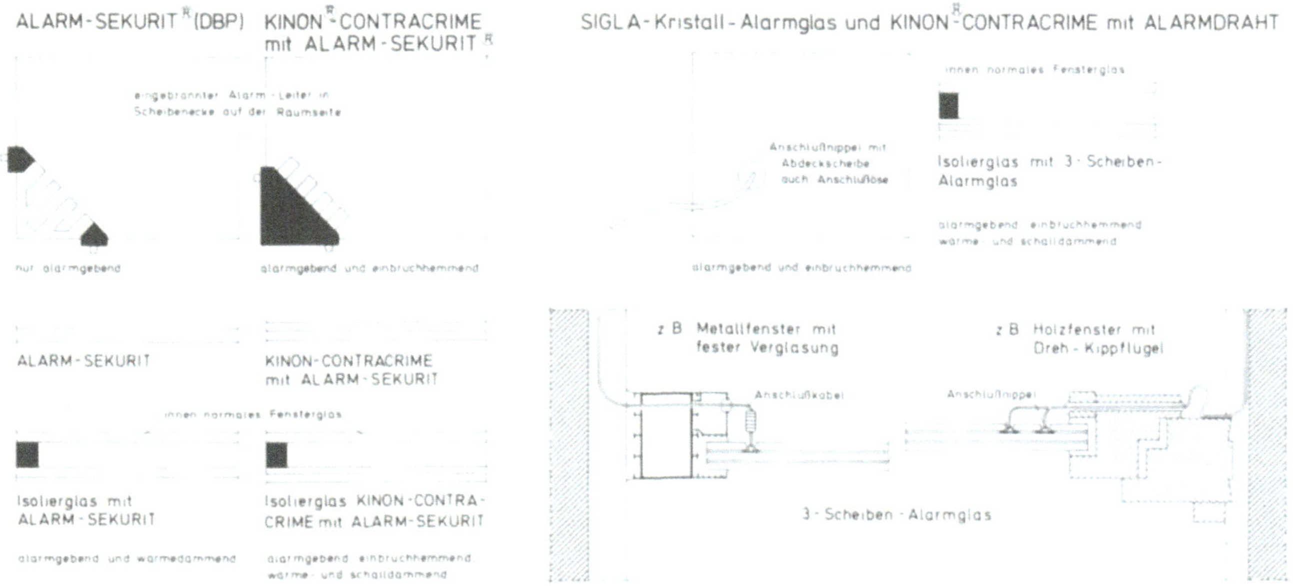

**Fadenzugkontakte**

Fadenzugkontakte werden vorwiegend als Alarmmelder für abseits gelegene und nicht ständig benutzte Öffnungen verwendet, wie z.B. Lichtkuppeln, Dachluken und Notausgänge. Weiterhin werden sie für die Überwachung von Lüftungsschächten sowie von Hohlräumen über abgehängten Decken eingesetzt. Beim Fadenzugkontakt wird durch einen Spanndraht ein Schalter in Mittelstellung gehalten. Wird der Spanndraht noch weiter gespannt oder durch- bzw. abgerissen, so öffnet sich der eingebaute Magnetkontakt, und Alarm wird ausgelöst.

**Pendelmelder**

Pendelmelder eignen sich zum Schutz gegen das Eindringen durch Luken, Kamine, Lüftungskanäle, Installationsgänge und -kanäle sowie ähnliche begrenzte Öffnungen.

Der Pendelmelder wird an seinem Anschlußkabel aufgehängt. Der eingebaute Quecksilberschalter spricht an, sobald der Melder angeschlagen oder um mehr als 20 Grad aus der Senkrechten bewegt wird. Auf Luftströmungen, z.B. in Ventilationskanälen, ist der Pendelmelder unempfindlich.

**Rolladenkontakte**

Im allgemeinen werden Rolläden nur mechanisch durch entsprechende Riegel oder Sperren gesichert.

Für die Einbeziehung in die elektrische Sicherung gibt es Notruf-Rolladenkontakte, die in den Laufschienen montiert werden und das ordnungsgemäße Schließen des Rolladens überwachen. Außerdem wird von einem Rolladenhersteller ein Fühler angeboten, der im Rolladenkasten montiert wird und ein Hochschieben des Rolladens registriert.

**Überfallmelder**

Überfallmelder sind manuell zu betätigende Alarmmelder, mit denen auch im unscharfen Zustand der Einbruchmeldeanlage Alarm ausgelöst werden kann.

Sie werden in Sabotage- und Überfallinie eingeschleift. Durch die Reihenschaltung ist sichergestellt, daß der Alarm sowohl von der bedrohten Person als auch von einem anderen Melder – vom Täter unbemerkt – ausgelöst werden kann.

Beim *Notruf-Handmelder* befindet sich über dem Druckknopf, als Schutz gegen unbeabsichtigte Betätigung, eine beschriftete Papier- und Kunststoffscheibe. Zur Lokalisierung des Meldeortes springt die Schutzscheibe beim Auslösen des Alarms aus ihrer Halterung. Sie kann vom Kundendienst der Einrichterfirma wieder eingesetzt werden.

*Notruf-Fußmelder* kommen vorwiegend bei Banken und Sparkassen zur Anwendung, weil keine dem Täter verdächtigen Bewegungen zur Betätigung nötig sind.

Die Gefahr der Auslösung eines Fehlalarms infolge unachtsamer Fußbewegungen oder bei Reinigungsarbeiten ist allerdings nicht auszuschließen.

Fußschalter, die nur durch Anheben der Fußspitze betätigt werden können, sind gegen Fehlalarm etwas sicherer als Tretschalter.

*Überfalltretleisten* sind aneinandergereihte Notruf-Fußmelder (wie vor beschrieben) zur Betätigung mit der Fußspitze. Bei einer solchen Reihenmontage kann eine lückenlose Bedienung entlang der gesamten Schalterfront erreicht werden.

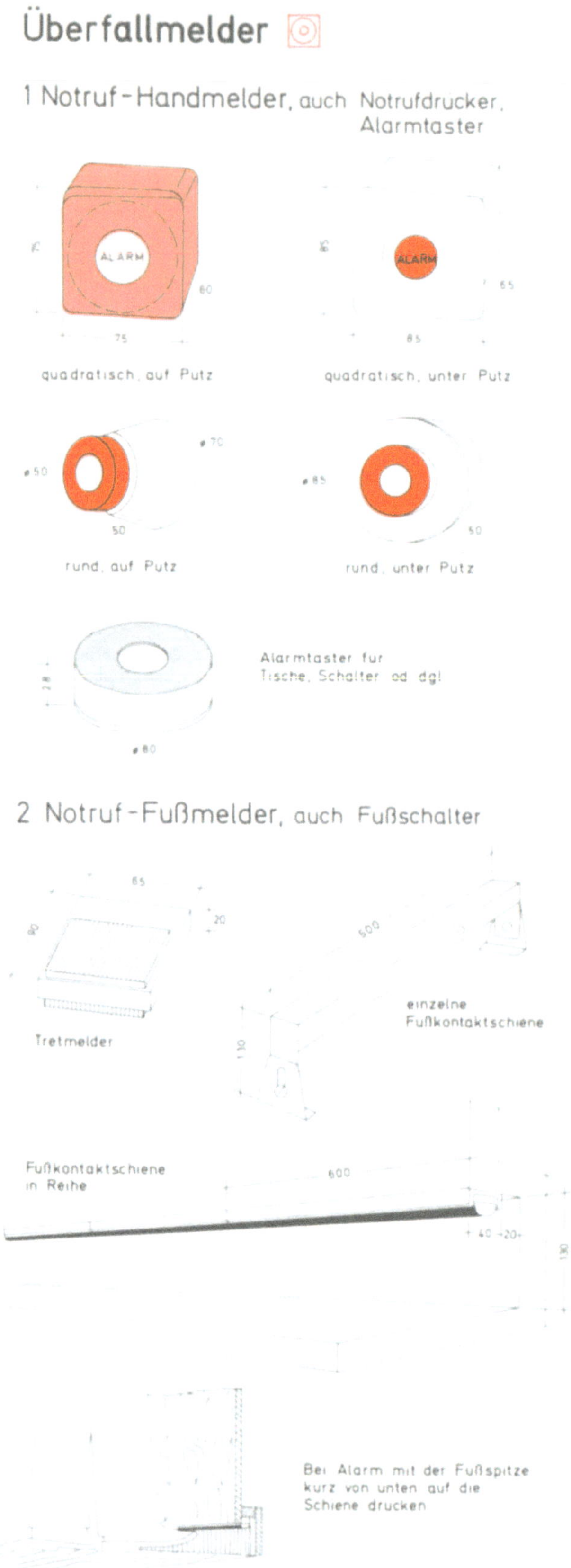

## Raum- und Objektschutzanlagen

Mit Hilfe der elektronischen Raumüberwachung soll die Anwesenheit eines Einbrechers in der überwachten Zone festgestellt werden. Dabei ist es gleichgültig, wo und wie sich der Einbrecher Zutritt in das Haus verschafft hat. Nachteilig ist, daß der Alarm erst ausgelöst wird, wenn der Einbrecher bereits im Hause ist.

Das perfekte Raumüberwachungssystem für alle Anwendungsfälle gibt es nicht. Jedes dieser Systeme hat seine spezifischen Eigenschaften in bezug auf Wirkungsbereich und mögliche Störeinflüsse. Unter den zur Verfügung stehenden Möglichkeiten ist die bestmögliche Lösung objektbezogen auszuwählen.

Die Überwachungssysteme sollten folgende Bedingungen erfüllen:

- vollständige Erfassung des zu überwachenden Bereiches,
- sicheres Ansprechen auf Personen im überwachten Bereich,
- Unempfindlichkeit gegen umweltbedingte Störeinflüsse zur Vermeidung von Fehlalarmen.

Nach den Richtlinien des Verbandes der Sachversicherer (VdS) dürfen Bewegungsmelder, die von den Versicherungen anerkannt und berücksichtigt werden, nur innerhalb von geschlossenen und verschlossenen Räumen eingesetzt werden. Sie müssen außerdem sabotageüberwacht sein.

Im Wohnbereich besteht die Gefahr, daß aus Unachtsamkeit überwachte Räume betreten werden und Alarm ausgelöst wird; auch umherlaufende Haustiere können der Anlaß für Fehlalarme sein.

### Ultraschall-Überwachungssysteme

Ultraschall sind Schallwellen, deren Frequenz oberhalb des menschlichen Hörvermögens liegt. Unter Ausnutzung des Doppler-Effektes wird Ultraschall für die Einbrucherkennung innerhalb geschlossener Räume genutzt.

Die von einem Sender abgestrahlten Ultraschallwellen werden von den Raumbegrenzungen und Gegenständen im überwachten Bereich reflektiert und von einem Empfänger wieder aufgenommen.

Wenn innerhalb dieser Zone keine Bewegung vorhanden ist, dann besitzt das zurückgeworfene Signal exakt die gleiche Frequenz wie das ausgesandte und wird ignoriert. Bewegt sich aber im Erfassungsbereich eine Person, so wird eine veränderte Frequenz zurückgeworfen.

Diese Frequenzverschiebung (Doppler-Effekt) wird registriert und Alarm ausgelöst. Eine Auswerte-Elektronik unterscheidet hierbei zwischen den Signalen einer tatsächlichen Störung und normalen Umwelterscheinungen, wie z.B. Luftbewegungen, Gebäudeerschütterungen oder Vibrationen. Es muß aber vermieden werden, daß sich innerhalb des Überwachungsbereiches stark bewegende Gegenstände befinden, wie z.B. automatische Geräte oder aufgehängte Schilder, die stark pendeln können.

Die Wirksamkeit ist weitgehend abhängig von der Abstrahlung *harter* Gegenstände, wie z.B. Fußböden, Wände und Decken mit guten Reflexionseigenschaften (geschlossene Oberfläche, z.B. Plattenböden, abwaschbare Tapeten) sowie Fensterscheiben. Absorbierende Flächen, wie Vorhänge, Teppiche, Akustikdecken und sonstige *weiche* Einrichtungen, vermindern den Effekt. Die Empfindlichkeit der Ultraschallgeräte muß für jeden Raum gesondert eingestellt werden, um Fehlalarme zu vermeiden.

Für den Einsatz von Ultraschall-Systemen wird weder eine Betriebslizenz noch eine Typengenehmigung von der Bundespost benötigt.

### Ultraschall-Doppler

Beim Ultraschall-Doppler, auch Ultraschall-Bewegungsmelder genannt, sind Sender, Empfänger und Auswerte-Elektronik in einem Gehäuse vereinigt.

Ultraschall-Doppler erzeugen ein ovales Strahlungsfeld. Durch Anbringung von Ablenkwinkeln sind auch breitgelagerte nierenförmige Strahlungsfelder sowie seitlich verschobene Abstrahlungen möglich. Bei hohen Räumen kann der Ultraschall-Doppler auch an der Decke montiert werden.

Bei verdecktem Einbau, z.B. in abgehängten Decken, ist an der Untersicht nur der Sende- und Empfängerkopf sichtbar.

Die Anordnung mehrerer Ultraschall-Doppler in einem Raum ist möglich. Die Wirkbereiche aller Geräte müssen dabei in die gleiche Richtung weisen. Bei größeren Überschneidungen besteht allerdings die Gefahr von Fehlalarmen.

### Ultraschall-Raumschutz

Bei diesem System, nach dem auch die Ultraschallschranken arbeiten, sind Sender und Empfänger voneinander getrennt in Gehäusen gleichen Aussehens untergebracht. Durch diese Aufteilung ergibt sich eine hohe Flexibilität bei der räumlichen Anpassung mit folgenden Vorteilen:

- Zwischen Sender und Empfänger ist ein größerer Abstand möglich.
- Es können auch zur Meldeachse quer laufende Bewegungen erfaßt werden.
- Sender und Empfänger lassen sich vielfältig kombinieren sowie in der Nähe von Böden und Decken anbringen. Dies ermöglicht eine Anpassung an stärker gegliederte und auch größere Räume.
- Bei einem Sender und einem Empfänger kann die Schutzzone bis zu 40 $m^2$ betragen. Mit einem Hauptsender, vier Nebensendern und fünf Empfängern sind bis zu 200 $m^2$ Schutzzone möglich.

### Ultraschall-Raumschutzanlagen

Bei dieser Anlage können bis zu 14 Wandlerpaare, bestehend aus 14 Sendern und 14 Empfängern, an ein Hauptgerät angeschlossen werden. Damit werden übereinandergreifende Überwachungszonen geschaffen, wodurch ein vollständiger Raumschutz auch für sehr große Räume erreicht wird.

Die kleinformatigen Sender- und Empfängerköpfe können auf oder unter Putz montiert werden. Jeder Sender spricht auf den daneben befindlichen Empfänger an und umgekehrt.

### Hochfrequenz-Doppler

Die Wirkungsweise dieses Mikrowellen-Bewegungsmelders beruht ebenfalls auf dem Doppler-Effekt; statt Schallwellen werden aber Hochfrequenzwellen verwendet. Der Sender strahlt die Hochfrequenzwellen ab und baut ein dreidimensionales elektromagnetisches Frequenzfeld auf. Ein im gleichen Gehäuse befindlicher Empfänger nimmt die Reflexionen aus dem Erfassungsbereich auf und vergleicht die reflektierte mit der abgestrahlten Frequenz. Weicht die Sende- von der Empfangsfrequenz ab, z.B. durch einen dazwischen tretenden Menschen, dann wird Alarm ausgelöst. Bewegungen in der Achse des Melders werden besser wahrgenommen als Bewegungen quer dazu.

Hochfrequenz-Doppler werden vorzugsweise zur Überwachung einzelner Objekte oder Teilbereiche größerer Räume eingesetzt, ebenso zur schwerpunktmäßigen Fallensicherung. Der zu überwachende Bereich kann ziemlich genau abgegrenzt werden.

Hochfrequenz-Doppler müssen an Wänden, Säulen usw. völlig erschütterungsfrei montiert sein.

Die Hochfrequenzwellen reflektieren besonders gut an Metall- und harten Betonflächen. Sie sind unempfindlich gegen Luftturbulenzen, Temperaturveränderungen und Geräusche. Dagegen werden zahlreiche Bauteile, wie Ziegelmauern, die meisten Zwischenwände, wie die Baustoffe Holz und Glas durchdrungen. Der Nachteil ist, daß dadurch auch Bewegungen außerhalb des überwachten Raumes registriert werden. Auch Neonlampen, laufende Ventilatoren oder sonstige stark bewegte Einrichtungsgegenstände können zu Fehlalarmen führen.

Hochfrequenz-Doppler sind Sende-Empfangsanlagen im Sinne der Deutschen Bundespost und deshalb anmelde- und gebührenpflichtig.

**Hochfrequenzschranken**

Die Hochfrequenzschranke – auch 9,5 GHz-Schranke oder Radar-Richtstrecke genannt – besteht aus einem Sender und einem Empfänger.

Der Sender strahlt ein Hochfrequenzfeld aus. Jede Änderung im Überwachungsbereich bewirkt eine kurzfristige Feldstärkenänderung an der Empfangsantenne im Empfänger. Diese Änderung wird in einer nachgeschalteten Auswerte-Elektronik weiter verarbeitet und Alarm ausgelöst.

Zur Vermeidung von Fehlalarmen dürfen sich im Überwachungsbereich keine bewegten Metallteile befinden. Wegen der Durchdringung von Bauteilen, Einrichtungen und Lagergütern gelten die im vorgenannten Abschnitt gemachten Angaben.

Hochfrequenzschranken werden zur Sicherung großflächiger Räume, wie z.B. Fabrikhallen, Lagerhallen, Kaufhäuser usw. eingesetzt, ebenso zur Freigelände-Überwachung.

Damit lassen sich Strecken bis zu 350 m überwachen, wobei der Durchmesser des erfaßten Bereiches zwischen 4 und 20 m beträgt.

**Infrarotmelder**

Jeder Gegenstand strahlt eine bestimmte Infrarot-Energie aus, die von seiner Oberflächentemperatur abhängig ist. Die von einem Menschen ausgehende Strahlung entspricht in ihrer Energie etwa einer 500-Watt-Glühlampe; sie besteht vorwiegend aus langwelliger Infrarotstrahlung.

Der Infrarotmelder – auch Infrarot-Bewegungsmelder genannt – empfängt diese Strahlungsenergie mit seinem opto-elektronischen Wandler. Betritt nun eine Person den Empfangsbereich des Melders, so ändert sich innerhalb einer bestimmten Zeit die eintreffende Infrarot-Strahlungsmenge, die von einer elektronischen Schaltung zur Alarmauslösung ausgewertet wird. Eine eingebaute rote Leuchtdiode zeigt den Alarm zusätzlich an.

Entsprechend ihrer Eigenart lösen Infrarotgeräte auch bei auftretender Flammenbildung und Entwicklung von heißem Rauch Alarm aus.

Durch die Erfassung der beiden Kriterien Bewegung und Temperaturveränderung sind Infrarotgeräte bei geringem Stromverbrauch sehr zuverlässige Einbruchmelder, auch bei langsamen Bewegungen. Sie eignen sich zur Erfassung des gesamten Raumes wie auch als Teilraumschutz, z.B. als Einbrecherfallen in Durchgängen.

Die Aufstellung mehrerer Geräte im gleichen Raum ist problemlos; ebenso dürfen sich die Überwachungsbereiche überdecken. Eine Kombination mit anderen Raumschutzsystemen, wie z.B. Ultraschall- oder Mikrowellen-Systemen, ist möglich.

Infrarot-Strahlung kann die meisten Materialien nicht durchdringen. Aus diesem Grunde entstehen hinter hohen Einrichtungsgegenständen, Säulen und dergleichen sogenannte Schattenzonen, die nicht erfaßt werden.

Jede thermische Quelle, wie z.B. offene Flammen, Heizlüfter, Infrarotstrahler, starke Glühlampen, Sonnenlicht usw. kann zur Störquelle werden. Langsame, umgebungsbedingte Temperaturveränderungen, Leuchtstofföhren sowie ständig gleichmäßig erwärmte Heizkörper werden dagegen nicht registriert. Infrarotgeräte reagieren nicht auf Luftturbulenzen, Luftzug oder Geräusche. Sie eignen sich für Auf- und Unterputzmontage. Mit Hilfe der Einstellmechanik im Gerät kann der Wirkungsbereich ziemlich genau festgelegt werden, ohne daß dies von außen erkennbar ist.

Die passiven Infrarotgeräte sind bei der Bundespost weder anmelde- noch gebührenpflichtig.

**Lichtschranken**

Die Lichtschranke besteht aus einem Sender und einem Empfänger. Der Sender erzeugt unsichtbares Licht im Infrarotbereich, das optisch gebündelt abgestrahlt wird. Der Empfänger nimmt das Infrarotsignal auf und wertet es in einer transistorisierten Schaltung aus. Alarm wird ausgelöst, wenn der Strahl länger als 1/100 Sekunde unterbrochen ist oder das empfangene Infrarotsignal mit dem gesendeten nicht übereinstimmt.

Solange Sichtverbindung besteht, brauchen sich Sender und Empfänger nicht genau gegenüberzustehen.

Bei sehr großen zu überwachenden Flächen können mehrere Lichtschranken über- oder nebeneinander angeordnet werden. Zur Überwachung eines nicht gradlinig verlaufenden Überwachungsbereiches ist die Umlenkung des Infrarot-Lichtstrahles mit Hilfe eines typengleichen Umlenkspiegels möglich. Der unsichtbare Lichtstrahl des Senders wird am Umlenkspiegel reflektiert und zum Empfänger abgestrahlt. Bei dieser Abwinkelung muß allerdings mit einem Reichweiteverlust bis zu 50 % gerechnet werden.

Lichtschranken werden vorwiegend als Einbrecherfallen in Durchgängen, Korridoren und Kontrollgängen um Tresorräume eingesetzt, ebenso für Streckenüberwachung in Lagerhallen und Fabrikationsräumen.

Bei *Kompakt-Lichtschranken* befinden sich Sender und Empfänger im gleichen Gehäuse. Als Gegenstation wird ein Spezialreflektor benötigt. Die vom Sender abgestrahlten Lichtimpulse werden vom Reflektor immer im selben Winkel zum Empfänger zurückgeworfen. Diese Sonderform wird eingesetzt, wenn aus installationstechnischen Gründen nur eine Kabelzuführung möglich ist. Selbstschließende Türen (z.B. Aufzugstüren) und Urinalanlagen werden mit diesem System gesteuert.

Lichtschranken sind weitgehend unempfindlich gegen Fremdeinflüsse. Alarmauslösung ist nur durch einen größeren Körper möglich. Kleinere Objekte wie beispielsweise Insekten, Kleintiere usw. können bei der Bündelstrahltechnik keinen Fehlalarm auslösen.

# Raumüberwachung – Wirkungsweise der Melder (Schema) und Gerätebeispiele

## 1 Ultraschall-Doppler, auch Ultraschall-Bewegungsmelder

## 2 Hochfrequenz-Doppler, auch Mikrowellen- oder Radar-Bewegungsmelder

## 3 Infrarotmelder, auch Passiv-Infrarotmelder, Infrarot-Bewegungsmelder

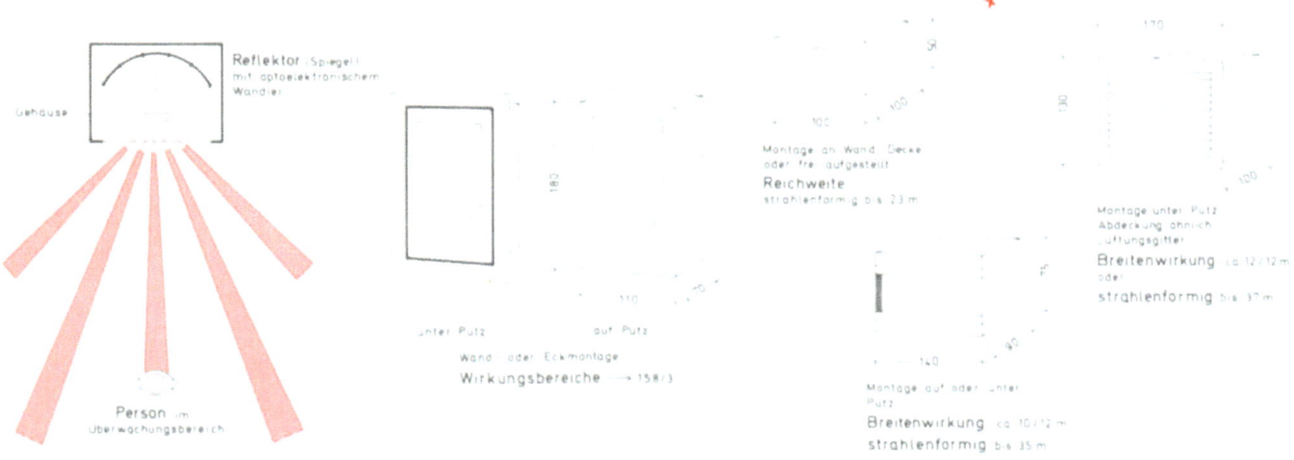

# Raumüberwachung – Wirkungsbereich der Melder

## 1 Ultraschall-Doppler, auch Ultraschall-Bewegungsmelder

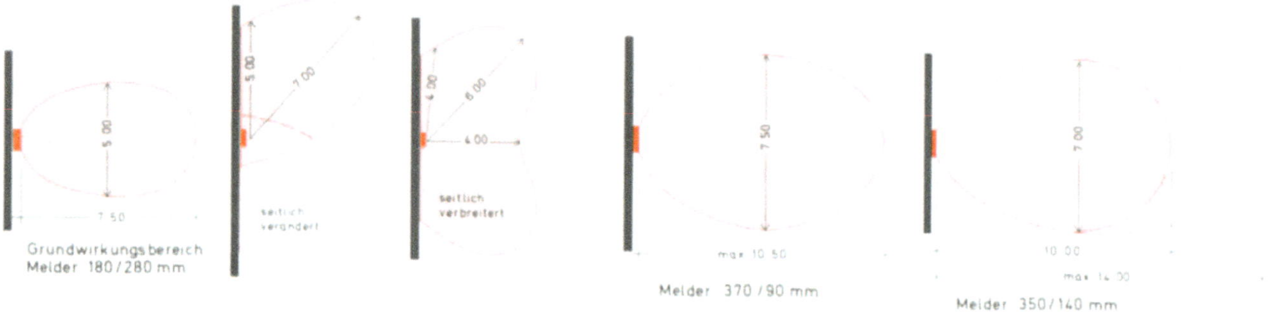


## 2 Hochfrequenz-Doppler, auch Mikrowellen- oder Radar-Bewegungsmelder

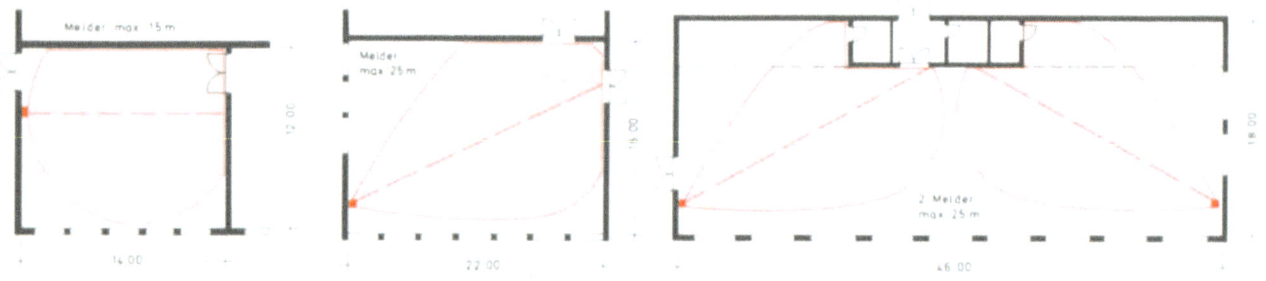


## 3 Infrarotmelder, auch Passiv-Infrarotmelder, Infrarot-Bewegungsmelder

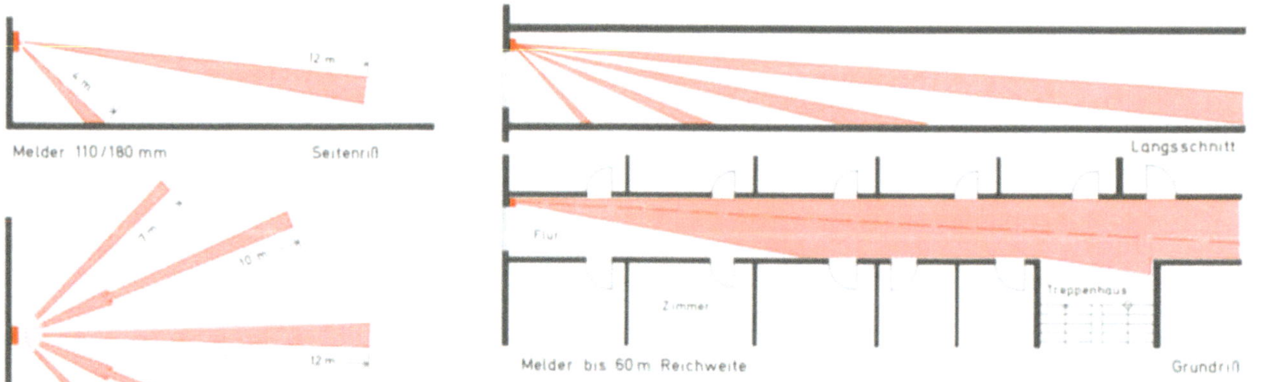


Anordnungsbeispiele für den Melder 110/180 mm (nach Cerberus)

1. Rechteckige Räume – an der Schmalseite
2. Quadratische Räume – Eckmontage
3. Optimale Lösung – 2 Melder diagonal
4. An Fensterfront – Montage in Nähe 15° zum Raum gedreht

   Achtung! Nur wenn kein direktes oder indirektes Sonnenlicht und kein Scheinwerferlicht (Auto) einfällt.
5. An Fensterfront – Besser ist Eckmontage, 15° zur Fensterfront gedreht
6. Als Einbrecherfallen in Fluren, Hausgängen, Passagen od. dgl. Montagehöhe 1,50 m

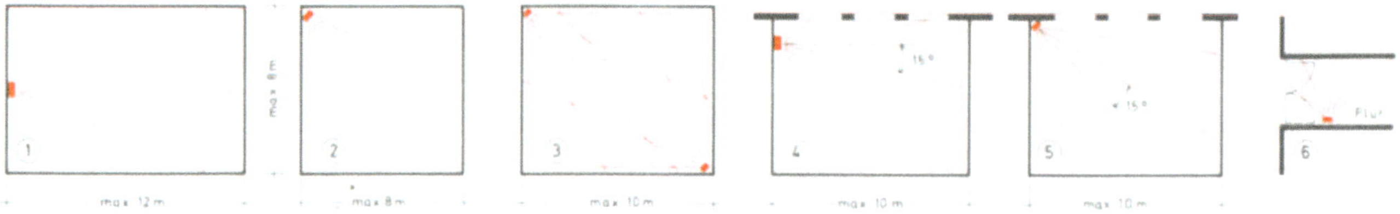

# Raumüberwachung – Ultraschall-Raumschutz

## 1 Wandmontage

Beispiele für Raumhöhen von ca. 3 m
(DOM-UNIZONE)

Sender

Empfänger

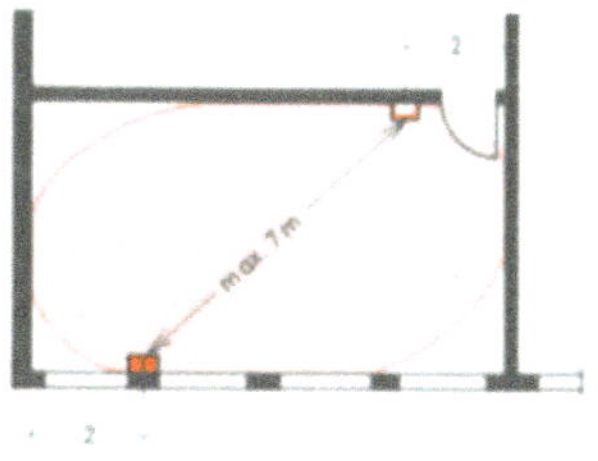


Sender und Empfänger diagonal

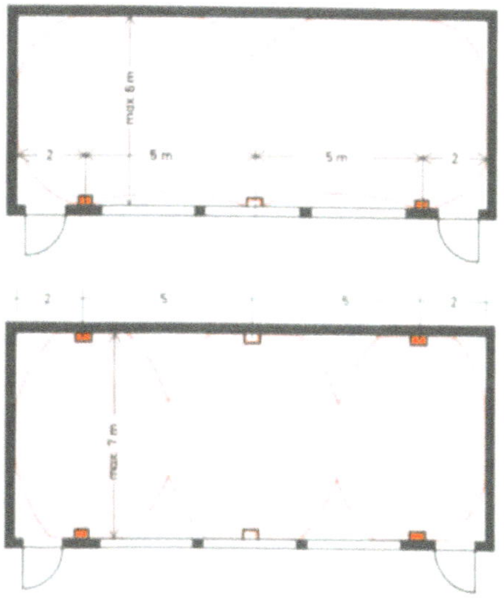


Großraum – oben 2 Sender und 1 Empfänger
– unten 4 Sender und 2 Empfänger

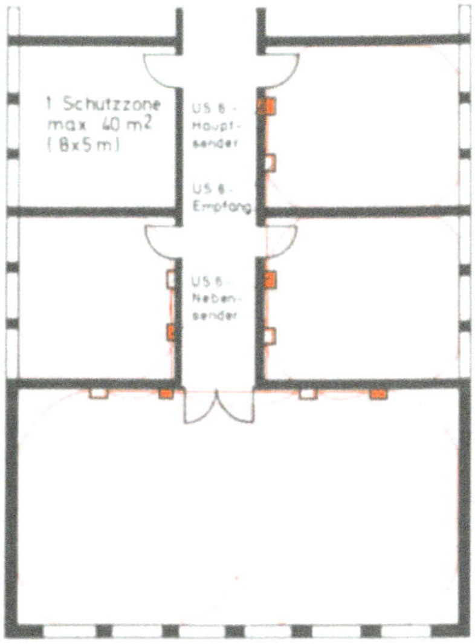


5 Schutzzonen mit max. 200 m²
(CERBERUS)

## 2 Deckenmontage

Beispiele für Deckenhöhen bis max. 3 m
(DOM-UNIZONE)

Sender

Empfänger

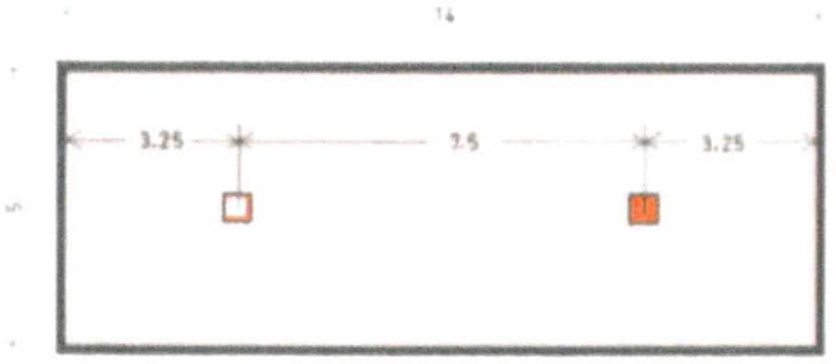


langgestreckter Raum

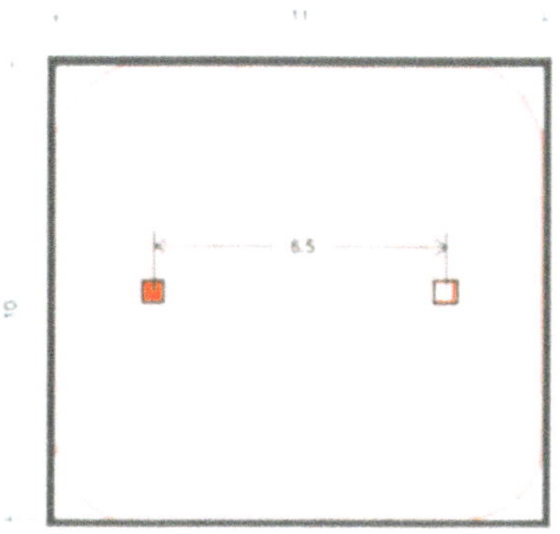


quadratischer Raum

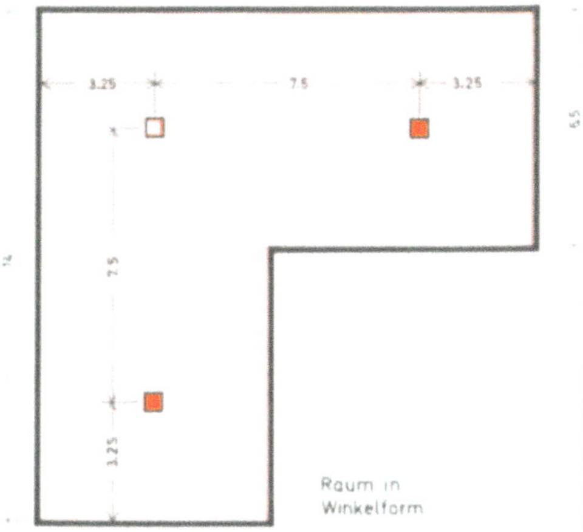


Raum in Winkelform

## 3 Raumschutzanlagen

(DOM-UNISEC)

für Großräume oder Raumgruppen
z. B. Warenhaus (Supermarkt) ⟶

Sender

Empfänger

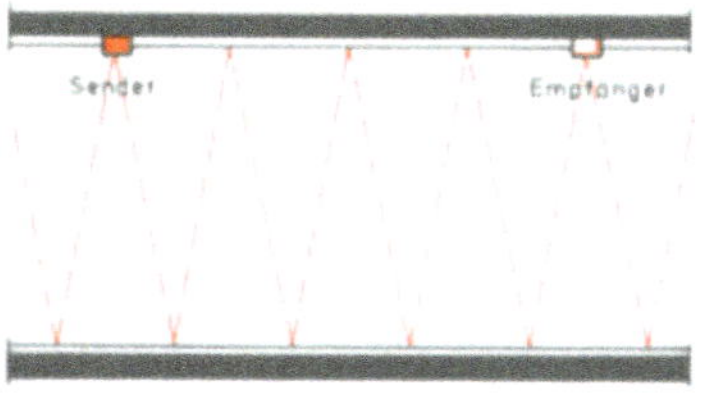


Wirkungsweise: Schallwellen zwischen Sender und Empfänger

# Streckenüberwachung

## 1 Ultraschallschranken

Sender

Empfänger

zulässige Umgebungstemperatur 0° bis +50°C

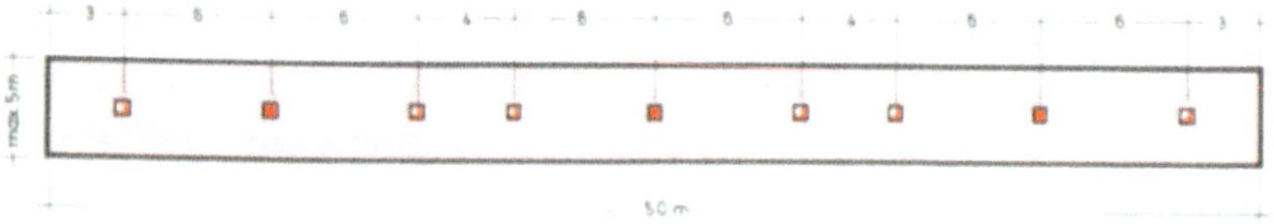


Lange Flure zweckmäßig mit an der Decke montierten Wandlerpaaren (DOM-UNISEC)

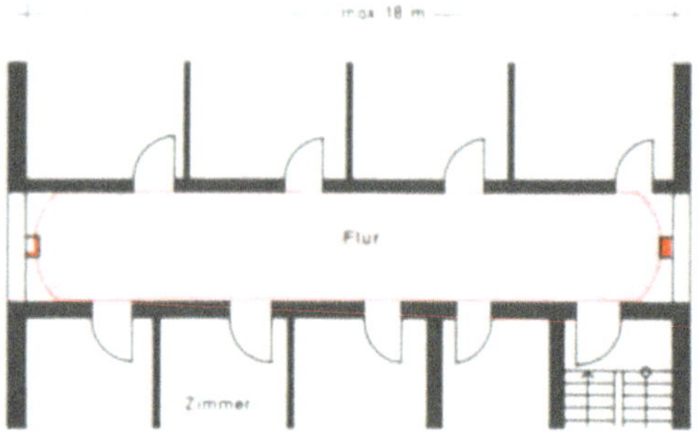


Kurze Flure mit Sender und Empfänger in Wandmontage (CERBERUS)

## 2 Hochfrequenzschranken

am Beispiel einer Werkhalle (wori-alarm)

1 = Sender

2 = Empfänger

3 = langgestrecktes, elliptisches Hochfrequenz-Überwachungsfeld

zulässige Umgebungstemperatur 0° bis +50°C

Eine zusätzliche Außenhautüberwachung wird empfohlen

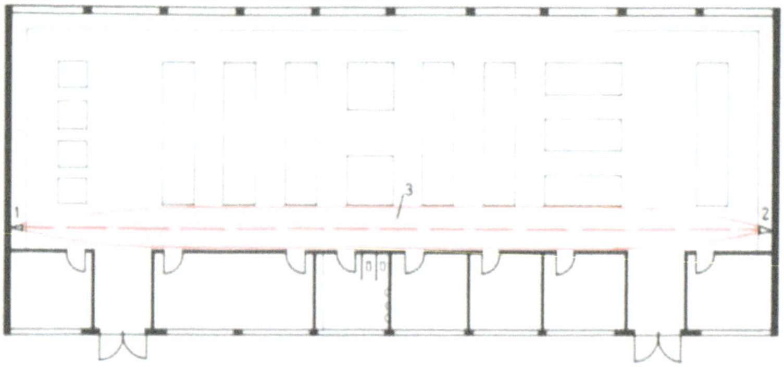


## 3 Lichtschranken

Sender

Empfänger

(SP Umlenkspiegel

zulässige Umgebungstemperatur

- Betriebe -20°C bis +60°C
- Lager -40°C bis +80°C

Lichtwand bis 180 m Länge (1 Sender kann bis 4 Empfänger erregen)

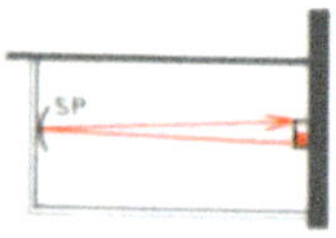


Schaufenster mit Kompaktlichtschranke

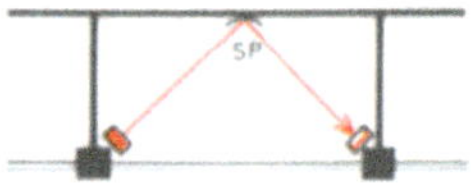


Schaufenster mit Sender-Umlenkspiegel-Empfänger

Großraum mit 2 Paar Sender/Empfänger an einer Längswand und 2 Umlenkspiegel an der Gegenseite

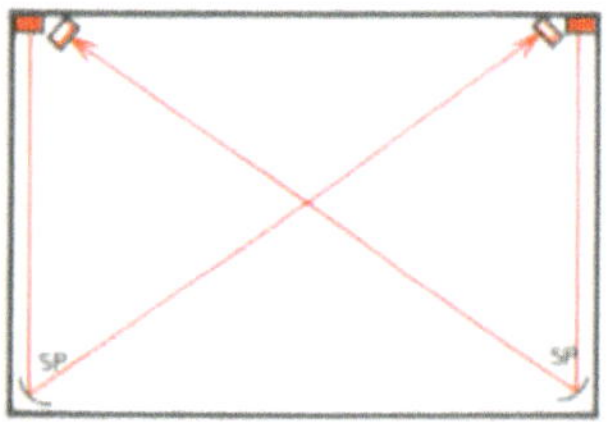


Langer Flur mit Stichflur Infrarot-Überwachung mit 1 Sender - 2 Umlenkspiegel - 2 Empfänger

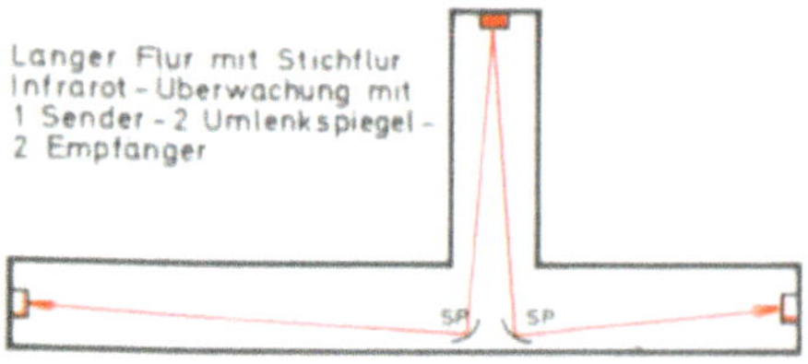


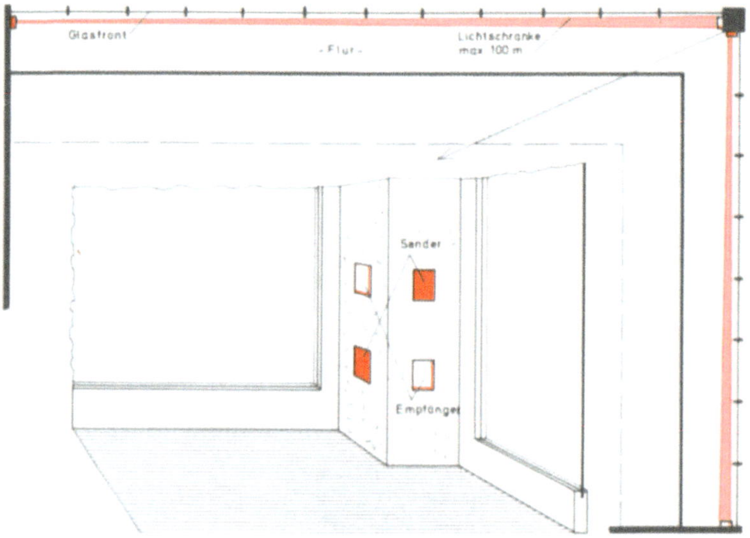


Lichtschranken-Überwachung von langen Glasfronten

### Feldmäßige Überwachung

Hierzu werden Kapazitiv-Feldänderungsmelder – auch EMC-Geräte genannt (EMC = Elektronisches Meldegerät Capacitiv) – eingesetzt. Mit diesem Melder wird zwischem dem zu überwachenden Objekt und einer Hilfselektrode ein elektrisches Feld aufgebaut. Die Hilfselektrode, z.B. eine Metallfolie, die unter oder hinter dem auf einer isolierenden Unterlage stehenden Objekt (z.B. Vitrine) angebracht ist, wird mit der Betriebserde verbunden. Nähert sich eine Person, so wird das Schutzfeld gestört und Alarm ausgelöst. Bei Stahlschränken kann das metallische Behältnis selbst als Elektrode verwendet werden.

Der Einsatz von EMC-Geräten soll nur in trockenen Innenräumen erfolgen.

Panzergeldschränke, die auch während der normalen Geschäftszeit überwacht werden müssen und in Räumen stehen, in denen sich dazu berechtigte Personen aufhalten, sind entsprechend abzuschirmen. Der Panzerschrank ist dann in einem Holzschrank oder hinter einer Holzwand aufzustellen. Das kapazitive Feld bleibt bei dieser Abschirmung auf das Schrankinnere beschränkt, Fehlalarme durch versehentliche Annäherung sind ausgeschlossen.

Kapazitive Feldänderungsmelder arbeiten verhältnismäßig störungsfrei und betriebssicher. Ihr Einsatz lohnt sich aber nur bei hohen Sachwerten, da die Einrichtungskosten relativ hoch sind.

### Fernsehkontrolle und Überfallkamera

Fernsehanlagen werden heute zur Überwachung von Banken, Supermärkten, Läden mit hochwertigen Gütern usw. eingesetzt. Zweckmäßig sind die Fernsehkameras mit einer automatischen Überfallkamera gekoppelt, wodurch sich eine optimale Überwachung und Beweissicherung ergibt. Zusätzlich können optische und akustische Alarmsignale sowie der Notruf zur Polizei ausgelöst werden.

Für die Beweissicherung allein gibt es ferngesteuerte Überfall-Kameras, die sich in ständiger Bereitschaft befinden und erst im Augenblick des Überfalls in Aktion treten. Dann fotografieren sie in sehr schneller Bildfolge jede Phase des Geschehens. Die Überfallkamera wird von einem Überfallmelder → 154 ausgelöst.

Einige Vorteile der Überwachungskameras sind:

- Abschreckung der Täter aus Furcht vor dem Risiko des Erkanntwerdens;
- wesentliche Hilfe für die Polizei bei der Aufklärung von Banküberfällen;
- Rekonstruktion der Personen bei Scheck- oder Falschgeldbetrug;
- Senkung der Versicherungsprämie durch kleineres Risiko.

In Verbindung mit einer Raumüberwachungsanlage kann auch eine zusätzliche Überwachungskamera eingesetzt werden. Alarmiert wird optisch durch einen intensiven Elektronenblitz, sobald eine Person den abzusichernden Bereich betritt.

Gleichzeitig mit jedem Blitz wird durch die eingebaute Kamera ein Bild belichtet. Diese Gerätekombination kann an die normalen Alarm-Zentralen angeschlossen werden und weitere Alarmgeber in Tätigkeit setzen.

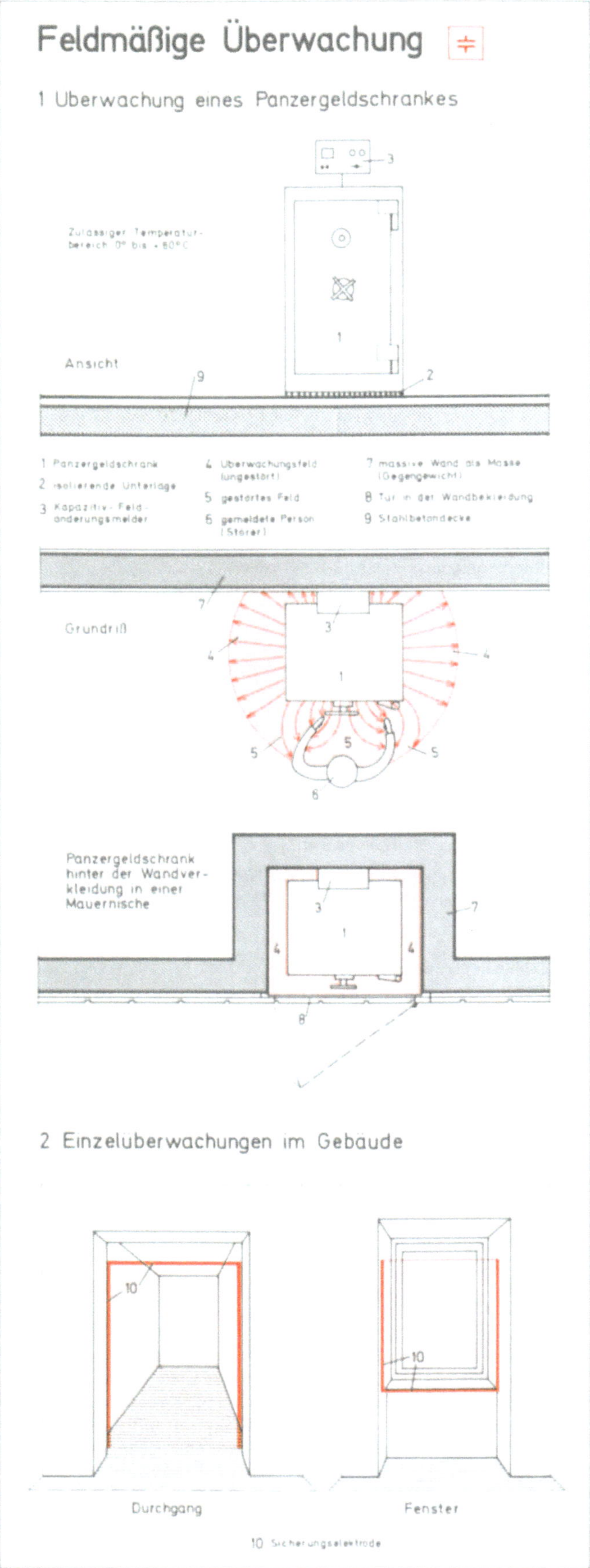

## Wach- und Sicherheitsdienste

Die Sicherheitsdienste betrachten es als ihre Aufgabe, individuell vorbeugend gegen Nachlässigkeit und Kriminalität zu wirken sowie Leben und Eigentum zu schützen.

Bei ihrer Tätigkeit sind sie zur Wahrung von Geschäftsgeheimnissen verpflichtet. Es darf nur zuverlässiges Personal beschäftigt werden, das der Erlaubnisbehörde zur Überprüfung gemeldet werden muß.

Modern eingerichtete Unternehmen verfügen über einen mobilen Funkstreifendienst. Von eigenen Funkleitstationen werden die Funk-Streifenfahrzeuge und Funk-Fußpatrouillen eingewiesen und überwacht. Die ordnungsgemäße Durchführung der Wachaufträge kann mit Hilfe von Prüfstreifen in Stechuhren kontrolliert werden.

Neben den normal üblichen Dauereinsätzen ist auch eine kurzfristige Inanspruchnahme möglich, z.B. für die Bewachung eines zeitweise nicht bewohnten Hauses.

Die Wach- und Sicherheitsdienste verfügen meist auch über Schlüssel für die an ihre Notrufzentralen angeschlossenen Objekte, so daß bei einem Alarm außen und innen kontrolliert werden kann. Bei Ausfall einer Alarmanlage bzw. einer länger andauernden Störung kann Wachpersonal zur Absicherung des Objektes gestellt werden.

## Alarm-Einzelgeräte und Selbstbausätze

Sogenannte Kompaktgeräte für die Überwachung einzelner Räume werden immer häufiger angeboten. Außerdem gibt es inzwischen Bausätze für die Selbstmontage kleinerer Sicherungsanlagen. Selbstverlegte Kleinanlagen werden von den Sachversicherern im Hinblick auf die Herabsetzung der Prämie nicht anerkannt; sie können auch nicht an den Polizeinotruf angeschlossen werden.

Sie sind allenfalls zur Alarmierung der Nachbarschaft einsetzbar, wobei aber die örtlichen Lärmschutzvorschriften eingehalten werden müssen.

### Außenhautsicherung in Selbstmontage

Ein ursprünglich für Wohnwagen konzipiertes Sicherheitspaket kann auch bei Wohnungen und Wochenendhäusern Verwendung finden. Es können fünf kleine oder zwei große Fenster, die Außentür und gegebenenfalls noch weitere Außenöffnungen netzunabhängig überwacht werden. Außerdem kann ein Thermomelder für die Brandwarnung angeschlossen werden. Bei Einbruch ertönt eine Kleinsirene. Die Grundausstattung eines anderen Baukastens enthält die Alarmzentrale einschließlich Notstrom-Akku, Außensirene sowie drei Paar Magnetkontakte und Installationsmaterial. Dazu gibt es Ergänzungsbaukästen, so daß bis zu 100 Magnetkontaktpaare einschließlich einer zweiten Außensirene und einer Warnleuchte eingebaut werden können.

### Fußboden-Alarmdrähte

Die im Paket enthaltenen Sensorlitzen werden unter Läufern oder Teppichen verlegt. Jeder Druck und jede Lageveränderung führen zur Alarmauslösung. Die Enden der Schleifen bleiben lose liegen und brauchen nicht zum Steuergerät zurückgeführt zu werden. Das Steuergerät wird an den Netzstrom angeschlossen, eine eingebaute Batterie sorgt bei Stromausfall für ununterbrochenen Betrieb. Die mitgelieferte elektronische Außensirene kann auch mit einem Notrufknopf in der Nähe der Haus- oder Wohnungsabschlußtür betätigt werden.

Mit Fußboden-Alarmdrähten sollen insbesondere einstieggefährdete Öffnungen gesichert werden.

### Passive Infrarotmelder

In einem Holzgehäuse vom Aussehen einer Lautsprecherbox ist neben dem Melder eine Innensirene und die Notstromversorgung untergebracht. Es bestehen außerdem Anschlußmöglichkeiten für ein Telefonwählgerät, eine Außensirene oder Blitzlampe sowie eine externe Ein- und Ausschaltung.

Die Reichweite wird mit ca. 12 m angegeben. Die Scharfschaltung erfolgt am Gerät mittels Schlüsselschalter bei einer Einschaltverzögerung.

Bei einem neueren Infrarot-Einzelgerät erfolgt die Bedienung durch Eintippen einer nur dem Anwender bekannten Code-Zahlenkombination.

### Ultraschall-Alarmgerät

Die an eine Steckdose anzuschließende Alarmbox hat eine einstellbare Reichweite von bis zu 8 m. Eingebaut sind eine Innensirene und eine Batterie als Notstromversorgung; dazu Anschlußbuchsen für ein Telefonwählgerät, Außensirene und externe Ein- und Ausschaltung. Der Überwachungsbereich soll bis zu 40 $m^2$ betragen. Scharfgeschaltet wird über einen außerhalb des Sicherungsbereiches angebrachten Schlüsselschalter.

### Radar-Alarmgerät

Hier handelt es sich wiederum um ein Holzgehäuse mit dem Charakter einer Lautsprecherbox. Eingebaut sind ein Schlüsselschalter mit einstellbarer Zeitverzögerung, eine elektronische Sirene sowie die Notstromversorgung. Anschlußmöglichkeit für eine externe Bedienung ist vorhanden; außerdem kann die Haus- oder Außenbeleuchtung angeschlossen werden. Das Radar-Kleingerät strahlt eine Hochfrequenz aus und arbeitet nach dem Doppler-Prinzip. Radargeräte sind bei der Post anmeldepflichtig.

### Einbruchmeldeanlage über das vorhandene Lichtnetz

Für die Alarmübermittlung werden die Verdrahtungen des vorhandenen Stromnetzes benutzt. Dabei werden mehrfach codierte Signale im Hochfrequenzbereich ausgesendet. Alle auf dem Markt erhältlichen Einbruchmelder können installiert werden. Eine Sabotagesicherung ist möglich. Die Zentrale wird ebenfalls an das Lichtnetz angeschlossen; sie kann sich daher auch außerhalb des Schutzbereiches befinden. Im Alarmfall wird über die Zentrale akustischer bzw. stiller Alarm ausgelöst.

Mit einem besonderen Fernbedienungsgerät kann die Anlage von jeder Steckdose innerhalb des abzusichernden Bereichs ein- und ausgeschaltet werden. Außerhalb des Hauses kann im Umkreis von ca. 50 m über einen mitgeführten Handsender durch Knopfdruck Alarm ausgelöst werden.

Die Hersteller empfehlen, derartige Anlagen nur durch Fachleute einbauen zu lassen. Eine Wartung ist angeblich nicht erforderlich.

Anlagen dieser Art werden z.Zt. vom Verband der Sachversicherer nicht anerkannt.

### Funkalarm-Systeme

An jeden Überwachungskontakt bzw. Raumschutzmelder sind Sender gekoppelt, die im Alarmfall Funksignale an die Zentrale aussenden. Ein besonderes Leitungsnetz wird also nicht gebraucht. Die Funktionen der Zentrale werden mit Hilfe eines Handsenders ebenfalls über Funk gesteuert. Mit einem Handsender ist es möglich, auch außerhalb des Hauses Funkalarm auszulösen.

Funkalarm-Systeme werden z.Zt. vom Verband der Sachversicherer nicht anerkannt.

## Alarm-Einzelgeräte und Selbstbausätze

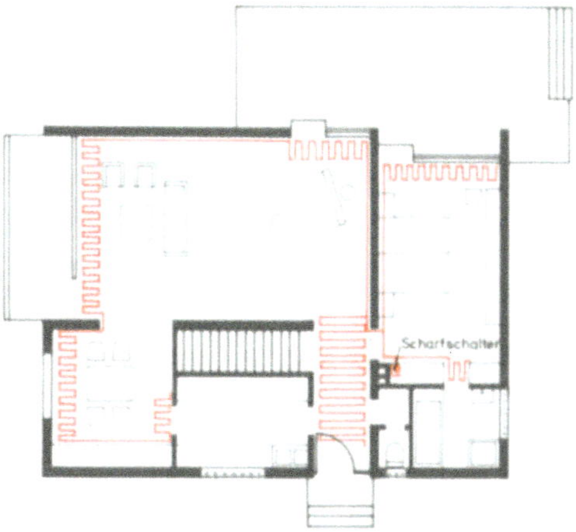


1 Fußboden-Alarmdrähte
auch zur Sicherung von Geräten und Gepäck
(Mobiles Alarmsystem)

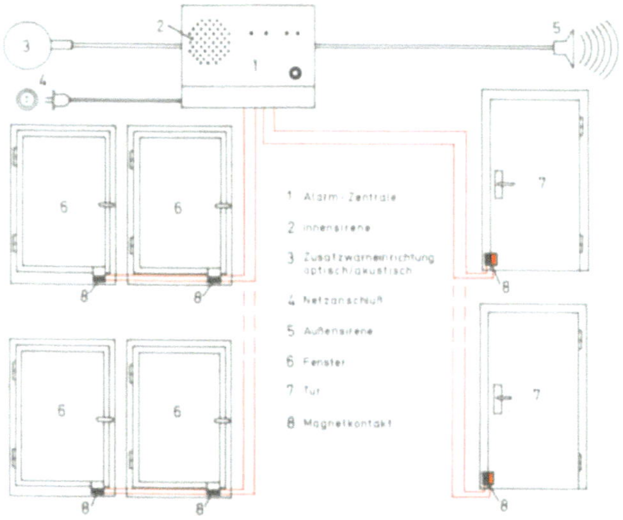


4 Außenhautsicherung in Selbstmontage
mit Magnetkontakten für Fenster und Türen
(Magnet-Alarm plus)

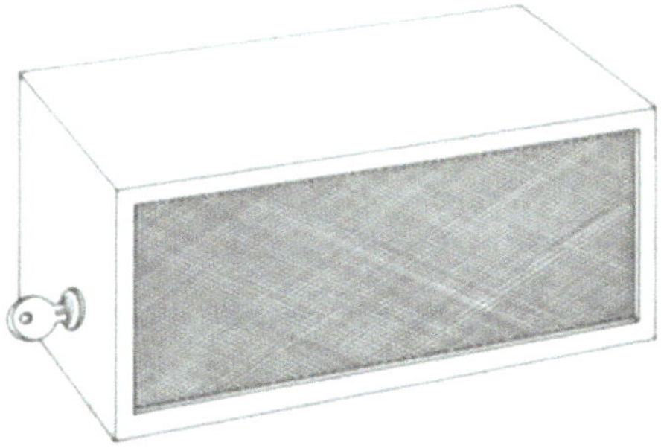

2 Passiv-Infrarotmelder
vom Aussehen einer Lautsprecherbox
(Infra-alarm 2000)

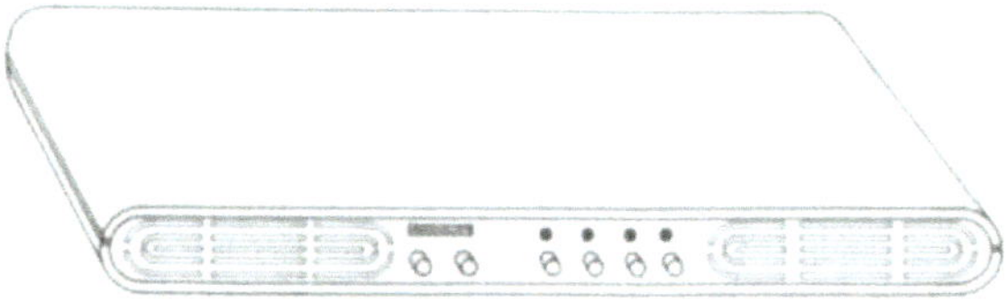

5 Ultraschall-Alarmgerät
mit elektronischer Codierung
(Alarm-Station)

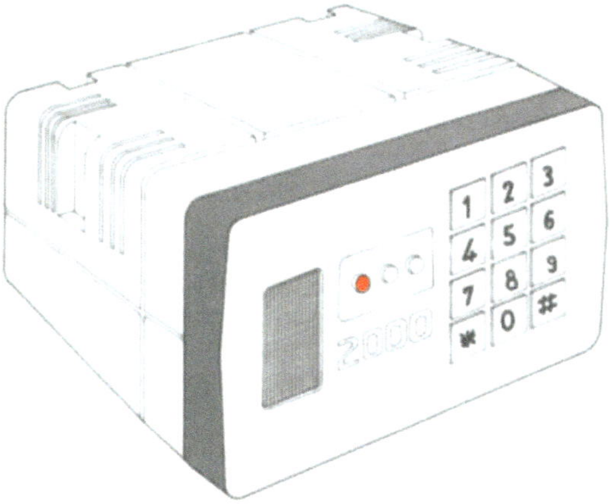


3 Passiv-Infrarotmelder
mit Tastatur zum Eintippen einer Geheim-Nummer
(Heim-Alarmgerät 2000)

6 Radar-Alarmgerät
arbeitet nach dem Doppler-Prinzip
(Radar 5)

# Die Sicherung von Freigelände

Die Maßnahmen von Freigelände kann man einteilen in

- mechanische Sicherung (Mauern, Zäune),
- elektrische Sicherung (Zaunüberwachung),
- elektronische Überwachungen (Radar- und Lichtschranken, Fernsehen).

Ähnlich wie bei der Gebäudesicherung wird es auch im Vorfeld der Gebäude oft vorteilhaft sein, mehrere Sicherungsmaßnahmen miteinander zu kombinieren.

## Einfriedungen

Die Einfriedung ist das äußere Zeichen des Besitzanspruches oder Eigentumrechts auf das eingefriedete Gelände. Damit soll insbesondere unerwünschten Personen das Betreten des Eigentums verwehrt werden.

Wer in das eingefriedete Besitztum eines anderen widerrechtlich eindringt oder ohne Befugnis darin verweilt sowie auf die Aufforderung des Berechtigten sich nicht entfernt, kann wegen Hausfriedensbruchs gemäß § 123 Strafgesetzbuch bestraft werden. Geschieht das Betreten durch mehrere Personen in der Absicht, Gewalttätigkeiten auszuüben, so liegt gemäß § 124 StGB schwerer Hausfriedensbruch vor.

### Umzäunungen

Nach der Landesbauordnung kann die Bauaufsicht verlangen, daß bebaute oder bebaubare Grundstücke eingefriedet oder abgegrenzt werden. Soweit baurechtlich nicht anders vorgeschrieben oder gefordert, gilt ein 1,20 m hoher Zaun aus festem Maschendraht als ortsüblich.

Damit läßt sich zwar die Abgrenzung des Grundstückes, bei weitem aber kein Einbruchschutz herstellen. Ein Zaun kann lediglich Passanten vom Betreten des Geländes abhalten.

### Drahtgeflecht-Ausleger-Zaun

Maschendrahtzäune in stabiler Ausführung erhalten zur Verbesserung ihres Widerstandswertes als oberen Abschluß mindestens zwei im Abstand angebrachte Reihen Stacheldraht.

Um ein Übersteigen zu erschweren, ist es vorteilhaft, wenn die Ausleger als Träger des Stacheldrahtes über 45 Grad nach innen abgewinkelt sind. Damit kommt man auch der Forderung entgegen, daß Stacheldrähte unter 2 m Höhe an öffentlichen Wegen nur so angebracht werden dürfen, daß dadurch keine Personen verletzt oder Sachen beschädigt werden können.

### Hecken mit Verstärkung

Hecken und Sträucher als *lebende Zäune* waren und sind im Wohnbereich sehr beliebt. Selbst da, wo kein Sicherheitsbedürfnis bestand, will man gegen Einblick geschützt sein. Durch Maschendraht-Zwischenzäune oder auch eine Reihe gespannter Stacheldrähte kann man frisch angelegten Heckenzäunen einen gewissen Schutz gegen Durchstieg verleihen. Verwendet man dazu noch Gehölze, die selbst scharfe Stacheln tragen, so wird die Schutzwirkung noch verstärkt.

Die Überwindung einer dicht gewachsenen Dornenhecke kann erhebliche Schwierigkeiten bereiten.

### Mauern als Einfriedung

Hohe Mauern als Einfriedung werden im allgemeinen nicht gern gesehen – sie erinnern an Gefängnisse. Ihr Widerstandswert ist jedoch erheblich. Zudem verwehren sie dem Einbrecher den Überblick.

Sicherungsfachleute halten eine Stahlbetonmauer kombiniert mit einem elektrischen Überwachungssystem für die zur Zeit wirkungsvollste äußere Absicherung eines Geländes.

### S-Rollen und Stachelband

Auf diesen insbesondere für den Objektschutz (Kernkraftwerke) vorgesehenen Überwindungs- und Einbruchschutz soll nur kurz verwiesen werden.

Das Stachelband besitzt eine große Anzahl von messerscharfen Stacheln mit einer hochwirksamen Stich- und Reißwirkung. Die daraus gefertigten S-Rollen können bis zu etwa 50 m langen Hindernissen, mit Hilfe von Spezialverlegegeräten sogar bis zu 130 m, ausgezogen werden.

### Einfriedungen mit elektrischer Überwachung

Ein Einbrecher muß zuerst die Einfriedung überwinden, bevor er an das Gebäude herankommt. Wird mit der Einfriedung ein Überwachungssystem gekoppelt, so kann dieser Angriff rechtzeitig erkannt und gemeldet werden.

Die abschreckende Wirkung kann noch erhöht werden, wenn die Einfriedung und das äußere Vorgelände ausgeleuchtet werden, der dahinter liegende interne Bereich jedoch im Dunkeln liegt. Auf diesen *Lichtzaun* sollte man aber verzichten, wenn Wachhunde eingesetzt sind; Hunde haben besonders ausgeprägte Sinnesorgane und sind in dieser Hinsicht dem Täter weit überlegen.

### Zaunüberwachungssystem

Mit diesem System können vorhandene Zäune zusätzlich elektrisch gesichert werden.

Es besteht aus Sensoren, die an jedem zweiten oder dritten Zaunpfosten befestigt werden und untereinander mit einer mehradrigen dünnen Leitung verbunden sind. Mechanische Schwingungen oder Erschütterungen, wie sie beim Übersteigen oder beim Durchschneiden eines Zaunes auftreten, werden in elektrische Impulse umgesetzt und an eine Auswerteeinheit übertragen, analysiert und dann erst an die Einbruchmeldezentrale weitergegeben. Durch die Auswertung soll vor allem vermieden werden, daß zufälliges Berühren des Zaunes oder einfaches Anstoßen z.B. durch Tiere zum Alarm führen. Zur besseren Lokalisierung eines Einbruchversuches empfiehlt sich bei längeren Zäunen die Aufteilung in einzelne Überwachungszonen. Die Verkabelung erfolgt in Panzerrohren direkt am Zaun oder unterirdisch. Die Sensoren können an den Zaun montiert oder unsichtbar in Hohlpfosten eingelassen werden.

### Maschendrahtzaun mit elektrischer Überwachung

Dieser Sicherheitszaun ist äußerlich von einem normalen Maschendrahtzaun nicht zu unterscheiden. Das Zaungeflecht besteht aus kunststoffummanteltem verzinktem Stahldraht, dem innerhalb des Kunststoffmantels ein zweiter Signaldraht beigegeben ist. Die Alarmdrähte sind untereinander verbunden, so daß sich ein geschlossenes Überwachungsnetz ergibt.

Beim Durchschneiden des Geflechtes sowie beim Übersteigen des Zaunes wird Alarm ausgelöst. Bereits das Anstellen einer Leiter führt zur Alarmmeldung.

Gegen Unterkriechen des Zaunes ist das Geflecht normalerweise 30 cm tief in den Boden eingelassen, wobei der untere Spanndraht ebenfalls in das elektronische Warnsystem einbezogen ist.

Mutwillige Schläge gegen das Geflecht sollen keine Alarmierung verursachen.

### E-Field-Freilandsicherung

Bei diesem System wird ein elektrostatisches Feld zwischen einem oberen Kabel (Sendedraht) und einem unteren, parallel dazu verlaufenden Kabel (Empfangsdraht) aufgebaut. Der Empfangsdraht ist mit einem Verstärker und einer sogenannten Auswertelogik verbunden. Die Durchdringung des Feldes führt zur Alarmauslösung.

Dieses System kann auf normale Drahtzäune oder Mauern montiert und ohne Beeinträchtigung seiner Schutzwirkung um Ecken geführt werden. Die Kabel sind sabotageüberwacht.

### Unterirdische Freilandsicherung

Dieses Wanrsystem arbeitet nach dem Prinzip der Druckdifferenz. Zwei ca. 30 cm tief und in ca. 1 m Abstand im Boden vergrabene Gummischläuche werden mit einer Spezialflüssigkeit gefüllt. Überwacht wird eine Zone von 3 bis 5 m Breite und einer Länge bis zu 200 m. Bei Betreten des Überwachungsbereiches werden bestimmte Impulse ausgelöst, die durch eine Elektronik zur Alarmauslösung ausgewertet werden.

## Freilandüberwachung

Die Freilandüberwachung ist eine der schwierigsten Aufgaben der Sicherungstechnik. Bei eindeutig abgegrenzten Arealen sollten elektronische Überwachungssysteme das Eindringen unbefugter Personen einer zentralen Stelle melden. Aus der Meldung muß erkenntlich sein, welcher Überwachungsabschnitt betroffen ist. Bei der Projektierung von Freilandüberwachungen ist auch immer zu berücksichtigen, daß sie ständig Witterungseinflüssen ausgesetzt sind.

Freiland-Überwachungsanlagen können ihre Aufgabe nur dann optimal erfüllen, wenn auch noch ein gewisser mechanischer Schutz vorhanden ist, wie z.B. Zäune, Gräben oder Mauern. Dadurch erhöht sich der Widerstandswert erheblich.

Eine wirksame Freiland-Überwachungs- und Sicherungsanlage besteht aus einer äußeren und einer inneren Umzäunung sowie dem Überwachungssystem. Die *äußere* Umzäunung ist die sichtbare Abgrenzung des zu überwachenden Geländes. Sie ist auch das erste mechanische Hindernis für den Einbrecher; außerdem schützt sie das dahinter installierte elektronische Überwachungssystem gegen unabsichtliche Beeinflussung durch Menschen und Tiere, die bis zur Umzäunung meist freien Zugang haben. Die *innere* Umzäunung ist das zweite mechanische Hindernis; ihr Widerstandswert sollte so groß sein, daß nach Auslösen des Alarms durch die elektrische Überwachungsanlage genügend Zeit zum Eingreifen bleibt. Die innere Umzäunung verhindert außerdem, daß Menschen oder Tiere (z.B. Wachhunde) in den Sicherungsbereich gelangen und Fehlalarme auslösen.

Wohn- und Geschäftsbauten in geschlossenen Baugebieten können durch eine elektronische Freilandüberwachung, die den Einbrecher bereits an der Grundstücksgrenze meldet und Voralarm auslöst, nicht gesichert werden. Die zahlreichen Möglichkeiten für Fehlalarme verbieten einen derartigen Einsatz.

Möglich ist es aber, mit einem derartigen System lediglich optischen Alarm, z.B. durch Einschalten der Außenbeleuchtung, auszulösen. Die Nachbarschaft wird dann nicht durch laut heulende Sirenen belästigt, die Polizei wird nicht unnötig beansprucht.

### Hochfrequenzschranken

Die Wirkungsweise entspricht den bereits beschriebenen Schranken in Gebäuden → 156. Bei Geräten für den Außeneinsatz werden Witterungseinflüsse, wie Regen, Schnee oder Hagel, durch eingebaute automatische Regler weitgehend kompensiert. Die Geräte sind sabotageüberwacht und ruhestromversorgt.

Hochfrequenzschranken mit anlageeigener Notstromversorgung bleiben nach Netzstromausfall noch mindestens 60 Stunden lang betriebsbereit.

Bei unterkriechfester Strecke sollte die Reichweite nicht mehr als 100 m betragen; Reichweiten bis zu 250 m sind jedoch möglich.

Bei ausgedehnteren Grundstücken lassen sich mehrere Hochfrequenzschranken aneinanderreihen. Eine gegenseitige Beeinflussung wird durch Verwendung unterschiedlicher Frequenzen vermieden.

Zur Sicherung der Funktionsfähigkeit soll das zu überwachende Gelände möglichst flach und ausreichend eben sein. Unebenheiten im Boden müssen bis auf 14 cm ausgeglichen werden. Das Radarfeld muß frei von Bäumen und Buschwerk sein. Außerdem sollte das zu überwachende Gelände eingezäunt sein, wenigstens mit einem sogenannten Wildzaun. Damit wird einer unerwünschten Alarmauslösung durch Wild oder streunende Hunde vorgebeugt.

### Lichtschranken

Die allgemeine Wirkungsweise von Infrarot-Lichtschranken wurde bereits beschrieben → 156.

Geräte für den Außeneinsatz enthalten zusätzlich eine thermostatisch geregelte Heizung, die verhindert, daß deren Optik durch Feuchtigkeit blind werden kann.

Änderungen der Strahlungsintensität durch Nebel oder Schnee werden durch eine automatische Verstärkungsregelung im Empfänger weitgehend ausgeglichen. Lichtschranken können bei Temperaturen von −30 bis +70 °C eingesetzt werden. Die Geräte sind sabotageüberwacht.

Damit die Lichtstrahlen nicht von ihrer einjustierten Strahlungsrichtung abweichen, müssen Sender und Empfänger unbeweglich befestigt werden.

Zur Gewährleistung einer hohen Betriebssicherheit sollte die Reichweite nicht mehr als 50 m betragen.

Eine *Infrarot-Schutzwand* erhält man durch mehrere Sender und Empfänger, die übereinander angeordnet sind. Bei serienmäßigen Leichtmetallsäulen mit eingebauten Geräten beträgt die maximale Säulenhöhe 6 m.

### Fernseh-Freilandüberwachung

Bei hohen Sicherheitsrisiken kann eine Fernsehanlage eine wertvolle Ergänzung der elektronischen Überwachungsanlage sein. Sofern nicht Infrarot-Fernsehkameras eingesetzt werden, ist eine ausreichende Außenbeleuchtung erforderlich, die sich bei Alarmgabe automatisch einschaltet. Wenn erforderlich, kann die bestehende Gelände- oder Werksbeleuchtung durch zusätzliche Scheinwerfer verstärkt werden; die psychologische Wirkung einer schlagartigen Beleuchung kann beträchtlich sein. Die in Wetterschutzgehäuse eingebauten Fernsehkameras sind auch dort sinnvoll, wo aus Sicherheitsgründen der Einsatz von Personen zum Absuchen des gemeldeten Gefahrenbereichs ausscheidet.

Bei Fernsehanlagen kann durch eine eingebaute Gegensprechanlage die Verständigung zwischen Kameraaufstellungsort und Empfangsgerät ermöglicht werden.

Für den Außeneinsatz gibt es auch Überwachungskameras mit Wetterschutzgehäuse; sie können mit der Fernsehüberwachung gekoppelt werden.

# Freilandsicherung

## 1 Umzäunungen nach der Landesbauordnung

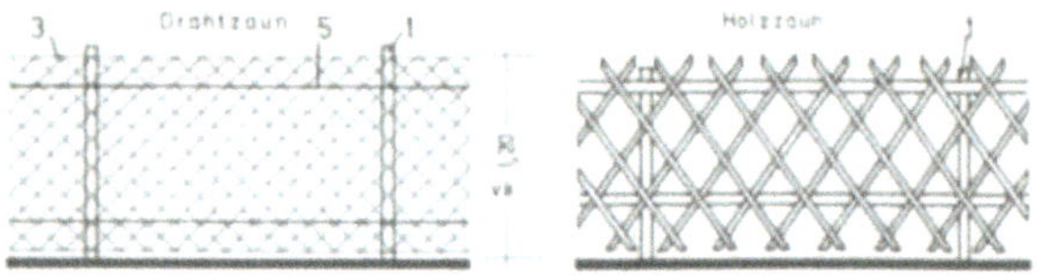


Zäune ohne Sockel

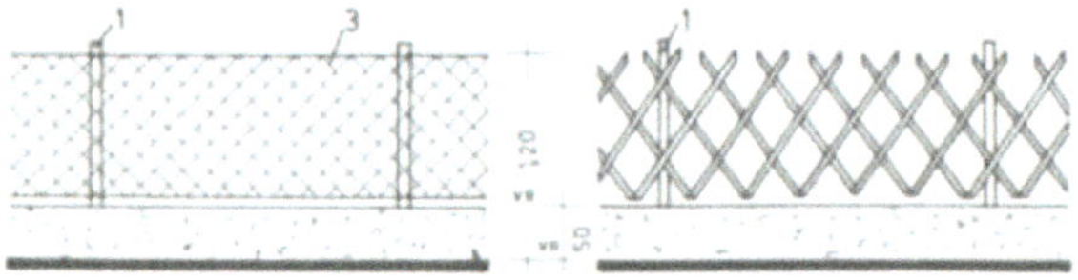

Zäune mit Sockel

## 2 Drahtgeflecht-Ausleger-Zaun

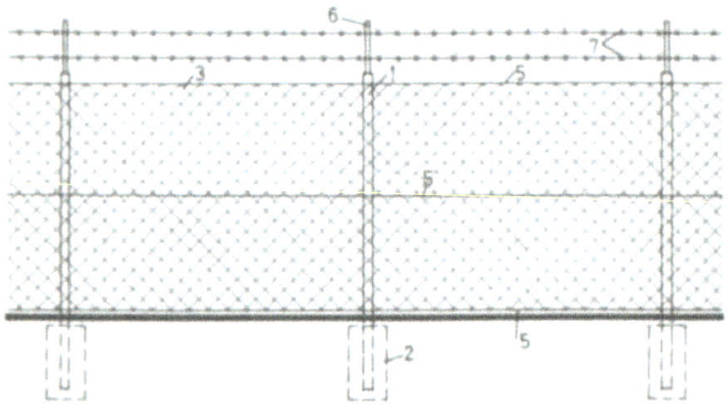

## 3 Hecken mit Verstärkung

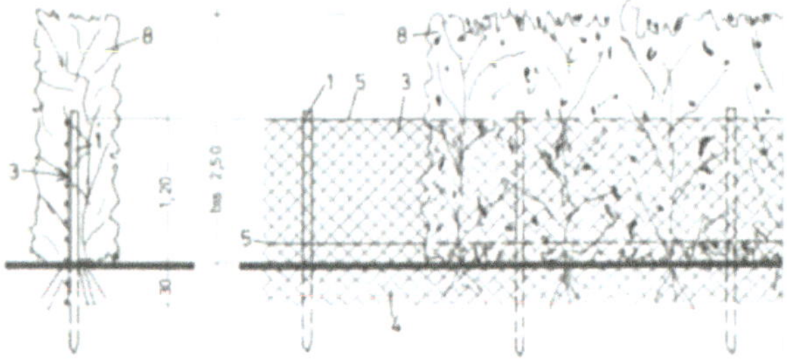

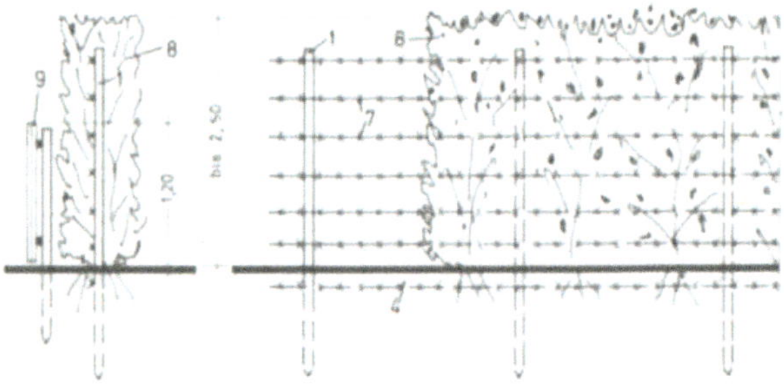

1 Zaunpfosten
2 Betonsockel
3 Maschendraht
4 Unterkriechschutz
5 Spanndraht
6 Ausleger
7 Stacheldraht
8 Dornenhecke
9 äußerer Zaun

## 4 Sicherheitszaun – auch mit elektrischer Überwachung

(Schutz-electronic)

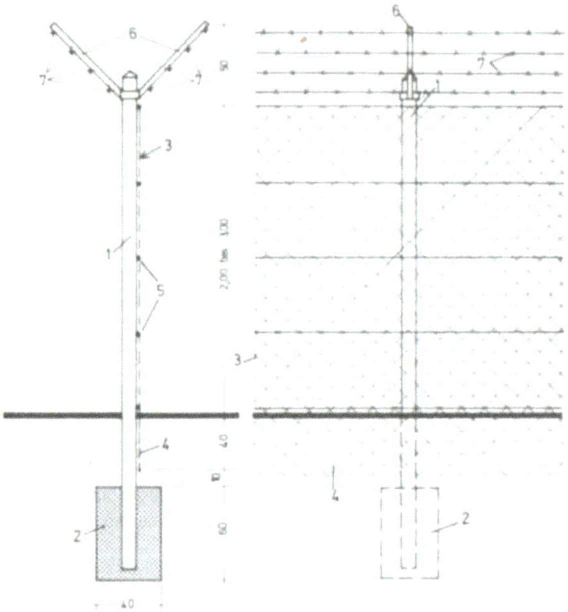

## 5 E-Field-Freilandsicherung (elbicon)

S = Sendedraht
E = Empfangsdraht

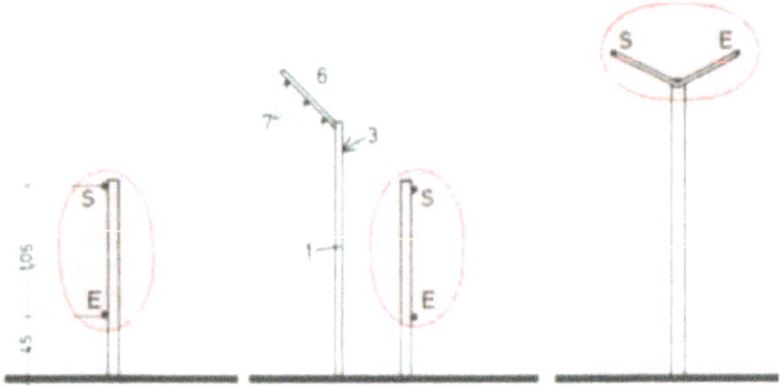

Freistehender E-Field-Zaun – senkrechte Form –

E-Field-Zaun als Schutz gegen Übersteigen und Durchschneiden des Hauptzaunes

E-Field-Zaun überwacht den Durchgang

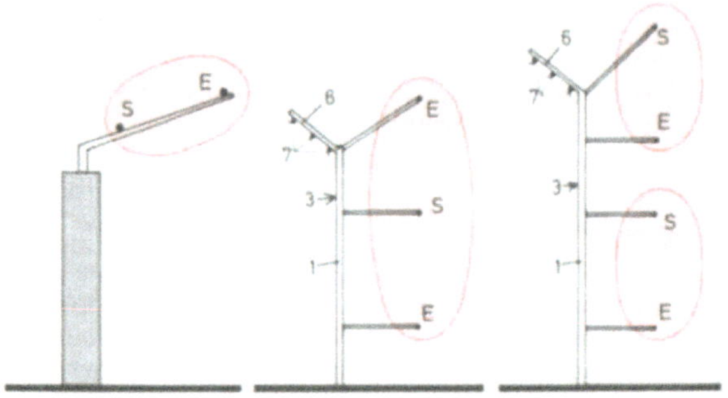

Mauer mit Schutz gegen Übersteigen

An einen Hauptzaun montierte E-Field-Zäune

# Freilandüberwachung

1 Freiland-Überwachungs- und Sicherungsanlage

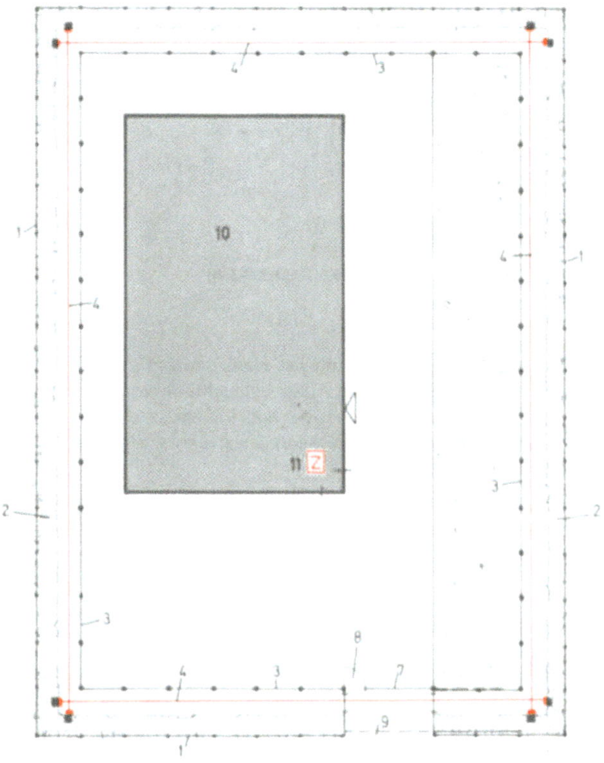


2 Infrarot-Schutzwand (CERBERUS)

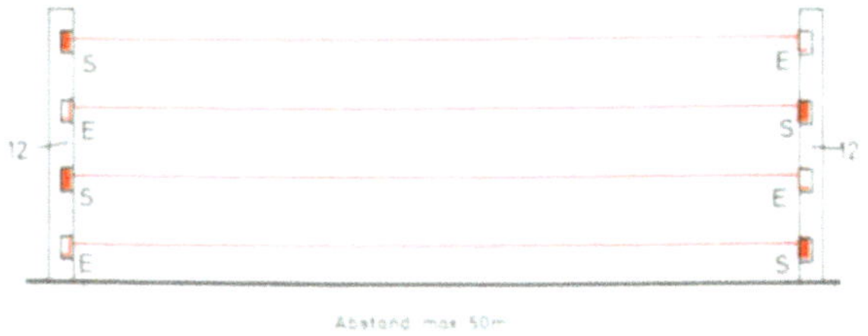


3 Lichtschrankenüberwachung für ein Wohngrundstück

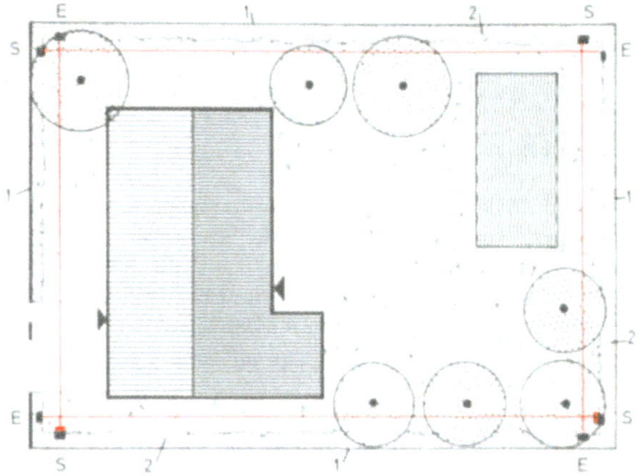


1 äußere Umzäunung
2 ggf. Hecke
3 innere Umzäunung
4 elektronisches Überwachungssystem mit
5 Sender 6 Empfänger
7 inneres Rolltor für den Verkehr tagsüber
8 Personeneingang
9 äußeres Rolltor, wird außerhalb der Betriebszeit geschlossen
10 z.B. Betriebsgebäude mit hochwertigen Gütern
11 Pförtner, Alarmzentrale
12 Leichtmetallsäule bis 6m
S Lichtschranke-Sender
E Lichtschranke-Empfänger

4 Freilandüberwachung für ein Werkgelände

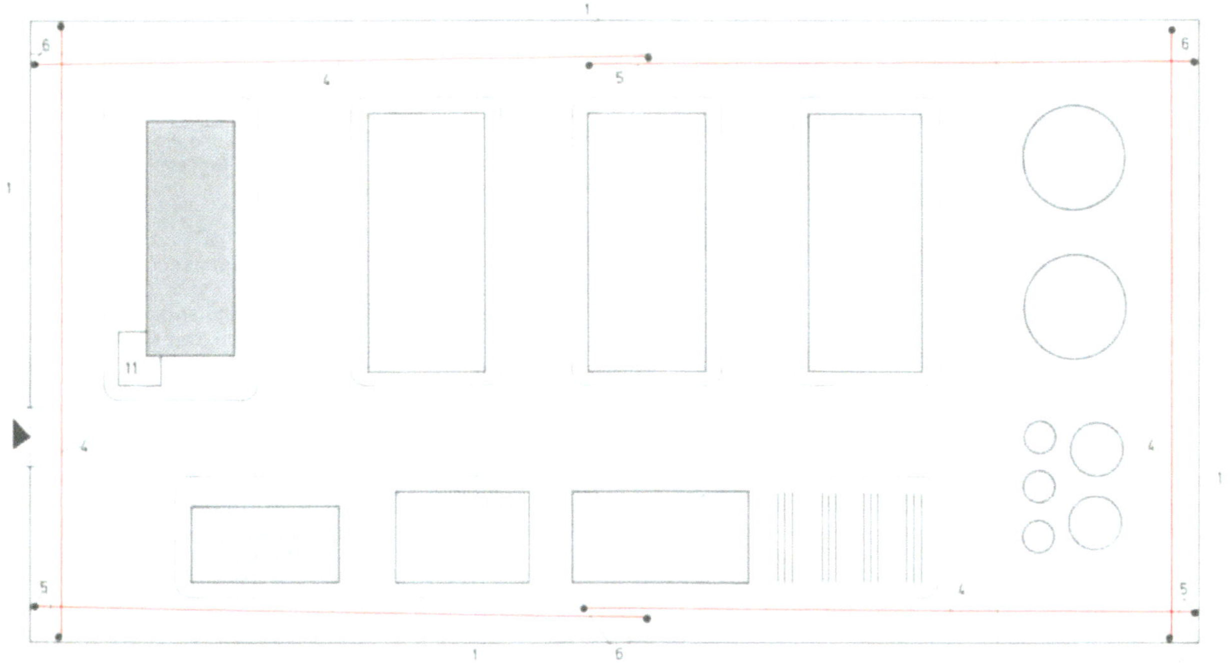

# Die Planung von Sicherungsanlagen

Maßnahmen gegen Einbruch sind in verschiedenen Bereichen möglich:

- Überwachung der Einfriedung und des Freigeländes im Vorfeld der Gebäude;
- Überwachung der Außenhaut der Gebäude;
- Überwachung von Räumen und Einzelobjekten im Gebäude;
- Überfallmelder wo erforderlich, in Wohnungen grundsätzlich.

Meist wird man mehrere der oben genannten Bereiche absichern müssen, und zwar mit dem Grundsatz, nach welchem im Vordergrund die mechanischen Sicherungen stehen, die durch elektrische Sicherungsmaßnahmen ergänzt und aufgewertet werden.

Wird eine Sicherungsanlage für erforderlich gehalten oder von der Versicherung verlangt, dann sollten die ersten Überlegungen hierzu bereits bei der Gebäudeplanung einsetzen. Leider wird aber immer wieder der Fehler gemacht, Gebäudesicherheitsmaßnahmen erst dann zu erwägen, wenn es für kostengünstige Lösungen zu spät ist.

### Sicherheitsanalyse

Der Planung von Sicherheitsmaßnahmen sollte immer eine sorgfältige Sicherheitsanalyse vorausgehen, damit jede Schwachstelle rechtzeitig erkannt wird. Dabei sollte man sich gedanklich in die Absichten eines Einbrechers versetzen und durchspielen, wie dieser beim anstehenden Objekt am besten zu seinem Ziel gelangen könnte.

Bei diesen notwendigen Überlegungen soll die nachfolgende Checkliste Hilfe leisten.

- Wie ist die allgemeine Einbruchgefährdung in diesem Baugebiet? Auskunft erteilt die Kriminalpolizei.
- Wie schnell kann im Notfall Hilfe herbeigeholt werden? Wo ist die nächste Polizeistation?
- Wie weit kann Hilfe oder Beobachtung durch die Nachbarn erwartet werden?
- Wurden wegen der späteren Einbruchdiebstahl-Versicherung mit dem Versicherer Vorgespräche geführt? Wird eine Einbruchmeldeanlage gefordert oder lediglich empfohlen bzw. überhaupt nicht verlangt? Gibt es Prämienvergünstigungen?
- Welches Ergebnis erbringt eine Kosten/Nutzen-Analyse beim Vergleich des Aufwandes einer Sicherungsanlage gegenüber den Wiederbeschaffungs- und Ersatzkosten im Schadensfall?
- Welche Werte können überhaupt nicht versichert werden und sind nur durch Sicherheitsmaßnahmen zu schützen?
- Welche Personen, Einrichtungen und Güter sind besonders gefährdet?
- Gibt es Bereiche im Gebäude, die besonders gesichert werden müssen?
- Ist damit zu rechnen, daß das Objekt über längere Zeiträume unbewohnt oder ohne Aufsicht ist?
- Wieweit können sich Umwelteinflüsse (Nähe von Flugplätzen, Erschütterungen durch Schienen- oder Straßenverkehr, für jedermann freizugängliches Gelände) auf die Funktionstüchtigkeit der Sicherungsanlage auswirken?
- Werden Haustiere gehalten, die sich bei eingeschalteter Sicherungsanlage frei im Haus bewegen können? (wichtig bei Raumschutzanlagen)
- Gibt es verdeckt liegende Bereiche, in denen Einbrecher unbemerkt arbeiten können?
- Wird aus ästhetischen Gründen (Fassadengestaltung) auf bestimmte Sicherheitsmaßnahmen verzichtet? Welche Ersatzmaßnahmen sind möglich?
- Wie hoch ist der Widerstandswert der Außenbauteile (Außenwände, Dächer, Kellerdecken) anzusetzen?
- Gibt es Möglichkeiten (Balkone, Garagendächer, Vordächer, Mauervorsprünge, allgemein bei Terrassenhäusern), die den Zugang zu den oberen Geschossen erleichtern?
- Sind durchgehende Balkone vorhanden, die trotz einer gewissen Abtrennung (Doppel- und Reihenhäuser, Laubengänge) relativ leicht überstiegen werden können?
- Ist ein Einstieg durch Lüftungsschächte, Zu- und Abluftkanäle sowie Kamine mit großem Querschnitt möglich?
- Sind die Stromeinführungen und -verteilungen (Stromabschaltung, Durchtrennung der Leitungen) ausreichend gesichert?
- Ist gewährleistet, daß die aus Sicherheitsgründen notwendigen baulichen Details auch verwirklicht werden?

## Einzelheiten zur Sicherheitsplanung

Für die dunklen Bereiche um das Haus und auf dem Grundstück sollte eine möglichst lückenlose Außenbeleuchtung vorgesehen werden. Als Sicherheitsbeleuchtung darf sie nur im Hause ein- und ausgeschaltet werden. Schalter für die Außenbeleuchtung sind vor allem im Schlafzimmer notwendig.

Außenbeleuchtungen sollte man grundsätzlich an die Einbruchmeldeanlage anschließen, damit sie im Ernstfall automatisch eingeschaltet werden.

### Außensteckdosen

Die für den normalen Gebrauch installierten Außensteckdosen (Rasenmäher, gelegentliche Außenleuchten, elektrische Grillgeräte) können aber auch dem Einbrecher bei der Arbeit helfen, indem er seine Elektrowerkzeuge anschließt oder einen Kurzschluß erzeugt.

Außensteckdosen sollten deshalb grundsätzlich durch einen Innenschalter vom Stromnetz getrennt werden können. Sofern dies nicht möglich ist, empfiehlt es sich, die vorhandenen Geräte gegen abschließbare Außensteckdosen auszuwechseln.

### Sträucher und Büsche als Versteck

Bepflanzungen beleben den Außenbereich und können einen erwünschten Sichtschutz bieten. Einbrecher können sie aber ebenso nutzen, indem sie sich dahinter verstecken. Hohe und dichte Bepflanzungen in unmittelbarer Nähe von Außentüren, Erdgeschoß- und Kellerfenstern sollten daher vermieden werden.

### Überwachung des Einganges

Gegen- oder Wechselsprechanlagen gehören heute zur Normalausstattung eines Hauses. Damit ist es möglich, den Einlaßbegehrenden abzufragen, bevor geöffnet wird – oder auch nicht. Damit der Besucher bei Dunkelheit erkannt wird, ist eine entsprechende Ausleuchtung des Eingangsbereichs Voraussetzung.

Durch Installation einer Video-Anlage kann die Sprechverbindung zwischen Hauseingang und Torstation um eine zusätzliche Sichtkontrolle erweitert werden. Die Video-Torstation enthält eine eingebaute Kamera, die das aufgenommene Bild auf den Monitor der Video-Hausstation überträgt. Die Bildübertragung wird vom Besucher durch Drükken des Klingelknopfes ausgelöst. In der Video-Hausstation ertönt ein akustisches Signal, gleichzeitig wird die Kamera in Betrieb gesetzt. Nach einer kurzen Wartezeit erscheint auf dem Bildschirm der Hausstation das Bild des Besuchers.

### Telefon

Innerhalb der Sicherungstechnik spielt das Telefon eine bedeutende Rolle. Es wird gebraucht, um im Notfall hilfeleistende Stellen anrufen zu können, z.B. bei Einbruchmeldeanlagen über das Telefonwählgerät. Ein Telefonanschluß (Nebenstelle oder Steckdose) sollte grundsätzlich im Schlafzimmer vorgesehen werden, damit auch während der Nacht Hilfe herbeigerufen werden kann.

Damit Einbrecher nicht die Möglichkeit haben, die Telefonverbindung zu trennen, sind die Telefonkabel unterirdisch einzuführen und im Außenbereich unter Putz oder in Stahlpanzerrohren zu verlegen.

### Einbruchmeldeanlagen

Die Planung und Ausführung einer Einbruchmeldeanlage ist eine Spezialaufgabe. Bei Anlagen, die den Anforderungen des Verbandes der Sachversicherer (VdS) entsprechen müssen, ist bereits bei der Vorplanung eine zugelassene Errichterfirma hinzuzuziehen, deren Mitarbeiter den Bauherrn/Architekten zunächst fachtechnisch berät. Im Auftragsfall werden Leitungspläne gefertigt und Anweisungen über die beim Bau zu erledigenden Maßnahmen gegeben. Dazu gehört insbesondere die Verlegung von Leerrohren, in die dann die Verbindungsleitungen der Einbruchmeldeanlage eingezogen werden. Die Rohrmontage erfolgt zweckmäßig durch den Installateur der Starkstromanlage während der Rohbauzeit. Für die Planung von Sicherungsanlagen gibt es auch spezielle Büros.

## Einbruchschutz für den Wohnbereich

Einbruchmeldeanlagen für den Wohnbereich müssen auch funktionsbereit sein, wenn die Räume bewohnt sind, ohne daß die Bewohner Fehlalarm verursachen können.

Diesem Grundsatz entspricht weitgehend eine Außenhautüberwachung. Eine ausschließliche Sicherung der Räume durch Bewegungsmelder ist mit zu hohen Risiken verbunden. Der bereits eingedrungene Täter kann, wenn ihm ein Bewohner entgegentritt, in eine Panikreaktion geraten und eventuell zur Schußwaffe greifen. Deshalb sollte eine für notwendig gehaltene Raumüberwachung stets mit einer Außenhautsicherung kombiniert werden.

Im Wohnbereich ist vor allem der Personenschutz vordringlich. Bei Einbrüchen, die trotz aller Vorkehrungen den Alarm nicht automatisch auslösen, oder bei Überfällen müssen die Bewohner durch Betätigung eines Notrufdrückers die Möglichkeit haben, Hilfe herbeizurufen.

Man sollte auch immer daran denken, daß in einer Wohnung oder in einem Haus das Schlafzimmer, in dem man ja viele Stunden schlafend – also praktisch hilflos – verbringt, der am besten gesicherte Raum sein soll.

### Richtlinien des Verbandes der Sachversicherer e.V.

Der Verband der Sachversicherer (VdS) hat Sicherungsrichtlinien für *Hausratversicherung (SH)-Einbruchdiebstahl* herausgegeben.

Sie sind je nach dem Gefährdungsgrad oder der Höhe des zu versichernden Risikos in 4 Gruppen eingeteilt. Detaillierte Angaben hierzu sind in den folgenden Übersichten auf Seite 174/175 enthalten.

### ZVEI-Empfehlungen für Einbruchmeldeanlagen im Wohnbereich

Für die Erstellung von Einbruchmeldeanlagen im Wohnbereich hat der Zentralverband der elektrotechnischen Industrie e.V. (ZVEI), Fachverband für Fernmeldetechnik, eine besondere Empfehlung herausgegeben. Darin wird u.a. ausgeführt:

- Der Einbrecher sucht sich die Schwachstellen eines Hauses. Deshalb sollten alle Außenbauteile als erste Sicherungsstufe einen möglichst hohen Widerstandswert aufweisen.
- Die zusätzlich eingesetzte elektrische Überwachung soll erreichen, daß ein Angriff auf diese Schwachstellen möglichst frühzeitig erkannt wird.
- Bei Einbruchmeldeanlagen im Wohnbereich sollten sich die Bewohner möglichst frei im Hause bewegen können, das unbemerkte Eindringen in nicht überschaubare oder nicht benutzte Teile des Hauses jedoch verhindert bzw. bei Einbruch gemeldet werden. Bei Abwesenheit der Bewohner ist die gesamte Einbruchmeldeanlage einzuschalten.
- Die Einbruchmeldeanlage muß durch die Bewohner – die auf dem Gebiet der Elektrotechnik meistens Laien sind – unkompliziert zu bedienen sein.
- Die Alarmgabe muß zuverlässig sein, gegebenenfalls durch die Kombination von Innenalarm, Außenalarmierung und gegebenenfalls stiller Weiterleitung des Alarms an bestimmte Personen und Sicherheitsdienste.
- Eine manuelle Alarmgabe, z.B. bei Überfall oder einer sonstigen Notsituation, muß jederzeit möglich sein.

### Reich ausgestattete Häuser und Wohnungen

Die Hausrat-Sicherungsrichtlinien des VdS enthalten Mindestforderungen und gelten für Risiken bis zu einer Versicherungssumme von DM 500.000,–.

Bei höheren Risiken sind zusätzliche Sicherungen notwendig, ebenso für Wohnhäuser, die durch ihre Lage (z.B. Ortsrand, ruhiges Villengebiet, Einzelhausbebauung) oder andere Umstände (z.B. Anhäufung hochwertiger Gegenstände) besonders gefährdet sind.

Bei einer Ansammlung von Werten muß die Außenhaut des Gebäudes höchstens mechanischen Widerstand aufweisen. Im Innern des Hauses soll der mechanische Widerstand fortgesetzt werden, z.B. durch besondere Sicherheitsräume oder -kammern mit verstärkten Wänden, Decken und Türen.

Noch mehr Sicherheit bietet ein hochwertiger Geldschrank, wenn das wertvolle Gut nicht im Banktresor aufbewahrt wird. Zur Ergänzung der mechanischen Sicherung ist eine optimal ausgelegte Einbruchmeldeanlage erforderlich.

In reich ausgestatteten Wohnräumen und Privatgalerien sind zum Schutz der zahlreichen Kunstwerke besondere Maßnahmen erforderlich. Eine Raumüberwachung, z.B. durch Ultraschallanlagen mit getrennten Sendern und Empfängern oder mit Infrarotmeldern, ist oft ausreichend. Für die Einzelsicherung von Kunstwerken können Verfahren angewandt werden, wie sie z.B. in öffentlichen Museen heute üblich sind; sie werden an die Einbruchmeldeanlage angeschlossen.

- Freistehende Skulpturen werden durch Magnetkontakte an ihren Standflächen gegen Abheben gesichert.
- Vitrinen für die Ausstellung kleinerer oder besonders wertvoller Stücke bestehen aus einbruchhemmenden Gläsern oder werden mit Alarmglas bzw. elektronischen Glasbruchmeldern geschützt.
- Die Sicherung von einzelnen, an der Wand aufgehängten Gemälden oder dergleichen kann mittels besonderer Abhebekontakte erfolgen.
- Für in Reihe aufgehängte Gemälde gibt es ein besonderes Bilderschutzsystem. Es besteht aus einem verdrahteten Trägerkanal, in dem die Melder mit Aufhängevorrichtung für die zu überwachenden Objekte an jeder beliebigen Stelle eingeschoben werden können.

Nach der Kriminalstatistik ist man in einem Wohnhaus mit vielen Nachbarn – auch wenn es reich ausgestattet ist – noch am ehesten vor Einbrechern gesichert. Nach der gleichen Statistik sind vorübergehend verlassene Einzelwohnhäuser besonders gefährdet, zumal sie durch die umgebende Bepflanzung nur schwer einzusehen sind.

**Miet- und Eigentumswohnungen**

Besonders gefährdete Stellen sind die Wohnungsabschlußtüren sowie die Fenster und Fenstertüren, vor allem dann, wenn man von außen sehr leicht an sie herankommen kann. Kritisch sind auch die Abstellräume in Kellern und Dachgeschossen. Wie die Erfahrung immer wieder lehrt, können diese abseits gelegenen Räume oft unbemerkt und ohne Behinderung erreicht werden. Deshalb sollten massiv umschlossene Abstellräume ausreichend stabile Türen und Schlösser aufweisen. Bei durchsichtigen Abteilungen aus Drahtgeflecht oder Latten sollte das dahinter aufbewahrte Gut zumindest gegen Einsicht abgedeckt werden.

**Ferien- und Wochenendhäuser**

Einzelnstehende und abgelegene Häuser werden von Einbrechern bevorzugt. Oft liegen sie auch noch außer Hörweite von Nachbarn oder an abgeschiedenen Orten ohne Strom- und Telefonanschluß. Ein umfassender Einbruchschutz dürfte sich in derartigen Fällen kaum verwirklichen lassen, obgleich solche Objekte diesen am nötigsten hätten.

Beim Bau von Ferien- und Wochenendhäusern kann man sich hinsichtlich des Einbruchschutzes von folgenden Überlegungen leiten lassen:

- Ausführung in der üblichen Leichtbauweise, wobei Ausstattungen von Wert immer wieder mit nach Hause genommen oder an einen anderen sicheren Ort gebracht werden.
- Ausführung in Leichtbauweise. Für die Aufbewahrung der wertvollen Güter wird innerhalb des Kleinsthauses eine sichere Zelle geschaffen, z.B. eine Art Bodentresor. Sollen darin auch verderbliche Güter aufbewahrt werden, dann muß für eine Minimal-Durchlüftung gesorgt werden.
- Ausführung in einer massiven Bauweise mit einem Widerstandswert, der Schutz gegen einfache Einbruchwerkzeuge bietet.

Bei Grundstücken, die mit dem LKW anfahrbar sind, kann dies z.B. eine Stahlbeton-Raumzelle (ähnlich den Fertiggaragen) sein. Wegen einer besseren Einfügung in die Landschaft können z.B. die Außenwände mit Holz verkleidet, kann ein geneigtes Dach aufgesetzt werden.

Haustür und Fensterläden sollen nach außen schlagen und in einem Anschlag liegen, damit sie nicht eingerammt oder ausgehoben werden können. In geschlossenem Zustand dürfen im Falzbereich keine Brechwerkzeuge angesetzt werden können. Bänder und Kloben dürfen von außen nicht abmontierbar sein. Die besonders stabile Haustür ist mehrfach, z.B. mit einem Dreipunkt-Riegelschloß ohne Drücker auf der Außenseite, zu verriegeln.

Möglich ist auch der Einsatz einer einfachen batteriegespeisten Alarmanlage, die ein akustisches und optisches Signal abgibt. Damit kann zwar kaum Hilfe herbeigerufen werden; sie erfüllt aber ihre Aufgabe, wenn sie den Einbrecher abschreckt und vertreibt. Bei derartigen Alarmanlagen ist darauf zu achten, daß diese erst bei Auslösung eines Alarmkontaktes und Einsetzen der Alarmmittel der Batterie Strom entziehen.

**Praktische Hinweise zum Einbruchschutz im Wohnbereich**

*Vorsichtsmaßnahmen gegen Einbrecher, wenn man zu Hause ist.*

- Sichergestelltes Diebesgut kann oft nicht zurückgegeben werden, weil der Eigentumsnachweis nicht ausreichend belegt werden kann. Deshalb sollten die wertvollsten Sachen listenmäßig erfaßt (Fabrikationsnummern), Schmuckstücke und Antiquitäten fotografiert sein. Damit lassen sich auch Versicherungsansprüche besser belegen.
- Geldbeträge, Sparbücher, den täglichen Schmuck usw. sollte man zu Hause im Stahlschrank oder zumindest in einer verschließbaren Kassette aufbewahren, wertvollen Schmuck und Wertpapiere im Bankfach.
- Wegen der Wichtigkeit ein nochmaliger Hinweis auf das Telefon als Notruf-Einrichtung. Beim Telefon soll eine Liste mit den Nummern von Polizei, Feuerwehr, Arzt und Krankenhaus bereitliegen.
  Im Schlafzimmer sollte unbedingt ein eigener Apparat stehen, zumindest aber eine Telefonsteckdose installiert sein. Das Telefon neben dem Bett kann oft die einzige Möglichkeit sein, um Hilfe herbeizurufen.
- Leitern sind hinter verschlossenen Türen aufzubewahren oder mit Stahlketten und Hangschlössern zu sichern.
- Wiederholter Hinweis auf die kriminalpolizeilichen Beratungsstellen, besonders wenn man in einen Neubau oder eine neue Wohnung einzieht. Die Polizei weiß, wie es hinsichtlich der Sicherheit in der neuen Wohngegend aussieht.
- Dem persönlichen Schutz dient eine Taschenlampe mit eingebauter Sirene mit sehr hoher Lichtstärke für Punktlicht bis zu 250 m oder auch Flächenlicht. Die Sirene ist mit eigenem Schalter zu bedienen und noch in 800 m Entfernung hörbar, auch ein hilfreicher Begleiter auf Reisen oder im Urlaub.
- Eine gute Schußwaffe gibt Sicherheit. Man muß sie aber besitzen dürfen (Waffenschein) und damit umgehen können.
- Zum Selbstschutz ohne Waffenschein werden Tränengas- und Schreckschußwaffen sowie Dosen mit Tränengasspray angeboten. Ein Druck auf den Abzug soll genügen, den Gegner auf der Stelle kampfunfähig zu machen, ohne daß gesundheitliche Schäden zurückbleiben. Je nach Größe können 30 bis 60 Sprayschüsse mit einer Wirkungsweite von 3 bis zu 5 m abgegeben werden. Tränengaswaffen haben einen weiteren abschreckenden Effekt, da sie kaum von scharfen Waffen zu unterscheiden sind.

*Vorsichtsmaßnahmen gegen Einbrecher, wenn man nicht zu Hause ist.*

- Die Außenbeleuchtung nie tagsüber brennen lassen. Ein elektrisches Gerät kann sie zu den eingestellten Zeiten automatisch ein- und ausschalten.
- Einbrecher benutzen auch das Telefon, um zu erfahren, ob jemand zu Hause ist. Ein automatischer Anrufbeantworter mit alltäglicher Durchsage läßt ihn darüber im Zweifel.
- Bei Fernsehgeräten mit eingebautem Mikroprozessor kann man das Ein- und Abschalten für einen längeren Zeitraum vorprogrammieren. Das Gerät (ggf. auch noch eine Stehlampe) schaltet zu den festgelegten Zeiten automatisch ein und aus.
- Tagsüber geschlossene Fensterläden sind ein sicheres Zeichen, daß zur Zeit das Haus oder die Wohnung unbewohnt ist. Automatische Rolläden können mittels Elektromotor und Zeitschaltuhr zur eingestellten Zeit betätigt werden, auch bei Abwesenheit des Wohnungsinhabers.
  Eine astronomische oder eine mit einem hell/dunkel-empfindlichen Sensor versehene Zeitschaltuhr gleicht die Öffnungs- und Schließzeit den Sonnenauf- und -untergangszeiten an.
- Bei alleinstehenden Häusern sind scharfe Hunde treue und wertvolle Helfer.
- In einer gefährdeten Gegend oder bei hohen Risiken kann man das Haus auch noch von einem Sicherheitsdienst bewachen lassen.

**Einbruchschutz für den gewerblichen Bereich**

Dieses Einsatzgebiet soll im Rahmen dieses Buches nicht behandelt werden. Für die Konzipierung einer wirkungsvollen Einbruchmeldeanlage wird man immer den Rat von Fachleuten brauchen (Kriminalpolizei, Berufsgenossenschaft, Spezialist des Fachverbandes). Mit der Planung und dem Aufbau sollte man nur erfahrene Fachfirmen betrauen, bei denen auch der Wartungsdienst gewährleistet ist.

## 1 Video - Anlagen fur die Eingangsuberwachung

Tischmonitor mit Haustelefon

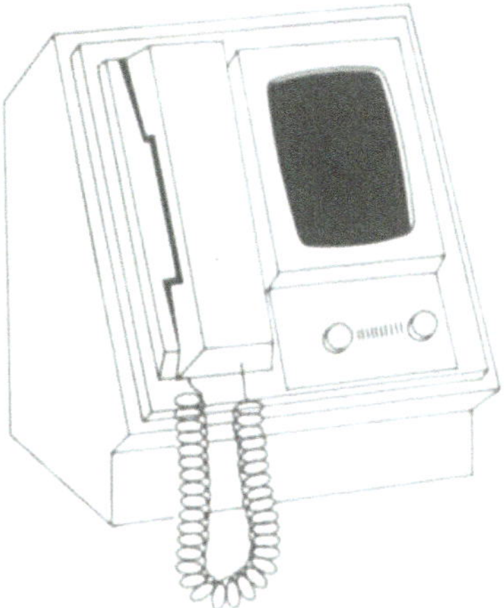

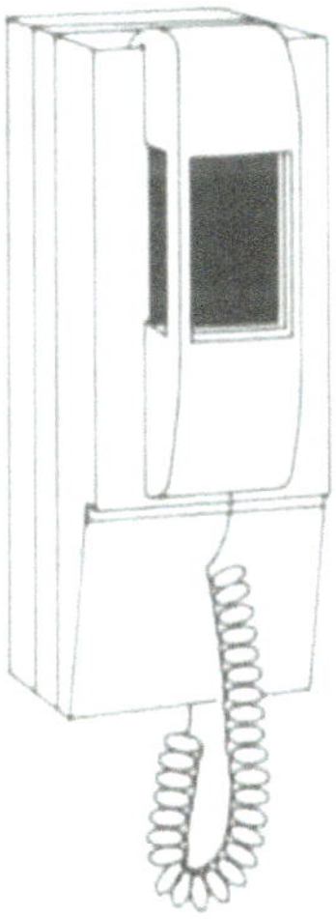

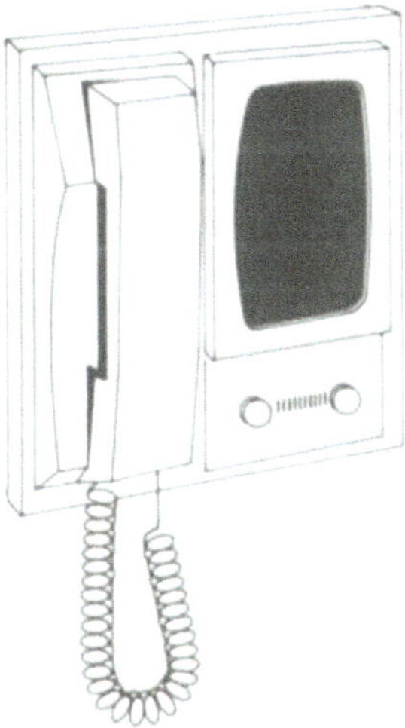

Wandmonitore mit Haustelefon

Monitor unter dem durchbrochenen Handapparat

Monitor neben dem Handapparat

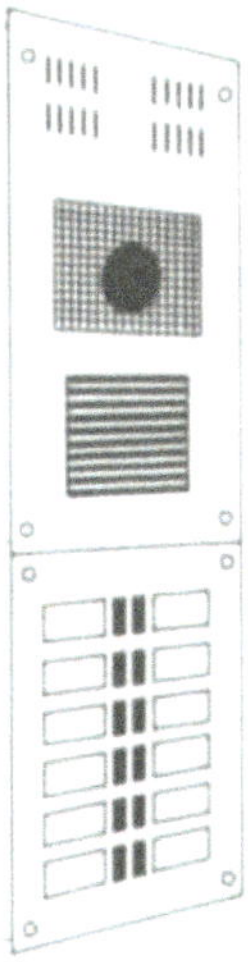

Torstation mit Kamera und Außentelefon

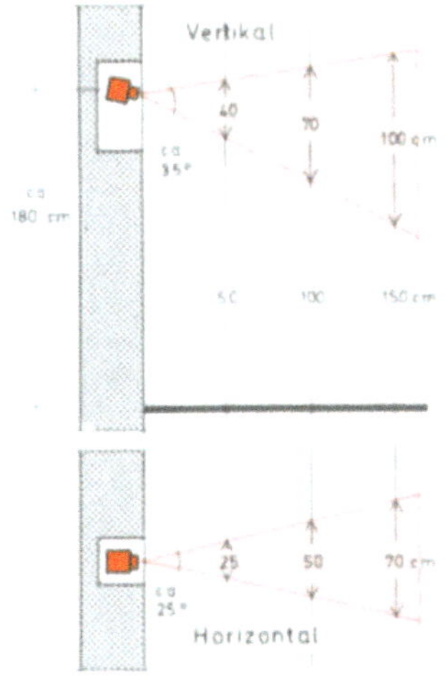


Wirkbereich der Kamera

## 2 Wassergeschutzte, abschließbare Steckdose

für Aufputz mit Zylinderschloß - Verriegelung

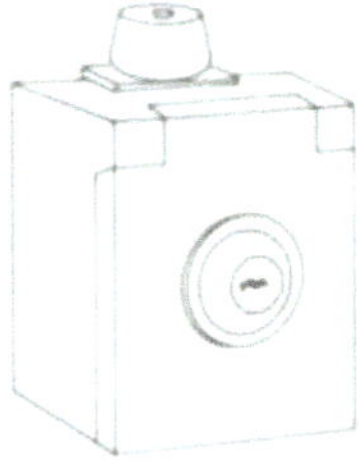

## 3 Synchron - Schaltuhr

für 55er Unterputzdose

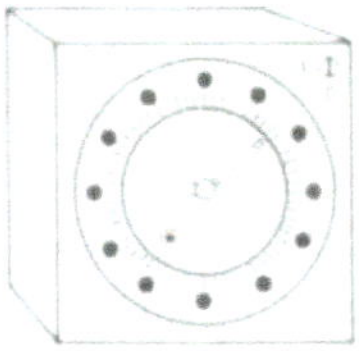

## 4 Skulpturen - Einzelsicherung

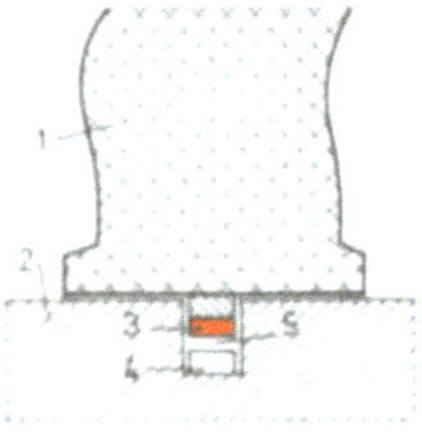

1 Skulptur
2 Konsole
3 Magnetteil
4 Kontaktteil
5 Luftspalt
6 Sicherungselement mit Abhebekontakt
7 Bohrung
8 mechanische Sicherung

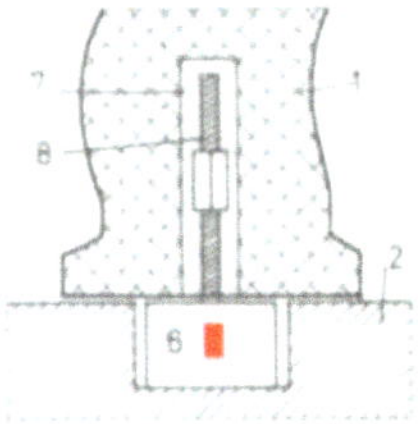

durch Magnetkontakte

durch Sicherungselemente (ASA - Alarmschutz)

## 5 Gemalde - Einzelsicherung (CERBERUS)

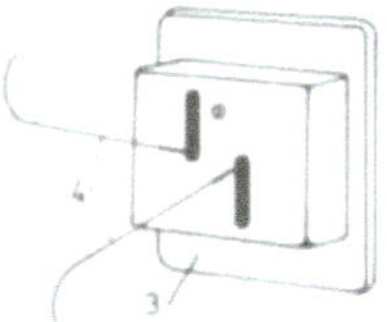

1 Bilderrahmen
2 Gemälde
3 Tastmelder auf der Rückseite
4 Tastfedern

Beim Entfernen der Leinwand z.B. durch Herausschneiden aus dem Rahmen, bewegen sich die Tastfedern aus ihrer Ruhelage und lösen Alarm aus

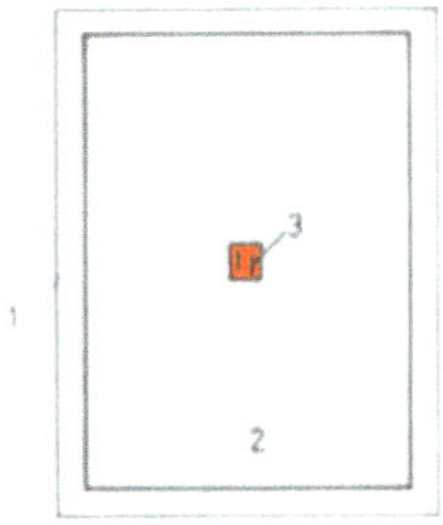

## 6 Kleinstkeller fur ein Ferienhaus moglichst im Mittelbereich des Gebaudes

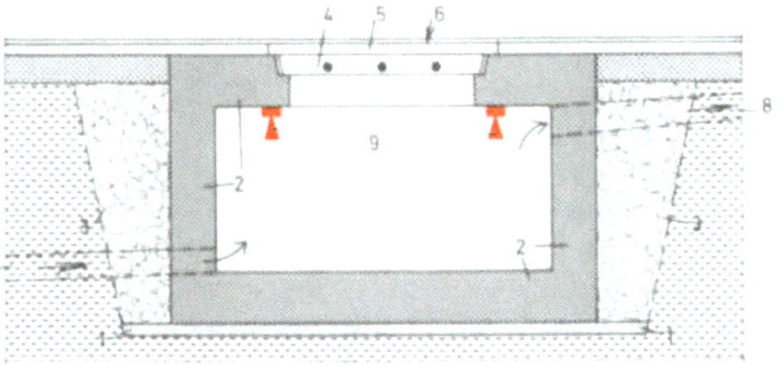

1 Sauberkeitsschicht mit 2 Lagen Baustahlgewebe
2 Stahlbeton mit kubischer Armierung → 109
3 Baugrube mit Schotterbeton auffüllen
4 Schwerer doppelwandiger Stahldeckel mit Mehrfachverriegelung
5 aufnehmbare Fußbodenabdeckung
6 aufrollbarer Bodenbelag
7 Zuluftleitung, zugl. Entwässerung
8 Abluftleitung über Dach
9 Erschütterungskontakte bei vorhandener Alarmanlage

## Kontakt- und Flächenüberwachung zweckmäßiger Einsatz der Einbruchmelder

| zu sichernde Bauteile und Einrichtungen | Riegelkontakt | Magnetkontakt | Überwachungskontakt | Übergangskontakt | Glasbruchmelder [1] | Überwachungsfolien | Alarmglas | Körperschallmelder | Erschütterungskontakt | Alarmtapete und -drähte | Trittmatten | Fadenzugkontakt | Pendelmelder | Sonderformen |
|---|---|---|---|---|---|---|---|---|---|---|---|---|---|---|
| Haustüren, Außentüren | ● [2] | ● | ○ | | | | | | | | | | | |
| Abschlußtüren - innen | ● [3] | ● | ● | | | | | | | ○ | | | | ● [4] |
| Zimmertüren [12] | ● [3] | ● | ● | | | | | | | ○ | ○ [5] | | | |
| Schiebetüren - innen [12] | ○ [3] | ○ | ● | ● | | | | | | ○ | ○ [5] | | | |
| Garagen-Schwingtore | | ● | ○ | | | | | | | | | | | ● [6] |
| Fenster - mit Flügel | | ● | ○ | | ● | ○ | ● | | ○ [7] | | | | | |
| Fenstertüren, Hebetüren | | ● | ○ | ○ | ● | ○ | ● | | ○ [7] | | ○ [5] | | | |
| Glas-Schiebetüren - außen | | ○ | | ● | ● | ○ | ● | | ○ [7] | | ○ [5] | | | |
| Lichtkuppeln | | ○ | | | | | | | | | | ● | ○ | ● [8] |
| Dachflächenfenster | | ● | | | ● | | ○ [9] | | ○ [7] | | | | | |
| Glasbausteinwände | | | | | | | | ○ | ● | | | | | |
| Schaufenster, große feststehende Verglasungen | | | | | ● | ● | ● | | ○ [7] | | | | | |
| schwere Wände und Decken | | | | | | | | ● | ● | ○ | | | | |
| leichte Wände und Decken | | | | | | | | | | ● | | | | |
| Bodentreppen - einschiebbare | | ○ | ○ | | | | | | | ● | ○ [5] | ● | ○ | |
| Einzelobjekte [12] - Skulpturen - Reliefs - Gemälde | | ● | | | | | | | | | | | | ● [10] |
| Fußbodenflächen - innen [12] | | | | | | | | | | | ● | | | |
| Panzergeldschränke [12] | | | | | | | | ● | | | ○ [5] | | | ● [11] |
| Schränke, Apparategehäuse [12] | | ● | ● | | | | | | | | ○ [5] | | | |
| Kanäle, Schächte für Lüftung, Installation | | | | | | | | | | | | ● | ● | |

Einbruchmelder:

● gut geeignet

○ noch geeignet

1) verschiedene Melder sind nur mit Einschränkungen zu verwenden, z.B. nicht auf Draht-, Verbund- oder Strukturglas

2) vornehmlich als Verschlußeinrichtung

3) wenn Scharfschalten an dieser Tür

4) wenn nur die Abschlußtür gesichert werden soll, siehe auch Türsperren mit Alarmierung → 129

5) als Fallensicherung davor ausgelegt

6) Magnetkontakt-Sonderform für Bodenmontage

7) nicht zu verwenden im sogenannten Handbereich, wenn Flügel unstabil bzw. Erschütterungen in der Nähe

8) Es gibt Lichtkuppeln mit eingebauter Alarmsicherung

9) Einschränkungen wegen Glasgewicht beachten

10) bei sehr wertvoller und reichhaltiger Ausstattung werden Einzelsicherungen empfohlen → 171

11) empfehlenswerter Schutz sind kapazitive Feldmelder → 161

12) und/oder in die Raumüberwachung einbezogen

# Raumüberwachung – die wichtigsten Vergleichskriterien (frei nach CERBERUS)

| Vergleichskriterien | 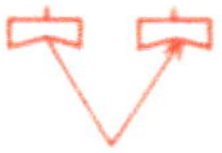 Ultraschall-Raumschutz |  Ultraschall-Doppler |  Hochfrequenz-Doppler |  Infrarotmelder |
|---|---|---|---|---|
| Uberwachungs-charakteristik<br>bevorzugt erfaßte Bewegungsrichtung | 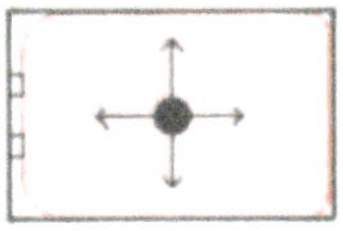 |  |  | 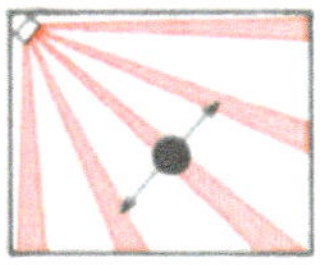 |
| Uberwachungsbereich pro Einheit – Richtwerte<br>Reichweite | Deckenmontage 90 bis 110 $m^2$<br>Wandmontage ca 40 $m^2$<br>bis 9 m | je nach Gerat 30 bis 50 $m^2$<br>bis 14 m | je nach Gerat 150 bis 200 $m^2$<br>bis 25 m | je nach Gerat 60 bis 80 $m^2$<br>Raume bis 12 m<br>Korridore bis 60 m |
| Vollraumuberwachung (uber 80 % des Raumes uberwacht) | gewahrleistet | nicht gewahrleistet | nicht gewahrleistet | gewahrleistet |
| Typischer Einsatz | - Kleine bis große Raume<br>- Korridore<br>- Voll- und Teilraum-uberwachung | - Kleine bis große Raume<br>- Teilraumuberwachung<br>- Fallensicherung | - Lange, große Raume<br>- Teilraumuberwachung<br>- Großraum-Fallensicherung | - Kleine bis große Raume<br>- Voll- und Teilraum-uberwachung<br>- Fallensicherung<br>- zugl. Brandmelder |
| Zulassige Umgebungs-temperatur: unter 0 °C | bedingt zulassig | bedingt zulassig | zulassig | zulassig |
| von 0 °C bis 50 °C | zulassig | zulassig | zulassig | zulassig |
| uber 50 °C | nicht zulassig | nicht zulassig | zulassig | nicht zulassig |
| Sind mehrere Melder im gleichen Raum moglich? | problemlos | mit Vorsicht | mit Vorsicht | problemlos |
| Einwirkungen von benachbarten Raumen oder angrenzenden Straßenverkehrszonen | problemlos | problemlos | nicht zu empfehlen | problemlos |
| Mogliche Ursachen von Fehlalarmen | ▶ starke Gerausche im Ultraschall-Frequenzbereich<br>▶ Luftheizungen in Meldernahe<br>▶ starke Luftturbulenzen<br>▶ unstabile Wande<br>▶ sich bewegende Objekte wie z.B. Kleintiere | ▶ starke Gerausche im Ultraschall-Frequenzbereich<br>▶ Luftheizungen<br>▶ Luftturbulenzen<br>▶ unstabile Wande<br>▶ sich bewegende Objekte wie z.B. Kleintiere<br>▶ Storeinflusse im Meldernahbereich (uberhohte Empfindlichkeit) | ▶ Strahlablenkung durch Reflexionen bei Metallgegenstanden<br>▶ Strahl durchdringt Wande und Fenster<br>▶ unstabile Wande<br>▶ sich bewegende Objekte wie z.B. Kleintiere, Ventilatoren<br>▶ elektromagnetische Einwirkungen | ▶ Warmequellen mit schnellen Temperaturanderungen, z.B. Gluhlampen, Elektroheizungen, offenes Feuer im Wirkbereich<br>▶ direkte, starke und wechselnde Lichteinwirkung auf den Melder<br>▶ sich bewegende Objekte wie z.B. Kleintiere |
| Stromverbrauch – Richtwerte | 40 bis 60 mA pro Melder, je nach Anzahl Einheiten | 20 bis 150 mA pro Melder, je nach Produkt und Anzahl Einheiten | 30 bis 200 mA pro Melder, je nach Produkt | 8 bis 20 mA pro Melder |
| Aufwand fur die Anpassung bei Inbetriebnahme | mittel | mittel bei 1 System pro Raum<br>groß bei mehreren Systemen pro Raum | betrachtlich (Viele Versuche) | klein |
| Genehmigung von der Post | nicht erforderlich | nicht erforderlich | in der Bundesrepublik und vielen anderen Landern erforderlich | nicht erforderlich |

# Sicherungsrichtlinien für die Hausratversicherung (SH) – Einbruchdiebstahl –

**• Mindestsicherungsforderungen •**

## SH 1: Hausrat in ständig bewohnten Wohnungen in Mehrfamilienhäusern

**Wohnungsabschlußtüren** → 122

Wabentür oder Füllungstür oder Vollholztür oder Metalltür → 125/2

*Bei Versicherungssumme über DM 100 000,–*

- Glaseinsätze [1]
- Sicherung der Bandseite [2]
- Schlösser und Beschläge [3]

**Verandatüren und von außen ohne Hilfsmittel erreichbare Balkontüren**

Wabentür oder Füllungstür oder Vollholztür oder Metalltür → 125/2

*Bei Versicherungssumme über DM 100 000,–*

- Glastüren oder Glaseinsätze [4]
- Sicherung der Bandseite [2]
- Türverschluß [5]
- Bei einem Schloß, das auch von außen schließbar ist [3]

**Fenster einschließlich Oberlichter** im Erdgeschoß oder Souterrain und solche, die ohne Hilfsmittel von außen (z. B. über Anbauten, Balkone, Feuerleitern) erreichbar sind

- Fensterverschluß [6]

*Bei Versicherungssumme über DM 100 000,–*

- Verglasung [4]

| **Wertsachen** | **Mindestsicherungsforderung** |
|---|---|
| Bargeld, Versicherungsmarken und Barrengold sowie Goldmünzen und -medaillen | |
| – bis DM 1000,–, bei Erhöhung der Entschädigungsgrenze bis höchstens DM 3000,– | keine zusätzliche Sicherungen |
| – bis DM 10 000,–, bei Erhöhung der Entschädigungsgrenze bis höchstens DM 20 000,– | Stahlschrank [7] |
| Urkunden einschließlich Wertpapiere (ausgenommen Sparbücher) | |
| – bis DM 1000,–, bei Erhöhung der Entschädigungsgrenze bis höchstens DM 3000,– | keine zusätzlichen Sicherungen |
| – bis DM 10 000,–, bei Erhöhung der Entschädigungsgrenze bis höchstens DM 20 000,– | Stahlschrank [7] |
| Sparbücher mit Guthaben über insgesamt DM 1000,– | Kassette [8] |
| Sammlungen von Briefmarken und Münzen (Münzen, die gesetzliche Zahlungsmittel sind, sowie Goldmünzen und -medaillen sind wie Bargeld zu behandeln) | |
| – bis DM 1000,– | keine zusätzlichen Sicherungen |
| – bei Erhöhung der Entschädigungsgrenze bis höchstens DM 40 000,– | Kassette [8] |
| – bei Erhöhung der Entschädigungsgrenze über DM 40 000,– | Stahlschrank [7] |
| Gold-, Silber- und Schmucksachen | |
| – bis DM 20 000,– sowie für Gold-, Silber- und Schmucksachen mit einem Einzelwert bis DM 1500,– | keine zusätzlichen Sicherungen |
| – bei Erhöhung der Entschädigungsgrenze für Gold-, Silber- und Schmucksachen bis höchstens DM 40 000,– sowie für Einzelsachen über DM 1500,– | Kassette [8] |
| – bei Erhöhung der Entschädigungsgrenze für Gold-, Silber- und Schmucksachen über DM 40 000,– | Stahlschrank [7] |
| **Hausrat mit Versicherungssumme über DM 300 000,–** | **zusätzlich:** Überwachung durch eine Einbruchmeldeanlage → 139 ff. |

## SH 2: Hausrat in ständig bewohnten Einfamilien- (auch Reihen-) häusern

**Haustüren und andere Außentüren** → 122

Füllungstür oder Vollholztür oder Metalltür → 125/2

*Bei Versicherungssumme über DM 100 000,–*

- Füllungstür [9]
- Glaseinsätze [1]
- Sicherung der Bandseite [2]
- Schlösser und Beschläge [3]

**Verandatüren und von außen ohne Hilfsmittel erreichbare Balkontüren**

Füllungstür oder Vollholztür oder Metalltür → 125/2

*Bei Versicherungssumme über DM 100 000,–*

- Füllungstür [9]
- Glastüren oder Glaseinsätze [2]
- Türverschluß [5]
- Bei einem Schloß, das auch von außen schließbar ist [3]

**Fenster einschließlich Oberlichter** im Erdgeschoß oder Souterrain und solche, die ohne Hilfsmittel von außen (z. B. über Anbauten, Balkone, Feuerleitern) erreichbar sind

- Fensterverschluß [6]

*Bei Versicherungssumme über DM 100 000,–*

- Verglasung [4]
- Fenster von Kellerräumen [10]
- Lichtkuppeln [11]

| **Wertsachen** | **Mindestsicherungsforderung** |
|---|---|
| Bargeld, Versicherungsmarken und Barrengold sowie Goldmünzen und -medaillen | |
| – bis DM 1000,–, bei Erhöhung der Entschädigungsgrenze bis höchstens DM 3000,– | keine zusätzliche Sicherungen |
| – bis DM 10 000,–, bei Erhöhung der Entschädigungsgrenze bis höchstens DM 20 000,– | Stahlschrank [7] |
| Urkunden einschließlich Wertpapiere (ausgenommen Sparbücher) | |
| – bis DM 1000,–, bei Erhöhung der Entschädigungsgrenze bis höchstens DM 3000,– | keine zusätzlichen Sicherungen |
| – bis DM 10 000,–, bei Erhöhung der Entschädigungsgrenze bis höchstens DM 20 000,– | Stahlschrank [7] |
| Sparbücher mit Guthaben über insgesamt DM 1000,– | Kassette [8] |
| Sammlungen von Briefmarken und Münzen (Münzen, die gesetzliche Zahlungsmittel sind, sowie Goldmünzen und -medaillen sind wie Bargeld zu behandeln) | |
| – bis DM 1000,– | keine zusätzlichen Sicherungen |
| – bei Erhöhung der Entschädigungsgrenze bis höchstens DM 40 000,– | Kassette [8] |
| – bei Erhöhung der Entschädigungsgrenze über DM 40 000,– | Stahlschrank [7] |
| Gold-, Silber- und Schmucksachen | |
| – bis DM 20 000,– sowie für Gold-, Silber- und Schmucksachen mit einem Einzelwert bis DM 1500,– | keine zusätzlichen Sicherungen |
| – bei Erhöhung der Entschädigungsgrenze für Gold-, Silber- und Schmucksachen bis höchstens DM 40 000,– sowie für Einzelsachen über DM 1500,– | Kassette [8] |
| – bei Erhöhung der Entschädigungsgrenze für Gold-, Silber- und Schmucksachen über DM 40 000,– | Stahlschrank [7] |
| **Hausrat mit Versicherungssumme über DM 300 000,–** | **zusätzlich:** Überwachung durch eine Einbruchmeldeanlage → 139 ff. |

Diese Richtlinien – aufgestellt vom Verband der Sachversicherer e.V. Köln (Form 207b) – enthalten sicherungstechnische Mindestforderungen und gelten für Risiken ohne Besonderheiten bis zu einer Versicherungssumme von DM 500 000,–.

Zusätzliche Sicherungen sind notwendig für Risiken mit Versicherungssummen über DM 500 000,– sowie solche, die durch ihre Lage (z. B. Ortsrand, ruhiges Villengebiet, Einzelhausbebauung) oder andere Umstände (z. B. Anhäufung hochwertiger Gegenstände) besonders gefährdet sind.

## SH 3 Hausrat in Zweitwohnungen, die nicht ständig bewohnt sind, sich aber in von Dritten ständig bewohnten Gebäuden befinden

**Wohnungsabschlußtüren**

Wabentür oder Füllungstür oder Vollholztür oder Metalltür → 125/2

*Bei Versicherungssumme über DM 100 000:*

- Glaseinsätze [1]
- Sicherung der Bandseite [2]
- Schlösser und Beschläge [3]

**Verandatüren und von außen ohne Hilfsmittel erreichbare Balkontüren**

Wabentür oder Füllungstür oder Vollholztür oder Metalltür → 125/2

*Bei Versicherungssumme über DM 100 000:*

- Glastüren oder Glaseinsätze [4]
- Sicherung der Bandseite [2]
- Türverschluß [5]
- Bei einem Schloß, das auch von außen schließbar ist [3]

**Fenster einschließlich Oberlichter** im Erdgeschoß oder Souterrain und solche, die ohne Hilfsmittel von außen (z. B. über Anbauten, Balkone, Feuerleitern) erreichbar sind

- Fensterverschluß [6]

*Bei Versicherungssumme über DM 100 000:*

- Verglasung [4]
- Lichtkuppeln [11]

**Wertsachen**

**Hinweis:**
Bargeld, Wertpapiere, Sparbücher, Sammlungen, Gold- und Schmucksachen sowie Pelze sind vom Versicherungsschutz ausgeschlossen.

**Hausrat mit Versicherungssumme über DM 200 000,–**

**zusätzlich:**
Überwachung durch eine Einbruchmeldeanlage → 139 ff.

## SH 4 Hausrat in nicht ständig bewohnten Gebäuden, wie z. B. Villen, Land-, Wochenend-, Ferien-, Jagd-, Garten- und Weinberghäusern

**Haustüren und andere Außentüren** → 124

Vollholztür oder Metalltür → 125/2

- Glaseinsätze: Zusätzlicher mechanischer Schutz (Gitter, Innenholzblende oder andere Sicherungen vergleichbarer Qualität)
- Sicherung der Bandseite [2]
- Schlösser und Beschläge [3]

**Verandatüren und von außen ohne Hilfsmittel erreichbare Balkontüren**

Vollholztür oder Metalltür → 125/2

- Glastüren oder Glaseinsätze: Zusätzlicher mechanischer Schutz (Rolladen mit Sperrvorrichtung → 118, Gitter → 115, Innenholzblende, Holzladen mit Innenverriegelung oder andere Sicherungen vergleichbarer Qualität)
- Sicherung der Bandseite [2]
- Türverschluß [5]
- Bei einem Schloß, das auch von außen schließbar ist [3]

**Fenster einschließlich Oberlichter**

- Fensterverschluß [6]
- Zusätzlicher mechanischer Schutz (Rolladen mit Sperrvorrichtung → 118, Gitter → 115, Innenholzblende, Holzladen mit Innenverriegelung oder andere Sicherungen vergleichbarer Qualität)
- Fenster von Kellerräumen [10]
- Lichtkuppeln [11]

**Wertsachen**

**Hinweis:**
Bargeld, Wertpapiere, Sparbücher, Sammlungen, Gold-, Silber- und Schmucksachen, Kunstgegenstände, Foto- und optische Apparate, Pelze und echte Teppiche sowie Schußwaffen sind vom Versicherungsschutz ausgeschlossen.

**Hausrat mit Versicherungssumme über DM 100 000,–**

**zusätzlich:**
Überwachung durch eine Einbruchmeldeanlage → 139 ff.

Im Versicherungsfalle gelten die jeweils vereinbarten Sicherungsrichtlinien einschließlich der als Anlage beigefügten Technischen Erläuterungen (TE).
Die Hinweise auf Bauteile (Türen, Fenster) werden hier in Kurzfassung wiedergegeben.

Anmerkung: Die Hinweise, z. B. → 125/2, beziehen sich auf zutreffende Abbildungen in diesem Buch; sie werden auch im Text erläutert.

**Fußnoten**

[1] – Verbundsicherheitsglas → 132 mindestens 8 mm dick oder
– Kunststoffglas → 132 z. B. Lexan oder Makrolon, mindestens 5 mm dick oder
– zusätzlicher mechanischer Schutz (Gitter → 115, Innenholzblende, Zweitscheibe aus Verbundsicherheits- oder Kunststoffglas) oder
– andere Sicherungen vergleichbarer Qualität

[2] Bei Einbohrbändern und außenliegenden Türbändern muß die Tür an der Bandseite durch Hinterhaken → 127/6 gesichert sein.

[3] – Schließzylinder → 126/4 oder
– Zylindereinbausicherung → 126/2 oder
– Zuhaltungsschloß → 126/3
mit Sicherheitsbeschlägen → 127 (Langschild bzw. Rosette und Winkelschließblech)

[4] – Verbundsicherheitsglas mindestens 8 mm dick oder
– Kunststoffglas z. B. Lexan oder Makrolon, mindestens 5 mm dick oder
– zusätzlicher mechanischer Schutz (Rolladen mit Sperrvorrichtung, Gitter, Innenholzblende, Zweitscheibe aus Verbundsicherheits- oder Kunststoffglas) oder
– andere Sicherungen vergleichbarer Qualität

[5] – Abschließbare Hebetürsicherung → 134/3 oder
– andere abschließbare Verriegelung → 126/5

[6] – Abschließbare Fensterriegel → 134/1 oder
– andere Beschläge/Sicherungen → 126/5 vergleichbarer Qualität

[7] – Mehrwandiger Stahlschrank → 137 (Mindestgewicht 200 kg) oder
– eingemauerter Stahlwandschrank mit mehrwandiger Tür → 138/1

[8] Verschlossene Behältnisse, die erhöhte Sicherheit auch gegen Wegnahme des Behältnisses selbst gewähren → 138/2

[9] – Zusätzlicher mechanischer Schutz (z. B. von innen aufgeschraubte Stahlblende) oder
– andere Sicherungen vergleichbarer Qualität

[10] – Eingemauerte Eisengitter → 133 oder
– fest verankerte Lichtschachtroste → 133 oder
– andere Sicherungen vergleichbarer Qualität

[11] – Sicherung gegen Abschrauben von außen oder
– Innengitter oder
– Kunststoffglas von innen oder
– andere Sicherungen vergleichbarer Qualität → 121

# Einbruchmeldeanlagen für den Wohnbereich

1 Einfamilienwohnhaus mit Flachdach

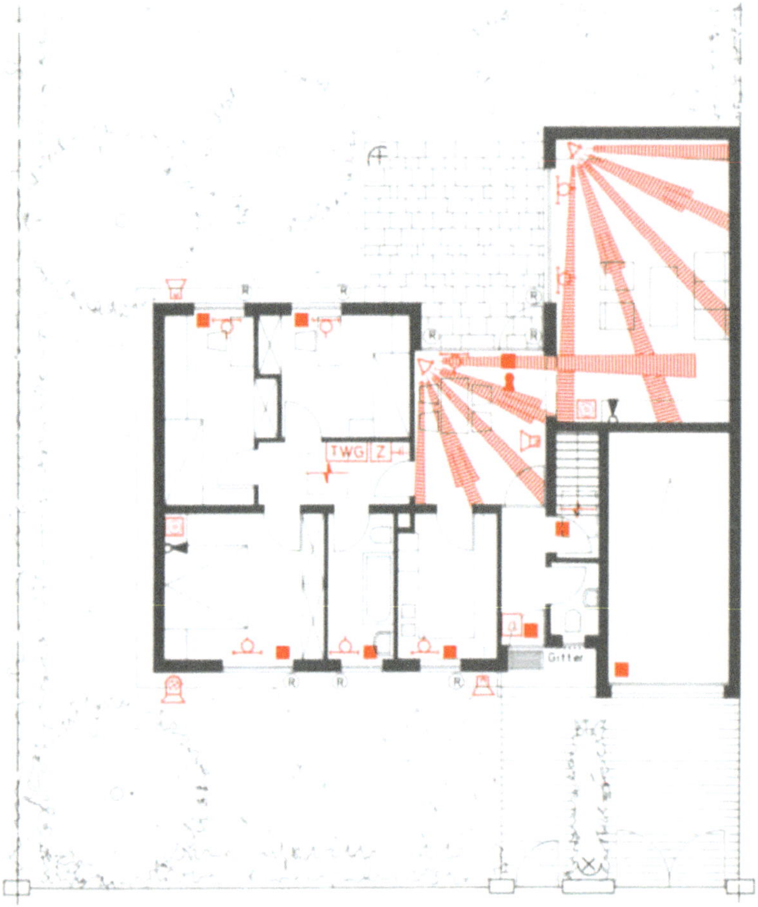


3 Wohnung in Mehrfamilienhaus

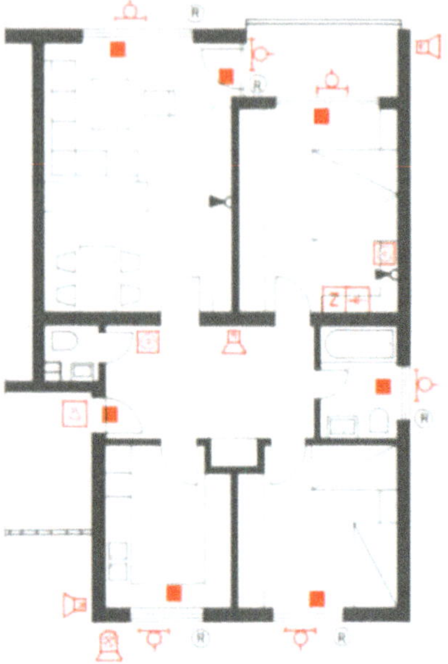

2 Einfamilienwohnhaus mit geneigtem Dach

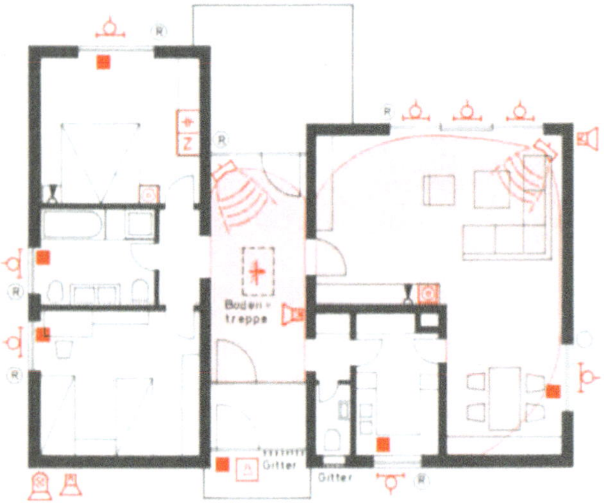


4 zweigeschossiges Reihenhaus

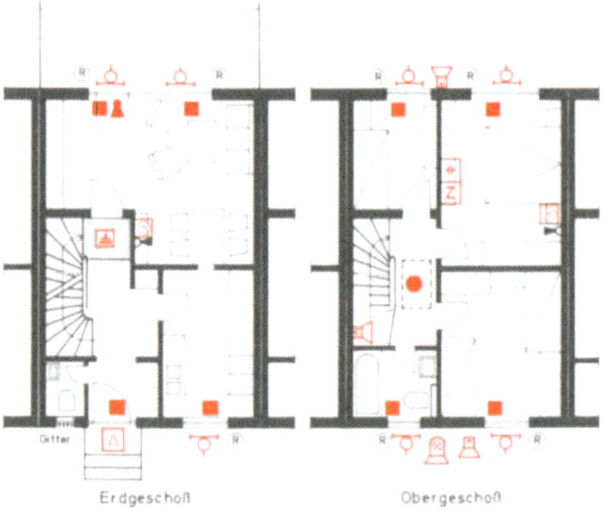

# Einbruchmeldeanlagen für den gewerblichen Bereich

1 Juweliergeschaft

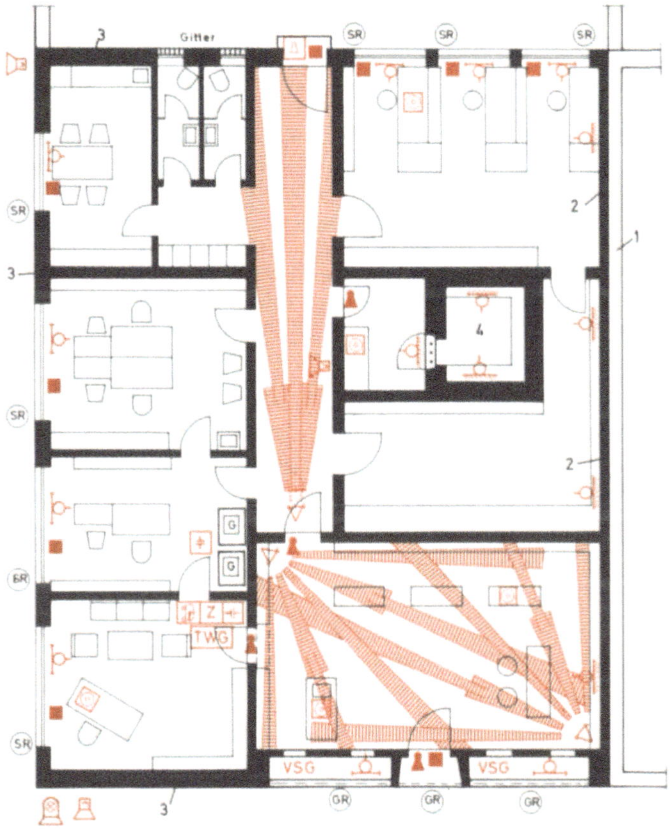


2 Kleine Buro-oder Praxiseinheit

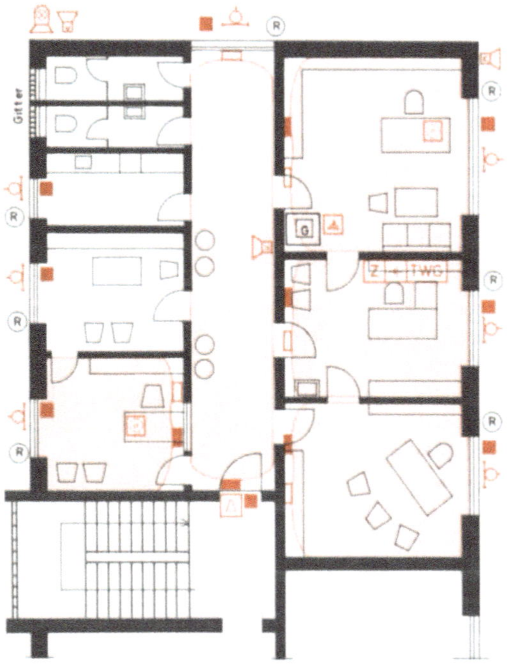


(R) Rolladen mit Sperrvorrichtung → 119

(SR) Stahlrolladen → 119

(GR) Roll- oder Scherengitter → 117

(G) Geldschrank

VSG Verbund-Sicherheitsglas

Telefon

1 bestehende Brandmauer

2 Vorbetonierte Wandschale → 109

3 Außenwände mit Sicherheitseigenschaften → 110/111

4 Kleintresor → 109

3 Gewerbebetrieb mit Büro z.B. Autowerkstatt

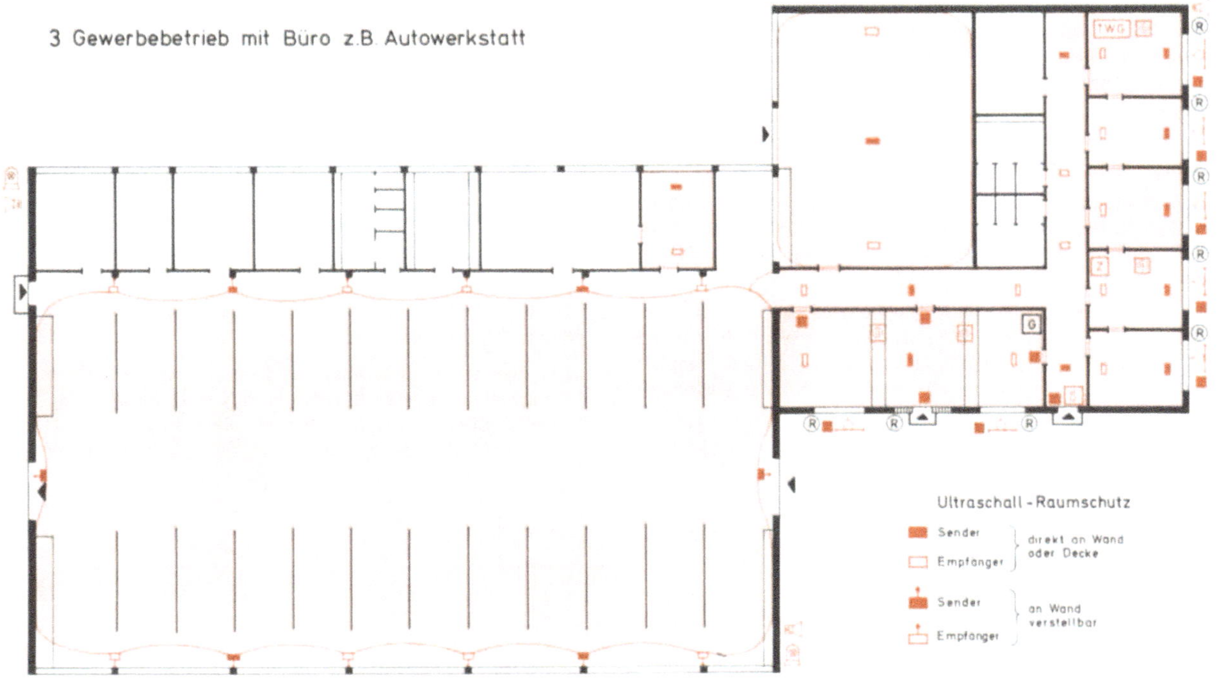

# Verkehrssicherheit

Zu den grundsätzlichen Forderungen der Landesbauordnungen gehört auch, daß bauliche Anlagen sowie die dem Verkehr dienenden, nicht überbauten Flächen bebauter Grundstücke verkehrssicher sein müssen. Darüber hinaus erfolgen Einzelhinweise zu verschiedenen Bauteilen (Treppen, Aufzüge, Fenster usw.). Hinsichtlich der Verkehrssicherheit sind auch verschiedene Landesverordnungen zu beachten, die als Ergänzung zu den Landesbauordnungen herausgegeben wurden, wie z.B. die Verordnung über Versammlungsstätten, die Warenhausverordnung sowie die Landesverordnung über Anforderungen an bestimmte bauliche Anlagen, etwa zugunsten von Müttern mit Kleinkindern, Behinderten und alten Menschen.

Generell besteht für jedermann die Verpflichtung, im Verkehr selbst die nötige Vorsicht walten zu lassen, um sich vor Schaden zu bewahren, sei es auf der Straße oder in einem fremden Gebäude.

An die Verkehrssicherungspflicht eines Hausbesitzers, besonders wenn er ein Mietwohnhaus sein eigen nennt, werden darüber hinaus privatrechtliche Anforderungen gestellt.

Der Eigentümer des Hauses eröffnet mit seinem Einzug oder mit dem Einzug seiner Mieter den Verkehr auf seinem Grundstück (Verkehrseröffnung).

Dabei beschränkt sich die Verkehrssicherungspflicht nicht auf den Grundstückszugang und den direkten Weg zum Haus, sondern erstreckt sich auf das gesamte Grundstück, sofern mit einem Betreten des Freigeländes (Hinterhof, umzäunter Garten, Lagerplatz) gerechnet werden muß.

So liegt z.B. auch eine Verkehrseröffnung vor, wenn neben dem Haupteingang andere, unverschlossene und nicht als verboten gekennzeichnete Eingänge Zugangsmöglichkeiten bieten. Sollen diese Nebeneingänge von der Haftungspflicht ausgeschlossen werden, müssen sie verschlossen bleiben bzw. muß durch deutlich erkennbare Verbotsschilder auf ihre Nichtbenutzung hingewiesen werden.

Auch das eventuell noch vorhandene Schild des Bauunternehmers *Betreten der Baustelle verboten* hat hinsichtlich der Haftpflicht aus der Verkehrseröffnung keine rechtliche Bedeutung mehr, wenn es sich um einen erlaubten Verkehr handelt.

Der Hausbesitzer ist vielmehr verpflichtet, nach Fertigstellung des Baues und vor Eröffnung des allgemeinen Verkehrs sich selbst als Eigentümer vom verkehrssicheren Zustand des Anwesens zu überzeugen.

Die Verkehrssicherungspflicht des Hausbesitzers bezweckt insbesondere den Schutz gegen typische Gefahren (Glätte, ungenügende Beleuchtung usw.) im Zusammenhang mit seinem Eigentum, für das er den Verkehr eröffnet hat.

Bei Mietwohngebäuden besteht die vertragliche Haftung aus der Verkehrssicherungspflicht gegenüber allen Mietern einschließlich ihrer Familienangehörigen (Ehefrauen und Kinder) und den in ihren Familien lebenden Personen sowie gegenüber Besuchern und Kunden der Mieter.

Beim Umbau eines bewohnten Hauses oder bei größeren Instandsetzungsarbeiten können dem Hausbesitzer im Hinblick auf die damit verbundenen Gefahren auch dann eigene Verkehrssicherungspflichten gegenüber den Mietern und deren Angehörigen obliegen, wenn er einen Bauunternehmer oder Handwerker mit der Ausführung der Arbeiten beauftragt hat. Gegen die mit ihrer Arbeit verbundenen Gefahren müssen sich jedoch die Handwerker selbst schützen. In die Verkehrssicherungspflicht einbezogen sind auch Personen, die in befugtem eigenen Interesse Haus oder Grundstück betreten.

Bei unbebauten Grundstücken, auch wenn auf ihnen zunächst nicht gebaut wird, beginnt die Verkehrssicherheitspflicht bereits mit dem Erwerb. Liegt das Baugrundstück an einer bewohnten und belebten Straße, so ist der Eigentümer verpflichtet, allen öffentlichen Anforderungen, wie z.B. Straßenreinigung, Schneeräumung, Streupflicht bei Glatteis, nachzukommen. Darüber hinaus sind die sich aus dem Nachbarrecht ergebenden Verpflichtungen einzuhalten.

Bei Eintritt eines Haftpflichtschadens kann sich der Hauseigentümer im allgemeinen nicht durch den Hinweis auf eine staatliche Überprüfungspflicht entlasten. Er muß vielmehr selbst etwa auftretende Gefahren erkennen und für Abhilfe sorgen. Auch die Freigabe des Wohnungsbezugs durch die Bauaufsichtsbehörde befreit den Eigentümer nicht von dieser Pflicht, denn die Anforderungen an die Verkehrssicherung sind häufig umfassender als die meist technischen Anforderungen der Bauordnungen. Im Schadensfall kann man sich auch nicht mit dem Hinweis entlasten, das Grundstück werfe keinen Gewinn ab.

Im Zusammenhang mit der Verkehrssicherungspflicht sind – neben etlichen weiteren – die nachstehend aufgeführten Paragraphen des Bürgerlichen Gesetzbuches von besonderem Interesse.

**§ 276** *(Haftung für eigenes Verschulden)*

Der Schuldner hat, sofern nicht ein anderes bestimmt ist, Vorsatz und Fahrlässigkeit zu vertreten. Fahrlässig handelt, wer die im Verkehr erforderliche Sorgfalt außer acht läßt.

Die Vorschriften der §§ 827, 828 finden Anwendung.

Die Haftung wegen Vorsatzes kann dem Schuldner nicht im voraus erlassen werden.

**§ 278** *(Verschulden des Erfüllungsgehilfen)*

Der Schuldner hat ein Verschulden seines gesetzlichen Vertreters und der Personen, deren er sich zur Erfüllung seiner Verbindlichkeit bedient, in gleichem Umfange zu vertreten wie eigenes Verschulden. Die Vorschrift des § 276 Abs. 2 findet keine Anwendung.

**§ 536** *(Pflichten des Vermieters)*

Der Vermieter hat die vermietete Sache dem Mieter in einem zu dem vertragsmäßigen Gebrauche geeigneten Zustande zu überlassen und sie während der Mietzeit in diesem Zustande zu erhalten.

**§ 823** *(Schuldhafte Verletzung ausschließlicher Rechte)*

Wer vorsätzlich oder fahrlässig das Leben, den Körper, die Gesundheit, die Freiheit, das Eigentum oder ein sonstiges Recht eines anderen widerrechtlich verletzt, ist dem anderen zum Ersatz des daraus entstehenden Schadens verpflichtet.

Die gleiche Verpflichtung trifft denjenigen, welcher gegen ein den Schutz eines anderen bezweckendes Gesetz verstößt. Ist nach dem Inhalt des Gesetzes ein Verstoß gegen dieses auch ohne Verschulden möglich, so tritt die Ersatzpflicht nur im Falle des Verschuldens ein.

## Unfallschutz

Zwischen Verkehrssicherheit und Unfallschutz im Haus- und Wohnbereich besteht ein enger Zusammenhang.

Nach Erhebungen der Weltgesundheitsorganisation ereignet sich ein Drittel aller tödlichen Unfälle im Hausbereich. Dieser Anteil deckt sich etwa mit den tödlichen häuslichen Unfällen im Bundesgebiet; nach den Opfern im Straßenverkehr ist es die zweite große Gruppe der Unfalltoten → 1. Wie diese Übersicht weiterhin zeigt, ist die Anzahl der tödlichen Unfälle in der „Geborgenheit" des häuslichen Bereichs inzwischen dreimal so hoch wie die der Arbeitsunfälle mit Todesfolge.

Zum häuslichen Bereich gehören in den Unfallstatistiken die Wohngebäude einschließlich Zugang, Hoffläche, Hausgarten und Garage. Es kommt nicht darauf an, ob ein Unfall bei einer hauswirtschaftlichen Tätigkeit entstanden ist, da der häusliche Unfall grundsätzlich nach dem *Unfallort* definiert ist. Es ist deshalb falsch, häusliche Unfälle als *Unfälle in Heim und Freizeit* zu bezeichnen.

Bei der Betrachtung der Statistik → 2 überrascht, daß die Zahl der tödlichen Unfälle im Hausbereich in den vergangenen Jahren absolut und relativ zurückgegangen ist. Der Anteil der Frauen am häuslichen Unfallgeschehen ist jedoch verständlicherweise nach wie vor deutlich höher als der der Männer.

Als weitaus häufigste Todesursache im häuslichen Bereich werden Stürze aller Art genannt, die sich besonders auf Treppen, in der Küche und im Bad ereignen → 3.

Der Anteil der Stürze ist von 82 % im Jahre 1971 auf 76,2 % im Jahre 1977 geringfügig zurückgegangen. Über 80 % der Stürze mit tödlichem Ausgang betreffen alte Menschen, und zwar in zwei Dritteln der Fälle Frauen über 65 Jahre → 4.

Neben Leichtsinn und Unachtsamkeit sind es häufig bauliche Mängel, die einen Unfall verursachen.

Die Fachleute des Unfallschutzes weisen deshalb immer wieder darauf hin, daß eine unfallfreie Tätigkeit im Hause sehr eng mit wohlüberlegter Bauplanung, solider Bauausführung, gut durchdachter Einrichtung und einwandfreier technischer Installation zusammenhängt.

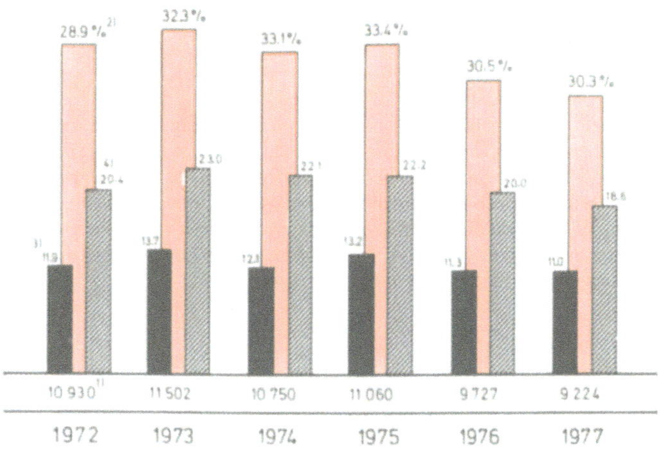


2 Tödliche häusliche Unfälle 1972 bis 1977 im Bundesgebiet
[1] Anzahl der Gestorbenen bei häuslichen Unfällen
[2] Anteil der tödlichen häuslichen Unfälle an der Gesamtheit der tödlichen Unfälle sowie Anzahl der tödlichen häuslichen Unfälle je 100 000 Einwohner
[3] männlich [4] weiblich (Quelle: Statistisches Bundesamt)

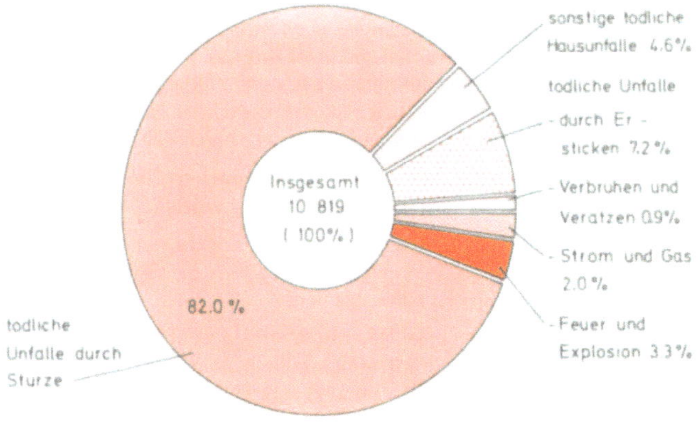


**3** Tödliche häusliche Unfälle 1971 im Bundesgebiet nach Unfallarten (Quelle: Statistisches Bundesamt)

| Altersgruppe | Zahl der Lebensjahre | Tödliche häusliche Unfälle 1977 | | | | | |
|---|---|---|---|---|---|---|---|
| | | Insgesamt | | Männlich | | Weiblich | |
| | | Anzahl | % | Anzahl | % | Anzahl | % |
| unter 5 Jahren | 5 | 656 | 7.1 | 374 | 11.6 | 282 | 4.7 |
| 5 bis unter 20 Jahren | 15 | 139 | 1.5 | 91 | 2.8 | 48 | 0.8 |
| 20 bis unter 60 Jahren | 40 | 929 | 10.1 | 599 | 18.6 | 330 | 5.5 |
| 60 und mehr Jahre | 15 | 7 500 | 81.3 | 2 152 | 66.9 | 5 348 | 89.0 |
| Insgesamt | 75 | 9 224 | 100 | 3 216 | 100 | 6 008 | 100 |

**4** Tödliche häusliche Unfälle 1977 nach Altersgruppen (Quelle: Statistisches Bundesamt)

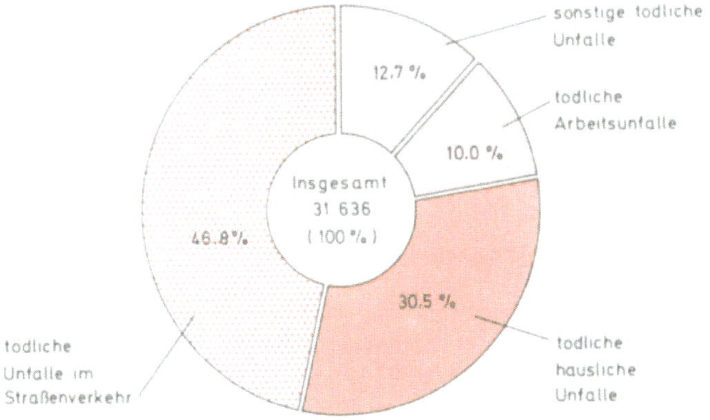


**1** Struktur der tödlichen Unfälle 1976 im Bundesgebiet

## Eingangsbereich

Die Zugänge zum Grundstück und zum Haus sind hinsichtlich der Verkehrssicherungspflicht besonders kritische Stellen, zumal wenn es sich um außerhalb des ausgebauten Straßennetzes liegende Wohnhäuser handelt. Bei einem zum Gebrauch freigegebenen Einfamilien- oder Mietwohnhaus hat der Eigentümer für einen vorläufigen ungefährdeten Zugang zum Gebäude zu sorgen, wenn die Hausumgebungs- und Anschlußarbeiten an die Straße noch nicht fertiggestellt sind.

### Hausnummer

Nach § 126 des Bundesbaugesetzes hat der Eigentümer sein Grundstück mit der von der Gemeinde festgesetzten Nummer zu versehen. Weiterhin wird in den Landesbauordnungen gefordert, daß Hausnummern vom öffentlichen Verkehrsraum aus lesbar sein müssen. Hausnummern wie auch Straßennamen können übrigens innerhalb von wenigen Jahren mehrmals geändert werden, wenn die Gemeinde hierfür triftige Gründe hat.

Die Verpflichtung zur Anbringung gut erkennbarer Hausnummern liegt auch im öffentlichen Interesse; denn für Arzt, Unfalldienst und Polizei muß eine rasche Orientierung möglich sein. Eigentümer von Mietwohngebäuden können unter Umständen auch straf- und zivilrechtlich zur Verantwortung gezogen werden, wenn sie ihrer Verpflichtung zur Hauskennzeichnung nicht nachkommen. So kann z.B. passieren, daß für einen Mieter ärztliche Hilfe zu spät kommt, weil der Notarzt das nicht gekennzeichnete Haus erst nach einigen Irrfahrten erreicht.

Aufgrund dieser unter Umständen lebenswichtigen Funktion sollten möglichst beleuchtete Hausnummern verwendet werden.

Die Beleuchtung der Nummer darf aber nicht mit der nur zeitweise eingeschalteten Treppenbeleuchtung gekoppelt werden; sie muß vielmehr nachts durchgehend eingeschaltet bleiben.

Hierzu werden serienmäßige Hausnummern angeboten, die mit dem Schwachstrom des Klingeltransformators gespeist werden. Eine weitere Möglichkeit besteht in der Verwendung von reflektierenden Ziffern, bei denen keine Stromquelle benötigt wird.

Auf eine beleuchtete Hausnummer kann nur verzichtet werden, wenn der Eingangsbereich von einer in der Nähe befindlichen Straßenbeleuchtung die ganze Nacht über ausreichend erhellt wird.

### Zugang zum Haus

Zugangswege zum Haus sind gehsicher und rutschfest auszubilden, z.B. durch Platten mit rauher Oberfläche. Dabei sind Stolperstellen (z.B. mehr als 5 mm überstehende Plattenränder) zu vermeiden. Auch profisorische Verbindungswege müssen verkehrssicher sein.

Einzelne Stufen innerhalb des Gehweges sind zu markieren; bei mehr als 5 Stufen ist ein Geländer mit Handlauf erforderlich.

Der Zugang ist auf seine ganze Länge ausreichend zu beleuchten.

In unmittelbarer Nähe befindliche offene Gruben, Lichtschächte, äußere Kellerabgänge usw. müssen durch Geländer oder trittfeste Abdeckungen gesichert werden.

### Fußabstreifer

An Haus- und Wohnungseingängen sollen Fußabstreifer aller Art möglichst versenkt angeordnet werden. Frei aufliegende Fußabstreifer und Fußmatten dürfen beim Benutzen nicht wegrutschen. Fußreinigungsroste für die Grobreinigung sollten eine genügend große Maschenweite aufweisen, damit der Schmutz durchfallen kann. Gerichte haben entschieden, daß eine Rücksichtnahme auf die sogenannten *Pfennigabsätze,* z.B. durch die Verwendung von sehr engmaschigen Rosten, nicht erforderlich ist. Eine Frau, die Schuhe mit hohen Absätzen, aber kleiner Grundfläche trägt und damit in einem normalen handelsüblichen Fußreinigungsrost hängen bleibt, ist dafür selbst verantwortlich. Der Verkehr habe nämlich nicht auf die jeweils gültige Mode zu achten; vielmehr haben sich diejenigen, die sich modegerecht kleiden, nach den gegebenen Verkehrs- bzw. Verkehrssicherungsverhältnissen zu richten.

### Streupflicht

Für die Verkehrssicherheit auf öffentlichen Straßen und Wegen sind grundsätzlich die Gemeinden verantwortlich. Durch entsprechende Verordnungen übertragen die Gemeinden die Streupflicht der Gehwege auf die Hauseigentümer als Anlieger.

### Müllbeseitigung

Nach einer für die Müllabfuhr herausgegebenen Unfallverhütungsvorschrift (hier: des Bayerischen Gemeinde-Unfallversicherungsverbandes München) darf Müll nur abgeholt werden, wenn folgende Voraussetzungen erfüllt sind:

- Standplätze für Müllgefäße müssen befestigt sein.
- Müllgefäße dürfen nicht in Vertiefungen stehen.
- Zugänge von der Fahrstraße zu den Standplätzen müssen befestigt und gleitsicher sein. Sie müssen in einwandfreiem Zustand erhalten werden. Im Winter sind sie rechtzeitig von Eis und Schnee zu säubern.
- Transportwege für die Müllgefäße, deren Inhalt größer als 60 Liter ist, müssen frei von Treppen oder Stufen sein.
- Das Neigungsverhältnis von Rampen darf höchstens 1:6, bei Stufenrampen höchstens 1:4 betragen. Stufenrampen müssen so ausgebildet sein, daß Transportkarren benutzt werden können.
- Bei Dunkelheit muß die Möglichkeit vorhanden sein, den Transportweg zu beleuchten.
- Führt der Transportweg durch ein Gebäude, so müssen Durchgänge mindestens 2 m hoch und 1 m breit sein. Türen müssen festgestellt werden können.
- Für die Müllabfuhr sollen genormte Müllgefäße verwendet werden, um eine staubarme Entleerung in die Müllwagen sicherzustellen.

Wegen der Gestaltung von Abstellplätzen und Transportwegen für Müllgefäße können die Gemeinden Ortssatzungen erlassen. Für Entwurf und Ausführung von Mülltonnen-Standplätzen bei Neubauten wird auf die VDI-Richtlinien 2160 *Anlage von Mülltonnen-Standplätzen* verwiesen.

### Garagen

Garageneinfahrten sind so zu legen, daß eine Behinderung des öffentlichen Verkehrs weitgehend vermieden wird. Die Forderungen hinsichtlich des Gewässerschutzes sind zu beachten. Abfließende Treibstoffe und Schmierstoffe müssen unschädlich beseitigt werden.

### Einfriedungen und Abgrenzungen

Die Bauaufsicht kann verlangen, daß bebaute oder bebaubare Grundstücke eingefriedet oder abgegrenzt werden, wenn dies aus Gründen der Verkehrssicherheit erforderlich ist.

Weiterhin kann sie Unfallsicherungen für Aufschüttungen und Abgrabungen, Spielplätze für Kleinkinder, Lagerplätze sowie Standplätze für Abfallbehälter verlangen.

## 1 Leuchtende Hausnummern

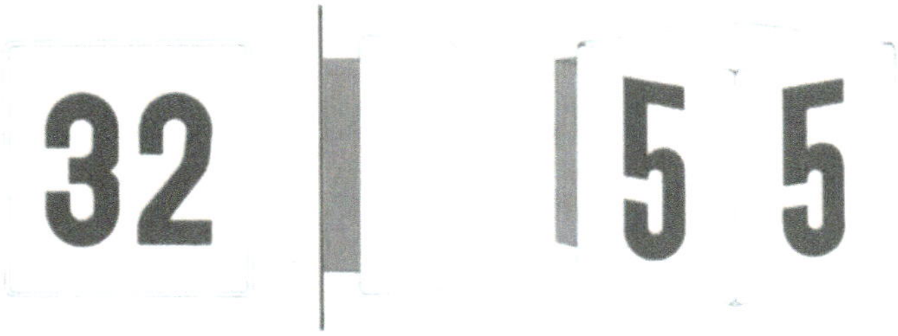

Nachtbetrieb – Gluhlampe E 27, max 100 Watt — Gluhlampe E 14, max 40 Watt
Hausnummern selbstklebende Ziffern von 30 bis 180 mm Hohe

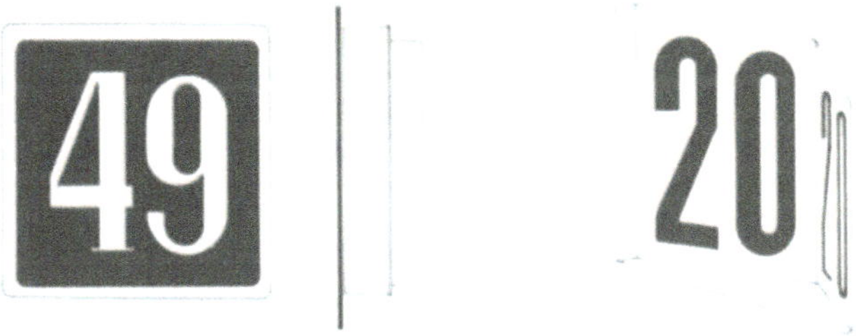

Tag/Nacht-Dauerbetrieb (BEGA)
Mini-Gluhlampe E 14, 5 Watt

ohne Stromquelle (ALWO)
Hausnummer auf Reflexfolie

## 2 Zugang zum Haus

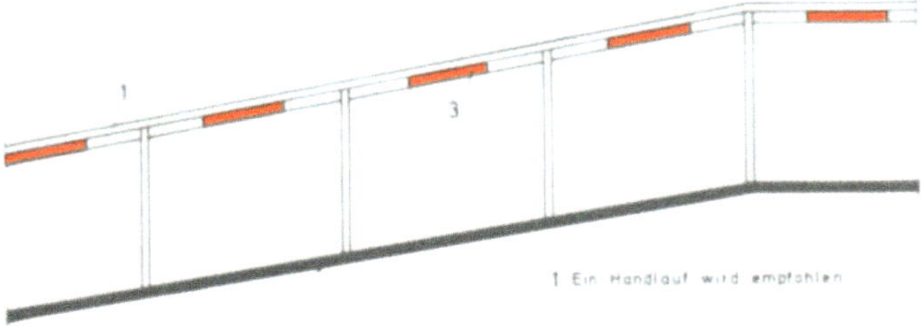


Rampen mit rauher Gehflache - Gefalle max 1 6

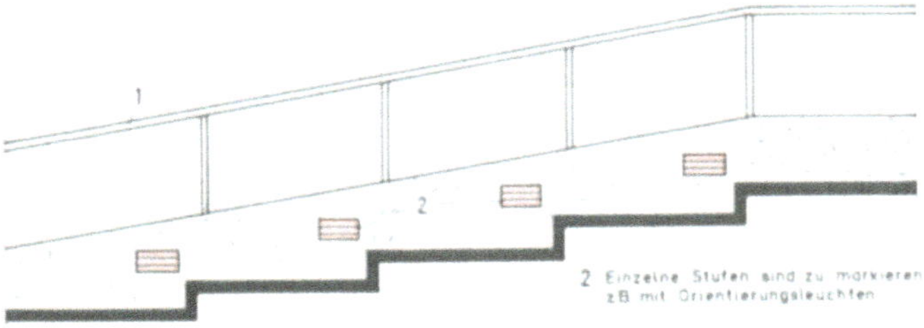


Stufen sind gunstiger als geneigte Wegstrecken

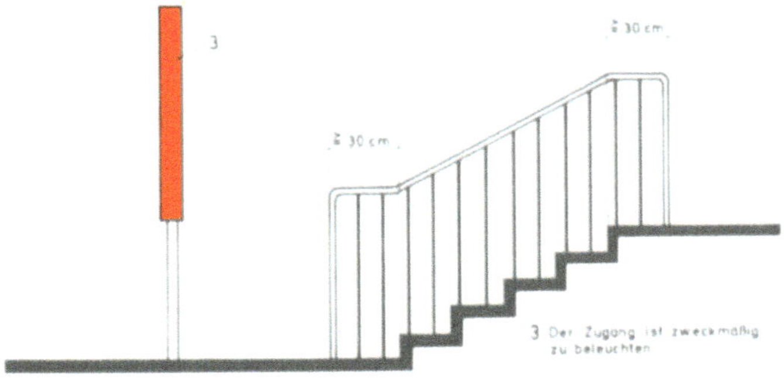


Treppen ab 5 Stufen mit Gelander und Handlauf

## 3 zweckmaßige Reihenfolge der Fußabstreifer

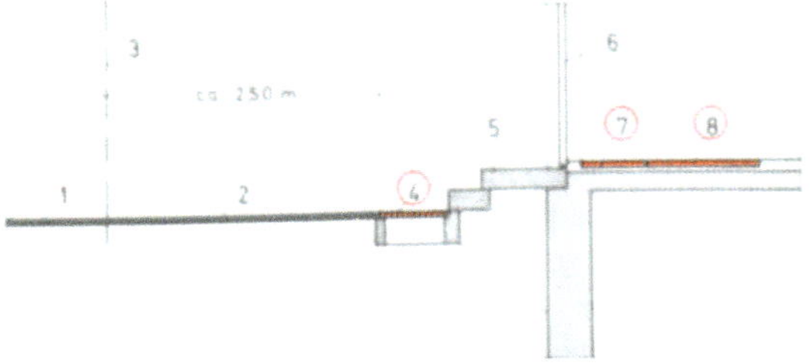


1 Straße, Gehsteig
2 Zugang mit Verbreiterung fur das Abstellen von Gutern
3 Grundstucksgrenze
(4) Gitterrost
5 Eingangstreppe
6 Haustur
(7) Gummi-Gliedermatte od. dgl.
(8) Kokosmatte od. dgl.

## 4 Ausfuhrung der Fußabstreifer

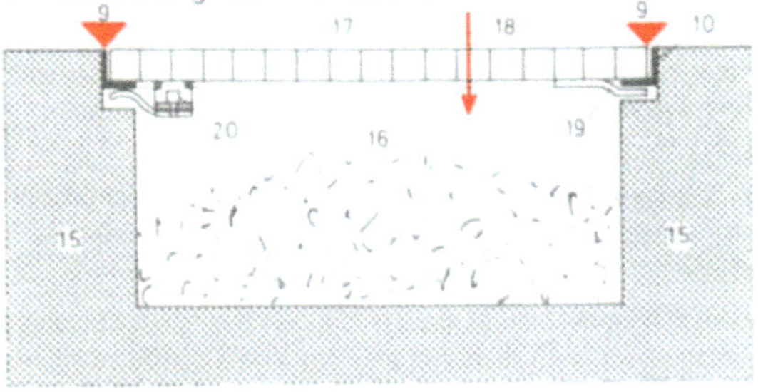

(4) Gitterrost fur die Grobreinigung

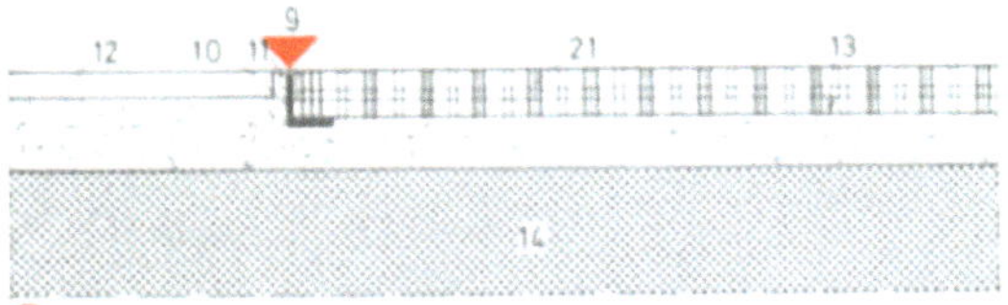

(7) Gummimatte fur die Feinreinigung

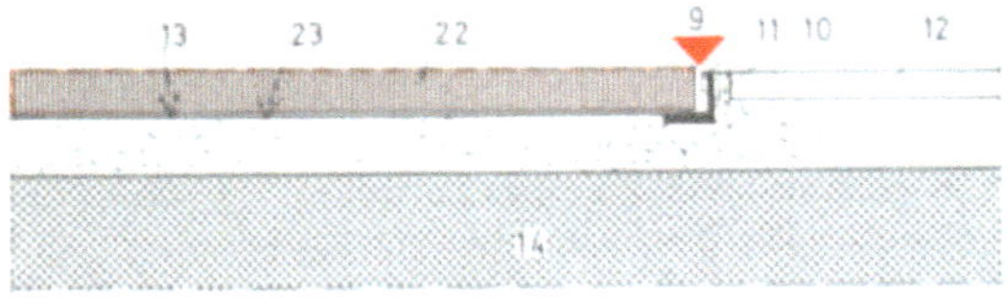

(8) Kokosmatte fur die Trocknung

9 Rost oder Matte mit dem Rahmen bundig
10 Rahmen, verzinkter Winkelstahl
11 Messing-U-Profil
12 Bodenbelag
13 Estrich geglattet
14 Rohdecke oder Betonboden
15 Betonrahmen
16 Schmutzkasten
17 herausnehmbarer Gitterrost
18 Der Schmutz muß durchfallen konnen

ggf. Diebstahlsicherung durch

19 Klemmlasche
20 Dornverschluß mit Spezialschlussel
21 z.B. Matte mit geraden und/oder gewellten Gummistreifen
22 z.B. Kokos-Veloursmatte
23 abgetretene Matten sind durch Einlagen aufzufuttern
24 Treppen- oder Podeststufe
25 Der Schmutz wird von vorne herausgenommen

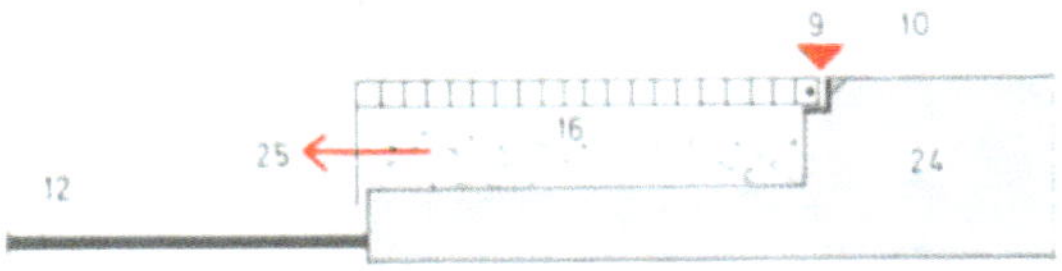

Gitterrost mit vorderer Blende zum Aufklappen

# Treppen

In den Landesbauordnungen wird gefordert, daß alle Treppen und Treppenabsätze gut begehbar und verkehrssicher sein sollen, denn ein erheblicher Teil der tödlichen Stürze ereignet sich im Treppenhaus oder im Bereich von Eingängen.

Die häufigsten Ursachen sind:

- Unachtsamkeit (Verfehlen von Stufen, falsches Belasten);
- Konstruktionsfehler (fehlendes Geländer, zu großes Steigungsverhältnis, wechselnde Stufenhöhe oder Stufentiefe, keine gleitsicheren Beläge, ungenügende Beleuchtung);
- Wartungsmängel (ausgetretene Stufen, zerrissene Treppenbeläge, nicht ersetzte, durchgebrannte Glühlampen in der Treppenhausbeleuchtung).

Unfälle auf Treppen werden oft dem Hausbesitzer angelastet. Wie einleitend erwähnt, befreit die bauaufsichtliche Abnahme einer Treppe den Besitzer nicht von der Verpflichtung, alle Maßnahmen zu treffen, die notwendig sind, um die Sicherheit der Treppenbenutzer zu gewährleisten.

Das Maß der erforderlichen Sicherheit der Treppe richtet sich nach dem typischen Verkehr (Einfamilienhaus – Mietwohnhaus – öffentliches Gebäude).

Bei den Bewohnern eines Hauses, die den baulichen Zustand einer Treppenanlage kennen und an ihn gewöhnt sind, ist anzunehmen, daß sie die gebotene Sorgfalt walten lassen. Wer aber ein Gebäude zum ersten Male betritt, ist zu besonderer Aufmerksamkeit verpflichtet, da mit Stufen und Treppen in Gebäuden immer gerechnet werden muß.

Beim Bezug des Neubaues oder bei der Durchführung von Reparaturen im Treppenhaus trifft den Hausbesitzer erhöhte Sorgfaltspflicht.

### Treppenbreiten

Als Mindest-Laufbreiten werden im allgemeinen die nachstehend aufgeführten Abmessungen gefordert:

| | |
|---|---|
| – Einfamilienhäuser – auch mit Einliegerwohnungen | 0,80 m |
| – Wohngebäude bis zu 2 Vollgeschossen | 0,90 m |
| – Wohngebäude mit mehr als 3 Vollgeschossen | 1,00 m |
| – Wohngebäude mit mehr als 5 Vollgeschossen | 1,10 m |
| – Hochhäuser | 1,25 m |

Für Treppen, auf deren Benutzung mehr als 125 Personen angewiesen sind, können größere Laufbreiten verlangt werden. Die nutzbare Laufbreite wird in Handlaufhöhe zwischen Wandoberfläche und Innenkante Handlauf oder zwischen den Handläufen gemessen.

### Steigungsverhältnis

Aus Unfallberichten ist zu entnehmen, daß unterschiedliche Stufenabmessungen eine wesentliche Ursache von Treppenstürzen sind. In den Unfallverhütungsrichtlinien für Schulen wird verlangt, daß das Steigungsverhältnis von Treppen sich in der Lauflinie und innerhalb eines Treppenhauses nicht verändern darf.

Das Steigungsverhältnis der Treppen wird von der Schrittlänge des Menschen abgeleitet; es liegt zwischen 60 und 66 cm, im Mittel bei 63 cm. Davon wird die sogenannte Schrittmaßregel abgeleitet: zwei Steigungen plus ein Auftritt = 63 cm.

Das günstigste Steigungsverhältnis, das mit dem geringsten Kräfteaufwand zu begehen ist, beträgt 17/29 cm und entspricht einer Neigung von ca. 30 Grad.

Bei Ausgleichsstufen oder bei kurzen Treppen an Eingängen soll die Steigungshöhe eher etwas geringer sein, z.B. 16/31 cm.

### Durchgangshöhe

Die Durchgangshöhe zwischen zwei Treppenläufen – die lichte Höhe zwischen Stufenvorderkante bis zur Unterseite des darüber liegenden Treppenlaufs, senkrecht gemessen – muß mindestens 2,00 m (Kopfhöhe) betragen. Aus Gründen der Verkehrssicherheit reicht dieses Maß nicht aus, da sich beim Hinuntergehen auf der Treppe der Oberkörper vorbeugt. Es wäre richtiger, von der vertikalen Durchgangshöhe abzuweichen und 2,00 m schräg zu messen, so daß die Maßlinie mit der Unterseite des darüber befindlichen Treppenlaufes einen rechten Winkel bildet.

### Treppenpodeste

Nach den Landesbauordnungen können zur Vermeidung langer Treppenläufe Treppenabsätze (Podeste) gefordert werden. Treppenpodeste sollten immer breiter sein als der Treppenlauf, im Wohnhaus mindestens 1,00 m. Aus Gründen der Verkehrssicherheit ist es zweckmäßig, das Podest so auszubilden, daß man das für die Treppe gewählte Schrittmaß fortsetzen kann.

### Ausbildung der Stufen

Zur Vermeidung von Unfällen sollten Trittstufen aus geschliffenen oder polierten Natur- und Kunststeinen, nahe der Vorderkante aufgerauht oder durch Einlagen aus Gummi oder Kunststoff rutschhemmend ausgebildet sein.

Bei Stufen-Auftrittsbreiten unter 26 cm wird in DIN 18 065 eine Unterscheidung (Überstand der Tritt- über die Setzstufe) von mindestens 3 cm gefordert.

Besonders unfallträchtig sind Treppen, deren Tritt- und Setzstufen ohne Profilierungen ausgebildet sind und auch noch eine einheitliche – z.B. betongraue – Farbe aufweisen. Bei diffusen Lichtverhältnissen sind beim Abwärtsgehen die Stufenkanten kaum noch erkennbar.

Bei offenen Treppen (ohne Setzstufen), die heute im Einfamilienhaus sehr beliebt sind, sollte der lichte Abstand zwischen den Stufen nicht mehr als 12 cm betragen, damit Kinder nicht hindurchrutschen können.

Antrittsstufen von Geschoßtreppen, die seitlich mehr als 15 cm in den Verkehrsraum ragen, können zu gefährlichen Stolperstellen werden.

Stark begangene oder unübersichtlich gelegene Ausgleichs- oder Differenzstufen sind besonders zu markieren, z.B. durch eingebaute Lichtleisten oder aufgeklebte selbstleuchtende Gleitschutzbänder.

Eine häufige Unfallgefahr sind ausgetretene Trittstufen. Für ihre Wiederherstellung oder auch für die Verkleidung von neuen, rohen Betonstufen bietet die Industrie Treppenbelag-Formteile aus Gummi an.

### Treppengeländer

Die Höhe der Treppengeländer, senkrecht über der Stufenvorderkante gemessen, muß mindestens 90 cm, bei Treppen mit mehr als 12 m Absturzhöhe mindestens 1,10 m betragen. Diese Abmessungen gelten auch für andere Umwehrungen in der jeweiligen Höhenlage. In verschiedenen Unfallrichtlinien wird die Geländerhöhe mit 1,10 m bereits bei einer Absturzhöhe von mehr als 10 m verlangt.

Verkehrssichere Geländer mit Mindesthöhen von Treppengeländern sind auch für Fenster erforderlich, die der Treppe unmittelbar gegenüberliegen.

Bei Geländern dürfen die lichten Abstände zwischen den Füllungselementen nicht mehr als 12 cm betragen, damit Kinder sich nicht hindurchzwängen und somit verletzen oder herabstürzen können. In verschiedenen Unfallrichtlinien werden senkrecht verlaufende Geländerstäbe mit einem lichten Maß von höchstens 10 cm verlangt, gemäß den Empfehlungen der Aktion *Das sichere Haus* sogar nur 8 cm. Scharfkantige Geländerstäbe sind in jedem Falle zu vermeiden.

**Handläufe**

Alle Treppen sollen einen festen Handlauf haben; bei Treppen mit einer Laufbreite

- bis 1,50 m einseitige Handläufe;
- bis 2,50 m zweiseitige Handläufe;
- ab 2,50 m weitere Handläufe in der Mitte.

Für Treppen mit 5 und mehr Stufen muß grundsätzlich auf mindestens einer Seite ein Handlauf vorgesehen werden. Im Einzelfall kann die Bauaufsicht Handläufe auch bei Treppen mit weniger als 5 Stufen verlangen. Auf Handläufe und Geländer kann nur verzichtet werden, wenn die Verkehrssicherheit gewährleistet ist.

Gemäß den Landesbauordnungen sollen Treppen in Wohngebäuden zusätzlich mit einem festen Handlauf für Kinder gesichert werden; dieser ist zweckmäßig in 60 bis 70 cm Höhe anzubringen. Form und Ausführung des Handlaufes müssen so sein, daß ein Umfassen und ein sicherer Halt möglich sind.

Die Oberfläche muß glatt sein und darf keine Aufsätze (z.B. Verzierungen, Knöpfe) aufweisen.

Handläufe sollen innerhalb eines Treppenlaufes ohne Unterbrechung geführt werden.

Bei Wandhandläufen, die meist auf Konsolen montiert werden, soll der lichte Abstand zwischen Handlauf und Wand nicht kleiner als 5 cm sein, damit Handverletzungen vermieden werden.

**Treppenräume**

Die bauliche Ausbildung von Treppenräumen (Brandschutz und Fluchtwege) wurde bereits erörtert → 67.

Aus Gründen der Verkehrssicherheit darf eine abwärtsführende Treppe nicht unmittelbar hinter einer Tür beginnen, die in Richtung der Treppe aufschlägt; zwischen Treppe und Tür ist ein Abstand vorzusehen, der mindestens der Türbreite entspricht.

Beim Innenausbau des Treppenhauses sollte man auch an das Ruhebedürfnis der Hausbewohner denken; das Treppensteigen darf daher nicht zu laut sein. Wenn erforderlich, sind Schallschluckflächen einzubauen, die es bekanntlich auch in feuerbeständiger Ausführung gibt.

**Treppenhausfenster**

Wenn es die Gestaltung des Grundrisses erlaubt, sollten Treppenläufe und Treppenfenster so ausgerichtet sein, daß ein Benutzer der Treppe nicht gegen die auf- oder untergehende Sonne gehen muß und durch Blendung verunsichert wird. Nicht zu öffnende Treppenhausfenster sind mit Werkstoffen auszubilden, die sich auf der Außenseite mehr oder minder selbst reinigen, also nicht mit Kunststoffscheiben. Bei Fenstern mit normaler Verglasung müssen sie zur Vermeidung von Unfällen von innen gereinigt werden können.

**Treppenbeleuchtung**

Treppenleuchten sind so anzuordnen, daß die Stufen schlagschattenfrei ausgeleuchtet werden, Personen sich nicht daran verletzen können und eine gefahrlose Wartung möglich ist. Diese Bedingungen werden am besten erfüllt durch Wandleuchten, die seitlich der Treppenantritte und bei den Podesten in etwa 1,80 m Höhe angebracht sind.

Die Schaltuhr für die Treppenhausbeleuchtung muß so eingestellt sein, daß ein sicheres Begehen bis zum obersten Stockwerk auch für Kinder, alte und kranke Menschen sowie für Personen mit Traglasten möglich ist. Die Bedienungsknöpfe für das Treppenhauslicht sollten selbstleuchtend sein.

Zur Erhaltung der Verkehrssicherheit wird der Einbau oder die Bereithaltung einer Notbeleuchtung empfohlen, auch dort, wo es von der Bauaufsicht nicht verlangt wird. Nach einem Gerichtsurteil muß in dunklen oder dämmrig wirkenden Häusern gegebenenfalls auch bei Tag eine entsprechende Beleuchtung in Betrieb sein. Fällt die normale Beleuchtungsanlage der Treppen vorübergehend aus, so ist der Hauseigentümer zur Einrichtung einer Beleuchtung verpflichtet. Unter Umständen sind auch Warnschilder anzubringen.

Zur besseren Orientierung in einem dunklen Treppenhaus sind nachtleuchtende Handläufe, Treppenstoßkanten und Wandsockelleisten sehr vorteilhaft.

**Rampen**

Nach den Landesbauordnungen können statt der Treppen Rampen mit flacher Neigung gestattet werden, wenn die Verkehrssicherheit gewährleistet ist. Damit soll besonders den Belangen der Behinderten besser Rechnung getragen werden.

Nach den Unfallrichtlinien der Berufsverbände werden Rampen anstelle von Differenztreppen sogar verlangt. Deren Neigung darf höchstens 12,5 % betragen. Die Gehfläche auf Rampen muß rutschhemmend sein.

## Aufzüge

Der Vermieter und Hauseigentümer hat für einen verkehrssicheren Zustand der Aufzugsanlage zu sorgen. Diese Verpflichtung ergibt sich aus Gründen der allgemeinen Verkehrssicherung, insbesondere aber aus dem Mietvertrag.

Entsprechend der Aufzugsverordnung, die ihre Bestätigung inzwischen auch durch mehrere gerichtliche Urteile erhalten hat, genügt ein Hausbesitzer seiner Verkehrssicherungspflicht, wenn er folgende Voraussetzungen erfüllt:

- Die Aufzugsanlage darf nach ihrer Errichtung oder wesentlichen Änderung erst in Betrieb genommen werden, wenn der Sachverständige auf Grund einer Prüfung festgestellt hat, daß alle gestellten Anforderungen erfüllt sind und hierüber eine Bescheinigung erteilt hat.
- Die Aufzugsanlage ist stets in betriebssicherem Zustand zu halten.
- Mit der Herstellerfirma ist ein Wartungsvertrag abzuschließen, der eine monatlich zweimalige Kontrolle des Aufzuges vorsieht.
- Es ist ein Aufzugswärter zu bestellen und einzuweisen. Der Aufzugswärter oder sein ebenfalls eingewiesener Vertreter müssen jederzeit leicht zu erreichen sein, solange die Aufzugsanlage zur Benutzung bereitsteht.
- Die vorgeschriebene Notrufanlage muß so angelegt sein, daß sie im Notfall vom Aufzugswärter oder einer anderen hilfsbereiten Person gehört wird. Ist der Aufzugsverkehr auch während der Nachtzeit gestattet, so gilt dies auch für diese Zeit.
- Bei Störungen sind in ausreichender Anzahl Schilder mit der Aufschrift *Außer Betrieb* anzubringen.

1 Steigungsverhaltnisse von Treppen – Grafische Ermittlung nach der Formel 2 Steigungen + 1 Auftritt = 63 cm

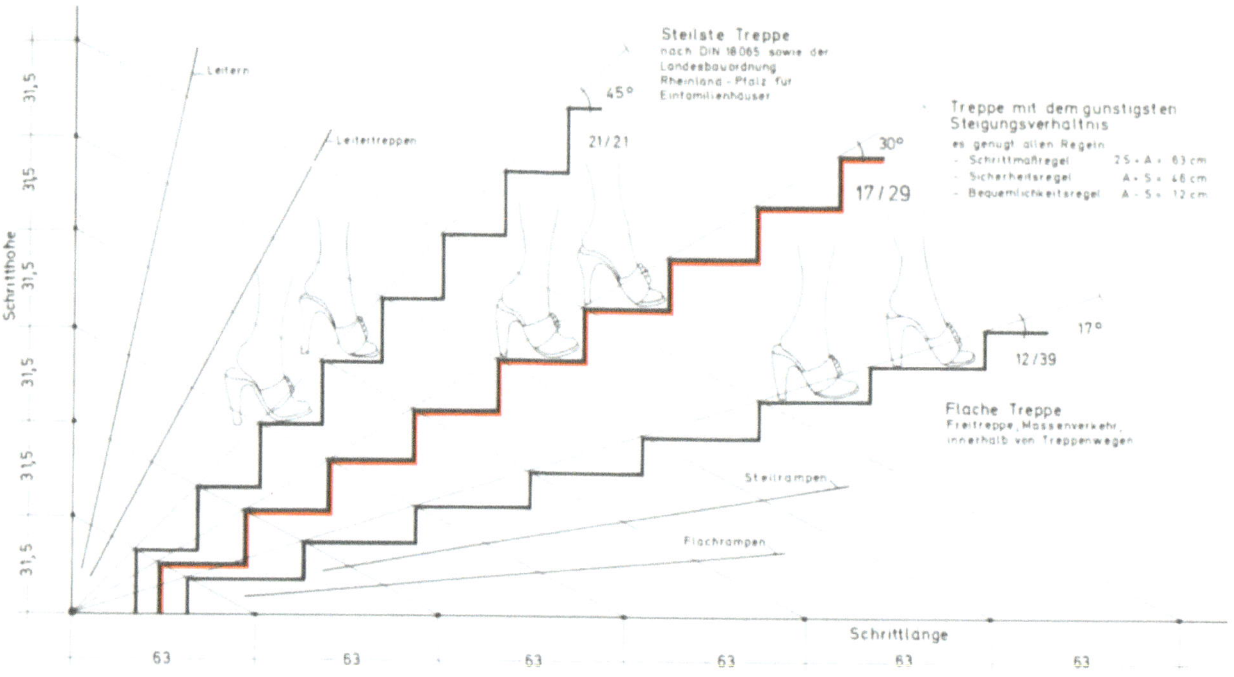


2 Treppe in einem Mehrfamilienwohnhaus

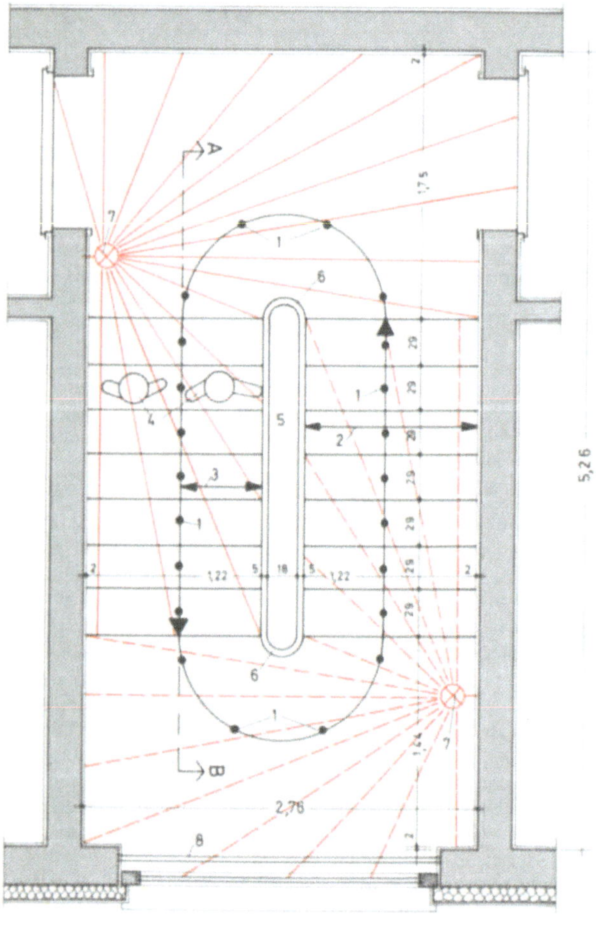


3 Durchgangshohen bei Treppen – Schnitt A–B Bild 2

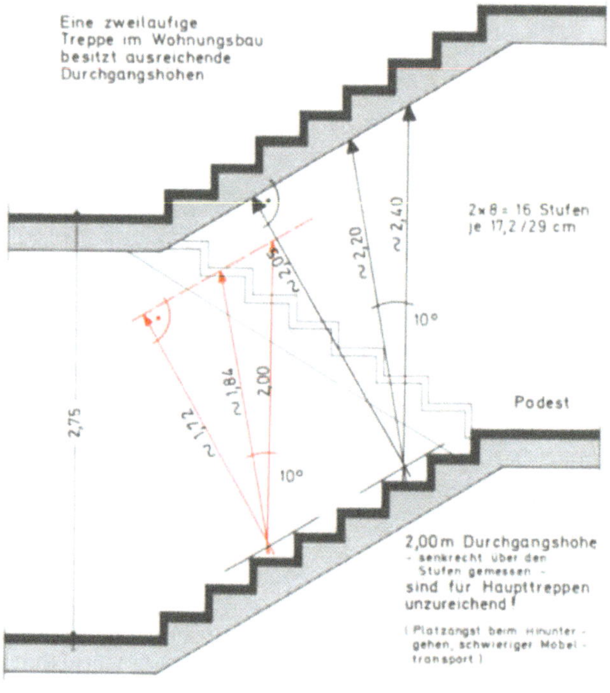


1 Auftritt in Fußmitte
2 Die nutzbare Treppenbreite wird zwischen Wandoberfläche und Innenkante Handlauf gemessen
3 Abstand der Gehlinie ca 50 cm
4 2 Personen sollten aneinander vorbeigehen können
5 Das Treppenauge sollte so eng sein, daß ein Hindurchfallen uber mehrere Geschosse unmöglich ist
6 Der Handlauf ist ohne Unterbrechung herumzuführen
7 Wandleuchten, die den aufwärtsführenden Treppenlauf ausleuchten, in etwa 1,80 m Höhe
8 Fenster, die bis zum Boden herabreichen, erfordern ein Schutzgeländer

## 1 zweckmaßige Podestlangen

## 2 Ausbildung der Stufen

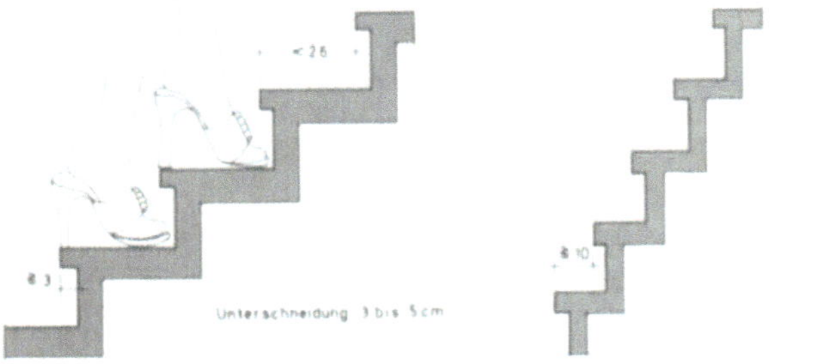


Stufenbreiten unter 26 cm nach DIN 18065

geringster Auftritt bei Wendelstufen 15 cm von der schmalsten Stelle entfernt

Sicherheitszwischenraume bei offenen Treppen

## 3 Treppengelander

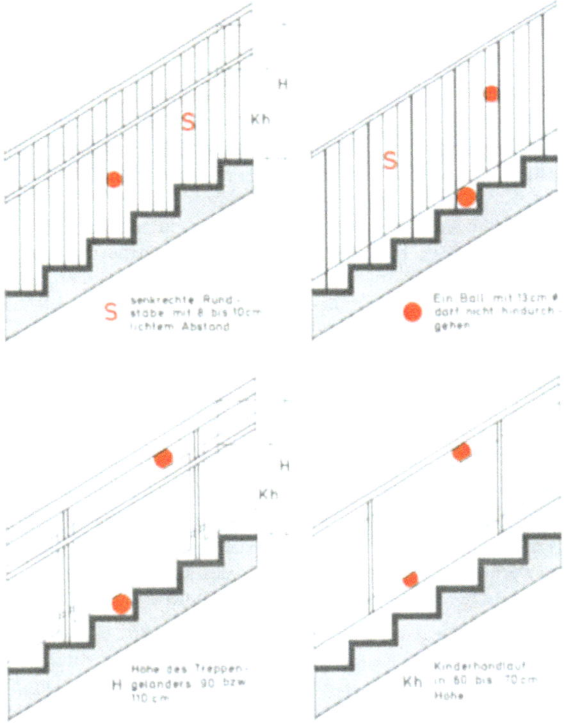


## 4 Gleit- und Kantenschutz

Betonwerkstein, Profile einbetoniert

Naturstein, Profile in ausgefraste Rinnen eingeklebt

Aufgeklebte Gleitschutzstreifen fur Treppen und Rampen

## 5 variables Treppenformteil aus Gummi (Saar-Gummi)

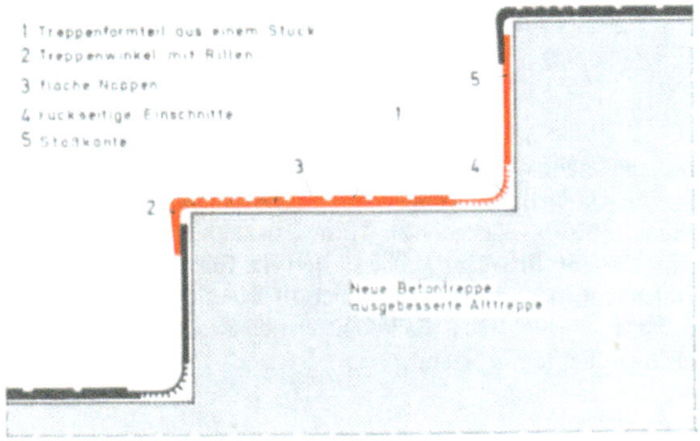

## Dächer

In den Landesbauordnungen sind die folgenden Sicherheitsbestimmungen enthalten:

- Dachflächen, die zum – wenn auch nur zeitweiligen – Aufenthalt von Menschen bestimmt sind, sind zu umwehren. Das gleiche gilt für Öffnungen und nicht begehbare Teile dieser Dachflächen. Ab 12 m Absturzhöhe müssen die Schutzgeländer mindestens 1,10 m hoch sein.
- Für Arbeiten auf dem Dach sind sicher benutzbare Vorrichtungen anzubringen (z.B. Dachhaken). Dächer aus nichtdurchtrittsicherem Material dürfen nur betreten werden, wenn Maßnahmen getroffen worden sind, die ein Abstürzen verhindern, wie z.B. verschiebesicher angebrachte Laufstege.
- Unter Glasflächen in Dächern ist ein Schutz gegen herabfallende Glasstücke anzuordnen, wenn nicht die verwendete Glasart Sicherheit bietet.
- Bei Dächern an Verkehrsflächen und bei Dächern über Eingängen können Vorrichtungen zum Schutz gegen das Herabfallen von Schnee, Eis und Dachteilen gefordert werden.

Schneefangeinrichtungen werden in schneearmen Gebieten meist erst ab 20 Grad Dachneigung verlangt, während sie am Alpenrand generell gefordert werden. Dabei ist zu beachten, daß Schneefanggitter die Bildung von Eisschanzen mit all ihren Nachteilen begünstigen können.

Im Fall drohender Ablösung von Teilen der Dachdeckung genügt es nicht, wenn der Hauseigentümer eine Dachdeckerfirma mit der Schadensbeseitigung beauftragt. Aufgrund seiner Verkehrssicherungspflicht ist er vielmehr verpflichtet, sich selbst über die möglicherweise für Dritte bestehenden Gefahren zu unterrichten und das zur Schadensabwendung Notwendige zu veranlassen. Erforderlichenfalls hat er für eine Straßensperrung Sorge zu tragen oder – notfalls mit Hilfe der Polizei – das Abschleppen oder Fortschieben der vor seinem Grundstück abgestellten Fahrzeuge zu veranlassen.

### Bodenöffnungen

Die Landesbauordnungen schreiben vor, daß Öffnungen in begehbaren Decken und Dächern sicher abzudecken oder zu umwehren sind. Bei Öffnungen, bei denen die Gefahr des Herabfallens von Gegenständen oder das Hineinrutschen von Personen besteht, sind mindestens 10 cm hohe Fußleisten anzubringen.

Die beim Einfamilienhaus üblichen Bodentreppen sind im Dachraum durch ein Luken-Schutzgeländer zu sichern. Damit es beim Transport sperriger Güter nicht hindert, kann es abschraubbar befestigt werden.

## Balkone

Balkone, die mehr als 1 m über dem anschließenden Gelände liegen, müssen eine Umwehrung besitzen. Die Höhe der Balkongeländer muß mindestens 0,90 m, bei mehr als 12 m Absturzhöhe 1,10 m betragen. Bei mehr als 1,50 m Absturzhöhe dürfen die Füllungselemente Durchbrechungen von höchstens 12 cm Lichtmaß besitzen. Die Aktion *Das sichere Haus* empfiehlt bei Balkongittern senkrechte Stäbe mit nicht mehr als 8 cm lichtem Abstand.

Waagerechte Stäbe oder Bretter sollten als Balkonverkleidungen wegen der Gefahr des Hochkletterns von Kindern beim Aufenthalt auf dem Balkon grundsätzlich vermieden werden. Wo sie sich aus architektonischen Gründen anbieten, sollten die Abstände zwischen den Brettern so gering sein, daß kein Kinderfuß dazwischen geschoben werden kann, bei größeren Zwischenräumen sind auf der Balkoninnenseite zusätzliche durchgehende Verkleidungen als Schutz anzubringen.

Bei vorgehängten Balkonbrüstungen darf der lichte Abstand zwischen Außenkante Balkonplatte und Innenkante Brüstung nicht mehr als 4 cm betragen.

Auf Balkonbrüstungen abgestellte oder daran angehängte Blumengefäße sind gegen Herunterfallen zu sichern.

## Verglasungen, Glaswände

Im Sprichwort bringen Glasscherben Glück. In Wirklichkeit sind aber Glasscherben scharfkantige, teilweise dolchähnliche Stücke, die schwere Schnittverletzungen verursachen können. Deshalb müssen gefährdete Verglasungen Sicherheitseigenschaften aufweisen, die selbst bei Bruch Schnitt- und Stichverletzungen weitgehend ausschließen.

Einige Sicherheitsgläser werden auf Seite 130 beschrieben.

*Einscheiben-Sicherheitsglas* zerfällt bei der Zerstörung der Scheibe in kleine Glaskrümel, die mehr oder weniger stumpfkantig sind, untereinander nur lose zusammenhängen und darum nur relativ harmlose Verletzungen verursachen können.

*Verbund-Sicherheitsglas* zerspringt nach der Zerstörung; seine Oberfläche gleicht dann einem Spinnengewebe. Die Bruchstücke haften jedoch fest an der Zwischenschicht, und es bilden sich keine losen, scharfkantigen Glassplitter. Die Glasfläche bleibt auch nach ihrem Bruch als Trennfläche wirksam, da die Zwischenschicht nicht zerreißt. Dieses Verbundglas hat noch den Vorteil, daß es sich nach Maß zuschneiden läßt.

*Vorhandene Glasflächen* lassen sich durch nachträglich aufgeklebte Splitterschutz-Folie verbessern. Bei Bruch bleiben die Splitter an der Folie haften. Die Splitterschutzfolie muß auf der gefährdeten Verglassungsseite angebracht werden.

*Drahtornamentglas, Drahtglas und Drahtspiegelglas* können beim Aufprall von Personen kleinere Stich- und Schnittverletzungen hervorrufen. Das Drahtnetz bewirkt aber eine verhältnismäßig gute Bindung der Scherben.

*Profil-Bauglas* hat nur dann Sicherheitseigenschaften, wenn eine möglichst nicht rostende Drahtnetzeinlage eingearbeitet ist. Bei Bruch wirkt das Drahtnetz weitgehend scherbenbindend.

*Kunststoffscheiben* sind lichtdurchlässige Platten aus Polymethylmethacrylat (z.B. Plexiglas) oder aus Polycarbonat (z.B. Makrolon). Polycarbonat ist verhältnismäßig unempfindlich gegen Schlag und Stoß, formbeständig und relativ leicht. Die zähelastischen Polycarbonat-Scheiben verdanken ihre Bruchfestigkeit u.a. der Tatsache, daß sie die durch elastische Verformung auftretende Stoß- und Schlagenergie vernichten. Bei sehr starken Stößen oder Schlägen kann dies zu großen Durchbiegungen führen, ohne daß die Scheiben zerspringen.

*Verglasungen ohne Sicherheitseigenschaften* sind durch Abweisgitter bzw. -bohlen oder davor aufgestellte hohe Heizkörper oder Blumenkübel zu sichern. Auf der Außenseite von Gebäuden sollten großflächige Normalverglasungen nicht an Verkehrsflächen liegen.

## Fenster

Wegen der Sicherheit von Fenstern enthalten die Landesbauordnungen folgende Vorschriften:

- Fenster sind so auszubilden, daß sie ohne Gefahr benutzt und gereinigt werden können.
- In Aufenthaltsräumen können geneigte Fenster sowie Oberlichter anstelle von Fenstern gestattet werden, wenn die Verkehrssicherheit gewährleistet ist.
- An Fenstern mit niedrigen festen Brüstungen müssen bis zur vorgeschriebenen Brüstungshöhe Schutzgitter oder dergleichen angebracht werden.

Geöffnete Fensterflügel sollten feststellbar sein. Lüftungsflügel dürfen nicht in den Verkehrsraum hineinragen.

Bedienungshebel für hochliegende Fenster (Oberlichter, Lüftungsflügel) müssen von seitlich angrenzenden Bauteilen so weit abstehen, daß die Hand nicht verlezt werden kann. Die Bedienungshebel sollten in keiner Betriebsstellung den Verkehr behindern. Hochliegende Fenster dürfen beim Reinigen nicht herausfallen können, anderenfalls müssen sie abgenommen werden.

Aus Sicherheitsgründen, z.B. wegen der Kinder, ist es vorteilhaft, wenn man Fenster und Fenstertüren abschließen kann.

Innere Fensterbänke, die wegen ihrer Höhenlage und Ausladung zur Benutzung als Auftritte beim Fensterputzen verführen, sind entsprechend abzustützen.

Das Institut für Bauforschung e.V., Hannover, hat in einer gründlichen Untersuchung den Nutzwert von Fenstern im Wohnungsbau ermittelt. Dabei war die Reinigung der Fenster eines der Untersuchungskriterien. Aus dem umfassenden Bericht werden folgende zutreffende Stellen entnommen:

- Fenster sollen leicht und bequem zu bedienen sein; sie sollen sich außerdem gefahrlos reinigen lassen. Fenster, deren Außenseite vom Gelände oder von einem Balkon aus nicht zu erreichen sind, müssen sich so nach innen öffnen lassen, daß sie bequem zu reinigen sind.
- Feststehende Fensterteile dürfen höchstens 50 cm breit sein, wenn ihre Außenfläche von zwei Seiten, und höchstens 25 cm breit sein, wenn ihre Außenfläche nur von einer Seite zu erreichen ist.
- Hinsichtlich der Fensterreinigung sind Drehflügel- und Drehkippflügelfenster sowie Schwing- und Wendeflügelfenster positiv zu beurteilen.
- Die meisten Pluspunkte erhält das Drehkippflügelfenster mit einem Einhanddrehkippbeschlag.

## Türen

Türen sind grundsätzlich so anzuordnen, daß sie sich leicht öffnen und schließen lassen, sich gegenseitig nicht behindern und die Verkehrs- und Rettungswege nicht unzulässig einengen.

Türen im Verlauf von Rettungswegen dürfen nur in Fluchtrichtung aufschlagen. Schiebe-, Pendel- und Drehtüren sind in Rettungswegen unzulässig.

Zur Vermeidung von Fingerverletzungen müssen die Beschläge so angebracht sein, daß zwischen Bedienungsgriffen bzw. Schlüsseln und festen Bauwerksteilen (z.B. Rahmen, Türleibungen) ausreichende Bewegungsfreiheit verbleibt.

Türfeststeller und Türpuffer sollen im Gehbereich wegen der Stolpergefahr nicht am Boden montiert werden. Vorteilhafter sind Tretfeststeller, die am Türflügel angebracht werden. Türpuffer kann man auch am oberen Rand der Tür anschrauben. Lassen sich Türfeststeller und -puffer in der Verkehrsfläche nicht vermeiden, so sind sie durch etwa 80 cm hohe Abweisbügel zu sichern.

Pendeltüren – nicht zu verwenden in Rettungswegen – müssen ausreichend durchsichtig sein. Zur Vermeidung von Verletzungen durch schnell durchschlagende Pendeltüren sollten Einrichtungen eingebaut werden, die ein schnelles Pendeln abbremsen.

Ganzglastüren sind so deutlich zu kennzeichnen, daß sie nicht übersehen werden können, z.B. durch auffallende Türgriffe, Ätzungen oder aufgeklebte Symbole. Türen mit schmalen Profilrahmen und Füllungen aus Gußglas oder Verbundglas sollten auf beiden Seiten in Höhe der Türdrücker die gesamte Türbreite einnehmende Abweisriegel aufweisen. Gegebenenfalls können diese Querriegel gleichzeitig die Funktion des Türgriffes übernehmen. Die Verglasung sollte erst etwa 40 cm über Fußboden beginnen.

## Fußböden

Nach statistischen Unterlagen der Berufsgenossenschaften liegen Stolper-, Rutsch- und Sturzunfälle an der Spitze des Unfallgeschehens.

Häufige Ursachen für Stürze auf gleicher Ebene sind:

- ▶ glitschiger Boden (ungeeigneter Belag, frisch gebohnerte Böden, Nässe, glatte Bade- oder Duschwannglasuren);
- ▶ rutschende Teppiche, Brücken oder Fußabstreifer;
- ▶ Unregelmäßigkeit in der Gehfläche (Schwellen aufgeworfene Teppichränder, herumliegende Gegenstände);
- ▶ fehlende oder mangelhafte Beleuchtung;
- ▶ unsachgemäßes Schuhwerk;
- ▶ Krankheit und Invalidität.

In den Unfallverhütungsvorschriften wird deshalb verlangt, daß Fußböden rutschhemmend und leicht zu reinigen sein müssen.

Fußbodenbeläge gelten als rutschhemmend, wenn der mit einem speziellen Gerät gemessene Reibungskoeffizient 0,4 oder mehr beträgt. Zur Verdeutlichung werden einige Reibungskoeffizienten genannt:

0 = überhaupt keine Haftung
0,2 = gewachste Steinböden
0,4 = rutschhemmender Boden
0,6 = rauher Betonboden
1 = vollständige Haftung

Kritisch sind immer die Stellen, an denen sich der Reibungswiderstand des Bodenbelages ändert. Aus diesem Grunde sollten in einem zusammenhängenden Gehbereich, z.B. in einem langen Flur oder bei einer Treppenanlage, immer gleichartige Fußbodenbeläge verwendet werden. Verschiedenartige Beläge sollten zumindest gleiche Reibungskoeffizienten aufweisen.

Sehr oft hängt die Trittsicherheit auch von der Verwendung geeigneter Pflegemittel ab. So kann z.B. ein Fliesenbelag mit etwas rauher Oberfläche sofort unsicher werden, wenn er mit einer dicken Wachsschicht überzogen wird.

Plattenbeläge aller Art müssen so verlegt werden, daß an keiner Stelle Höhenunterschiede zwischen den Plattenkanten von mehr als 4 mm auftreten; größere Differenzen führen häufig zu Stolperunfällen.

Nicht vermeidbare Fußbodenabsätze müssen durch entsprechende Markierungen gekennzeichnet und während der Dunkelheit ausreichend beleuchtet sein.

Im Fußboden liegende Anschlußdosen für Elektro- und Telefoninstallationen (Elektranten) sowie Bodenabläufe und Sinkkästen sind fußbodenbündig abzudecken.

## 1 Bodentreppe mit Schutzgelander

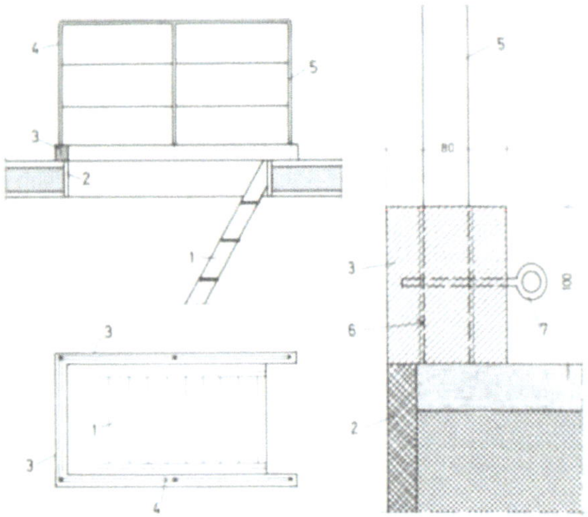


1 Bodentreppe
2 Futterbrett
3 Bodenschwelle 80/100 mm zugl Luken-Fußleiste
4 abnehmbares Schutzgelander
5 Pfosten z B Rohr ø 30
6 Bohrung als Gelandereinstand
7 ggf Splint oder Schraube

## 2 Turfeststeller mit Abweisbugel

1 zweiflugelige Tur
2 Turrahmen
3 Verglasung
4 Boden-Turfeststeller
5 Abweisbugel z B Rohr ø 40

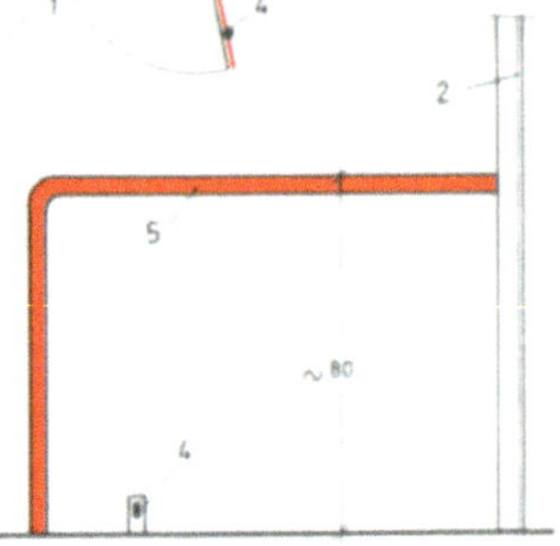


## 3 Widerstandsfahige und splitterfreie Verglasungen

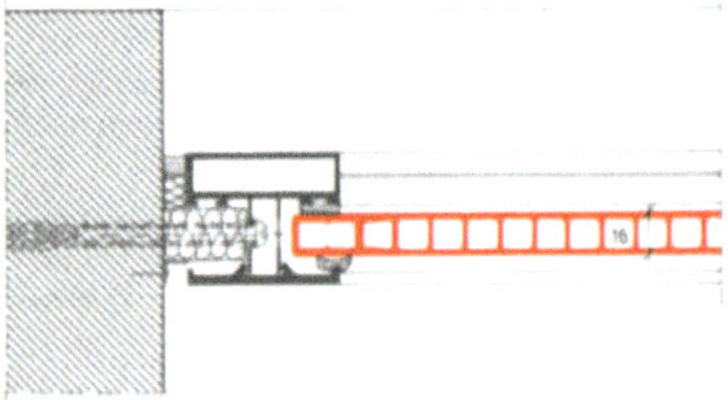


Makrolon-Stegdoppelplatte (Rohm-GmbH)

k-Wert
3,2 W / m² K
(2,7 kcal / m²h°C)

Lichtdurchlässigkeit ca 73 %

max Gebrauchstemperatur 130 °C

Ballwurfsicher
schwer entflammbar

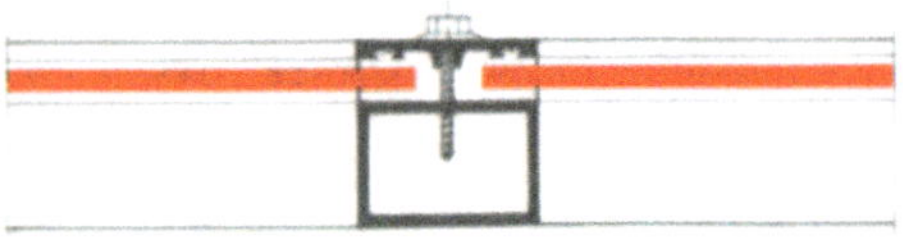

Platten aus Polycarbonat (Makrolon, Lexan)

Plattendicken
3 bis 8 mm

Lichtdurchlässigkeit 76 bis 90 %

## 4 Balkonbrustungen – Hohe uber Balkonboden 90 bzw 110 cm

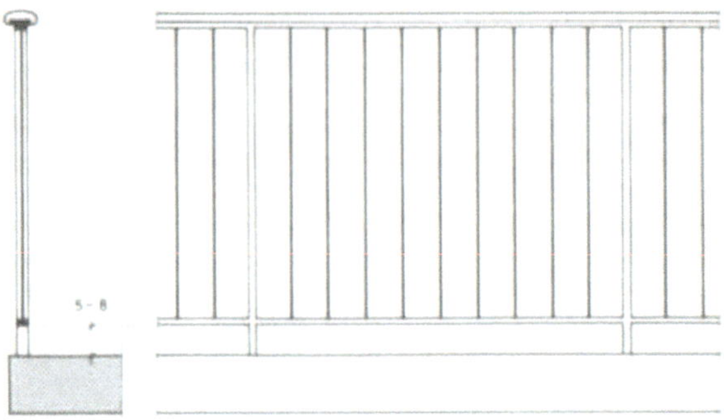


Brustung mit senkrechten Staben mit 8 bis 10 cm lichten Abstand

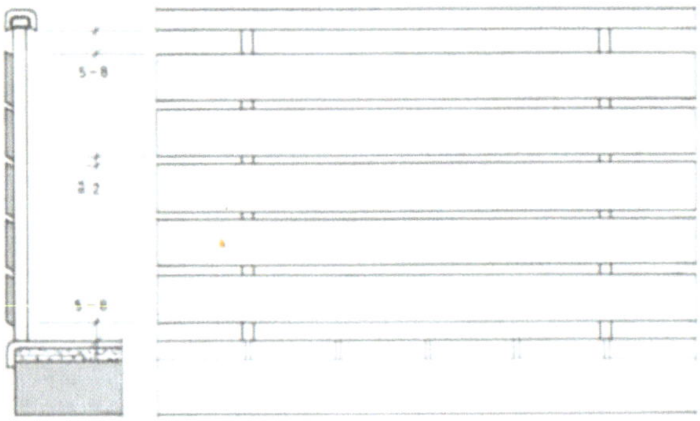


Brustung mit waagrechten Brettern

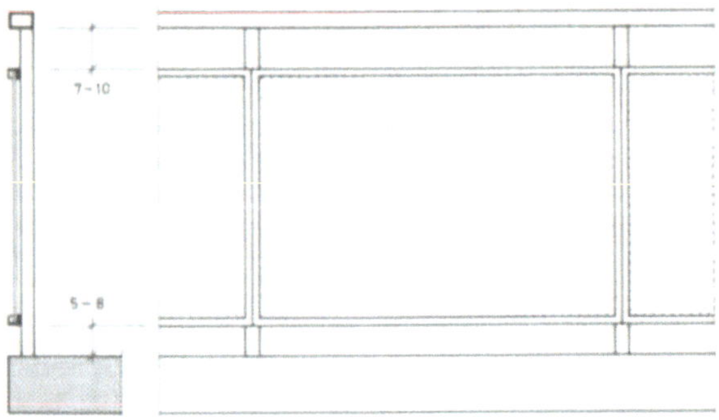


Verglaste Brustung Drahtglas, Verbundsicherheitsglas, Kunststoffscheiben (Makrolon, Lexan)

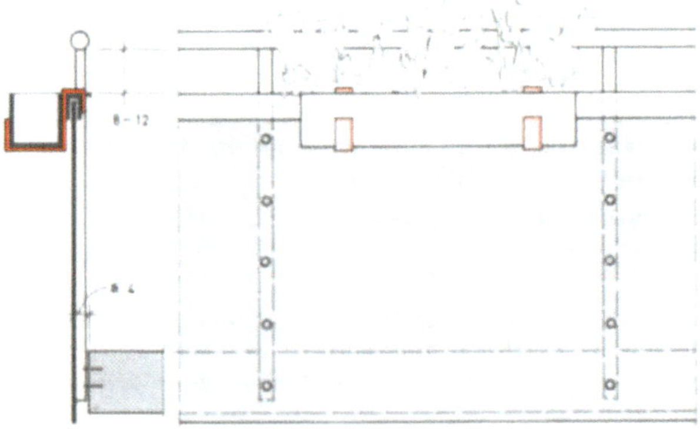


leichte geschlossene Brustung Tafeln aus Asbestzement, Metall, verstärktem oder schlagfestem Kunststoff

## 1 Geprufte Sicherheit

Auf Sicherheit geprufte Gerate tragen dieses Zeichen →

Eingefuhrt ab 1 Oktober 1977

Das neue einheitliche Zeichen „geprufte Sicherheit" enthalt links oben den Namen der jeweiligen Prufstelle (zum Beispiel Berufsgenossenschaft, VDE, TUV, DIN oder DVGW)

Prufstelle

geprufte Sicherheit

## 2 Kuchenentluftungen

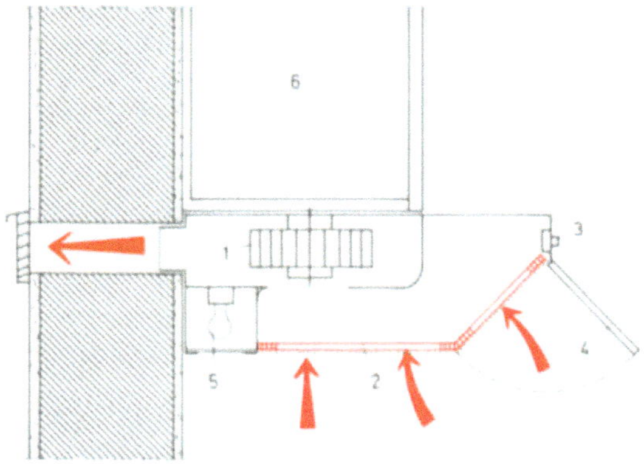


Aufbau - Abluftgerat

Abluft durch die Außenwand oder in einen Luftschacht

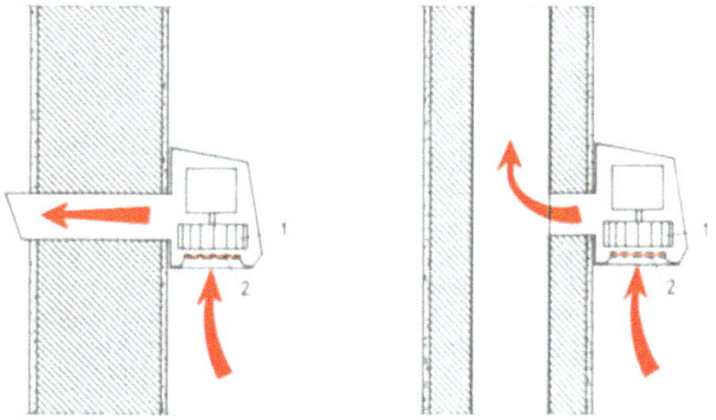


Haushalt - Ventilator

Abluft durch die Außenwand

Abluft in Luftschacht

1 Ventilator
2 Staub- und Fettfilter
3 Schalter
4 Wrasenleitschirm
5 Beleuchtung
6 Kuchenoberschrank

## 3 Abwassereinlauf mit Stauraum

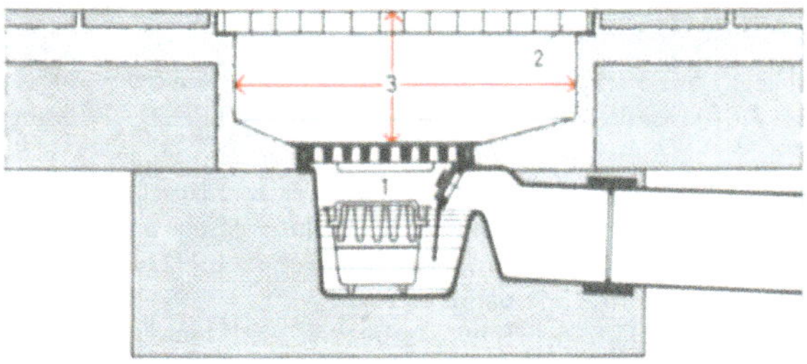


1 normaler Bodenablauf mit Geruchsverschluß, Schmutzeimer und Schlitzrost
2 Gitterrost, dem Fugenschnitt der Bodenplatten angepaßt
3 Schmutzwasser - Stauraum

## 4 Spezial - Haltegriffe fur Badewannen

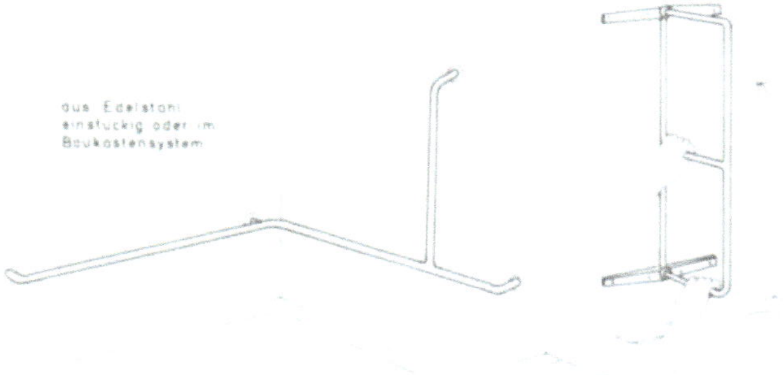

aus Edelstahl einstuckig oder im Baukastensystem

Kolner Badesicherung Liedo (Liebler)

wird nach Gebrauch an die Wand geklappt

## 5 Schwimmbadabdeckungen

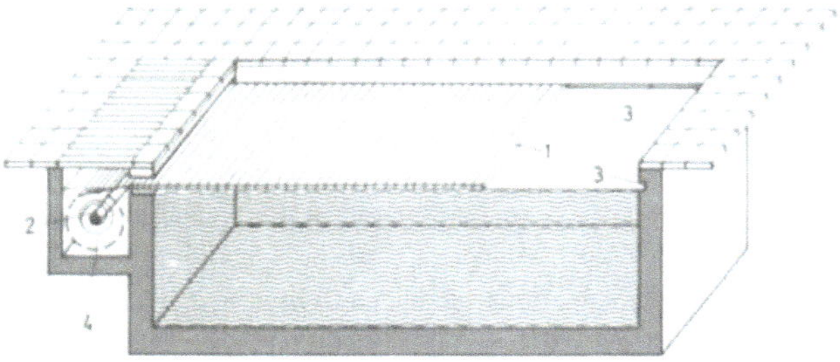


Rolladen mit unterirdischem Aufrollkasten (nur fur Neuanlagen)

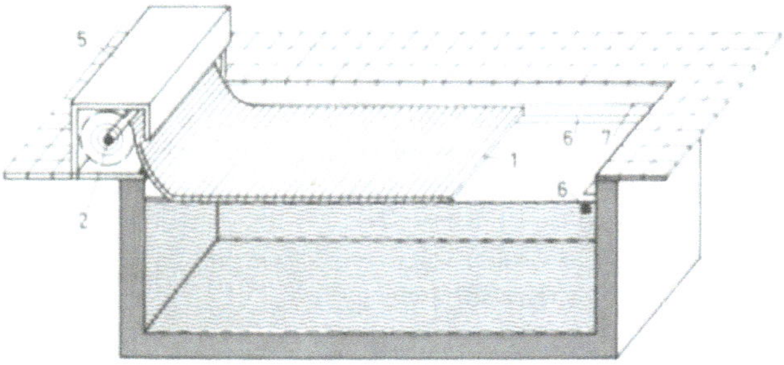


Rolladen mit oberirdischem Aufrollkasten (fur Alt- und Neuanlagen)

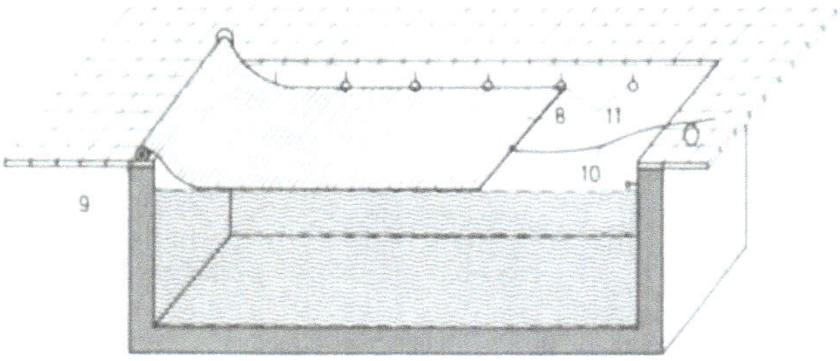


Abdeckplane mit Aufrolleinrichtung

1 Rollabdeckung als schwimmender Rolladen
2 motorisch angetriebene Welle
3 in den Beckenwanden eingelassene Rolladen-Laufnut
4 Aufrollkasten im Wasserbereich
5 Aufrollkasten zugleich Liegebank
6 Haltestange, zugleich Rolladenauflager
7 obere Rolladenfuhrung
8 reißfeste Abdeckplane mit Unterlage aus geschlossenzelligem Schaumstoff
9 von Hand zu bedienende Welle
10 Zugseil zur Fuhrung der Plane
11 zur "Trittsicherheit" muß die Plane an den Randern befestigt werden

## Küche und Hausarbeitsraum

Die Unfallgefahren im täglichen Arbeitsbereich der Hausfrau sind besonders hoch. Ihre hauptsächlichsten Ursachen sind:

- ▶ Sturzverletzungen wegen Bodenglätte oder durch ungenügend gesicherte Aufstiege;
- ▶ Unfälle durch Verbrennen und Verbrühen;
- ▶ Unfälle beim Gebrauch der Haushaltmaschinen;
- ▶ Unfälle durch Anstoßen an scharfen Kanten und in den Bewegungsraum schlagenden Türen.

Die Vermeidung der Unfallgefahren beginnt bereits bei der Planung. Dabei genügt es nicht, lediglich entsprechend große Räume im Grundriß vorzusehen. Wegen der notwendigen Abstände für die Einrichtungen sowie der Anschlüsse für die zahlreichen Geräte und Küchenmaschinen sollte bei allen Entwürfen auch die Möblierung eingezeichnet werden. Die arbeitsgünstige Anordnung der Geräte und Einrichtungen hat daher Vorrang, auch wenn längere Rohrführungen und Installationswege in Kauf genommen werden müssen. Damit alle Verrichtungen, insbesondere die Bedienung der Geräte, einwandfrei möglich sind, sollten die Bewegungsräume auf die Körpermaße abgestimmt werden.

Der Fußboden in einem häuslichen Arbeitsraum soll verschleißfest, wasserbeständig, leicht zu reinigen und trittsicher sein, aber wenig Pflege erfordern. Den Ermüdungserscheinungen der Füße soll er durch eine gewisse Elastizität entgegenwirken.

Bei PVC-Böden, die diese Forderung erfüllen, sind die Nähte der Bahnen oder Platten zu verschweißen.

Sofern keine Fußbodenheizung vorhanden ist bzw. an den Standflächen keine Läufer oder Matten ausgelegt werden, darf der Fußboden auch nicht fußkalt sein.

Um Unfälle durch Küchendunst und schlechte Luft zu vermeiden, ist für eine ausreichende Entlüftung mit Außenanschluß zu sorgen. Die Forderung nach einer Abführung der verbrauchten Luft ins Freie gilt auch für Dunstabzugshauben.

Dunstfilter-Umluftgeräte mit Fett- und Geruchsmatten führen Wasserdampf und überschüssige Wärme nicht ab. Umlufthauben mit Ozonbrennern sind wegen ihrer gesundheitsschädlichen Nebenwirkung nicht zu empfehlen. (Aus dem Unfallmerkblatt Küche)

Auf das umfangreiche Gebiet „elektrische Sicherheit" kann im Rahmen dieses Buches nicht eingegangen werden.

### Abwassereinläufe

Abwassereinläufe und Ablaufrinnen (z.B. in Waschküchen oder Großküchen) sollten grundsätzlich außerhalb des Verkehrsbereiches liegen. Die Größe der Sinkkästen ist so zu bemessen, daß anfallendes Wasser ohne Rückstau abgeführt werden kann. Vorteilhaft ist die Bildung eines kleinen Stauraumes über dem mit einem Gitterrost fußbodenbündig abedeckten Sinkkasten.

### Leitern und Tritte

84 % der tödlichen Unfälle im Hausbereich ereignen sich durch Stürze, sehr viele davon, weil für Arbeiten in der Höhe unzureichende Aufstiege, wie z.B. Stühle und Tische, übereinandergestellte Kisten und Kästen oder herausgezogene Schubladen benutzt werden. Zur Vermeidung dieser Unfälle sollten im Hausbereich möglichst nur geprüfte bzw. genormte Tritthocker und Stufenleitern verwendet werden. Tritthocker mit etwa 60 cm Höhe besitzen herausziehbare Stufen, die einen sicheren Aufstieg ermöglichen. Stufenleitern und Tritte aus Holz sind in DIN 4565, Leitern und Tritte aus Metall in DIN 4566 (Entwurf März 1978) genormt.

## Sanitärräume

Besonders groß ist die Unfallgefahr in Badezimmern. Soweit es den Unfallschutz betrifft, sollten bei Sanitärräumen folgende Hinweise beachtet werden:

- Die Verriegelungen der Türen von Sanitärräumen sind so einzurichten, daß sie im Notfall auch von außen geöffnet werden können.
- Der Fußboden von Bad und WC soll nicht leitend für elektrischen Strom und bei Nässe gleitsicher sein.
- Der Boden der Bade- und Duschwannen soll möglichst flach sein. In Wannen ohne gerippte Oberfläche des Bodens sind im Bedarfsfalle Gummi- oder Kunststoffmatten einzulegen, um ein Ausrutschen zu verhindern.
- Im Griffbereich der Bade- und Duschwannen sind in ausreichender Anzahl Haltegriffe anzubringen. Für alte und gebrechliche Personen gibt es ausklappbare Griffleitern, die besonders gut zu erfassen sind.
- Für alte und behinderte Menschen kann eine einfache Notrufanlage mit Bedienungsschnur über der Badewanne oft die letzte Möglichkeit sein, Hilfe herbeizurufen.

Zur Erleichterung der häuslichen Krankenpflege sollten aus der Erfahrung der ambulanten Pflegekräfte (Sozialstationen) folgende Anforderungen berücksichtigt werden:

- genügend große Badezimmer;
- entsprechend breite Türen für einen gleichzeitigen Durchgang von Patient und Pflegekraft;
- genügend Abstand zwischen Badewanne und Toilette (damit die Pflegekraft den Patienten besser transportieren kann);
- Untertritt unter der Badewanne (um 7 bis 10 cm zurückgesetzter Sockel), damit die Pflegekraft bei ihrer Hilfeleistung an der Badewanne einen sicheren Stand hat.

## Schwimmbäder

Wenn sich Kleinkinder in Beckennähe aufhalten können, sollten Schwimm- und Planschbecken mit einem Zaun umgeben sein, der von ihnen nicht überklettert werden kann. Größere Schwimmbecken sind entsprechend abzudecken, um das Hineinfallen von Kindern zu verhindern.

Eine Schwimmbadabdeckung ist auch dann angebracht, wenn man bei beheizten Becken die Wärmeverluste vermindern und die Wasserfläche vor Staub- und Schmutzeinfall schützen will. In diesem Zusammenhang muß aber dringend davor gewarnt werden, als Abdeckung normale schwimmfähige Schaumstoffplatten auf die Wasseroberfläche zu legen. Es sind Fälle bekannt, daß Kinder diese Platten betreten haben und ertrunken sind.

Brauchbare Schwimmbadabdeckungen als Schutz gegen das Hineinfallen von Kindern sind beispielsweise:

- Folien mit Gewebeeinlage als lose Planen. Sie werden mit Schlaufen in Aufhängeösen eingehängt, die im Bereich des Beckenrandes angebracht sind.
- Die Folienplane kann auch in einen Kasten aufgerollt werden, wo sie gegen Verschmutzung und Beschädigung geschützt liegt. Neben der beschriebenen Befestigung kann die Folie mit Hilfe einer besonderen Vorrichtung straff gespannt werden.
- Zum Abdecken der Schwimmbecken sind auch tragfähige Schutznetze geeignet. Im Winter können diese mit losen Dämmplatten, Tannenreisig und dergleichen belegt werden, wodurch die Einwirkung des Frostes abgeschwächt wird.
- Kunststoffrolladen erbringen einen guten Wärmeschutz und können auch das Gewicht von Kindern tragen.

# Versicherungen

Versicherung ist die Vorsorge für einen möglichen Schaden, von dem niemand weiß, wann und unter welchen Umständen er eintritt und wie groß er ist. Die Versicherungen arbeiten nach dem Prinzip der Gegenseitigkeit mit dem Bestreben, das Risiko auf möglichst viele gleichermaßen Bedrohte zu verteilen. Im Schadensfall wird der materielle Ausgleich dadurch ermöglicht, daß Versicherungsunternehmen mit den laufenden Beiträgen (Versicherungsprämien) ihrer Versicherten einen Vermögensfond schaffen, aus dem dann die eingetretenen Schäden bezahlt werden.

Das Versicherungswesen gliedert sich heute in zwei große Bereiche:

- die *gesetzliche Sozialversicherung* mit Unfall-, Kranken-, Renten- und Arbeitslosenversicherung als Pflicht- oder Zwangsversicherungen;
- die *privaten Versicherungen* auf freiwilliger Basis. Dabei werden die Schadenversicherungen als Sachversicherungen (Gebäude-, Feuer-, Einbruchdiebstahlversicherung usw.) oder als Vermögenswertversicherung (Haftpflichtversicherung) zur Deckung konkreter Vermögensschäden abgeschlossen.

Die privaten Versicherungsunternehmen stehen seit 1901 auf der Grundlage eines Konzessionszwanges unter staatlicher Aufsicht.

1951 wurde kraft Gesetzes das Bundesaufsichtsamt für das Versicherungs- und Bausparwesen (BVA) errichtet. Dem Schutz der Versicherten dient weiterhin das Versicherungsvertragsgesetz (VVG) von 1908, das die Vertragsgestaltung der einzelnen Versicherungen in den Grundzügen festlegt und die Unabdingbarkeit bestimmter Regelungen normiert. Die wichtigsten Auszüge aus diesem Gesetz sind jedem Versicherungsvertrag beigefügt. Darüber hinaus haben die einzelnen Versicherungsgruppen Ergänzungen geschaffen, die sich bei der Fortentwicklung der Versicherungspraxis ergeben haben.

Diese Zusätze bedürfen jeweils der Zustimmung des Bundesaufsichtsamtes.

Voraussetzung für eine wirksame Versicherung ist der Abschluß eines Versicherungsvertrages. Über diesen Vertrag stellt der Versicherer eine Urkunde aus, den Versicherungsschein gemäß § 3 des Versicherungsvertragsgesetzes (VVG).

In den folgenden Ausführungen werden Versicherungen besprochen, die in irgendeiner Weise mit dem Grundstücks-, Haus- und Wohnbereich im Zusammenhang stehen.

Bei Schadensprozessen gehen die Gerichte immer mehr davon aus, daß der Architekt die nicht gesetzlich festgelegte Pflicht habe, seinen Bauherrn auf die Möglichkeit und die Notwendigkeit von Versicherungen hinzuweisen. Ob danach Versicherungen abgeschlossen werden oder nicht, ist dann Sache des Bauherrn.

Es wird ausdrücklich darauf hingewiesen, daß sämtliche Ausführungen über den Versicherungsschutz einschlägigen Unterlagen von Versicherungsgesellschaften entnommen wurden; wegen eventuell ungenügender oder zu weit gegriffener Auslegungen können dem Verfasser gegenüber keine Ansprüche geltend gemacht werden.

Vor Abschluß einer Versicherung sollte man sich immer eingehend informieren. Lediglich die Kenntnis der kurzgefaßten und sehr werbewirksam aufgemachten Vorinformationen der Versicherungsgesellschaften ist für eine endgültige Beurteilung bei weitem nicht ausreichend.

## Sachversicherungen

Sachversicherungen gewähren einen Schutz gegen Schäden an den eigenen Sachen (Gebäuden, Hausrat), aber auch an solchen Sachen, die dem Versicherten gar nicht gehören, an denen er jedoch ein Sachersatzinteresse besitzt.

Damit im Versicherungsfalle die Ersatzleistungen den gestiegenen Bau- und Lebenshaltungskosten angeglichen werden können, sind von Zeit zu Zeit Prämienangleichungen – meist Erhöhungen – erforderlich.

Die Erhöhung wird durch einen unabhängigen Treuhänder festgesetzt. Außerdem besteht die Möglichkeit, für Risiken, die dem Versicherungsnehmer während der Vertragsdauer neu entstehen, eine Vorsorgeversicherung zu vereinbaren.

Um Wiederholungen zu vermeiden: Bei den Sachversicherungen besteht kein Schutz für Schäden, die durch Kriegsereignisse, innere Unruhen, Streik, Aussperrung, Erdbeben und Kernenergie entstehen. Für Schäden durch Kernenergie besteht jedoch eine gesetzlich geregelte Haftpflichtversicherung, die den Geschädigten schützt.

Die in der Bundesrepublik Deutschland tätigen in- und ausländischen Sachversicherer haben 1948 den Verband der Sachversicherer e.V (VdS) mit Sitz in Köln gegründet. Dieser Verband hat die Aufgabe, die allgemeinen berufsständischen Interessen der Sachversicherer zu vertreten, zu koordinieren und weiterzuentwickeln. Herausragend ist die Tätigkeit des VdS auf dem Gebiet des vorbeugenden Brand- und Einbruchschutzes. Die angeschlossenen Versicherer haben nunmehr die Möglichkeit, dem Versicherungsnehmer die Verwirklichung bestimmter Sicherheitseinrichtungen zur Bedingung zu machen, bevor das beantragte Risiko versichert wird. Andererseits wird Versicherungsnehmern, welche im eigenen Interesse Sicherheitsanlagen einbauen, die vom Versicherer nicht verlangt sind, im allgemeinen ein entsprechender Rabatt auf die Tarifprämien gewährt.

## Haftpflichtversicherungen

Unter Haftpflicht ist die gesetzliche Verpflichtung zu Schadenersatz zu verstehen. Nach dem Bürgerlichen Gesetzbuch (BGB) muß jeder den Schaden ersetzen, den er einem anderen schuldhaft und widerrechtlich zugefügt hat. Diese Verpflichtung gilt grundsätzlich für Personen über 18 Jahre. Kinder unter 7 Jahren sind nicht verantwortlich; es haften aber die Eltern bei Aufsichtspflichtverletzung.

Kinder und Jugendliche über 7, aber unter 18 Jahren, sind dann verantwortlich, wenn sie erkennen konnten, daß ihre Handlung Schaden herbeiführt.

Im Schadensfall prüft die Versicherung zunächst die Rechtslage. Berechtigte Ansprüche des Geschädigten gegen den Versicherungsnehmer werden befriedigt, unberechtigte Forderungen werden dagegen abgewehrt. Kommt es zu einem Rechtsstreit, übernimmt die Versicherung die Kosten der Prozeßführung.

Für den Abschluß von Haftpflichtversicherungen aller Art gelten grundsätzlich die *Allgemeinen Versicherungsbedingungen für die Haftpflichtversicherung (AHB)*, die durch Risikobeschreibungen und besondere Versicherungsbedingungen ergänzt werden.

## Wohngebäude-Versicherung

Diese Versicherungskombination kann praktisch nur dort abgeschlossen werden, wo keine öffentlich-rechtlichen Pflicht- oder Monopolanstalten bestehen. Es gelten dann die *Allgemeinen Bedingungen für die Neuwertversicherung von Wohngebäuden gegen Feuer-, Leitungswasser- und Sturmschäden (VGB)*. Nach diesen Bedingungen können auch Geschäfts- und Bürogebäude versichert werden.

Vorteilhaft ist die Vereinbarung einer gleitenden Neuwertversicherung, die vom Versicherungswert 1914 ausgeht und dem jeweils gültigen Baukostenindex angeglichen wird. Im Schadensfall werden dann keine Abzüge für Alter, Abnutzung und Gebrauch vorgenommen. Allerdings darf nicht versäumt werden, die Versicherungssumme zu erhöhen, wenn Erweiterungen, An- oder Umbauten vorgenommen werden. Dem Versicherer ist auch jede Risikoerhöhung mitzuteilen, z.B. wenn in einem Wohnhaus ein gewerblicher Betrieb eingerichtet wird.

Beim Verkauf des versicherten Gebäudes geht der Vertrag üblicherweise auf den Käufer über, sobald die Grundbucheintragung geändert ist. Damit bleibt der Versicherungsschutz bestehen. Der Käufer ist der Versicherungsgesellschaft rechtzeitig zu benennen. Umgekehrt ist bei Erwerb eines Gebäudes der eigenen Versicherungsgesellschaft mitzuteilen, ob der Verkäufer das Haus versichert hat, damit eine Doppelversicherung vermieden wird.

Grundlage für die Bemessung der Versicherungssumme sind die gesamten Baukosten, auch die der Nebengebäude und Garagen, einschließlich der Nebenkosten und der Eigenleistungen. Mitversichert sind auch Einbauten, wie z.B. eingebaute Schränke usw. – immer vorausgesetzt, daß sie im Versicherungsvertrag enthalten sind.

Versicherungsverträge werden wegen der Hypothekendarlehen meist schon dann abgeschlossen, wenn mit dem Bauen noch nicht begonnen wurde. Zu diesem Zeitpunkt liegen aber nur Kostenvoranschläge vor. Wenn das Bauvorhaben fertiggestellt und abgerechnet ist, sind dem Versicherer die endgültigen Gesamtbaukosten anzugeben.

Für Aufräumungs- oder Abbrucharbeiten wird Ersatz bis zu 1 % der Versicherungssumme geleistet, bei einzelnen Gesellschaften bis zu 3 %. Entschädigungen gibt es auch für Sachen, die bei Löscharbeiten beschädigt wurden. Sind Wohnräume unbenutzbar, wird bis zu 6 Monaten (bei einigen Gesellschaften bis zu 12 Monaten) der Mietverlust bzw. der ortsübliche Mietwert vergütet.

Gemäß neueren Versicherungsrichtlinien (1978) sind folgende Zusatzversicherungen möglich:

- Feuer-Rohbauversicherung bis zur bezugsfertigen Erstellung (Beginn der Gebäudeversicherung), auch für die noch nicht verarbeiteten gelagerten Baustoffe gegen Schäden durch Brand, Blitzschlag und Explosion.
- Wasserleitungsrohre innerhalb des Grundstücks, die nicht zur normalen Wasserversorgung gehören (z.B. für Springbrunnen, Schwimmbecken).
- Zuleitungsrohre außerhalb des versicherten Grundstückes, die der Wasserversorgung der versicherten Gebäude dienen.
- An der Außenseite des Gebäudes angebrachte Antennenanlagen, Markisen, Schilder und Transparente, Überdachungen, Schutz- und Trennwände.
- Einfriedungen und Spezialverglasungen gegen Sturmschäden.
- Zusätzliche Glasversicherung einzelner Glassachen nach Flächenmaßen.
- Glas-Pauschalversicherungen für Normal- und/oder Sonderverglasungen.
- Aufräumungskosten, die über den vereinbarten Anteil mit 1 % oder 3 % der Versicherungssumme hinausgehen.
- Gerüstkosten für die Durchführung von Ersatzmaßnahmen.
- Erhöhung der Haftzeit für Mietverluste über die vertragsmäßig vorgesehenen 6 bzw. 12 Monate hinaus.

## Hausratversicherung

Die Hausratversicherung ist eine sehr weitreichende und umfassende Versicherung für alle Gegenstände des Hausrates und sehr viele Vorkommnisse in der Wohnung. Rechtlich verbindlich sind die *Allgemeinen Bedingungen für die Neuwertversicherung des Hausrats gegen Feuer-, Einbruchdiebstahl-, Beraubungs-, Leitungswasser-, Sturm- und Glasbruchschäden (VHB 74)*. Den vollen Versicherungsumfang kann nur ein genaues Studium dieser umfangreichen Richtlinie vermitteln.

Voraussetzung für die Zahlung des Neuwertes von zerstörten oder gestohlenen Hausratgegenständen ist, daß keine Unterversicherung vorliegt, der Gegenstand in Gebrauch und noch mindestens 50 % des Wiederbeschaffungspreises wert war. Sonst wird nur der Zeitwert erstattet, der sich nach dem Zustand der Sachen, ihrem Alter und ihrer Abnutzung richtet. Bei Vereinbarung einer Neuwert-Zusatzklausel gelten großzügigere Entschädigungsregeln. Werden Sachen beschädigt, ersetzt die Versicherung die Reparaturkosten und eine etwaige Wertminderung.

Versichert sind auch die vom Mieter auf eigene Kosten beschafften Badewannen, Badeöfen, Waschbecken oder wasserführenden Installationen.

Vom Versicherungsschutz ausgenommen ist das Eigentum von Untermietern sowie ungefaßte Edelsteine und gefaßte Perlen, Gebäudebestandteile, Kraftfahrzeuge und deren Anhänger. Für Wertgegenstände gelten die in untenstehender Tabelle (Quelle: VdS) aufgeführten Entschädigungsgrenzen. Eine Erhöhung ist zumeist durch besondere Vereinbarung gegen Beitragszuschlag möglich. Persönliche Gegenstände, die sich vorübergehend nicht in der Wohnung befinden (Reinigung, Reparatur, am Arbeitsplatz) oder auf Reisen mitgeführt werden, sind innerhalb Europas bis zu 10 % der Versicherungssumme (höchstens DM 10.000,–) versichert.

Versicherungsschutz besteht auch bei einem Wohnungswechsel innerhalb der Bundesrepublik und Berlin (West), sowohl für die Zeit des Umzuges als auch für die neue Wohnung.

Die wesentlichen Merkmale der in der Hausratversicherung zusammengefaßten 5 Sachversicherungen werden nachstehend beschrieben.

### Feuerversicherung

*Versichert* sind Schäden durch Brand, Blitzschlag, Explosion, Absturz von Flugzeugen sowie Folgeschäden durch Rauch, Ruß und Löschen.

*Nicht versichert* sind Sengschäden (glimmende Streichhölzer, Zigarettenglut), Schäden beim Bügeln oder Trocknen an Heizkörpern sowie Schäden an elektrischen Einrichtungen durch Kurzschluß oder Überspannung.

### Einbruchdiebstahl- und Beraubungsversicherung

*Versichert* sind Schäden durch Einbruchdiebstahl, Beraubung, räuberische Erpressung, Beschädigungen an den Versicherungsräumen und Kosten für notwendige Schloßänderungen, unter bestimmten Voraussetzungen Diebstahl von Hausrat aus verschlossenen Kraftfahrzeugen innerhalb der Bundesrepublik und Berlin (West) sowie Diebstahl von Fahrrädern, Wäsche, Gartenmöbel und Gartengerät. Von wertvollen Einzelstücken sollten Rechnungen aufbewahrt und Fotos angefertigt werden.

*Nicht versichert* sind Schäden durch einfachen Diebstahl (z.B. bei unverschlossenen Türen), bei Diebstahl aus Kraftfahrzeugen: Bargeld, Gold-, Silber- und Schmucksachen, Wertpapiere, Sparbücher, Sammlungen und Kunstgegenstände.

**Leitungswasserversicherung**

*Versichert* sind Schäden durch bestimmungswidrig austretendes Leitungswasser, auch aus Wasch- und Geschirrspülmaschinen; Schäden durch Überlaufen oder Wasserdampf. Für Schäden an Fußböden, Verputz, Anstrich und Tapeten in gemieteten Wohnungen werden bis zu 10 % der Versicherungssumme, höchstens DM 5 000,– vergütet.

*Nicht versichert* sind Schäden durch Niederschläge, Grundwasser, Hochwasser stehender oder fließender Gewässer, witterungsbedingten Rückstau, Plansch- oder Reinigungswasser, Hausschwamm.

**Sturmversicherung**

*Versichert* sind Schäden durch Sturm ab Windstärke 8, Schäden, die eindringende Niederschläge anrichten, wenn z.B. der Sturm das Dach abdeckt oder Fensterscheiben eingedrückt hat, Schäden an Antennenanlagen, Markisen und Schildern je nach Vereinbarung.

*Nicht versichert* sind Schäden durch Sturmflut oder Lawinen, Schäden durch Niederschläge bei nicht geschlossenen oder undichten Fenstern.

**Glasversicherung**

*Versichert* sind Schäden an Scheiben in Fenstern und Türen, an Schrank- und Bilderverglasungen, Spiegeln und Glasplatten bis zu 3 $m^2$ Größe je Einzelscheibe, Wintergarten- und Verandenverglasungen bis zu 3 $m^2$ Gesamtfläche.

Gegen zusätzlichen Beitrag können gesondert versichert werden: Schäden an Sonderverglasungen, z.B. Mehrscheiben-Isolierverglasungen, Sicherheitsgläsern, Blei- und Messingverglasungen mit mehr als 3 $m^2$ Gesamtfläche. Je nach Vereinbarung sind auch Notverglasungen mitversichert. Eine Sonderregelung erfordern Verglasungen von angebauten oder freistehenden Schwimmhallen sowie Mehrscheiben-Isolierverglasungen, die aus Sicherheits-, Sonnenschutzglas oder schalldämmender Spezialverglasung bestehen.

*Nicht versichert* sind Schäden durch Oberflächenbeschädigungen (z.B. Kratzer); Schäden an Hohlgläsern, Handspiegeln, optischen Gläsern, Aquarien und Beleuchtungskörpern.

| Wertsachen | Aufbewahrung | Entschädigungsgrenze | |
|---|---|---|---|
| | | allgemein | bei Raub innerhalb der Wohnung |
| Bargeld, Versicherungsmarken, Barrengold, Goldmünzen und -medaillen | unverschlossen | 1 000 DM | 10 000 DM |
| | im verschlossenen Stahlschrank (200 kg) | 10 000 DM | |
| Urkunden, Wertpapiere | unverschlossen | 1 000 DM | 10 000 DM |
| | im verschlossenen Stahlschrank (200 kg) | 10 000 DM | |
| Sparbücher (Abhebung durch Unberechtigte) | unverschlossen | 1 000 DM | 5 000 DM |
| | unter Möbelverschluß | 5 000 DM | |
| Münzensammlungen (nicht gesetzliche Zahlungsmittel sowie Goldmünzen und -medaillen), Briefmarkensammlungen | unverschlossen | 1 000 DM (350 DM je Einzelstück) | 20 000 DM |
| | unter Möbelverschluß | 20 000 DM (350 DM je Einzelstück) | |
| Gold-, Silber-, Schmucksachen | unverschlossen | 1 500 DM je Einzelstück, insgesamt 20 000 DM (einschl. Entschädigung für Pelze) | 20 000 DM (einschl. Entschädigung für Pelze) |
| | unter Möbelverschluß | 20 000 DM (einschl. Entschädigung für Pelze) | |

## Gebäude-Feuerversicherung

In weiten Teilen der Bundesrepublik können Gebäude gegen Feuerschäden nur bei öffentlich-rechtlichen Pflicht- oder Monopolanstalten versichert werden. Soweit keine Monopolanstalten bestehen oder als Versicherungsträger vorgeschrieben sind, ist die Gebäude-Feuerversicherung Aufgabe der Sachversicherer; dann gelten die *Allgemeinen Feuerversicherungs-Bedingungen (AFB).*

Durch die Gebäude-Feuerversicherung werden Schäden abgedeckt, die durch Brand, Blitzschlag, Explosion und Anprall oder Absturz eines bemannten Flugkörpers entstehen. Darüber hinaus können je nach Vereinbarung auch andere Aufwendungen, wie z.B. Lösch-, Abbruch- und Aufräumungskosten sowie für einen gewissen Zeitraum Mieteinnahmeverluste bei Wohnhäusern ersetzt werden.

Als Brand gilt ein Feuer, das ohne einen bestimmungsmäßigen Herd entstanden ist oder ihn verlassen hat und sich aus eigener Kraft auszubreiten vermag (Schadenfeuer). Sengschäden, die nicht durch einen Brand entstanden sind, sowie Schäden, die an den versicherten Schaden dadurch entstehen, daß sie einem Nutzfeuer oder der Wärme zur Bearbeitung (Rösten, Kochen, Braten, Trocknen, Plätten) ausgesetzt werden, fallen nicht unter den Versicherungsschutz.

Die Beantragung der Gebäude-Feuerversicherung sollte möglichst bei Baubeginn, spätestens jedoch nach Abschluß des Rohbaues erfolgen. Der Nachweis einer Gebäude-Feuerversicherung wird insbesondere von den an der Baufinanzierung beteiligten Darlehensgebern verlangt. Damit soll sichergestellt werden, daß der durch sie beliehene Vermögenswert auch dann noch vorhanden ist, wenn das Gebäude einmal abbrennen oder sonstwie zerstört werden sollte.

Der Wert des Gebäudes wird an Hand von Kostenvoranschlägen bzw. Abrechnungssummen vereinbart oder von amtlichen Schätzern festgestellt. Die Berechnungsgrundlage für die Prämie ist der Gebäudewert von 1914. Für die Entschädigung gilt der jeweilige auf das Basisjahr 1914 bezogene Baukostenindex (gleitende Versicherungssumme).

Wegen der relativ geringen Prämien sollte man es vermeiden, die Versicherungssumme zu niedrig anzusetzen. Beträgt z.B. die Versicherungssumme eines Gebäudes nur ein Drittel seines Wertes, so wird jeder Schaden an diesem Gebäude auch nur bis zu einem Drittel ersetzt. Der Versicherungsschutz kann sich z.B. auch dadurch vermindern, daß werterhöhende Einbauten oder Anbauten nicht angemeldet wurden.

Bei verschiedenen Versicherungsanstalten ist gegen Prämienzuschlag eine Erhöhung der Versicherungssumme möglich. Bei Wohngebäuden und ähnlichen Gebäuden sind bei Abschluß eines 10-Jahres-Vertrages die ersten 6 Monate der Versicherung beitragsfrei (Rohbauversicherung).

## Gebäude-Feuerversicherung im Industriebereich

Bei der Industrie-Feuerversicherung gelten andere Maßstäbe als bei der allgemeinen Gebäude-Feuerversicherung (Wohngebäude, Bürobauten, öffentliche Gebäude).

Zunächst werden Industriebauten in Abhängigkeit von ihrer Feuerwiderstandsklasse eingestuft. Für besonders feuerbeständige Bauarten gibt es Ermäßigungen auf die Grundprämie, für ungünstigere Bauarten dagegen Erhöhungen, die bis zu 100 % der Grundprämie betragen können. Bei Gebäuden mit besonderer Gefährdung werden ebenfalls Zuschläge auf die Grundprämie erhoben.

Beim Vorhandensein besonderer Umstände und Vorkehrungen, die sich im Brandfalle günstig auswirken, werden Prämienrabatte eingeräumt. Dazu gehören beispielsweise:

- eine eigene Werksfeuerwehr oder eine Berufsfeuerwehr im Nahbereich;
- automatische Feuermeldeanlagen;
- selbsttätig einsetzende Feuerlöschanlagen ($CO_2$-, Sprinkler-, Sprühwasser- und Pulverlöschanlagen);
- automatische Rauch- und Wärmeabzugsanlagen.

Beim Zusammenwirken mehrerer dieser Schutzsysteme kann ein Prämienrabatt bis zu 70 % erreicht werden, besonders wenn noch ein mehrjähriger guter Schadensverlauf hinzu kommt. Die Investitionskosten für zusätzliche Brandschutzsysteme können infolge des Prämienrabattes in wenigen Jahren amortisiert werden.

## Sturmversicherung

Für die Einzelversicherung, die nur Sturmschäden betrifft, gelten die *Allgemeinen Bedingungen für die Versicherung gegen Sturmschaden (AStB).*

Bei jedem Schadensfall trägt der Versicherungsnehmer den vertraglich vereinbarten Selbstbehalt je Gebäude, das sind DM 80,– bei der Wohngebäudeversicherung, DM 200,– bei der reinen Sturmversicherung.

Versichert sind die im Versicherungsschein aufgeführten Sachen. Gebäude sind mit ihren Bestandteilen aber ohne Zubehör versichert.

Der Versicherer leistet nach dem Eintritt des Versicherungsfalles Entschädigung für versicherte Sachen, die mittelbar oder unmittelbar durch Sturm zerstört oder beschädigt wurden. Dazu gehören auch Schäden durch Bäume oder sonstige Gegenstände, die der Sturm auf das versicherte Gebäude wirft sowie Schäden, die eindringende Niederschläge anrichten, wenn der Sturm z.B. das Dach abgedeckt oder Fensterscheiben eingedrückt hat.

Gegen zusätzlichen Beitrag versicherbar sind:

- Schaufenster, künstlerisch bearbeitete Scheiben und normale Scheiben in einer Einzelgröße von mehr als 3 $m^2$ einschließlich der dazugehörigen Rahmen und Profile;
- an der Außenseite des Gebäudes angebrachte Schilder, Leuchtröhrenanlagen, Markisen, Blendläden, Antennenanlagen und elektrische Freileitungen einschließlich Ständern und Masten sowie Einfriedungen.

Als Sturm gilt eine wetterbedingte Luftbewegung von mindestens Windstärke 8.

In der *Beaufort-Skala* werden die Windstärken wie folgt beschrieben:

8 = Stürmischer Wind, bricht Zweige von Bäumen; Windgeschwindigkeit 62 bis 74 km/h.
9 = Sturm, verursacht kleinere Schäden an Häusern, Dachziegel werden abgeworfen; Windgeschwindigkeit 75 bis 88 km/h.
10 = Schwerer Sturm, entwurzelt Bäume und verursacht bedeutende Schäden an Häusern, Windgeschwindigkeit 89 bis 102 km/h.
11 = Orkanartiger Sturm, verursacht erhebliche Schäden (sehr selten im Binnenland); Windgeschwindigkeit 103 bis 117 km/h.
12 = Orkan, richtet schwerste Verwüstungen an; Windgeschwindigkeit 118 bis 133 km/h.

Nicht versichert sind Schäden, die entstehen

- ▶ vor Bezugsfertigkeit des Gebäudes;
- ▶ durch Sturmflut und Lawinen:

- ▶ durch Regen, Hagel, Schnee oder Schmutz, wenn diese Niederschläge durch unverschlossene oder undichte Türen, Fenster oder sonstige Öffnungen eindringen;
- ▶ durch Brand, Blitzschlag oder Explosion; auch dann nicht, wenn diese als Folge eines Sturmes entstanden sind.

Im Versicherungsfall gilt als Versicherungswert eines Gebäudes der Zeitwert, der sich aus dem ortsüblichen Neubauwert unter Berücksichtigung von Alter und Abnutzung ergibt, es sei denn, es wird im Vertrag Neuwertversicherung vereinbart.

Der Versicherer hat auch die Aufwendungen zu ersetzen, die der Versicherungsnehmer zur Abwendung oder Minderung des Schadens für notwendig gehalten hat, auch wenn diese erfolglos waren.

Der Versicherungsnehmer hat für die Instandhaltung der versicherten Sachen, insbesondere der Dächer und des außen angebrachten Zubehörs zu sorgen.

Daraus ergibt sich der eindeutige Hinweis, daß die Sturmversicherung keine Reparaturversicherung ist. Bei einem schlechten baulichen Zustand wird der Versicherer (bei größeren Schäden, die eingesetzten Sachverständigen) beurteilen, ob der Versicherungsnehmer seine Instandhaltungspflicht eventuell grob fahrlässig verletzt und damit den Versicherungsschutz verwirkt hat.

## Leitungswasser-Versicherung

Als Leitungswasser im Sinne der Versicherungsbedingungen gilt Wasser, das aus den fest verlegten Zu- oder Ableitungsrohren, den sonstigen mit dem Rohrsystem fest verbundenen Einrichtungen der Wasserversorgung oder aus den Anlagen der Warmwasser- oder Dampfheizung bestimmungswidrig ausgetreten ist. Für die Einzelversicherung gelten die *Allgemeinen Bedingungen für die Versicherung gegen Leitungswasserschäden (AWB).*

Die Versicherung von Gebäuden schließt ein:

- innerhalb der Gebäude Schäden durch Rohrbruch oder Frost am versicherten Rohrsystem einschließlich der Kosten der Nebenarbeiten und des Auftauens. Weiterhin Schäden durch Frost an Badeeinrichtungen, Waschbecken, Spülklosetts, Wasserhähnen, Geruchverschlüssen, Wasserzählern, Heizkörpern, Heizkesseln, Boilern sowie Sprinkler- oder Berieselungsanlagen.
- außerhalb der versicherten Gebäude Schäden durch Rohrbruch oder Frost einschließlich der Kosten der Nebenarbeiten und des Auftauens an den Zuleitungsrohren der Wasserversorgung und an den Rohren der Warmwasser- oder Dampfheizung, soweit diese Rohre der Versorgung der versicherten Gebäude dienen und sich auf dem Versicherungsgrundstück befinden.
- Entschädigung für versicherte Sachen, die durch Niederreißen oder Ausräumen zerstört oder beschädigt werden oder bei einem der oben genannten Schadensereignisse abhanden kommen.
- Aufwendungen des Versicherungsnehmers zur Abwendung oder Minderung des Schadens.

Ersetzt wird bei zerstörten oder abhanden gekommenen Sachen ihr Versicherungswert; das ist, sofern nichts anderes vereinbart ist, der Zeitwert, der sich aus dem ortsüblichen Neubauwert unter Berücksichtigung von Alter und Abnutzung ergibt. Bei beschädigten Sachen werden die Reparaturkosten vergütet, einschließlich einer durch den Schaden eingetretenen Wertminderung.

Der Versicherungsnehmer ist verpflichtet, für die Instandhaltung der versicherten Anlagen zu sorgen. Bei nichtbenutzten Gebäuden, Gebäudeteilen sowie stillgelegten Anlagen ist die Wasserversorgung abzusperren, zu entleeren und entleert zu halten. In Räumen unter Erdgleiche aufbewahrt versicherte Sachen müssen mindestens 20 cm über dem Fußboden gelagert werden.

Nicht versichert sind:

- ▶ Gebäude, die nicht bezugsfertig sind und die in diesen Gebäuden befindlichen Sachen;
- ▶ Kessel-, Maschinen- und elektrische Kraftanlagen, die gewerblichen Zwecken dienen;
- ▶ EDV-Anlagen;
- ▶ Schäden durch Wasserdampf, durch Plansch- oder Reinigungswasser und durch Wasser aus Sprinklern oder offenen Düsen bei Berieselungsanlagen;
- ▶ Schäden durch Grundwasser, durch stehende oder fließende Gewässer, Hochwasser oder Witterungsniederschläge und den durch sie verursachten Rückstau;
- ▶ Schäden durch Erdsenkung oder Erdrutsch;
- ▶ Schwammschäden;
- ▶ Schäden durch Brand, Blitzschlag oder Explosion, auch dann nicht, wenn der Brand oder die Explosion die Folge von ausgetretenem Leitungswasser ist.

Bei Gebäuden mit Warmwasser-Fußbodenheizung hat der Verband der Sachversicherer seinen Mitgliedsfirmen empfohlen, auf die Leitungswasser-Versicherung Prämienzuschläge bis zu 100 % zu erheben. Als Begründung wird angeführt, daß Bruchschäden an einbetonierten Warmwasserrohren es oft erforderlich machen, große Teile des Fußbodens aufzureißen, bevor der Schaden repariert werden kann.

Die Prämienerhöhung kann gegebenenfalls durch Vorlage einer länger andauernden Gewährleistung des Herstellers der Fußbodenheizung vermieden werden.

## Glasversicherung

In der Hausratversicherung sind auch Schäden bei Glasbruch in dem dort angegebenen Umfang abgedeckt. Bei der Wohngebäude-Versicherung ist eine zusätzliche Glasversicherung erforderlich. Für Glas-Einzelversicherungen gelten die *Allgemeinen Versicherungsbedingungen für Glasversicherung (AGIB).*

Versichert sind die im Versicherungsschein aufgeführten fertig eingesetzten Scheiben; erstattet werden außerdem die Kosten einer etwa erforderlichen Notverglasung. Beschädigungen der Oberfläche, z.B. Schrammen u.ä., sind nicht Gegenstand der Versicherung.

Durch besondere Vereinbarung können auch Ersatz- und Nebenkosten versichert werden, die im Zusammenhang mit dem Glasbruch anfallen.

Bei Mehrfamilien- und Geschäftshäusern kann die durch den Hausbesitzer abzuschließende Glasversicherung auf die Verglasungen der gemeinsam benützten Räume beschränkt werden (Treppenhaus, Keller, Waschküche, Dachboden), da davon ausgegangen werden kann, daß alle übrigen Wohnungen und Geschäfte ihre eigenen Versicherungen haben bzw. für Glasschäden in ihrem Bereich selbst zuständig sind.

Bei der Glasversicherung kann der Versicherungsschutz sehr umfassend sein (Pauschalversicherungen für Normal- und/oder Sonderverglasungen) oder auch nur auf Teilbereiche beschränkt werden (Leuchtröhren, Firmenschilder, Kunststoffscheiben, Bemalungen, Umrahmungen usw.).

Sofern nichts Besonderes vereinbart, sind vom Versicherungsschutz ausgeschlossen:

- ▶ Schäden, die durch Brand, Blitz, Explosion, Lösch- und Rettungsmaßnahmen verursacht werden;

- ▶ Schäden, die entstehen, weil die Scheiben mit lichtundurchlässiger Farbe bestrichen sind;
- ▶ Schäden, die an den versicherten Gegenständen bei oder nach der Entfernung von ihrem bestimmungsmäßigen Platz verursacht werden.

Damit der Versicherungsschutz erhalten bleibt, sind verschiedene Sicherheitsvorschriften einzuhalten:

- Befrorene Scheiben dürfen nicht durch elektrische Heizgeräte oder warmes Wasser abgetaut werden.
- Gasgeräte und elektrische Lampen müssen mindestens 20 cm von den Scheiben entfernt sein.
- Durchzug ist zu vermeiden, gegebenenfalls sind Fenster und Türen gegen Zuschlag zu sichern.

Außerdem sind gefahrenerhöhende Umstände dem Versicherer mitzuteilen, wie z.B. größere Änderungen in der Bausubstanz, gefährdende Bauarten, die Aufstellung von Gerüsten im eigenen und im benachbarten Bereich, Stillegung von Versicherungsräumen oder daran anschließenden Räumen.

Zur Demonstration des Versicherungsumfanges werden nachstehend Angaben gebracht, die wörtlich einem Versicherungsprospekt entnommen sind:

„Es können in der Glasversicherung alle Normalscheiben der Innen- und Außenverglasung, die einen festen Bestandteil des Gebäudes bilden, gegen Bruch versichert werden. Dabei spielt es keine Rolle, ob die versicherten Scheiben durch Unvorsichtigkeit des Versicherungsnehmers, seiner Angehörigen oder fremder Personen zu Bruch gegangen sind, ob spielende Kinder, Gewitter oder Sturm oder Hagelschlag die Ursachen waren. Die Glasversicherung übernimmt diesen Schaden. Auch solche Bruchschäden werden ersetzt, die dadurch entstanden sind, daß Steine von den Rädern vorbeifahrender Autos wegschnellen. Desgleichen die bei einem Einbruch oder Einbruchversuch zerstörten Scheiben. Die Glasversicherung bietet Naturalersatz, d.h. der Kunde erhält innerhalb kürzester Zeit anstelle der beschädigten oder zerstörten Scheibe eine Scheibe gleicher Art und Qualität kostenlos eingesetzt. Wenn aus irgend einem Grunde die Ersatzscheibe nicht geliefert werden kann, dann übernimmt der Versicherer zusätzlich auch noch die Kosten für die vorübergehend erforderliche Notverglasung".

## Einbruchdiebstahl-Versicherung

Zur Abgrenzung der Versicherungsleistungen bei Einbruchdiebstählen haben die Versicherer auf das Risiko abgestimmte Höchstentschädigungsgrenzen eingeführt; darüber hinaus werden oft noch zusätzliche Sicherungsmaßnahmen verlangt. Die Einbruchdiebstahl-Versicherung unterscheidet sich von den Sachversicherungen ganz wesentlich. Während letztere Schutz gegen die Folgen rein zufallsbedingter Ereignisse bieten, befaßt sich die Einbruchdiebstahlversicherung ausschließlich mit kriminellen Aktivitäten gegen das Eigentum, also mit (meist) vorsätzlichen Handlungen.

Einbruchversicherung und Sicherheitsmaßnahmen bilden dann ein Schutzsystem mit dem Grundsatz: Erst sichern, dann versichern.

Für Wohnungen und Einfamilienhäuser ist der Schutz gegen Einbruchdiebstahl in der Hausratversicherung enthalten. Für die sonst notwendigen Einzelversicherungen gelten die *Allgemeinen Einbruchdiebstahlversicherungs-Bedingungen (AEB).*

Versicherungsschutz besteht gegen Schäden durch Einbruchdiebstahl (also nicht durch einfachen Diebstahl), bei der Hausratversicherung auch gegen Beraubung.

Einbruchdiebstahl im Sinne der Versicherungsbedingungen liegt vor,

- wenn ein Dieb in ein Gebäude (oder einen Raum) einbricht, einsteigt oder mittels falscher Schlüssel oder unter Benutzung von Werkzeugen eindringt;
- wenn ein Dieb zum Öffnen von Türen oder Behältnissen falsche Schlüssel oder Brechwerkzeuge verwendet;
- wenn der Diebstahl in einem Gebäude (oder in einem Raum) begangen wird, in das sich der Dieb unberechtigt eingeschlichen hat und verborgen hält;
- wenn der Diebstahl unter Anwendung der richtigen Schlüssel ausgeführt wird, sofern der Dieb diese durch Diebstahl, Beraubung oder räuberische Erpressung an sich gebracht hat.

Der Versicherer ersetzt den Wert der durch den Einbruchdiebstahl entwendeten oder beim Einbruch zerstörten sowie die Wertminderung der dabei beschädigten Sachen. Ersetzt werden auch Aufwendungen des Versicherungsnehmers zur Abwendung des Einbruchdiebstahls.

Für weitere Schäden, insbesondere für entgangenen Gewinn und Aufräumungskosten, haftet der Versicherer nur, wenn dies besonders vereinbart ist.

In den umfangreichen Bedingungen wird weiterhin ausgeführt:

- Die Versicherung darf nicht zu einer Bereicherung führen.
- Gefahrenerhöhungen sind nicht statthaft, wie z.B. Beseitigung oder Verminderung von mechanischen oder elektrischen Sicherungen.
- Im Versicherungsfall kann jede Partei verlangen, daß die Höhe des Schadens durch Sachverständige festgestellt wird.

Besonders zu beachten sind die Angaben über den Ersatzwert und die Versicherungsräumlichkeiten.

Soweit nichts anderes vereinbart ist, sind nur die dem Versicherungsnehmer gehörigen Sachen versichert, ebenso diejenigen, die er unter Eigentumsvorbehalt erworben hat. Bargeld, Wertpapiere, Sparkassenbücher, Urkunden. Schmuck usw. sind nur versichert, wenn sie in verschlossenen und gegen Wegnahme gesicherten Behältnissen aufbewahrt werden.

Versicherungsschutz tritt ein, wenn diese Behältnisse erbrochen oder durch falsche Schlüssel geöffnet werden. Über Wertpapiere, Urkunden und Sammlungen, die insgesamt den Wert von DM 3 000,– übersteigen, hat der Versicherungsnehmer ein Verzeichnis zu führen und gesondert unter Verschluß aufzubewahren.

Der Versicherer haftet nicht

- ▶ für Schäden die beim Einbruch durch Brand oder Explosion entstehen. Bei Anwendung von Sprengmitteln haftet er jedoch für den Schaden an Geldschränken und Stahlkammern und ihren Inhalt;
- ▶ für Einbruchdiebstahlschäden, die von einer in häuslicher Gemeinschaft mit dem Versicherungsnehmer lebenden oder bei diesem wohnenden Person vorsätzlich herbeigeführt werden;
- ▶ bei Geschäften für Schäden, die durch einen Angestellten vorsätzlich herbeigeführt werden, es sei denn, der Versicherungsnehmer weist nach, daß der Angestellte den Diebstahl außerhalb der Geschäftszeit begangen hat.

## Bauwesen-Versicherung

In der Bauwesen-Versicherung, neuerdings auch Bauleistungs-Versicherung genannt, werden Sachleistungen ohne Rücksicht darauf unter Versicherungsschutz gestellt, ob der abgedeckte Schaden vom Bauherrn selbst oder von einem der übrigen am Bau Beteiligten verursacht wurde. Für die Ersatzleistung ist also nicht das Verschuldungsprinzip maßgebend, sondern die Tatsache, daß durch ein unvorhergesehenes Ereignis die Bauleistung zerstört oder beschädigt wurde.

Dem Versicherungsvertrag liegen die *Allgemeinen Bedingungen für die Bauwesenversicherung von Gebäudeneubauten durch Auftraggeber (ABM)* zugrunde.

Die Versicherung beginnt in der Regel mit dem vereinbarten Zeitpunkt – meist Baubeginn – und endet mit der Fertigstellung bzw. dem Bezug des Gebäudes. Die Prämie für die Bauwesen-Versicherung gehört zu den Baukosten.

Als Versicherungssumme gilt zunächst die veranschlagte Summe aller Bauleistungen für den Roh- und Ausbau ohne die Grundstücks- und Erschließungskosten sowie die Kosten für einige Außenanlagen. Für die endgültige Prämienabrechnung gilt die wirkliche Schlußabrechnungssumme. Dadurch besteht keine Gefahr einer Unterversicherung.

Im Hochbau wird die Prämie beeinflußt durch Konstruktion, Art und Umfang des Ausbaues und die Gründungsart. Z.B. ist es ein Unterschied, ob Streifen- und Einzelfundamente oder Pfahlgründung, Baugrubenverbau, Wasserhaltung und wasserdruckhaltende Dichtung vorgesehen sind.

Bauwesen-Versicherungen werden meist für ein bestimmtes Bauvorhaben als Einzelversicherung abgeschlossen. Bauunternehmer, Wohnungsbaugesellschaften oder sonstige Bauträger haben die Möglichkeit der Versicherung ihres gesamten jährlichen Bauvolumens.

Die Bauwesen-Versicherung ist eine sehr schadenträchtige Sparte, weshalb grundsätzlich eine prozentuale Selbstbeteiligung, in der Regel von 10 oder 20 % und ein im Einzelfall zu vereinbarender Mindestselbstbehalt vorgesehen ist, z.B. 10 %, mindestens DM 500,–.

Durch die Selbstbeteiligung soll beiden Vertragspartnern auch unproduktive Verwaltungsarbeit im Bereich der Kleinschäden erspart werden. Auf die Selbstbeteiligung wird bei manchen Versicherungen gegen Beitragszuschlag verzichtet.

Der Versicherungsschutz erstreckt sich auf Beschädigungen oder Zerstörung von Bauleistungen durch unvorhergesehene Ereignisse während der Bauzeit, insbesondere durch die unmittelbare Wirkung oder Folge nachstehender Ursachen:

- Überschwemmung, Sturm, Hagel, Blitzschlag, Frost und sonstige Elementarereignisse,
- Ungeschicklichkeit, Fahrlässigkeit, Böswilligkeit,
- mangelnde Bauaufsicht, Fehler bei der Bauausführung.

Sofern die Mitversicherung vereinbart ist, weiterhin auf

- Diebstahl von mit dem Gebäude fest verbundenen Bestandteilen,
- Brand und Explosion.

Dabei werden alle Kosten übernommen, die notwendig sind, um die beschädigte oder zerstörte Bauleistung nochmals auszuführen.

Bei Fertighäusern sind nur die Fundamente und der Keller versichert. Für Schäden an der Oberkonstruktion (Fertighausbauteile) besteht kein Versicherungsschutz (Klausel 69).

Eine Bauwesen-Versicherung ist auch dann von Bedeutung, wenn z.B. ein Unternehmer die Beschädigung oder Zerstörung zwar zu vertreten hat, sie aber wegen Konkurses nicht beheben kann.

Nach der Verdingungsordnung für Bauleistungen (VOB Teil B, § 7) trägt der Bauherr die Gefahr für Schäden durch höhere Gewalt, unabwendbare Ereignisse und aus unbekannten Eigenschaften von Grund und Boden. Außerdem hat der Bauherr für Beschädigungen oder Zerstörungen an bereits abgenommenen Teilleistungen aufzukommen, wie z.B. Beschädigungen oder Diebstahl eingebauter sanitärer Einrichtungen, Zertrümmerung der Verglasungen, Zerstörungen des Ausbaues usw.

Es erscheint deshalb gerechtfertigt, die Prämie für die Bauwesen-Versicherung auf die Unternehmer umzulegen. Der Architekt sollte dies bereits bei den Ausschreibungen berücksichtigen, z.B. mit folgendem Hinweis:

„Der Auftraggeber hat für dieses Bauvorhaben eine Bauwesen-Versicherung abgeschlossen. Die Prämie wird anteilig entsprechend der Höhe des jeweiligen Auftrages auf die Auftragnehmer umgelegt, da ein wesentlicher Teil ihres Wagnisses durch diesen Versicherungsschutz gedeckt ist. Bei DM 1 000.– Auftragshöhe beträgt der Unternehmeranteil ca. DM ......"

Der Unternehmer kann dann bei seiner Kalkulation auf einen Teil seines Wagnis-Zuschlages verzichten.

Anhand von Schadensbeispielen, die Versicherungsunterlagen entnommen wurden, soll der Schutzumfang der Bauwesen-Versicherung verdeutlicht werden.

- Eine fertig ausgehobene Baugrube wurde durch wolkenbruchartige Regenfälle überflutet, dabei wurden auch große Mengen von Aushubmaterialien in die Baugrube gespült.
- Durch orkanartige Stürme wurde der frisch aufgeschlagene Dachstuhl abgehoben, wobei auch Schäden an den Umfassungs- und Zwischenwänden entstanden.
- Bereits beim Rohbau zeigten sich erhebliche Setzungsrisse, deren Ursache in einer Torflinse zu suchen waren, die man trotz vorausgehender Bodenuntersuchung nicht erkannt hatte.
- Ungefugte drangen gewaltsam in einen nahezu vollendeten Neubau ein, zerstörten den frisch eingebrachten Estrich und zerschlugen den Großteil der sanitären Einrichtungen.
- Aus einem Neubau wurden eingebaute Heizkörper und Teile der Heizungsanlage gestohlen.
- Unachtsame Bauarbeiter beschädigten die Badezimmereinrichtung; die Schuldigen waren jedoch nicht zu ermitteln.
- Am Wochenende zertrümmerten spielende Kinder die Fensterscheiben.

Als wesentliche Ausschlüsse werden in den Versicherungsunterlagen genannt:

- ▶ Schäden durch normale Witterungseinflüsse, mit denen wegen der Jahreszeit und der örtlichen Verhältnisse gerechnet werden muß; Versicherungsschutz besteht jedoch, wenn der Witterungsschaden infolge eines anderen versicherten Schadens entstanden ist;
- ▶ Mängel der versicherten Bauleistungen;
- ▶ Schäden aus Grund und Boden sowie aus Grundwasser, die durch einen Verstoß gegen die anerkannten Regeln der Technik entstanden sind;
- ▶ Bauleistungen nach Verfahren, die bei der Erprobung durch die zuständige Materialprüfstelle oder die Bauaufsicht beanstandet worden sind;
- ▶ Haftpflichtschäden;
- ▶ Beseitigung von Verschmutzungen aller Art.

## Bauherren-Haftpflichtversicherung

Bauarbeiten sind immer gefährlich. Die Gefahren beginnen schon vor dem ersten Spatenstich. Sie reichen von der Einrichtung der Baustelle, dem Aufstellen von Baubuden und Geräten, dem Stapeln von Material und dem Absperren des Baugeländes über die Bauausführung bis zu den Aufräumungsarbeiten.

Für die Verkehrssicherungspflicht während der Bauzeit ist in letzter Konsequenz der Bauherr als Veranlasser des Bauvorhabens verantwortlich. Er haftet für alle Gefahren, die von seinem Baugrundstück (Baustelle) ausgehen. Dabei interessiert erst in zweiter Linie, daß neben dem Bauherrn auch andere Personen (Architekt, Baufirma) verkehrssicherungspflichtig sind. Dieser Umstand kann sich höchstens im Innenverhältnis zwischen diesen Beteiligten in einer Ausgleichspflicht auswirken. Über die Notwendigkeit einer Bauherren-Haftpflichtversicherung sollten deshalb die Architekten ihre Bauherren hinreichend aufklären.

Versichert sind alle Gefahren, die vom Baugrundstück (Baustelle) ausgehen, und zwar für alle Personen-, Sach- und Vermögensschäden, die Dritten zugefügt werden. Voraussetzung für den Versicherungsschutz ist, daß Planung und Bauleitung (Architekt) sowie die Bauausführung (Bauunternehmer) vergeben sind.

Gegen Zahlung eines Beitragszuschlages wird auch das Risiko aus dem Bauen in Selbsthilfe bzw. Nachbarschaftshilfe übernommen. Haftpflichtansprüche aus Planung, Bauleitung und Bauausführung sind dann mitversichert. Führt nämlich der Bauherr Bauleistungen in eigener Regie aus, so steigert sich sein Risiko erheblich, weil er dann ohne Rücksicht darauf, ob er fachkundig ist oder nicht, zum Unternehmer wird und damit einer höheren Sorgfaltspflicht unterliegt. Die Bauherren-Haftpflichtversicherung schützt auch den Bauherren vor unberechtigten Ansprüchen.

Die nachstehend aufgeführten Beispiele von Schadensfällen stammen aus Unterlagen verschiedener Versicherungsgesellschaften.

- Bei Grabarbeiten wird ein Heizöltank auf einem Nachbargrundstück beschädigt, das Öl fließt zum großen Teil aus. Wegen der Grundwasserreinhaltung sind umfangreiche Maßnahmen erforderlich.
- Ein Bauzaun fällt um und verletzt einen Fußgänger. Von der Krankenkasse werden Bauhandwerker und Bauherrn regreßpflichtig gemacht; beide haften gesamtschuldnerisch.
- Bei einem an der Straße stehenden Neubau wurde bei Ausführung der Dachdeckerarbeiten ein Passant durch einen herabfallenden Dachziegel erheblich verletzt. Da weder der Bürgersteig gesperrt war noch die Passanten auf die Gefahr hingewiesen wurden, ist auch der Bauherr, dem die ungenügende Sicherung der Baustelle bekannt war, zum Schadensersatz herangezogen worden.
- Nach Feierabend werden an der Baustelle auf dem unbeleuchteten Gehweg Steine abgeladen. Eine Person stürzt darüber und verletzt sich erheblich.
- Bei einer vom Bauherrn veranlaßten Besichtigung der halbfertigen Wohnung mit einem Mieter stürzte dieser vom Balkon, der noch nicht genügend gesichert war.
- Bei einer Hangbebauung rutscht das Gelände ab und verschüttet die vorbeiführende Straße.
- Ein Handwerker verursacht einen Sachschaden, kann ihn aber nicht bezahlen und hat selbst keine Haftpflichtversicherung. Der Geschädigte hält sich an den Bauherrn.
- Ein überraschender Wassereinbruch in der eigenen Baugrube verursacht Setzungen bei Nachbargebäuden.
- Mieter erheben Schadenersatzansprüche gegen den Bauherrn, weil sie beim Beziehen von Neubauwohnungen oder bei Umbauarbeiten Schäden erlitten haben (abgestelltes Baumaterial in Treppenhäusern, Fehlen von Geländern und Beleuchtungen, mangelhafte Verbindungswege zwischen Haus und Straße).

Ausgeschlossen vom Versicherungsschutz sind alle Schäden am eigenen Bauwerk, an geliehenen oder gemieteten Sachen und alle Schäden, die Verwandte des Versicherungsnehmers betreffen. Kein Versicherungsschutz besteht ferner gegen Haftpflichtansprüche aus Sachschaden, welcher entsteht durch allmähliche Einwirkung der Temperatur, von Gasen, Dämpfen oder Feuchtigkeit, von Niederschlägen (Rauch, Ruß, Staub), ferner durch Abwässer, Senkungen von Grundstücken, Erschütterungen infolge Rammarbeiten, Überschwemmungen stehender oder fließender Gewässer sowie durch Veränderungen der Grundwasserverhältnisse.

Die Bauherren-Haftpflichtversicherung gilt für die Dauer der Bauzeit. Aus Gründen der Vereinfachung wird sie häufig mit der Bauwesen-Versicherung in einer gemeinsamen Police zusammengefaßt.

## Haus- und Grundbesitzer-Haftpflichtversicherung

Diese Haftpflichtversicherung ist bei einem Zwei- oder Mehrfamilienhaus notwendig. Bei einem Einfamilienhaus ist die Haftpflicht im Rahmen der Privat-Haftpflichtversicherung mitversichert.

In Wahrnehmung der Verkehrssicherungspflicht hat jeder, der eine Gefahrenquelle schafft, auch die notwendigen Vorkehrungen zu treffen, um drohende Gefahren von seinen Mitmenschen abzuwenden. Eine Gefahrenquelle schafft man schon damit, daß man sein Grundstück dem allgemeinen Verkehr zugänglich macht.

Bei Verletzung der gesetzlichen Sorgfaltspflichten ist der Hausbesitzer für alle Personen- und Sachschäden haftpflichtig, die Dritten zugefügt werden.

Versicherungsschutz besteht, wenn der Versicherte aufgrund gesetzlicher Haftbestimmungen von einem Dritten auf Schadenersatz in Anspruch genommen wird. Dabei ist es gleichgültig, ob er Eigentümer, Nießbraucher, Pächter oder Mieter des Grundstücks oder Gebäudes ist.

Bei Durchführung von Bauarbeiten besteht auch Schutz gegen Haftpflicht-Ansprüche als Bauherr, wenn die Baukosten im Einzelfall DM 20 000,– (bei manchen Versicherern DM 10 000,–) nicht überschreiten. Sind sie höher, ist der Abschluß einer gesonderten Bauherren-Haftpflichtversicherung erforderlich.

Der Beitrag für die Haftpflichtversicherung richtet sich nach dem Brutto-Jahresmietwert einschließlich dem Wert der vom Versicherungsnehmer selbst genutzten Wohnung. Durch Beitragszuschlag können auch Haftpflichtansprüche wegen Sachschäden, die durch häusliche Abwässer oder infolge Rückstau im Straßenkanal entstehen, mitversichert werden.

Unterhält der Hausbesitzer auf seinem Grundstück Betriebsräume, so ist hierfür eine besondere Berufs- oder Betriebs-Haftpflichtversicherung notwendig.

Nachstehend einige typische Beispiele von versicherten Schadensfällen, entnommen aus Unterlagen der Versicherer:

- Bei Glatteis wurde nicht rechtzeitig gestreut. Ein Fußgänger stürzte und verletzte sich erheblich.
- Schnee rutscht vom Dach, da die nötigen Sicherheitsvorkehrungen fehlten; ein vorbeigehender Fußgänger kam zu Schaden.
- Durch herabfallende Fassaden-Verkleidungen, eingedrückte Fensterscheiben usw. erlitten Personen oder Fahrzeuge Schäden.
- Ein herabfallender Dachziegel beschädigte ein vor dem Anwesen parkendes Auto. Der Hausbesitzer hatte es versäumt, rechtzeitig Ausbesserungsarbeiten am Dach vornehmen zu lassen.

– Fehlende oder mangelhafte Sicherungen an Kellerabgängen, Schwimmbecken, Luken, Schächten und Gruben führten zu Sturzunfällen.
– Infolge schlechter Beleuchtung stürzte ein Mieter im Hausflur und erlitte schwere Verletzungen.
– Schadhafte Treppenstufen, mangelhafte Treppengeländer, wegrutschende Fußabstreifer waren Ursachen von Sturzunfällen.

Vom Versicherungsschutz ausgeschlossen sind alle Schäden, die man sich selbst zufügt (Eigenschäden) und Schäden, die man anderen mit Vorsatz zufügt, weiterhin alle Schäden, die Verwandte des Versicherungsnehmers erleiden. Kein Versicherungsschutz besteht ferner gegen Haftpflichtansprüche aus Sachschaden, welcher entsteht durch allmähliche Einwirkung der Temperatur, von Gasen, Dämpfen oder Feuchtigkeit, von Niederschlägen (Rauch, Ruß, Staub), ferner durch Abwässer, Schwammbildung sowie durch Überschwemmungen stehender oder fließender Gewässer.

Damit sind praktisch auch alle Schäden gemeint, die aufgrund natürlicher Alterung an Gebäuden entstehen.

Eine Haus-Haftpflichtversicherung sollte so rechtzeitig abgeschlossen werden, daß sie sich bei Neubauten nahtlos an die auslaufende Bauherren-Haftpflichtversicherung anschließt.

Ein Hausbesitzer sollte bei seinen Mietern auf den Abschluß von Privat-Haftpflichtversicherungen drängen. Sofern die Mieter aufgrund der Vereinbarungen im Mietvertrag die Streu- und Reinigungspflicht des Bürgersteiges durchzuführen haben, sollte dieses Haftpflichtrisiko in den Privatversicherungen der Mieter ausdrücklich benannt sein.

## Privat-Haftpflichtversicherung

Die Privathaftpflicht umfaßt so gut wie alle Risiken, die im Privatbereich denkbar sind. Versichert sind der Versicherungsnehmer, sein Ehegatte und die minderjährigen Kinder sowie die unverheirateten volljährigen Kinder, sofern sie sich noch in der Ausbildung befinden, ebenso die im Haushalt beschäftigten Personen, und zwar für Schäden gegen Dritte aus dieser Tätigkeit.

Eine Privat-Haftpflichtversicherung sollte jeder Haushalt haben, auch wenn keine Kinder da sind, denn keiner ist davor sicher, einem Dritten aus Unachtsamkeit oder ähnlichem einen Schaden zuzufügen.

Bei normalem Umfang des Versicherungsschutzes sind die Gefahren des täglichen Lebens versichert, in der Eigenschaft als

– Familien- und Haushaltsvorstand als Privatperson.
– Mieter oder Eigentümer einer oder mehrerer Wohnungen im In- und Ausland sowie eines inländischen Einfamilien- und Wochenendhauses;
– Vermieter bis zu drei einzelnen Wohnräumen (Untervermietung);
– Bauherr oder Eigenbauunternehmer von Bauarbeiten bis zu einer Bausumme von DM 10 000,– je Bauvorhaben.

Die normale Haftpflichtversicherung kann gegen Zuschläge erweitert werden auf die gesetzliche Haftpflicht als

– Vermieter eines Einfamilien- oder Ferienhauses, einer Wohnung – auch Einliegerwohnung – sowie einer dazugehörigen Garage und als Besitzer eines Bauplatzes bis zu 2 000 $m^2$ im In- oder Ausland;
– Besitzer von Öltanks im Keller auf einem mitversicherten Grundstück.

Außerdem sind alle Personen versichert, die mit dem Versicherungsnehmer in häuslicher Gemeinschaft als Privatpersonen leben (Eltern, Verwandte, Bekannte).

Vom Versicherungsschutz ausgeschlossen sind Ansprüche Angehöriger untereinander sowie Ansprüche bei vorsätzlicher Schädigung.

Der Beitrag für die Privat-Haftpflichtversicherung kann im Rahmen der Vorsorgeaufwendungen bei der Lohn- oder Einkommensteuer abgesetzt werden.

Nach Abschluß einer Privat-Haftpflichtversicherung übernimmt der Versicherer folgende Leistungen:

– Verhandlungen mit dem Geschädigten im Auftrag des Versicherungsnehmers;
– Bezahlung berechtigter Ansprüche;
– Abwehr unberechtigter Ansprüche.

An Schadensbeispielen werden in Versicherungsprospekten genannt:

– wenn im Winter vor dem Hause das Streuen vergessen wird, so daß Passanten stürzen;
– Sachschäden als Mieter, wenn z.B. das Badewasser überläuft und die darunter liegende Wohnung beschädigt wird;
– wenn der Versicherungsnehmer als Fußgänger oder Radfahrer einen Verkehrsunfall verursacht;
– wenn bei anderen mit einer Zigarette ein Loch gebrannt, eine Vase umgeworfen oder Geschirr fallen gelassen wird;
– wenn die eigenen Kinder beim Spielen andere Kinder verletzten;
– wenn Kinder mit dem Ball oder einem Stein eine Scheibe einwerfen.

## Gewässerschaden-Haftpflichtversicherung

Ausgelaufenes Heizöl kann sehr hohe Schäden verursachen. Auch wenn das Öl noch nicht in ein Gewässer oder in das Grundwasser eingedrungen ist, können erhebliche Kosten entstehen, z.B. für Beobachtungsbrunnen, Gutachten, Ausbauen des Tanks, Abtragung von ölverseuchtem Erdreich.

Die gesetzliche Grundlage für den Gewässerschutz ist das *Wasserhaushaltungsgesetz (WHG)*. Darin wird allen, die Gewässer oder Trinkwasser verunreinigen, eine außerordentlich scharfe Haftung auferlegt. Inhaber von Öltanks haften auch ohne Verschulden und in unbegrenzter Höhe.

Wegen dieses hohen Risikos sollten alle vorgeschriebenen Sicherheitsvorkehrungen für Öltanks gewissenhaft eingehalten werden, auch wenn andere (Tankhersteller, Installateur, Heizölhändler) die Ursache für das Auslaufen des Öls zu vertreten haben. Nach dem Gesetz kommt es allein darauf an, daß das Heizöl aus dem Tank des *Inhabers* in das Gewässer gelangt ist und daraus ein Schaden entsteht.

Der Umfang des Versicherungsschutzes ergibt sich aus den *Zusatzbedingungen für die Haftpflichtversicherung gegen Gewässerschäden* und den im Vertrag getroffenen Vereinbarungen.

Übernommen werden auch die Aufwendungen zur Abwendung oder Minderung des Schadens (Rettungskosten), ganz gleich, ob diese Erfolg haben oder nicht. Sie dürfen jedoch zusammen mit der Entschädigungsleistung die Einheitsdeckungssumme nicht übersteigen.

Je nach Abmachung hat der Versicherungsnehmer von jedem Schaden 20 %, höchstens DM 500,–, bei Öltanks, die älter als 5 Jahre sind, höchstens DM 2 000,– selbst zu tragen.

Schadensursachen für ein Leckwerden des Öltanks können sein:

▶ Beschädigungen bei Transport oder Einbau,
▶ Bodensenkungen und Oberflächenbelastungen,
▶ hoher Grundwasserstand oder aggressive Bodenbestandteile,
▶ Rost an Tanks oder Rohren,
▶ Lochfraß im Boden des Tanks, verursacht durch wäßrigen Bodensatz,
▶ Rohrbruch, defekte Dichtungen, Materialfehler.

Vorsicht ist auch bei geschweißten Kellertanks mit ihren recht dünnen Wänden geboten, auch wenn sie allgemein als besonders sichere Lagerbehälter angesehen werden. Wegen der höheren Temperatur kann sich nämlich die Innenkorrosion im Keller rascher ausbreiten. Die vorgeschriebene Auffangwanne (normales Mauerwerk, einfacher Betonboden) bietet keinen absoluten Schutz, da ausgelaufenes Heizöl bereits durch feinste Risse in den Boden gelangen kann.

Vom Versicherungsschutz ausgeschlossen sind Haftpflichtansprüche, die entstehen, wenn der Versicherungsnehmer oder einer der Mitversicherten den Schaden durch vorsätzliches Abweichen von einschlägigen Gesetzen oder Verordnungen herbeigeführt haben.

Wie bereits erwähnt, werden bei Einfamilienhäusern Kellertanks in die erweiterte Privat-Haftpflichtversicherung aufgenommen.

Unterirdische Tanks in Einfamilienhäusern sowie alle Öltanks in Mehrfamilienhäusern erfordern dagegen eine Einzelversicherung.

## Architekten/Ingenieur-Haftpflichtversicherung

Obwohl keine Pflichtversicherung, ist in den meisten Architektenverträgen der Hinweis auf den Abschluß einer Haftpflichtversicherung enthalten. Oft verlangt auch die Bauaufsicht bei der Bauleitererklärung die Bestätigung, daß der Unterzeichner ausreichend haftpflichtversichert ist.

In den folgenden Ausführungen können für diese vielgestaltige Versicherung nur einige Hinweise gegeben werden. Es wird dringend empfohlen, sich vor Abschluß dieser Berufshaftpflichtversicherung zunächst durch einen unabhängigen Versicherungsfachmann ausreichend aufklären zu lassen. Darüber hinaus können auch die Empfehlungen der Berufsverbände bzw. der Kammern eine wertvolle Hilfe sein.

Versichert ist die gesetzliche Haftpflicht bei der Ausübung der im Versicherungsschein beschriebenen Tätigkeit. Der Versicherungsschutz umfaßt Personenschäden sowie Sach- und Vermögensschäden. Es gelten die *Allgemeinen Versicherungsbedingungen für die Haftpflichtversicherung (AHB)* sofern die *Besonderen Bedingungen für die Berufshaftpflichtversicherung (BHB)* nichts anderes bestimmen. Gemäß den vorliegenden Unterlagen sind darin auch Schäden enthalten, die normal von der Haftpflichtversicherung ausgeschlossen sind, durch die besonderen Bedingungen für Architekten aber ausdrücklich mitversichert werden, wie z.B. Schäden durch

- allmähliche Senkungen, Erdrutschungen
- Eindringen von Feuchtigkeit,
- Temperatur, Abwässer, Niederschläge,
- Erschütterungen infolge Rammarbeiten,
- Unterfangen oder Unterfahren von Gebäuden,
- die berufliche Tätigkeit an oder mit fremden Sachen.

Der Versicherungsschutz umfaßt Verstöße (Verstoß ist das ursächliche Ereignis, das den Schaden herbeiführt), die zwischen Beginn und Ablauf des Versicherungsvertrages begangen wurden, sofern sie dem Versicherer nicht später als 5 Jahre nach Ablauf des Vertrages gemeldet werden. Beim erstmaligen Abschluß einer Berufshaftpflichtversicherung erstreckt sich der Versicherungsschutz auch auf solche Verstöße, die innerhalb eines Jahres vor Beginn des Versicherungsvertrages begangen wurden, wenn sie dem Versicherungsnehmer bis zum Vertragsabschluß nicht bekannt waren (Rückwärtsversicherung). Als bekannt gilt ein Verstoß auch dann, wenn er auf einem Vorkommnis beruht, daß der Versicherungsnehmer als Fehler erkannt hat oder das ihm gegenüber als Fehler bezeichnet wurde, auch wenn noch keine Schadensersatzansprüche erhoben oder angedroht wurden.

Die Versicherungssumme bildet bei jedem Verstoß die Höchstgrenze. Der Verstoß kann auch in einer Unterlassung bestehen, wenn nach den Umständen ein Einschreiten oder Tätigwerden erforderlich gewesen wäre. Die Versicherungssummen stehen nur einmal zur Verfügung,

- wenn mehrere auf gemeinsamer Fehlerquelle beruhende Verstöße zu Schäden an einem oder mehreren Bauwerken führen, auch wenn diese Bauwerke nicht zum selben Bauvorhaben gehören;
- wenn mehrere Verstöße zu einem einheitlichen Schaden führen;
- gegenüber mehreren entschädigungspflichtigen Personen (Partner einer Gemeinschaft, für die ein einheitlicher Versicherungsvertrag besteht), auf die sich der Versicherungsschutz bezieht.

Ausgeschlossen sind Ansprüche wegen Schäden aus

- ▶ der Überschreitung der Bauzeit sowie der Nichteinhaltung von Fristen und Terminen;
- ▶ der Verletzung von Schutz- und Urheberrechten;
- ▶ dem Abhandenkommen von Sachen, einschließlich Geld, Wertpapieren und Wertsachen;
- ▶ der Vermittlung von Geld-, Kredit-, Grundstücks- oder ähnlichen Geschäften sowie aus der Vertretung bei solchen Geschäften;
- ▶ Zahlungsvorgängen aller Art.

Ausgeschlossen sind weiterhin Haftpflichtansprüche, die sich aus einer bewußten Übertretung von Gesetzen und Verordnungen ergeben, wie z.B. der Verstoß gegen eine Bauauflage.

Keinen Versicherungsschutz genießt auch der Architekt, der als Generalunternehmer im Auftrage des Bauherrn die Lieferung schlüsselfertiger Häuser übernimmt.

Beim sogenannten Jahresvertrag errechnet sich die Höhe der Jahresprämie aus dem Grundbeitrag für den Büroinhaber bzw. die Partner sowie der Brutto-Jahreslohnsumme aller Angestellten. Die Prämien sind weiterhin abhängig von der Höhe der vereinbarten Deckungssumme. Es besteht aber auch die Möglichkeit, sowohl umsatzgebundene Versicherungen als auch reine Objektversicherungen abzuschließen.

Man sollte eine Deckungssumme vereinbaren, die einen vernünftigen Mittelweg zwischen dem tatsächlichen Risiko und wirtschaftlich vertretbaren Prämien darstellt. Die Leistungspflicht des Versicherers umfaßt zunächst die Prüfung der Haftpflichtfrage. Vom Ergebnis dieser Prüfung hängt ab, ob der Versicherer nunmehr an den Dritten Ersatz leisten oder seinen Versicherungsnehmer gegen die seiner Meinung nach unberechtigten Ansprüche in Schutz nehmen muß.

## Rechtsschutz-Versicherung

Rechtsschutz-Versicherungen gibt es für viele Bereiche; hier interessiert der Rechtsschutz für Grundstückseigentum und Miete. Es gelten die *Allgemeinen Bedingungen für die Rechtsschutzversicherung (ARB 75)* sowie die im Versicherungsvertrag getroffenen besonderen Vereinbarungen.

Im Rahmen des Rechtsschutzes für Grundstückeigentum und Miete wird Versicherungsschutz für die Wahrnehmung rechtlicher Interessen aus Miet- und Pachtverhältnissen und aus dinglichen Rechten gewährt, und zwar jeweils für den Versicherungsnehmer in seiner Eigenschaft als Eigentümer, Vermieter, Verpächter, Mieter, Pächter oder dinglich Nutzungsberechtigter eines im Versicherungsschein bezeichneten Grundstückes, Gebäudes oder Gebäudeteiles.

Der Versicherungsschutz besteht beim Rechtsschutz für Grundstückseigentum und Miete nur für Versicherungsfälle, die nach Ablauf der Wartezeit von 3 Monaten eingetreten sind. Der Grundstücks- und Mietrechtsschutz gilt in ganz Europa und in den Mittelmeer-Anliegerstaaten.

Ist der Versicherer der Auffassung, daß die Wahrnehmung der rechtlichen Interessen des Versicherungsnehmers keine hinreichende Aussicht auf Erfolg bietet oder mutwillig erscheint, so kann er seine Leistungspflicht verneinen. Dies hat er dem Versicherungsnehmer unter Angabe von Gründen unverzüglich schriftlich mitzuteilen. Ist dagegen der Versicherungsnehmer anderer Auffassung, so kann er auf Kosten des Versicherers einen Anwalt seines Vertrauens einschalten, der entscheidet, ob die Wahrnehmung der Interessen seines Klienten notwendig ist. Diese Entscheidung ist für beide Teile bindend.

Die Rechtsschutz-Versicherung trägt bei angenommenen Versicherungsfällen folgende Kosten in allen Instanzen:

- Anwaltgebühren (bei freier Wahl des Anwaltes),
- Gerichtskosten und Zeugengebühren,
- Kosten des gerichtlich bestellten Gutachters,
- Kosten der Zwangsvollstreckung,
- Kosten der Gegenseite, soweit der Versicherungsnehmer diese zu tragen hat,
- Kautionsstellung bei Strafverfahren im Ausland.

Für die Leistungen des Versicherers bildet die vereinbarte Versicherungssumme die Höchstgrenze bei jedem Versicherungsfall, wobei die Leistungen für den Versicherungsnehmer und für die mitversicherten Personen zusammengerechnet werden. Das gleiche gilt für Leistungen aufgrund mehrerer Versicherungsfälle, die zeitlich und ursächlich zusammenhängen.

Zur Verdeutlichung einige Beispiele aus der Praxis, die Versicherungsunterlagen entnommen wurden:

- Streitigkeiten mit den Nachbarn, sei es, daß eigene Rechte geltend gemacht oder Ansprüche der Nachbarn abgewehrt werden müssen.
- Bei Bepflanzungen an der Nachbargrenze werden die vorgeschriebenen Abstände nicht eingehalten.
- Räumungsklage für eine Wohnung wegen eines inzwischen entstandenen Eigenbedarfs.
- Streit zwischen dem Vermieter und den Mietern, die mit der Mieterhöhung und anderen Forderungen nicht einverstanden sind.
- Streit wegen einer Abfindung für die Modernisierung von Küche und Bad.
- Streit wegen einer Mieterhöhung nach Einbau einer Zentralheizung.
- Unterlassene Renovierung der Wohnung durch den Mieter bei seinem Auszug trotz entsprechender vertraglicher Regelung.
- Ansprüche von Mietern gegen ihren Vermieter, der aber die Befriedigung dieser Ansprüche ablehnt.
- Ruhestörender Lärm oder zu lautes Musizieren aus dem Nachbarhaus oder der Nachbarwohnung.

Der Versicherungsschutz bezieht sich nicht auf die Wahrnehmung rechtlicher Interessen

- ▶ aus Bürgschafts-, Garantie-, Schuldübernahme- und Versicherungsverträgen aller Art;
- ▶ aus dem Bereich des Familienrechtes und des Erbrechtes;
- ▶ die in unmittelbarem Zusammenhang mit der Planung, Errichtung oder genehmigungspflichtigen baulichen Veränderungen eines im Eigentum oder Besitz des Versicherungsnehmers befindlichen oder von diesem zu erwerbenden Grundstückes, Gebäudes oder Gebäudeteiles stehen;
- ▶ aus dem Bereich des Steuer- und sonstigen Abgaberechtes;
- ▶ im Zusammenhang mit Planfeststellungs-, Flurbereinigungs-, Umlegungs-, und Enteignungsangelegenheiten.

## Private Unfallversicherung

In der gesetzlichen Unfallversicherung sind Berufskrankheiten und Arbeitsunfälle versichert; das sind Unfälle die ein Versicherter in ursächlichem Zusammenhang mit seiner beruflichen oder sonstigen versicherten Tätigkeit erleidet.

Seit Frühjahr 1971 besteht außerdem ein gesetzlicher kostenloser Unfall-Versicherungsschutz auch für Kinder, Schüler, Lernende und Studierende. Der Schutz erstreckt sich auf den Aufenthalt im jeweiligen Schulbereich, auf den Hin- und Heimweg sowie die von der Schule ausgehenden Ausflüge und Veranstaltungen.

Weit häufiger als in Beruf und Schule sind aber Unfälle in der Freizeit, zu Hause, auf Reisen, im Straßenverkehr, bei Sport und Spiel. In diesen Fällen hilft nur die private Unfallversicherung, in die neben der Ehefrau auch unbedingt die Kinder einbezogen werden sollten.

Bei Abschluß einer privaten Unfallversicherung gelten die *Allgemeinen Unfallversicherungs-Bedingungen (AUB)*. Die Versicherer gewähren Versicherungsschutz gegen die Folgen der den Versicherten während der Vertragsdauer zustoßenden Unfälle. Die Versicherung umfaßt Unfälle auf der ganzen Erde; somit besteht auch Schutz bei Urlaubsreisen ins Ausland.

Ein Unfall liegt vor, wenn der Versicherte durch ein plötzlich von außen auf seinen Körper einwirkendes Ereignis unfreiwillig eine Gesundheitsschädigung erleidet. Darunter fallen auch Folgeschäden, die durch Kraftanstrengungen, Zerrungen und Verrenkungen an Gliedmaßen und Wirbelsäule entstehen, ebenso durch Wundinfektionen als Folge einer Unfallverletzung.

Wie die Statistik → 179 zeigt, sind im häuslichen Bereich Stürze die weitaus am häufigsten vorkommenden Unfälle. Hier liegt immer ein Unfall im Sinne der Versicherungsbedingungen vor, da der Boden oder die Treppe beim Aufprallen des Versicherten von außen auf seinen Körper einwirkt.

Ausgeschlossen sind Berufs- und Gewerbekrankheiten, Erkrankungen infolge psychischer Einwirkung, Vergiftungen durch Einnahme entsprechender Wirkstoffe und sonstige Infektionskrankheiten, weiterhin Gesundheitsschädigungen durch Licht-, Temperatur- und Witterungseinflüsse.

## Versicherungen für den Grundstücks-, Haus- und Wohnbereich

| Lfd Nr. | Versicherung | Kurzbeschreibung | wann abzuschließen? | Sach Versicherung | Haftpflicht Versicherung | Einmal Versicherung | Dauer Versicherung |
|---|---|---|---|---|---|---|---|
| 1 | Wohngebäude-Versicherung | Nur dort, wo keine öffentlich-rechtlichen Monopolanstalten bestehen[1]. Gleitende Neuwertversicherung gegen Feuer-, Leitungswasser- und Sturmschäden. Verschiedene Zusatzversicherungen sind möglich. | Bei Baubeginn, spätestens nach Rohbaufertigstellung. | ● | | | ● |
| 2 | Hausratversicherung | Umfassende Versicherung gegen Feuer-, Einbruchdiebstahl-, Beraubungs-, Leitungswasser-, Sturm- und Glasbruchschäden. Versicherungshöhe laufend überprüfen, damit keine Unterversicherung. Einschränkungen und Ausnahmen beachten. | Bei Einrichtung eines Haushaltes | ● | | | ● |
| 3 | Gebäude-Feuerversicherung | Meist staatliche Pflichtversicherung, sonst durch die Sachversicherer[1]. Ausreichend hohe Versicherungssummen vereinbaren, da Prämien relativ niedrig. | Bei Baubeginn, spätestens nach Rohbaufertigstellung. | ● | | | ● |
| 4 | Gebäude-Feuerversicherung im Industriebereich | Einstufung der Gebäude nach ihrer Feuerwiderstandsklasse; davon sind die Prämien abhängig. Bei Vorhandensein von Feuerwehr, Feuermelde- und Feuerlöschanlagen sind hohe Prämienrabatte möglich. | Beim Neubau, Ergänzungen bei allen baulichen Erweiterungen und betrieblichen Änderungen. | ● | | | ● |
| 5 | Sturmversicherung | Ab Bezugsfertigkeit des Gebäudes. Leistungsumfang genau abgrenzen. Ausschlüsse beachten. Was wird bereits durch andere Versicherungen abgedeckt? | Vor Gebäudefertigstellung, sonst jederzeit. | ● | | | ● |
| 6 | Leitungswasser-Versicherung | Nur für Schäden durch Wasser aus Rohrleitungssystemen in bezugsfertigen Gebäuden. Die umfangreichen Ausschlüsse sind zu beachten. | Vor Gebäudefertigstellung, sonst jederzeit. | ● | | | ● |
| 7 | Glasversicherung | Pauschal- oder Einzelversicherung gemäß Versicherungsschein. Ausschlüsse und Sicherheitsvorschriften beachten. Gefahrerhöhende Umstände sind zu melden. | Vor Gebäudefertigstellung, sonst jederzeit. | ● | | ● [2] | ● [2] |
| 8 | Einbruchdiebstahl-Versicherung | Auf das Risiko abgestimmte Höchstentschädigungsgrenzen. Besondere Sicherungsmaßnahmen können verlangt werden. Ausschlüsse beachten. | Vor Gebäudenutzung, sonst jederzeit. | ● | | | ● |
| 9 | Bauwesen-Versicherung | Für Sachschäden während der Bauzeit, endet mit Fertigstellung bzw. Bezug des Bauvorhabens. Die Prämie gehört zu den Baukosten. Eine Selbstbeteiligung ist vorgesehen. Ausschlüsse beachten. | Vor Baubeginn | ● [4] | | ● | ○ [3] |
| 10 | Bauherren-Haftpflichtversicherung | Für Gefahren, die von der Baustelle ausgehen. Schutz für Personen-, Sach- und Vermögensschäden, die Dritten zugefügt werden. Ausschlüsse beachten. | Vor Baubeginn | | ● [4] | ● | |
| 11 | Haus- und Grundbesitzer-Haftpflichtversicherung | Für Zwei- oder Mehrfamilienhäuser. Versicherungsschutz, wenn der Eigentümer oder Pächter auf Grund gesetzlicher Haftbestimmungen Schadenersatz zu leisten hat. Zusatzversicherungen sind möglich. Ausschlüsse beachten. | Vor Bezug des Gebäudes, ggf. schon bei Erwerb des Grundstückes. | | ● | | ● |
| 12 | Privat-Haftpflichtversicherung | Umfassende Versicherung gegen die Gefahren des täglichen Lebens. Für Mieter oder Eigentümer von Wohnungen sowie Eigenheimbesitzer. Zusatzversicherungen z. B. für Heizöl-Kellertanks. | Bei Einrichtung eines Haushaltes | | ● | | ● |
| 13 | Gewässerschaden-Haftpflichtversicherung | Einzelversicherung für Öltanks, besonders im Erdreich verlegte. Die gesetzliche Haftung ist hier außerordentlich streng. Eine Selbstbeteiligung ist vorgesehen. | Vor der ersten Tankbefüllung | | ● | | ● |
| 14 | Architekten / Ingenieur-Haftpflichtversicherung | Gesetzliche Haftpflicht (Personen-, Sach- und Vermögensschäden) bei der Ausübung des Berufes. Ausreichende Aufklärung vor Versicherungsabschluß. Zeitliche Regelungen, Einschränkungen und Ausschlüsse beachten. | Bei Beginn der freiberuflichen Tätigkeit | | ● | ○ [5] | ● |
| 15 | Rechtsschutz-Versicherung | Rechtsschutz für Grundstückseigentum und Miete erst nach 3 Monaten Wartezeit. Übernommen werden die Kosten für Rechtsanwalt, Gericht und Gutachter. Klare Abgrenzung ist notwendig. Ausschlüsse beachten. | Bei Beginn von Eigentums- bzw. Mietverhältnissen | | | | ● |
| 16 | Private Unfallversicherung | Versicherungsschutz auf der ganzen Erde bei Unfällen in der Freizeit, zu Hause, auf Reisen, im Straßenverkehr, bei Sport und Spiel. Definition des Unfalles und Ausschlüsse beachten. | Jederzeit, spätestens bei Gründung einer Familie. | | | | ● |

[1] Die örtlich zutreffende Regelung wird als bekannt vorausgesetzt.

[2] Möglich sind „Einmalversicherungen" z. B. für Schaufenster, aber auch Dauerversicherungen für ganze Objekte.

[3] Bauunternehmer und Bauträger können auch ihr jährliches Bauvolumen versichern.

[4] Werden meist zusammen abgeschlossen.

[5] Auch für einzelne Objekte möglich.

# Institute für Brandschutzforschung

In der Bundesrepublik Deutschland befassen sich zur Zeit die nachfolgend aufgeführten Institute mit Forschungsaufgaben des vorbeugenden Brandschutzes.

Forschungsstelle für Brandschutztechnik an der Universität
Karlsruhe (TH)
7500 Karlsruhe 21

Versuchsanstalt für Stahl, Holz und Steine der Universität Karlsruhe (TH)
7500 Karlsruhe 1

Chemisch-Technisches Prüfamt
Dienststelle Karlsruhe
7500 Karlsruhe 1

Landesgewerbeanstalt Bayern
8500 Nürnberg 1

Institut für Holzphysik und mechanische Technologie des Holzes – Bundesforschungsanstalt für Forst- und Holzwirtschaft
2000 Hamburg 80

Physikalisch-Technische Bundesanstalt (PTB)
3300 Braunschweig

Institut für Wärmetechnik der Technischen Universität Clausthal
3392 Clausthal

Hauptstelle für Grubenrettungswesen beim Steinkohlenbergbauverein
4300 Essen-Kray

Versuchsgrubengesellschaft mbH
4600 Dortmund

Institut für Elektrische Nachrichtentechnik der Rheinisch-Westfälischen Technischen Hochschule Aachen
5100 Aachen

Materialprüfamt des Saarlandes
6600 Saarbrücken

Laboratorium für Brandschutztechnik der Schleswig-Holsteinischen Landesbrandkasse
2300 Kiel

Gemäß den bei den einzelnen DIN-Blättern gemachten Angaben werden im bauaufsichtlichen Verfahren zur Zeit nur Prüfberichte oder Prüfzeugnisse der in unten stehender Tabelle genannten Institute anerkannt.

| **Prüfstelle** | | DIN 4102 Brandverhalten von Baustoffen und Bauteilen | | | | | | Bemerkungen |
|---|---|---|---|---|---|---|---|---|
| | | Teil 1 | Teil 2 | Teil 3 | Teil 5 | Teil 6 | Teil 7 | |
| Bundesanstalt für Materialprüfung (BAM) | Unter den Eichen 87<br>1000 Berlin 45 (Dahlem) | ● | ● | ● | ● | | ● | |
| Staatliches Materialprüfungsamt Nordrhein-Westfalen | Marsbruchstraße 186<br>4600 Dortmund 41 (Aplerbeck) | ● 1) | ● | ● | ● | ● | ● | 1) Auch Prüfungen hinsichtlich der Rauchentwicklung |
| Amtliche Forschungs- und Materialprüfungsanstalt für das Bauwesen Universität Stuttgart | Pfaffenwaldring 4<br>7000 Stuttgart 80 (Vaihingen) | ● | ● | ● | ● | ●<br>○ 4) | ● | |
| Institut für Holzforschung Universität München | Winzererstraße 45<br>8000 München 40 | ● 1) | ● | ● | ● | | | |
| Amtliche Materialprüfungsanstalt für das Bauwesen an der Universität Braunschweig | Beethovenstraße 52<br>3300 Braunschweig | | ● | ● | ● | | ● | |
| Staatliche Materialprüfungsanstalt an der TH Darmstadt | Grafenstraße 2<br>6100 Darmstadt | ○ 2) | | | | | | 2) Nur für die Prüfung von Baustoffen der Klasse B2 |
| Rheinisch-Westfälische Technische Hochschule Aachen Medizinische Fakultät Abt. Hygiene | Lochner Straße 4–20<br>5100 Aachen | ○ 3) | | | | | | 3) Nur Prüfung hinsichtlich der Toxizität |
| Institut für Haustechnik der Technischen Universität München | Arcisstraße 21<br>8000 München 2 | | | | | ● | | |
| Forschungsgruppe „Automatische Brandentdeckung" bei der Gesamthochschule Duisburg, Fachbereich 9 | Bismarckstraße 81<br>4100 Duisburg | | | | | ○ 4) | | 4) Für die Prüfung von Auslöseeinrichtungen |
| Verband der Sachversicherer – Schadensverhütung und Technik – | Riehler Straße 36<br>5000 Köln 1 | | | | | ○ 4) | | |

## Kriminalpolizeiliche Beratungsstellen

Alle Landeskriminalämter sowie die Kriminalpolizei in größeren Städten unterhalten Beratungsstellen, die Ratschläge erteilen, wie Gebäude und Wohnungen gegen Verbrecher gesichert werden können. Damit verbundene ständige Ausstellungen zeigen Muster von Sicherheitseinrichtungen und Alarmanlagen. Die Landeskriminalämter teilen auf Anfrage gern die örtlich zuständigen Beratungsstellen mit:

*Baden-Württemberg*
Landeskriminalamt Baden-Württemberg
Taubenheimstraße 85 · 7000 Stuttgart 1

*Bayern*
Bayerisches Landeskriminalamt
Maillingerstraße 15 · 8000 München 19

*Berlin*
Der Polizeipräsident in Berlin
Gothaer Straße 19 · 1000 Berlin 62

*Bremen*
Landeskriminalamt Bremen
Am Wall 200 · 2800 Bremen

*Hamburg*
Landeskriminalamt Hamburg
Beim Strohhause 31 · 2000 Hamburg 1

*Hessen*
Hessisches Landeskriminalamt
Hölderlinstraße 5 · 6200 Wiesbaden

*Niedersachsen*
Landeskriminalpolizeiamt Niedersachsen
Welfenplatz 4 · 3000 Hannover 1

*Nordrhein-Westfalen*
Landeskriminalamt Nordrhein-Westfalen
Völklinger Straße 49 · 4000 Düsseldorf

*Rheinland-Pfalz*
Landeskriminalamt Rheinland-Pfalz
Neustadt 21 · 5400 Koblenz

*Saarland*
Kriminalpolizeiamt des Saarlandes
Graf-Johann-Straße 27/29 · 6600 Saarbrücken

*Schleswig-Holstein*
Kriminalpolizeiamt Schleswig-Holstein
Knooper Weg 45–47 · 2300 Kiel

## Verbände für Sicherheit in der Wirtschaft

*Baden-Württemberg*
Landesstelle für Betriebsschutz e.V.
Hohenheimer Straße 41c · 7000 Stuttgart 1

*Bayern*
Bayerischer Verband für Sicherheit in der Wirtschaft e.V. (BVSW)
Nymphenburger Straße 147 · 8000 München 19

*Hamburg/Schleswig-Holstein*
Verband für Sicherheit in der Wirtschaft Norddeutschlands e.V. (VSWN)
Osterfeldstraße 6 · 2000 Hamburg 54

*Hessen, Rheinland-Pfalz, Saarland*
Vereinigung für Sicherheit in der Wirtschaft e.V. (VSW)
Friedrich-Naumann-Straße 8 · 6500 Mainz

*Nordrhein-Westfalen, Niedersachen*
Verband für Sicherheit in der Wirtschaft e.V. (VSW)
Postfach 615, III. Hagen 31 · 4300 Essen 1

*Berlin*
Arbeitskreis innerbetrieblicher Sicherheit Berlin (West)
Hardenbergstraße 16–18 · 1000 Berlin 12

## Bau-Berufsgenossenschaften

Bau-Berufsgenossenschaft Hamburg
Holstenwall 8 · 2000 Hamburg 36

Bau-Berufsgenossenschaft Hannover
Hildesheimer Straße 309 · 3000 Hannover-Döhren

Bau-Berufsgenossenschaft Wuppertal
Viktoriastraße 21 · 5600 Wuppertal 1

Bau-Berufsgenossenschaft Frankfurt am Main
An der Festeburg 27–29 · 6000 Frankfurt 60

Südwestliche Bau-Berufsgenossenschaft
Steinhäuserstraße 10 · 7500 Karlsruhe 1

Württembergische Bau-Berufsgenossenschaft
Werastraße 21/23 · 7000 Stuttgart 1

Bayerische Bau-Berufsgenossenschaft
Loristraße 8 · 8000 München

## Unfallversicherungsträger der Bundesländer

*Baden-Württemberg*

Badischer Gemeindeunfallversicherungsverband
Weberstraße 9 · 7500 Karlsruhe 1

Württembergischer Gemeindeunfallversicherungsverband
Panoramastraße 11 · 7000 Stuttgart 1

*Bayern*

Bayerischer Gemeindeunfallversicherungsverband
Barer Straße 24 · 8000 München 34

*Berlin*

Eigenunfallversicherung Berlin
Bundesallee 199 · 1000 Berlin 31

*Bremen*

Bremischer Gemeinde-Unfallversicherungsverband
Benquestraße 49 · 2800 Bremen

*Hamburg*

Eigenunfallversicherung Hamburg
Hufnerstraße 2 · 2000 Hamburg 76

*Hessen*

Hessischer Gemeindeunfallversicherungsverband
Bockenheimer Anlage 37 · 6000 Frankfurt/Main

*Niedersachsen*

Braunschweigischer Gemeindeunfallversicherungsverband
Berliner Platz 1c · 3000 Braunschweig

Gemeinde-Unfallversicherungsverband Hannover
Am Mittelfelde 169 · 3000 Hannover

Gemeinde-Unfallversicherungsverband Oldenburg
Schloßplatz 26 · 2900 Oldenburg

*Nordrhein-Westfalen*

Rheinischer Gemeindeunfallversicherungsverband
Klosterstraße 66 · 4000 Düsseldorf

Gemeindeunfallversicherungsverband Westfalen-Lippe
Salzmannstraße 156 · 4400 Münster

*Rheinland-Pfalz*

Gemeindeunfallversicherungsverband Rheinland-Pfalz
Ludwig-Hillesheim-Straße 3 · 5470 Andernach

*Saarland*

Gemeindeunfallversicherungsverband für das Saarland
Beethovenstraße 41 · 6602 Dudweiler

*Schleswig-Holstein*

Gemeindeunfallversicherungsverband Schleswig-Holstein
Schulstraße 29 · 2300 Kiel (Gaarden) 14

*Unfallschutz-Bundesanstalt*

Bundesanstalt für Arbeitsschutz und Unfallforschung
Vogelpothsweg 50–52 · 4600 Dortmund-Dorstfeld

*Unfallschutz-Beratungsstellen*

Aktion DAS SICHERE HAUS e.V.
Prinzenstraße 35 · 8000 München 19

Sämtliche Berufsgenossenschaften

## Verbände, Beratungsstellen

Gütegemeinschaft für Feuerschutzabschlüsse und Schutzraumabschlüsse e.V.
Hochstraße 113 · 5800 Hagen

Arbeitsgemeinschaft für Blitzschutz und Blitzableiterbau e.V. (ABB)
Gartenstraße 6/10 · 2300 Kiel 1

Beratungsstelle für Stahlverwendung
Kasernenstraße 36 · 4000 Düsseldorf

Beratungsstelle für Glasanwendung
Gotenring 17 · 5000 Köln 21

Bundesverband Behälterschutz e.V. und Gütegemeinschaft Tankschutz e.V.
Endinger Straße 11 · 7800 Freiburg

Gütegemeinschaft unterirdische und oberirdische Lagerbehälter e.V.
Karl-Halle-Straße 57 · 5800 Hagen

Institut für das Bauen mit Kunststoffen e.V.
Ossanstraße 37 · 6100 Darmstadt

Forschungs- und Prüfgemeinschaft Geldschränke und Tresoranlagen e.V.
Lyoner Straße 18 · 6000 Frankfurt-Niederrad

Fachverband Schloß- und Beschlagindustrie e.V.
Sternbergstraße 3 · 5600 Velbert 1

Gütegemeinschaft Schlösser und Beschläge e.V.
Wallstraße 41 · 5600 Velbert 1

Gütegemeinschaft Drahtzaun e.V.
Schloßstraße 98 · 7000 Stuttgart 1

Zentralverband der Elektrotechnischen Industrie e.V.
Stresemannallee 19 · 6000 Frankfurt/Main 70

Bundesverband der Hersteller- und Errichterfirmen von Schutz-, Melde- und Überwachungsanlagen für Personen und Sachwerte e.V. München
Schulstraße 3 · 6791 Dittweiler

Bundesverband Deutscher Wach- und Sicherheitsunternehmen e.V.
Schwedenfahrt 16 · 6380 Bad Homburg v.d.H.

interkey
Gesellschaft Europäischer Schlüsseldienste
Gäusheidestraße 1 · 7000 Stuttgart 1

Verband der Sachversicherer e.V.
Riehler Straße 36 · 5000 Köln

Verband der Haftpflicht-, Unfall- und Kraftverkehrsversicherung e.V.
Glockengießer Wall 1 · 2000 Hamburg 1

# Sachwörterverzeichnis

# Literaturverzeichnis


Architektenkammer Rheinland-Pfalz: Architektenhandbuch 1979. Mainz und Wiesbaden. Archiv-Verlag Hoppenstedt Dr. Merten KG.

Ausschuß für Blitzleiterbau e.V. (ABB): Blitzschutz und allgemeine Blitzschutz-Bestimmungen. Berlin 1971. VDE-Verlag GmbH.

Bartels, K.: Brand- und Einbruch-Meldeanlagen. München 1976. Franzis-Verlag GmbH.

Becker, W.: Brandverhalten von Kunststoffen. Aus: G. Schreyer: Konstruieren mit Kunststoffen. München 1972. Carl Hanser Verlag.

Becker, W.: Brandgefahr und Prüfung des Brandverhaltens von Kunststoffen. Aus: Kunststoffe-Plastics, 1975, Heft 6.

Blau, H.: Kunststoffe von A–Z. Gütersloh 1973. Bertelsmann Lexikon Verlag.

Breu, R.: Möglichkeiten des vorbeugenden Brandschutzes im Ausbau. Aus: Detail, 1975, Heft 5.

Bub, H.: Brandverhalten von Baustoffen und Bauteilen aus Kunststoffen. Aus: Stypopor Report, 1975, Ausgabe 30.

Buderussche Eisenwerke: Handbuch für Heizungs- und Klimatechnik. Wetzlar und Düsseldorf 1975. VDI Verlag GmbH.

Camani, A.: Kunststoffe und Brandverhalten. Zürich 1976. Brunner Verlag AG.

Dolezel, B.: Chemische und physikalische Einwirkungen auf Kunststoffe und Kautschuk (Übersetzung aus dem Tschechischen). 1963. Kohl's Technischer Verlag.

Freytag, H.: Feuer und Explosion. Köln 1966. Aulis Verlag Deubner & Co. KG.

Gaisbauer, G.: Die allgemeine Verkehrssicherungspflicht des Hausbesitzers. Neuwied und Berlin 1970. Herman Luchterhand Verlag GmbH.

Grandjean, E.: Wohnphysiologie. Zürich 1973. Verlag für Architektur Artemis.

Hofmann, H. und Sand, H.: Weitere Untersuchungen zur relativen Toxizität von Kunststoff-Verschwelungsprodukten. Aus: Kunststoff-Rundschau, 1974, Heft 10.

Hübner, S. F.: Selbstschutz vor Verbrechen. Friedberg 1975. Podzun-Pallas-Verlag.

Klingsohr, K.: Vorbeugender baulicher Brandschutz. Stuttgart 1979. Verlag W. Kohlhammer GmbH.

Klose, A.: Brandsicherheit baulicher Anlagen, Band 1. Düsseldorf 1978. Werner Verlag GmbH.

Knublauch, E.: Einführung in den baulichen Brandschutz. Düsseldorf 1978. Werner Verlag GmbH.

Kordina, K.: Über den Zusammenhang von Brandrisiko und feuerpolizeilichen Sicherheitsbestimmungen mit dem Brandverhalten von Bauteilen. Vortrag beim 4. internationalen Brandschutz-Seminar 1973 in Zürich.

Kordina, K. und Meyer-Ottens, C.: Feuerwiderstandsklassen von Bauteilen aus Holz und Holzwerkstoffen. Düsseldorf 1977. Arbeitsgemeinschaft Holz e.V.

Landesbauordnung Rheinland-Pfalz 9. Auflage Mainz 1978. Deutscher Gemeinde-Verlag GmbH.

Neuenfeld, K.: Bauversicherungen. Stuttgart 1976. Forum Verlag GmbH.

Radmacher, W. und Ebert, W.: Einführung in die Chemie. Essen 1955. Verlag W. Giradet.

Recknagel, Sprenger: Taschenbuch für Heizung und Klimatechnik. München 1974. R. Oldenbourg Verlag GmbH.

Rheinisch-Westfälisches Elektrizitätswerk AG: RWE-Bauhandbuch Techn. Ausbau 1977/78.

Rupprecht, H.: Zulässigkeit von Kunststoffen nach den bauaufsichtlichen Bestimmungen in der BRD. Aus: Kunststoffe im Bau, 1974.

Saechtling, H.: Kunststoff-Taschenbuch. München 1977. Carl Hanser Verlag.

Saechtling, H.: Baustofflehre Kunststoffe. München 1975. Carl Hanser Verlag.

Troitzsch, J.: Brandverhalten von Kunststoffen. München 1980. Carl Hanser Verlag.

Westhoff, W.: Feuerschutzabschlüsse. Berlin 1976. Mitteilungen des Instituts für Bautechnik.

Westhoff, W.: Brandschutzverglasungen, Feuerschutzabschlüsse. Vortrag bei der Fachtagung Bauen und Brandschutz in Mannheim 1979.

Westphal, E.: Sicherheit gegen Diebstahl, Einbruch, Überfall und vorbeugender Brandschutz. Hannover 1978. Curt R. Vicentz-Verlag.

Wüstermann, K. D.: Hauptangriffspunkt: Türen. Aus: Beratende Ingenieure, 1978, Heft 11.


Darüber hinaus standen dankenswerter Weise umfangreiches Prospektmaterial usw. von einschlägigen Firmen sowie zahlreiche Richtlinien und Merkblätter von Institutionen und Verbänden zur Verfügung, insbesondere von:

- Verband der Sachversicherer e.V. Köln
- Bayerischer Gemeindeunfall-Versicherungsverband, München
- Bayerische Versicherungskammer, München und Ludwigshafen
- Berufsfeuerwehr Ludwigshafen

Weitere Literaturstellen sind die im Text des Buches genannten Gesetze, Vorschriften und DIN-Blätter.

GPSR Compliance

*The European Union's (EU) General Product Safety Regulation (GPSR) is a set of rules that requires consumer products to be safe and our obligations to ensure this.*

*If you have any concerns about our products, you can contact us on ProductSafety@springernature.com*

In case Publisher is established outside the EU, the EU authorized representative is:

Springer Nature Customer Service Center GmbH
Europaplatz 3
69115 Heidelberg, Germany

**Batch number: 10816685**

Printed by Printforce, the Netherlands